力学丛书·典藏版 32

# 边界层理论

（上册）

H. 史里希廷 著

徐燕侯　徐立功　徐书轩 译

孔祥言　卞荫贵 校

科学出版社

1988

## 内 容 简 介

本书是世界名著．中译本分上、下册出版．上册包括此书的第一、二部份，即边界层理论基础、层流边界层理论和热边界层理论．

本书可供力学、航空航天、造船、机械、动力、气象、海洋学和海洋工程等领域的研究生、教师、技术人员和科研人员参考．

**图书在版编目 (CIP) 数据**

边界层理论．上册／(德) 史里希廷 ( Schlichting，H. ) 著；徐燕候，徐书轩，马晖扬译．—北京：科学出版社，1988.2 (2016.1 重印)

(力学名著译丛)

ISBN 978-7-03-000045-3

I. ①边… II. ①史… ②徐… ③徐… ④马… III. ①边界层理论 IV. ① O357.4

中国版本图书馆 CIP 数据核字 (2016) 第 018782 号

H. Schlichting

BOUNDARY-LAYER THEORY

7th Edition

McGraw-Hill Book Company, 1979

力学名著译丛

**边 界 层 理 论**

**(上册)**

H．史里希廷 著

徐燕侯 徐立功 徐书轩 译

孔祥言 卞荫贵 校

责任编辑 晏名文

科学出版社 出版

北京东黄城根北街 16 号

北京京华虎彩印刷有限公司印刷

新华书店北京发行所发行 各地新华书店经售

*

1988 年第一版 开本：850×1168 1/32

2016 年印刷 印张：16 7/8

插页：精 3 平 2

字数：434,000

**定价: 138.00元**

# 出版者的话

本书是H. 史里希廷教授的名著. 1951年的第一版是德文版. 本书根据1979年的第七(英文)版译出. 此英文版是J. Kestin教授由作者的德文原稿直接翻译出版的. 中译本上册中序言、引言、第一、三、七、十、十三章是徐燕侯译的;第二、四、八、十二、十五章是徐立功译的;第五、六、九、十一、十四章由徐书轩译出. 上册由孔祥言校订,最后由卞荫贵教授审定.

# 目　录


上册数值表目录………………………………………………………… ix
第七(英文)版作者序…………………………………………………… xi
第七(英文)版英译者序………………………………………………… xiv
第一(德文)版作者序…………………………………………………… xv
引言…………………………………………………………………… xvii


## 第一部分　粘性流体运动的基本定律


**第一章　有摩擦的流体运动的概述**……………………………… 1
a. 真实流体和理想流体 ……………………………………… 1
b. 粘性 ………………………………………………………… 2
c. 可压缩性 …………………………………………………… 6
d. 管流的 Hagen-Poiseuille 公式………………………………… 7
e. 相似性原理；Reynolds 数和 Mach 数 ……………………… 10
f. 理想流体理论和实验的比较 ……………………………… 20
**第二章　边界层理论概述**………………………………………… 25
a. 边界层概念 ………………………………………………… 25
b. 分离及涡的形成 …………………………………………… 30
c. 管中和边界层中的湍流 …………………………………… 44
**第三章　可压缩粘性流体运动方程的推导 (Navier-Stokes 方程)** …………………………………………………… 51
a. 流体流动的基本运动方程和连续方程 …………………… 51
b. 变形体中一般应力系统 …………………………………… 53
c. 流动中流体微元的应变率 ………………………………… 56
d. 应力和应变率之间的关系 ………………………………… 64
e. Stokes 假设 ………………………………………………… 66

f. 体积粘性系数和热力学压力 …… 68
g. Navier-Stokes 方程 …… 71
**第四章 Navier-Stokes 方程的一般性质** …… 78
a. 根据 Navier-Stokes 方程推导 Reynolds 相似性原理 …… 78
b. 作为 Navier-Stokes 方程的"解"的无摩擦流动 …… 81
c. 作为涡量输运方程的 Navier-Stokes 方程 …… 81
d. 粘性很大（Reynolds 数很小）时的极限情形 …… 85
e. 粘性很小（Reynolds 数很大）时的极限情形 …… 86
f. **R** 趋于无穷大的数学解释 …… 89
**第五章 Navier-Stokes 方程的精确解** …… 93
a. 平行流动 …… 93
1. 直槽内的平行流动和 Couette 流动 …… 94
2. 圆管流动的 Hagen-Poiseuille理论 …… 95
3. 两个同轴旋转的圆柱面之间的流动 …… 98
4. 突然加速的平板壁面；Stokes 第一问题 …… 101
5. Couette 流动的形成 …… 103
6. 由静止开始的管内流动 …… 104
7. 振动平板附近的流动；Stokes 第二问题 …… 105
8. 一种一般类型的非定常解 …… 107
b. 其他的精确解 …… 108
9. 平面驻点流动（Hiemenz 流动） …… 108
9a. 二维非定常驻点流动 …… 111
10. 三维驻点流动 …… 112
11. 旋转圆盘附近的流动 …… 114
12. 收缩槽和扩张槽内的流动 …… 121
13. 结束语 …… 123
**第六章 极慢运动** …… 125
a. 极慢运动的微分方程 …… 125
b. 平行流绕圆球的流动 …… 126
c. 润滑的流体动力学理论 …… 130
d. Hele-Shaw 流动 …… 138

## 第二部分 层流边界层


**第七章 二维不可压缩流动的边界层方程；平板边界层**…… 141

a. 二维流动中边界层方程的推导 …… 141

b. 边界层分离 …… 146

c. 积分边界层方程的说明 …… 149

d. 表面摩擦力 …… 149

e. 平板边界层…… 150

f. 高阶边界层理论 …… 160

**第八章 边界层方程的一般性质**…… 165

a. 边界层特性对 Reynolds 数的依赖关系 …… 165

b. 边界层方程的"相似"解 …… 167

c. 边界层方程转换成热传导方程 …… 173

d. 边界层的动量积分方程和能量积分方程 …… 175

**第九章 二维定常边界层方程的精确解**…… 179

a. 绕楔流动 …… 180

b. 收缩槽中的流动 …… 182

c. 绕柱体流动；对称情形（Blasius 级数）…… 185

d. 用 $U(x)=U_0-ax^n$ 表示的位势流动的边界层…… 190

e. 零攻角平板尾迹中的流动 …… 192

f. 二维层流射流 …… 197

g. 层流平行流动 …… 201

h. 直槽进口段的流动 …… 203

i. 有限差分方法 …… 205

j. 二阶边界层 …… 214

**第十章 二维定常边界层方程的近似解法**…… 220

a. 动量方程在绕零攻角平板流动中的应用 …… 220

b. 二维流动的 Th. von Kármán 和 K. Pohlhausen 近似方法 …… 225

c. 近似解和精确解的比较…… 236

1.零攻角平板 …… 236
2.二维驻点流动 …… 236
3.绕圆柱的流动 …… 237
d. 其它的算例 …… 240
e. 有逆压梯度的层流流动;分离 …… 243
**第十一章 轴对称边界层和三维边界层** …… 248
a. 轴对称边界层的精确解 …… 248
1.地面附近的旋转流动 …… 248
2.圆形射流 …… 254
3.轴对称尾迹 …… 259
4.旋成体边界层 …… 260
b. 轴对称边界层的近似解 …… 264
1.非旋转物体上边界层的近似解 …… 264
2.圆管进口段的流动 …… 266
3.旋转的旋成体上的边界层 …… 267
c. 轴对称边界层与二维边界层的关系; Mangler 变换 …… 271
d. 三维边界层 …… 273
1.偏航柱体上的边界层 …… 274
2.其他物体上的边界层 …… 281
**第十二章 层流热边界层** …… 288
a. 能量方程的推导 …… 288
b. 绝热压缩的温升;驻点温度 …… 292
c. 传热的相似性理论 …… 295
d. 粘性流动中关于温度分布的精确解 …… 302
1. Couette 流动 …… 302
2.平壁槽中的 Poiseuille 流动 …… 307
e. 边界层简化 …… 309
f. 热边界层的一般性质 …… 312
1.强迫流动和自然流动 …… 312
2.绝热壁 …… 313
3.传热和表面摩擦力之间的比拟 …… 314
4.Prandtl数的影响 …… 317

g. 强迫流动中的热边界层 …………………………… 320
1. 绕零攻角平板的平行流动 …………………………… 320
2. 热边界层方程的其它相似解 …………………………… 330
3. 任意形状等温物体上的热边界层 …………………………… 334
4. 壁面具有任意温度分布的热边界层 …………………………… 340
5. 旋成体和转动物体上的热边界层 …………………………… 342
6. 圆柱体和其它形状物体的测量结果 …………………………… 343
7. 自由流湍流度的影响 …………………………… 346
h. 自然流动(自由对流)中的热边界层 …………………………… 348
**第十三章 可压缩流动中的层流边界层** …………………………… 355
a. 物理分析 …………………………… 355
b. 速度场和温度场之间的关系 …………………………… 359
1. 绝热壁面 …………………………… 361
2. 传热壁面 …………………………… 361
c. 零攻角平板 …………………………… 363
d. 压力梯度不为零的边界层 …………………………… 371
1. 精确解 …………………………… 371
1.1. Illingworth-Stewartson 变换 …………………………… 372
1.2. 自相似解 …………………………… 377
2. 近似方法 …………………………… 387
e. 激波与边界层干扰 …………………………… 394
**第十四章 层流边界层控制** …………………………… 410
a. 控制边界层的方法 …………………………… 410
1. 壁面运动 …………………………… 412
2. 边界层加速(吹除) …………………………… 412
3. 抽吸 …………………………… 413
4. 注射不同的气体 …………………………… 414
5. 通过采用适当的外形来防止转捩. 层流翼型 …………………………… 415
6. 冷却壁面 …………………………… 415
b. 边界层抽吸 …………………………… 415
1. 理论结果 …………………………… 415
1.1. 基本方程 …………………………… 415

1.2.精确解 …… 417

1.3.近似解 …… 427

2.关于抽吸的一些实验结果 …… 430

2.1.增加升力 …… 430

2.2.减小阻力 …… 432

c. 注射不同的气体(二组元边界层) …… 435

1.理论结果 …… 435

1.1.基本方程 …… 435

1.2.精确解 …… 438

1.3.近似解 …… 438

2.实验结果 …… 439

**第十五章 非定常边界层** …… 440

a. 非定常边界层计算的概述 …… 440

1.边界层方程 …… 440

2.逐次近似法 …… 442

3.关于周期性外部流动的林家翘方法 …… 443

4.定常流动受轻微扰动时的级数展开法 …… 446

5.相似解和半相似解 …… 448

6.近似解 …… 448

b. 运动突然起动以后边界层的形成 …… 449

1.二维情形 …… 450

2.轴对称问题 …… 454

c. 加速运动中边界层的形成 …… 458

d. 起动过程的实验研究 …… 460

e. 周期性的边界层流动 …… 463

1.静止流体中的振动柱体 …… 463

2.谐振的林家翘理论 …… 469

3.有很小谐扰动的外部流动 …… 471

4.圆管内的振动流动 …… 473

f. 非定常可压缩边界层 …… 478

1.运动正激波波后的边界层 …… 478

2.变自由流速度和变表面温度的零攻角平板 …… 483

**参考文献** …… 486

# 上册数值表目录

表 1.1 粘性系数的换算因子 ········································ 4
表 1.2 水和空气的密度、粘性系数和运动粘性系数与温度的关系 ········································ 5
表 1.3 运动粘性系数 ········································ 5
表 2.1 在平行流动中零攻角平板后缘处的湍流边界层厚度 $\delta$ ········································ 48
表 5.1 在解平面和轴对称驻点流动中出现的函数. 平面情形取自 L. Howarth[14]; 轴对称情形取自 N. Froessling[8] ········································ 110
表 5.2 在壁面上和远离壁面处算出的函数值表. 这些函数值是描述旋转圆盘引起的流动所需要的.取自 Sparrow 和 Gregg[32] 的计算结果 ········································ 118
表 7.1 零攻角平板边界层的函数 $f(\eta)$,取自 L. Howarth[16]··· 155
表 10.1 零攻角平板边界层近似理论的计算结果 ··············· 226
表 10.2 层流边界层近似计算中的辅助函数, 取自 Holstein 和 Bohlen[5] ········································ 233
表 10.3 在二维驻点流动的情形下,边界层参数的精确值和近似值的比较 ········································ 236
表 11.1 静止壁面上方有旋转流动情形下的速度分布函数,取自 J. E. Nydahl[81a]········································ 252
表 12.1 物理常数 ········································ 293
表 12.2 零攻角平板的无量纲传热系数 $\alpha_1$ 和无量纲绝热壁温度 $b$, 根据式 (12.70) 和 (12.75)········································ 324
表 12.3 驻点附近计算传热系数的公式中的系数 $A$, 取自 H. B. Squire[131] ········································ 336

表 12.4 函数 H(Δ) 的数值 ………………………………………………… 337
表 12.5 计算非等温壁面热边界层的函数 $F(\chi)$ 的值;取自 D. B. Spalding[120] ………………………………………… 342
表 12.6 自然对流中直立热平板的传热系数(层流), 按照文献 [93, 94, 109, 126] ………………………………………… 353
表 13.1 在激波附近沿平板的压力分布函数 $F(X)$, 根据式 (13.89) 和 (13.90), 取自 N. Curle[24] ………………… 408
表 14.1 在有均匀抽吸的零攻角平板起始段内, 速度剖面的无量纲边界层厚度 $\delta_1$ 和形状因子 $\delta_1/\delta_2$, 取自 Iglisch[40] ……………………………………………………… 420

# 第七(英文)版作者序

本书第六(英文)版出版于1968年，它与1965年的第五(德文)版没有多大差别．本书第一(德文)版是在1951年出的．从1951年到1968年的这段时间内，总是在每次德文版之后接着再出英文版，而所有的英译本均由 Kestin 教授出色地完成．

1975年，当我决定写本书的新版本时，我得出了如下结论：以前那种继德文版之后再出英文版的程序不再是适宜的．原因在于这样做会大大增加印刷成本．所以我向两家出版公司(在 Karlsruhe 的 G. Braun 和在纽约的 McGraw-Hill) 建议，这次只出一个英文的新版本．承蒙他们同意，谨此致谢．

和以前的几版一样，这次我也力图在不改变本书基本结构的前提下，从这一时期出现的边界层理论的丰硕成果中选入最重要的贡献．我希望本书的宗旨始终不变，即以工程师易于接受的方式着重介绍理论方面的研究成果．

本书仍旧分成四个部分(粘性流体运动的基本定律；层流边界层；转捩；湍流边界层)．有关增加的内容，我想作几点说明．由于大型电子计算机的出现，许多过去认为不可解的问题，现在变得可以处理了．这些问题包括中等高的 Reynolds 数下 Navier-Stokes 方程的数值解(第四章)，层流和湍流边界层方程的数值积分(第九章)，以及层流边界层稳定性理论中 Orr-Sommerfeld 方程的显式数值积分(第十四章)．新版中增加的其他内容还有：非定常驻点流的 Navier-Stokes 方程的精确解 (第五章)，二阶层流边界层理论(第七章和第九章)．完全修订过的章节有：二维不可压缩湍流边界层的计算(第二十二章)，计及传热效应的可压缩层流边界层的稳定性(第十七章 e)，以及叶栅流动中的损失(第二十五章)．

除了补充以上新内容外，我还应说明有意略去的一些题目。我没有讨论高超声速流中化学反应对边界层中流动过程的影响，也没有讨论磁流体动力学、低密度流动和非 Newton 流体中的边界层。和前几版一样，在本版中我仍旧认为不必去讲解湍流统计理论，因为现在已经有了其他很好的专著。

许多章的参考文献目录又扩充了很多。插图的数目增加了约 65 幅，但有 20 幅老的插图已被删去；页数增加了约 70 页。尽管如此，我希望本书保持原有特点，而且仍旧能为读者提供流体物理学中这一重要分支的概貌。

当我写这个新的手稿时，再次十分高兴地得到几位同事的大力协助。K. Gersten 教授为层流边界层部分写了有关二阶边界层的两节(第七章 f 和第九章 j)。这是他近年来取得良好研究成果的一个专门领域。T. K. Fanneloep 教授帮助我完全改写了第九章 i，即边界层方程的数值积分法。在湍流边界层部分，E. Truckenbrodt 教授改写了第二十二章中的大部分内容，即二维边界层和轴对称边界层。加州理工学院 L. M. Mack 博士写了新的一节：超声速流中边界层稳定性，即第十七章 e。由他来写这部分内容是十分恰当的。J. C. Rotta 博士对第四部分湍流边界层作了全面述评和许多补充。对于俄文文献，我得到了 Mikhailov 教授的大力帮助。翻译工作再次委托给 J. Kestin 教授。对于以上诸位有价值的合作，我谨表示由衷的谢意。

当我写第五(德文)版时，曾得到几位同行朋友的帮助，我再次向他们表示感谢。不用说，他们所写的部分仍旧保留在这一版中。这些部分是：第八章中F. W. Riegels 博士写的可压缩层流边界层，第十二章中 K. Gersten 教授写的热边界层部分，以及第二十三章中 J. C. Rotta 博士写的可压缩湍流边界层。

我感谢 Gerda Wolf 夫人、Hide Kreibohm 夫人和 Leslie Giacin 夫人为本书手稿仔细准备清楚的抄件；Gerda Wolf 夫人还在图书资料方面给了我很大帮助。感谢 Rotta, Hummel 和 Starke 各位先生帮助我校对清样。

最后，还必需感谢 Verlag Braun 出版公司欣然支持了我的愿望，使得本书顺利地和大家见面了。

Hermann Schlichting

1978年8月于 Goettingen

# 第七(英文)版英译者序

本书是 H. Schlichting 教授《边界层理论》一书的英文本第四版.这个新版本也是在与作者紧密合作下产生的.为了最后确定内容和措辞,我到 Goettingen 去拜访过他几次. 我要感谢 Schlichting 教授的殷勤接待,以及 McGraw-Hill 出版公司为这几次旅行所提供的部分资助.

这次不再出德文版本,作者将修改稿直接寄给了我.

我要感谢 H. E. Khalifa 教授,他帮助进行了校对. 我的夫人 Alicia 作了作者索引和主题索引,并在困难的条件下将其完满地打印出来. 我的秘书,在 Providence 的 Giacin 夫人和在 Goettingen 的 Kreibohm 夫人熟练地打出了手稿. 我由衷地感谢她们耐心的工作. 两家出版公司, Karlsruhe 的 G. Braun 公司和纽约的 McGraw-Hill 公司,同过去一样,总是不厌其烦地满足我们有关本书出版的要求.

J. Kestin

1978 年 8 月于 Providence, Rhode Island

# 第一(德文)版作者序

大致自本世纪初以后，流体动力学领域的现代研究已经取得了巨大的成就，已经能够对观测到的现象提供理论上的解释．这是上个世纪的经典流体动力学所不能做到的．在过去五十年间，流体动力学有三个分支发展得特别好，它们是边界层理论、气体动力学和机翼理论．本书将讨论边界层理论这个分支，这是现代流体动力学中最老的分支，它是 L. Prandtl 于 1904 年建立起来的．当时他成功地阐明了，怎样处理粘性很小的流体的流动(特别是，从应用观点来看最重要的水和空气的流动)，才能进行数学分析．这个问题是这样解决的：只在粘性不可忽略的区域内，即在紧靠物体的邻域中的一个薄层内考虑摩擦影响．这一概念澄清了过去不能理解的许多流动现象．最重要的是，它使与阻力产生有关的问题能够进行理论分析．当时航空工程科学正在迅速发展，因而能很快将这些理论结果应用到实际问题中去．而且，航空工程确实提出了许多问题，这些问题可以借助新的边界层理论予以解决．很久以来，航空工程师就把边界层概念当作日常应用的概念．如果现在没有边界层概念，那简直是不可想像．在其它有流动问题的机械设计领域中，特别是涡轮机设计中，边界层理论的进展要慢得多．但是，最近这些新概念已出现在这类应用中．

本书主要是为工程师写的．1941—1942 年间的冬季学期，作者为 Braunschweig 航空研究院的科学工作者讲授了一门课．本书就是这门课程的产物．战后，Braunschweig 工程大学为物理和机械工程学生举办的许多专题讲座中，已经利用了上述教材．开过第一遍课程之后，H. Hahnemann 博士整理出一套讲义．经作者审阅并加以补充之后，此讲义由科学文献公司（Zentrale für Wissenschaftliches Berichtswesen）以油印形式出版，并在有限范围内分送给有关的科学工作者.

战后几年,作者决定完全重编这个早期的教材,并以图书的形式出版. 时机似乎特别有利,因为出版这样一本内容广泛的书的时机看来已经成熟,同时最近一、二十年的研究成果已使整个边界层理论领域日臻完善.

本书分成四个主要部分. 第一部分包括绪论性的两章,其中阐明了边界层理论的基础,但是没有用到数学. 随后几章在 Navier-Stokes 方程的基础上,对边界层理论作出了数学上的和物理上的证明. 第二部分包括层流边界层理论和热边界层理论. 第三部分讨论由层流到湍流的转捩现象(湍流的起因). 第四部分专门论述湍流. 现在可以这样来概括,层流边界层理论大体上是完善的,其物理关系已经完全弄清楚;其计算方法已经基本制定,并且在许多情形下已经简化到对工程师没有困难的程度. 在讨论湍流时,基本上只采用了根据 Prandtl 混合长度所导出的半经验理论. 实际上,根据目前的看法,这些理论有许多缺陷. 但是,迄今还没有想出更好的方法,即对工程师有用的方法来代替它. 本书没有包括湍流的统计理论,因为至今还看不出这些理论对工程师有什么实际意义.

正如书名所表明的那样,本书重点放在问题的理论论述上. 为此,我们力图使这些论述具有工程师易于掌握的形式. 在浩瀚的实验资料中,我们只引用了少数结果,目的是使各种现象获得清晰的物理上的理解,并为所介绍的理论提供直接的证明. 书中选用了一些同湍流有关的例子,因为它们构成半经验理论的基础. 我们力图证明,实质性的进展并不是大量实验结果汇集而成的,而是由少量以理论研究为后盾的基本实验所取得的.

Hermann Schlichting

1950 年 10 月于 Braunschweig

# 引　　言

十九世纪末叶，流体力学这门科学开始沿着两个方向发展，而这两个方向实际上毫无共同之处．一个方向是**理论流体动力学**，它是从无摩擦、无粘性流体的 Euler 运动方程出发发展起来的，并达到了高度完善的程度．然而，由于这种所谓经典流体动力学的结果与实验结果有明显的矛盾——尤其是关于管道和渠道中压力损失这个非常重要的问题以及关于在流体中运动物体的阻力问题——所以，它并没有多大实际意义．正因为这样，注重实际的工程师为了解决在技术迅速发展中所出现的重要问题，自行发展了一门高度经验性学科，即**水力学**．水力学以大量的实验数据为基础，而且在方法上和研究对象上都与理论流体动力学大不相同．

本世纪初，L. Prandtl 因解决了如何统一这两个背道而驰的流体动力学分支而著称于世．他建立了理论和实验之间的紧密联系，并为过去七十年来流体力学异常成功的发展铺平了道路．就是在 Prandtl 之前，人们就已经认识到：在很多情形下，经典流体动力学的结果与实验结果不符，是由于该理论忽略了**流体的摩擦**的缘故．而且，人们早就知道了有摩擦流动的完整的运动方程(Navier-Stokes 方程)．但是，因为求解这些方程在数学上极其困难(少数特殊情形除外)，所以从理论上处理粘性流体运动的道路受到了阻碍．此外，在两种最重要的流体，即水和空气中，由于粘性很小，一般说来，由粘性摩擦而产生的力远小于其它的力(重力和压力)．因为这个缘故，人们很难理解被经典理论所忽略的摩擦力怎么会在如此大的程度上影响流体的运动．

在 1904 年 Heidelberg 数学讨论会上宣读的论文"具有很小

摩擦的流体运动"中，L. Prandtl[1] 指出：有可能精确地分析在一些很重要的实际问题中所出现的粘性流动．借助于理论研究和几个简单的实验，他证明了绕固体的流动可以分成两个区域：一是物体附近很薄的一层(**边界层**)，其中摩擦起着主要的作用；二是该层以外的其余区域，这里摩擦可以忽略不计． 基于这个假设，Prandtl 成功地对粘性流动的重要意义给出了物理上透彻的解释，同时对相应的数学上的困难做到了最大程度的简化．甚至在当时，这些理论上的论点就得到一些简单实验的支持，这些实验是在 Prandtl 亲手建造的水洞中做的． 因此他在重新统一理论和实践方面迈出了第一步．边界层理论在为发展流体动力学提供一个有效的工具方面证明是极其富有成效的。自本世纪开始以来，在新近发展起来的空气动力学这门学科的推动下，边界层理论已经得到迅速发展．在一个很短的时间内，它与其他非常重要的进展(机翼理论和气体动力学)一起，已成为现代流体动力学的基石之一．

最近，关于边界层理论在数学上的合理性的研究，已引起了很大的重视．根据这些研究，边界层理论是更普遍的理论框架中的首次近似，这个更普遍的理论要计算完整的运动方程组的解的渐近展开．这个问题可以归结为所谓的奇异摄动方法，即用匹配渐近展开法求解．因此，边界层理论为我们提供了一个应用奇异摄动法的典型例子．流体力学中摄动方法的概述是由 M. Van Dyke[2] 撰写的． 这些方法的基础可以追溯到 L. Prandtl 的早期贡献．

边界层理论在计算作用于(在流体中运动的)物体上的表面摩擦阻力方面获得了应用，例如零攻角平板所经受的阻力，船、机翼、机舱或涡轮叶片的阻力．边界层流动具有特殊的性质，即在某种

---

1) L. Prandtl., Über Flüssigkeitsbewegung bei sehr Kleiner Reibung, Proc. Third Intern. Math. Congress, Heidelberg, 1904, pp. 484—491；也可参考 L. Prandtl, Gesammelte Abhandlungen Zur angewandten Mechanik, Hydro-und Aerodynamik(Collected Works), ed. by W. Tollmien, H. Schlichting and H. Görtler, vol. 11, pp. 575—584, Springer, Berlin, 1961.

2) M. Van Dyke, Perturbation methods in fluid mechanics, Academic Press, 1964.

条件下，在紧靠固壁处的流动会变成倒流，同时引起边界层与固壁的分离．这将伴随着在物体尾迹中多少会明显地形成旋涡．因此，压力分布改变了，并且与无摩擦流中的压力分布有着显著的不同．这种偏离理想情形的压力分布是造成型阻的原因、因此型阻可以用边界层理论来计算．边界层理论给出了这样一个非常重要问题的答案，即为了避免这种不利的分离，物体应该具有什么样的形状．分离不是只限于在绕物体的外流中．也可以出现在流经管道的内流中．由涡轮机(旋转式压缩机和透平)叶片构成的通道中的流体流动问题，同样可以用边界层理论来处理．而且，发生在机翼最大升力点上的现象以及与机翼失速有关的现象，只有基于边界层理论才能理解．最后，固体与其绕流流体(气体)之间的传热问题，也属于这类边界层现象起决定作用的问题．

起初发展的主要是不可压缩流体中的层流边界层理论．因为在这种条件下，切应力的唯象假设早已存在于 Stokes 定律的形式中了．接着，大量的研究论文中发展了这个课题，并达到了如此完善的程度，以致目前可以认为：层流问题在主要方面已经解决了．后来，这个理论又扩展到了不可压缩湍流边界层．从实际应用的观点来看，不可压缩湍流边界层问题更为重要．诚然，在湍流情况下 O. Reynolds 早在 1880 年就引入了表观湍流应力或虚拟湍流应力这个具有基本重要意义的概念．但是，这个概念本身还不足以从理论上分析湍流流动． 直到引入 Prandtl 的混合长度理论(1925 年)，这才取得了重大的进展． Prandtl 的混合长度理论加上系统的实验，为借助于边界层理论进行湍流的理论研究铺平了道路．但是，关于完全发展的湍流的合理理论至今尚未建立．而从湍流的极端复杂性来看，这种情况还将继续一段相当长的时期．人们甚至还不能肯定，科学在这个任务上是否能获得成功．到了现代，由于新式飞机飞行速度急剧增加的推动，可压缩边界层中发生的现象已成为深入研究的课题． 这种流动除了速度边界层之外，又出现了热边界层．热边界层的存在，在流体及其绕流物体之间的传热过程中起着重要的作用．在 Mach 数很高时，由于产生摩擦热，固壁表面将加热到很高的温度("热障")．这个现象带来了一个难以分析的问题，而它的解决在飞机设计和了解人造卫星的运动中却是重要的．

从层流向湍流转捩的现象是流体动力学中的基本现象．O. Reynolds 早在十九世纪末就首先对这一现象进行了研究． 1914 年，Prandtl 做了著名的圆球实验，并正确指出：边界层中的流动可以是层流的，也可以是湍流的．而且进一步指出：分离的问题，因而计算阻力的问题是受这种转捩支配的．从层流向湍流转捩过程的理论研究，是以 Reynolds 的假设为基础的，即承认湍流是由于层流边界层产生不稳定性的结果． 1921 年，Prandtl 开始进行转捩的理论研究；经过许多徒劳无益的尝试之后，于 1929 年获得了成功． 当时 W. Tollmien 从理论上算出了零攻角平板转捩的临界 Reynolds 数．然而过了十多年之后，H. L. Dryden 及其同事们所进行的非常仔细的实验，才证实了 Tollmien 的理论．稳定性理论能够考虑到对转捩有影响的许多因数(压力梯度、抽吸、马赫数、传热)．这个理论已得到很多重要的应用，其中之一就是设计阻力非常低的翼型(层流翼型)．

在一般流体动力学领域以及边界层领域中，现代研究的特点在于理论和实验的紧密结合． 在大多数情形下，一些最重要的进展可以认为是理论研究所支持的少量基本实验的结果．在 A. Betz[1] 所写的一篇论文中，回顾了边界层理论的发展历史，强调了理论与实验之间相辅相成的关系． 在 1904 年 Prandtl 开创边界层理论之后约二十年中，几乎只有他自己的 Goettingen 学派在进行研究．形成这种局面的原因之一，可以认为是首次发表论文时的环境．1904 年发表的边界层理论是很难令人理解的．直到 1927 年在伦敦召开的一次英国皇家航空学会会议上，当 Prandtl

---

1) A. Betz, Ziele, Wege und Konstruktive Auswertung der Strömungsforschung, *Zeitschr. VDI*, 91(1949),253.

的 Wilbur Wright 纪念讲演[1]发表之后，可以说才宣告了这个时期的结束．在以后的年代里，大致从 1930 年开始，其他的研究工作者，尤其是在英国和美国的研究工作者，也在边界层理论的发展中起了积极的作用．今天边界层理论的研究已经遍及全世界．它和其它分支一起，已成为流体力学的最重要支柱之一．

1931 年，W. Tollmien 在《实验物理手册》[2]里面的两篇短文中，首次对这门学科分支作了评述．随后不久（1935 年），在 W. F. Durand 主编的《空气动力学理论》[3]一书中，Prandtl 发表了全面的论述．在这当中的四十年间，这方面的研究论文的篇数已有了极大的增加[4]． 根据 1955 年 H. L. Dryden 发表的评论文章的统计，有关边界层理论的论文发表率，当时已达每年一百篇．在二十多年以后的今天，论文发表率又增加了二倍以上．像几个其它的研究领域一样，边界层理论已经达到这样大的篇幅，以致即使是在这个领域中从事研究工作的科学家个人，也不可能期望通晓它的所有专题．所以，在一本现代手册中，边界层理论的叙述工作已交给几位作者，这是很对的．至于边界层理论的发展史，最近已由 I. Tani[5] 予以追述了．

---

1) L. Prandtl, The generation of vortices in fluids of small viscosity (15th Wilbur Wright Memorial Lecture, 1927), *J. Roy. Aero. Soc.*, **31** (1927). 721 - 741.

2) 请查下册书末参考书目．

3) L. Prandtl, The mechanics of viscous fluids, Aerodynamic Theory (W. F. Durand, ed.), Vol. 3, 34—208, Berlin, 1935.

4) H. Schlichting, Some developments of boundary-layer in the past thirty years (The Third Lanchester Memorial Lecture, 1959), *J. Roy Aero.Soc.*, **64** (1960) 63 —80.

也可参阅：H. Schlichting, Recent progress in boundary-layer research (The 37th Wright Brothers Memorial Lecture, 1973), AIAA *Journal*, **12**(1974), 427—440.

5) I. Tani, History of boundary-layer research, *Annual Rev. of Fluid Mechanics*, **9** (1977), 87 111.

# 第一部分　粘性流体运动的基本定律

## 第一章　有摩擦的流体运动的概述

### a. 真实流体和理想流体

流体动力学领域内的大多数理论研究都基于理想流体，即无摩擦和不可压缩流体的概念．在这类理想流体的运动中，两个接触层之间没有切向力(切应力)的作用，而只有法向力(压力)的作用．也就是说，理想流体对其形状的改变并不出现内部的抵抗．人们在数学上非常深入地发展了理想流体运动的理论，在许多情况下用这种理论描述实际运动是令人满意的，例如表面波的运动或空气中液体射流的形成．但是，在说明物体的阻力方面，理想流体理论却完全失效．在这一点上，理想流体理论的结论是，在无限的流体中，匀速运动的物体不承受阻力 (d'Alembert 佯谬)．

理想流体理论的这一不合理结果的原因在于：除了法应力外，实际流体内部各层之间还传递切应力，在浸没于流体中的固壁附近也是如此，真实流体中的切向力(即摩擦力)与称为流体**粘性**的这一性质有关．

由于没有切向力，一般说来，在理想流体与固壁之间的界面上存在着相对的切向速度差，即有滑移．相反，真实流体中分子间吸引力的存在，使得流体附着在固壁上并产生切应力．

切应力的存在和固壁上的**无滑移条件**构成理想流体与真实流体之间的本质差别．某些具有很大实际意义的流体，例如水和空气，其粘性系数很小．在许多实例中，这类**小粘性系数流体**的运动与理想流体的运动非常一致，这是由于在大多数情况下切应力非常小的缘故．基于这种理由，理想流体理论完全忽略粘性的存在，主要目的是使得运动方程组大为简化，从而能够建立起广泛的数学理论.但是,重要的是要强调指出:即使在粘性系数很小的流体中,也和理想流体中不同,固壁上仍存在无滑移条件.在许多情况下,无滑移条件使理想流体和真实流体的运动规律产生很大差别.特别是,真实流体和理想流体在阻力数值之间的差别很大,其物理根源就在于固壁附近的无滑移条件.

本书研究小粘性系数流体的运动,因为这类问题有很大的实用价值.至于如何才能说明真实流体和理想流体之间这种既有部分一致,又有部分差异的状况,这在研究过程中将会逐渐清楚的.

## b. 粘　　性

借助于下面的实验,最能显示出粘性的本质.考虑两个非常长的平行平板之间的流体运动,其中一块平板静止,另一块平板则在自身平面内作等速运动(如图1.1所示).设平板之间的距离为 $h$,整个流体中的压力为常数.实验表明:流体附着在两个壁面上,所以下平板上流体的速度为零,上平板上流体的速度为该平板的速度 $U$.而且,平板之间流体的速度分布是线性的,所以流体的速度正比于它到下平板的距离 $y$,我们有

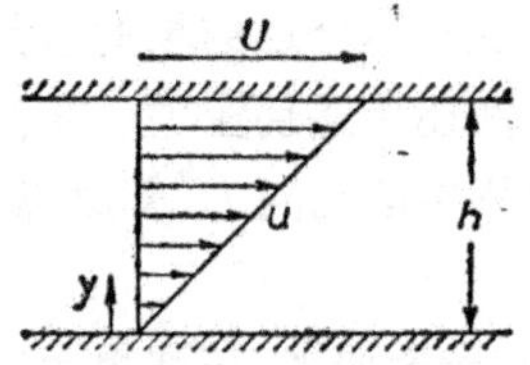


图1.1　两平行平板间粘性流体的速度分布(Couette 流)

$$u(y)=\frac{y}{h}U. \tag{1.1}$$

为了维持运动,必须对上平板施加一个切向力,此力与流体的摩擦力相平衡.从实验知道,这个力(平板单位面积上的作用力)正比于上平板的速度 $U$,反比于距离 $h$.单位面积上的摩擦力(摩擦切应力)记作 $\tau$,因此 $\tau$ 正比于 $U/h$,通常我们也可以用 $du/dy$ 来代替$U/h$. $\tau$ 和 $du/dy$ 之间的比例系数记作 $\mu$,它取决于流

体的性质．对于“稀的”流体，例如水或酒精，$\mu$ 是小的． 但是对于很粘的液体来说，例如石油或甘油，$\mu$ 是很大的．这样，我们得到以下形式的流体摩擦力的基本关系：

$$\tau = \mu \frac{du}{dy}. \tag{1.2}$$

其中 $\mu$ 是流体的一个特性参数，并且在很大程度上取决于流体的温度．它是流体**粘性**的度量．由式 (1.2) 给出的摩擦力定律称为 **Newton 摩擦力定律**．式 (1.2) 可以作为粘性系数的定义． 但是必须强调指出，图 1.1 中所研究的例子是流体运动中特别简单的情形．这种简单情形的推广，将包含在 Stoke 摩擦力定律中(参阅第三章)． 粘性系数的量纲不难从式 (1.2) 中导出[1]． 切应力用 $N/m^2 \equiv Pa$ 来度量，速度梯度 $du/dy$ 用 $s^{-1}$ 来度量．因此

$$\mu = \left[\frac{\text{kg}}{\text{m}\cdot\text{s}}\right] = \text{Pa}\cdot\text{s},$$

其中方括号用来表示单位． 上述单位不是粘性系数唯一的单位，甚至也不是最广泛使用的单位． 表 1.1 中列出了它的各种单位以及换算因子．

式 (1.2) 相当于弹性体的 Hooke 定律．在弹性体的情况下，切应力正比于应变，即

$$\tau = G\gamma, \quad \text{其中} \quad \gamma = \frac{\partial \xi}{\partial y}. \tag{1.3}$$

这里 $G$ 表示剪切模量，$\gamma$ 是原来成直角的两直线之间夹角的改变量，$\xi$ 表示沿横坐标方向的位移．虽然在弹性体中切应力正比于**应变 $\gamma$ 的大小**，但是经验表明，它在流体中正比于**应变率 $d\gamma/dt$**．如果令

$$\tau = \mu \frac{d\gamma}{dt} = \mu \frac{d}{dt}\left(\frac{\partial \xi}{\partial y}\right) = \mu \frac{\partial}{\partial y}\left(\frac{d\xi}{dt}\right),$$

因为 $\xi = ut$，也得到和前面同样的结果

1) 本书始终采用重力单位制，即工程单位制．依照国际协定，kp 和 lbf 分别表示力的单位；相应的质量单位分别为 kg 和 lb．在部分表中，采用了国际单位制(SI)*．

* 1lb = 0.453592kg，1lbf = 4.44822N.——编者注

$$\tau = \mu \frac{\partial u}{\partial y}.$$

但是这种比拟是不完全的，因为流体中的应力取决于一个常数，即粘性系数 $\mu$，而在各向同性弹性体中，应力却取决于两个常数.

在摩擦力和惯性力相互影响的所有流体运动中，重要的是要考虑粘性系数 $\mu$ 与密度 $\rho$ 之比，即**运动粘性系数**，记作 $\nu$：

$$\nu = \frac{\mu}{\rho}. \tag{1.4}$$

**表 1.1 粘性系数的换算因子***

**a. 绝对粘性系数 $\mu$**

| | kp · s/m² | kp · h/m² | Pa · s | kg/m · h | lbf · s/ft² | lb · h/ft² | lb/ft · s |
|---|---|---|---|---|---|---|---|
| kp · s/m² | 1 | $2.7778\times10^{-4}$ | 9.8067 | $3.5316\times10^{4}$ | $2.0482\times10^{-1}$ | $5.6893\times10^{-5}$ | 6.5898 |
| kp · h/m² | 3600 | 1 | $3.5304\times10^{4}$ | $127.1\times10^{6}$ | $7.3734\times10^{2}$ | $2.0482\times10^{-1}$ | $2.3723\times10^{4}$ |
| Pa · s | $1.0197\times10^{-1}$ | $2.8325\times10^{-5}$ | 1 | 1 | $2.0885\times10^{-2}$ | $5.8015\times10^{-6}$ | $6.7197\times10^{-1}$ |
| kg/m · h | $2.8325\times10^{-5}$ | $7.8682\times10^{-9}$ | $2.7778\times10^{-4}$ | $0.1724\times10^{6}$ | $5.8015\times10^{-6}$ | $1.6115\times10^{-9}$ | $1.8666\times10^{-4}$ |
| lbf · s/ft² | 4.8824 | $1.3562\times10^{-3}$ | $4.7880\times10$ | $620.8\times10^{6}$ | 1 | $2.7778\times10^{-4}$ | $3.2174\times10$ |
| lbf · h/ft² | $1.7577\times10^{4}$ | 4.8824 | $1.7237\times10^{5}$ | $5.358\times10^{3}$ | 3600 | 1 | $1.1583\times10^{5}$ |
| lb/ft · s | $1.5175\times10^{-1}$ | $4.2153\times10^{-5}$ | 1.4882 | | $3.1081\times10^{-2}$ | $8.6336\times10^{-6}$ | 1 |

**b. 运动粘性系数 $\nu$**

| | m²/s | m²/h | cm²/s | ft²/s | ft²/h |
|---|---|---|---|---|---|
| m²/s | 1 | 3600 | $1\times10^{4}$ | $1.0764\times10^{1}$ | $3.8750\times10^{4}$ |
| m²/h | $2.7778\times10^{-4}$ | 1 | 2.778 | $2.9900\times10^{-3}$ | $1.0764\times10^{1}$ |
| cm²/s(Stokes) | $1\times10^{-4}$ | 0.36 | 1 | $1.0764\times10^{-3}$ | 3.8750 |
| ft²/s | $9.2903\times10^{-2}$ | $3.3445\times10^{2}$ | $9.2903\times10^{2}$ | 1 | 3600 |
| ft²/h | $2.5806\times10^{-5}$ | $9.2903\times10^{-2}$ | $2.5806\times10^{1}$ | $2.7778\times10^{-4}$ | 1 |

* 1ft = 0.3048m，1in = 0.0254m.——编者注

数值：在液体情形下，粘性系数 $\mu$ 几乎与压力无关，而随着温度的增加以很大的速率下降。在气体情形下，作为一次近似，粘性系数可以认为与压力无关，但随温度增加。对于液体，因为密度 $\rho$ 随温度只有微小的改变，所以运动粘性系数 $\nu$ 对温度的依赖关系

表 1.2 水和空气的密度、粘性系数和运动粘性系数与温度的关系

| 温度 ℃ | 水 | | | 空气 在0.099MPa的压力下(14.696lbf/in²) | | |
|---|---|---|---|---|---|---|
| | 密度 $\rho$ kg/m³ | 粘性系数 μPa·s | 运动粘性系数 $\nu\times10^6$ m²/s | 密度 $\rho$ kg/m³ | 粘性系数 $\mu$ μPa·s | 运动粘性系数 $\nu\times10^6$ m²/s |
| −20 | — | — | — | 1.39 | 15.6 | 11.2 |
| −10 | — | — | — | 1.34 | 16.2 | 12.1 |
| 0 | 999.3 | 1795 | 1.80 | 1.29 | 16.8 | 13.0 |
| 10 | 999.3 | 1304 | 1.30 | 1.25 | 17.4 | 13.9 |
| 20 | 997.3 | 1010 | 1.01 | 1.21 | 17.9 | 14.8 |
| 40 | 991.5 | 655 | 0.661 | 1.12 | 19.1 | 17.1 |
| 60 | 982.6 | 474 | 0.482 | 1.06 | 20.3 | 19.2 |
| 80 | 971.8 | 357 | 0.367 | 0.99 | 21.5 | 21.7 |
| 100 | 959.1 | 283 | 0.295 | 0.94 | 22.9 | 24.4 |

与 $\mu$ 相同。但是对于气体，由于随着温度增加密度 $\rho$ 显著减小，所以 $\nu$ 随着温度增加而迅速增加。表 1.2 列出了水和空气的 $\rho$，$\mu$，$\nu$

表 1.3 运动粘性系数

| 液体 | 温度 ℃ | $\nu\times10^6$ m²/s |
|---|---|---|
| 甘油 | 20 | 680 |
| 水银 | 0 | 0.125 |
| 水银 | 100 | 0.091 |
| 润滑油 | 20 | 400 |
| 润滑油 | 40 | 100 |
| 润滑油 | 60 | 30 |

的一些数据。

表 1.3 列出了另外若干有用的数据。

## c. 可压缩性

可压缩性是液体或气体在外力作用下体积改变的一种度量．在这方面可以用方程

$$\Delta p = -E\frac{\Delta V}{V_0} \tag{1.5}$$

来定义体积改变的**弹性模量** $E$，其中 $\Delta V/V_0$ 表示由压力增量 $\Delta p$ 所引起的体积的相对改变．液体的可压缩性非常小，例如水的 $E=280000\text{lbf/in}^2$，这说明压力增加一个大气压（14.7 $\text{lbf/in}^2$）时，引起体积的相对改变约为 1/20000，即 0.005%．其它液体也显示出类似的性质，所以在大多数情况下，液体的可压缩性可以忽略不计，其流动可以当作是不可压缩的．

在气体情形下，如果体积变化过程是等温的，很容易从完全气体定律[1)]得出，其弹性模量 $E$ 等于初始压力 $p_0$．对于 NTP（标准大气压和冰点温度）条件下的空气，$E = 14.7\ \text{lbf/in}^2$．这说明空气的可压缩性约为水的 20000 倍．其它气体也有类似的情况．

在流体流动问题中，为了回答是否需要考虑气体的可压缩性，必须研究由流体运动所引起的压力改变是否会导致体积的很大变化．而体积的变化又可以用密度的变化来估算．由于质量守恒，我们有 $(V_0+\Delta V)(\rho_0+\Delta\rho)=V_0\rho_0$，所以 $\Delta\rho/\rho_0=-\Delta V/V_0$．于是式 (1.5) 可以改写成

$$\Delta p = E\frac{\Delta\rho}{\rho_0}. \tag{1.5a}$$

因而，如果密度的相对改变非常小，即 $\Delta\rho/\rho_0 \ll 1$，则气体的流动就可以认为是不可压缩的．根据 Bernoulli 方程 $p+\frac{1}{2}\rho w^2=$ 常

---

1）根据完全气体定律可得：由压力改变 $\Delta p$ 引起的体积改变 $\Delta V$ 满足关系式 $(p_0+\Delta p)(V_0+\Delta V)=p_0V_0$，所以 $\Delta p\approx -p_0\Delta V/V_0$．

数（$w$ 是流速）知道，由流动引起的压力改变 $\Delta p$ 与动压头 $q=\frac{1}{2}\rho w^2$ 的量级相同，所以式(1.5a)变成

$$\frac{\Delta\rho}{\rho_0}\approx\frac{q}{E}. \tag{1.6}$$

因此，如果 $\Delta\rho/\rho_0$ 真的远小于1，那么从式(1.6)看出，必定也有 $q/E\ll 1$. 于是，如果动压头远小于弹性模量，则说明气体的流动可以当作不可压缩流来处理，而且具有很高的近似程度.

如果在上述方程中引入声速，则可以用另一种方法来说明同样的结果. 根据 Laplace 方程，声速为 $c^2=E/\rho_0$. 因此从式(1.6)出发，条件 $\Delta(\rho/\rho_0)\ll 1$ 也可以写成

$$\frac{\Delta\rho}{\rho_0}\approx\frac{\rho_0}{2}\frac{w^2}{E}\approx\frac{1}{2}\left(\frac{w}{c}\right)^2\ll 1.$$

流速 $w$ 与声速 $c$ 之比

$$\mathbf{M}=\frac{w}{c} \tag{1.7}$$

称为 Mach 数. 上述讨论得出如下结论：如果

$$\frac{1}{2}\mathbf{M}^2\ll 1\quad（近似地为不可压缩） \tag{1.8}$$

也就是说，如果 Mach 数远小于1，或者换句话说，如果流速远小于声速，则在讨论该气体的流动时，可压缩性就可以忽略不计. 在声速约为 $c=1100\text{ft/s}$ 的空气中，当流速 $w=330\text{ft/s}$ 时，其密度的改变为 $\Delta\rho/\rho_0=\frac{1}{2}\mathbf{M}^2=0.05$. 这个数值可以认为是气体能够当作不可压缩流体来讨论的上限.

以后，我们常常假设流体是不可压缩的，因此，所得结果只适用于小 Mach 数的情形. 但是在有些场合中，特别是在第十二章、第十三章和第二十三章中，我们的结果将扩展到包括可压缩流体.

### d. 管流的 Hagen-Poiseuille 公式

针对一个有切向力的简单流动，本章 b 中所述的初等摩擦力

定律可以应用于重要的和更为一般的情形，即等直径 ($D=2R$) 圆截面的直管流动情形．由于附着的原因，壁面上速度为零，而在轴线上速度达到最大值（图 1.2）．在以管轴为中心轴的各圆柱截面上，速度是相等的，同时各圆柱薄层之间相互滑移，速度均沿轴向．这类运动称为**层流**．在离开进口截面足够远的地方，截面上的速度分布就与沿流动方向的坐标无关了．

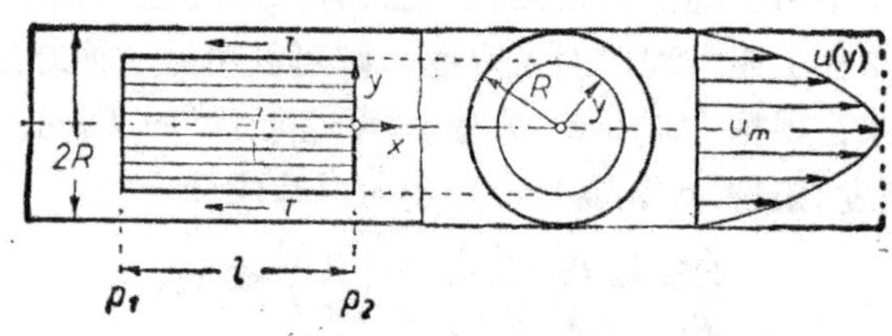


图 1.2　通过管道的层流

流体在轴向压力梯度的作用下运动，而在垂直于轴线的每个截面上可以把压力当作均匀的．由于摩擦效应，切应力相互作用于各层之间，它正比于速度梯度 $du/dy$．因此，流体质点在压力梯度的作用下加速，而在摩擦切应力的作用下减速．除此之外，没有其它的作用力，特别是没有惯性力，因为沿每一条流线速度保持不变．为了建立起平衡条件，我们研究一个半径为 $y$、长度为 $l$ 的共轴圆柱体（图 1.2）．$x$ 方向的平衡条件要求作用在圆柱体端面上的压力 $(p_1-p_2)\pi y^2$ 等于作用在圆柱面上的切向力 $2\pi yl\cdot\tau$．由此得到

$$\tau=\frac{p_1-p_2}{l}\frac{y}{2}. \tag{1.9}$$

根据摩擦力定律，即式 (1.2)，在目前的情形下有

$$\tau=-\mu du/dy.$$

因为 $u$ 随着 $y$ 的增加而减小，所以式 (1.9) 给出

$$\frac{du}{dy}=-\frac{p_1-p_2}{\mu l}\frac{y}{2},$$

积分后则得到

$$u(y)=\frac{p_1-p_2}{\mu l}\left(C-\frac{y^2}{4}\right).$$

积分常数 $C$ 由壁面无滑移的条件来确定．由于 $y=R$ 处有 $u=0$，所以 $C=R^2/4$，最后得到

$$u(y)=\frac{p_1-p_2}{4\mu l}(R^2-y^2). \tag{1.10}$$

因此速度沿半径方向呈抛物线分布(图 1.2)，且轴上最大速度为

$$u_m=\frac{p_1-p_2}{4\mu l}R^2.$$

由于旋转抛物面所包围的体积为 $\frac{1}{2}\times$底面积$\times$高度，所以很容易算出单位时间流过横截面的流体体积 $Q$．因此，

$$Q=\frac{\pi}{2}R^2u_m=\frac{\pi R^4}{8\mu l}(p_1-p_2). \tag{1.11}$$

式(1.11)说明体积流量正比于单位长度上压力降 $(p_1-p_2)/l$ 的一次方，同时正比于圆管半径的四次方．如果引入横截面上的平均速度 $\bar{u}=Q/\pi R^2$，则式(1.11)可以改写为

$$p_1-p_2=8\mu\frac{1}{R^2}\bar{u}. \tag{1.12}$$

G. Hagen[6] 首先得出式(1.11)．不久之后，J. Poiseuille[11] 也得到了这个关系式．这个方程通常称为管道中层流的 Hagen-Poiseuille 公式．

为了用实验来测定粘性系数 $\mu$，可以利用式(1.11)．方法是在已知半径的细管中测定流量，并在固定的长度两端测定压力降．测出足够的数据，就可以从式(1.11)来定出 $\mu$．

可以应用式(1.10)和(1.11)的这类流动，实际上只存在于半径和流速都比较小的情形．对于更大的速度和半径，流动的特性完全变了：压力降不再象式(1.12)那样正比于平均速度 $\bar{u}$ 的一次方，而是近似地正比于 $\bar{u}$ 的二次方．横截面上的速度变得更加均匀

了，规则的层流为在主流上叠加不规则的径向和轴向脉动速度的流动所代替. 所以在径向将发生强烈的混合. 在这种情形下，Newton 摩擦力定律式(1.2)不再适用了. 此时流动已由层流变为**湍流**. 后者我们将在第二十章中再详细讨论.

### e. 相似性原理；Reynolds 数和 Mach 数

上节所讨论的这类流体运动是非常简单的，因为每个流体质点只在摩擦力和压力的影响下运动，惯性力处处为零. 但是，在扩张槽或收缩槽中，流体质点除了受到压力和摩擦力的作用之外，还受到惯性力的作用.

在本节中，我们将力图回答这样一个很基本的问题，即在什么样的条件下，不同流体以同一的初始流向绕两个几何相似物体流动时，会显示出几何相似的流线. 这些具有几何相似流线的流动称为**动力相似流动**，或**相似流动**. 对于流体不同、流速不同、线尺度不同、但绕几何相似物体(例如两圆球)的两个流动，如果二者相似，显然应该满足下述条件：在所有几何相似的对应点上，作用在一流体质点上的各力，每一时刻都必须有一固定的比值.

现在我们来研究只出现摩擦力和惯性力的这类重要情形. 我们不考虑由于体积变化而引起的弹性力，即假定流体是不可压缩的. 我们也不考虑重力，所以不允许有自由表面，而在流体的内部，假定重力为浮力所平衡. 在这些假设下，只有当所有对应点上惯性力与摩擦力之比相同时，才满足相似条件. 在一个平行于 $x$ 轴的运动中，单位体积惯性力的大小为 $\rho \mathrm{D}u/\mathrm{D}t$，其中 $u$ 是 $x$ 方向的速度分量，而 $\mathrm{D}/\mathrm{D}t$ 表示随体导数. 在定常流动的情形下，我们可以将它改写成

$$\rho \partial u/\partial x \cdot dx/dt = \rho u \partial u/\partial x,$$

其中 $\partial u/\partial x$ 表示速度随位置的变化. 因此，单位体积的惯性力等于 $\rho u \partial u/\partial x$. 关于摩擦力的表达式，很容易从 Newton 摩擦力定律(式(1.2))导出. 若考虑一个流体微元，其运动方向与 $x$ 方向一致(图 1.3)，我们发现切向力的合力等于

$$\left(\tau+\frac{\partial \tau}{\partial y} d y\right) d x d z-\tau d x d z=\frac{\partial \tau}{\partial y} d x d y d z .$$

所以，单位体积的摩擦力等于 $\partial\tau/\partial y$，或根据式(1.2)，它等于 $\mu\partial^2u/\partial y^2$.

因此，相似性条件，即所有对应点上惯性力与摩擦力之比必须不变的条件，可以写成

$$\frac{\text{惯性力}}{\text{摩擦力}}=\frac{\rho u \partial u / \partial x}{\mu \partial^2 u / \partial y^2}=\text{常数}.$$

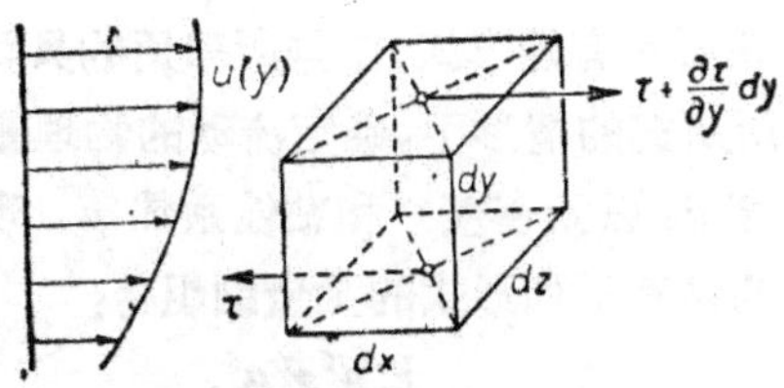


图 1.3 作用在流体微元上的摩擦力

现在有必要研究一下当流动参数发生变化时，这些力如何改变. 这些流动参数包括密度 $\rho$、粘性系数 $\mu$、特征速度(例如来流速度 $V$)以及物体的特征长度(例如圆球的直径 $d$).

在速度场中某点的速度 $u$ 正比于来流速度 $V$，速度梯度 $\partial u/\partial x$ 正比于 $V/d$，类似地，$\partial^2u/\partial y^2$ 正比于 $V/d^2$. 所以比值

$$\frac{\text{惯性力}}{\text{摩擦力}}=\frac{\rho u \partial u / \partial x}{\mu \partial^2 u / \partial y^2}=\frac{\rho V^2 / d}{\mu V / d^2}=\frac{\rho V d}{\mu}.$$

因此，如果在两个流动中量 $\rho Vd/\mu$ 具有相同的值，则满足相似性条件. 由于 $\mu/\rho=\nu$，量 $\rho Vd/\mu$ 也可以写成 $Vd/\nu$. 因为它是两个力的比值，所以是一个无量纲的数. 这就是著名的 Reynolds 数 $\mathbf{R}$. 于是，若两个流动的 Reynolds 数

$$\mathbf{R}=\frac{\rho V d}{\mu}=\frac{V d}{\nu} \tag{1.13}$$

相等，则这两个流动相似. O. Reynolds[12] 针对圆管中流动的研究，首先阐明了这个原理，所以称之为 Reynolds 相似性原理.

通过量纲考虑:

$$\rho\left[\frac{\text{lbf}\cdot\text{s}^2}{\text{ft}^4}\right],\quad V\left[\frac{\text{ft}}{\text{S}}\right],\quad d\,[\text{ft}],\quad \mu\left[\frac{\text{lbf}\cdot\text{s}}{\text{ft}^2}\right],$$

可以直接验证 Reynolds 数是无量纲的. 因为

$$\frac{\rho V d}{\mu}=\frac{\text{lbf}\cdot\text{s}^2}{\text{ft}^4}\cdot\frac{\text{ft}}{\text{s}}\cdot\text{ft}\cdot\frac{\text{ft}^2}{\text{lbf}\cdot\text{s}}=1,$$

由此证明 Reynolds 数确实是无量纲的.

**指数法**: 采用指数法来研究量纲而不考虑动力相似性条件,也可以导出 Reynolds 原理. 关于这一点,我们利用下述论断: 即一切物理定律所具有的形式,应与所采用的具体的单位制无关.

在目前所研究的情形下,确定流动的物理量是: 来流速度 $V$, 物体特征长度 $d$, 以及密度 $\rho$ 和粘性系数 $\mu$. 现在我们要问,是否存在这些量的具有下列形式的无量纲组合:

$$V^{\alpha}d^{\beta}\rho^{\gamma}\mu^{\delta}.$$

设 $\mathbf{F}$ 表示力, $\mathbf{L}$ 表示长度, $\mathbf{T}$ 表示时间,如果

$$V^{\alpha}d^{\beta}\rho^{\gamma}\mu^{\delta}=\mathbf{F}^0\mathbf{L}^0\mathbf{T}^0,$$

就可以得到一个无量纲组合. 因为一个无量纲量的任意次方仍然是无量纲量,因此不失讨论的一般性,可以指定四个指数 $\alpha$, $\beta$, $\gamma$, $\delta$ 中的任何一个为 1. 假定 $\alpha=1$, 我们得到

$$Vd^{\beta}\rho^{\gamma}\mu^{\delta}=\frac{\mathbf{L}}{\mathbf{T}}\mathbf{L}^{\beta}\left(\frac{\mathbf{FT}^2}{\mathbf{L}^4}\right)^{\gamma}\left(\frac{\mathbf{FT}}{\mathbf{L}^2}\right)^{\delta}=\mathbf{F}^0\mathbf{L}^0\mathbf{T}^0.$$

令该表达式两边 $\mathbf{L}$, $\mathbf{T}$ 和 $\mathbf{F}$ 的指数相等,则得到三个方程:

$$\begin{aligned}&\mathbf{F}: && \gamma+\delta=0,\\&\mathbf{L}: && 1+\beta-4\gamma-2\delta=0,\\&\mathbf{T}: && -1+2\gamma+\delta=0.\end{aligned}$$

其解为

$$\beta=1,\ \gamma=1,\ \delta=-1.$$

这表明存在着四个量 $V$, $d$, $\rho$ 和 $\mu$ 的一个唯一的无量纲组合, 即 Reynolds 数 $\mathbf{R}$.

**无量纲量**: 对于具有(几何)相似边界的流动, 在研究其速度

场和各种力(法向力和切向力)时，为了包括不同 Reynolds 数的情形，可以把上述导出 Reynolds 数过程中所作的讨论加以推广. 设几何相似物体周围空间一点的位置用坐标 $x$, $y$, $z$ 来表示，则比值 $x/d$, $y/d$, $z/d$ 就是其无量纲坐标. 我们以来流速度 $V$ 为参考速度，可作出无量纲速度分量 $u/V$, $v/V$, $w/V$，同时法应力 $p$ 和切应力 $\tau$ 以动压头的两倍（$\rho V^2$）为参考量，则得相应的无量纲量 $p/\rho V^2$ 和 $\tau/\rho V^2$. 于是，前面所阐明的动力相似性原理可以表述成另一种形式，即 Reynolds 数相同的两个几何相似系统，其无量纲量 $u/V$, $\cdots$, $p/\rho V^2$ 和 $\tau/\rho V^2$ 只依赖于无量纲坐标 $x/d$, $y/d$, $z/d$. 然而，如果两个系统是几何相似的但不是动力相似的，也就是说，如果它们的 Reynolds 数不同，则上述无量纲量一定还依赖于两个系统的特征量 $V$, $d$, $\rho$, $\mu$. 应用物理定律一定与单位制无关的原理，可以得出无量纲量 $u/V$, $\cdots$, $p/\rho V^2$, $\tau/\rho V^2$ 只能依赖于 $V$, $d$, $\rho$ 和 $\mu$ 的无量纲组合，这个无量纲组合是唯一的. 它就是 Reynolds 数 $\mathbf{R}=Vd\rho/\mu$. 因此我们得出结论：被比较的，两个不同 Reynolds 数的几何相似系统，其流场的无量纲量只能是三个无量纲空间坐标 $x/d$, $y/d$, $z/d$ 以及 Reynolds 数 $\mathbf{R}$ 的函数.

关于运动流体作用在浸没物体上的合力，可以用上述量纲分析作出一个重要论断. 作用在物体上的力是所有作用在物体上的法应力和切应力的面积分. 如果 $P$ 表示该合力在任意一个给定方向上的分量，就可以把力的无量纲系数写成 $P/d^2\rho V^2$ 的形式. 然而，通常不是用面积 $d^2$，而是选用这个浸没物体的特征面积 $A$，例如物体在流动方向上的迎风面积. 在圆球情形下，它等于 $\pi d^2/4$. 因此，力的无量纲系数变为 $P/A\rho V^2$. 量纲分析导致这样一个结论：对于几何相似系统，这个系数只能依赖于由 $V$, $d$, $\rho$ 和 $\mu$ 构成的无量纲组合，即只能依赖于 Reynolds 数. 合力平行于来流速度的分量称为阻力 $D$，而垂直于该方向的分量称为升力 $L$. 如果选择动压头 $\frac{1}{2}\rho V^2$ 而不用量 $\rho V^2$ 作为参考量，则升力和阻力的

无量纲系数为

$$C_L = \frac{L}{\frac{1}{2}\rho V^2 A}, \qquad C_D = \frac{D}{\frac{1}{2}\rho V^2 A}. \quad (1.14)$$

因此，从上述分析得到这样的结论：对于几何相似的系统，即相对于来流有相同取向的几何相似物体，它们的无量纲升力系数和阻力系数都只是一个变量的函数，即只是 Reynolds 数的函数：

$$C_L = f_1(\mathbf{R}); \quad C_D = f_2(\mathbf{R}). \quad (1.15)$$

必须再次强调指出：只有当 Reynolds 相似性原理的前提得到满足时，即在流动中起作用的力只是摩擦力和惯性力时，从Reynolds 相似性原理所得到的上述重要结论才是成立的．在可压缩流体的情形下，弹性力是很重要的，而当运动具有自由面时，则必须把重力考虑进去，此时式 (1.15) 就不适用了．在这样的情形下，有必要导出不同的相似性原理，其中包括无量纲的 Froude 数 $\mathbf{F} = V/\sqrt{gd}$ (考虑重力和惯性力)，以及无量纲的 Mach 数 $\mathbf{M} = V/c$ (考虑可压缩性)．

就理论和实验流体力学这门学科而言，由式 (1.14) 和 (1.15) 所给出的相似性原理有非常重要的意义．首先，无量纲系数 $C_L$, $C_D$ 以及 $\mathbf{R}$ 不依赖于单位制．其次，应用相似性原理可以使实验工作大为简化．在大多数情形下，不可能在理论上确定出函数 $f_1(\mathbf{R})$ 和 $f_2(\mathbf{R})$，因而必须运用实验的方法．

假如我们想要确定某个规定形状物体的阻力系数 $C_D$，例如圆球的阻力系数，如果不应用相似性原理，我们就需要对四个独立变数 $V$, $d$, $\rho$ 和 $\mu$ 的不同值进行一系列的阻力测定．这就要制定一个庞大的工作计划．但是相似性原理告诉我们：对于不同直径的球，在不同来流速度和不同流体的条件下，其阻力系数只依赖于一个变数，即 Reynolds 数．图 1.4 画出了圆柱阻力系数随 Reynolds 数变化的函数曲线，同时表明实验结果与 Reynolds 相似性原理之间很一致．对于直径有很大差别的圆柱的阻力系数，其实验点落在同一条曲线上．这个结论同样适用于图 1.5 中相对于 Reynolds

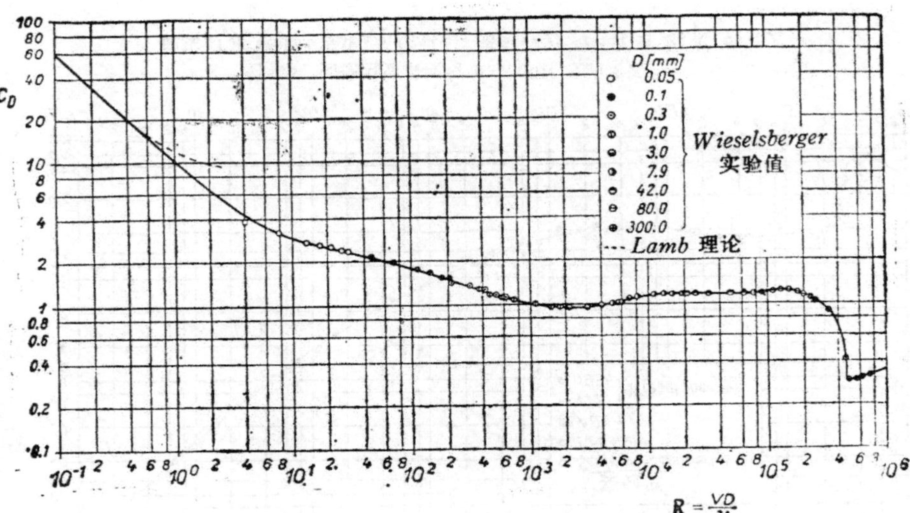


图 1.4 圆柱阻力系数与 Reynolds 数的关系

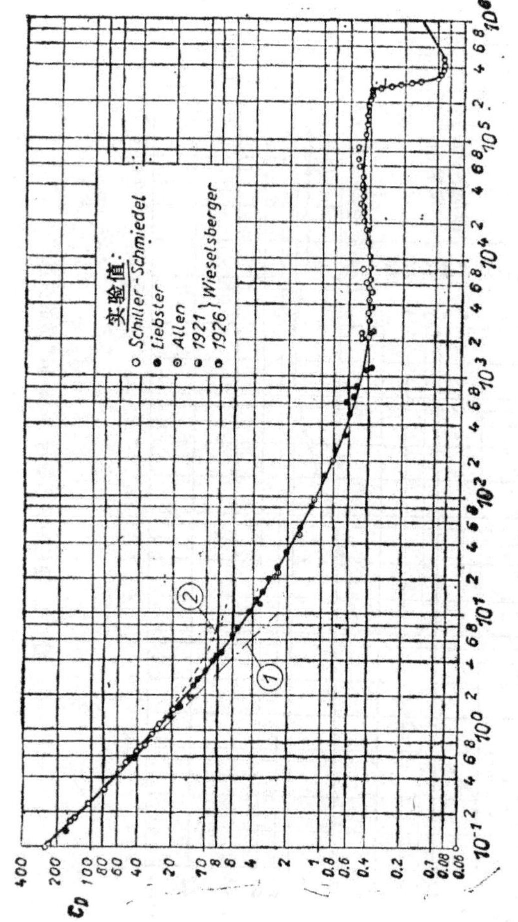


图 1.5 圆球阻力系数与 Reynolds 数的关系

曲线(1): Stokes 理论,式(6.10); 曲线(2): Oseen 理论,式(6.13)

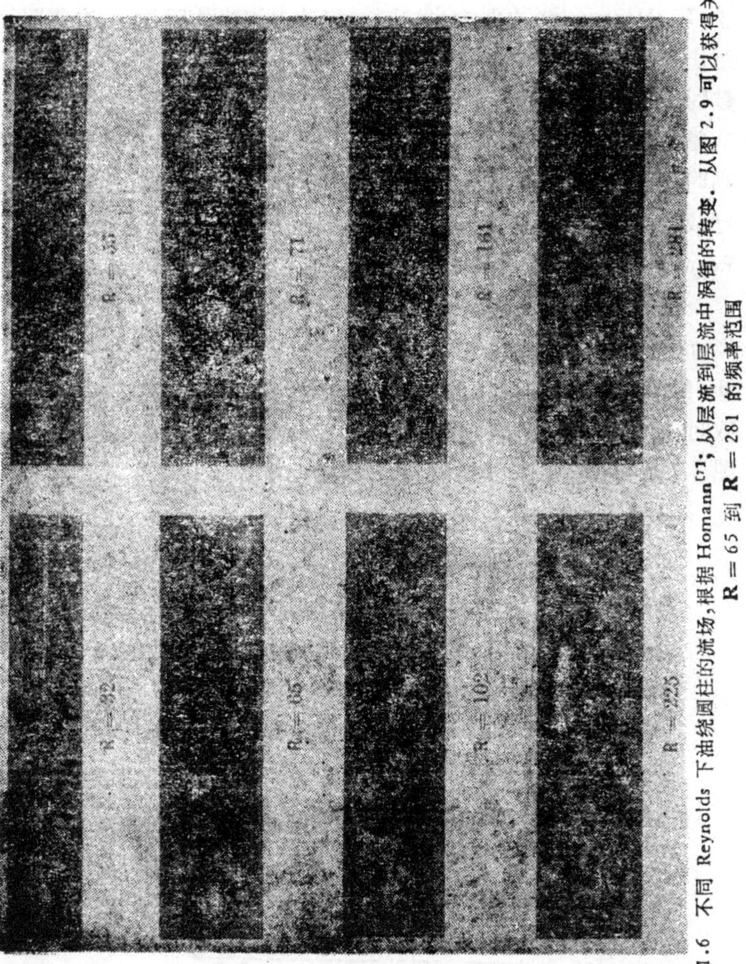

图 1.6 不同 Reynolds 下油绕圆柱的流场，根据 Homann[7]；从层流到层流中涡街的转变. 从图 2.9 可以获得关于 $\mathbf{R} = 65$ 到 $\mathbf{R} = 281$ 的频率范围

数画出的圆球阻力系数的实验点．以后我们要比较详细地讨论阻力系数值突然减小的问题．在圆柱情形下，它出现在 $\mathbf{R}=5\times10^5$ 左右，在圆球的情形下，它出现在 $\mathbf{R}=3\times5^5$ 左右．图 1.6 复制了 F. Homann[7] 拍摄的油绕圆柱流动中流线的照片．这些照片给出了与 Reynolds 数有关的流场变化的清楚的概念．在小 Reynolds 数时，尾迹是层流的，但是，当 Reynolds 数增大时，首先形成非常规则的旋涡图象，即所谓的 Kármán 涡街．当 Reynolds 数更高时（这里未给出照片），旋涡的图象变得不规则了，并且在性质上已成为湍流．后来，S. Taneda[14] 还拍摄了直至 $\mathbf{R}=3$ 的低 Reynolds 数时的这种照片．

在图 1.4 中可以看出，在 $\mathbf{R}=5\times10^5$ 和 $10^6$ 之间的某个 Reynolds 数上，圆柱阻力系数达到最小值 $C_D\approx0.3$．在这个 Reynolds 范围内，不存在规则的涡街．在超过 $\mathbf{R}\approx10^6$ 的极高 Reynolds 数时，正如从图 1.7 看到的那样，阻力系数以相当大的速率增加，图 1.7 是根据 A. Roshko[13] 和 G. W. Jones，J. J. Cinotta 和

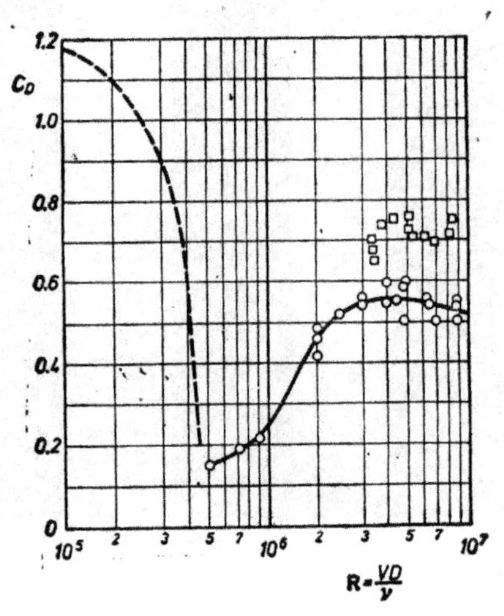


图 1.7 在极大 Reynolds 数以及 $\mathbf{M}<0.2$ 时圆柱的阻力系数，根据 A. Roshko[13] 以及 G. W. Jones 和 J. J. Walker[8] 的测量结果

R. W. Walker[8] 的测量结果绘制的．当 $\mathbf{R}=10^7$ 时，阻力系数值达到 $C_D \approx 0.55$．根据上述作者的意见，当 $\mathbf{R}>3.5\times10^6$ 时，又重新建立起规则的涡街．

最近还进行了在极高 Reynolds 数时圆球阻力的研究[1]．这里也像圆柱的情形那样，在 $\mathbf{R}=5\times10^5$ 左右，阻力系数有最小值 $C_D \approx 0.1$，在这以后，又显著地增加，然后在 Reynolds 数接近于 $\mathbf{R}=10^7$ 时，达到 $C_D \approx 0.2$．

圆球阻力随 Reynolds 数和 Mach 数变化的测量结果，已由 A. B. Bailey 和 J. Hiatt[1a] 以及 A. B. Bailey 和 R. F.Starr[1b] 等作了评论．

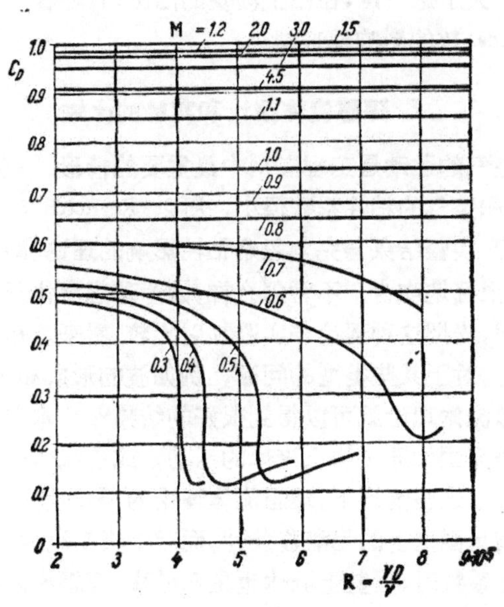


图 1.8　用 Reynolds 数和 Mach 数表示的圆柱阻力系数，根据 A. Naumann[9,10] 的测量结果

**压缩性的影响**：在流体是不可压缩的假定下，我们进行了上述讨论，并由此发现，无量纲的因变量只是一个无量纲 Reynolds 数的函数．如果流体是可压缩的，那么它们还依赖于另一个无量

纲数，即 Mach 数 $\mathbf{M}=V/c$。如本章 c 所述，Mach 数可以看成是流动介质可压缩性的一种度量．在可压缩性起重要作用的流动中，无量纲系数将同时依赖于两个参数 $\mathbf{R}$ 和 $\mathbf{M}$，于是式 (1.15) 应改为

$$C_L=f_1(\mathbf{R},\mathbf{M});\quad C_D=f_2(\mathbf{R},\mathbf{M}). \tag{1.16}$$

图 1.8 中给出了上述函数关系的一个例子，其中画出了圆球阻力系数 $C_D$ 随 Reynolds 数 $\mathbf{R}=VD/\nu$ 和 Mach 数 $\mathbf{M}=V/c$ 变化的曲线．在 $\mathbf{M}=0.3$ 时，对应的曲线实际上与图 1.5 中不可压缩流动的曲线重合．这表明直到 $\mathbf{M}=0.3$，Mach 数的影响是可以忽略不计的．另一方面，在高 Mach 数时，Mach 数的影响却是很大的．关于这一点，在图上涉及的范围内，随着 Mach 数的增大，Reynolds 数的影响越来越小．

## f．理想流体理论和实验的比较

水和空气的运动是工程应用中最重要的情形． 在这种情形下，由于水和空气的粘性系数很小，所以 Reynolds 非常大．因此有理由期望，实验结果与完全忽略粘性影响的理论(即理想流体理论)之间能很好地吻合．不管怎么样，因为理想流体理论已有大量的数学显解，先把这种理论与实验加以比较，看来总是有益的．

事实上，对于某些类型的问题，例如波的形成和潮汐的运动，借助于理想流体理论就可以得到很好的结果[1]． 本书所讨论的大多数问题研究固体通过静止流体的运动，或是流体通过管道和渠道的运动．在这些情形下，理想流体理论的用处是很有限的，因为它的解不满足固壁上的无滑移条件，而对于真实流体而言，即使在很小的粘性系数时，固壁上流体也是不滑移．理想流体中壁面上存在着滑移，所以即使对于粘性系数很小的流体而言，这一情况带来了如此根本的差别，以致在某些情形下(例如非常细长的流线形物体)，两种解呈现出良好的一致性反而令人感到惊奇．理想流体理

1) 例如参阅 B. H. Lamb, Hydrodynamics, 6th ed., Dover, New York, 1945.

论和实验之间最大的矛盾是在阻力问题上．理想流体理论给出如下结论：当任意形状的物体在充满整个空间的静止流体中运动时，物体没有受到作用在运动方向上的力，即物体的阻力为零(d'Alembert 佯谬)．这个结论显然与观测到的事实相矛盾．因为当定常流动平行于流线体轴线流过该物体时，虽然阻力可能变得很小，但是在所有这样的物体上都能测到阻力．

作为实例，我们现在打算对绕圆柱的流动问题作出若干说明．图 1.9 中给出了理想流体的流线排列．根据对称性立即可以得出：沿运动方向的合力(阻力)等于零．在图 1.10 中，根据无摩擦

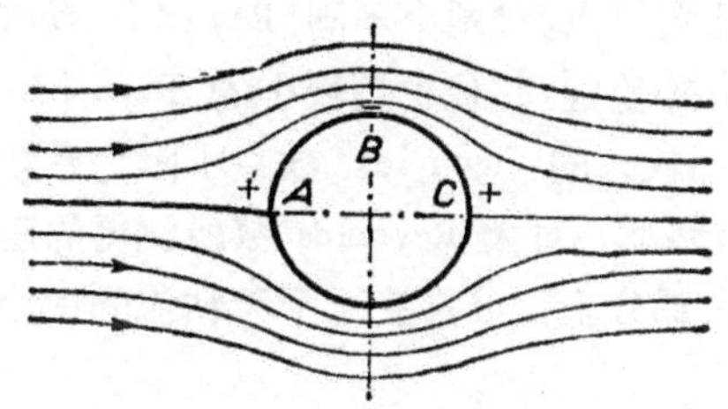


图 1.9 绕圆柱的无粘流

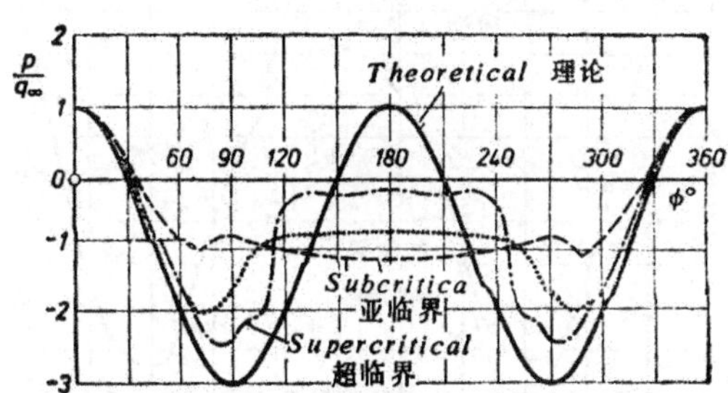


图 1.10 在亚临界 Reynolds 数和超临界 Reynolds 数范围内圆柱上的压力分布，根据 O. Flachsbart[4] 和 A. Roshko[13]．$q_\infty = \frac{1}{2}\rho V^2$ 是来流的动压头

——无粘流

– – –$\mathbf{R} = 1.9 \times 10^5$ } Flachsbart (1932)

–·–·$\mathbf{R} = 6.7 \times 10^5$ } Flachsbart (1932)

········$\mathbf{R} = 8.4 \times 10^6$ Roshko (1961)

运动理论以及在三个不同 Reynolds 数值下的测量数据，绘出了压力分布．在前缘，所有测量的压力分布在一定的范围内与理想流体的压力分布相符．由于圆柱的阻力很大，所以在后缘，理论与测量结果之间的差异变得很大．在最低的亚临界 Reynolds 数 $\mathbf{R}=1.9\times10^5$ 时，压力分布与位势流理论所给出的压力分布相差最大．对应于两个大 Reynolds 数 $\mathbf{R}=6.7\times10^5$ 和 $\mathbf{R}=8.4\times10^6$ 测量的压力分布，要比最低 Reynolds 数下测量的压力分布更接近于位势理论曲线．下一章将详细地讨论压力分布随 Reynolds 数的这一巨大变化．我们在图 1.11 中复制了圆球子午线上的压力分布曲线．由此图看出，对两个不同 Reynolds 数值测得的压力分布也显示出很大的差别，并且也是较小的 Reynolds 数在大阻力系数的区域中，而较大的 Reynolds 数在小阻力系数的区域中（图 1.5）．在这种情形下，对大 Reynolds 数所测得的压力分布曲线在物体周线的绝大部分上都非常接近于无粘流的理论曲线．

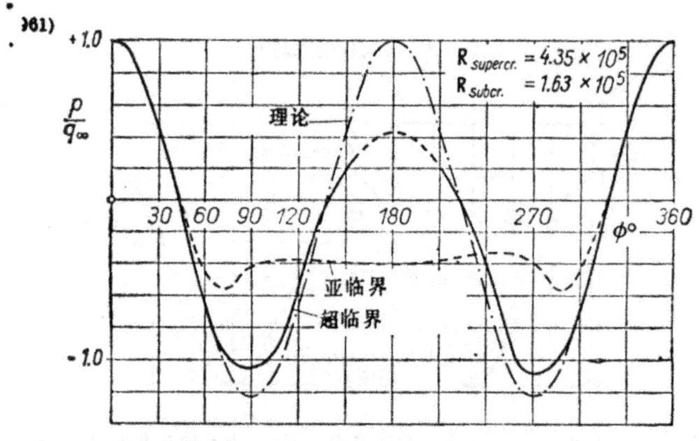


图 1.11　在亚临界 Reynolds 数和超临界 Reynolds 数范围内圆球上的压力分布，根据 O. Flachsbart[3] 的测量数据

对于流线体而言，在流动平行于其轴线时，理论计算的和实验测量的压力分布很一致[5]（图 1.12）．在这里，除了流线体后缘附近的一个很小的区域之外，二者几乎在整个流线体的长度上都很

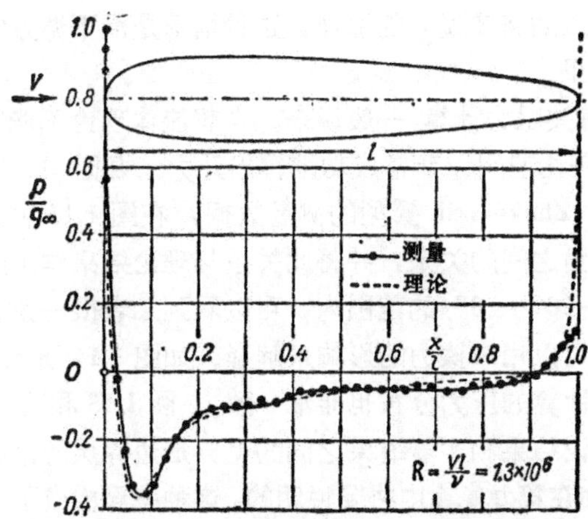


图 1.12 流线形旋成体的压力分布;理论与测量结果的比较，取自 Fuhrmann[9]

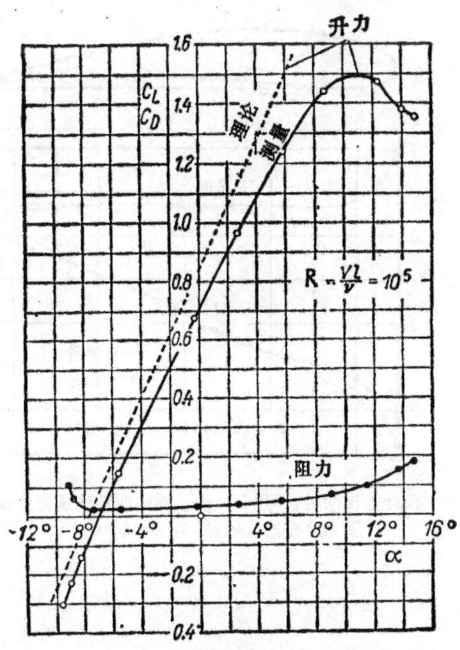


图 1.13 平面流中 Zhukovskii 翼型的升力系数和阻力系数，取自 Betz 的测量数据[2]

一致．正如以后将要说明的那样，这种情形是沿下游方向压力逐渐增加的后果．

虽然，有关阻力计算，一般说来，理想流体理论不能得到有用的结果，但是由它可以非常成功地算出升力．根据 A. Betz[2] 对无限翼展的 Zhukovskii 翼型的测量数据，在图 1.13 中画出了升力系数和攻角之间的关系，并将此关系与理论结果作出比较．在攻角 $\alpha=-10^\circ\sim10^\circ$ 的范围内，可以看到二者很一致，而其中很小的差别可以用摩擦力的影响来解释．如图 1.14 所示，实验的压力分布和计算的压力分布也非常一致． 图 1.13 和图 1.14 所显示出来的理论结果和实验结果之间的差异是边界层的位移作用所造成的；正如在第九章 j 中将要说明的，这种差异构成了边界层的高阶效应．

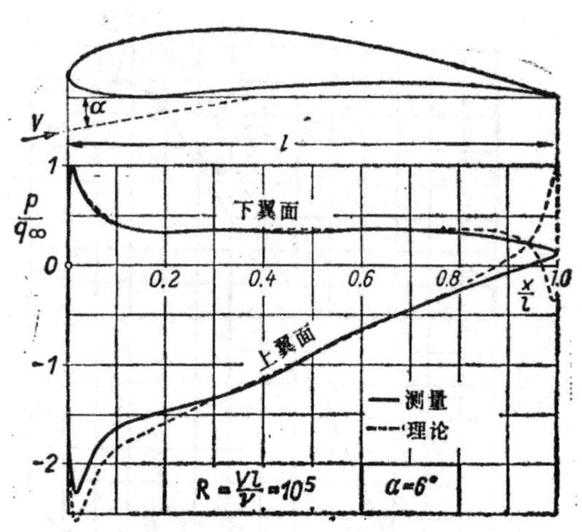


图 1.14　在升力相同时，Zhukovskii 翼型的理论压力分布与实验压力分布的比较，取自 A. Betz[2]

# 第二章　边界层理论概述

## a. 边界层概念

对于测量的压力分布与理想流体理论几乎一致的流体运动(如图 1.12 中绕流线体的流动或图 1.14 中绕翼型的流动)，高 Reynolds 数时的粘性影响仅局限于紧贴壁面的薄层内. 如果实际流体的无滑移条件不要求得到满足的话，那么实际流体与理想流体相比，两者的流场似乎没有什么明显的差别. 然而，事实上流体要粘附于固壁上. 这就意味着摩擦力阻滞了固壁附近薄层内流体的运动. 在这个薄层内，流体的速度从固壁处的零(无滑移)逐渐增加到相应的无摩擦外流原有的值. 我们要研究的这一薄层称之为**边界层**. 边界层的概念是由 L. Prandtl[25] 提出来的.

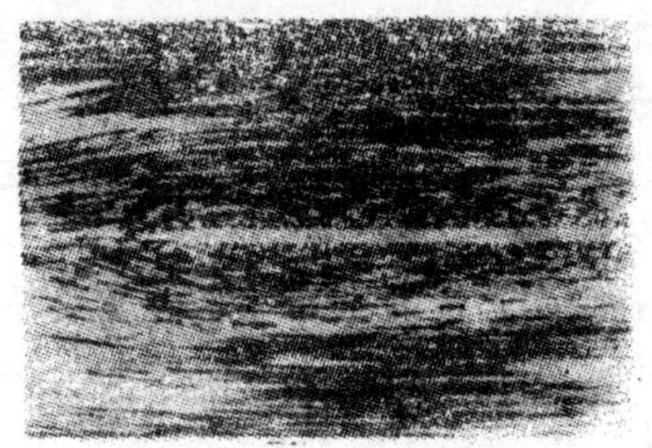

图 2.1　沿薄平板的运动(引自 Prandtl-Tietjens)
$l$ = 平板长度; Reynolds 数 $\mathbf{R} = Vl/\nu = 3$

图 2.1 是水沿着薄平板流动的照片，图上的流线是采用在水面撒微粒的办法显示的. 照片上微粒踪迹的长度正比于流动的速度. 我们发现，在固壁附近存在很薄的一层，层内的流速要比离固壁较远处的流速小得多. 并且，沿着平板的顺流方向，边界层的厚度逐渐增加. 图 2.2 绘出了这种平板边界层内的速度分布，不过该图已把边界层的厚度显著地夸大了. 在平板前方，来流速度分

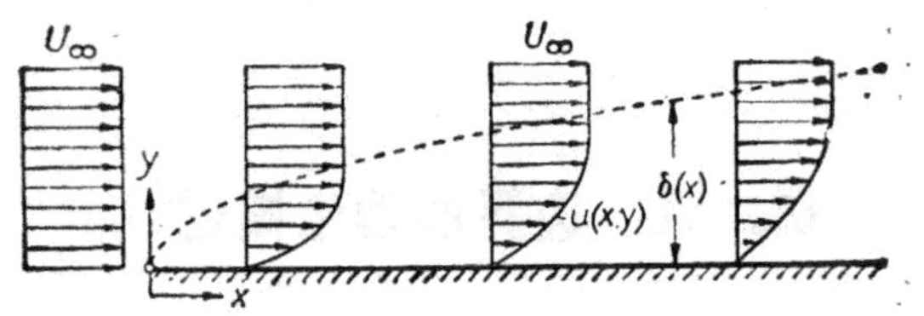


图 2.2　零攻角平板边界层的示意图，平板平行于来流

布是均匀的．随着从前缘向下游方向距离的增加，越来越多的流体受到影响，受阻滞的薄层厚度 $\delta$ 也不断增加．显然，边界层的厚度随粘性系数减小而减小．另一方面，即使粘性系数非常小(Reynolds 数很大)，由于边界层流动的横向速度梯度很大，因此边界层内的摩擦切应力 ($\tau = \mu\partial u/\partial y$) 却相当大；而在边界层之外，摩擦切应力是很小的．这种物理图象启示我们，为了便于作数学分析，可以把小粘性流体的流场分成两个区域：一个是壁面附近的薄边界层，其中必须考虑摩擦；另一个是边界层以外的区域，其中由于摩擦产生的力很小，可以忽略不计，因此，在这个区域中，理想流体理论可以给出很好的近似结果．以后我们将会更详细地看到，这样划分流场将给小粘性流体运动的数学理论带来相当大的简化．事实上，正是在 Prandtl 引进了边界层概念之后，才有可能对这种运动作理论上的研究．

现在，我们先用纯物理概念，而不是用数学来解释边界层理论的基本概念．从数学上研究边界层理论是本书的主要课题，这些将放到以后各章去讨论．

边界层沿壁面整个浸湿长度都粘附在物体上，然而边界层内受阻滞的流体质点并不总是保持在这个薄层之内．在某些情形下，沿着顺流方向，边界层厚度会显著增加，而且边界层内的流动会变成倒流．这就使得受阻滞的流体质点被迫向外流动．这种现象意味着边界层从壁面分离．下面我们就叙述**边界层分离**．分离现象总是与物体尾迹中涡的形成以及能量的大量损失联系在一起的．它主要发生在钝体(如圆柱和圆球)附近．在这类物体后面，存在一个急剧减速的流动区域(所谓尾迹)，其中压力分布和无摩擦情形相比有很大偏离，正如从图 1.10（圆柱）和图 1.11（圆球）所看到的那样．这类物体之所以有大的阻力，可以用压力分布有大的偏离来加以解释，而压力分布的偏离又是由于边界层分离的结果．

**边界层厚度的估算**：未分离的边界层厚度可以容易地用下述方法估算出来．在边界层外面，由于粘性很小，相对于惯性力而言，摩擦力可以略去不计．但是在边界层内，它们的量级却是相当的．正如第一章 e 中所述，单位体积的惯性力等于 $\rho u \partial u/\partial x$．对于长为 $l$ 的平板，梯度 $\partial u/\partial x$ 正比于 $U/l$，其中 $U$ 为边界层外缘的速度．因此，惯性力具有 $\rho U^2/l$ 的量级．另一方面，单位体积的摩擦力等于 $\partial\tau/\partial y$，在假定流动为层流的情况下，它等于 $\mu\partial^2 u/\partial y^2$．在垂直于壁面的方向上，速度梯度 $\partial u/\partial y$ 的量级是 $U/\delta$，所以单位体积的摩擦力为 $\partial\tau/\partial y \sim \mu U/\delta^2$．从摩擦力与惯性力相当的条件，我们得到如下关系式：

$$\mu \frac{U}{\delta^2} \sim \frac{\rho U^2}{l},$$

或者解出边界层厚度 $\delta$[1]：

$$\delta \sim \sqrt{\frac{\mu l}{\rho U}} = \sqrt{\frac{\nu l}{U}}. \tag{2.1}$$

到目前为止，比例因子的值尚未确定．以后（第七章）我们将从 H. Blasius[4] 给出的精确解推导出这个比例因子，并将证明它近似地等于 5．于是，对于**层流**边界层我们有

$$\delta = 5\sqrt{\frac{\nu l}{U}}. \tag{2.1a}$$

若以平板长度 $l$ 为参考长度，无量纲边界层厚度变为

$$\frac{\delta}{l} = 5\sqrt{\frac{\nu}{Ul}} = \frac{5}{\sqrt{\mathbf{R}_l}}, \tag{2.2}$$

其中 $\mathbf{R}_l$ 表示以平板长度 $l$ 为特征长度的 Reynolds 数．从方程

---

1）边界层厚度更严格的定义在本节末尾给出．

(2.1) 可以看出，边界层厚度正比于 $\sqrt{\nu}$ 和 $\sqrt{l}$. 如果采用从平板前缘量起的距离变量 $x$ 代替 $l$，那么，显然 $\delta$ 的增加与 $\sqrt{x}$ 成正比．另一方面，随着 Reynolds 数增加，边界层相对厚度 $\delta/l$ 以 $1/\sqrt{\mathbf{R}}$ 的比例减小，所以在无摩擦流动的极限情形下，随着 $\mathbf{R}\to\infty$，边界层厚度变为零.

现在，我们可以估算出壁面上的切应力 $\tau_0$，进而估算出总的阻力．根据 Newton 摩擦力定律 (1.2)，我们有

$$\tau_0=\mu\left(\frac{\partial u}{\partial y}\right)_0,$$

其中下标“0”表示壁面上(即 $y=0$ 处)的值．利用 $(\partial u/\partial y)_0\sim U/\delta$ 的关系，我们得到 $\tau_0\sim\mu U/\delta$，将方程 (2.1) 的 $\delta$ 值代入，则有

$$\tau_0\sim\mu U\sqrt{\frac{\rho U}{\mu l}}=\sqrt{\frac{\mu\rho U^3}{l}}. \tag{2.3}$$

因此，壁面附近的摩擦切应力正比于 $U^{3/2}$.

正如第一章所解释的，我们可以组成一个以 $\rho U^2$ 为参考量的无量纲应力，即

$$\frac{\tau_0}{\rho U^2}\sim\sqrt{\frac{\mu}{\rho U l}}=\frac{1}{\sqrt{\mathbf{R}_l}}. \tag{2.3a}$$

该结果与第一章中量纲分析的结果是一致的，那里曾预示，无量纲切应力仅取决于 Reynolds 数.

平板的总阻力 $D$ 等于 $bl\tau_0$，其中 $b$ 表示平板的宽度．因此，借助方程 (2.3)，我们得到

$$D\sim b\sqrt{\rho\mu U^3 l}. \tag{2.4}$$

由此看来，层流摩擦阻力正比于 $U^{3/2}$ 和 $l^{1/2}$．正比于 $l^{1/2}$ 意味着平板长度加倍时，阻力并不加倍．我们可以这样来理解这个结果：因为愈往后缘，边界层愈厚，所以平板下游部分受到的阻力小于前面部分的阻力．最后，按照公式 (1.14)，并将式中的参考面积 $A$ 换为浸湿面积 $bl$，则可以写出无量纲阻力系数的表达式．由方程

(2.4) 可以得出

$$C_D \sim \sqrt{\frac{\mu}{\rho U l}} = \frac{1}{\sqrt{\mathbf{R}_l}}.$$

根据 H. Blasius 精确解，其比例因子为 1.328，所以在平行流动中，层流平板的阻力系数为

$$C_D = \frac{1.328}{\sqrt{\mathbf{R}_l}}. \tag{2.5}$$

下面举一个数值例子来说明上述估算．根据实验结果，这里约定，当 Reynolds 数 $Ul/\nu$ 不超过 $5\times10^5$—$10^6$ 时，我们得到的是层流边界层．当 Reynolds 数更大时，则边界层变成湍流边界层．现在我们来计算当空气（$\nu = 0.144 \times 10^{-3}\mathrm{ft^2/s}$）以速度 $U=48\mathrm{ft/s}$ 流过长 $l = 3\mathrm{ft}$ 的平板时，平板末端处边界层的厚度．此时 $\mathbf{R}_l = Ul/\nu = 10^6$，由方程 (2.2) 得到

$$\frac{\delta}{l} = \frac{5}{10^3} = 0.005; \quad \delta = 0.18\mathrm{in}.$$

由公式 (2.5) 得出阻力系数 $C_D = 0.0013$．与圆柱阻力系数（图 1.4）相比，这个值是非常小的，因为在圆柱阻力系数中还包含有压差阻力．

**边界层厚度的定义：**边界层厚度的定义在一定程度上是任意的，因为从边界层内的速度过渡到层外的值是渐近地发生的．但是，这实际上并不重要，因为在离开壁面不远的地方，边界层内的速度就已经非常接近于外部速度了．因此，可以把边界层厚度定义为：速度与外部速度相差 1% 处到壁面的距离．用这个定义，公式 (2.2) 的数值因子为 5．有时我们不用边界层厚度而是用另一个量，即**位移厚度** $\delta_1$（图 2.3），其定义为

$$U\delta_1 = \int_0^\infty (U - u)dy. \tag{2.6}$$

位移厚度表示由于边界层的形成，使外部流线移动的距离．在平行来流和零攻角平板情形下，位移厚度大约是方程 (2.1a) 给出的边界层厚度 $\delta$ 的 $\frac{1}{3}$．

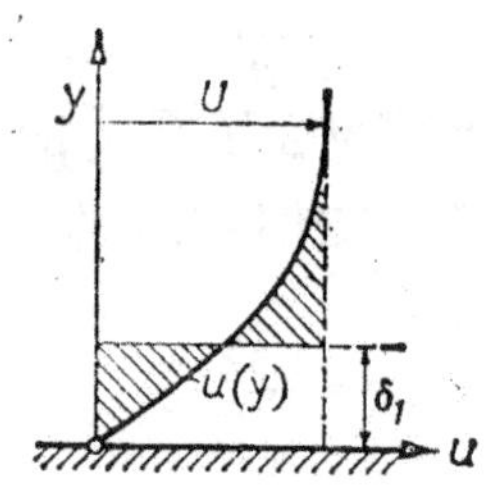


图 2.3　边界层的位移厚度 $\delta_1$

## b. 分离及涡的形成

处于平行流中和零攻角下的平板边界层是特别简单的，因为这时整个流场中的静压保持不变．由无摩擦流动的 Bernoulli 方程可知，既然边界层外面的速度保持不变，那么压力也就保持不变．再者，在任一距离 $x$ 处，边界层横截面上的压力也明显地保持不变．因此，在同一距离 $x$ 的横截面上，边界层内各点的压力与其相应的边界层外缘的压力大小相等．同样的结论亦可应用于具有任意外形的物体，这时边界层外缘的压力沿着固壁随弧长而变化．这一事实可以说成是：边界层外部的压力"施加"在边界层上．因此，在平板绕流情形下，整个边界层内的压力保持不变．

前面说过，边界层的分离现象与边界层内的压力分布密切相

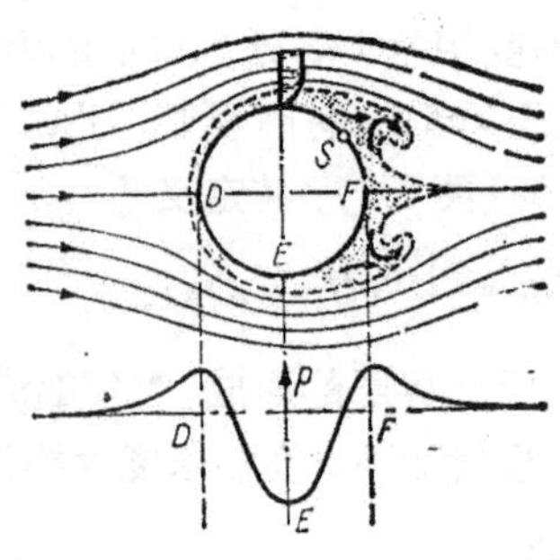


图 2.4　圆柱上边界层分离及涡的形成(示意图)，$S$ = 分离点

关．在平板边界层内不会出现倒流，所以也就不会发生分离．

为了阐明边界层分离这一非常重要的现象，让我们来研究绕钝体(例如圆柱体)的流动，见图 2.4．在无摩擦流动中，流体质点在从 $D$ 到 $E$ 的迎风面上是加速的，在从 $E$ 到 $F$ 的背风面上是减速的．因此从 $D$ 到 $E$ 压力下降，而从 $E$ 到 $F$ 压力增加．当流动突然开始时，最初瞬间的运动非常接近于无摩擦流动，并且只要边界层很薄，那么运动就一直保持这种性质．在边界层外缘，沿着 $DE$ 压力向动能转化；反之，沿着 $EF$ 动能向压力转化，所以流体质点到达 $F$ 点时的速度与它在 $D$ 点的速度相同．由于外部压力施加在边界层上，因此在边界层内贴近固壁运动的流体质点处于和边界层外的质点同样的压力场的影响之下．因为薄边界层内摩擦力很大，流体质点在从 $D$ 到 $E$ 的运动过程中，消耗了大量的动能，以致剩下的动能太小，不能克服从 $E$ 到 $F$ 的“压力势垒”．所以，这样的质点在 $E$ 到 $F$ 之间的升压区内不能走得很远，而终于被滞止下来．

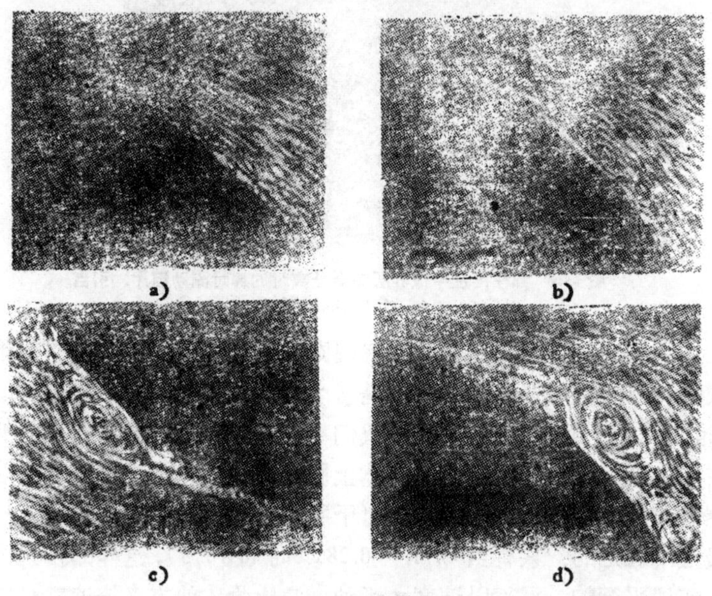

图2.5 a, b, c, d 边界层分离随时间的发展．引自 Prandtl-Tietjens[27]．亦见图 15.5

然后，外部压力使它向相反方向运动．图 2.5 的一组照片表明流动开始时，在一个圆形物体下游附近流动随时间发展的过程．图中的流动是采用在水面撒铝粉的办法显示的．该图表明，沿物体表面压力(自左到右)是增加的．通过那些短的轨迹，可以很容易地辨认出边界层．图 2.5a 是在运动开始之后不久拍摄的，此时，倒流刚刚出现．图 2.5b 中倒流已向前伸展了一个相当大的距离，同时边界层明显增厚．图 2.5c 表明这种倒流是怎样形成涡的．图 2.5d 中涡的尺寸仍在进一步增大．不久涡就脱体，并随着流体向下游运动．这种情形完全改变了尾迹流场，与无摩擦流动相比，压力分布发生了根本性的变化． 运动的最终状态可参看图 2.6．正如图 1.10 的压力分布曲线所示，在圆柱后面的旋涡区域内存在相当大的吸力，这种吸力使物体产生了很大的压差阻力．

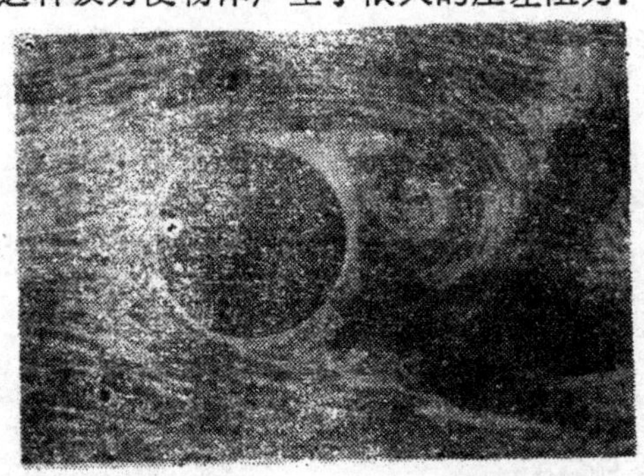

图 2.6　圆柱尾迹中边界层完全分离时的瞬时流动照片．引自 Prandtl-Tietjens[27]

在远离物体处，可辨认出有规则的涡的图象．这些涡交替地按顺时针和逆时针运动．这就是著名的 Kármán 涡街[20]，见图 2.7 (也可见图 1.6)．在图 2.6 中，我们可以看到一个顺时针运动的涡在加入到涡街以前，即将从物体上脱开的情形． Kármán 在其后继的论文[21]中证明这样的涡街对于平行于自身的小扰动来说，一般是不稳定的．只有当 $h/l=0.281$ 时(图 2.8)，这样的排列才是随遇平衡的．涡街以速度 $u$ 运动，它比物体前方来流速度 $U$ 要小．这可以看成是一种高度理想化的物体尾迹的运动图象．当物

图 2.7 Kármán 涡街,引自 A. Timme[38]

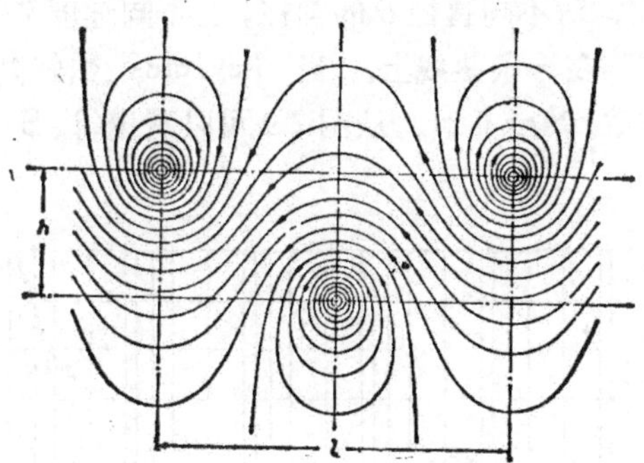


图 2.8 涡街中的流线 ($h/l = 0.28$). 在无穷远处流体静止，涡街向左运动

体在流体中运动时,涡街速度场所具有的动能必然不断地增加.基于这种阐述，可以根据理想流体理论推导出阻力公式. 单位长度柱体上阻力的大小可以表示为

$$D = \rho U^2 h \left[2.83 \frac{u}{U} - 1.12 \left(\frac{u}{U}\right)^2\right],$$

式中宽度 $h$ 和速度比 $u/U$ 必须从实验获得.

W. W. Durgin 等人[13]较近期的实验研究表明,在一个加速的涡街中，涡的纵向间距与横向间距之比有相当大的变化. 结果使有规则排列的涡转变为湍流尾迹.

**圆柱**:对于涡从圆柱后面脱落进入 Kármán 涡街的频率，最初由 H. Blenk, D. Fuchs 和 L. Liebers[5] 等人作了广泛的测量．只有在 Reynolds 数 $VD/\nu$ 约为 60—5000 的范围内才能观察到规则的 Kármán 涡街．当 Reynolds 数低于 60 时，尾迹是层流的，并且具有图 1.6 中前两张照片所显示的样式；当 Reynolds 数高于 5000 时，则是完全的湍流混合尾迹．测量表明，在上述出现规则 Kármán 涡街的 Reynolds 数范围内，无量纲频率

$$\frac{nD}{V} = \mathbf{S} \quad (\text{Strouhal 数})$$

仅与 Reynolds 数有关，**S** 称为 Strouhal 数[37]．根据 A. Roshko[32] 所作的测量，图 2.9 绘出了 **S** 随 Reynolds 数变化的关系，也可参阅文献 [15]．对不同直径 $D$ 的圆柱，在不同速度 $V$ 下测得的实验点很好地排列在一条曲线上．当 Reynolds 数较高时，Strouhal 数近似为常数，$\mathbf{S} = 0.21$．从图 2.9 可以看出，该 **S** 值可一直较好

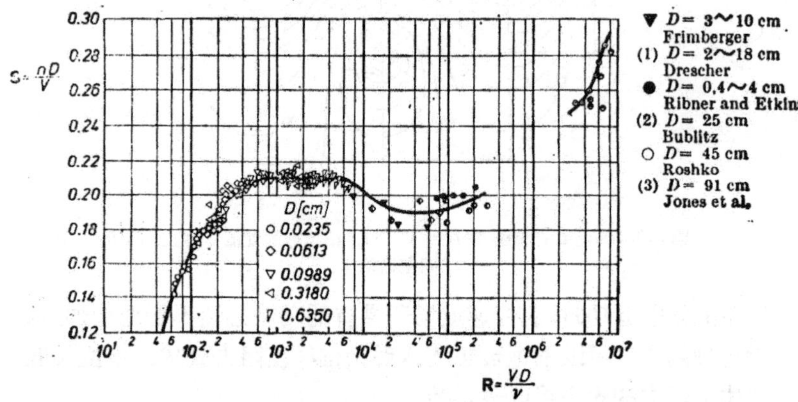


图 2.9 圆柱绕流中 Kármán 涡街的 Strouhal 数 **S** 随 Reynolds 数 **R** 的变化曲线．数据是由 A. Roshko[31,32], H. S. Ribner, B. Etkins 和 K. K. Nelly[30], E. F. Relt 和 L. F. G.Simmons[28]以及 G. W. Jones 等人(第一章文献 [8]) 测量得到的．在 $\mathbf{R} = 3\times10^5 \sim 3\times10^6$ 范围内(低阻超临界状态，图 1.4)，Kármán 涡街不再是规则的．仅在 $\mathbf{R} > 4\times10^6$ 以后，才再次形成有规则的图象；与 $\mathbf{R} = 10^3 \sim 3\times10^5$ 时 $\mathbf{S} \approx 0.20$ 相比，现在 Strouhal 数有较大的值，$\mathbf{S} = 0.26 \sim 0.30$

地保持到 Reynolds 数 $\mathbf{R}=2\times10^5$，这正是处于亚临界区域(也可参看图 1.4)．若 Reynolds 数继续增高,例如 $\mathbf{R}=10^6$ 附近,这种规则的涡街不再存在．但是根据 A. Roshko[31] 的实验结果,在极高 Reynolds 数 ($\mathbf{R}>3\times10^6$) 时，这种规则的涡街又会重新出现,此时 Strouhal 数为 $\mathbf{S}=0.27$ 左右．关于这一点,亦可查阅 P. W. Bearman[3a] 的论文．当圆柱直径很小，而且来流是中等速度时，所产生的频率正处于声频范围内．例如由电线发出的那种熟悉的“风鸣声”，就是这种现象的结果．当速度 $V=10\text{m/s}$ (30.48ft/s)，电线直径为 2mm(0.079in) 时,其频率为 $n=0.21\times(10/0.002)=1050\text{s}^{-1}$，相应的 Reynolds 数 $\mathbf{R}\approx1200$.

零攻角平板:直到最近，H. J. Heinemann 等人[18]才证实,在其它情况下，尤其是在细长体后面以及在可压缩流中也存在有规则的 Kármán 涡街．图 2.10 的照片显示出 Mach 数 $\mathbf{M}_\infty=0.61$ 时，零攻角平板后面的这种有规则的涡街． 图 2.11 中有一条 Strouhal 数随 Mach 数变化的曲线，其中 Strouhal 数是以平板厚

图 2.10 在 Mach 数 $\mathbf{M}=0.61$, Reynolds 数 $\mathbf{R}=Vl/\nu=6.5\times10^5$ 时，零攻角平板后面的 von Kármán 涡街，引自 H. J. Heinemann 等人[18]．平板长 $l=60\text{mm}$，厚度比 $d/l=0.05$．曝光时间约为 20 毫微秒 ($20\times10^{-9}\text{s}$)

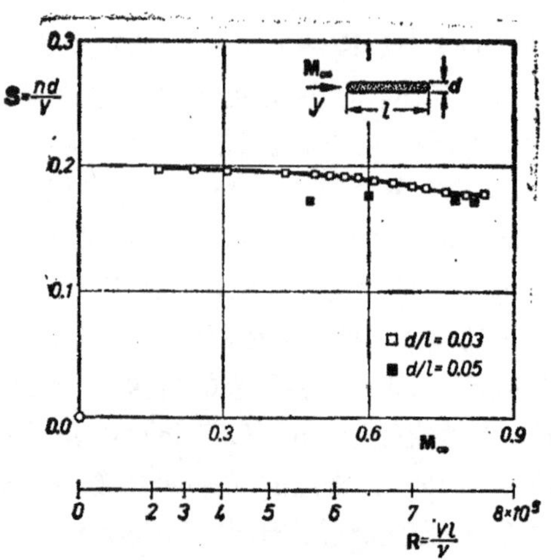


图 2.11 零攻角平板后面涡街的 Strouhal 数 $S=nd/V$ 随M数的变化，引自 H. J. Heinemann 等人[18]

度 $d$ 计算的，即 $\mathbf{S}=nd/V$；Mach 数仅限于 $\mathbf{M}=0.2\sim0.85$ 的亚声速范围．该图表明，这种情形与图 2.9 中圆柱情形一样，也是 $\mathbf{S}\approx0.20$．以平板长度为参考量的相应的 Reynolds 数范围是 $\mathbf{R}=Vl/\nu=3\times10^5\sim8\times10^5$，此时流动是层流的．

林家翘[22]和 U. Domm[11] 的两篇论文各自研究了 Kármán 涡街的理论．E. Wedemeyer[38a] 从理论上探讨了垂直于来流的平板后面涡对的形成问题，而 T. Sarpkaya[33b] 则对大攻角下的平板进行了理论和实验研究（见图 4.2）；在这方面也可参阅 L. Rosenhead[32a] 较早期的论文． 读者有兴趣的话，还可以查阅 L. Prandtl 对 K. Friedrichs 的演讲所作评论的原文（“Bemerkung über die ideale Strömung um einen Körper bei verschwindender Zähigkeit”, Lectures on aerodynamics and allied subjects, Aachen 1929, Springer, Berlin 1930, pp. 51,52）.

分离：边界层理论在解释分离现象时阐明，除了有粘性阻力以外还有压差阻力（或型阻），从而使该理论获得了成功．在有逆压梯度的区域内，边界层分离的危险总是存在的，尤其是在压力曲线陡增的地方（如在钝底物体的背面），边界层分离的可能性也加大．

另外，上述论证也解释了图 1.12 所示的关于细长流线体的实验压力分布与无摩擦流动所计算的压力分布差别甚小的原因. 在细长体绕流中，沿流向压力增加十分缓慢，以致不会发生分离，因此也就没有明显的压差阻力. 总阻力中主要是粘性阻力，所以总阻力很小.

边界层内分离点附近的流线如图 2.12 所示. 由于出现了倒流，所以边界层显著增厚；与此同时，边界层内的流体也要向外部区域流动. 在分离点上，有一条以一定的角度与固壁相交的流线；而分离点本身，是由垂直于壁面的速度梯度为零的条件确定的：

$$\left(\frac{\partial u}{\partial y}\right)_{\text{壁面}}=0\ (\text{分离}). \tag{2.7}$$

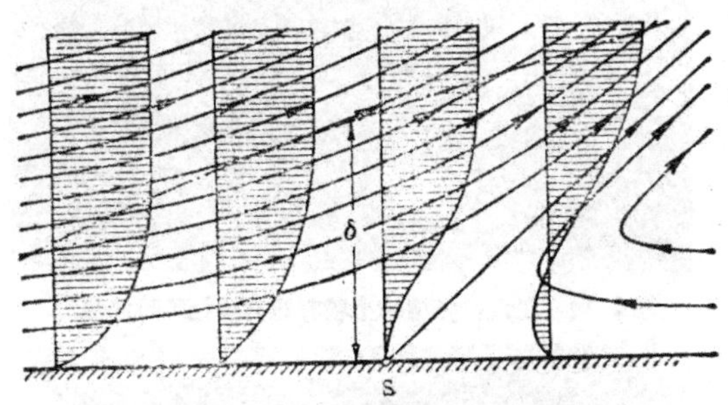


图 2.12 边界层内分离点附近的流动示意图. S = 分离点

图 2.13 在大扩张槽中有分离的流动，引自 Prandtl-Tietjens[27]

分离点的准确位置只有通过精确的计算，即通过积分边界层方程组才能确定.

和上述圆柱情形一样，大扩张槽中的流动也能发生分离(见图 2.13). 在喉部上游，压力沿流向减小，同无摩擦流体一样，流体完全附着于固壁上. 但是在喉部下游，由于槽的扩张是如此之大，以致边界层从两壁分离并形成旋涡. 这时流动仅占据槽的横截面积的一小部分. 然而，如果在壁面上采用边界层抽吸，则可以防止分离(见图 2.14 和 2.15).

从图 2.16 和 2.17 的照片可以证实[1]，分离过程取决于逆压梯

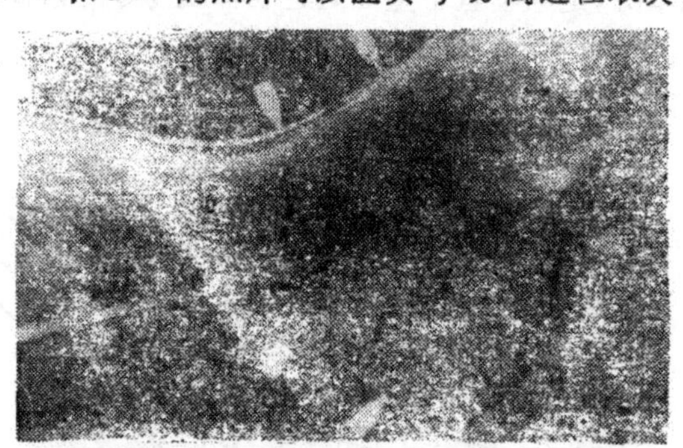

**图 2.14 在大扩张槽的上壁有边界层抽吸时的流动**

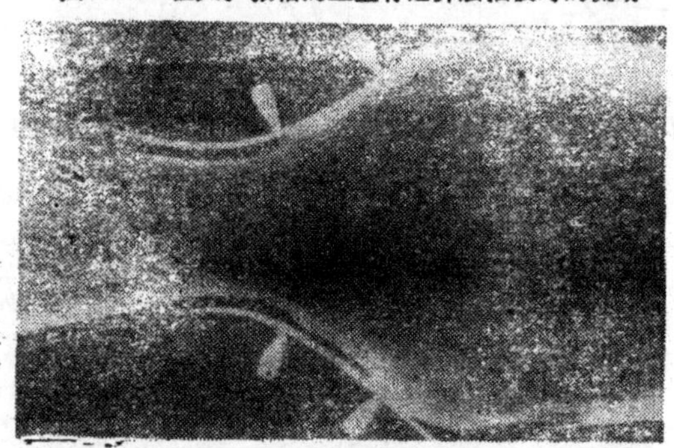

**图 2.15 在大扩张槽的两壁均有边界层抽吸时的流动**

---

1) 图 2.16 和 2.17 引自论文: H. Foettinger, "Strömungen in Dampfkesselanlagen", Mitteilungen der Vereinigung der Groβ-Kesselbesitzer, No. 73, p. 151(1939).

度以及壁面附近的摩擦，而与壁面曲率等其它因素无关．第一张照片是流体垂直地流向固壁的运动(平面驻点流)．在对称平面上沿着通向驻点的流线，压力顺流向有相当大的增加，但是因为不存在壁面摩擦，所以并不产生分离．在直立的固壁上也不发生分离，因为这时在对称平面的两侧，边界层内的流动是沿着压力减小的方向进行的．现在，如果在垂直于固壁的对称平面上再放置一块薄板(见图 2.17)，这时在它上面新形成的边界层内沿流动方向压力是增加的，因此在平板壁面上出现了分离．分离的影响范围对物体形状的微小变化是相当敏感的，尤其是在物形的变化强烈地影响到压力分布的时候，更是如此．图 2.18 的照片给出了一个很有启发性的实例． 这是一组汽车模型的流场照片 (Volkswagen

图 2.16 无分离的自由驻点流，由 Foettinger 摄影

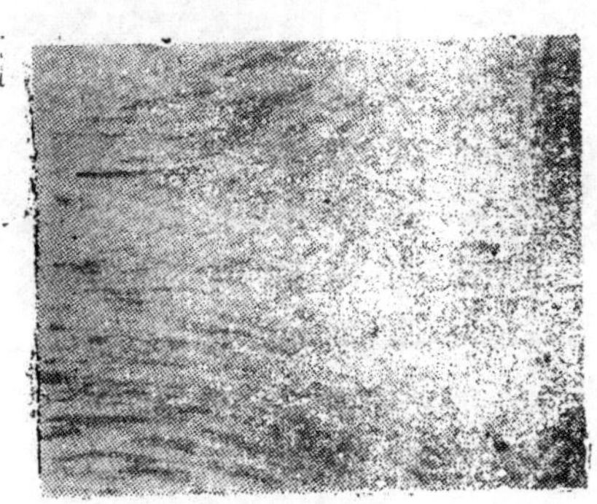

图 2.17 有分离的减速驻点流，由 Foettinger 摄影

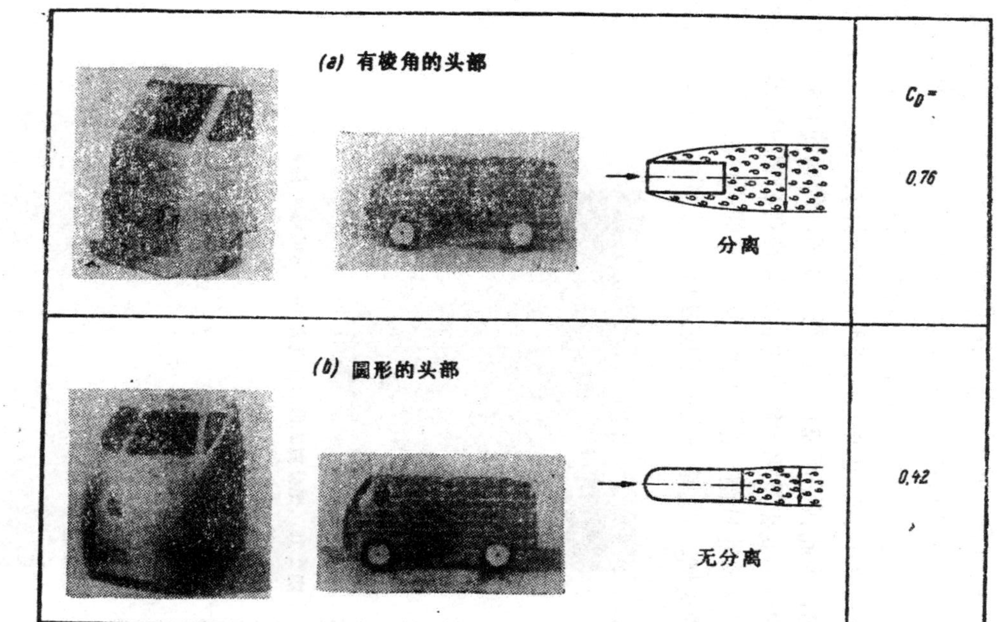


图 2.18　汽车模型（Volkswagen 运货车）的绕流，取自 E. Moeller[23].
a）有棱角的头部，沿整个侧壁流动分离，阻力系数大（$C_D=0.76$）；　b）圆形的头部，侧壁无分离，阻力系数小（$C_D=0.42$）

运货车)[23,35]. 如果模型头部形状是平头带棱角的（图 2.18(a)），气流绕过前面相当尖的拐角时会引起很大的吸力，随之沿侧壁压力有很大增加. 这就导致了完全分离，并在身后形成宽大的尾迹. 具有这种棱角外形的汽车，其阻力系数达 $C_D = 0.76$. 若换成圆头外形（如图 2.18(b) 所示），则前端附近的大吸力和侧壁的分离都消失了. 同时，阻力系数显著减小，其值为 $C_D = 0.42$. W. H. Hucho[19] 还在非对称流动条件下对这种车辆作了进一步的研究.

分离对于翼型的升力特性也是重要的. 在小攻角（直至 10° 左右）时，翼型两边的流动都不产生分离，因而非常接近于无摩擦情形. 关于这种情形（图 2.19(a) 的无分离流动）的压力分布已在图 1.14 中给出. 随着攻角增加，翼型吸力面上的压力增加变得愈加急剧，所以在它上面存在着分离的危险. 当攻角增大到 15° 左右时，分离终于发生了. 分离点非常接近前缘. 图 2.19b 显示，尾迹中有一个很大的“死水”区. 产生升力的无摩擦流动图象完全被扰乱，而且阻力变得非常大. 分离的开始与翼型最大升力的出现几乎同时发生.

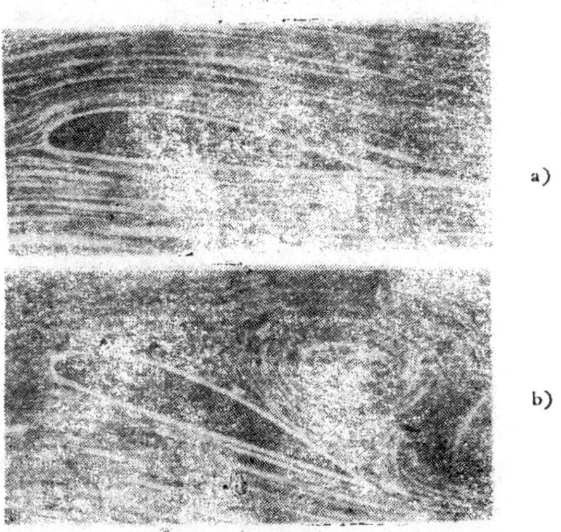


图 2.19a, b 绕翼型的流动，引自 Prandtl-Tietjens[27].
a）无分离的流动， b）有分离的流动

结构物空气动力学：绕地面上各种非流线体（例如结构物和建筑物)的流动，要比绕流线体和飞机的流动复杂得多．复杂的主要原因在于地面的存在以及由此而在湍流风中产生的剪切力．这种剪切流动与结构物之间的相互作用，产生了同时并存的静载荷和动载荷[8,9,10]．由于涡的形成和脱落产生脉动力，它可以引起结构物以其固有频率振动．

对一座孤立的长方体建筑物观察到的流动图象如图 2.20 所示．在建筑物的前方形成一个附着涡，这是由于剪切来流($dV/dz>0$）中的边界层与地面的相互作用产生的．此外，在建筑物的尖角处有强涡脱落，并在建筑物后面产生复杂的尾迹．迄今为止，尚没有理论方法能够处理这种极其复杂的流动图象．因此，只有使用适当的缩尺模型在风洞中进行实验研究．

在本节结束之前，我们打算讨论这样一个很有说服力的例子，

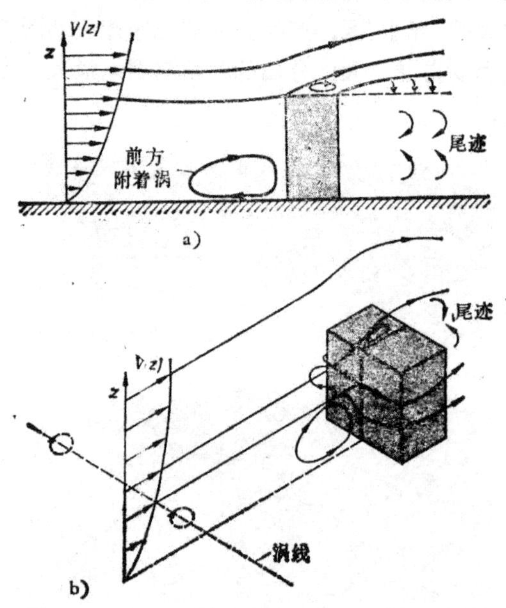


图 2.20 长方体结构物绕流图象的全视图[34]（示意图）
a）侧视图．在驻点区域有前附着涡，顶部为有分离的边界层；
b）迎风面和从顶部迎风角处脱落的涡

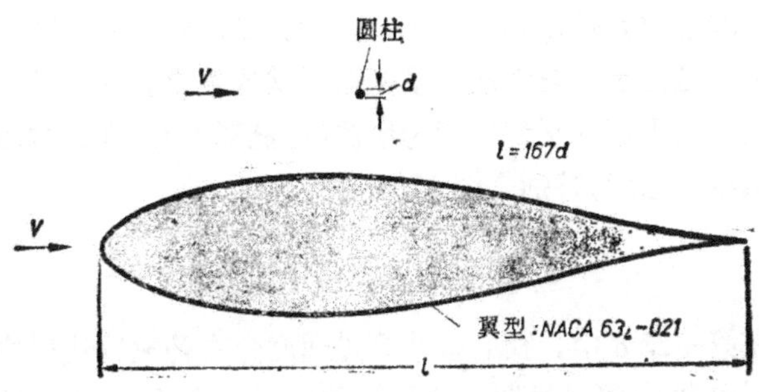


图 2.21 在相同速度的平行来流中(平行于翼型对称轴),当产生相同的阻力时,圆柱和翼型尺寸的相对大小.

翼型:具有层流边界层的层流翼型 NACA$63_4$-021. $\mathbf{R}_l=10^6\sim10^7$ 时,阻力系数 $C_{D_0}=0.006$, 参看图 17.14.

圆柱:$\mathbf{R}_d=10^4\sim10^5$时,阻力系数 $C_D=1.0$, 参看图1.4. 因此,翼型弦长 $l$ 与圆柱直径 $d$ 之比为 $l/d=1.0/0.006=167$

这个例子表明,当边界层的分离能够完全消除,同时物体本身又具有低阻力外形时,可以非常有效地减小物体的阻力. 图 2.21 说明一个良好外形(流线体)对阻力的这种影响. 图中按比例绘制了一个对称翼型和一个圆柱体(细导线),以保证它们在相同的来流速度下阻力相等. 当圆柱的阻力系数以其迎风面积为参考面积时,$C_D\approx1$ (亦见图 1.4). 另一方面,对于翼型,以其横截面积为参

图 2.22 Reynolds 染色实验. 用染料注入水中显示流动,引自 W. Dubs[12]; a) 层流, $\mathbf{R}=1150$; b) 湍流, $\mathbf{R}=2520$

考面积的阻力系数却非常之小，其值为 $C_D = 0.006$. 这种极低的翼型阻力是由于仔细地选择了剖面形状的结果，在翼型的整个浸湿长度上边界层几乎都保持为层流(层流翼型). 在这方面，读者可参阅第十七章，特别是图 17.14。

## c. 管中和边界层中的湍流

在第一章 d 中，我们曾计算过速度分布为抛物线型的圆管内的典型流动. 测量表明，这种流动仅仅在低 Reynolds 数或中等 Reynolds 数下才存在. 层流的基本特征是：流体各层相互滑动，没有径向速度分量，所以压力降正比于平均流速的一次方. 若把染料通过一个细管注入到流动中去，就能清楚地显示出这种流动特征，见图 2.22. 在流动为层流(中等 Reynolds 数)时，可以看到整个管中染料清晰地呈一条细线(图 2.22a). 当流动速度不断增加时，有可能达到这样一个阶段：此时流体质点不再沿直线运动，即运动的规则性遭到破坏. 有色的细线与流体混合，它的清晰轮廓变得模糊不清. 最终，整个横截面上都成为有色的(图 2.22b). 这时，有一种引起混合的、不规则的径向脉动叠加在轴向运动上. 这种流动图象称为**湍流**. O. Reynolds[29] 首先作了这种染色实验，他发现流态从层流向湍流转捩总是发生在一个确定的 Reynolds 数(临界 Reynolds 数)下. 另外，临界 Reynolds 数的实际数值还依赖于实验装置的各个细节，特别是依赖于流体进入管子以前所受到的扰动量. 如果用一个尽可能排除扰动的装置，则临界 Reynolds 数 $(\bar{u}d/\nu)_{crit}$ 能够达到 $10^4$ 以上($\bar{u}$ 表示整个横截面上的平均速度). 在有尖锐入口的装置中，临界 Reynolds 数近似为

$$\left(\frac{\bar{u}d}{\nu}\right)_{crit} = \mathbf{R}_{crit} \approx 2300 \text{ (管流)}. \tag{2.8}$$

可以认为该值是临界 Reynolds 数的下限. 低于该值，即使有强烈的扰动也不会使流动转变为湍流.

在湍流范围内，压力降近似地与流速的平方成正比. 在这种情形下，为了使管中的流量与层流时的流量相同，必须有大得多的

压力差．这是因为湍流混合现象消耗了大量的能量，从而使流动阻力显著增加．此外，在湍流情形下，横截面上的速度分布要比层流时均匀得多．这种情形也可以用湍流混合来解释：由于湍流混合，使得接近管轴的流体层和接近壁面的流体层之间进行着动量交换．工程应用中所遇到的大多数管道流动，其 Reynolds 数都非常高，以致大多是湍流．管道中湍流运动的规律将在第二十章详细讨论．

与管流相类似，当外部速度足够大时，沿壁面的边界层流动也会转变成湍流．边界层从层流向湍流转捩的实验研究首先是由 J. M. Burgers[6], B. G. van der Hegge Zijnen[17] 以及 M. Hansen[16] 等人完成的．从边界层厚度和壁面切应力的突然剧增，能够很清

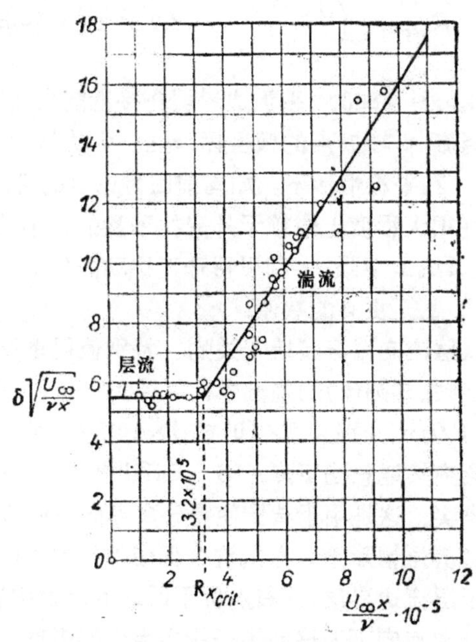


图 2.23　在平行流中，零攻角平板的边界层厚度随 Reynolds 数的变化曲线(以沿平板的流动坐标 $x$ 为参考长度)．根据 Hansen[16] 的测量结果

楚地辨认出边界层从层流向湍流的转捩．若用流动坐标 $x$ 代替 $l$，那么根据方程（2.1），层流边界层的无量纲边界层厚度 $\delta/\sqrt{\nu x/U_\infty}$ 是一常数，而且由方程(2.1a)可知，它近似地等于5．图2.23是这个无量纲边界层厚度对 Reynolds 数 $U_\infty x/\nu$ 的变化曲线．由图可以清楚地看出，在 $\mathbf{R}_x > 3.2 \times 10^5$ 以后，无量纲边界层厚度剧增．在壁面切应力曲线中也可以观察到相同的现象．这些量的突然增加表明流动已经从层流转变为湍流．由方程(2.1a)可知，以流动长度 $x$ 为参考长度的 Reynolds 数 $\mathbf{R}_x$ 与以边界层厚度为参考长度的 Reynolds 数 $\mathbf{R}_\delta = U_\infty\delta/\nu$ 之间的关系为

$$\mathbf{R}_\delta = 5\sqrt{\mathbf{R}_x}.$$

因此临界 Reynolds 数为

$$\mathbf{R}_{x\mathrm{crit}} = \left(\frac{U_\infty x}{\nu}\right)_{\mathrm{crit}} = 3.2 \times 10^5 \text{（平板）};$$

相应地有 $\mathbf{R}_{\delta\mathrm{crit}} \approx 2800$．平板边界层在接近前缘处是层流，到了下游变成湍流．转捩点的横坐标 $x_{\mathrm{crit}}$ 可以从已知的 $\mathbf{R}_{x\mathrm{crit}}$ 值加以确定．在平板情形下，如同前面讨论过的管流情形一样，$\mathbf{R}_{\mathrm{crit}}$ 的数值在很大程度上依赖于外流扰动量的大小，因而 $\mathbf{R}_{x\mathrm{crit}} = 3.2 \times 10^5$ 应看成是下限．利用特殊无扰动的外流，已经可以使 $\mathbf{R}_{x\mathrm{crit}}$ 达到 $10^6$ 甚至更高的数值．

一个与从层流向湍流转捩有关的、特别值得重视的现象，发生在钝体(如圆柱或圆球)的绕流中．从图1.4和1.5可以看出，当 Reynolds 数 $VD/\nu$ 分别为 $5\times10^5$ 或 $3\times10^5$ 左右时，圆柱或圆球的阻力系数会突然地急剧下降．G. Eiffel[14] 在圆球实验中首先观察到这一事实．这是由于转捩使得分离点向下游移动的结果．因为在湍流边界层情形下，湍流混合促使外流的影响进一步向下游扩展．对于层流边界层，分离点位于圆球的赤道附近．现在，由于上述原因分离点向下游移动了一段相当大的距离，从而使死水区显著减小，压力分布变得更象无摩擦流动的情形(图1.11)．死水区的减小大大降低了压差阻力，这表现为阻力曲线 $C_D = f(\mathbf{R})$

的突变. L. Prandtl[26] 采用在圆球赤道前不远处安装细线环的办法，证明了上述推理的正确性. 这种办法使得边界层在较低的 Reynolds 数下人为地变为湍流，与未装细线环的情形相比，其阻力系数的减小发生得更早. 图 2.24 和 2.25 是用烟显示的流动照片. 它们分别表示具有大阻力系数的亚临界流动图象和具有小死水区、小阻力系数的超临界流动图象，超临界流动图象是用 Prandtl 的绊线方法取得的. 上述实验令人信服地表明，圆柱和圆球阻力曲线的突变只能作为一种边界层现象来解释. 其它具有钝底或修圆尾部的物体(例如椭圆柱)的阻力系数与 Reynolds 数之间的关系本质上也是类似的. 随着长细比的增加，曲线的突变愈来愈不明显. 对于流线体，曲线没有突变(如图 1.12 所示)，因为这时没有发生明显的分离；在这种物体的后部，没有分离的边界层可以克服非常缓慢的压力增加. 以后我们会详细知道，外部流动的压力分布对转捩点的位置有决定性的影响. 在压力减小的区域，即大致从前端到最小压力点这一区域，边界层是层流的；在大多数情形下，从最小压力点向下游的整个压力增高的区域内，边界层是湍流的. 在这方面值得指出的是，只有当边界层内的流动为湍流时，在压力增高的区域内才能避免分离. 后面我们还将看到，层流边界层只能承受非常小的压力增高，所以即使是很细长的物体，也可能发生分离. 特别是，这个论点对有类似于图 1.14 所示压力分布的翼型绕流也

图 2.24 亚临界 Reynolds 时的圆球绕流，引自 Wieselsberger[39]

图 2.25 超临界 Reynolds 数时的圆球绕流，引自 Wieselsberger[39]. 超临界流动图象是靠安装细金属丝圈(绊线)获得的

是适用的．在这种情形下，吸力面上很可能发生分离．只有在湍流边界层情形，才能得到翼型绕流的光滑流动图象以增加升力．总而言之，正是由于存在湍流边界层，才可能造成细长体的低阻力和翼型的大升力．

*边界层厚度*：一般说来，由于湍流边界层中的能量损失较大，所以湍流边界层的厚度大于层流边界层的厚度．对于零攻角光滑平板的湍流边界层，其厚度沿流向的增长与 $x^{0.8}$ 成比例（$x$ 为从前缘量起的距离）．后面第二十一章将讲到，湍流边界层厚度的变化可以用公式表示为

$$\frac{\delta}{l}=0.37\left(\frac{U_\infty l}{\nu}\right)^{-1/5}=0.37(\mathbf{R}_l)^{-1/5}. \tag{2.9}$$

它与层流边界层的公式（2.2）相对应．对于空气和水的几种典型流动，表 2.1 列出了用方程（2.9）计算的边界层厚度的数值．

**表 2.1　在平行流动中零攻角平板后缘处的湍流边界层厚度 $\delta$**

$U_\infty$ = 自由流速度；$l$ = 平板长度　$\nu$ = 运动粘性系数

| | $U_\infty$ [ft/s] | $l$ [ft] | $\mathbf{R}_l=\frac{U_\infty l}{\nu}$ | $\delta$ [in] |
|---|---|---|---|---|
| 空气 $\nu=150\times10^{-6}\mathrm{ft}^2/\mathrm{s}$ | 100 | 3 | $2.0\times10^6$ | 0.73 |
| | 200 | 3 | $4.0\times10^6$ | 0.64 |
| | 200 | 15 | $2.0\times10^7$ | 2.30 |
| | 500 | 25 | $8.3\times10^7$ | 2.90 |
| | 750 | 25 | $1.25\times10^8$ | 2.68 |
| 水 $\nu=11\times10^{-6}\mathrm{ft}^2/\mathrm{s}$ | 5 | 5 | $2.3\times10^6$ | 1.19 |
| | 10 | 15 | $1.35\times10^7$ | 2.52 |
| | 25 | 150 | $3.4\times10^8$ | 13.1 |
| | 50 | 500 | $2.3\times10^9$ | 29.8 |

*防止分离的方法*：分离多半是一种不希望出现的现象，因为它要损耗很大的能量．由于这个原因，人们已经想出了许多种人工防止分离的方法．从物理观点上讲，最简单的方法就是让壁面随着流体一起运动，这样就可以减小壁面和流体之间的速度差，从而也就消除了边界层形成的起因．不过，在工程实践中要做到这

一点是非常困难的. 然而，Prandtl[1] 通过一个**旋转圆柱体**的实例，证明了这种方法是非常有效的. 在壁面与流体同向运动的一侧,完全防止了分离;而在壁面与流体反向运动的一侧，分离也很轻微,所以,总体上就可以得到关于具有环量和大升力的理想流动的很好的实验近似.

防止分离的另一个非常有效的方法是**边界层吸除**. 这种方法就是把边界层内减速的流体质点通过壁面上的狭缝吸进物体内部. 只要有足够大的抽吸量，分离就能够防止. L. Prandtl 在有关边界层流动的开创性的基础研究中，曾对圆柱体使用了边界层吸除. 在圆柱体背风面通过狭缝吸气几乎能完全消除圆柱绕流的分离. 在图 2.14和 图 2.15 关于流经大扩张槽的例子中可以看到抽吸影响的情况. 图 2.13 表明没有抽吸时，有很严重的分离. 图 2.14 显示流动如何附着于有抽吸的一侧. 由图 2.15 可以看出，当两侧都通过狭缝抽吸时，流动完全充满了槽的整个横截面. 在后一种情形下,流线所呈现的图象非常类似于无摩擦流动的图象. 后来,为了增加升力,边界层吸除被成功地应用于飞机机翼，由于在机翼上表面的后缘附近吸气,与无抽吸情形相比,使流动附着于翼面的攻角显著增大，从而失速被推迟，得到的最大升力值也大得多[36].

在简短地概述了具有很小摩擦力的流体运动的基本物理原理(即边界层理论)以后,我们将从粘性流体的运动方程出发,来阐述与这些现象有关的理论. 我们按照下列顺序进行叙述: 在A部分,从推导一般的 Navier-Stokes 方程入手，然后由 Navier-Stokes 方程出发,借助于因粘性系数值很小而可以引进的简化,导出 Prandtl 边界层方程. 接着在B部分，针对层流情形叙述积分这些方程的方法. 在C部分,我们将讨论湍流的起因问题,也就是说，我们将把它当作层流运动的稳定性问题来论述从层流向湍流转捩的过程. 最后在D部分,将叙述完全发展的湍流边界层理论. 虽然，

---

1) Prandtl-Tietjens: Hydro-and Aerodynamics. Vol. II, Tables 7,8 and 9.

层流边界层理论能够作为粘性流体的 Navier-Stokes 微分方程的演绎结果，然而，现在对湍流还不可能照此办理，因为湍流运动的机制太复杂，以致于不能用纯理论方法来处理。由于这个缘故，有关湍流的论文必然要大量地引用实验结果，并且，这方面的课题必然是以半经验理论的形式出现的。

# 第三章　可压缩粘性流体运动方程的推导 (Navier-Stokes 方程)[1)]

## a. 流体流动的基本运动方程和连续方程

我们现在来推导可压缩、粘性、Newton 流体的运动方程．在一般的三维运动情形下，流场由速度矢量

$$\boldsymbol{w} = \boldsymbol{i}u + \boldsymbol{j}v + \boldsymbol{k}w,$$

压力 $p$ 和密度 $\rho$ 确定，其中 $u, v, w$ 是速度的三个正交分量，所有的量都是坐标 $x, y, z$ 和时间 $t$ 的函数．为了确定这五个量，有五个方程：即连续方程（质量守恒），三个运动方程（动量守恒）以及热力学状态方程 $p = f(\rho)$[2)]．

连续方程说明这样一个事实：对于单位体积而言，单位时间流进和流出的质量与密度的变化之间存在着平衡关系．在可压缩流体的非定常流动情形下，这个条件给出方程

$$\frac{D\rho}{Dt} + \rho \operatorname{div} \boldsymbol{w} = \frac{\partial \rho}{\partial t} + \operatorname{div}(\rho \boldsymbol{w}) = 0. \tag{3.1}$$

对于不可压缩流体，由于 $\rho =$ 常数，所以连续方程简化为

$$\operatorname{div} \boldsymbol{w} = 0. \tag{3.1a}$$

这里的符号 $D\rho/Dt$ 表示随体导数，它由（非定常流中）局部贡献 $\partial\rho/\partial t$ 和（由平移产生的）对流贡献 $\boldsymbol{w} \cdot \operatorname{grad}\rho$ 两部分组成．

运动方程由 Newton 第二定律导出，这个定律说明质量和加速度的乘积等于作用在物体上的外力之和．在流体的运动中，必须考虑以下两类力：作用在流体质点上的力（重力）和作用在流体界面上的力（压力和摩擦力）．如果 $\boldsymbol{F} = \rho \boldsymbol{g}$ 表示作用在单位体积上的重力（$\boldsymbol{g} =$ 重力加速度矢量），$\boldsymbol{P}$ 表示作用在单位体积界

---

1）在第六版中，作者已请英译者对本章作了修订．

2）如果状态方程中还包含温度作为一个附加变量时，则以热力学第一定律形式出现的能量守恒原理提供了另一个方程；参阅第十二章．

面上的力，则运动方程可以写成如下的矢量形式：

$$\rho \frac{D\boldsymbol{w}}{Dt}=\boldsymbol{F}+\boldsymbol{P}, \tag{3.2}$$

其中

$$\boldsymbol{F}=\boldsymbol{i}X+\boldsymbol{j}Y+\boldsymbol{k}Z, \quad \text{体积力}, \tag{3.3}$$

$$\boldsymbol{P}=\boldsymbol{i}P_x+\boldsymbol{j}P_y+\boldsymbol{k}P_z, \quad \text{表面力}. \tag{3.4}$$

这里的符号 $D\boldsymbol{w}/Dt$ 表示随体加速度，它和密度的随体导数一样，由（非定常流中）局部贡献 $\partial\boldsymbol{w}/\partial t$ 和（由平移产生的）对流贡献 $d\boldsymbol{w}/dt=(\boldsymbol{w}\cdot \text{grad})\boldsymbol{w}$[1] 两部分组成：

$$\frac{D\boldsymbol{w}}{Dt}=\frac{\partial\boldsymbol{w}}{\partial t}+\frac{d\boldsymbol{w}}{dt}.$$

体积力应看作是给定的外力，而表面力则依赖于由流体中速度场所引起流体**变形**的应变**率**．表面力系确定了**应力状态**．我们现在的任务是要说明应力和应变率之间的关系，不过应该注意，这个关系只能从经验给出．在以下的推导过程中，我们只限于讨论**各向同性的 Newton 流体**．对于这种流体，可以假设上述关系是线性的． 所有的气体以及许多在边界层理论中具有重要意义的液体，特别是水，都属于这种流体．所谓流体是各向同性的，是指其应力分量和应变率分量之间的关系在所有的方向上都是相同的；所谓 Newton 流体是指上述关系是线性的，即流体服从 Stokes 摩擦力定律．在各向同性弹性体的情形下，实验表明，应力状态依赖于应变本身的大小．工程上的大多数材料都服从 Hooke 线性定律，它与 Stokes 定律有点类似．对于各向同性弹性体，应力和应变之间的关系中有两个表征材料性质的常数（例如弹性模量和 Poisson 比），而在各向同性的流体中，如我们将要在本章 e 中看到的那样，只要其中不出现弛豫现象，则应力和应变率之间的关系中只包含一个表征流体性质的常数（粘性系数 $\mu$）．

---

1）为了能在任何坐标系中表示出矢量 $(\boldsymbol{w}\cdot \text{grad})\boldsymbol{w}$，应该采用下述普遍关系式：

$$(\boldsymbol{w}\cdot \text{grad})\boldsymbol{w}=\text{grad}\left(\frac{1}{2}w^2\right)-\boldsymbol{w}\times \text{curl}\boldsymbol{w},$$

其中 $\boldsymbol{w}^2=\boldsymbol{w}\cdot\boldsymbol{w}$.

## b. 变形体中一般应力系统

为了写出作用在界面上表面力的表达式，我们设想从流体中瞬时分割出一小块平行六面体 $dV = dxdydz$，如图 3.1 所示，并设其左下方顶点与点 $(x, y, z)$ 重合．在垂直于 $x$ 轴、面积为 $dy \cdot dz$ 的两个表面上，作用着两个合应力(应力矢量＝单位面积上的表面力)分别为

$$\boldsymbol{p}_x \text{ 和 } \boldsymbol{p}_x + \frac{\partial \boldsymbol{p}_x}{\partial x} dx. \tag{3.5}$$

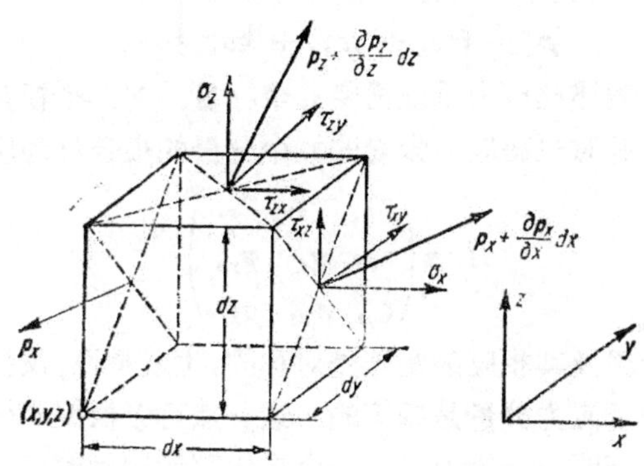


图 3.1　非均匀应力系统中应力张量表达式和没有局部力矩体分布时应力张量对称性的推导

(下标 $x$ 表示该应力矢量作用在垂直于 $x$ 方向的面积元上.)对于垂直于 $y$ 轴和 $z$ 轴的表面 $dx \cdot dz$ 和 $dx \cdot dy$，也可以分别得到类似的表示式．因此，表面力的三个净分量为

在垂直于 $x$ 方向的平面上：$\dfrac{\partial \boldsymbol{p}_x}{\partial x} \cdot dx \cdot dy \cdot dz$；

在垂直于 $y$ 方向的平面上：$\dfrac{\partial \boldsymbol{p}_y}{\partial y} \cdot dx \cdot dy \cdot dz$；

在垂直于 $z$ 方向的平面上：$\dfrac{\partial \boldsymbol{p}_z}{\partial z} \cdot dx \cdot dy \cdot dz$.

于是得到单位体积上表面力的合力 $\boldsymbol{P}$ 为

$$\boldsymbol{P}=\frac{\partial \boldsymbol{p}_x}{\partial x}+\frac{\partial \boldsymbol{p}_y}{\partial y}+\frac{\partial \boldsymbol{p}_z}{\partial z}. \tag{3.6}$$

其中 $\boldsymbol{p}_x$, $\boldsymbol{p}_y$, $\boldsymbol{p}_z$ 都是矢量，可以分解成垂直于各个表面的分量，即法应力，记作 $\sigma$ 并带有表明方向的下标；以及平行于各个表面的分量，即切应力，记作 $\tau$. 切应力的符号必须带有两个下标：第一个下标表示垂直于该平面的轴，第二个下标表示该切应力所平行的方向. 根据这些符号，我们得到

$$\left.\begin{aligned}\boldsymbol{p}_x&=\boldsymbol{i}\sigma_x+\boldsymbol{j}\tau_{xy}+\boldsymbol{k}\tau_{xz},\\ \boldsymbol{p}_y&=\boldsymbol{i}\tau_{yx}+\boldsymbol{j}\sigma_y+\boldsymbol{k}\tau_{yz},\\ \boldsymbol{p}_z&=\boldsymbol{i}\tau_{zx}+\boldsymbol{j}\tau_{zy}+\boldsymbol{k}\sigma_z.\end{aligned}\right\} \tag{3.7}$$

由此看出，表述此应力系统需要九个标量. 这九个标量构成一个**应力张量**. 有时也将应力张量的九个分量的集合称为应力矩阵：

$$\Pi=\begin{pmatrix}\sigma_x & \tau_{xy} & \tau_{xz}\\ \tau_{yx} & \sigma_y & \tau_{yz}\\ \tau_{zx} & \tau_{zy} & \sigma_z\end{pmatrix}. \tag{3.8}$$

应力张量及其相应的矩阵是对称的，也就是说，仅仅下标次序不同的两个切应力分量是相等的. 这一点可以根据流体微元的运动方程式来证明. 一般说来，一个流体微元的运动可以分解成一个瞬时平移和一个瞬时转动. 对于我们的问题，只需讨论后一种运动. 如果用 $\dot{\boldsymbol{\omega}}(\dot{\omega}_x, \dot{\omega}_y, \dot{\omega}_z)$ 表示流体微元的瞬时角加速度，那么对于绕 $y$ 轴的转动，我们可以写出

$$\dot{\omega}_y dI_y=(\tau_{xz}dydz)dx-(\tau_{zx}dxdy)dz=(\tau_{xz}-\tau_{zx})dV,$$

其中 $dI_y$ 是流体微元绕 $y$ 轴的转动惯量. 由于转动惯量 $dI$ 正比于平行六面体线尺度的五次方，而体积 $dV$ 正比于其线尺度的三次方，一旦把流体微元向一点收缩时，我们立即看出，上述方程左端趋向于零的速度要比右端快. 因此，如果 $\dot{\omega}_y$ 不会趋向于无限大的话，最后有

$$\tau_{xy}-\tau_{yx}=0.$$

对于其余两个轴，也可以写出类似的方程. 由此就能证明应力张

量的对称性．从上述讨论可以清楚地看出，如果流体中出现正比于体积 $dV$ 的局部力矩时，则应力张量就不再对称了，例如，在静电场中就可以出现这种情形．

由于

$$\tau_{xy}=\tau_{yx};\ \tau_{xz}=\tau_{zx};\ \tau_{yz}=\tau_{zy}, \tag{3.9}$$

应力矩阵(3.8)只有六个独立的应力分量，并且相对于主对角线是对称的：

$$\Pi=\begin{pmatrix}\sigma_x & \tau_{xy} & \tau_{xz}\\ \tau_{xy} & \sigma_y & \tau_{yz}\\ \tau_{xz} & \tau_{yz} & \sigma_z\end{pmatrix}. \tag{3.10}$$

从式(3.6)，(3.7)和(3.10)可以算出作用在单位体积上的表面力：

$$\begin{aligned}\boldsymbol{P}=\boldsymbol{i}&\left(\frac{\partial\sigma_x}{\partial x}+\frac{\partial\tau_{xy}}{\partial y}+\frac{\partial\tau_{xz}}{\partial z}\right)\cdots\cdots\cdots x\text{ 分量}\\ +\boldsymbol{j}&\left(\frac{\partial\tau_{xy}}{\partial x}+\frac{\partial\sigma_y}{\partial y}+\frac{\partial\tau_{yz}}{\partial z}\right)\cdots\cdots y\text{ 分量}\\ +\boldsymbol{k}&\left(\underbrace{\frac{\partial\tau_{xz}}{\partial x}}_{yz\text{表面}}+\underbrace{\frac{\partial\tau_{yz}}{\partial y}}_{zx\text{表面}}+\underbrace{\frac{\partial\sigma_z}{\partial z}}_{xy\text{表面}}\right)\cdots\cdots z\text{ 分量}.\end{aligned} \tag{3.10a}$$

将表达式(3.10a)代入运动方程(3.2)，并写成分量方程，则得到

$$\left.\begin{aligned}\rho\frac{Du}{Dt}&=X+\left(\frac{\partial\sigma_x}{\partial x}+\frac{\partial\tau_{xy}}{\partial y}+\frac{\partial\tau_{xz}}{\partial z}\right),\\ \rho\frac{Dv}{Dt}&=Y+\left(\frac{\partial\tau_{xy}}{\partial x}+\frac{\partial\sigma_y}{\partial y}+\frac{\partial\tau_{yz}}{\partial y}\right),\\ \rho\frac{Dw}{Dt}&=Z+\left(\frac{\partial\tau_{xz}}{\partial x}+\frac{\partial\tau_{yz}}{\partial y}+\frac{\partial\sigma_z}{\partial z}\right).\end{aligned}\right\} \tag{3.11}$$

如果流体是"无摩擦"的，则全部切应力均为零；此时运动方程中只出现法应力，而且三个法应力是相等的．我们定义其负值为流体中点 $(x, y, z)$ 上的压力：

$$\tau_{xy}=\tau_{xz}=\tau_{yz}=0,$$

$$\sigma_x = \sigma_y = \sigma_z = -p.$$

在这样一个**流体静应力系统**中，流体的压力等于其三个法应力的算术平均值的负值．因为在建立热力学状态方程时，就是在这种条件(流体处于静止)下测定各物理量的，所以这个压力就是状态方程中的热力学压力．在处于运动状态的**粘性流体**的情形中，引进三个法应力的算术平均值(三个法应力之和称为应力张量的迹)作为一个有用的数量也是有益的，其负值仍旧称为压力，但是它与热力学压力的关系还需进一步研究．此时，压力虽然不再等于垂直于表面的法应力，但是，根据定义

$$\frac{1}{3}(\sigma_x + \sigma_y + \sigma_z) = -p, \tag{3.12}$$

它是应力张量的不变量，所以在坐标变换下具有不变性．我们将在本章 c 中知道，在不出现弛豫现象时，它仍旧等于热力学压力．

有三个方程的方程组 (3.11) 包含着六个应力分量 $\sigma_x$, $\sigma_y$, $\sigma_z$, $\tau_{xy}$, $\tau_{xz}$, $\tau_{yz}$. 下一步的任务是要定出应力和应变率之间的关系，以便用速度分量 $u$, $v$, $w$ 来表示出方程 (3.11) 中的应力分量．在这之前，我们将更详细地研究应变率系统，然后在本章 d 中给出它们之间的关系．

## c. 流动中流体微元的应变率

当作为连续介质的流体流动时，一般说来，每一个流体微元都在时间过程中移向新的位置．在运动中，流体微元发生变形．当速度矢量 $\boldsymbol{w}$ 作为时间和位置的函数 $\boldsymbol{w} = \boldsymbol{w}(x, y, z, t)$ 给定时，流体的运动是完全确定的．所以应变率分量与这个函数之间有运动学关系．流体微元的应变率依赖于其中相邻两点之间的**相对**运动．因此，我们研究两个相邻的点 $A$ 和 $B$，如图 3.2 所示．由于存在着速度场，所以在时间 $dt$ 内，点 $A$ 将经过一段距离 $\boldsymbol{s} = \boldsymbol{w}dt$，移至点 $A'$；但是，由于点 $B$ 的速度不同，设点 $B$ 离开点 $A$ 的距离为 $d\boldsymbol{r}$，则点 $B$ 经过一段距离 $\boldsymbol{s} + d\boldsymbol{s} = (\boldsymbol{w} + d\boldsymbol{w})dt$ 移至点 $B'$．更确切地说，如果点 $A$ 的速度分量值为 $u$, $v$, $w$，那么，在邻近的点

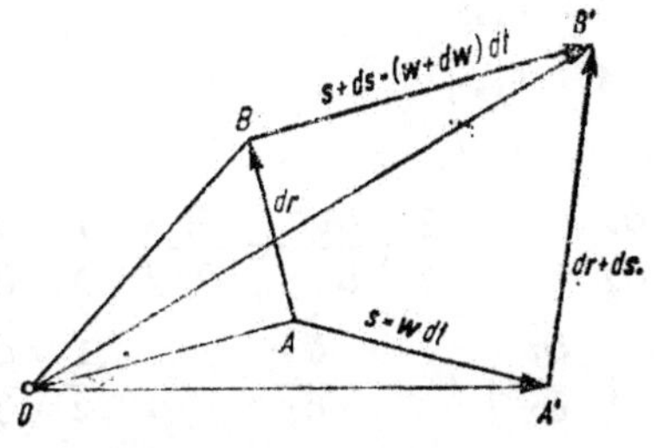


图 3.2 相对位移

$B$ 上，由 Taylor 级数展开式取到一阶项给出的速度分量为

$$
\left.\begin{aligned}
u+du&=u+\frac{\partial u}{\partial x}dx+\frac{\partial u}{\partial y}dy+\frac{\partial u}{\partial z}dz,\\
v+dv&=v+\frac{\partial v}{\partial x}dx+\frac{\partial v}{\partial y}dy+\frac{\partial v}{\partial z}dz,\\
w+dw&=w+\frac{\partial w}{\partial x}dx+\frac{\partial w}{\partial y}dy+\frac{\partial w}{\partial z}dz.
\end{aligned}\right\}\tag{3.13}
$$

因此，点 $B$ 相对于点 $A$ 的运动就由下述当地速度场的九个偏导数的矩阵来描述，即

$$
\begin{pmatrix}
\dfrac{\partial u}{\partial x} & \dfrac{\partial u}{\partial y} & \dfrac{\partial u}{\partial z}\\[2mm]
\dfrac{\partial v}{\partial x} & \dfrac{\partial v}{\partial y} & \dfrac{\partial v}{\partial z}\\[2mm]
\dfrac{\partial w}{\partial x} & \dfrac{\partial w}{\partial y} & \dfrac{\partial w}{\partial z}
\end{pmatrix}.\tag{3.13a}
$$

将方程 (3.13) 中的相对速度分量 $du$, $dv$, $dw$ 重新整理成下述形式是有用的:

$$
\left.\begin{aligned}
du&=(\dot{\varepsilon}_x dx+\dot{\varepsilon}_{xy}dy+\dot{\varepsilon}_{xz}dz)+(\eta dz-\zeta dy),\\
dv&=(\dot{\varepsilon}_{yx}dx+\dot{\varepsilon}_y dy+\dot{\varepsilon}_{yz}dz)+(\zeta dx-\xi dz),\\
dw&=(\dot{\varepsilon}_{zx}dx+\dot{\varepsilon}_{zy}dy+\dot{\varepsilon}_z dz)+(\xi dy-\eta dx).
\end{aligned}\right\}\tag{3.14}
$$

不难验证，新符号具有下述意义:

$$\dot{\varepsilon}_{ij} \equiv \begin{pmatrix} \dot{\varepsilon}_x & \dot{\varepsilon}_{xy} & \dot{\varepsilon}_{xz} \\ \dot{\varepsilon}_{yx} & \dot{\varepsilon}_y & \dot{\varepsilon}_{yz} \\ \dot{\varepsilon}_{zx} & \dot{\varepsilon}_{zy} & \dot{\varepsilon}_z \end{pmatrix}$$

$$= \begin{pmatrix} \dfrac{\partial u}{\partial x} & \dfrac{1}{2}\left(\dfrac{\partial v}{\partial x} + \dfrac{\partial u}{\partial y}\right) & \dfrac{1}{2}\left(\dfrac{\partial w}{\partial x} + \dfrac{\partial u}{\partial z}\right) \\ \dfrac{1}{2}\left(\dfrac{\partial u}{\partial y} + \dfrac{\partial v}{\partial x}\right) & \dfrac{\partial v}{\partial y} & \dfrac{1}{2}\left(\dfrac{\partial w}{\partial y} + \dfrac{\partial v}{\partial z}\right) \\ \dfrac{1}{2}\left(\dfrac{\partial u}{\partial z} + \dfrac{\partial w}{\partial x}\right) & \dfrac{1}{2}\left(\dfrac{\partial v}{\partial z} + \dfrac{\partial w}{\partial y}\right) & \dfrac{\partial w}{\partial z} \end{pmatrix}; \tag{3.15a}$$

$$\xi \equiv \frac{1}{2}\left(\frac{\partial w}{\partial y} - \frac{\partial v}{\partial z}\right); \ \eta \equiv \frac{1}{2}\left(\frac{\partial u}{\partial z} - \frac{\partial w}{\partial x}\right);$$

$$\zeta \equiv \frac{1}{2}\left(\frac{\partial v}{\partial x} - \frac{\partial u}{\partial y}\right). \tag{3.15b}$$

不难看出，矩阵 $\dot{\varepsilon}_{ij}$ 是对称的，所以有

$$\dot{\varepsilon}_{yx} = \dot{\varepsilon}_{xy}; \ \dot{\varepsilon}_{xz} = \dot{\varepsilon}_{zx}; \ \dot{\varepsilon}_{zy} = \dot{\varepsilon}_{yz}, \tag{3.15c}$$

而 $\xi$，$\eta$，$\zeta$ 与矢量

$$\boldsymbol{\omega} = \mathrm{curl}\boldsymbol{w} \tag{3.15d}$$

的分量有关．每一个新的项都可以给出一个运动学上的解释，我们现在就来寻求这些解释．

由于我们的注意力集中在点 $A$ 的邻域内，同时兴趣主要在点 $B$ 相对于点 $A$ 的运动上面，所以将点 $A$ 放在原点，并将 $dx$，$dy$，$dz$ 解释成点 $B$ 在 Descartes 坐标系中的坐标．这样一来，表达式 (3.14) 定义了一个相对速度场，其分量 $du$，$dv$，$dw$ 是空间坐标的线性函数．为了理解矩阵 (3.15a) 和式 (3.15b) 中各项的意义，我们来逐个加以解释．

图 3.3 中表示了一个这样的相对速度场，即除了 $\partial u/\partial x$ 之外，其余各项均为零，并且假定 $\partial u/\partial x > 0$．由于任何一点 $B$ 对点 $A$ 的相对速度为

$$du = \left(\frac{\partial u}{\partial x}\right) dx,$$

所以，这个速度场中 $x=$ 常数的各个平面本身均作平移，其速度正比于它们到平面 $x=0$ 的距离 $dx$. 在这样的速度场中，以 $A$, $B$ 为顶点的平行六面体微元将作伸长变形，其表面 $BC$ 以越来越快的速度离开表面 $AD$. 因此，$\dot{\varepsilon}_x$ 代表该微元沿 $x$ 方向的**伸长**速率. 类似地，$\dot{\varepsilon}_y=\partial v/\partial y$ 和 $\dot{\varepsilon}_z=\partial w/\partial z$ 分别代表沿 $y$ 方向和沿 $z$ 方向的伸长速率.

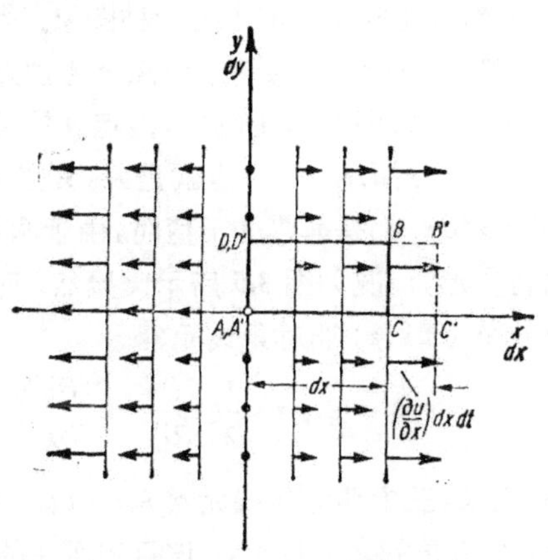


图 3.3 当 $\partial u/\partial x>0$ 而其余各项均为零时流体微元的局部变形；沿 $x$ 方向的均匀伸长

现在，很容易想像出在矩阵 (3.13a) 或 (3.15a) 的主对角线上三个元素同时作用时流体微元的变形：流体微元将沿三个方向膨胀. 取到导数的一阶项，在流体微元三个边长同时改变时，其体积改变的相对速率为

$$\dot{e}=\frac{\left\{dx+\frac{\partial u}{\partial x}dxdt\right\}\left\{dy+\frac{\partial v}{\partial y}dydt\right\}\left\{dz+\frac{\partial w}{\partial z}dzdt\right\}-dxdydz}{dxdydzdt}$$

$$=\frac{\partial v}{\partial x}+\frac{\partial v}{\partial y}+\frac{\partial w}{\partial z}=\mathrm{div}\boldsymbol{w}. \tag{3.16}$$

但是，在这种变形过程中，因为图 3.1 中平行六面体流体微元顶点的所有直角保持不变，所以该流体微元始终维持原有形状. 因此，$\dot{e}$ 是流体微元的当地瞬时**体积膨胀系数**. 若流体是不可压缩的，当

然有 $\dot{e}=0$. 在可压缩流体中,连续方程 (3.1) 表明

$$\dot{e}=\mathrm{div}\,\boldsymbol{w}=-\frac{1}{\rho}\frac{D\rho}{Dt}, \tag{3.17}$$

这就是说，体积膨胀系数(即体积的相对改变)等于当地密度相对变化速率的负值.

当矩阵 (3.13a) 中有一个非对角线元素不为零时，例如 $\partial u/\partial y>0$,则相对速度场呈现出另一种图象. 此时，相应的速度场是一种纯切变场,如图 3.4 所示. 以点 $A$ 为顶点的流体矩形微元现在变形成一个平行四边形,见图 3.4. 点 $A$ 处原有直角改变一个角度 $\gamma_{xy}=[(\partial u/\partial y)dydt]/dy$,也就是说,其变化速率为 $\partial u/\partial y$. 当 $\partial u/\partial y$ 和 $\partial v/\partial x$ 都是非零的正值时,由于两种运动的叠加,点 $A$ 处的直角将变形,情况如图 3.5 所示. 显然，现在点 $A$ 处直角的变形速率是矩阵 (3.15a) 非对角线元素

$$\dot{\varepsilon}_{yx}=\dot{\varepsilon}_{xy}=\frac{1}{2}\left(\frac{\partial u}{\partial y}+\frac{\partial v}{\partial x}\right)$$

的两倍.一般说来,三个非对角线元素 $\dot{\varepsilon}_{xy}=\dot{\varepsilon}_{yx}$, $\dot{\varepsilon}_{xz}=\dot{\varepsilon}_{zx}$ 和 $\dot{\varepsilon}_{zy}=\dot{\varepsilon}_{yz}$ 各自是一个直角的变形速率，该直角所在的平面垂直于不出现在其下标中的轴. 这样的变形并不改变流体微元的体积，只

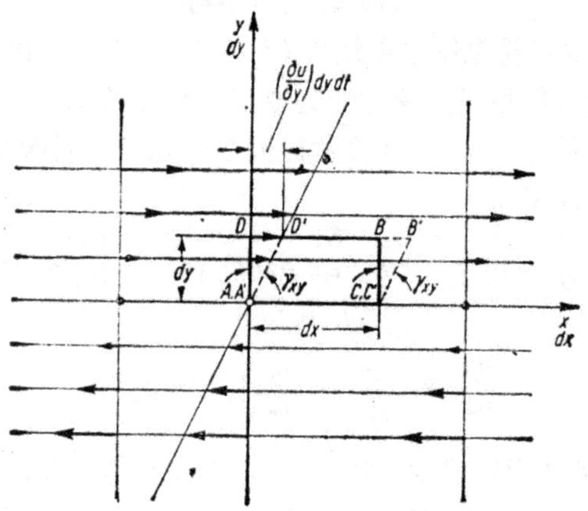


图 3.4 当 $\partial u/\partial y>0$ 而其余各项均为零时流体微元的局部变形;均匀切变

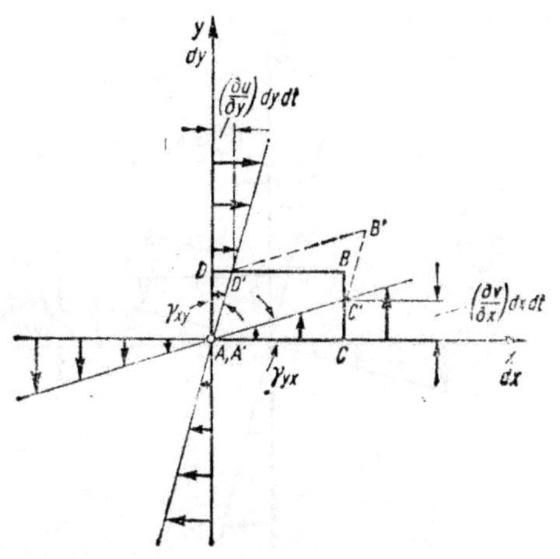


图 3.5 当 $\dot{\varepsilon}_{xy}=\dot{\varepsilon}_{yx}=\frac{1}{2}\{(\partial u/\partial y)+(\partial u/\partial x)\}>0$ 而其余各项均为零时流体微元的局部变形；形状变形(图中 $\partial u/\partial y=\partial v/\partial x$)

是改变了流体微元的形状.

在图 3.6 所示的 $\partial u/\partial y=-\partial v/\partial x$ 的特殊情形下，情况又有所不同. 根据上面的讨论以及 $\dot{\varepsilon}_{xy}=0$ 的条件，我们立即可以推断出点 $A$ 处的直角保持不变. 从图形上看也是很清楚的，这时流体微元绕参考点 $A$ 作转动. **在此瞬时**，这一转动不发生形变，所以能够把它描述成刚性转动. 这个转动的瞬时角速度为

$$\frac{(\partial v/\partial x)dxdt}{dxdt}=\frac{\partial v}{\partial x}\ 或=-\frac{\partial u}{\partial y}.$$

现在不难看出，式 (3.15b) 中 $\frac{1}{2}$ curl$\boldsymbol{w}$ (称为速度场的涡量)的分量 $\zeta$ 是这一瞬时刚性转动的角速度，此时

$$\frac{1}{2}\left(\frac{\partial v}{\partial x}-\frac{\partial u}{\partial y}\right)\neq 0.$$

在 $\partial v/\partial x\neq-\partial u/\partial y$ 的更为复杂的情形下，流体微元既转动又变形. 我们仍旧可以把

$$\dot{\varepsilon}_{xy}=\dot{\varepsilon}_{yx}=\frac{1}{2}\left(\frac{\partial u}{\partial y}+\frac{\partial v}{\partial x}\right)$$

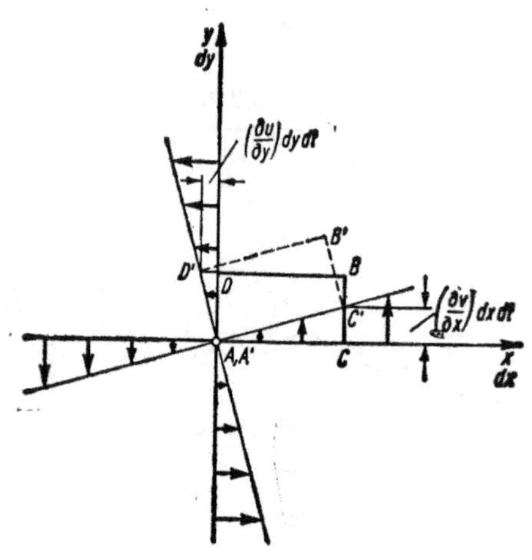


图 3.6 当 $\zeta=\frac{1}{2}\{(\partial v/\partial x)-(\partial u/\partial y)\}\neq0$ 时流体微元的局部变形；瞬时刚性转动

解释为变形速率，把

$$\zeta=\frac{1}{2}\left(\frac{\partial v}{\partial x}-\frac{\partial u}{\partial y}\right)$$

解释为流体微元参与刚性转动的角速度.

式(3.13)或完全等价的式(3.14)的线性性质意味着：最一般的情形是上述所有简单情形的叠加. 因此，如果我们把注意力集中在流体中两个相邻的点 $A$ 和 $B$ 上，且流体具有连续的速度场 $\boldsymbol{w}(x, y, z)$，则包围这两点的流体微元的运动，可以唯一地分解成四种成分的运动:

(a) 由速度 $\boldsymbol{w}$ 分量 $u, v, w$ 所描述的纯平移；

(b) 由 $\frac{1}{2}\operatorname{curl}\boldsymbol{w}$ 分量 $\xi, \eta, \zeta$ 所描述的刚性转动；

(c) 由 $\dot{e}=\operatorname{div}\boldsymbol{w}$ 所描述的体积膨胀，其各轴向的线膨胀分别由 $\dot{\varepsilon}_x$, $\dot{\varepsilon}_y$ 和 $\dot{\varepsilon}_z$ 给出；

(d) 由具有混合下标的分量 $\dot{\varepsilon}_{xy}$ 等所描述的变形运动.

只有最后两种运动才使包围参考点 $A$ 的流体微元产生真正的

变形，而前两种运动只使其位置发生普通的刚性位移.

矩阵(3.15a)的元素也是一个对称张量的分量，这个张量称为**应变率张量**，其数学性质类似于同样对称的应力张量. 从弹性理论[3,7]或张量代数[11]的一般讨论中知道，对于每一个对称张量，都可以找到三个互相正交的**主轴**，它们确定三个互相正交的主平面，这三个主轴构成一个特别有用的 Descartes 坐标系. 在这个坐标系中，任何一个主平面上的应力矢量或瞬时运动都垂直于该平面，也就是说平行于一个主轴. 当采用这样一个特定的坐标系时，矩阵(3.10)或(3.15a)就只保留了它们的对角线元素. 如果我们用带横杠的符号来表示其各个分量，我们就需要处理下述矩阵:

$$\begin{pmatrix} \bar{\sigma}_x & 0 & 0 \\ 0 & \bar{\sigma}_y & 0 \\ 0 & 0 & \bar{\sigma}_z \end{pmatrix} \text{和} \begin{pmatrix} \bar{\dot{\varepsilon}} & 0 & 0 \\ 0 & \bar{\dot{\varepsilon}}_y & 0 \\ 0 & 0 & \bar{\dot{\varepsilon}}_z \end{pmatrix}. \tag{3.18}$$

最后应该指出，上述坐标变换并不影响矩阵主对线元素之和，因为早已提醒过，这个和是该张量的不变量，所以有

$$\sigma_x + \sigma_y + \sigma_z = \bar{\sigma}_x + \bar{\sigma}_y + \bar{\sigma}_z, \tag{3.19a}$$

$$\dot{\varepsilon}_x + \dot{\varepsilon}_y + \dot{\varepsilon}_z = \bar{\dot{\varepsilon}}_x + \bar{\dot{\varepsilon}}_y + \bar{\dot{\varepsilon}}_z (= \dot{e} = \operatorname{div}\boldsymbol{w}). \tag{3.19b}$$

在这样的两个坐标系中来看(两坐标系都用加横杠来表示)，一个流体微元在互相垂直的三个方向上受力，同时，微元的各个表面也沿互相垂直的三个方向作瞬时移动，如图 3.7a 和图 3.7b 所示. 当然，这里并没有说在其他的平面上不存在切应力，也没有说流体微

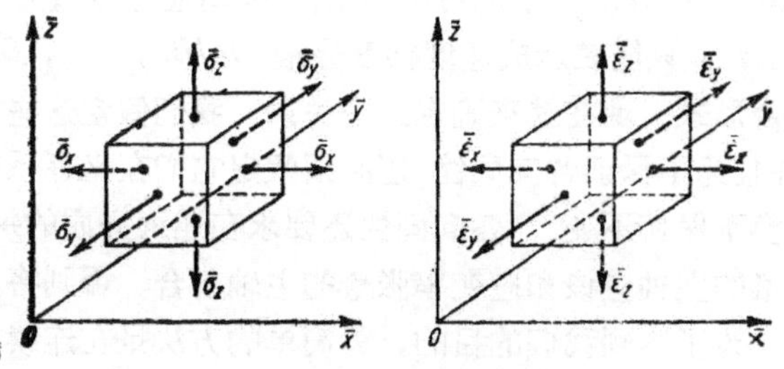

图 3.7 应力张量和应变率张量的主轴

元的形状保持不变.

### d 应力和应变率之间的关系

或许应该再次强调一下，表面力与流场之间的关系式必须通过对实验结果合理的解释来得出，并且我们的兴趣只限于各向同性的 Newton 流体. 上节的讨论给我们提供了一个有用的数学框架，使得我们能够用更精确一点的方式来说明由实验所提出的要求.

当流体处于静止时,此时形成一个均匀的流体静应力场(负的压力: $-p$)，其压力和热力学的压力相同. 当流体处于运动时，状态方程仍然可以确定出每一点的压力("局部状态原理"[4])，因此,最好是引入偏离的法应力

$$\sigma'_x = \sigma_x + p;\ \sigma'_y = \sigma_y + p;\ \sigma'_z = \sigma_z + p, \qquad (3.20)$$

并将它们和原来定义的切应力结合在一起来讨论. 由这样六个量组成的对称应力张量称为偏离应力张量,因为在流体静止时,偏离应力张量的所有分量均为零，所以它完全是由流体的运动所引起的.根据前面的说明可知,偏离应力张量的分量只是由应变率张量的分量引起的，这就排除了速度分量 $u$, $v$, $w$ 和涡量分量 $\xi$, $\eta$, $\zeta$ 对它的影响.这相当于说:流体微元的瞬时平动(运动成分 (a)) 以及瞬时刚性转动(运动成分 (b)) 中,除了表面上有流体静压力的分量之外,并不产生其他的表面力. 显然,前面的说明只是一个局部的精细描述，即在有限的流体元作相当于刚体的一般运动时我们将观测到的情况. 由此得出结论: 偏离应力张量的分量 $\sigma'_x$, $\sigma'_y$, $\cdots$, $\tau_{zx}$ 只能表示成速度梯度分量 $\partial u/\partial x$, $\cdots$, $\partial w/\partial z$ 的某种组合形式. 现在就来确定这些关系. 我们假定这些关系是线性的,并且为了保证各向同性,还必须假定它们在坐标系转动或坐标轴交换下保持不变. 各向同性还要求在连续介质的每个点上，应力张量的主轴应该和应变率张量的主轴重合，否则将出现特殊的方向. 为了达到我们的目的，最简单的方法是在连续介质内任意选定一点，并且设想已暂时选定上述张量的共同主轴组成局部

坐标系 $\bar{x}, \bar{y}, \bar{z}$. 在这样的坐标系中,速度场的分量记作 $\bar{u}, \bar{v}, \bar{w}$.

现在很清楚,只有令三个法应力 $\bar{\sigma}'_x, \bar{\sigma}'_y, \bar{\sigma}'_z$ 均为两项之和,即其中一项正比于与它同向的应变率分量,另一项正比于这三个应变率之和,且两项各有不同的比例系数,这样才能保证各向同性.由此,我们直接用速度分量的空间导数写出这三个法应力:

$$\left.\begin{aligned}\bar{\sigma}'_x &= \lambda\left(\frac{\partial\bar{u}}{\partial\bar{x}}+\frac{\partial\bar{v}}{\partial\bar{y}}+\frac{\partial\bar{w}}{\partial\bar{z}}\right)+2\mu\,\frac{\partial\bar{u}}{\partial\bar{x}},\\ \bar{\sigma}'_y &= \lambda\left(\frac{\partial\bar{u}}{\partial\bar{x}}+\frac{\partial\bar{v}}{\partial\bar{y}}+\frac{\partial\bar{w}}{\partial\bar{z}}\right)+2\mu\,\frac{\partial\bar{v}}{\partial\bar{y}},\\ \bar{\sigma}'_z &= \lambda\left(\frac{\partial\bar{u}}{\partial\bar{x}}+\frac{\partial\bar{v}}{\partial\bar{y}}+\frac{\partial\bar{w}}{\partial\bar{z}}\right)+2\mu\,\frac{\partial\bar{w}}{\partial\bar{z}}.\end{aligned}\right\} \tag{3.21}$$

根据刚才说明的理由,$u, v, w$ 和 $\xi, \eta, \zeta$ 不出现在这些表达式中.在每一个表达式中,后一项代表相应的线膨胀速率,它在实质上代表着形状的变化,而前一项代表体积的膨胀,也就是体积变化的速率,它在实质上代表着密度的变化.后一项中的系数 2 是非实质性的,以后将会看到,这仅仅是为了便于解释.为了保证各向同性,总共只有两个比例系数,即 $\lambda$ 和 $\mu$,也就是说,在上述三个关系式中相应的系数必须相同.不难看出,任何两个坐标轴之间的交换,即三对量 $(\bar{u}, \bar{x})$, $(\bar{v}, \bar{y})$, $(\bar{w}, \bar{z})$ 中任何两对的交换,在各向同性的介质中上述关系保持不变.并且就满足所要求的性质而言,式(3.21)也是空间导数唯一可能的组合.如果读者还不能直接看出来,可查阅张量代数专著中更为严格的证明(例如文献[11]的第 89 页).

借助于适当的线性变换公式,我们可以将式(3.21)中的关系改写成适用于经过一般转动的任何坐标系.我们不打算列出其详细步骤,因为道理虽然很简单,但是直接写起来却很冗长.如果改用张量运算,就变得非常简单了.在参考文献[3, 6, 7]中可以找到直接适用的公式,而在参考文献[11]中给出了相应的张量运算的公式.上述推导给出

$$\left.\begin{aligned}\sigma'_x &= \lambda \operatorname{div}\boldsymbol{w} + 2\mu\frac{\partial u}{\partial x},\\ \sigma'_y &= \lambda \operatorname{div}\boldsymbol{w} + 2\mu\frac{\partial v}{\partial y},\\ \sigma'_z &= \lambda \operatorname{div}\boldsymbol{w} + 2\mu\frac{\partial w}{\partial z};\end{aligned}\right\}\tag{3.22a}$$

$$\left.\begin{aligned}\tau_{xy} &= \tau_{yx} = \mu\left(\frac{\partial v}{\partial x} + \frac{\partial u}{\partial y}\right),\\ \tau_{yz} &= \tau_{zy} = \mu\left(\frac{\partial w}{\partial y} + \frac{\partial v}{\partial z}\right),\\ \tau_{zx} &= \tau_{xz} = \mu\left(\frac{\partial u}{\partial z} + \frac{\partial w}{\partial x}\right).\end{aligned}\right\}\tag{3.22b}$$

为了简洁起见，这里已用了 $\operatorname{div}\boldsymbol{w}$. 读者可以注意指标 $x$, $y$, $z$, 分量 $u$, $v$, $w$ 和坐标 $x$, $y$, $z$ 的排列规律[1].

将这些关系式应用到图 1.1 所示的简单情形时，则重新得到式 (1.2)，所以证实了下列事实：在简单切变的情形下，上述更普遍的关系式化为 Newton 摩擦力定律，因而它确实是 Newton 摩擦力定律的适当推广. 同时，我们把系数 $\mu$ 看成就是第一章 b 中充分讨论过的流体的粘性系数，附带地也就说明了在式 (3.21) 中引入系数 2 的原因. 第二个系数 $\lambda$ 的物理意义还需要进一步讨论. 但是我们要指出，在不可压缩的流体中，因为 $\operatorname{div}\boldsymbol{w}=0$，此时 $\lambda$ 根本就不出现在这些关系式中，所以它不起作用. 由此看出，只有在可压缩流体中，$\lambda$ 才是重要的.

## e. Stokes 假设

虽然，我们将要讨论的问题在一个半世纪以前就已经出现了，但是在 $\operatorname{div}\boldsymbol{w}$ 不恒为零的流动中，对于式 (3.21) 或 (3.22a) 中第

---

1) 上述六个式子可以用 Descartes 张量符号合并成一个式子(利用 Einstein 求和约定)

$$\sigma'_{ij} = \lambda\delta_{ij}\frac{\partial v_k}{\partial x_k} + \mu\left(\frac{\partial v_i}{\partial x_j} + \frac{\partial v_j}{\partial x_i}\right), \quad (i, j, k = 1, 2, 3)$$

其中 Kronecker 符号 $\delta_{ij}$ 为：当 $i \neq j$ 时，$\delta_{ij}=0$；当 $i=j$ 时，$\delta_{ij}=1$.

二个系数 $\lambda$ 的物理解释还存在着争论，尽管对于在**实用方程**中应给出的 $\lambda$ 值并没有争论。这个数值是用 G. G. Stokes 在 1845 年[13]提出的假设来确定的。我们暂时不考虑 **Stokes 假设**成立的物理理由，而先说明其结果。根据 Stokes 假设，有必要取

$$3\lambda + 2\mu = 0，或\ \lambda = -\frac{2}{3}\mu. \tag{3.23}$$

这就把可压缩流体中的系数 $\lambda$ 与其粘性系数 $\mu$ 联系起来，从而使可压缩流体中表征应力场特性的参数数目由两个减为一个，也就是说变得与不可压缩流体所要求的参数数目相同。

将这样的值代入式(3.22a)，就得到偏离应力的法向分量为

$$\left.\begin{aligned}
\sigma'_x &= -\frac{2}{3}\mu\operatorname{div}\boldsymbol{w} + 2\mu\frac{\partial u}{\partial x},\\
\sigma'_y &= -\frac{2}{3}\mu\operatorname{div}\boldsymbol{w} + 2\mu\frac{\partial v}{\partial y},\\
\sigma'_z &= -\frac{2}{3}\mu\operatorname{div}\boldsymbol{w} + 2\mu\frac{\partial w}{\partial z},
\end{aligned}\right\} \tag{3.24}$$

切应力仍旧保持不变。再利用式(3.20)，就得到各向同性 Newton 流体的**本构方程**，其最后的形式为

$$\left.\begin{aligned}
\sigma_x &= -p-\frac{2}{3}\mu\operatorname{div}\boldsymbol{w} + 2\mu\frac{\partial u}{\partial x},\\
\sigma_y &= -p-\frac{2}{3}\mu\operatorname{div}\boldsymbol{w} + 2\mu\frac{\partial v}{\partial y},\\
\sigma_z &= -p-\frac{2}{3}\mu\operatorname{div}\boldsymbol{w} + 2\mu\frac{\partial w}{\partial z},
\end{aligned}\right\} \tag{3.25a}$$

$$\left.\begin{aligned}
\tau_{xy} &= \tau_{yx} = \mu\left(\frac{\partial v}{\partial x}+\frac{\partial u}{\partial y}\right),\\
\tau_{yz} &= \tau_{zy} = \mu\left(\frac{\partial w}{\partial y}+\frac{\partial v}{\partial z}\right),\\
\tau_{zx} &= \tau_{xz} = \mu\left(\frac{\partial u}{\partial z}+\frac{\partial w}{\partial x}\right).
\end{aligned}\right\} \tag{3.25b}$$

注意，$p$ 为当地的热力学压力[1]。

作为一种纯粹的假设，甚至是一种推测，式(3.23)确实是可以接受的。因为正如读者在读完本书以后将会承认的那样，将式(3.25a, b)代入方程(3.11)所得到的实用方程，已经经受了非常大量的、甚至在一些相当严厉的条件下的实验检验。因此，即使它不能代表精确的关系，也一定是一个极好的近似。

偏离应力张量是运动中出现的仅有的应力分量，代表着在等温流动中产生耗散的那些应力分量。在有温度场时，还有由导热引起耗散的应力分量，见第十二章。此外，由于系数 $\lambda$ 只出现在偏离应力的法向分量 $\sigma'_x$, $\sigma'_y$, $\sigma'_z$ 中，而这些偏离应力法向分量中还包含有热力学压力(式(3.20))，这就清楚地表明：$\lambda$ 的物理意义与流体微元以有限的速率改变其体积时的耗散机制有关，还与总应力张量和热力学压力之间的关系有关。

### f. 体积粘性系数和热力学压力

现在我们回到一般性讨论，而且并不需要承认 Stokes 假设的有效性。但是，由于切应力的物理意义和起因是很清楚的，所以只限于不包含切应力的情形。因此，我们考虑一个边界上作用有均匀法应力 $\bar{\sigma}$ 的流体系统，例如图 3.8a 所示的圆球。在没有运动时，$\bar{\sigma}$ 和热力学压力 $p$ 显然大小相等，符号相反。把式(3.21)中的三个关系式加起来，再利用式(3.20)，就可求得

$$\bar{\sigma}=-p+\left(\lambda+\frac{2}{3}\mu\right)\operatorname{div}\boldsymbol{w}, \tag{3.26}$$

同时发现，我们前面所得到的那些等式就反映了这个关系，这是早已指出过的。现在要问：在一般流场中这个关系式是否还成立？当系统准静态可逆地进行压缩时，因为此时渐近地有 $\operatorname{div}\boldsymbol{w}\rightarrow 0$，于是又回到了以前的情形。应该指出：在这样的情形下，热力学

1）若用简洁的张量符号，则可写成

$$\sigma_{ij}=-p\delta_{ij}+\mu\left(\frac{\partial v_i}{\partial x_j}+\frac{\partial v_j}{\partial x_i}-\frac{2}{3}\delta_{ij}\frac{\partial v_k}{\partial x_k}\right),(i, j, k=1, 2, 3).$$

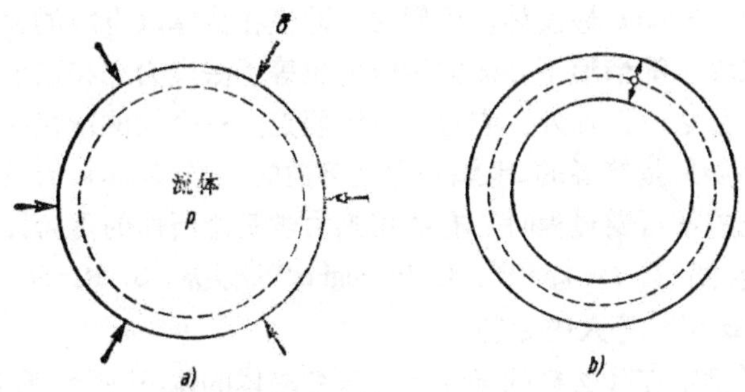


图 3.8　球状流体团的准静态压缩和振荡运动

可逆过程中单位体积膨胀或压缩所作的功率为

$$\dot{W}=p\,\mathrm{div}\,\boldsymbol{w}, \tag{3.26a}$$

用热力学中习惯的符号来表示,即

$$\dot{W}=p\,\frac{dV}{dt}. \tag{3.26b}$$

在 div $\boldsymbol{w}$ 有限而且流体以有限的速率进行压缩、膨胀或作振荡的情形下,只有当系数

$$\mu'=\lambda+\frac{2}{3}\mu \tag{3.27}$$

恒等于零 (Stokes 假设)时,$\sigma$ 和 $-p$ 之间才能保持相等,否则就不相等。如果 $\mu'\neq 0$,即使在图 3.8b 中整个气体球内保持温度不变,这个圆球系统的振荡也会产生耗散。在以有限的速率进行膨胀或压缩的情形下,也有相同的结论。由于这个缘故,系数 $\mu'$ 称为流体的**体积粘性系数**:像在形状变形中的切变粘性系数 $\mu$ 一样,它具有这样的性质:当温度均匀的流体以有限的速率改变体积时,它决定流体的能量耗散。因此在可压缩、各向同性、Newton 流体中,体积粘性系数就成为确定其本构方程中所必需的第二个特性参数,也是除了 $\mu$ 之外所必须测量的物性参数。显然

$$\mu'=0,\ \text{则}\ p=-\sigma,$$

$$\mu'\neq 0,\ \text{则}\ p\neq-\bar{\sigma}.$$

所以，承认 Stokes 假设等价于假定：即使在流体以有限的速率进行压缩或膨胀的情形下，热力学压力也等于法应力之和这个不变量的负三分之一．此外，它也等价于假定：一个大的球状系统的振荡运动如果是等温的，也就一定是可逆的．当 Stokes 假设用于连续系统的不可逆过程时，有关用热力学概念所作的更为详细的讨论，可参阅 J. Meixner[8]，I. Prigogine[12] 以及 S. R. de Groot 和 P. Mazur[1] 等人的专著．

为了确定在什么样的条件下可压缩流体的体积粘性系数为零，有必要求助于实验或求助于统计热力学的方法，统计热力学的方法可以使我们根据第一原理算出输运系数．直接测量体积粘性系数是很困难的，现在也没有明确的结果．对于稠密气体和液体的统计热力学的方法，至今还没有发展到使我们能够对这个问题作出完整的说明．但是在低密度的气体中，即在只需考虑分子的二体碰撞的条件下，体积粘性系数看来似乎恒等于零．在稠密的气体中，体积粘性系数的数值看来也很小．这就是说：在没有切变时，式 (3.26a, b) 仍可以描述连续系统所作的功，并且有很高的近似程度．同时，在常温条件下，甚至在一般的情形下，也只有通过偏离应力的参与才产生耗散．于是，我们再次得出 Stokes 假设，从而也就有式(3.26)．这个结论不适用于因局部偏离化学平衡态而出现弛豫过程的流体[1,8]．例如，当流体中能够发生化学反应时，或在复杂结构的气体中，其平移和转动自由度与振动自由度之间可能出现比较缓慢的能量传递时，这种弛豫现象就会发生．因此，当可能出现弛豫过程时，热力学压力就不再等于应力张量迹的负三分之一．

有时，采用 Stokes 假设，即假定 Newton 流体的体积粘性系数为零时，似乎与我们的直观感觉相矛盾，例如图 3.8b 中的流体圆球，由于其边界振荡而出现压缩和膨胀的循环过程时，竟会没有能量耗散．情况正是这样，根据前面的讨论不难看出，在 Stokes 假设的条件下，其应力场引起的耗散部分确实为零．但是不应忘记，只有在振动过程中整个气体圆球的温度始终不变时才没有能量耗散．而在通常的情形下这是不可能的，因为在振荡的气体圆球中会很快地出现温度场，从而在有温度梯度的地方将出现能量耗散[5]．

## g. Navier-Stokes 方程

利用式(3.20)，我们把运动方程(3.11)中非粘性的压力项分离出来，从而得到

$$\left.\begin{aligned}\rho\frac{Du}{Dt}&=X-\frac{\partial p}{\partial x}+\left(\frac{\partial\sigma'_x}{\partial x}+\frac{\partial\tau_{xy}}{\partial y}+\frac{\partial\tau_{xz}}{\partial z}\right),\\ \rho\frac{Dv}{Dt}&=Y-\frac{\partial p}{\partial y}+\left(\frac{\partial\tau_{xy}}{\partial x}+\frac{\partial\sigma'_y}{\partial y}+\frac{\partial\tau_{yz}}{\partial z}\right),\\ \rho\frac{Dw}{Dt}&=Z-\frac{\partial p}{\partial z}+\left(\frac{\partial\tau_{xz}}{\partial x}+\frac{\partial\tau_{yz}}{\partial y}+\frac{\partial\sigma'_z}{\partial z}\right).\end{aligned}\right\}\quad(3.28)$$

根据式(3.24)引入本构关系，我们得到用速度分量表示的表面力的合力，例如在 $x$ 方向，借助于式(3.10a)得到

$$P_x=\frac{\partial\sigma_x}{\partial x}+\frac{\partial\tau_{xy}}{\partial y}+\frac{\partial\tau_{xz}}{\partial z}=-\frac{\partial p}{\partial x}+\frac{\partial\sigma'_x}{\partial x}+\frac{\partial\tau_{xy}}{\partial y}+\frac{\partial\tau_{xz}}{\partial z},$$

$$P_x=-\frac{\partial p}{\partial x}+\frac{\partial}{\partial x}\left[2\mu\frac{\partial u}{\partial x}-\frac{2}{3}\mu\operatorname{div}\boldsymbol{w}\right]+\frac{\partial}{\partial y}\left[\mu\left(\frac{\partial u}{\partial y}+\frac{\partial v}{\partial x}\right)\right]+\frac{\partial}{\partial z}\times\left[\mu\left(\frac{\partial w}{\partial x}+\frac{\partial u}{\partial z}\right)\right].$$

类似地，可以得到关于 $y$ 分量和 $z$ 分量的相应的表达式．在一般的可压缩流体的情形下，因为 $\mu$ 随温度有相当大的变化(表 1.2 和表 12.1)，同时速度和压力的变化以及由摩擦产生的热量又会引起温度显著地变化，所以必须把粘性系数看成是空间坐标的函数．粘性系数对温度的依赖关系 $\mu(T)$ 必须由实验来确定(参阅第十三章 a)．

如果将这些式子代入基本方程(3.11)，则得到

$$
\left.\begin{aligned}
\rho \frac{Du}{Dt} &= X - \frac{\partial p}{\partial x} + \frac{\partial}{\partial x}\left[\mu\left(2\frac{\partial u}{\partial x} - \frac{2}{3}\operatorname{div}\boldsymbol{w}\right)\right] \\
&\quad + \frac{\partial}{\partial y}\left[\mu\left(\frac{\partial u}{\partial y} + \frac{\partial v}{\partial x}\right)\right] + \frac{\partial}{\partial z}\left[\mu\left(\frac{\partial w}{\partial x} + \frac{\partial u}{\partial z}\right)\right], \\
\rho \frac{Dv}{Dt} &= Y - \frac{\partial p}{\partial y} + \frac{\partial}{\partial y}\left[\mu\left(2\frac{\partial v}{\partial y} - \frac{2}{3}\operatorname{div}\boldsymbol{w}\right)\right] \\
&\quad + \frac{\partial}{\partial z}\left[\mu\left(\frac{\partial v}{\partial z} + \frac{\partial w}{\partial y}\right)\right] + \frac{\partial}{\partial x}\left[\mu\left(\frac{\partial u}{\partial y} + \frac{\partial v}{\partial x}\right)\right], \\
\rho \frac{Dw}{Dt} &= Z - \frac{\partial p}{\partial z} + \frac{\partial}{\partial z}\left[\mu\left(2\frac{\partial w}{\partial z} - \frac{2}{3}\operatorname{div}\boldsymbol{w}\right)\right] \\
&\quad + \frac{\partial}{\partial x}\left[\mu\left(\frac{\partial w}{\partial x} + \frac{\partial u}{\partial z}\right)\right] + \frac{\partial}{\partial y}\left[\mu\left(\frac{\partial v}{\partial z} + \frac{\partial w}{\partial y}\right)\right].
\end{aligned}\right\} \quad (3.29)
$$

(3.29a, b, c)[1)]

这些大家非常熟悉的微分方程构成了整个流体力学学科的基础，通常称为 Navier-Stokes 方程. 这里还需加上连续方程，由方程(3.1)可知，对于可压缩的流动，连续方程有如下形式:

$$\frac{\partial \rho}{\partial t} + \frac{\partial(\rho u)}{\partial x} + \frac{\partial(\rho v)}{\partial y} + \frac{\partial(\rho w)}{\partial z} = 0. \qquad (3.30)$$

上述各方程尚不能完全描述可压缩流体的运动，因为压力和密度的改变会影响温度的变化，所以必须再次把热力学原理考虑进去. 首先，我们根据热力学方程得到物性方程(状态方程)，这是联系压力、密度和温度的方程. 对于完全气体而言，其形式为

$$p - \rho R T = 0, \qquad (3.31)$$

其中 $R$ 为气体常数，$T$ 为绝对温度. 其次，如果过程不是等温的，还需要利用能量方程. 能量方程描写热能和机械能之间的平衡关系(热力学第一定律)，并提供一个关于温度分布的微分方程. 在第十二章中，将对能量方程进行更详细的讨论. 整个方程组的最

---

1) 若用指标符号，则这些方程可写成:

$$\rho\left(\frac{\partial v_i}{\partial t} + v_j\frac{\partial v_i}{\partial x_j}\right) = X_i - \frac{\partial p}{\partial x_i} + \frac{\partial}{\partial x_j}\left\{\mu\left(\frac{\partial v_i}{\partial x_j} + \frac{\partial v_j}{\partial x_i} - \frac{2}{3}\delta_{ij}\frac{\partial v_k}{\partial x_k}\right)\right\},$$

$(i, j, k = 1, 2, 3)$.

后一个方程由粘性系数的经验规律 $\mu(T)$ 给出．在通常情形下，粘性系数对压力的依赖关系可忽略不计．总括起来，如果认为力 $X, Y, Z$ 是给定的，则共有关于七个变量 $u, v, w, p, \rho, T, \mu$ 的七个方程．

对于等温过程，则上述方程组化为五个未知量 $u, v, w, p, \rho$ 的五个方程 (3.29a, b, c), (3.30) 和 (3.31)。

**不可压缩流动**：在不可压缩流体（$\rho=$ 常数）的情形下，即使温度是变化的，上述方程组也还可以进一步简化．首先，正如方程 (3.1a) 所早已表明的那样，我们有 $\operatorname{div}\boldsymbol{w}=0$．其次，一般说来，由于温度的变化在这种情形下很小，所以粘性系数可以取为常数[1]．

就流场的计算而言，状态方程和能量方程都变成是多余的了．这时可以认为流场与热力学方程无关．运动方程 (3.29a, b, c) 和 (3.30) 还可以简化，同时，若完整地写出加速度项，则运动方程有下列形式：

$$\left.\begin{aligned}
\rho\left(\frac{\partial u}{\partial t}+u\frac{\partial u}{\partial x}+v\frac{\partial u}{\partial y}+w\frac{\partial u}{\partial z}\right)&=X-\frac{\partial p}{\partial x}\\
&\quad+\mu\left(\frac{\partial^2 u}{\partial x^2}+\frac{\partial^2 u}{\partial y^2}+\frac{\partial^2 u}{\partial z^2}\right),\\
\rho\left(\frac{\partial v}{\partial t}+u\frac{\partial v}{\partial x}+v\frac{\partial v}{\partial y}+w\frac{\partial v}{\partial z}\right)&=Y-\frac{\partial p}{\partial y}\\
&\quad+\mu\left(\frac{\partial^2 v}{\partial x^2}+\frac{\partial^2 v}{\partial y^2}+\frac{\partial^2 v}{\partial z^2}\right),\\
\rho\left(\frac{\partial w}{\partial t}+u\frac{\partial w}{\partial x}+v\frac{\partial w}{\partial y}+w\frac{\partial w}{\partial z}\right)&=Z-\frac{\partial p}{\partial z}\\
&\quad+\mu\left(\frac{\partial^2 w}{\partial x^2}+\frac{\partial^2 w}{\partial y^2}+\frac{\partial^2 w}{\partial z^2}\right),
\end{aligned}\right\}\qquad(3.32\text{a, b, c})$$

$$\frac{\partial u}{\partial x}+\frac{\partial v}{\partial y}+\frac{\partial w}{\partial z}=0. \qquad (3.33)$$

---

1）气体要比液体更接近于满足这个条件．

因此，在已知体积力的情形下，问题归结为四个未知量 $u$, $v$, $w$, $p$ 的四个方程.

如果用矢量符号，则对于不可压缩流动而言，其简化的Navier-Stokes 方程 (3.32a, b, c) 可以缩写为

$$\rho \frac{D\boldsymbol{w}}{Dt} = \boldsymbol{F} - \mathrm{grad}p + \mu\nabla^2\boldsymbol{w}, \tag{3.34}$$

其中符 $\nabla^2$ 为 Laplace 算子: $\nabla^2 = \partial^2/\partial x^2 + \partial^2/\partial y^2 + \partial^2/\partial z^2$. 上述 Navier-Stokes 方程与 Euler 方程的差别仅在于多了粘性项 $\mu\nabla^2\boldsymbol{w}$.

当规定了边界条件和初始条件之后，上述方程的解在物理上就完全确定了. 在粘性流体的情形下，还必须满足固壁上的无滑移条件，即在壁面上，速度的法向分量和切向分量都必须为零:

$$\text{在壁面上，} v_n = 0;\ v_t = 0. \tag{3.35}$$

上述方程首先是由 M. Navier[9] 在 1827 年和 S. D. Poisson[10] 在 1831 年导出的，是在考虑分子间作用力的基础上得到的. 后来 B. de Saint Venant[14] 在 1843 年和 G. G. Stokes[13] 在 1845 年导出了同样的方程，但是出发点不同，即基于与本章相同的假设: 法应力和切应力都是变形速率的线性函数(与较早的 Newton 摩擦力定律符合)，以及热力学压力是法应力之和的负三分之一.

因为线性假设显然是完全任意的，所以不能先验地确信 Navier-Stokes 方程对流体的运动给出了真实的描述. 因此必须对这些方程加以检验，当然这只能通过实验来完成. 总之，在这方面应该指出：由于求解 Navier-Stokes 方程中所遇到的巨大的数学困难，至今还妨碍我们得到对流项与粘性项大体上相当时的单一的解析解. 但是一些已知的解，例如以后要讨论的圆管中的层流和边界层流动，却与实验吻合得如此之好，以致很难对 Navier-Stokes 方程的普遍正确性发生怀疑.

**柱坐标:** 我们现在将 Navier-Stokes 方程变换到柱坐标中去，以备今后使用. 如果设 $r$, $\phi$, $z$ 分别表示三维坐标系中的径向、横向和轴向的坐标，$v_r$, $v_\phi$, $v_z$ 表示沿相应方向的速度分量，那么，在

不可压缩流体流动的情形下，对方程(3.33)和(3.34)作变量变换[3,11]导出下列方程：

$$\rho\left(\frac{\partial v_r}{\partial t}+v_r\frac{\partial v_r}{\partial r}+\frac{v_\phi}{r}\frac{\partial v_r}{\partial \phi}-\frac{v_\phi^2}{r}+v_z\frac{\partial v_r}{\partial z}\right)$$

$$=F_r-\frac{\partial p}{\partial r}+\mu\left(\frac{\partial^2 v_r}{\partial r^2}+\frac{1}{r}\frac{\partial v_r}{\partial r}-\frac{v_r}{r^2}+\frac{1}{r^2}\frac{\partial^2 v_r}{\partial \phi^2}\right.$$

$$\left.-\frac{2}{r^2}\frac{\partial v_\phi}{\partial \phi}+\frac{\partial^2 v_r}{\partial z^2}\right), \tag{3.36a}$$

$$\rho\left(\frac{\partial v_\phi}{\partial t}+v_r\frac{\partial v_\phi}{\partial r}+\frac{v_\phi}{r}\frac{\partial v_\phi}{\partial \phi}+\frac{v_r v_\phi}{r}+v_z\frac{\partial v_\phi}{\partial z}\right)$$

$$=F_\phi-\frac{1}{r}\frac{\partial p}{\partial \phi}+\mu\left(\frac{\partial^2 v_\phi}{\partial r^2}+\frac{1}{r}\frac{\partial v_\phi}{\partial r}-\frac{v_\phi}{r^2}\right.$$

$$\left.+\frac{1}{r^2}\frac{\partial^2 v_\phi}{\partial \phi^2}+\frac{2}{r^2}\frac{\partial v_r}{\partial \phi}+\frac{\partial^2 v_\phi}{\partial z^2}\right), \tag{3.36b}$$

$$\rho\left(\frac{\partial v_z}{\partial t}+v_r\frac{\partial v_z}{\partial r}+\frac{v_\phi}{r}\frac{\partial v_z}{\partial \phi}+v_z\frac{\partial v_z}{\partial z}\right)$$

$$=F_z-\frac{\partial p}{\partial z}+\mu\left(\frac{\partial^2 v_z}{\partial r^2}+\frac{1}{r}\frac{\partial v_r}{\partial r}\right.$$

$$\left.+\frac{1}{r^2}\frac{\partial^2 v_z}{\partial \phi^2}+\frac{\partial^2 v_z}{\partial z^2}\right), \tag{3.36c}$$

$$\frac{\partial v_r}{\partial r}+\frac{v_r}{r}+\frac{1}{r}\frac{\partial v_\phi}{\partial \phi}+\frac{\partial v_z}{\partial z}=0。 \tag{3.36d}$$

应力分量取下列形式：

$$\left.\begin{aligned}
&\sigma_r=-p+2\mu\frac{\partial v_r}{\partial r}; && \tau_{r\phi}=\mu\left[r\frac{\partial}{\partial r}\left(\frac{v_\phi}{r}\right)+\frac{1}{r}\frac{\partial v_r}{\partial \phi}\right];\\
&\sigma_\phi=-p+2\mu\left(\frac{1}{r}\frac{\partial v_\phi}{\partial \phi}+\frac{v_r}{r}\right); && \tau_{\phi z}=\mu\left(\frac{\partial v_\phi}{\partial z}+\frac{1}{r}\frac{\partial v_z}{\partial \phi}\right);\\
&\sigma_z=-p+2\mu\frac{\partial v_z}{\partial z}; && \tau_{rz}=\mu\left(\frac{\partial v_r}{\partial z}+\frac{\partial v_z}{\partial r}\right).
\end{aligned}\right\} \tag{3.37}$$

**曲线坐标：** 使用适应于物体外形的曲线坐标往往是很方便的。在沿曲壁的二维流动的情形下，可选用这样一种坐标系，其

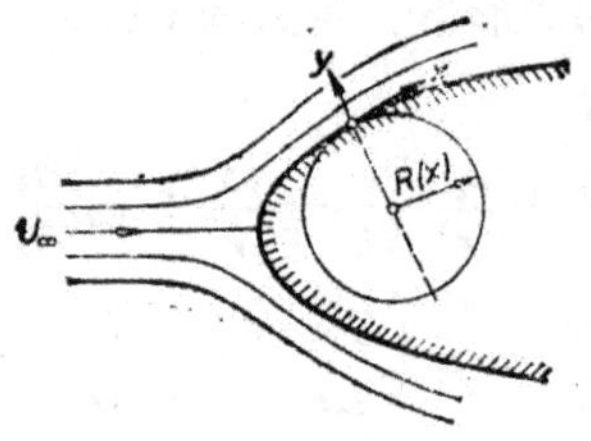


图 3.9 沿曲壁的二维边界层

横坐标 $x$ 沿着壁面量度，见图 3.9.因此，曲线坐标的网络由平行于壁面的曲线族和与它们垂直的直线族组成. 相应的速度分量分别记作 $u$ 和 $v$. 在坐标 $x$ 处的曲率半径记作 $R(x)$; 当壁面向外凸时，$R(x)$ 是正的，而壁面向里凹时，则 $R(x)$ 是负的. 已由 W. Tollmien[15] 导出了相应形式的完整的 Navier-Stokes 方程，该方程为:

$$\frac{\partial u}{\partial t}+\frac{R}{R+y}u\frac{\partial u}{\partial x}+v\frac{\partial u}{\partial y}+\frac{vu}{R+y}$$
$$=-\frac{R}{R+y}\frac{1}{\rho}\frac{\partial p}{\partial x}+\nu\left\{\frac{R^2}{(R+y)^2}\frac{\partial^2 u}{\partial x^2}+\frac{\partial^2 u}{\partial y^2}\right.$$
$$+\frac{1}{R+y}\frac{\partial u}{\partial y}-\frac{u}{(R+y)^2}+\frac{2R}{(R+y)^2}\frac{\partial v}{\partial x}$$
$$\left.-\frac{R}{(R+y)^3}\frac{dR}{dx}v+\frac{Ry}{(R+y)^3}\frac{dR}{dx}\frac{\partial u}{\partial x}\right\}, \tag{3.38a}$$

$$\frac{\partial v}{\partial t}+\frac{R}{R+y}u\frac{\partial v}{\partial x}+v\frac{\partial v}{\partial y}-\frac{u^2}{R+y}=-\frac{1}{\rho}\frac{\partial p}{\partial y}$$
$$+\nu\left\{\frac{\partial^2 v}{\partial y^2}-\frac{2R}{(R+y)^2}\frac{\partial u}{\partial x}+\frac{1}{R+y}\frac{\partial v}{\partial y}\right.$$
$$+\frac{R^2}{(R+y)^2}\frac{\partial^2 v}{\partial x^2}-\frac{v}{(R+y)^2}+\frac{R}{(R+y)^3}\frac{dR}{dx}u$$
$$\left.+\frac{Ry}{(R+y)^3}\frac{dR}{dx}\frac{\partial v}{\partial x}\right\}, \tag{3.38b}$$

$$\frac{R}{R+y}\frac{\partial u}{\partial x}+\frac{\partial v}{\partial y}+\frac{v}{R+y}=0. \tag{3.38c}$$

应力分量为

$$\left.\begin{aligned}\sigma_x&=-p+2\mu\left(\frac{R}{R+y}\frac{\partial u}{\partial x}+\frac{v}{R+y}\right),\\ \sigma_y&=-p+2\mu\frac{\partial v}{\partial y},\\ \tau_{xy}&=\mu\left(\frac{\partial u}{\partial y}-\frac{u}{R+y}+\frac{R}{R+y}\frac{\partial v}{\partial x}\right),\end{aligned}\right\} \tag{3.39}$$

同时涡量[见式(4.5)]变为

$$\omega=\frac{1}{2}\left(\frac{R}{R+y}\frac{\partial v}{\partial x}-\frac{\partial u}{\partial y}-\frac{1}{R+y}u\right). \tag{3.40}$$

# 第四章 Navier-Stokes 方程的一般性质

以后各章要积分 Navier-Stokes 方程．在转入这个问题之前，本章先讨论 Navier-Stokes 方程的若干一般性质．在讨论中，我们只限于不可压缩的粘性流体．

## a. 根据 Navier-Stokes 方程推导 Reynolds 相似性原理

迄今为止，还没有一般的解析方法可以用来积分 Navier-Stokes 方程，而只是在某些特殊情形下，得出了对所有粘性系数值都成立的解．例如圆管中的 Poiseuille 流动，或者两个平行壁面之间的 Couette 流动(其中一个壁面处于静止，而另一个壁面沿自身的平面作等速运动(见图 1.1))．基于上述原因，计算粘性流体运动的问题，总是先从极端情况着手，即一方面，求解有极大粘性的问题；另一方面，求解有极小粘性的问题，因为这样做，其数学问题可以得到相当大的简化．但是，对于中等粘性的情形，并不能在这两种极端情形之间进行内插．

即使是对粘性很大和粘性很小的情形，仍然有很大的数学上的困难．为此，研究粘性流体的运动在很大程度上是从实验入手的．在这方面，Navier-Stokes 方程给出了一些非常有用的启示．这些启示指出：实验研究所需要的工作量可以大大减少．人们常常用**模型**来进行实验，也就是在风洞(或者其它适当的装置)中研究一个与实际物体几何相似，而尺寸缩小了的模型．这样就提出了关于流体运动**动力相似性**的问题．这个问题显然与下述问题直接有关：即由模型所得到的实验结果如何才能用来预测全尺寸物体的性能．

正如第一章中已经阐述的，如果两种流体运动具有几何相似的边界，并且它们的速度场是几何相似的，也就是说，如果它们有几何相似的流线，则这两种流体运动是动力学相似的.

在第一章，我们已经解答了在流动过程中只有惯性力和粘性力时的动力相似问题．从中可以看到，对于两个动力相似的运动，它们的 Reynolds 数必须相等（Reynolds 相似性原理）．这个结论是通过对流体中各种力进行估算的方法得到的；现在，我们再从 Navier-Stokes 方程来直接推导这个结论.

Navier-Stokes 方程表示一种平衡条件，即对于每一个流体质点而言，它的彻体力(重力)和表面力，与惯性力之间是平衡的．表面力包括压力(法向力)和摩擦力(剪切力)．彻体力只在有自由表面或者密度分布不均匀的情形中才是重要的．在无自由表面的均匀流体的情形下，每一个质点的重力与它的流体静力学的浮力之间处于平衡，就象静止流体中的情形一样．因此，在均匀流体无自由表面的运动中，如果将压力理解为流体运动时的压力与静止时的压力之差，那就可以把彻体力消去．在以下的讨论中，我们只注重这种假设成立的那些情形，因为它们在实际应用中是最重要的．这时，Navier-Stokes 方程只包含压力、粘性力和惯性力.

在这些假设和约定下，定常不可压缩流体的 Navier-Stokes 方程用矢量形式表示，可以简写为

$$\rho(\boldsymbol{w}\cdot\mathrm{grad})\boldsymbol{w} = -\mathrm{grad}\,p + \mu\nabla^2\boldsymbol{w}. \qquad (4.1)^{1)}$$

上述微分方程必然与方程中出现的各个物理量（例如速度、压力等)所选用的单位无关.

现在，我们来研究以不同的流速绕两个几何相似但线尺度不同的物体的流动，例如绕两个圆球的流动；除了流速不同，两种流体的密度和粘性也可以不同．我们借助于 Navier-Stokes 方程来研究动力相似的条件．显然，对于两种具有几何相似边界的流动，如果通过适当地选取长度、时间和力的单位，可以将 Navier-Stokes

1）见第 52 页的脚注.

方程 (4.1) 变换成完全相同的形式，那么动力相似就成立．现在，只要在方程 (4.1) 中引入无量纲量，就能够免去单位的选取．把流动中的某些适当的特征量选为单位，并且让所有其它的量以这些单位作为参考量，用这样的办法就可以实现这一点．例如，可以把来流速度和圆球的直径分别选为速度和长度的单位．

令 $V$, $l$ 和 $p_1$ 表示这些特征参考量．如果我们现在在 Navier-Stokes 方程 (4.1) 中引入下列无量纲比值：

$$\text{速度}\quad \boldsymbol{W}=\frac{\boldsymbol{w}}{V},$$

$$\text{长度}\quad X=\frac{x}{l},\quad Y=\frac{y}{l},\quad Z=\frac{z}{l},$$

$$\text{压力}\quad P=\frac{p}{p_1},$$

则得到

$$\rho\frac{V^2}{l}(\boldsymbol{W}\cdot\mathrm{grad})\boldsymbol{W}=-\frac{p_1}{l}\,\mathrm{grad}P+\frac{\mu V}{l^2}\nabla^2\boldsymbol{W}.$$

或者除以 $\rho V^2/l$，则得到

$$(\boldsymbol{W}\cdot\mathrm{grad})\boldsymbol{W}=-\frac{p_1}{\rho V^2}\,\mathrm{grad}P+\frac{\mu}{\rho Vl}\nabla^2\boldsymbol{W}. \qquad (4.2)^{1)}$$

只有当用各自的无量纲变量所表示的解完全相同时，所讨论的两种流体运动才能够是相似的．这就要求：这两种运动所对应的无量纲 Navier-Stokes 方程所有的项仅仅相差一个共同的因子．量 $\frac{p_1}{\rho V^2}$ 表示压力与两倍动压头之比．由于在不可压缩流动中，压力的变化不会引起体积的改变，因此，这个量对于两种运动的动力相似无关紧要．然而第二个系数 $\rho Vl/\mu$ 却是非常重要的．如果两种运动要成为动力相似的，那么这个系数必须取相同的值．因此，对于两种运动，只要

$$\frac{\rho_1V_1l_1}{\mu_1}=\frac{\rho_2V_2l_2}{\mu_2},$$

---

1) 见第 52 页的脚注．

这两种流动就是动力相似的. 这个原理是 O. Reynolds 在研究圆管中的流体运动时发现的,因此,就称之为 **Reynolds 相似性原理**. 无量纲比值

$$\frac{\rho V l}{\mu}=\frac{V l}{\nu}=\mathrm{R} \tag{4.3}$$

称为 Reynolds 数. 前面已经介绍过,式中动力粘性系数 $\mu$ 与密度 $\rho$ 之比,记作 $\nu=\mu/\rho$, 称为流体的运动粘性系数. 综上所述,我们可以这样来叙述: 当流动的 Reynolds 数相等时,绕几何相似物体的流动是动力相似的.

这样,我们再一次推演了 Reynolds 相似性原理. 这一次是从 Navier-Stokes 方程导出的. 而以前是先根据对各种力的估算, 再利用量纲分析推导出来的.

## b. 作为 Navier-Stokes 方程的"解"的无摩擦流动

顺便值得提出的是,不可压缩无摩擦流动的解也可以看成是 Navier-Stokes 方程的精确解,因为在这种情形下, 摩擦力项恒等于零. 在不可压缩无摩擦流动的情形下,速度矢量可以表示为速度势的梯度:

$$\boldsymbol{w}=\operatorname{grad}\Phi,$$

其中速度势 $\Phi$ 满足 Laplace 方程

$$\nabla^2\Phi=0.$$

于是,也就有 $\operatorname{grad}(\nabla^2\Phi)=\nabla^2(\operatorname{grad}\Phi)=0$, 即 $\nabla^2\boldsymbol{w}=0$.

因此,对于位势流动,方程(4.1)中的摩擦项恒等于零,但是一般说来,这时关于速度的两个边界条件(3.35)就不能同时得到满足了. 在位势流动中,如果沿边界的法向分量必须采用所规定的值,那么切向分量因此也就确定了, 所以无滑移条件不能同时得到满足. 基于这个原因,我们不能把位势流动看作是 Navier-Stokes 方程的有物理意义的解,因为它们不满足所规定的边界条件. 然而, 对以上所述有一个重要的例外情形,这个例外情形出现在固壁处于运动状态的时候, 或者无须应用无滑移条件的时候. 最简单的特殊情形是绕旋转圆柱的流动. 如本章 f 节页中将详细阐明的那样,这时位势解确实是 Navier-Stokes 方程的有意义的解. 有关这方面的详细情况, 读者可以参看 G. Hamel[4] 和 J. Ackeret[1] 的文章.

下面几节仅限于研究平面(二维)流动,因为只有对这类流动才能说明 Navier-Stokes 方程的某些一般性质. 另一方面, 在有实际意义的问题中, 平面流动是最大的一类.

## c. 作为涡量输运方程的 Navier-Stokes 方程

在 $x$, $y$ 平面上,二维非定常流动情形的速度矢量变为

$$\boldsymbol{w} = \boldsymbol{i}u(x, y, t) + \boldsymbol{j}v(x, y, t).$$

方程组 (3.32) 和 (3.33) 变为

$$\left.\begin{aligned}\frac{\partial u}{\partial t} + u\frac{\partial u}{\partial x} + v\frac{\partial u}{\partial y} &= \frac{1}{\rho}X - \frac{1}{\rho}\frac{\partial p}{\partial x} + \nu\left(\frac{\partial^2 u}{\partial x^2} + \frac{\partial^2 u}{\partial y^2}\right),\\ \frac{\partial v}{\partial t} + u\frac{\partial v}{\partial x} + v\frac{\partial v}{\partial y} &= \frac{1}{\rho}Y - \frac{1}{\rho}\frac{\partial p}{\partial y} + \nu\left(\frac{\partial^2 v}{\partial x^2} + \frac{\partial^2 v}{\partial y^2}\right),\\ \frac{\partial u}{\partial x} + \frac{\partial v}{\partial y} &= 0.\end{aligned}\right\} \tag{4.4a,b,c}$$

这给出了关于 $u$, $v$ 和 $p$ 的三个方程.

现在,我们引入涡矢量, curl$\boldsymbol{w}$, 对于二维流动, 它只剩下一个 $z$ 轴方向的分量:

$$\frac{1}{2}\operatorname{curl}\boldsymbol{w} = \omega_z = \omega = \frac{1}{2}\left(\frac{\partial v}{\partial x} - \frac{\partial u}{\partial y}\right). \tag{4.5}$$

无摩擦运动是无旋的,所以在这些情形下, curl$\boldsymbol{w} = 0$. 从方程 (4.4a, b) 中消去压力项,我们得到

$$\frac{\partial \omega}{\partial t} + u\frac{\partial \omega}{\partial x} + v\frac{\partial \omega}{\partial y} = \nu\left(\frac{\partial^2 \omega}{\partial x^2} + \frac{\partial^2 \omega}{\partial y^2}\right), \tag{4.6}$$

或者用缩写形式

$$\frac{D\omega}{Dt} = \nu\nabla^2\omega. \tag{4.7}$$

这个方程称为**涡量输运(或涡量传递)方程**. 它说明由当地项和对流项组成的涡量的随体变化等于由摩擦引起的涡量耗散率. 方程 (4.6) 加上连续方程 (4.4c) 组成关于两个速度分量 $u$ 和 $v$ 的方程组.

最后, 通过引入流函数 $\psi(x, y)$, 我们就可以把具有两个未知量的两个方程变换成只含一个未知量的一个方程. 令

$$u = \frac{\partial \psi}{\partial y}; \qquad v = -\frac{\partial \psi}{\partial x}, \tag{4.8}$$

可以看出,这时连续方程自动满足. 另外, 根据方程(4.5),涡量变为

$$\omega = -\frac{1}{2}\nabla^2\psi,^{1)} \tag{4.9}$$

涡量输运方程(4.6)变为

$$\frac{\partial\nabla^2\psi}{\partial t} + \frac{\partial\psi}{\partial y}\frac{\partial\nabla^2\psi}{\partial x} - \frac{\partial\psi}{\partial x}\frac{\partial\nabla^2\psi}{\partial y} = \nu\nabla^4\psi. \tag{4.10}$$

在这个形式中，涡量输运方程只包含一个未知量 $\psi$. 方程(4.10)的左边与 Navier-Stokes 方程一样为惯性项，而右边为摩擦项.这是一个关于流函数 $\psi$ 的四阶偏微分方程. 一般说来，由于它是非线性的，因而求解也是非常困难的.

利用数值积分，V.G. Jenson[5] 对于圆球绕流问题求出了涡量输运方程(4.10)的解. 图 4.1 画出了对于不同 Reynolds 数所得

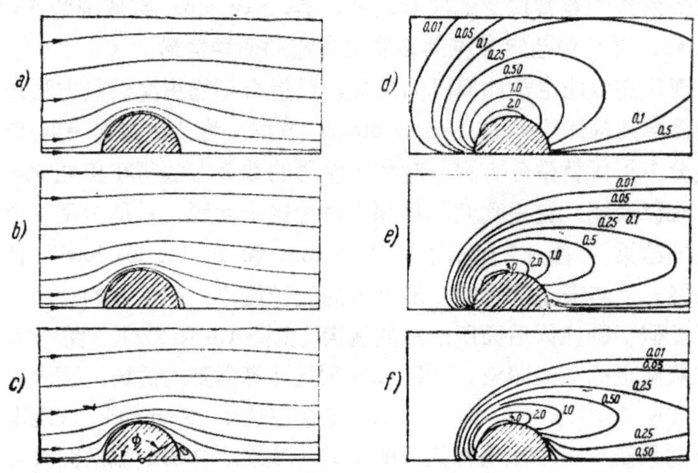


图 4.1 在不同 Reynolds 数 $\mathbf{R} = VD/\nu$ 下，V.G. Jenson[5] 根据涡量输运方程(4.10)得到的圆球粘性绕流的流动图象.

a, b, c 为流线图象; d, e, f 为 $\omega D/V$ = 常数的涡量分布

a, d $\mathbf{R} = 5$, $C_D = 8.0$, 无分离

b, e $\mathbf{R} = 20$, $C_D = 2.9$, 在 $\phi = 171°$ 处分离

c, f $\mathbf{R} = 40$, $C_D = 1.9$, 在 $\phi = 148°$ 处分离

---

1) 这个方程有时称为流函数 $\psi$ 的 Poisson 方程.

到的流动图象，图上还画出了流场的涡量分布曲线．图 4.1a 和 4.1d 的 Reynolds 数最小，**R = 5**，它对应于粘性力大大超过惯性力的情形，这样的流动可以称为**蠕动流**(见本章 d 节和第六章)．在这种情形下，整个流场是有旋的，圆球前后的流线图象几乎相同．随着 Reynolds 增大，在圆球的背风区形成一个有迴流的分离区．同时，旋涡也渐渐地向圆球下游区域集中．在迎风区，流动几乎变成无旋的．这里所讨论的由 Navier-Stokes 方程求得的流动图象，使我们可以了解流动特征随 Reynolds 数增加而发生的变化．但即使在达到图 4.1c 和 4.1f 所示的最大 Reynolds 数 R = 40 时，边界层的图象也还没有完全形成．

M. Coutanceau 和 R. Bouard 的两篇文章[1c,1d]叙述了对圆柱体尾迹所作的非常广泛的实验研究，其 Reynolds 数范围为 5 < R < 40，并且包括定常流动和非定常流动两种情形．

现代高效能电子计算机的发展，已经有可能用纯数值方法求解绕简单几何体流动的 Navier-Stokes 方程．为了做到这一点，要用差分方程代替微分方程．对此所使用的数值方法将在第九章 *i* 节中加以说明．这里我们不再深入讨论这个问题，只是引用一个有趣的结果．图 4.2 显示了 J.E.Fromm 和 F. H. Harlow[3] 计算的绕一个与来流垂直的矩形平板的流动图象．在平板的背后形成了类似于圆柱体后面所形成的涡街(见图 1.6 和 2.7)．图 4.2a 是实验测定的流线图象，而图 4.2b 则是计算得到的流场，两者的 Reynolds 数均为 $Vd/\nu = 6000$．尽管在这个 Reynolds 数范围内流动只获得一个振荡特征(图 1.6)，但是，这两个流动图象还是符合得相当好．对 Navier-Stokes 方程获得这种数值解的尝试，最早可以追溯到 A.Thom[6]．他在低 Reynolds 数 (R = 10～20) 的情况下，对圆柱体完成了这种计算．后来，这些计算做到 R = 100[2]．随着 Reynolds 数增大，这种数值积分的困难程度也急剧增加．在这方面，值得参考的有 A. Thom 和 C. J. Apelt 的综述性文章[7]，以及 C. J. Apelt[1a]，D. N. de G. Allen 和 R. V. Southwell[1b]，H. B. Keller 和 H.Takami[5a] 等人的工作．

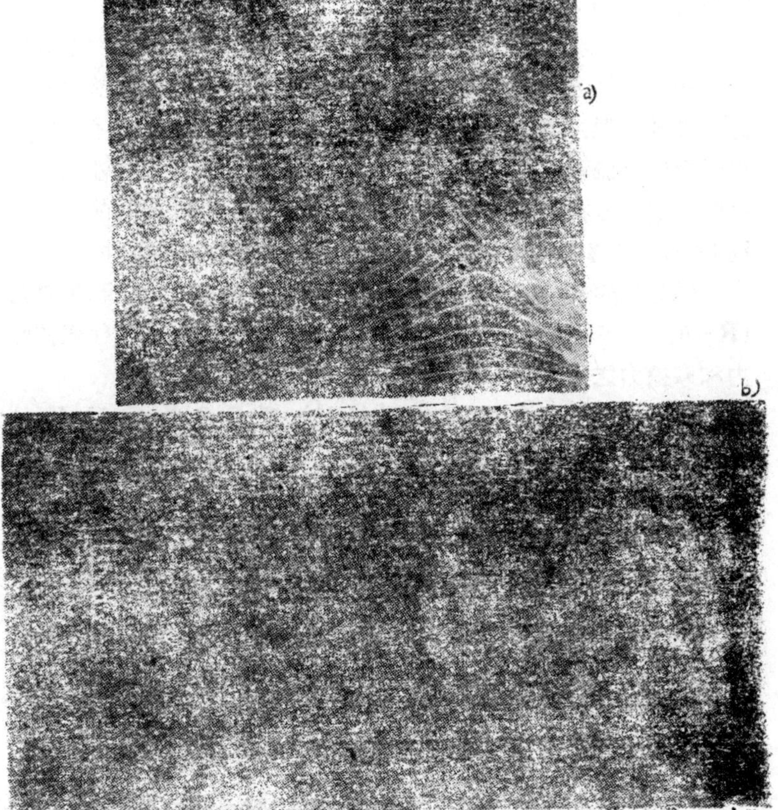


图 4.2 与来流垂直的矩形平板 ($H/d = 3.6$) 后面的流动图象，Reynolds 数 $\mathbf{R} = VH/\nu = 6000$，引自 J. E. Fromm 和 F. H. Harlow[3]. ($H$ 为板的高度，$d$ 为板的厚度)

a) 实验测定的流线图象

b) $\mathbf{R} = tV/H = 2.78$ 时 ($t$ 为自运动开始的时间)用 Navier-Stokes 方程进行数值积分计算的流动图象. 数值积分是在 IBM7090 计算机上完成的

### d. 粘性很大 (Reynolds 数很小)时的极限情形

在极慢运动或者粘性系数很大的运动中，粘性力远大于惯性力，因为后者具有速度平方的量级，而前者只与速度成线性关系. 因此，作为初步近似，惯性项相对于粘性项而言可以略去不计. 根

据方程 (4.10) 我们得到

$$\nabla^4\psi = 0. \tag{4.11}$$

这是一个线性方程，这个方程比起完整的方程 (4.10) 显然更易于进行数学处理. 方程 (4.11) 描述的流动以极小的速度进行，因此有时把这种流动称为**蠕动流**. 从数学观点来看，略去惯性项是允许的，因为方程的阶数并未因此而降低. 所以简化以后的微分方程 (4.11) 能够满足和完整方程 (4.10) 同样多的边界条件.

蠕动流的解也可以看成是在 Reynolds **数很小的极限情形** ($\mathbf{R}\to 0$) 下 Navier-Stokes 方程的解，因为 Reynolds 数代表惯性力和摩擦力之比.

对于粘性流体的蠕动流方程 (4.11)，G. G. Stokes 和 H. Lamb 分别求出了圆球情形和圆柱情形的解. Stokes 解可以应用于雾滴在空气中的下落运动，或者小球在粘油中的运动. 这时速度很小，以至于可以略去惯性力而仍有很好的精度. 另外，**润滑流体动力学理论**，即在轴颈和轴承之间很窄的间隙中润滑油的运动理论，也可以利用这个简化的运动方程作为它的出发点. 在以后的实例中可以看出，即使速度不是很小，但极小的间隙高度和油的相当大的粘性，也可以保证粘性力远大于惯性力. 不过，除了润滑理论之外，蠕动流理论的应用领域是十分有限的.

### e. 粘性很小 (Reynolds 数很大)时的极限情形

从实用观点出发，这第二种极端情形，即在方程 (4.10) 中粘性力远小于惯性力的情形具有更大的重要性. 因为两种最重要的流体，即水和空气，粘性都很小，一般说来，所研究的问题又总是发生在比较高的速度下，这正是 **Reynolds 数很大 ($\mathbf{R}\to\infty$) 时的极限情形**. 在这种情形下，微分方程 (4.10) 的数学简化过程需要非常慎重. 这里不允许简单地略去全部粘性项，即方程 (4.10) 右边的项. 如果这样做的话，会使方程从四阶降为二阶，那么简化方程的解也就不能满足原来方程的全部边界条件. 以上概述的问题在本质上属于**边界层理论**的范畴. 现在，在惯性力远大于粘性力的特殊情形(即 Reynolds 数很大的极限情形)下，我们打算简短地讨论有关 Navier-Stokes 方程求解的一般方法.

对于粘性很小（也就是与惯性项相比摩擦项很小）的极限情形,下述类比可以用来说明 Navier-Stokes 方程解的性质. 在流动的流体中,热物体附近的温度分布 $\theta(x, y)$ 可以用下列微分方程来描述(见第七章):

$$\rho c\left(\frac{\partial \theta}{\partial t}+u \frac{\partial \theta}{\partial x}+v \frac{\partial \theta}{\partial y}\right)=k\left(\frac{\partial^{2} \theta}{\partial x^{2}}+\frac{\partial^{2} \theta}{\partial y^{2}}\right). \qquad (4.12)$$

式中 $\rho$, $c$ 和 $k$ 分别表示流体的密度，比热和导热系数; $\theta$ 是当地温度和远离物体处的温度之差. 若远离物体处的温度 $T$ 为常数,且等于 $T_\infty$, 则 $\theta = T - T_\infty$. 方程 (4.12) 中的速度场 $u(x, y)$ 和 $v(x, y)$ 假定是已知的. 物体边界上的温度记作 $T_0$, $T_0 \gtreqless T_\infty$ 是事先规定的.一般说来，$T_0$ 是空间位置和时间的函数,但是就最简单的情形而论,可以认为 $T_0$ 不随位置和时间而变. 从物理观点来看,方程 (4.12) 代表微元体积的热平衡. 左边代表对流热交换量,而右边是传导热交换量. 式中略去了流体内产生的摩擦热.如果 $T_0 > T_\infty$, 那么这个问题就是要确定(受冷却的)热物体围围的温度场. 查看一下就可以发现,方程 (4.12) 与涡量 $\omega$ 的方程 (4.6) 具有相同的形式. 事实上，如果用温度差来代替涡量，用称为热扩散系数的比值 $k/\rho c$ 来代替运动粘性系数 $\nu$, 那么这两个方程就变成全完一样了. 远离物体处的边界条件 $\theta = 0$ 对应于远离物体处的未受扰动平行流的条件 $\omega = 0$. 因此，我们可以预料这两个方程的解，即围绕物体的涡量分布和围绕物体的温度分布在性质上将是类似的.

现在，在一定程度上我们可以直观地看出围绕物体的温度分布. 在速度为零(流体处于静止状态)的极限情形下，热物体的影响将向四周均匀地延伸. 当速度很小时，物体围围的流体仍然会在所有的方向上受到它的影响. 可是随着流动速度增加，可以明显地看到，受物体高温影响的范围愈来愈缩小到紧靠物体的狭窄区域内,以及物体后面受热流体的尾迹中,见图 4.3 .

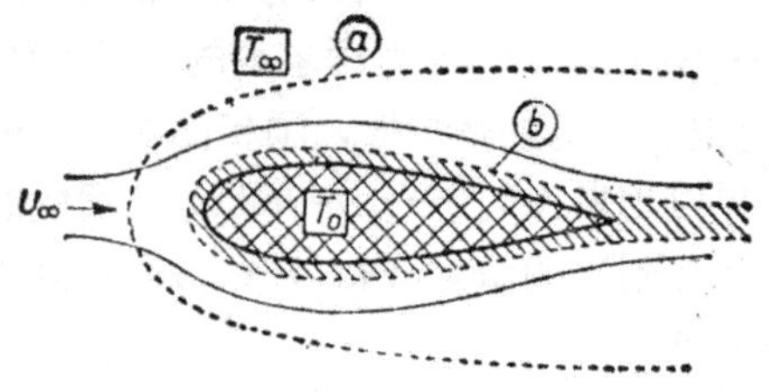


图 4.3 流体中物体附近的温度分布和涡量分布之间的类比.
a), b) 增温区域的界线； a) 流速较小， b) 流速较大

如上所述，方程 (4.12) 中的解必定与涡量方程的解具有类似的性质. 当速度很小时(粘性力远大于惯性力)，物体周围的整个流动区域内都存在旋涡. 反之，当速度很大时(粘性力远小于惯性力)，我们可以预料：在这个流场中，旋涡将局限在沿物体表面的薄层中和物体后面的尾迹中，而流场的其余部分实际上仍然是无旋的(见图 4.1). 因此，在粘性力很小(即 Reynolds 数很大)的极限情形下，可以认为 Navier-Stokes 方程的解是这样构成的，它允许把流场分成一个无旋的外部区域和一个贴近物体的薄层连同物体后面的尾迹区域. 在第一个区域里可以认为流动满足无摩擦的流动方程，因此可以利用位势流理论进行计算；而在第二个区域里存在着旋涡，因此必须利用 Navier-Stokes 方程进行计算. 只有在称为**边界层**的第二个区域里，粘性力才是重要的，即粘性力和惯性力有相同的量级. 本世纪初，L.Prandtl 将这个边界层概念引入流体力学学科；业已证明这是卓有成效的. 把流场划分为无摩擦的外部流动和本质上为粘性的边界层流动， 使得 Navier-Stokes 方程所固有的数学上的困难减小到这样的程度，以至于大量的问题都可以进行积分. 叙述这些积分方法正是后面各章所介绍的边界层理论的主题.

根据对 Navier-Stokes 方程现有的解的数值分析， 也能够直接证明在 Reynolds 数很大时的极限情形下存在一个薄边界层，粘性力的影响集中在这一薄层内. 第五章我们将回过头来讨论这个

问题.

前面讨论过的粘性力远远超过惯性力的极限情形(**蠕动流**,即 Reynolds 数很小的运动),可以使 Navier-Stokes 方程在数学上大为简化.在略去惯性项之后,方程的阶数没有降低,但是它们变成线性方程.然而,对于惯性力远大于粘性力(**边界层**,即 Reynolds 数很大)的第二种极限情形,数学上要比蠕动流情形困难得多.因为,如果我们简单地把 $\nu=0$ 代入 Navier-Stokes 方程(3.32),或者代入流函数方程(4.10),就会因此而消去了最高阶的导数项,用这种降了阶的简化方程不能同时满足完整微分方程的全部边界条件.当然,这并不意味着这种略去了粘性项的简化方程的解会失去它们的物理意义.实际上,在 Reynolds 数很大的极限情形下,简化方程的解与完整的 Navier-Stokes 方程的完全解几乎处处相吻合,不相吻合的区域仅仅局限于壁面附近的一个薄层——边界层内.这样,Navier-Stokes 方程组的完全解可以认为是由两个解组成的,一个是由 Euler 运动方程得到的所谓"外部"解,另一个是在贴近壁面的薄层内才有效的所谓"内部"解或边界层解."内部"解满足所谓的边界层方程,这些方程是由 Navier-Stokes 方程通过坐标放大以及 **R** 趋于无穷大的极限情形导出的,正如第七章中将要证明的那样.外部解和内部解必须利用下述条件使之相互匹配:即必定有一个对两种解都适用的重叠区域.

## f. R 趋于无穷大的数学解释[1]

因为以上的论述构成了边界层理论的基本原理之一,所以通过引证由 L. Prandtl 首先给出的一个数学类比来解释这些基本思想也许是值得的[2].

让我们来研究由微分方程

$$m\frac{d^2x}{dt^2}+k\frac{dx}{dt}+cx=0 \tag{4.13}$$

所描述的质点阻尼振动.式中 $m$ 表示振动质量,$c$ 是弹簧常数,$k$ 是阻尼因子,$x$ 是从

1) 感谢 Klaus Gersten 教授对本节的修改意见.

2) L.Prandtl, Anschauliche und nuetzliche Mathematik. Lectures delivered at Goettingen University in the Winter-Semester of 1931/32.

平衡位置量起的长度坐标，$t$ 是时间. 假设初始条件是

$$t=0 \text{ 时}, \ x=0. \tag{4.14}$$

与运动粘性系数 $\nu$ 很小时的 Navier-Stokes 方程相类似，这里我们考虑质量 $m$ 很小的极限情形，因为这样也使得方程 (4.13) 中的最高阶项变得很小.

方程 (4.13) 满足初始条件 (4.14) 的完全解有如下形式:

$$x=A\{\exp(-ct/k)-\exp(-kt/m)\}; \ m\to 0, \tag{4.15}$$

式中 $A$ 是待定常数，其值可由第二个初始条件确定.

如果在方程 (4.13) 中令 $m=0$，我们得到简化方程

$$k\frac{dx}{dt}+cx=0. \tag{4.16}$$

它是一阶的，其解为

$$x_0(t)=A\exp(-ct/k). \tag{4.17}$$

由于适当地选择了可调的常数，这个解与完全解的第一项是相同的. 不过，这个解并不能满足初始条件 (4.14)；因而，它代表的只是时间 $t$ 为很大时的解("外部"解). 时间 $t$ 很小时的解("内部"解)满足另一个微分方程，这个方程也可以从方程(4.13)导出. 为了做到这一点，我们引进一个新的"内部"变量

$$t^*=t/m, \tag{4.18}$$

把自变量 $t$ "放大". 用这种方法，方程 (4.13) 变换成

$$\frac{d^2x}{dt^{*2}}+k\frac{dx}{dt^*}+mcx=0. \tag{4.19}$$

在 $m=0$ 的极限情形下，我们导出控制"内部"解的微分方程

$$\frac{d^2x}{dt^{*2}}+k\frac{dx}{dt^*}=0. \tag{4.20}$$

这个方程的解是

$$x_i(t^*)=A_1\exp(-kt^*)+A_2. \tag{4.21}$$

尽管作了简化，但微分方程 (4.20) 仍然是二阶方程；只要选取

$$A_1=-A_2, \tag{4.22}$$

就可以满足初始条件 (4.14). 常数 $A_2$ 的值是通过与"外部"解 (4.17) 相匹配得出的. 在重叠区域内，也就是时间值为中等大小时，式 (4.17) 和 (4.21) 的解必须相吻合. 因此，必定有

$$\lim_{t^*\to\infty}x_i(t^*)=\lim_{t\to 0}x_0(t),$$

或者用文字表述为: "内部"解的"外"限必等于"外部"解的"内"限. 由条件 (4.23) 可以立即导出

$$A_2=A. \tag{4.24}$$

所以内部解为

$$x_i(t^*)=A\{1-\exp(-kt^*)\}. \tag{4.25}$$

当时间 $t$ 为小值时，把完全解 (式 (4.15)) 的首项展开，并且只保留展开式中的第一项，也就是说通过令

$$\lim_{t\to 0}\exp(-ct/k)=1, \tag{4.26}$$

也可以得到同样的形式．式(4.17)表示的外部解和式(4.25)表示的内部解，只要它们各自在自己所适用的区域内使用，这两个解加在一起就构成了完全解．在 $t$ 为有限值时，如果 $m\to 0$，式(4.15)趋向于外部解；而 $t^*$ 为常数时，式(4.15)趋向于内部解．把两个局部解加在一起，就给出了在全部 $t$ 值范围内都适用的组合形式的完全解．但是要记住，由表达式(4.23)所示的公共项只能计入一次．因此按照这个规定，应该从总和中减去一个公共项，即

$$x(t)=x_0(t)+x_i(t^*)-\lim_{t^*\to\infty}x_i(t^*)=x_0(t)+x_i(t^*)$$

$$-\lim_{t\to 0}x_0(t). \tag{4.27}$$

对于 $A>0$ 的情形，由式(4.15)绘图表示的完全解画在图4.4上．曲线(a)对应于外部解(4.17)．曲线(b)，(c)和(d)表示随着 $m$ 从(b)减小到(d)时完整的微分方程(4.13)的几个解．

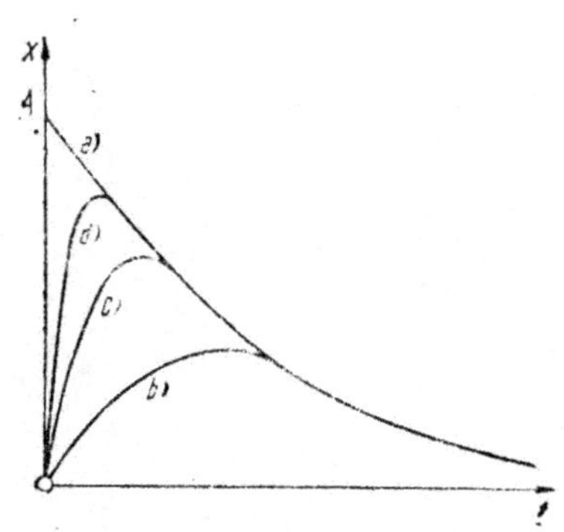


图4.4 振动方程(4.13)的解

(a) $m=0$ 时简化方程(4.16)的解；(b)，(c)，(d)表示不同 $m$ 值时完整的微分方程(4.13)的解．当 $m$ 极小时，解(d)获得边界层特征

如果我们把这个例子与 Navier-Stokes 方程作比较，那么就可以断定：完整的方程(4.13)类似于粘性流体的 Navier-Stokes 方程，而简化方程(4.16)则对应于理想流体的 Euler 方程．初始条件(4.14)所起的作用类似于实际流体的无滑移条件．Navier-Stokes 方程的解能够满足无滑移条件，但 Euler 方程的解却不能满足这个条件．缓慢变化的解类似于不必满足无滑移条件的无摩擦解(位势流动)．快速变化的解代表由于出现粘性而确定的边界层解，粘性只是在贴近壁面的狭窄区域(边界层)内才不为零．应当注意，只有加上这个边界层解，第二个边界条件(壁面上无滑移)才能够得到满足，从而整个解在物理上才是真实的．

上述简单的例子与前一节所讨论的问题显示出相同的数学特征．即对于粘性很小(Reynolds 数很大)的情形，当我们讨论趋于极限的过程时，不允许简单地略去 Navier-Stokes 方程中所有的粘性项．只有在解的主要组成部分(外部解)当中才能这样做．

以后，我们会更详细地说明：当 $\mathbf{R} \to \infty$ 时，在求解过程中无需继续保留这种完整的 Navier-Stokes 方程．为了在数学上简单起见，将证明可以略去其中的某些项，特别是那些很小的粘性项．然而，值得注意的是：并不是所有的粘性项都是可以略去的，因为这样会使 Navier-Stokes 方程降阶．

# 第五章　Navier-Stokes 方程的精确解

求解 Navier-Stokes 方程的精确解的问题，一般都会遇到难以克服的数学困难．这主要是因为方程是非线性的，因而不能应用叠加原理的缘故；在无粘性的位势流动问题中，这个原理非常有用．但是，在某些特殊情形下，主要是当二次对流项自然消失时，还是能求出精确解的．在这一章里，我们要集中讨论几个精确解．顺便还要指出，在粘性系数很小的情形下，许多精确解具有**边界层结构**，就是说，粘性的影响局限于靠近壁面的薄层内．

关于 Navier-Stokes 方程解法的综合评述，已经由 R. Berker[4] 给出．

## a. 平行流动

平行流动是一种特别简单的流动．如果只有一个速度分量不为零，所有的流体质点都沿着同一方向流动，这种流动就称为平行流动．例如：如果速度分量 $v$ 和 $w$ 处处为零，则由连续方程立即得出 $\partial u/\partial x = 0$，这意味着速度分量 $u$ 不能依赖于 $x$．所以，对于平行流动，有

$$u = u(y, z, t);\quad v \equiv 0;\quad w \equiv 0. \tag{5.1}$$

另外，由 Navier-Stokes 方程 (3.32) 中 $y$ 方向和 $z$ 方向的方程[1)]，还可以直接得出 $\partial p/\partial y = 0$，$\partial p/\partial z = 0$，所以压力只依赖于 $x$．另外，在 $x$ 方向的方程中，所有的对流项都等于零．因此

$$\rho \frac{\partial u}{\partial t} = -\frac{dp}{dx} + \mu\left(\frac{\partial^2 u}{\partial y^2} + \frac{\partial^2 u}{\partial z^2}\right), \tag{5.2}$$

---

1) 在以下论述中，术语“压力”表示总压力与流体静力学压力(静止压力)之差．这就使体积力消失了，因为它们与流体静力学压力相平衡．

这是一个关于 $u(y, z, t)$ 的线性微分方程。

**1. 直槽内的平行流动和 Couette 流动** 对于有两个平行平直壁面的直槽内的定常流动问题（图 5.1），可以得到方程 (5.2) 的一个非常简单的解。令 $2b$ 表示壁面之间的距离，则方程 (5.2) 可写为

$$\frac{dp}{dx} = \mu \frac{\partial^2 u}{\partial y^2}, \tag{5.3}$$

其边界条件可写为：在 $y = \pm b$ 处，$u = 0$。因为 $\partial p/\partial y = 0$，所以由式 (5.3) 可以看出，流动方向的压力梯度等于常数。因此，$dp/dx =$ 常数，而且方程的解是

$$u = -\frac{1}{2\mu}\frac{dp}{dx}(b^2 - y^2). \tag{5.4}$$

所得到的速度剖面（图 5.1）是抛物线的。

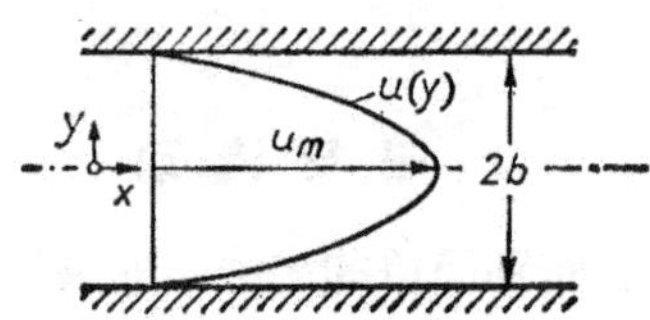


图 5.1 具有抛物线速度分布的平行流动

方程 (5.3) 的另一个简单解，是对两个平行平板之间的所谓 Couette 流动得出的；其中一个平板是静止的，另一个在它自身的平面内以速度 $U$ 运动（图 5.2）。根据边界条件

$$y = 0:\ u = 0;\quad y = h:\ u = U,$$

我们得到解

$$u = \frac{y}{h}U - \frac{h^2}{2\mu}\frac{dp}{dx}\frac{y}{h}\left(1 - \frac{y}{h}\right). \tag{5.5}$$

这个解绘在图 5.2 中。特别是，在零压力梯度情形下我们有

$$u = \frac{y}{h}U. \tag{5.5a}$$

这种特殊情形称为简单的 Couette 流动，或简单的剪切流动。Couette 流动的一般情形，是这种简单流动和两个平直壁面之间流动的叠加．其速度剖面的形状取决于无量纲压力梯度

$$P=\frac{h^2}{2\mu U}\left(-\frac{dp}{dx}\right).$$

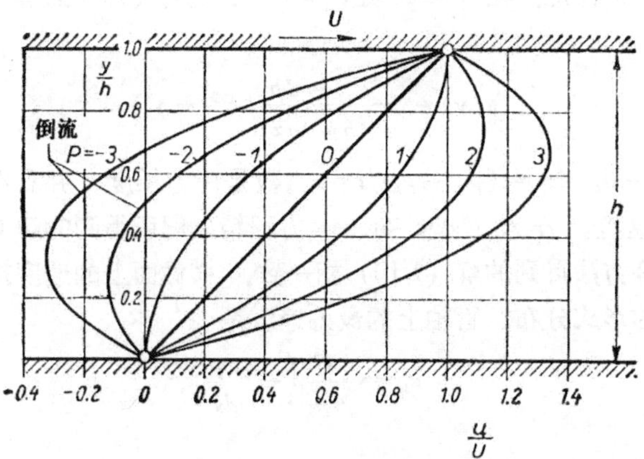


图 5.2 两个平行平板之间的 Couette 流动

$P>0$，压力沿平板运动方向降低；$P<0$，压力升高；$P=0$，零压力梯度

当 $P>0$ 时，即当压力沿运动方向降低时，在槽的整个宽度上速度都是正的．当 $P$ 为负值时，在槽的部分宽度上速度可以成为负的，即在靠近静止壁面的地方可能出现**倒流**，而且由图 5.2 可以看出，这出现在 $P<-1$ 时．在这种情形下，运动较快的流体层对壁面附近流体质点的拖曳作用，不足以克服逆压梯度的影响．这种有压力梯度的 Couette 流动，在润滑的流体动力学理论中有一定的重要性．在轴颈与轴承之间狭窄间隙内的流动，与有压力梯度的 Couette 流动大体相同(参看第六章 **c**)．

**2. 圆管流动的 Hagen-Poiseuille 理论** 圆截面直管中的流动是旋转对称流动，它与上述直槽内的二维流动相对应．将 $x$ 轴选在管轴上（图 1.2)，令 $y$ 表示由管轴向外度量的径向坐标． 周向和径向的速度分量都为零；平行于管轴的速度分量记作 $u$，它仅依赖于 $y$．同时在每个横截面上压力为常数． 这样在用柱坐标表

示的方程(3.36)的三个 Navier-Stokes 方程中,只留下一个轴向方程,它简化为

$$\mu\left(\frac{d^2u}{dy^2}+\frac{1}{y}\frac{du}{dy}\right)=\frac{dp}{dx}, \tag{5.6}$$

其边界条件是：在 $y=R$ 处，$u=0$. 方程(5.6)的解给出速度分布

$$u(y)=-\frac{1}{4\mu}\frac{dp}{dx}(R^2-y^2), \tag{5.7}$$

其中 $-dp/dx=(p_1-p_2)/l=$ 常数是压力梯度，并看作是给定的. 这里，作为 Navier-Stokes 方程精确解所得到的解(5.7),与用初等方法得到的解(1.10)相一致. 横截面上的速度按旋转抛物面的形式分布. 管轴上的最大速度是

$$u_m=\frac{R^2}{4\mu}\left(-\frac{dp}{dx}\right).$$

平均速度 $\bar{u}=\frac{1}{2}u_m$，即

$$\bar{u}=\frac{R^2}{8\mu}\left(-\frac{dp}{dx}\right), \tag{5.8}$$

因而流动的体积流量为

$$Q=\pi R^2\bar{u}=\frac{\pi R^4}{8\mu}\left(-\frac{dp}{dx}\right). \tag{5.9}$$

尽管对 $dp/dx$，$R$，$\mu$ 的任意值，也就是对 $\bar{u}$，$R$，$\mu$ 的任意值，上述公式都构成 Navier-Stokes 方程的精确解，但实际上只是在 Reynolds 数 $\mathbf{R}=\bar{u}d/\nu$（$d$ 是圆管直径）小于所谓临界 Reynolds 数时，才出现上述解所描述的层流. 根据实验结果，大约

$$\left(\frac{\bar{u}d}{\nu}\right)_{crit}=\mathbf{R}_{crit}=2300.$$

当 $\mathbf{R}>\mathbf{R}_{crit}$ 时，流动图象就完全不同了，它将变成为**湍流的**. 我们将在第二十章中比较详细地讨论这种类型的流动.

压力梯度与平均流速之间的关系，在工程应用上一般都用管

**流阻力系数** $\lambda$ 来表示．我们令压力梯度正比于动压头来定义这个阻力系数，也就是按方程[1]

$$-\frac{dp}{dx}=\frac{\lambda}{d}\frac{\rho}{2}\bar{u}^2 \tag{5.10}$$

使压力梯度正比于平均流速的平方来定义 $\lambda$．代入式 (5.8) 的 $dp/dx$ 表达式后，我们得到

$$\lambda=\frac{2d}{\rho\bar{u}^2}\frac{8\mu\bar{u}}{R^2}=\frac{32\mu}{\rho\bar{u}R},$$

即

$$\lambda=\frac{64}{\mathbf{R}}, \tag{5.11}$$

其中

$$\mathbf{R}=\frac{\rho\bar{u}d}{\mu}=\frac{\bar{u}d}{\nu}. \tag{5.12}$$

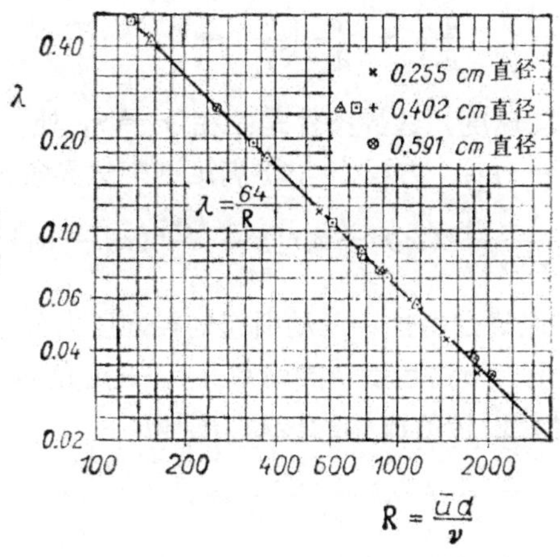


图 5.3 圆管中的层流；阻力系数 $\lambda$ 随 Reynolds 数的变化关系(由 Hagen 测量)，引自 Prandtl-Tietjens

---

1) 这个 $dp/dx\sim\bar{u}^2$ 的二次律很适合于湍流．尽管在层流范围内 $dp/dx\sim\bar{u}$，但是仍然把上述二次律作为层流定律．因此，对于层流，$\lambda$ 不再是常数了．

这里 **R** 表示由圆管直径和平均流速计算的 Reynolds 数。图 5.3 画出了 G. Hagen[10] 测量的实验点，由图可见，圆管压力损失的层流方程 (5.11) 与层流的实验结果极为吻合。由此可以推断，Hagen-Poiseuille 的抛物线速度分布，代表了与实验结果相吻合的Navier-Stokes 方程的解[22]. 对于圆环截面的管道问题，也能得出 Navier-Stokes 方程的精确解[20]. 关于偏心环截面的管道中的层流和湍流问题，在文献[38]中从理论上进行了讨论，该文也有一些实验结果。

**3. 两个同轴旋转的圆柱面之间的流动** 另一个给出 Navier-Stokes 方程简单精确解的例子，是两个同轴旋转的圆柱面之间的流动；这两个柱面以各自不同的角速度匀速旋转。我们分别用 $r_1$ 和 $r_2$ 表示内、外柱面的半径。类似地，用 $\omega_1$ 和 $\omega_2$ 表示这两个角速度。对于平面极坐标情形，Navier-Stokes 方程 (3.36) 简化为

$$\rho\frac{u^2}{r}=\frac{dp}{dr};\tag{5.13}$$

$$\frac{d^2u}{dr^2}+\frac{d}{dr}\left(\frac{u}{r}\right)=0,\tag{5.14}$$

其中 $u$ 表示周向速度。边界条件是：在 $r=r_1$ 处，$u=r_1\omega_1$，在 $r=r_2$ 处，$u=r_2\omega_2$。方程 (5.14) 满足这些边界条件的解是

$$u(r)=\frac{1}{r_2^2-r_1^2}\left[r(\omega_2r_2^2-\omega_1r_1^2)-\frac{r_1^2r_2^2}{r}(\omega_2-\omega_1)\right].\tag{5.15}$$

方程 (5.13) 可以确定由这种运动引起的径向压力分布。

内柱面静止、外柱面旋转的情形具有一定的实际意义。在这种情形下，外柱面传给流体的转动力矩为

$$M_2=4\pi\mu h\frac{r_1^2r_2^2}{r_2^2-r_1^2}\omega_2,\tag{5.16}$$

其中 $h$ 是柱面的高。流体作用在内柱面上的力矩 $M_1$ 具有相同的数值。这里所讨论的装置，常常用来测定粘性系数。测量出外柱面的角速度和作用在内柱面上的力矩，就能通过式 (5.16) 计算出粘性系数。

现在打算就下面两种特殊情形，分别给出这两个柱面之间的环形区域内的速度分布．情形 I 是内柱面旋转、外柱面静止；情形 II 是内柱面不动，外柱面旋转．这两种流动都称为 Couette 流动．用 $\kappa = r_1/r_2$ 表示两个半径之比，用 $s = r_2 - r_1$ 表示圆环的宽度，另外，用 $x = r/r_2$ 表示流动的相对半径（图 5.4），我们

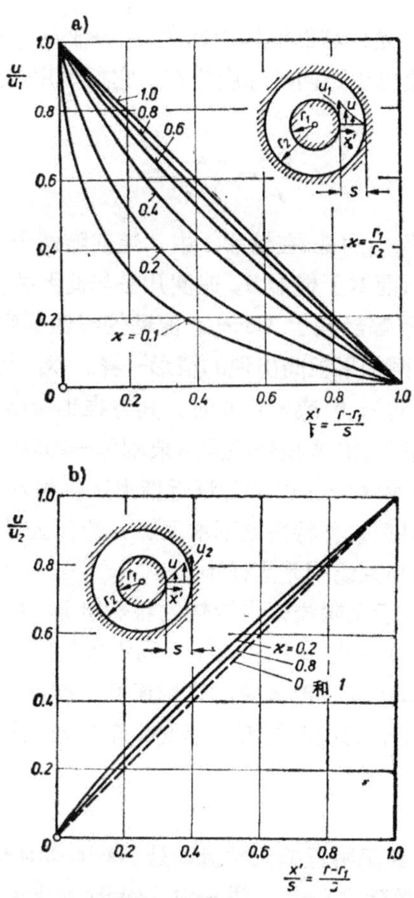


图 5.4 两个同轴旋转的圆柱面之间圆环内的速度分布，用式 (5.15a, b) 计算．a) 情形 I：内柱面旋转；外柱面静止 ($\omega_2 = 0$)．(b) 情形 II：内柱面静止 ($\omega_1 = 0$)；外柱面旋转．$r_1$ = 内柱面半径，$r_2$ = 外柱面半径

可以得到

$$(\text{I})\quad \frac{u}{u_1}=\frac{\kappa}{1-\kappa^2}\frac{1-x^2}{x}\ (\text{内柱面旋转；外柱面静止}),\qquad (5.15\text{a})$$

$$(\text{II})\quad \frac{u}{u_2}=\frac{\kappa}{1-\kappa^2}\left(\frac{x}{\kappa}-\frac{\kappa}{x}\right)\ (\text{内柱面静止；外柱面旋转})\qquad (5.15\text{b})$$

这里，$u_1=r_1\omega_1$ 是内柱面的圆周速度，$u_2=r_2\omega_2$ 是外柱面的圆周速度．图 5.4 绘出了这两种速度分布，它们是用离开内柱面的无量纲距离

$$\frac{x'}{s}=\frac{r-r_1}{s}$$

表示的．值得指出的是，在情形 I 中，速度随两个半径之比 $\kappa=r_1/r_2$ 剧烈变化；而对于情形 II，速度几乎与此无关．当 $\kappa=r_1/r_2\to 1$ 时，这两种情形都趋向于 Couette 流动的线性速度分布，就象图 1.1 中绘出的在两个平板间出现的情形一样．对于情形 II，当无内柱面时，即 $r_1=0$ 或 $\kappa=0$ 时，其方程也给出同样的极限分布．在这种情形下，流体在外柱面里象刚体一样转动．因此，可以看出，在 $\kappa=0$ 和 $\kappa=1$ 这两种渐近情形下，情形 II 都得出线性的速度分布．根据这种特性就不难理解，为什么对于其他中间的 $\kappa$ 值，速度分布与直线相差这样小．

在单个圆柱于无限流体中旋转的特殊情形 ($r_2\to\infty$, $\omega_2=0$) 下，式 (5.15) 给出 $u=r_1^2\omega_1/r$，而流体传给圆柱的转动力矩变为 $M_1=4\pi\mu h r_1^2\omega_1$．流体中的这种速度分布，与无粘流动中强度为 $\Gamma_1=2\pi r_1^2\omega_1$ 的线涡周围的速度分布相同，即

$$u=\frac{\Gamma_1}{2\pi r}.$$

所以可以看出，线涡附近的无粘流动是 Navier-Stokes 方程的解（参看第四章 b）．关于这一点，讲一讲 Navier-Stokes 方程的一个非定常精确解的例子，即描述在粘性作用下旋涡衰减过程的例子，或许是有启发的．如 C. W. Oseen[21] 和 G. Hamel[11] 导出的，周

向速度分量 $u$ 对径向距离 $r$ 和时间 $t$ 的分布由下式给出：

$$u(r,t)=\frac{\Gamma_0}{2\pi r}\{1-\exp(-r^2/4\nu t)\}.$$

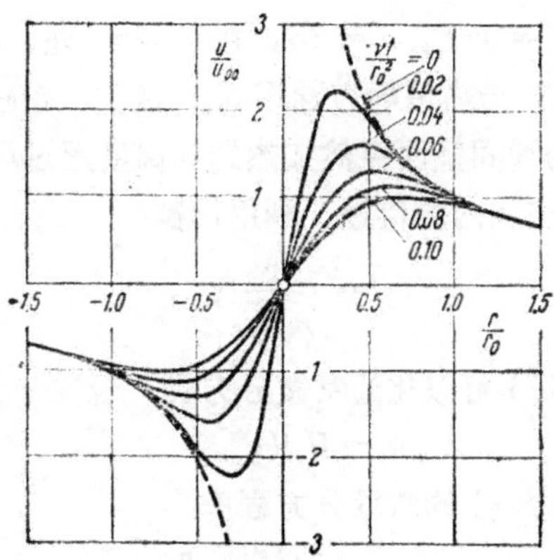


图 5.5　由粘性作用引起的涡丝附近不同时刻的速度分布
$\Gamma_0$ = 在时间 $t=0$ 粘性刚起作用时涡丝的环量；$u_{00}=\Gamma_0/2\pi r_0$

图 5.5 中绘出了这个速度分布曲线．这里 $\Gamma_0$ 表示在时间 $t=0$ 时，即假设粘性刚起作用时涡丝的环量．A.Timme[40] 对这个过程进行了实验研究．对于旋涡内的速度分布不同于位势理论所给出的速度分布的情形，K. Kirde[17] 进行了分析研究．

**4. 突然加速的平板壁面；Stokes 第一问题**　我们现在着手计算几个**非定常**的平行流动问题．由于对流加速项恒等于零，所以粘性力与当地加速度相互作用．这种流动的最简单情形是当运动由静止突然开始时出现的．我们将从平板附近的流动问题开始，这个平板由静止突然加速，然后在自身平面内以速度 $U_0$ 匀速运动．这是 Stokes 在关于摆的著名论文中所解决的问题之一[35]1)．选取 $x$ 轴沿壁面指向 $U_0$ 方向，我们就得到简化的 Navier-Stokes 方程

1) 一些作者把这个问题叫做"Rayligh 问题"；没有理由用这个名称，因为可以发现，这个问题在文献 [35] 中已进行过充分讨论，并得到了解决．

$$\frac{\partial u}{\partial t}=\nu\frac{\partial^2 u}{\partial y^2}. \tag{5.17}$$

在整个空间压力不变，并且边界条件是

$$\left.\begin{array}{l} t\leqslant 0:\ u=0,\ \text{对于所有}\ y; \\ t>0:\ \text{在}\ y=0\ \text{处},\ u=U_0;\ \text{在}\ y=\infty\ \text{处},\ u=0. \end{array}\right\} \tag{5.18}$$

微分方程 (5.17) 与热传导方程相同．这里，相应的热传导问题是：在 $t=0$ 的瞬间壁面突然加热到其温度超过环境温度时，热量在 $y>0$ 的空间内的传递．利用代换

$$\eta=\frac{y}{2\sqrt{\nu t}}, \tag{5.19}$$

偏微分方程 (5.17) 可以化为常微分方程．若进一步假设

$$u=U_0 f(\eta), \tag{5.20}$$

我们就得到下述 $f(\eta)$ 的常微分方程：

$$f''+2\eta f'=0 \tag{5.21}$$

和边界条件：当 $\eta=0$ 时，$f=1$；当 $\eta=\infty$ 时，$f=0$．方程的解是

$$u=U_0\operatorname{erfc}\eta, \tag{5.22}$$

其中

$$\operatorname{erfc}\eta=\frac{2}{\sqrt{\pi}}\int_\eta^\infty \exp(-\eta^2)d\eta=1-\operatorname{erf}\eta$$
$$=1-\frac{2}{\sqrt{\pi}}\int_0^\eta \exp(-\eta^2)d\eta;$$

**补余误差函数** erfc$\eta$ 已经制成函数表[1)]．图 5.6 绘出了速度分布曲线．可以注意到，不同时刻的速度剖面是“相似的”，即通过改变坐标轴的尺度，可以将它们化为相同的曲线．当 $\eta=2.0$ 时，式 (5.22) 中的补余误差函数值约为 0.01．考虑到边界层厚度 $\delta$ 的定义，我们得到

1) 例如，见 Sheppard, "The Probability Integral", British Assoc. Adv. Sci.: Math. Tables, vol. vii (1939) 和 Works Project Administration, "Tables of the Probability Function", New York, 1941.

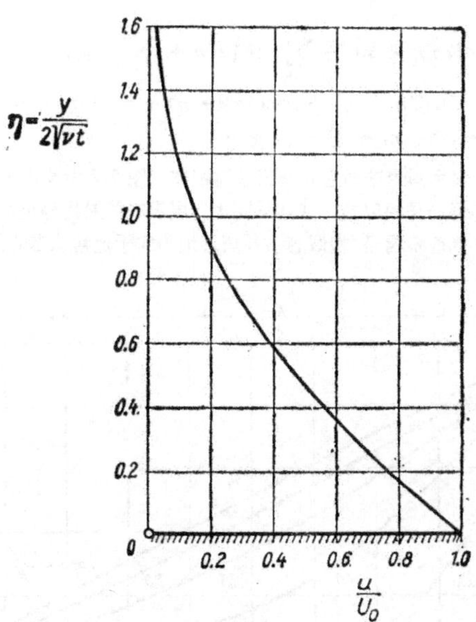


图 5.6 突然加速的平板上面的速度分布

$$\delta = 2\eta_\delta \sqrt{\nu t} \approx 4\sqrt{\nu t}. \tag{5.23}$$

可见，$\delta$ 正比于运动粘性系数与时间乘积的平方根。

E. Becker[3] 把这个问题加以推广，以包括更一般的加速度变化率，以及诸如抽吸、引射和可压缩性效应之类的情形。

**5. Couette 流动的形成** 一般说来，若采用更复杂的边界条件，则导出方程(5.21)的代换式(5.19)，不能导出所谓热传导方程(5.17)的解. 但是，由于式(5.17)是线性的，所以可以用 Laplace 变换，或者用在研究固体热传导方面发展起来的更直接的方法，得到该方程的解. 在热传导方面所得到的许多结果(例如，关于无限或半无限固体中温度的变化)，都可以直接加以转换并用来作为粘性流动问题的解. 因此，前面曾研究过的突然加速壁面的边界层形成的问题，还可用来对下述情形进行求解：这个壁面沿着与另一静止平板相平行的方向运动，并离开一个距离 $h$. 这就是 Couette 流动形成的问题，即速度剖面如何随时间变化，并逐渐趋向于图 1.1 中线性分布的问题. 微分方程和前面的方程(5.17)一样，但边界条件变了，它们现在是

$t \leqslant 0$：若 $0 \leqslant y \leqslant h$，对所有 $y$ 有 $u = 0$；

$t > 0$：在 $y = 0$ 处，$u = U_0$；在 $y = h$ 处，$u = 0$.

方程(5.17)满足这些边界条件和初始条件的解，可以用补余误差函数的级数形

式得出：

$$\frac{u}{U_0}=\sum_{n=0}^{\infty}\operatorname{erfc}[2n\eta_1+\eta]-\sum_{n=0}^{\infty}\operatorname{erfc}[2(n+1)\eta_1-\eta] \tag{5.24}$$
$$=\operatorname{erfc}\eta-\operatorname{erfc}(2\eta_1-\eta)+\operatorname{erfc}(2\eta_1+\eta)-\operatorname{erfc}(4\eta_1-\eta)$$
$$+\operatorname{erfc}(4\eta_1+\eta)-\cdots+\cdots,$$

其中 $\eta_1=h/2\sqrt{\nu t}$ 表示两个壁面之间的无量纲距离．图 5.7 中绘出了这个解．最初的那些速度剖面差不多仍是相似的，并且只要边界层没有扩展到静止壁面，就一直如此．随后的那些速度剖面不再是"相似的"，并渐近地趋向于定常状态的线性分布．

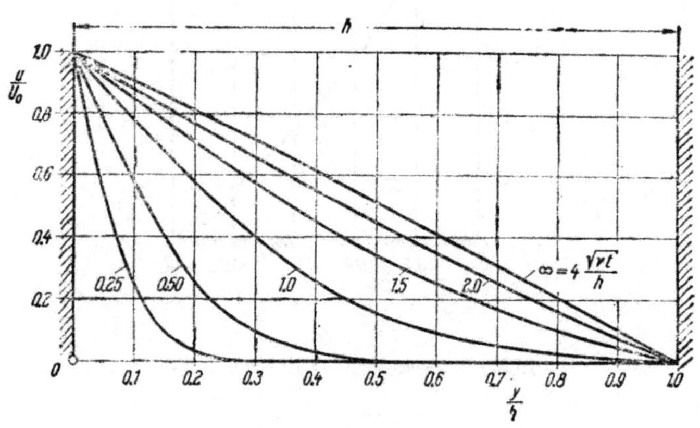


图 5.7　Couette 流动的形成

对于两个壁面最初在定常流动中是静止的，然后其中之一突然加速到给定的恒定速度的情形，J. Steinheuer[33] 导出了非定常 Couette 流动的精确解．为了得到这个解，必须用 Fourier 级数求解方程 (5.17)，这个方程与一维热传导方程相同．这种解的一个特殊情形是：运动壁面突然停止时所得到的解，它代表 Couette 流动的衰减．

**6. 由静止开始的管内流动**　管内的流体加速问题与上述例子密切相关．假定在 $t<0$ 时，流体在无限长的圆管内是静止的．在 $t=0$ 的瞬间，沿圆管突然加上一个压力梯度 $dp/dx$，并且它不随时间变化．流体将在粘性力和惯性力的影响下开始运动，而且速度剖面将渐近地趋向 Hagen-Poiseuille 流动的抛物线分布．这个问题导致一个含有 Bessel 函数的微分方程．F. Szymanski[37] 给出了该问题的解．图 5.8 中绘出了不同时刻的速度剖面．值得指出的是，在最初阶段，靠近管轴的速度几乎不随半径变化，粘性的影响仅限于邻近壁面的薄层内．只是在运动的稍后阶段，粘性的影响

才到达圆管的中心，并且速度剖面渐近地趋向定常流动的抛物线分布. W. Mueller[20] 给出了横截面为圆环的相应解.

W. Gerbers[9] 解出了压力梯度突然消失时的类似问题。

这里所讨论的在整个管长上的流体加速问题，必须与在定常流动中圆管进口段的流体加速问题仔细地加以区分. 当流体沿着圆管流动时，最初在进口截面上的矩形速度剖面，随着 $x$ 增加逐渐变化，同时在粘性的影响下逐渐趋向 Hagen-Poiseuille 抛物线的速度分布. 这时，由于 $\partial u/\partial x \neq 0$，所以流动不是一维的，速度依赖于 $x$ 和半径. H. Schlichting[30] 讨论了这个问题，他给出直槽二维流动的解，而 L. Schiller[29] 和 B. Punnis[24] 讨论了轴对称流动(圆管)的问题. 还可参看第九章 **i** 和第十一章 **b**.

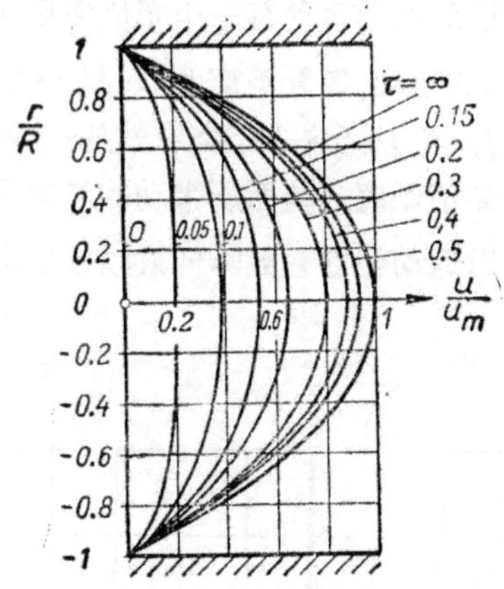


图 5.8 圆管中加速流动的速度剖面，由 F. Szymanski[37] 给出；$\tau = \nu t/R^2$

**7. 振动平板附近的流动；Stokes 第二问题** 在这一节要讨论在自身平面内做简谐振动的无限长平板附近的流动. 首先是 G. Stokes[35]，后来是 Lord Rayleigh[25] 讨论了这个问题. 设 $x$ 表示平行于运动方向的坐标，$y$ 表示垂直于壁面的坐标. 由于在壁面上无滑动的条件，壁面上的流体速度必然等于壁面速度. 假定壁面运动给定为

$$y = 0:\ u(0,t) = U_0 \cos nt, \tag{5.25}$$

我们可以断定，流体速度 $u(y, t)$ 是方程 (5.17) 和边界条件 (5.25) 的解，如前所述，根据热传导理论，这个解是已知的. 对于目前所讨论的问题

$$u(y, t) = U_0 e^{-ky} \cos(nt - ky). \tag{5.26}$$

不难证明,如果

$$k = \sqrt{\frac{n}{2\nu}},$$

则式 (5.26) 就是所要求的解. 令 $\eta = ky = y\sqrt{n/2\nu}$, 我们有

$$u(y, t) = U_0 e^{-\eta} \cos(nt - \eta). \tag{5.26a}$$

因此,速度剖面 $u(y, t)$ 具有阻尼谐振形式,其振幅是 $U_0 e^{-y\sqrt{n/2\nu}}$ 其中距离为 $y$ 的流体层对壁面运动有一个相位滞后 $y\sqrt{n/2\nu}$. 图 5.9 表示几个不同时刻的运动.离开距离为 $2\pi/k = 2\pi\sqrt{2\nu/n}$ 的两层流体,同相位振动. 可以把这个距离看做是一种运动的波长:有时称之为粘性波的**穿透深度**. 壁面所带动的流体层, 其厚度的量级为 $\delta \sim \sqrt{\nu/n}$, 当运动粘性系数降低或频率增高时, 其厚度要减小[1].

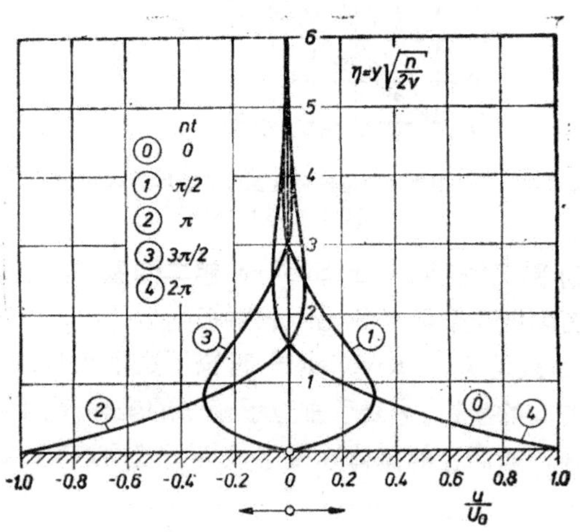


图 5.9 振动壁面附近的速度分布 (Stokes 第二问题)

---

1) 式 (5.26a) 的解也表示地球内的温度分布,这是由于地球表面温度的周期变化,比如说,日复一日的或一年四季的周期变化引起的.

8.一种一般类型的非定常解　在速度分量与纵向坐标 $x$ 无关的特殊情形下，可以得到 Navier-Stokes 方程具有边界层特性的一般类型的非定常解．对于平面流动，方程组(3.32)为下述形式：

$$\frac{\partial u}{\partial t}+v\frac{\partial u}{\partial y}=-\frac{1}{\rho}\frac{\partial p}{\partial x}+\nu\frac{\partial^2 u}{\partial y^2}, \tag{5.27a}$$

$$\frac{\partial v}{\partial t}=-\frac{1}{\rho}\frac{\partial p}{\partial y}, \tag{5.27b}$$

$$\frac{\partial v}{\partial y}=0. \tag{5.27c}$$

如果现在规定，壁面上的恒定速度 $v_0<0$ (抽吸)，我们就会注意到，速度分量为 $v=v_0$ 的流动直接满足式(5.27c)，同时压力 $p$ 与 $y$ 无关．相应地，我们设 $-(1/\rho)(\partial p/\partial x)=dU/dt$、其中 $U(t)$ 表示远离壁面的自由流动速度，这样就得到如下 $u(y,t)$ 的微分方程：

$$\frac{\partial u}{\partial t}+v_0\frac{\partial u}{\partial y}=\frac{dU}{dt}+\nu\frac{\partial^2 u}{\partial y^2}. \tag{5.28}$$

根据 J. T. Stuart[32] 的结果，对于任意的外部流动速度

$$U(t)=U_0[1+f(t)], \tag{5.29}$$

都存在方程(5.28)的精确解．这个解是

$$u(y,t)=U_0[\zeta(y)+g(y,t)], \tag{5.30}$$

其中

$$\zeta(y)=1-e^{\frac{yv_0}{\nu}}. \tag{5.31}$$

将最后这三个方程代入式(5.28)，可以得到未知函数 $g(y,t)=g(\eta,t)$ 的偏微分方程；这个方程的形式为

$$\frac{\partial g}{\partial T}-4\frac{\partial g}{\partial \eta}=f'(T)+4\frac{\partial^2 g}{\partial \eta^2}, \tag{5.32}$$

其边界条件是

$$\eta=0,\ g=0;\ \eta=\infty,\ g=f.$$

上式已经引进了下述无量纲变量：

$$\eta=\frac{y(-v_0)}{\nu};\quad T=\frac{tv_0^2}{4\nu}. \tag{5.33}$$

J. Watson[41] 已经求出方程(5.32)的解，他使用了 Laplace 变换，并且仅限于函数 $f(t)$ 的几种特殊形式．一般说来，它已经包括了下述外部流动 $U(t)$：

a) 阻尼和非阻尼振动，

b) 由一个速度值到另一个值的阶梯型变化，

c) 由一个值到另一个值的线性增加．

在外部流动与时间无关的特殊情形下，即 $f(t)=0$、方程(5.32)有简单解 $g(\eta,T)=0$．这就使由式(5.30)得到的速度剖面，和以后由式(14.6)给出的渐近抽吸速度剖面成为一样的．

## b. 其他的精确解

上面几个一维流动的例子是非常简单的，因为使方程成为非线性的对流加速度项处处恒等于零．现在，我们准备着手研究几个保留了对流项的精确解，因而必须涉及到非线性方程．不过，我们仅限于讨论定常流动问题．

**9. 平面驻点流动（Hiemenz 流动）** 这类流动的第一个简单例子，如图 5.10 所示，是产生一个驻点的平面(即二维)流动．在位于 $x=y=0$ 的驻点附近，无摩擦位势流动的速度分布由下式给出：

$$U = ax;\quad V = -ay,$$

其中 $a$ 表示常数．这是一个平面位势流动的例子．流动沿着 $y$ 轴射向位于 $y=0$ 的平板壁面，然后在壁面上分成两股流动，并沿相反方向离开．粘性流动一定附着在壁面上，而位势流动却沿着壁面滑动．在位势流动中，压力由 Bernoulli 方程给出．如果 $p_0$ 表示驻点压力，而 $p$ 是任意点的压力，则在位势流动中有

$$p_0 - p = \frac{1}{2}\rho(U^2 + V^2) = \frac{1}{2}\rho a^2(x^2 + y^2).$$

对于粘性流动，现在假设

$$u = xf'(y);\quad v = -f(y),\tag{5.34}$$

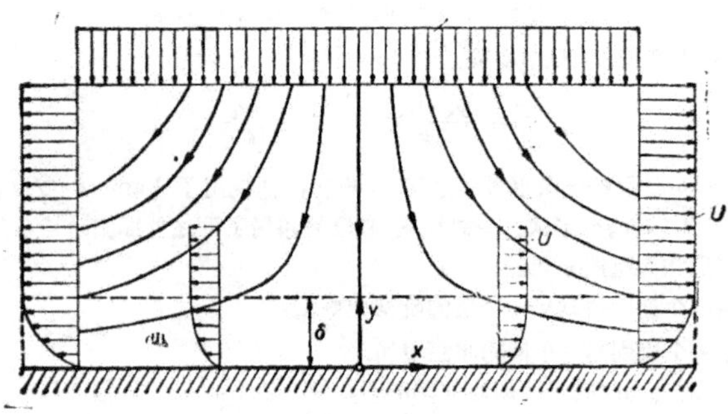


图 5.10　平面驻点流动

和

$$p_0 - p = \frac{1}{2}\rho a^2[x^2 + F(y)]. \tag{5.35}$$

在这些假设下,连续方程(4.4c)恒满足,而平面流动的两个 Navier-Stokes 方程 (4.4a, b) 足以确定函数 $f(y)$ 和 $F(y)$. 将式 (5.34) 和 (5.35) 代入式 (4.4a, b), 我们得到关于 $f$ 和 $F$ 的两个常微分方程:

$$f'^2 - ff'' = a^2 + \nu f''', \tag{5.36}$$

$$ff' = \frac{1}{2}a^2F' - \nu f''. \tag{5.37}$$

$f$ 和 $F$ 的边界条件,是由在壁面 ($y=0$) 上 $u=v=0$, 在驻点上 $p=p_0$, 以及远离壁面处 $u=U=ax$ 得到的. 所以

$$y=0:\ f=0,\ f'=0,\ F=0;\quad y=\infty:\ f'=a.$$

方程 (5.36) 和 (5.37) 是关于 $f$ 和 $F$ 的两个微分方程, $f(y)$ 和 $F(y)$ 可以确定速度分布和压力分布. 由于在第一个方程中不出现 $F(y)$, 所以可以先确定出 $f(y)$, 然后再由第二个方程求解 $F(y)$. 非线性微分方程 (5.36) 不能以封闭的形式求解. 为了用数值方法求解这个方程,最好消去常数 $a^2$ 和 $\nu$. 其方法是设

$$\eta = \alpha y;\quad f(y) = A\varphi(\eta).$$

因此

$$\alpha^2A^2(\varphi'^2 - \varphi\varphi'') = a^2 + \nu A\alpha^3\varphi''',$$

式中的"撇"现在表示对 $\eta$ 求导数. 如果我们设

$$\alpha^2A^2 = a^2;\quad \nu A\alpha^3 = a^2,$$

即

$$A = \sqrt{\nu a};\quad \alpha = \sqrt{\frac{a}{\nu}},$$

方程的系数全部恒等于 1. 所以

$$\eta = \sqrt{\frac{a}{\nu}}\,y;\qquad f(y) = \sqrt{a\nu}\,\varphi(\eta). \tag{5.38}$$

现在,关于 $\varphi(\eta)$ 的微分方程具有简单形式:

$$\varphi''' + \varphi\varphi'' - \varphi'^2 + 1 = 0, \tag{5.39}$$

其边界条件是

$$\eta = 0: \varphi = 0, \quad \varphi' = 0; \quad \eta = \infty: \varphi' = 1.$$

平行于壁面的速度分量为

$$\frac{u}{U} = \frac{1}{a} f'(y) = \varphi'(y).$$

微分方程 (5.39) 的解，首先在 K. Hiemenz 的一篇论文[12]中给出，后来由 Howarth[14] 加以改进. 图 5.11 中绘出了这个解（同时参看表 5.1）. 曲线 $\varphi'(\eta)$ 在 $\eta = 0$ 附近开始线性增加，然后渐近地趋近于 1. 大约在 $\eta = 2.4$ 时，我们有 $\varphi' = 0.99$，即在那里只

**表 5.1 在解平面和轴对称驻点流动中出现的函数. 平面情形取自 L. Howarth[14]；轴对称情形取自 N. Froessling[8]**

| 平面 | | | | 轴对称 | | | |
|---|---|---|---|---|---|---|---|
| $\eta = \sqrt{\frac{a}{\nu}}\, y$ | $\varphi$ | $\frac{\partial\varphi}{\partial\eta} = \frac{u}{U}$ | $\frac{\partial^2\varphi}{\partial\eta^2}$ | $\sqrt{2}\cdot\zeta = \sqrt{\frac{2a}{\nu}}\, z$ | $\varphi$ | $\frac{\partial\varphi}{\partial\zeta} = \frac{u}{U}$ | $\frac{\partial^2\varphi}{\partial\zeta^2}$ |
| 0 | 0 | 0 | 1.2326 | 0 | 0 | 0 | 1.3120 |
| 0.2 | 0.0233 | 0.2266 | 1.0345 | 0.2 | 0.0127 | 0.1755 | 1.1705 |
| 0.4 | 0.0881 | 0.4145 | 0.8463 | 0.4 | 0.0487 | 0.3311 | 1.0298 |
| 0.6 | 0.1867 | 0.5663 | 0.6752 | 0.6 | 0.1054 | 0.4669 | 0.8910 |
| 0.8 | 0.3124 | 0.6859 | 0.5251 | 0.8 | 0.1799 | 0.5833 | 0.7563 |
| 1.0 | 0.4592 | 0.7779 | 0.3980 | 1.0 | 0.2695 | 0.6811 | 0.6283 |
| 1.2 | 0.6220 | 0.8467 | 0.2938 | 1.2 | 0.3717 | 0.7614 | 0.5097 |
| 1.4 | 0.7967 | 0.8968 | 0.2110 | 1.4 | 0.4841 | 0.8258 | 0.4031 |
| 1.6 | 0.9798 | 0.9323 | 0.1474 | 1.6 | 0.6046 | 0.8761 | 0.3100 |
| 1.8 | 1.1689 | 0.9568 | 0.1000 | 1.8 | 0.7313 | 0.9142 | 0.2315 |
| 2.0 | 1.3620 | 0.9732 | 0.0658 | 2.0 | 0.8627 | 0.9422 | 0.1676 |
| 2.2 | 1.5578 | 0.9839 | 0.0420 | 2.2 | 0.9974 | 0.9622 | 0.1175 |
| 2.4 | 1.7553 | 0.9905 | 0.0260 | 2.4 | 1.1346 | 0.9760 | 0.0798 |
| 2.6 | 1.9538 | 0.9946 | 0.0156 | 2.6 | 1.2733 | 0.9853 | 0.0523 |
| 2.8 | 2.1530 | 0.9970 | 0.0090 | 2.8 | 1.4131 | 0.9912 | 0.0331 |
| 3.0 | 2.3526 | 0.9984 | 0.0051 | 3.0 | 1.5536 | 0.9949 | 0.0202 |
| 3.2 | 2.5523 | 0.9992 | 0.0028 | 3.2 | 1.6944 | 0.9972 | 0.0120 |
| 3.4 | 2.7522 | 0.9996 | 0.0014 | 3.4 | 1.8356 | 0.9985 | 0.0068 |
| 3.6 | 2.9521 | 0.9998 | 0.0007 | 3.6 | 1.9769 | 0.9992 | 0.0037 |
| 3.8 | 3.1521 | 0.9999 | 0.0004 | 3.8 | 2.1182 | 0.9996 | 0.0020 |
| 4.0 | 3.3521 | 1.0000 | 0.0002 | 4.0 | 2.2596 | 0.9998 | 0.0010 |
| 4.2 | 3.5521 | 1.0000 | 0.0001 | 4.2 | 2.4010 | 0.9999 | 0.0006 |
| 4.4 | 3.7521 | 1.0000 | 0.0000 | 4.4 | 2.5423 | 0.9999 | 0.0003 |
| 4.6 | 3.9521 | 1.0000 | 0.0000 | 4.6 | 2.6837 | 1.0000 | 0.0001 |

差百分之一就达到了最终值．如果把离开壁面的这个相应距离看做是边界层厚度，记作 $y=\delta$，则得

$$\delta=\eta_\delta\sqrt{\frac{\nu}{a}}=2.4\sqrt{\frac{\nu}{a}}. \tag{5.40}$$

所以，和以前一样，在小运动粘性系数时，受粘性影响的流体层也是很薄的，其厚度正比于 $\sqrt{\nu}$．这时，压力梯度 $\partial p/\partial y$ 正比于 $\rho a\sqrt{\nu a}$，在小运动粘性系数时，它也很小．

更值得注意的是，无量纲速度分布 $u/U$ 以及根据式(5.40)得到的边界层厚度均与 $x$ 无关，即它们沿壁面方向无变化．

上面所讨论的这种流动，不仅出现于平板壁面附近，而且也存在于绕任意柱体的二维流动中，只要柱体在驻点附近是钝头的．在这种情形下，若驻点附近的这部分弯曲物面能用切平面代替的话，则上述的解在驻点附近的小邻域内也是适用的．

J. Watson[42] 研究了由于加上平板横向运动而引起的非定常流动图象，平板的横向运动规律，可以是任意的时间函数．更早的时候，M. B. Glauert 解出了平板做横向简谐振动的特殊情形(见第十五章中文献[14])．

**9a．二维非定常驻点流动** N. Rott[28a] 所研究的非定常、二维流动问题，是对上述问题的推广．我们讨论图 5.10 中的二维驻点流动问题，它以 $y=0$ 的壁面为界．假设远离壁面的速度指向壁面，而壁面本身又在自身平面内做简谐振动．在所得到的流动图象中，速度在远处($y\to\infty$)仍然是定常的，而在壁面附近具有非定常特性，其图象与图 5.9 中振动壁面附近的流动图象(Stokes 第二问题)属于同一类型．依照文献[28a]，可以通过以下假设来积分非定常的 Navier-Stokes 方程(4.4a, b, c)．按照式(5.34)中用过的方法，设

$$u(x,y,t)=ax\varphi'(\eta)+bg(\eta)\exp(i\omega t) \tag{5.40a}$$

$$v(y)=-(a\nu)^{1/2}\varphi(\eta). \tag{5.40b}$$

关于压力，设

$$p=p_0-(1/2)\rho a^2x^2-\rho\nu aF(\eta). \tag{5.40c}$$

这里，根据式(5.38)，$\eta=y(a/\nu)^{1/2}$ 表示离开壁面的无量纲距离；$b$ 是壁面在自身平面内振动的固定振幅，而 $\omega$ 是振动的圆频率．

将上述假设(5.40a, b, c)代入 Navier-Stokes 方程(4.4a, b, c)，这个问题就化简为求解下列方程组：

$$\varphi'''+\varphi\varphi''-\varphi'^2+1=0, \tag{5.40d}$$

$$g''+g'\varphi-g(\varphi'-ik)=0, \tag{5.40e}$$

$$\varphi\varphi' = F' - \varphi''. \tag{5.40f}$$

这里 $k = \omega/a$ 表示壁面振动的无量纲频率．只要将速度分量 $u$ 表示为式(5.40a)的定常项 $\varphi'$ 和非定常项 $g$ 之和，就可以由 $x$ 方向的非定常 Navier-Stokes 方程 (4.4a) 导出微分方程 (5.40d) 和 (5.40e)．函数 $\varphi(\eta)$ 满足边界条件

$$\varphi(0) = \varphi'(0) = 0 \text{ 和 } \varphi'(\infty) = 1.$$

比较方程(5.39)和(5.40d)表明，这个函数与定常流动问题中著名的 Hiemenz 解相同．函数 $g$ 满足边界条件

$$g(0) = 1 \quad \text{和} \quad g(\infty) = 0.$$

由式(5.40d)和(5.40e)可以看出，在这种情形下，定常分量与所叠加的非定常分量无关． 由于函数 $\varphi(\eta)$ 是已知的（表 5.1），所以 $x$ 方向速度分量非定常部分 $g$ 的微分方程(5.40e)容易求解．关于这个问题的进一步的细节，可以在文献[28a]中找到．读者还可以查阅 M. Glauert（第十五章中文献[14]）和 J. Watson（第十五章中文献[65]）的文章．

**10. 三维驻点流动** 用类似的方法可以得到三维驻点流动，即轴对称流动的 Navier-Stokes 方程精确解．流体垂直射到壁面上，然后沿各个方向呈放射状流开．这种情形出现在零攻角旋成体的驻点附近．

为了求解这个问题，我们将采用柱坐标 $r$, $\varphi$, $z$，并假定壁面位于 $z = 0$，驻点位于坐标原点，同时流动沿负 $z$ 轴方向．无摩擦流动的径向速度分量和轴向速度分量，将分别记作 $U$ 和 $W$，而粘性流动的相应分量，将记作 $u = u(r, z)$ 和 $w = w(r, z)$．根据式(3.36)，旋转对称的 Navier-Stokes 方程可写为

$$\left.\begin{aligned}
u\frac{\partial u}{\partial r} + w\frac{\partial u}{\partial z} &= -\frac{1}{\rho}\frac{\partial p}{\partial r} + \nu\left(\frac{\partial^2 u}{\partial r^2} + \frac{1}{r}\frac{\partial u}{\partial r} - \frac{u}{r^2} + \frac{\partial^2 u}{\partial z^2}\right),\\
u\frac{\partial w}{\partial r} + w\frac{\partial w}{\partial z} &= -\frac{1}{\rho}\frac{\partial p}{\partial z} + \nu\left(\frac{\partial^2 w}{\partial r^2} + \frac{1}{r}\frac{\partial w}{\partial r} + \frac{\partial^2 w}{\partial z^2}\right),\\
\frac{\partial u}{\partial r} + \frac{u}{r} + \frac{\partial w}{\partial z} &= 0,
\end{aligned}\right\} \tag{5.41}$$

因为 $v_\varphi = 0$, $\partial/\partial\varphi = 0$，并已令 $v_r = u$, $v_z = w$．其边界条件是

$$z = 0:\ u = 0,\ w = 0;\quad z = \infty: u = U. \tag{5.41a}$$

对于无摩擦流动情形，可以写出

$$U = ar; \quad W = -2az, \tag{5.42}$$

其中 $a$ 是常数。立即可以看出，这样的解满足连续方程。如果仍将驻点压力记作 $p_0$，我们求出理想流动的压力：

$$p_0 - p = \frac{1}{2}\rho(U^2 + W^2) = \frac{1}{2}\rho a^2(r^2 + 4z^2).$$

在粘性流动情形下，设速度和压力分布的解为如下形式：

$$u = rf'(z); \quad w = -2f(z), \tag{5.43}$$

$$p_0 - p = \frac{1}{2}\rho a^2[r^2 + F(z)]. \tag{5.44}$$

不难证明，式(5.43)形式的解恒满足连续方程，而运动方程则导致下述两个 $f(z)$ 和 $F(z)$ 的方程：

$$f'^2 - 2ff'' = a^2 + \nu f''', \tag{5.45}$$

$$2ff' = \frac{1}{4}a^2F' - \nu f''. \tag{5.46}$$

$f(z)$ 和 $F(z)$ 的边界条件由式 (5.41a) 得出，它们是

$$z = 0:\ f = f' = 0,\ F = 0; \quad z = \infty: f' = a.$$

经过与平面问题相同的相似变换，象前面一样，$f$ 和 $F$ 两个方程中的第一个方程 (5.45) 就可以不出现常数 $a^2$ 和 $\nu$，于是

$$\zeta = \sqrt{\frac{a}{\nu}}\,z, \quad f(z) = \sqrt{a\nu}\,\varphi(\zeta).$$

关于 $\varphi(\zeta)$ 的微分方程可以简化为

$$\varphi''' + 2\varphi\varphi'' - \varphi'^2 + 1 = 0, \tag{5.47}$$

其边界条件是

$$\zeta = 0:\ \varphi = \varphi' = 0; \quad \zeta = \infty:\ \varphi' = 1.$$

F. Homann[13] 首先以幂级数形式给出方程 (5.47) 的解。图 5.11 同时给出了轴对称情形和平面情形下 $\varphi' = u/U$ 的曲线。表 5.1 给出的 $\varphi'$ 值取自 N. Froessling[8] 的文章。

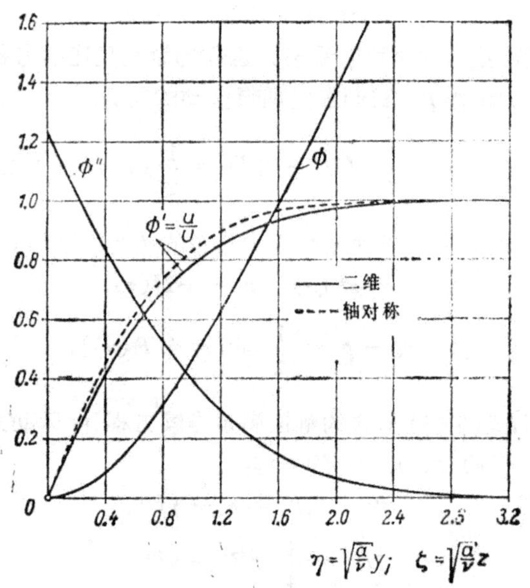


图 5.11 平面和旋转对称流动在驻点附近的速度分布

**11. 旋转圆盘附近的流动** 旋转平盘附近的定常流动，提供了 Navier-Stokes 方程精确解的另一个例子；圆盘在本来处于静止的流体中，绕垂直于自身的轴线以等角速度 $\omega$ 旋转. 靠近圆盘的流体层，通过摩擦作用由圆盘带动着转动，并且由于离心力的作用向外抛开. 这时沿转轴方向流向圆盘的流体下来补充，它同样又被圆盘带动，并向离心力方向抛开. 由此可见，这种情形确实是一种三维流动，即存在径向 $r$、周向 $\varphi$ 和轴向 $z$ 三个方向的速度分量. 这些分量将分别用 $u$, $v$ 和 $w$ 表示. 图 5.12 中绘出了这个流场的轴测示意图. 首先，我们对无限大的旋转平面问题进行计算. 然后，在忽略边缘影响的条件下，很容易把这个结果推广到有限直径 $D=2R$ 的圆盘.

考虑到旋转的对称性，及本问题所使用的符号，我们可以将 Navier-Stokes 方程 (3.36) 写为

$$
\left.\begin{aligned}
&u\frac{\partial u}{\partial r}-\frac{v^2}{r}+w\frac{\partial u}{\partial z}=-\frac{1}{\rho}\frac{\partial p}{\partial r}+\nu\left\{\frac{\partial^2 u}{\partial r^2}+\frac{\partial}{\partial r}\left(\frac{u}{r}\right)+\frac{\partial^2 u}{\partial z^2}\right\},\\
&u\frac{\partial v}{\partial r}+\frac{uv}{r}+w\frac{\partial v}{\partial z}=\qquad\qquad\nu\left\{\frac{\partial^2 v}{\partial r^2}+\frac{\partial}{\partial r}\left(\frac{v}{r}\right)+\frac{\partial^2 v}{\partial z^2}\right\},\\
&u\frac{\partial w}{\partial r}\qquad+w\frac{\partial w}{\partial z}=-\frac{1}{\rho}\frac{\partial p}{\partial z}+\nu\left\{\frac{\partial^2 w}{\partial r^2}+\frac{1}{r}\frac{\partial w}{\partial r}+\frac{\partial^2 w}{\partial z^2}\right\},\\
&\qquad\frac{\partial u}{\partial r}+\frac{u}{r}+\frac{\partial w}{\partial z}=0.
\end{aligned}\right\}
\tag{5.48}
$$

根据壁面上的无滑移条件，给出以下边界条件：

$$
\left.\begin{aligned}
&z=0:\ u=0,\ v=r\omega,\ \ w=0,\\
&z=\infty:\ u=0,\ v=0.
\end{aligned}\right\}
\tag{5.49}
$$

我们将从估计圆盘所“带动”的流体层的厚度 $\delta$ 入手[23]．显然，由

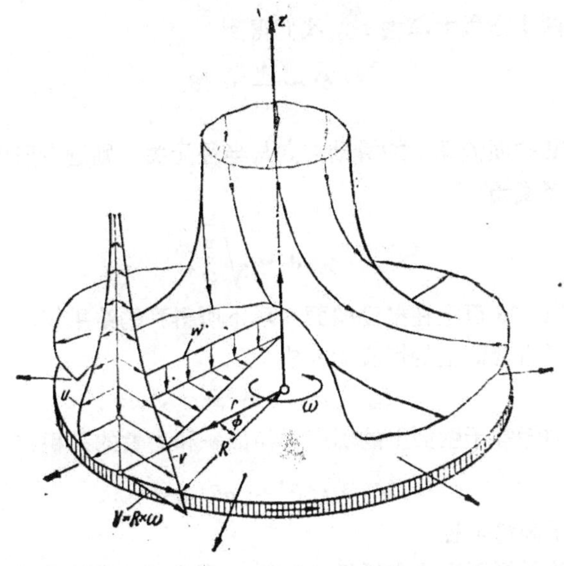


图 5.12　在静止流体中旋转圆盘附近的流动

速度分量：$u$-径向的，$v$-周向的，$w$-轴向的　由于粘性作用，圆盘带动了流体层．薄层内的离心力引起沿径向向外的二次流动

于摩擦作用而随圆盘转动的流体层的厚度，随粘性系数的减小而减小；只要对照一下前面一些例子的结果，就可以肯定这一点．在旋转层内离开转轴距离为 $r$ 的流体质点上，单位体积所受的离心力等于 $\rho r\omega^2$．因而在面积为 $dr\cdot ds$、高为 $\delta$ 的体积上，离心力等于 $\rho r\omega^2\delta drds$．同一流体微元还受到切应力 $\tau_w$ 的作用，这个力与流体滑动的方向相反，且与周向速度成一角度，比如说 $\theta$．这时，切应力的径向分量必定等于离心力，因此

$$\tau_w \sin\theta dr ds = \rho r\omega^2\delta dr ds$$

或

$$\tau_w \sin\theta = \rho r\omega^2\delta.$$

另一方面，切应力的周向分量，必须正比于壁面上的周向速度梯度．这个条件给出

$$\tau_w \cos\theta \sim \mu r\omega/\delta.$$

从这两个方程中消去 $\tau_w$，我们得到

$$\delta^2 \sim \frac{\nu}{\omega}\tan\theta.$$

若紧贴壁面流动中的滑动方向与半径无关，则圆盘所带动的流体层的厚度为

$$\delta \sim \sqrt{\frac{\nu}{\omega}},$$

这与第 106 页上在振动壁面情形下所得到的结果相同．另外，我们可以将壁面上的切应力写成

$$\tau_w \sim \rho r\omega^2\delta \sim \rho r\omega\sqrt{\nu\omega}.$$

转动力矩等于壁面上的切应力与面积和力臂的乘积，它变为

$$M \sim \tau_w R^3 \sim \rho R^4\omega\sqrt{\nu\omega}, \tag{5.50}$$

$R$ 表示圆盘半径．

为了便于积分方程组 (5.48)，引进离开壁面的无量纲距离 $\zeta \sim z/\delta$，因此写成

$$\zeta = z\sqrt{\frac{\omega}{\nu}}. \tag{5.51}$$

另外，对速度分量和压力作如下假设:

$$u = r\omega F(\zeta),\quad v = r\omega G(\zeta),\quad w = \sqrt{\nu\omega}\,H(\zeta),\tag{5.52}$$
$$p = p(z) = \rho\nu\omega P(\zeta).$$

将这些等式代入式(5.48)，我们得到一组关于函数 $F$，$G$，$H$ 和 $P$ 的四个联立常微分方程:

$$\left.\begin{aligned}&2F + H' = 0,\\&F^2 + F'H - G^2 - F'' = 0,\\&2FG + HG' - G'' = 0,\\&P' + HH' - H'' = 0.\end{aligned}\right\}\tag{5.53}$$

根据式(5.49)可以得到边界条件，它们是

$$\zeta = 0:\ F = 0,\ G = 1,\ H = 0,\ P = 0;$$
$$\zeta = \infty:\ F = 0,\ G = 0.$$

Th. von Kármán[15] 用近似方法给出方程(5.53)的第一个解，后来 W. G. Cochran[7] 用数值积分方法计算出更精确的值1)*. 它

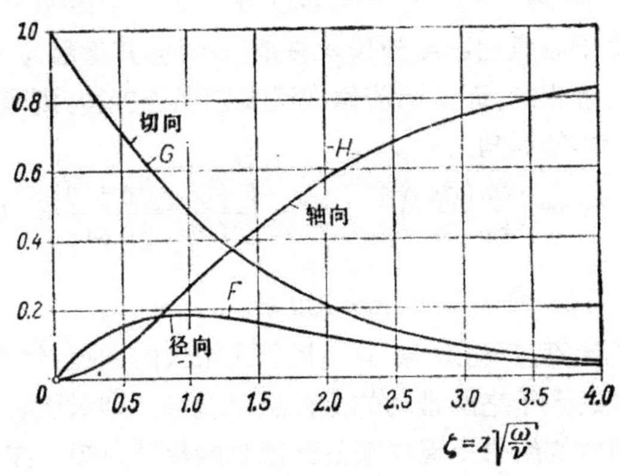


图 5.13 圆盘附近的速度分布;圆盘在本来处于静止的流体中转动

1) 这个解是这样得到的: 在 $\zeta = 0$ 附近取幂级数形式，对于大的 $\zeta$ 值取渐近级数形式，然后对适中的 $\zeta$ 值将它们连接起来.

* 这句话是参照本书第六版第 95 页译出的. ——中译者注

们画在图 5.13 中. 表 5.2 中所列的解的初值是 E. M. Sparrow 和 J. L. Gregg[32] 给出的.

在目前所讨论的问题中,正如含有驻点的例子一样,首先由连续方程和平行于壁面的运动方程计算出速度场,然后由垂直于壁面的运动方程求出压力分布.

**表 5.2 在壁面上和远离壁面处算出的函数值表. 这些函数值是描述旋转圆盘引起的流动所需要的. 取自 Sparrow 和 Gregg[32] 的计算结果**

| $\zeta = z\sqrt{\frac{\omega}{\nu}}$ | $F'$ | $-G'$ | $-H$ | $P$ |
|---|---|---|---|---|
| 0 | 0.510 | 0.6159 | 0 | 0 |
| ∞ | 0 | 0 | 0.8845 | 0.3912 |

由图 5.13 看出,周向速度降到圆盘速度一半的地方,离开壁面的距离为 $\delta_{0.5} \approx \sqrt{\nu/\omega}$. 从这个解我们注意到,当 $\delta \approx \sqrt{\nu/\omega}$ 很小时,速度分量 $u$ 和 $v$ 只在厚度为 $\sqrt{\nu/\omega}$ 的薄层内才有可观的值. 垂直于圆盘的速度分量 $w$ 总是很小的,其量级为 $\sqrt{\nu\omega}$. 如果设壁面是静止的,而认为流体在远离壁面处旋转,则紧邻壁面的流线对周向的倾斜角为

$$\tan\varphi_0 = -\left(\frac{\partial u/\partial z}{\partial v/\partial z}\right)_{z=0} = -\frac{F'(0)}{G'(0)} = \frac{0.510}{0.616} = 0.828,$$

即

$$\varphi_0 = 39.6°.$$

尽管以上的计算,严格地说,只适用于无限大的圆盘,然而,如果圆盘的半径 $R$ 远大于它所带动的流体层厚度 $\delta$,则对于有限圆盘也可以利用同样的结果. 现在来估计圆盘的转动力矩. 在半径为 $r$ 处,宽度为 $dr$ 的环形圆盘微元对力矩的贡献是 $dM = -2\pi r dr r\tau_{z\varphi}$, 因此,对于单面浸湿的圆盘,力矩为

$$M = -2\pi\int_0^R r^2\tau_{z\varphi}dr.$$

这里 $\tau_{z\varphi} = \mu(\partial v/\partial z)_0$ 表示周向切应力分量. 由式 (5.52) 得到

$$\tau_{z\varphi} = \rho r \nu^{1/2} \omega^{3/2} G'(0).$$

所以，对于双面浸湿的圆盘，力矩为

$$2M = -\pi\rho R^4(\nu\omega^3)^{1/2}G'(0) = 0.616\pi\rho R^4(\nu\omega^3)^{1/2}. \qquad (5.54)$$

通常总是引进如下的无量纲力矩系数:

$$C_M = \frac{2M}{\frac{1}{2}\rho\omega^2 R^5}. \qquad (5.55)$$

这给出

$$C_M = -\frac{2\pi G'(0)\nu^{1/2}}{R\omega^{1/2}},$$

或者，定义用半径和边缘速度计算的 Reynolds 数

$$\mathbf{R} = \frac{R^2\omega}{\nu},$$

并引用数值 $-2\pi G'(0) = 3.87$，最后得到

$$\boxed{C_M = \frac{3.87}{\sqrt{\mathbf{R}}}.} \qquad (5.56)$$

图 5.14 画出了这个方程的图线 [曲线 (1)]，并与实验结果[39]进行了比较. 在 Reynolds 数增高到大约 $\mathbf{R} = 3 \times 10^5$ 以前，理论与实验之间都一直吻合得很好. 当 Reynolds 数更高时，流动则变为湍流的，它们的具体情形将到第二十一章再加以讨论. 图 5.14 中的曲线(2)、(3) 是根据湍流理论得出的. G. Kempf[16] 和 W. Schmidt[31] 进行的更早的测量，与理论结果也还比较符合. 在得到上述解以前，D. Riabouchinsky[26],[27] 在非常仔细的测量基础上，建立了旋转圆盘转动力矩的经验公式. 这些公式与后来得出的理论公式非常一致.

在半径为 $R$ 的圆盘的一面上，由于离心作用而向外排出的液体流量是

$$Q = 2\pi R \int_{z=0}^{\infty} u dz.$$

计算表明

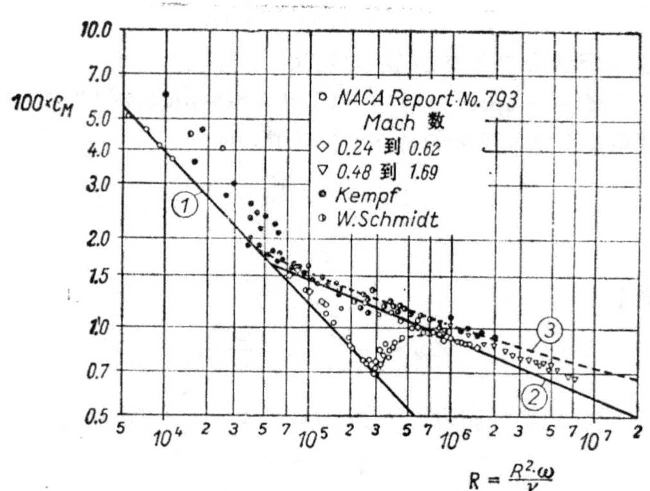


图 5.14 旋转圆盘上的转动力矩；曲线 (1) 根据方程 (5.56)，层流；曲线 (2) 和 (3) 根据式 (21.30) 和 (21.33)，湍流

$$Q = 0.885\pi R^2 \sqrt{\nu\omega} = 0.885\pi R^3 \omega \mathbf{R}^{-1/2}. \tag{5.57}$$

沿轴向流向圆盘的流体流量应与此大小相等．另外，值得注意的是，跨过圆盘所带动的流体层，其压力差具有 $\rho\nu\omega$ 的量级，就是说，在小粘性系数情形下，它是非常小的．压力分布只依赖于离开壁面的距离，而不存在径向压力梯度．

M. G. Rogers 和 G. N. Lance[28] 研究了上述问题的普遍形式．他们假设，在无穷远处流体以角速度 $\Omega = s\omega$ 旋转．利用这个假设，方程 (5.53) 中的第二个方程变为

$$F^2 + F'H - G^2 - F'' + s^2 = 0,$$

同时函数 $G(\zeta)$ 的第二个边界条件，应该用 $G(\infty) = s$ 来代替．关于这个问题，应当与第十一章 **a** 所给出的在固定圆盘上方旋转的流动问题加以比较．同向旋转 ($s > 0$) 情形的数值解，可以在文献 [26] 中找到．当反向旋转 ($s < 0$) 时，如果容许有垂直于圆盘的均匀抽吸，则只有在 $s < -0.2$ 时，才能得到有物理意义的解．

封闭罩内的旋转圆盘问题，将在第二十一章予以讨论.

特别值得注意的是，旋转圆盘的解以及驻点流动的解，首先都是 Navier-Stokes 方程的精确解，其次，在上一章讨论的意义上说，它们属于**边界层类型**的解. 在粘性系数很小的极限情形下，这些解表明，粘性的影响只扩展到固壁附近很薄的薄层内，而在其余的整个区域里，实际上，流动与相应的理想(位势)情形是一样的. 这些例子进一步证明了边界层厚度的量级是 $\sqrt{\nu}$. 前面所讨论的一维流动例子，也显示了同样的边界层特性. 关于这个问题，读者也许愿意参阅 G. K. Batchelor 的文章[2]以及 K. Stewartson 的文章[34]，前者对于间隔一定距离的两个同轴转动的圆盘问题讨论了 Navier-Stokes 方程的解. 将上述的解推广到均匀抽吸情形的是 J. T. Stuart (第四章中文献[92])以及 E. M. Sparrow 和 J. L. Gregg (见文献 [32] 的第 3 页); 后一篇论文还包括对同质引射的分析. H. K. Kuiken[18] 讨论过很强引射的极限情形.

**12. 收缩槽和扩张槽内的流动** 另一类 Navier-Stokes 方程的精确解，可以用以下方法得到: 假设过平面内一点的直线族是流动的流线. 设一条条直线上的速度各不相同，就是说，假设速度是极角 $\varphi$ 的函数. 这样，可以把那些沿着它速度为零的射线，看做是收缩槽或扩张槽的固壁. 假设在每条射线上，各点的速度与到原点的距离成反比，这样就能满足连续方程. 因此，径向速度 $u$ 的形式为 $u \sim F(\varphi)/r$，或者，若 $F$ 为无量纲量，则

$$u = \frac{\nu}{r} F(\varphi).$$

周向速度处处为零. 将这种形式代入极坐标下的 Navier-Stokes 方程 (3.36)，并从 $r$ 方向和 $\varphi$ 方向的方程中消去压力，则可以得到下述关于 $F(\varphi)$ 的常微分方程:

$$2FF' + 4F' + F''' = 0.$$

积分一次，得到方程

$$F^2 + 4F + F'' + K = 0. \tag{5.58}$$

常数 $K$ 表示壁面上的径向压力梯度，$K = -(1/\rho)(\partial p/\partial r)(r^3/\nu^2)$. 当 $\varphi = \alpha$ 和 $\varphi = -\alpha$ 时，即在壁面上，$F = 0$; 而当 $\varphi = 0$ 时，$F' = 0$. G. Hamel[11] 给出方程 (5.58) 的解. 函数 $F$ 可以用显式表示为 $\varphi$ 的椭圆函数.

我们现在不去讨论推导的细节，只简要地概述一下解的性质. 根据 K. Millsaps 和 K. Pohlhausen[19] 对于收缩槽和扩张槽在不同 Reynolds 数下流动所作的数值计算，图 5.15 中绘出了一族速度剖面. 收缩槽的速度分布和扩张槽的速度分布彼此很

不相同．在扩张槽中，当 Reynolds数不同时，速度分布也明显不同．在收缩槽中，图中最高 Reynolds 数（$\mathbf{R}=5000$）时的速度分布，在中心的大部分区域内几乎不变，而在接近壁面的地方急剧下降到零．因此，在这种情形下，它呈现出清晰的“边界层特性”．

在扩张槽中，速度剖面的形状明显地受 Reynolds 数的影响．在中心线上，每一条速度分布曲线都比表征平行壁面流动的抛物线更为弯曲．在最高 Reynolds 数下，速度分布（曲线 7）的特征是：它显示出两个倒流区．这样，速度在四个点上都为零．由于壁面能放在这任意一点上，所以可能观察到，在 10° 夹角下有两个对称倒流区的这种速度分布，或者在 6.9° 夹角下只有一个非对称倒流区的速度分布．实际上，已经观察到了这种非对称的速度分布，并且这种倒流标志着分离的开始．

在上面提到的文章中，G. Hamel 给自己提出了计算其流线与位势流线相同的

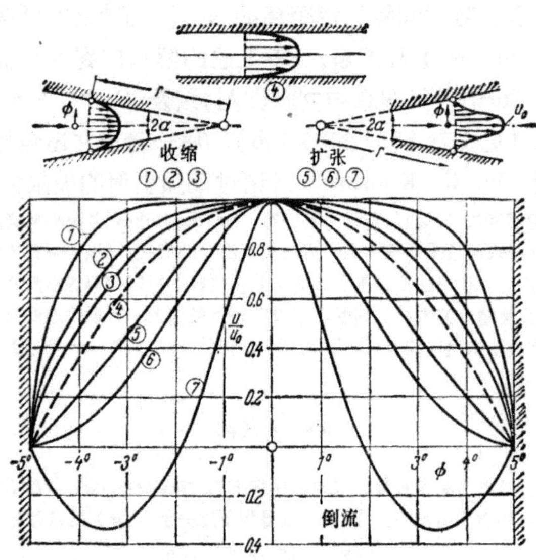


图 5.15 收缩槽和扩张槽内的速度分布；根据 G. Hamel[11] 及 K. Millsaps 和 K. Pohlhausen[19]

夹角 $2\alpha=10°$ Reynolds 数 $\mathbf{R}=u_0r/\nu$

| 收缩槽 | 扩张槽 |
|---|---|
| 曲线 1：$\mathbf{R}=5000$ | 曲线 5：$\mathbf{R}=684$ |
| 曲线 2：$\mathbf{R}=1342$ | 曲线 6：$\mathbf{R}=1342$ |
| 曲线 3：$\mathbf{R}=684$ | 曲线 7：$\mathbf{R}=5000$ |

曲线 4 指的是平行壁面槽（Poiseuille 抛物线速度分布，参看图 5.1）

所有三维流动问题．这个问题的解由形状为对数螺线的流线组成．这里讨论的径向流动问题，以及在第五章3中讨论的位势旋涡流动问题，都是这个一般解的特例．

前面这个精确解的例子，再次显示了流动的**边界层特性**．特别是在收缩槽的情形下，证实了靠近壁面存在一个薄层，以及粘性影响集中于该薄层内的事实．另外，计算还证实了，这里边界层厚度也随 $\sqrt{\nu}$ 增加．扩张槽还显示出另外一种现象，即倒流以及由此产生的分离．这是边界层流动的一个基本特性，以后我们将根据边界层流动方程详细讨论这个问题．它的存在完全为实验所证实．

更早，H.Blasius[9] 根据第一原理，即借助 Navier-Stokes 方程，研究了小夹角扩张管道的二维流动和轴对称流动问题．关于这个问题，已经证明：层流流动若不发生分离只能承受很小的压力增加．在半径为 $R(x)$ 的扩张圆管内，求出避免在壁面上出现倒流的条件是 $dR/dx<12\mathbf{R}$（分离条件），其中 $\mathbf{R}=\bar{u}d/\nu$ 表示以圆管内平均流动速度及圆管直径为参考的 Reynolds 数．后来，M. Abramowitz[1] 又扩充了这些扩张管道的计算，并且发现：当 Reynolds 数增高或扩张角减小时，分离点从管道入口向下游移动．

**13. 结束语** 这里所举例子结束了对 Navier-Stokes 方程精确解的讨论，接下去的课题将要处理近似解．在前面的讨论中，所谓精确解是指 Navier-Stokes 方程的这样一种解，即方程中的所有各项，只要在这个问题中不恒等于零，就都予以考虑时所得到的解．在下一章我们要讨论 Navier-Stokes 方程的近似解，也就是在微分方程中略去各个小量级项以后所得到的解．如在第四章已经提过的，粘性系数很大和粘性系数很小这两种极限情形，具有特别的重要性．在极慢运动中，即所谓蠕动流中，粘性力远大于惯性力，而在边界层运动中粘性力很小．在第一种情形下，允许将惯性项全部略去；但是，在边界层理论中却不能这样简化，因为如果根本不考虑粘性项，那就不能满足在固壁上无滑移这个物理上的基本条件．

对于很高 Reynolds 数的二维层流流动，即其中包含粘性影响且具有边界层特性的流动，K. W. Mangler[6] 提出了一种求解 Navier-Stokes 方程的一般理论．在 Prandtl 边界层理论中（详见第七章），采用流动中的真实物体外形，并且只在邻接壁面的薄层内才考虑粘性影响．相比之下，这种新方法是一种间接方法．这种理论不是采用真实物体外形，而是规定出一个围绕物体的所谓位移外形．这种位移外形考虑了位移效应对外部流动和尾迹的影响．这样我们就能确定出绕位移外形的无摩擦外部流动；下一步，再借助于很高 Reynolds 数时对 Navier-Stokes 方程的渐近处理方法，计算摩擦层内的流场，这步计算最终得出物体的真实外形。这种新方法的显著特点在于：在分离点之后还可以进行边界层计算．这与 Prandtl 边界层大不相同；边界层理论至多只能应用到分离点．此外，这种新理论在某些情形下，甚至在复杂流动图象的计算中也获得了成功，这种复杂流动图象存在于分离点之后的倒流区以及再附区．

上面是为代替 Prandtl 边界层理论而提出的一种供选择的理论，对这一理论所作的简短叙述，想必至此也就够了． 在本书后面各章中所阐述的边界层理论，是以 prandtl 的思想体系为基础的．

# 第六章 极慢运动

## a. 极慢运动的微分方程

在本章我们打算讨论 Navier-Stokes 方程的几个近似解，这些解都能在粘性力远大于惯性力的极限情形下成立．由于惯性力与速度的平方成正比，而粘性力只与速度的一次方成正比，所以不难断定：只要速度很小，或者更一般地说，只要 Reynolds 数很小，就可以得到粘性力起主要作用的流动．如果将惯性项从运动方程中完全略去，则所得到的解对于 $\mathbf{R} \ll 1$ 的情形是适用的．这个事实也可以由无量纲的 Navier-Stokes 方程(4.2)导出，因为与粘性项相比，可以看出式中的惯性项乘上了一个因子 $\mathbf{R}=\rho VL/\mu$. 就此而论，我们可以说，在每一具体情形下，都必须详细检查构成 Reynolds 数的那些量．但是，在实际应用中，除了某些特殊情形外，这种很低 Reynolds 数的流动(有时又称为**蠕动流**)并不是太常见的[1)]．

由式 (3.34) 可以看出，如果略去惯性项，不可压缩流动的 Navier-Stokes 方程可以化为如下形式：

$$\operatorname{grad} p=\mu\nabla^2\boldsymbol{w}, \tag{6.1}$$

$$\operatorname{div}\boldsymbol{w}=0, \tag{6.2}$$

或者用展开式，则为

$$\left.\begin{aligned}\frac{\partial p}{\partial x}&=\mu\left(\frac{\partial^2 u}{\partial x^2}+\frac{\partial^2 u}{\partial y^2}+\frac{\partial^2 u}{\partial z^2}\right),\\ \frac{\partial p}{\partial y}&=\mu\left(\frac{\partial^2 v}{\partial x^2}+\frac{\partial^2 v}{\partial y^2}+\frac{\partial^2 v}{\partial z^2}\right),\\ \frac{\partial p}{\partial z}&=\mu\left(\frac{\partial^2 w}{\partial x^2}+\frac{\partial^2 w}{\partial y^2}+\frac{\partial^2 w}{\partial z^2}\right),\end{aligned}\right\} \tag{6.3}$$

---

1) 例如圆球在空气中下落的情形(空气 $\nu=160\times10^{-6}\mathrm{ft}^2/\mathrm{s}$)，当直径 $d=0.04\mathrm{in}$ ($=0.00333\mathrm{ft}$)和速度 $V=0.048\mathrm{ft/s}$时，我们得到 $\mathbf{R}=Vd/\nu=1$.

$$\frac{\partial u}{\partial x}+\frac{\partial v}{\partial y}+\frac{\partial w}{\partial z}=0. \tag{6.4}$$

这组方程还必须补充与完整的 Navier-Stokes 方程相同的边界条件，即在壁面上流体无滑移的条件，也就是速度的法向分量和切向分量均为零：

在壁面上 $$v_n=0,\ v_t=0. \tag{6.5}$$

若对式(6.1)两边取散度，同时注意到右边的算子 div 和 $\nabla^2$ 可以交换次序运算，则立即可以得到蠕动流的一个重要性质．这样，由式(6.2)我们有

$$\text{div grad}p=\nabla^2 p=0. \tag{6.6}$$

所以蠕动流的压力场满足位势方程，因而压力 $p(x, y, z)$ 是一个位势函数．

如果引进流函数，其定义是 $u=\partial\psi/\partial y$ 和 $v=-\partial\psi/\partial x$，则二维蠕动流方程在形式上就会变得特别简单．正如在第四章所说明的，以及由式(6.3)看出的，如果从式(6.3)的前两个方程中消去压力，则流函数必然满足方程

$$\nabla^4\psi=0.$$

因此，平面蠕动流的流函数是双位势(双调和)函数．

在本章的后面几节中，我们要讨论三个蠕动流的例子：1. 平行流绕圆球的流动；2. 润滑的流体动力学理论；3. Hele-Shaw 流动．

## b. 平行流绕圆球的流动

Stokes 在研究了平行流绕圆球流动的问题[17]之后，给出了最早的著名蠕动流解。我们将叙述他计算的结果，而不讨论该理论的数学细节．我们将采用 Prandtl 的叙述方法[12]．一个半径为 $R$ 的圆球置于沿 $x$ 轴的速度为 $U_\infty$ 的均匀平行流动中，其球心与坐标原点相重合(图 6.1)．对于这种情形，方程(6.3)和(6.4)的解可以用如下压力和速度分量的方程来表示：

$$
\left.\begin{aligned}
u &= U_\infty\left[\frac{3}{4}\frac{Rx^2}{r^3}\left(\frac{R^2}{r^2}-1\right)-\frac{1}{4}\frac{R}{r}\left(3+\frac{R^2}{r^2}\right)+1\right],\\
v &= U_\infty\frac{3}{4}\frac{Rxy}{r^3}\left(\frac{R^2}{r^2}-1\right),\\
w &= U_\infty\frac{3}{4}\frac{Rxz}{r^3}\left(\frac{R^2}{r^2}-1\right),\\
p-p_\infty &= -\frac{3}{2}\frac{\mu U_\infty Rx}{r^3}.
\end{aligned}\right\}\qquad(6.7)
$$

为了简洁起见，式中已经引进了 $r^2=x^2+y^2+z^2$. 不难证明，这些表达式满足式(6.3)和(6.4)，并且在球面上各点速度均为零. 球面上的压力为

$$
p-p_\infty=-\frac{3}{2}\mu\frac{x}{R^2}U_\infty. \qquad (6.7a)
$$

压力的最大值和最小值分别出现在 $P_1$ 和 $P_2$ 点，其值是

$$
p_{1,2}-p_\infty=\pm\frac{3}{2}\frac{\mu U_\infty}{R}. \qquad (6.7b)
$$

图 6.1 绘出了沿圆球子午线，以及沿横坐标轴 $x$ 的压力分布. 圆球上的切应力分布也可以用上述公式来计算. 可以看出，在 $A$ 点切应力有最大值，此时 $\tau=\frac{3}{2}\mu U_\infty/R$，且等于 $P_1$ 点的压力增

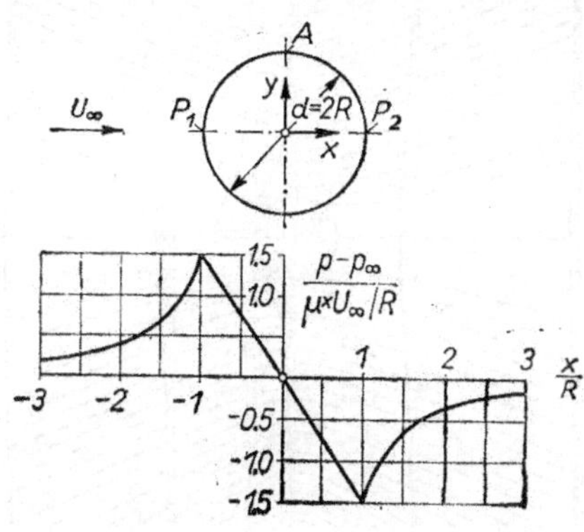


图 6.1 在均匀平行流动中圆球周围的压力分布

加或 $P_2$ 点的压力减少． 如果在整个球面上对压力分布和切应力积分，就可以得到圆球的总阻力：

$$D = 6\pi\mu R U_\infty. \qquad (6.8)$$

这就是非常著名的圆球阻力 **Stokes 公式**．可以证明，三分之一的阻力是由压力分布产生的，而其余的三分之二是由切应力产生的．更值得注意的是，阻力与速度的一次方成正比． 如果象高 Reynolds 数情形那样，用动压头 $\frac{1}{2}\rho U_\infty^2$ 和迎风面积作参考量来构成阻力系数，也就是，如果设

$$D = C_D \pi R^2 \left(\frac{1}{2}\rho U_\infty^2\right), \qquad (6.9)$$

那么

$$C_D = \frac{24}{\mathbf{R}}; \qquad \mathbf{R} = \frac{U_\infty d}{\nu}. \qquad (6.10)$$

图 1.5 中画出了 Stokes 公式与实验结果之间的比较．由图可以看出，方程只能用于 $\mathbf{R} < 1$ 的情形． 圆球前后的流线图象应该是相同的，因为如果倒转来流的方向，即如果改变式(6.3)和(6.4)中各速度分量和压力的符号，这个方程仍转换为其本身． 图 6.2 画出

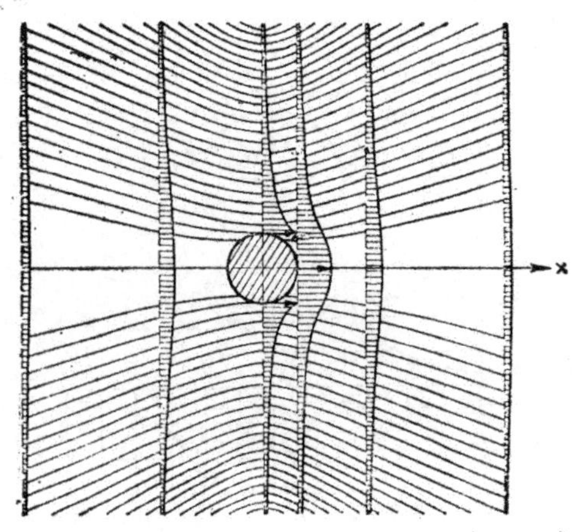


图 6.2　在平行流动中圆球 Stokes 解的流线和速度分布

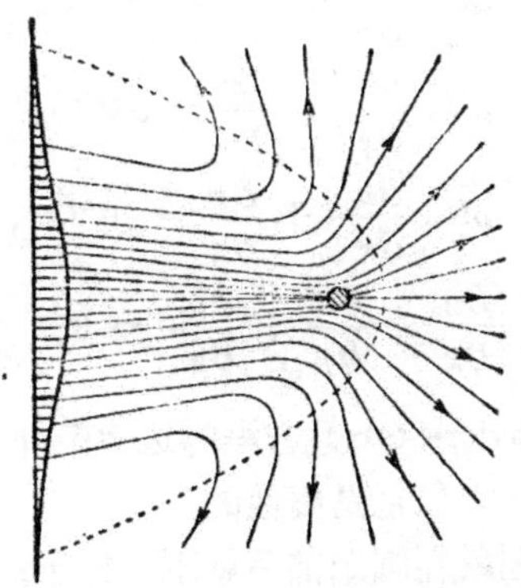

图 6.3 在绕圆球流动中，根据 Oseen 解得到的流线

了粘性流体绕圆球流动的流线．它们是这样画出的：如果在一个观察者面前，圆球以等速度 $U_\infty$ 被拖动，则出现在他面前的流线就是这样的．这张图还画出了几个横截面上的速度剖面．可以看出，圆球拖动着很宽的流体层和它一起运动，该层向两侧延伸各达一个直径以上．而在很高 Reynolds 数时，则边界层变得非常薄．

Oseen 的改进解：Oseen 将 Stokes 解作了改进[11]，他部分地考虑了 Navier-Stokes 方程中的惯性项． 他假设速度分量都可以表示为一个常数加上一个扰动项．这样

$$u = U_\infty + u'; \quad v = v'; \quad w = w', \tag{6.11}$$

其中 $u'$，$v'$ 和 $w'$ 都是扰动项，并且相对于来流速度 $U_\infty$，它们都是小量．但是应当注意，在直接与圆球邻近的地方并非如此．利用假设(6.11)，将 Navier-Stokes 方程(3.32)中的惯性项分为两组，如

$$U_\infty \frac{\partial u'}{\partial x}, \ U_\infty \frac{\partial v'}{\partial x}, \cdots$$

$$\text{和} \quad u' \frac{\partial u'}{\partial x}, \ u' \frac{\partial v'}{\partial x}, \cdots$$

第二组是二阶小量，与第一组相比可以略去．所以可以由 Navier-Stokes 方程得到下述运动方程：

$$
\left.\begin{aligned}
\rho U_\infty \frac{\partial u'}{\partial x} + \frac{\partial p}{\partial x} &= \mu \nabla^2 u', \\
\rho U_\infty \frac{\partial v'}{\partial x} + \frac{\partial p}{\partial y} &= \mu \nabla^2 v', \\
\rho U_\infty \frac{\partial w'}{\partial x} + \frac{\partial p}{\partial z} &= \mu \nabla^2 w', \\
\frac{\partial u'}{\partial x} + \frac{\partial v'}{\partial y} + \frac{\partial w'}{\partial z} &= 0.
\end{aligned}\right\} \tag{6.12}
$$

其边界条件与 Navier-Stokes 方程的边界条件相同，然而和 Stokes 方程一样，Oseen 方程也是线性的.

现在的流动图象在圆球前后就不一样了. 只要研究一下方程(6.12)就可以看出这点，因为如果改变速度和压力的符号，方程不再转换为其本身，这与 Stokes 方程(6.3)不同. 图 6.3 画出了 Oseen 方程的流线. 这里同样假设观察者对于远离圆球的流动是静止的，同时假想圆球以等速度 $U_\infty$ 被拖动. 圆球前面的流动与 Stokes 给出的流动很相似，而在圆球后面流线却靠得更紧些，这意味着这里的速度比 Stokes 情形要大. 另外，在圆球后面有一些质点跟着它一起运动，实际上，这和在大 Reynolds 数时由实验所观察到的情形一样.

改进了的阻力系数表达式，现在成为

$$
C_D = \frac{24}{\mathbf{R}}\left(1 + \frac{3}{16}\mathbf{R}\right); \quad \mathbf{R} = \frac{U_\infty d}{\nu}. \tag{6.13}
$$

实验结果表明，Oseen 方程大约在 $\mathbf{R} = 5$ 以下是适用的，见图 1.5 中的曲线(2).

### c. 润滑的流体动力学理论

另一个粘性力起主要作用的流动例子，是在轴承润滑油内出现的现象. 从实用观点出发，这些现象是非常重要的. 两个机械部件以高速相对运动时(例如轴颈与轴承)，它们之间的间隙充满了运动的油层，这中间可以产生非常大的压力差. 因此，旋转的轴颈被油膜稍稍抬起，从而避免了运动部件金属之间的接触. 这类运动的基本特点，可以用滑块在金属导板上滑动的例子来理解(图6.4)；其中重要的是它们彼此要倾斜一个很小的角度 $\delta$. 我们假设滑动面在运动的横向上尺寸非常大，致使这个问题是一个二维问题[1]. 为了获得定常状态，我们假设滑块是静止的，而平面导板相对于滑块以等速度 $U$ 运动. 取 $x$ 轴沿运动方向，$y$ 轴垂直于导板平面. 同时假设与滑块的长度 $l$ 相比，滑块与导板之间的楔形区域的高度 $h(x)$ 非常小.

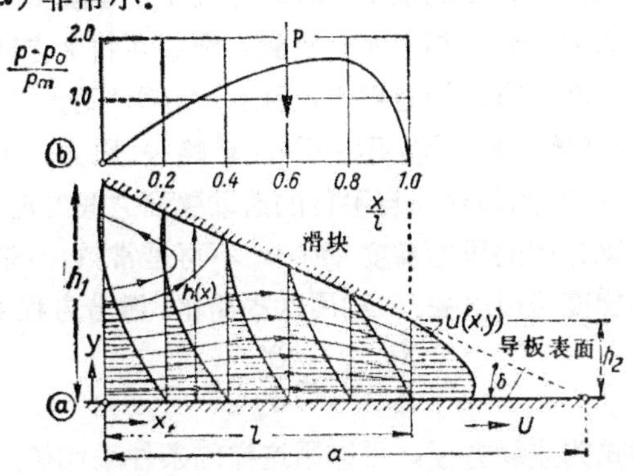


图 6.4 轴承内的润滑：a) 滑块与平面导板表面之间楔形区内的流动；b) 滑块上的压力分布，$a/l = 1.57$

这种运动是第五章 1 中所讨论的有压力梯度的两个平行平板之间运动的更一般的例子. 它们的根本差别在于，这里两个壁面之间倾斜成一个角度. 因此，对流加速度 $u\partial u/\partial x$ 显然不等于零. 尽管如此，对粘性力和惯性力的估算直接表明，在所有有实际意义的情形中，粘性力都是主要的. 由于在 $x$ 方向的运动方程中，最大粘性项等于 $\mu\partial^2u/\partial y^2$，因此我们可以作如下估算：

$$\frac{\text{惯性力}}{\text{粘性力}} = \frac{\rho u\partial u/\partial x}{\mu\partial^2 u/\partial y^2} = \frac{\rho U^2/l}{\mu U/h^2} = \frac{\rho Ul}{\mu}\cdot\left(\frac{h}{l}\right)^2.$$

只要约化 Reynolds 数

$$\mathbf{R}^* = \frac{Ul}{\nu}\left(\frac{h}{l}\right)^2 \ll 1, \tag{6.14}$$

---

1) 润滑的二维理论是 O. Reynolds 首先建立的，参看 Phil. Trans. Roy. Soc. (1886), Pt. I; 另见 Ostwalds Klassiker No. 218, p. 39.

与粘性力相比，我们就可以略去惯性力．还可以用一个数值例子来加以说明：

$$U = 30\text{ft/s};\ l = 4\text{in} = 0.333\text{ft};$$
$$\nu = 4\times10^{-4}\text{ft}^2/\text{s};\ h = 0.008\text{in}.$$

这个算例得出用滑块长度作参考量的 Reynolds 数 $Ul/\nu = 25000$，但是约化 Reynolds 数 $\mathbf{R}^* = 0.1$．

对于目前所讨论的情形，蠕动流的微分方程(6.3)还可以进一步简化．因为分量 $v$ 相对 $u$ 是小量，所以可将 $y$ 方向的方程整个略去．另外，在 $x$ 方向的方程中，因为 $\partial^2u/\partial y^2$ 是大量，在量级上是 $\partial^2u/\partial x^2$ 的 $(l/h)^2$ 倍，所以可将 $\partial^2u/\partial x^2$ 略去．压力分布必须满足滑块两端 $p = p_0$ 的条件．与平行的滑动壁面之间的流动情形相比，这里沿运动方向的压力梯度 $\partial p/\partial x$ 不再是常数，但是沿 $y$ 方向的很小压力梯度可以略去． 利用这些简化，微分方程 (6.3) 就化为

$$\frac{dp}{dx} = \mu\frac{\partial^2u}{\partial y^2}, \tag{6.15}$$

而微分形式的连续方程，可以用这样的条件来代替：通过每个截面的体积流量都必须等于常数，即

$$Q = \int_0^{h(x)} u\,dy = \text{常数}. \tag{6.16}$$

边界条件是：

$$\begin{aligned} &y = 0:\ u = U;\ x = 0:\ p = p_0 \\ &y = h: u = 0; x = l: p = p_0. \end{aligned} \tag{6.17}$$

若方程(6.15)满足边界条件(6.17)，则它的解类似于式(5.5)，即

$$u = U\left(1-\frac{y}{h}\right) - \frac{h^2}{2}\frac{p'}{\mu}\frac{y}{h}\left(1-\frac{y}{h}\right), \tag{6.18}$$

其中 $p' = dp/dx$ 表示压力梯度；这个解必须通过满足连续方程(6.16)及压力边界条件的方法来确定．将(6.18)代入(6.16)，我们首先得到

$$Q = \frac{Uh}{2} - \frac{h^3p'}{12\mu},$$

或者，解出 $p'$：

$$p' = 12\mu\left(\frac{U}{2h^2} - \frac{Q}{h^3}\right). \tag{6.19}$$

因此经过积分，得到

$$p(x) = p_0 + 6\mu U\int_0^x \frac{dx}{h^2} - 12\mu Q\int_0^x \frac{dx}{h^3}. \tag{6.20}$$

代入 $x = l$ 处 $p = p_0$ 的条件，我们得到

$$Q = \frac{1}{2}U\int_0^l \frac{dx}{h^2}\Big/\int_0^l \frac{dx}{h^3}. \tag{6.21}$$

这样，只要给定楔形区的形状函数 $h(x)$，就可以知道流量．式(6.19)给出压力梯度，而式(6.20)给出滑块上的压力分布．

在式(6.20)中出现的量

$$b_1(x) = \int_0^x dx/h^2 \text{ 和 } b_2(x) = \int_0^x dx/h^3, \tag{6.22}$$

仅取决于滑块与平面导板之间间隙的几何形状．它们的比值

$$c(x) = b_1(x)/b_2(x) \tag{6.23}$$

具有长度的量纲，它在润滑理论中起重要作用．对于整个润滑层，这个值

$$H = c(l) = \left(\int_0^l dx/h^2\right)\Big/\left(\int_0^l dx/h^3\right), \tag{6.24}$$

有时称为**特征厚度**．借助于 $H$，连续方程(6.21)可以缩写为

$$Q = \frac{1}{2}UH, \tag{6.25}$$

由此，它的物理意义是明显的．现在压力可以写成

$$p(x) = p_0 + 6\mu U b_1(x) - 12\mu Q b_2(x), \tag{6.26}$$

同时，压力梯度成为

$$p' = \frac{6\mu U}{h^2}\left(1 - \frac{H}{h}\right). \tag{6.27}$$

式(6.27)表明，在润滑层厚度等于特征厚度的地方($h = H$)，压力具有最大值或最小值．

人们往往希望维持正的压力差 $p - p_0$，而上面的方程可以用来导出这个条件． 设在 $x = 0$ 处 $p = p_0$，且厚度$H$位于 $x = x_H$ 处，由此我们必然有

$$\left.\begin{aligned} 0<x<x_H \text{ 处}, h(x)>H, \text{ 这意味着 } p'>0, \\ x_H<x<l \text{ 处}, h(x)<H, \text{ 这意味着 } p'<0. \end{aligned}\right\} \quad (6.28)$$

这些条件导致一个楔样的形状，它沿流动方向是收缩的，并且容许有正负两种局部梯度 $dh/dx$. 由于 $H$ 依赖于整个润滑层的形状，所以与位势流动不同，在一个截面上，压力梯度的方向不能单独由该截面的 $dh/dx$ 来确定.

在 $h(x)=\delta(a-x)$ 的平面楔形区情形下，其中 $a$ 和 $\delta$ 都是常数(图 6.4)，我们最后得到

$$Q=U\delta\frac{a(a-l)}{2a-l},$$

而压力分布

$$p(x)=p_0+6\mu U\frac{x(l-x)}{h^2(2a-l)}. \quad (6.29)$$

如果润滑层的形状用间隙的进口宽度 $h_1$ 和出口宽度 $h_2$ 来描述(图 6.4)，这些关系会变得稍微简单些. 现在特征宽度等于调和平均值

$$H=\frac{2h_2h_1}{h_1+h_2}, \quad (6.30)$$

而正压力差条件，式(6.28)，要求润滑层必须是收缩的. 利用这种符号，压力分布可以由下式给出：

$$p(x)=p_0+6\mu U\frac{l}{h_1^2-h_2^2}\frac{(h_1-h)(h-h_2)}{h^2}, \quad (6.31)$$

压力的合力可以通过积分计算，这时我们得到

$$P=\int_0^l p\,dx=\frac{6\mu Ul^2}{(k-1)^2h_2^2}\left[\ln k-\frac{2(k-1)}{k+1}\right], \quad (6.32)$$

其中 $k=h_1/h_2$. 切应力的合力可以用类似的方法来计算：

$$F=-\int_0^l\mu\left(\frac{du}{dy}\right)_0 dx=\frac{\mu Ul}{(k-1)h_2}\left[4\ln k-\frac{6(k-1)}{k+1}\right]. \quad (6.33)$$

指出这点是有趣的[9]，就是大约在 $k=2.2$ 时，压力的合力具有最大值，其值为

$$P_{max} \approx 0.16 \frac{\mu U l^2}{h_2^2},$$

此时

$$F = F_1 \approx 0.75 \frac{\mu U l}{h_2}.$$

摩擦系数 $F/P$ 正比于 $h_2/l$，并且可以让它非常小。

可以证明，压力中心的坐标 $x_c$ 等于

$$x_c = \frac{1}{2} l \left[ \frac{2k}{k-1} - \frac{k^2 - 1 - 2k \ln k}{(k^2-1)\ln k - 2(k-1)^2} \right]. \tag{6.34}$$

在滑块与导板之间倾角很小($k \approx 1$)的情形下，按照式(6.29)，压力分布几乎是抛物线分布，同时特征厚度和压力中心的位置都非常接近于 $x = \frac{1}{2} l$ 处．设 $h_m = h\left(\frac{1}{2} l\right)$，我们可以得到压力差为

$$p_m = \mu U \frac{l^2}{(2a - l) h_m^2}. \tag{6.35}$$

如果把这个结果与绕圆球的蠕动流结果(式 (6.7b))加以比较，我们会注意到，滑块情形下的压力差更大，大到$(l/h_m)^2$倍． 因为 $l/h_m$ 的量级是 500 到 1000 ($l = 4$, $h_m = 0.004$ 到 0.008in)，所以可以看出，这种压力差将取很大的值[1)]．在缓慢的粘性运动中出现这样高的压力，是润滑剂中的这类流动所特有的性质．同时我们认识到，两个固体表面之间所形成的角度，是这类流动的一个基本特征．

对于平面滑块问题，图 6.4 中给出了压力分布、速度分布以及流线的形状． 应当注意，如图 5.2 给出的沿壁面运动方向压力增高的直槽情形一样，现在在升压区内的静止壁面附近也有倒流出现． W. Froessel[5] 计算了有限宽度滑块和球面滑块的压力分布及其所支承的推力，并通过实验证实了这些计算．

---

1) 数值例子： $U = 10\text{m/s}$; $\mu = 0.04\text{kg/m·s}$; $l = 0.1\text{m}$; $a = 2l = 0.2\text{m}$; $h_m = 0.2\text{mm}$．由此 $\mu U/(2a - l) = 1.33\text{N/m}^2$; $p_m = 1.33 \times 500^2 = 0.33\text{MPa}$ $(=3.3\text{bar})$．

在许多情形下，如果滑块的宽度是有限的，那么早先所作的流动是二维的假设就不适宜了，因此必须考虑存在 $z$ 方向的分量 $w$；这里 $z$ 在图 6.4 中垂直于纸面．现在，式(6.19)前面的方程必须补充上

$$Q_z = \int_0^h w dy = \frac{1}{2} hW - \frac{h^3}{12\mu} \cdot \frac{\partial p}{\partial z}, \tag{6.36}$$

同时连续方程变为

$$\frac{\partial}{\partial x}\int_0^h u dy + \frac{\partial}{\partial z}\int_0^h w dy = 0 \tag{6.37}$$

或者

$$\frac{\partial}{\partial x}\left(h^3 \frac{\partial p}{\partial x}\right) + \frac{\partial}{\partial z}\left(h^3 \frac{\partial p}{\partial z}\right) = 6\mu\left[\frac{\partial}{\partial x}(hU) + \frac{\partial}{\partial z}(hW)\right]. \tag{6.38}$$

这个方程称为 **Reynolds** 润滑方程．这里 $W$ 表示在给定的 $x$ 处 $z$ 方向边界上的速度分量．

在轴颈和轴承的情形下，它们之间一定要有偏心率，以便形成一个变高度的楔形区；如要产生推力，这个楔形区是完全必要的．在上述原理以及严格的二维理论基础上，A. Sommerfeld[16]．L. Guembel[6] 以及 G. Vogelpohl[20, 21] 等非常详尽地发展了有关理论．图 6.5 画出了轴颈与轴承之间狭窄间隙内的压力分布；它在润滑楔形区最狭窄的截面附近，具有非常显著的最大值．因此，沿轴颈旋转方向收缩的那部分间隙，对承载能力作出了最重要的贡献．这样分布的压力的合力平衡了轴承上的载荷．上述理论已经推广到包括有限宽度的轴承问题[1,9]，当时人们发现，由于沿侧向压力减小，所以这种轴承所支承的推力大大下降．大部分理论计算是在粘性系数不变的假设下作出的．实际上，通过摩擦产生的热量增高了润滑油的温度．由于粘性系数随温度上升而急剧下降(表 1.2)，所以推力也大幅度地下降． 在更近的年代，F. Nahme[10] 扩充了润滑的动力学理论，以包括粘性随温度变化的影响(参看第十二章)．

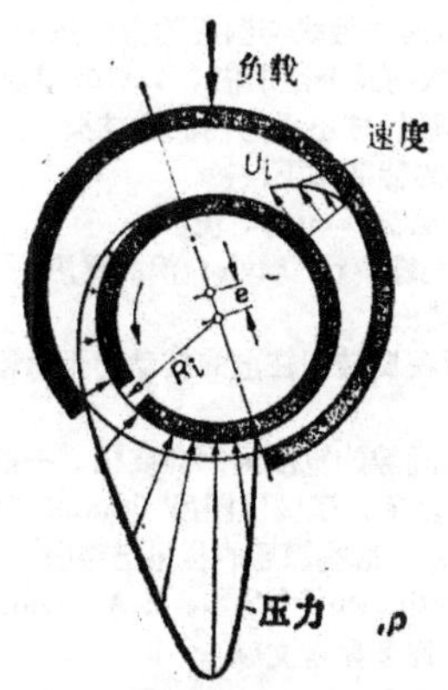


**图 6.5　在轴承中偏心转动的轴颈表面的压力分布(简图)**
$e$ = 轴颈在轴承内的偏心

在高速、高温(低粘性系数)的情形下，根据式(6.14)，约化 Reynolds 数 $\mathbf{R}^*$ 的值可以接近或者超过 1. 这就是说，惯性力变得与粘性力相当，因而这个理论的可靠性就值得怀疑了. 通过一种逐次近似法，可能改进这个理论，并将它推广到高 Reynolds 数的情形. 忽略了的惯性项可以由一次近似结果计算出来，并把它当作外力加以引用，从而得到二次近似解. 这个过程相当于绕圆球流动的 Oseen 的改进解法. W. Kahlert 已经完成了这种计算[8]. 他发现在平面滑块或圆轴承问题中，对于约化 Reynolds 数高达约 $\mathbf{R}^* = 5$ 时所得到的解，其惯性修正也不超过百分之十. 在 G. Vogelpohl 所著的一本书[22]和一篇更早的文章[21]中有理论与实验结果的比较.

**湍流.** 增加载荷，因而也增加轴承周向速度的现代发展趋势，导致了这样一种情形：即现在出现于润滑油膜内的惯性力，在运行中开始起重要作用. 在一定的条件下，这使层流 Couette 流动变得不稳定，进而发展成为湍流.

早在 1923 年，G. I. Taylor 就研究了这样一种轴承问题，其中轴颈在轴衬内共轴旋转，从而使润滑间隙是等厚度的间隙. 这种不稳定性和向湍流转捩，是由无量纲的 Taylor 数 $\mathbf{T}$ 控制的:

$$\mathbf{T} = \frac{U_i d}{\nu}\sqrt{\frac{d}{R_i}}. \tag{6.39}$$

这里 $R_i$ 和 $U_i$ 分别表示共轴轴颈($e = 0$)的半径和周向速度，而 $d$ 是间隙的宽度.

一旦出现不稳定之后，间隙内的流动就发展成规则相间的蜂窝状的旋涡，它们交错地沿相反方向旋转．这些涡的轴线与圆周的方向是一致的，如图17.32以及图17.33的照片所示．在 Taylor 数的某个范围内，Taylor 涡内的流动仍然是层流的．当 Taylor 数大大超过稳定极限时，才出现向湍流的转捩．这三种流态(如在第十七章f和在图17.34中将要重复的)的特征如下：

$T<41.3$ 层流 Couette 流；

$41.3<T<400$ 呈蜂窝状 Taylor 涡的层流；

$T>400$ 湍流．

当流动变得不稳定时，作用在旋转圆柱上的转动力矩急剧增加，因为储存于二次流中的动能必须由功来补偿．

如果轴承被加载，并且间隙的宽度沿周向变化，一般说来也会出现同样的流动现象，只是流动的细节变得更复杂．还曾试图用 Prandtl 混合长理论计算轴承间隙内的湍流(见第十九章，式(19.7))．这些课题的提出已经吸引了广泛的研究者，诸如 D. F. Wilcock[19], V. N. Constantinescu[2,3,4] 等．E.A. Saibel 和 N. A. Macken[14,25] 曾写出两篇综合报导，其中有许多参考文献．

## d. Hele-Shaw 流动

在隔开一个很小间距 $2h$ 的两个平行平板之间的流动情形下，可以得到三维蠕动流方程(6.3)和(6.4)的另一个值得注意的解．如果把一个任意截面的柱体嵌入这两个平板之间，使其与平板成直角，并完全充满平板之间的间隔，则所得到的流线图象就与绕同样形状柱体的位势流动图象相同．H. S. Hele-Shaw[7] 曾用这种方法在实验上得到绕任意物体的位势流动的流线图象．不难证明，根据式(6.3)和(6.4)得到的蠕动流解，与相应的位势流动有同样的流线．

我们选择一个坐标系，其原点在两个平板之间的中心，并使 $x$，$y$ 平面平行于平板，$z$ 轴垂直于平板．假设物体置于平行于 $x$ 轴的速度为 $U_\infty$ 的流动中．在远离物体的地方，如第五章1中所讨论的矩形二维管道中的流动一样，速度分布是抛物线的．因此

$$x=\infty:\quad u=U_\infty\left(1-\frac{z^2}{h^2}\right),\quad v=0,\quad w=0.$$

方程(6.3)和(6.4)的解可以写为

$$\left.\begin{aligned}&u=u_0(x,y)\left(1-\frac{z^2}{h^2}\right);\ v=v_0(x,y)\left(1-\frac{z^2}{h^2}\right);\ w\equiv 0,\\&p=-\frac{2\mu}{h^2}\int_{x_0}^{x}u_0(x,y)dx=-\frac{2\mu}{h^2}\int_{y_0}^{y}v_0(x,y)dy,\end{aligned}\right\}\quad(6.40)$$

这里 $u_0(x, y)$, $v_0(x, y)$ 及 $p_0(x, y)$分别表示绕同一物体的二维位势流动的速度分布和压力分布. 因此 $u_0$, $v_0$ 及 $p_0$ 满足下列方程:

$$\left.\begin{aligned} u_0\frac{\partial u_0}{\partial x}+v_0\frac{\partial u_0}{\partial y}&=-\frac{1}{\rho}\frac{\partial p_0}{\partial x},\\ u_0\frac{\partial v_0}{\partial x}+v_0\frac{\partial v_0}{\partial y}&=-\frac{1}{\rho}\frac{\partial p_0}{\partial y},\\ \frac{\partial u_0}{\partial x}+\frac{\partial v_0}{\partial y}&=0. \end{aligned}\right\} \qquad (6.40\text{a,b,c})$$

首先,由解(6.40)我们立即注意到, 这个解满足连续方程和 $z$ 方向的运动方程. 根据 $u_0$ 和 $v_0$ 有势的特性可以得出, 这个解也满足 $x$ 方向和 $y$ 方向的运动方程. 因为函数 $u_0$ 和 $v_0$ 满足无旋条件

$$\partial u_0/\partial y-\partial v_0/\partial x=0,$$

因而也满足位势方程 $\nabla^2u_0=0$ 和 $\nabla^2v_0=0$, 其中 $\nabla^2=\partial^2/\partial x^2+\partial^2/\partial y^2$.

方程(6.3)中的前两个方程,可以简化为 $\partial p/\partial x=\mu\partial^2u/\partial z^2$及 $\partial p/\partial y=\mu\partial^2v/\partial z^2$; 然而可以看出,式(6.40)也满足这些方程. 因此,式(6.40)是蠕动流方程的解.另一方面,式(6.40)所代表的流动,与绕该物体的位势流动有相同的流线, 并且在所有平行的流体层($z=$ 常数)上, 流线都是相同的. 可以看出, 式(6.40)满足平面 $z=\pm h$ 上的无滑移条件, 但是不满足物体表面上的无滑移条件.

在 Hele-Shaw 运动中,正如润滑油的运动情形一样, 惯性力与粘性力之比由约化 Reynolds 数

$$\mathbf{R}^*=\frac{U_\infty L}{\nu}\left(\frac{h}{L}\right)^2\ll 1$$

给出, 其中 $L$ 表示在 $x$, $y$ 平面上物体的特征线性尺度. 如果 $\mathbf{R}^*$ 超过 1, 惯性力就变得重要了,而且运动将偏离简单解(6.40).

式(6.40)给出的解, 可以用圆球 Stokes 解或极慢运动解中所使用的同样方法加以改进. 由一次近似解将惯性项计算出来, 再作为外力代入方程, 从而得到一个改进解. 对于绕圆柱的 Hele-Shaw 流动问题, 这个解已由 F. Riegels[13]作出.

当 $\mathbf{R}^*>1$ 时, 平行于壁面的各个流体层上的流线就不一致

了．由于物体的存在，两个平板附近的慢速质点比中心附近的快速质点偏转得更多些．这就使流线显得有些模糊，而且这种现象在物体尾部比物体前部更加显著(图 6.6)．

蠕动流问题的解本来是局限于很小 Reynolds 数的．然而如前所述，原则上能用逐次近似法将它的应用范围扩大到更大的 Reynolds 数．但是在所有情形下，这种计算变得如此复杂，以致于要想进行一步以上的逼近都是不切实际的． 因此，不能用此方法到达中等 Reynolds 数的区域．在中等 Reynolds 数的区域内，整个流场的惯性力与粘性力大小相当，实际上，还没有广泛地利用解析方法研究过这个区域．

因此，对另一种很大 Reynolds 数的极限情形，取得积分 Navier-Stokes 方程的可能性更加有用．这就将我们引向边界层理论，它将构成以下各章的主题．

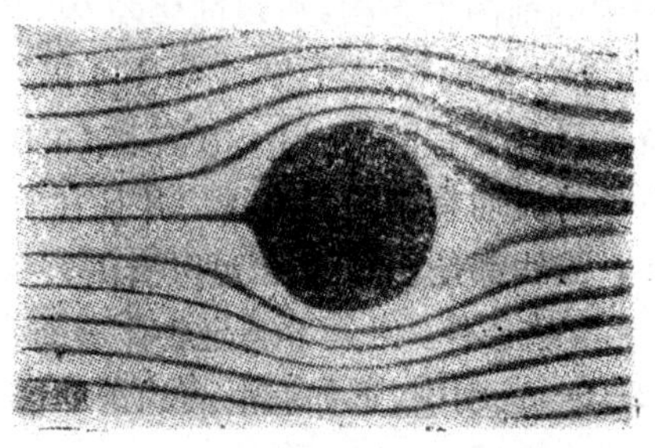

图 6.6 $\mathbf{R}^* = 4$ 时绕圆柱的 Hele-Shaw 流动．根据 Riegels[13]

# 第二部分　层流边界层

## 第七章　二维不可压缩流动的边界层方程；平板边界层

### a. 二维流动中边界层方程的推导

现在来研究第二种极限情形，即粘性系数很小或 Reynolds 数很大的情形． 1904 年，Prandtl[21] 对流体运动这门学科作出了重大贡献． 当时他澄清了在高 Reynolds 数情形下粘性对流动的主要影响，并且阐明：为了得到这种情形的近似解，应该如何简化 Navier-Stokes 方程． 我们通过一个具体例子来说明这些简化，它会使整个问题的物理图象变得很清楚． 下面应该记住，在流体的大部分区域中，惯性力起着主导作用，而粘性力的影响是极小的．

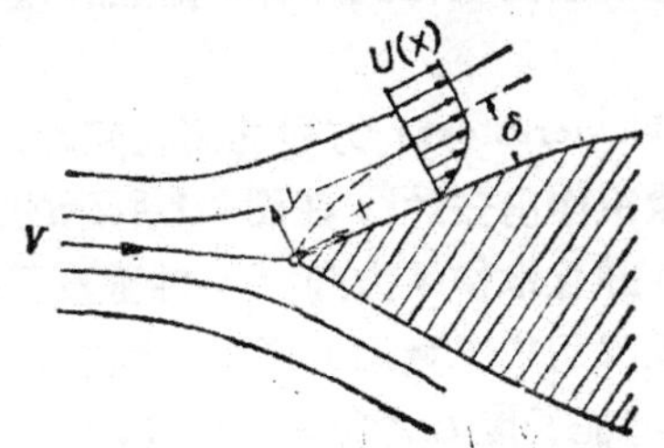


图 7.1　沿壁面的边界层流动

为了简单起见，我们研究粘性系数很小的流体绕横截面细长的柱体的二维流动(图 7.1)．这时除了紧贴表面的邻域之外，流体速度均为来流速度 $V$ 的量级，其流线图象和压力分布均与无粘(位势)流动的情形相差甚微．但是详细的研究表明，它和位势流动不同，此时流体在壁面上并无滑移，而是附着壁面上．速度从壁面上的零值到来流速度 $V$ 的过渡发生在称为边界层的一个很薄的薄层内。因此，需要研究以下两个区域，尽管两者的划分并不十分明显：

1. 紧贴在物体表面的一个非常薄的薄层(**边界层**)，其中垂直于壁面的速度梯度 $\partial u/\partial y$ 非常大. 在这个区域中，尽管流体的粘性系数 $\mu$ 很小，切应力 $\tau=\mu(\partial u/\partial y)$ 却可以有大的值，以致很小的粘性系数仍起主要作用.
2. 在其余的区域中，没有这样大的速度梯度，所以粘性的影响不重要. 在这个区域中，流动是无摩擦的位势流动.

通常可以说，边界层厚度随粘性系数的增大而增大，或者更一般地说，边界层厚度随 Reynolds 数的增大而减小. 从第五章所研究的 Navier-Stokes 方程的几个精确解可以看出，边界层厚度正比于运动粘性系数的平方根：

$$\delta\sim\sqrt{\nu}\ .$$

当上述简化引进 Navier-Stokes 方程时，可以认为边界层厚度远小于物体的某个特征线尺度 $L$：

$$\delta\ll L.$$

按照这种方法从边界层方程得到的解是渐近解，它适用于Reynolds数很大的情形.

现在来讨论 Navier-Stokes 方程的简化问题. 为此，我们将对此方程中各项的量级作出估计. 在图 7.1 所示的二维问题中，先假设壁面是平面，并且取作 $x$ 方向，$y$ 轴垂直于壁面. 现在将 Navier-Stokes 方程改写成无量纲的形式. 我们以来流速度 $V$ 为参考速度，以物体的特征长度 $L$ 为参考线尺度，$L$ 的选取要保证无量纲导数 $\partial u/\partial x$ 在所讨论的区域内不大于 1，压力则用 $\rho V^2$ 来无量纲化，而时间用 $L/V$ 来无量纲化. 此外，表达式

$$\mathbf{R}=\frac{VL\rho}{\mu}=\frac{VL}{\nu}$$

表示 Reynolds 数，假定它是很大的. 在上述假定下，并对无量纲量沿用它们对应的有量纲量的同样符号，我们就可以从平面流动的 Navier-Stokes 方程(3.32)或(4.4)得到：

连续性：

$$\frac{\partial u}{\partial x}+\frac{\partial v}{\partial y}=0.$$

$$1 \qquad 1 \tag{7.1}$$

$x$ 方向：

$$\frac{\partial u}{\partial t}+u\frac{\partial u}{\partial x}+v\frac{\partial u}{\partial y}=-\frac{\partial p}{\partial x}+\frac{1}{\mathbf{R}}\left(\frac{\partial^2 u}{\partial x^2}+\frac{\partial^2 u}{\partial y^2}\right),$$

$$1 \qquad 1 \quad 1 \qquad \delta\,\frac{1}{\delta} \qquad\qquad \delta^2 \quad 1 \qquad \frac{1}{\delta^2} \tag{7.2}$$

$y$ 方向：

$$\frac{\partial v}{\partial t}+u\frac{\partial v}{\partial x}+v\frac{\partial v}{\partial y}=-\frac{\partial p}{\partial y}+\frac{1}{\mathbf{R}}\left(\frac{\partial^2 v}{\partial x^2}+\frac{\partial^2 v}{\partial y^2}\right).$$

$$\delta \qquad 1 \ \ \delta \qquad \delta \ \ 1 \qquad\qquad \delta^2 \quad \delta \qquad \frac{1}{\delta} \tag{7.3}$$

边界条件为：流体与壁面之间没有滑移，即在 $y=0$ 处有 $u=v=0$,以及 $y\to\infty$ 时有 $u=U$.

根据前面所作的假设,无量纲边界层厚度 $\delta/L$ 远小于 1(无量纲边界层厚度仍记作 $\delta$，所以 $\delta\ll 1$).

为了能够略去一些小项,从而对方程进行应有的简化,我们现在来估计各项的量级．因为 $\partial u/\partial x$ 的量级为 1,于是从连续方程看出，$\partial v/\partial y$ 的量级也是 1．因此,根据壁面上有 $v=0$ 的条件，进一步得出边界层中 $v$ 的量级为 $\delta$．所以，$\partial v/\partial x$ 和 $\partial^2 v/\partial x^2$ 的量级也是 $\delta$，而且 $\partial^2 u/\partial x^2$ 的量级也是 1.(这些量级均标在方程(7.1)—(7.3)的各项下面.)

此外，我们将假设非定常加速度 $\partial u/\partial t$ 的量级与对流项 $u\partial u/\partial x$ 的量级相同．这意味着排除了像在非常强的压力波中所出现的那种很突然的加速．根据前面的论证，尽管 1/R 很小，至少在紧贴壁面的邻域内，总有某些粘性项的量级与惯性项相同．因此在壁面附近,某些速度的二阶导数必然变得很大．如前所述，这些二阶导数只可能是 $\partial^2 u/\partial y^2$ 和 $\partial^2 v/\partial y^2$．因为横穿厚度为 $\delta$ 的边界层时，平行于壁面的速度分量由壁面上的零值增加到外流

中的数值 1，所以有

$$\frac{\partial u}{\partial y}\sim\frac{1}{\delta} \text{ 和 } \frac{\partial^2 u}{\partial y^2}\sim\frac{1}{\delta^2},$$

而 $\partial v/\partial y\sim\delta/\delta\sim 1$，$\partial^2 v/\partial y^2\sim 1/\delta$. 如果将这些值代入方程(7.2)和(7.3)，则由第一个运动方程得出：只有当 Reynolds 数为 $1/\delta^2$ 的量级时，即当

$$\frac{1}{\mathbf{R}}=\delta^2 \tag{7.4}$$

时，边界层中的粘性力才能和惯性力的量级相同. 在 Reynolds 数很大的情形下，第一个方程，即连续方程保持不变. 第二个方程现在可以简化，即相对于 $\partial^2 u/\partial y^2$ 可以略去 $\partial^2 u/\partial x^2$. 从第三个方程，我们可以推出 $\partial p/\partial y$ 为 $\delta$ 的量级，再对该方程沿边界层厚度进行积分，可得出横穿边界层的压力增量的量级为 $\delta^2$，即压力的这一增量是很小的. 所以，压力沿着横穿边界层的方向几乎是不变的；我们可以认为压力就等于其在边界层外缘上的值. 这个值可由无摩擦流动来决定. 因此，压力可以说成是由外流"施加"给边界层的. 于是，就边界层流动而论，压力可以当作已知函数，并且只依赖于坐标 $x$ 和时间 $t$.

在边界层的外缘，速度平行于壁面的分量 $u$ 变得与外流的速度 $U(x,t)$ 相等. 由于这里没有大的速度梯度，所以当 $\mathbf{R}$ 很大时，方程(7.2)中的粘性项趋于零，因此，对于外部流动可得

$$\frac{\partial U}{\partial t}+U\frac{\partial U}{\partial x}=-\frac{1}{\rho}\frac{\partial p}{\partial x}, \tag{7.5}$$

式中符号表示有量纲的量.

在定常流动的情形下，因为压力只依赖于 $x$，方程得到进一步简化. 为了强调这一点，我们将压力的导数写成 $dp/dx$，所以

$$U\frac{dU}{dx}=-\frac{1}{\rho}\frac{dp}{dx}. \tag{7.5a}$$

还可以将上式写成通常的 Bernoulli 方程的形式

$$p+\frac{1}{2}\rho U^2=\text{常数}. \tag{7.6}$$

外流的边界条件和无摩擦流动的边界条件几乎一样．由于边界层厚度很小，并且边界层外缘的横向速度分量 $v$ 也很小 ($v/V \sim \delta/L$)，因此，在目前的情况下，壁面附近垂直的速度分量极小，所以绕物体的无粘性位势流动是实际外流的一个很好的近似．根据已知的位势流动，只要把 Bernoulli 方程应用于沿壁面的流线上，就可以得到边界层中沿 $x$ 方向的压力梯度．

综上所述，我们现在能够写出简化了的 Navier-Stokes 方程，即所谓的 **Prandtl 边界层方程**．我们再回到有量纲量的形式，于是得到

$$\frac{\partial u}{\partial x}+\frac{\partial v}{\partial y}=0, \tag{7.7}$$

$$\frac{\partial u}{\partial t}+u\frac{\partial u}{\partial x}+v\frac{\partial u}{\partial y}=-\frac{1}{\rho}\frac{\partial p}{\partial x}+\nu\frac{\partial^2 u}{\partial y^2}, \tag{7.8}$$

以及边界条件

$$y=0: u=v=0; y=\infty: u=U(x,t). \tag{7.9}$$

这里认为位势流速度 $U(x, t)$ 是已知的；借助于方程 (7.5)，由 $U(x, t)$ 可以确定出压力分布．另外，当 $t=0$ 时，在所讨论的整个 $x, y$ 区域上还必须规定一个合适的边界层流动．

在**定常流动**情形下，上述方程组简化为

$$\frac{\partial u}{\partial x}+\frac{\partial v}{\partial y}=0, \tag{7.10}$$

$$u\frac{\partial u}{\partial x}+v\frac{\partial u}{\partial y}=-\frac{1}{\rho}\frac{\partial p}{\partial x}+\nu\frac{\partial^2 u}{\partial y^2}, \tag{7.11}$$

边界条件为

$$y=0: u=v=0;\ y=\infty: u=U(x). \tag{7.12}$$

此外，必须给定起始截面上的速度剖面，例如，在 $x=x_0$ 处规定出函数 $u(x_0, y)$．于是问题就归结为，在给定的位势流动的条件下，对一给定的速度剖面计算它以后的变化．

前面所得到的数学上的简化是相当大的，它和蠕动流情形的区别在于保留了 Navier-Stokes 方程的非线性特性，同时在二维流动问题中，完全省略了原来关于 $u, v, p$ 的三个方程中的一个，即

省略了垂直于壁面的运动方程．因此，未知函数减少了一个，只剩下关于两个未知数 $u$ 和 $v$ 的两个联立方程的方程组．现在压力不再是未知函数，它可以由绕物体的位势流动的解通过 Bernoulli 方程算出．此外，在剩下的这个运动方程中，也已略去了一个粘性项．

最后应该指出：由式(7.4)对边界层厚度的估计表明

$$\frac{\delta}{L} \sim \frac{1}{\sqrt{\mathbf{R}}} = \sqrt{\frac{\nu}{VL}}. \tag{7.13}$$

于是证实了由 Navier-Stokes 方程精确解所推断的 $\delta \sim \sqrt{\nu}$ 的结论．式 (7.13) 中尚未给出数值系数．在零攻角平板的情形下，当 $L$ 表示离平板前缘的距离时，可以得出该系数等于 5.

上述推导是对平板而言的，但是，不难把它们推广到曲壁的情形[26]．当进行这一工作时，我们发现：在曲率不发生突然变化的条件下，例如曲壁没有尖缘的条件下，方程(7.10)—(7.12)仍然适用．

上面的讨论一开始就作了如下的假设：粘性对流动的影响主要只限于很薄的薄层内．但是应该指出，文献[24]曾试图用纯数学的方法，即不采用物理上似乎是合理的概念，由 Navier-Stokes 方程导出边界层方程．

## b. 边界层分离

根据前面的讨论，即在尚未讨论方程的积分方法之前，我们已有可能得出一些重要的结论．要回答的第一个重要问题是，确定出在什么样的情况下才能使某些在边界层内减速下来的流体输入主流，或者换句话说，要找出壁面上流动会发生**分离**的条件．当沿壁面存在着逆压梯度的区域时，由于被减速了的流体质点的动能很小，所以一般说来，它们在升压区域内不能走得太远．因此，边界层由壁面向外偏转，从而分离出去，并进入主流(图 7.2)．通常，分离点后面的流体质点顺着压力梯度的方向运动，因而沿着与外流相反的方向运动．分离点定义为紧贴壁面的那层流体中顺流和倒流的分界点，即

$$\text{分离点:}\quad \left(\frac{\partial u}{\partial y}\right)_{y=0} = 0. \qquad (7.14)^{1)}$$

为了回答是否会出现和在什么地方出现分离的问题，通常必

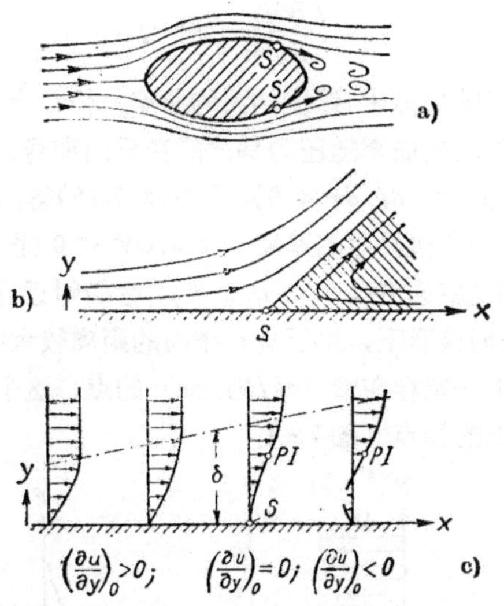


图 7.2 边界层的分离. a) 有分离的绕物体流动($S$ 为分离点); b) 分离点附近的流线形状; c)分离点附近的速度分布(PI 为拐点).

需先对边界层方程进行积分.一般说来,边界层方程只适用于分离点以前. 在分离点下游的一个很小的距离内,边界层就变得很厚,以致在边界层方程推导中所作的假设不再适用. 在物体具有钝尾的情形下，分离后的边界层把位势流动从壁面推开一个可观的距离,而且由于外流依赖于与分离有关的各种现象,所以作用在边界层上的压力分布必须由实验来确定.

在定常流动中，分离只能发生在减速的流动中($dp/dx > 0$). 这个事实可以借助于边界层方程，很容易从讨论压力梯度 $dp/dx$ 和速度分布 $u(y)$ 之间的关系中得出. 由方程(7.11)及边界条件 $u = v = 0$,可以得出在 $y = 0$ 处有

1) 可以看出：分离点处的速度剖面在壁上有垂直的切线. 分离点下游的速度剖面将表明壁面附近有倒流区域，见图 7.2c.

$$\mu\left(\frac{\partial^2 u}{\partial y^2}\right)_{y=0} = \frac{dp}{dx}, \tag{7.15}$$

同时，再对 $y$ 微分，则有

$$\left(\frac{\partial^3 u}{\partial y^3}\right)_{y=0} = 0. \tag{7.16}$$

在紧贴壁面的邻域中，速度剖面的曲率只依赖于压力梯度，而且壁面上速度剖面的曲率随压力梯度的变号而变号．对于压力下降的流动（加速流动，$dp/dx < 0$），由方程(7.15)得出 $(\partial^2 u/\partial^2 y)_{y=0} < 0$，所以在整个边界层的厚度上 $\partial^2 u/\partial y^2 < 0$（图 7.3）．在压力增加的区域中（减速流动，$dp/dx > 0$），壁面附近有 $(\partial^2 u/\partial y^2) > 0$．但是，在任何情形下，由于离开壁面的距离较大时总有 $\partial^2 u/\partial y^2 < 0$，所以其中一定存在着 $\partial^2 u/\partial y^2 = 0$ 的点．这个点就是边界层中速度剖面上的拐点[1]（图 7.4）．

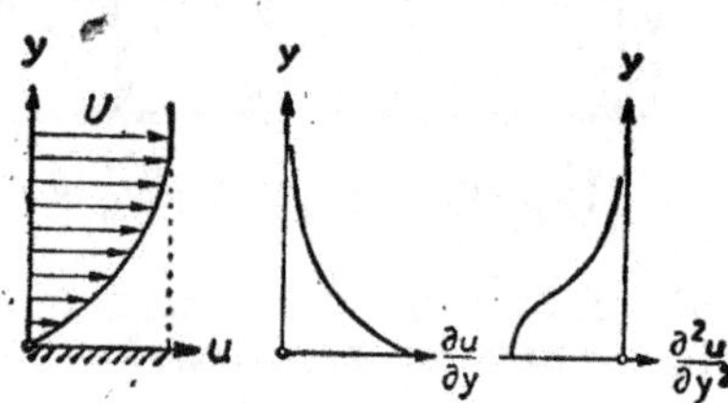


图 7.3　顺压区域中边界层的速度分布

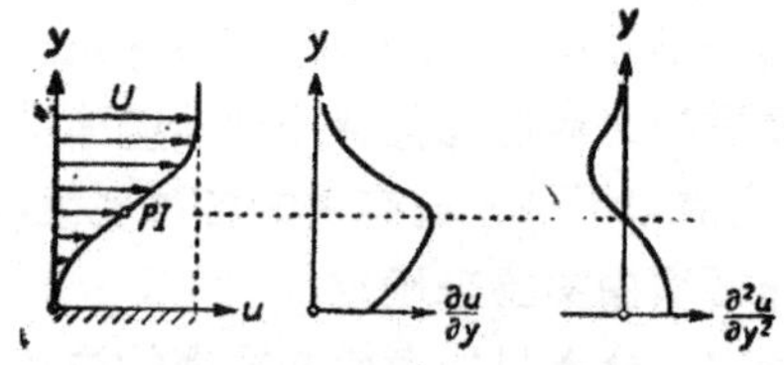


图 7.4　逆压区域中边界层的速度分布：PI ＝ 拐点

由此可见，在减速的位势流动区域中，边界层的速度剖面上总会出现一个拐点．因为在分离点上具有零斜率的速度剖面必有拐

1）对于边界层的稳定性（从层流到湍流的转捩）而言，速度剖面上出现拐点是很重要的，见第十六章．

点，由此可见，分离只可能发生在位势流动减速的情形中.

## c. 积分边界层方程的说明

为了积分边界层方程，不论是非定常情形的方程(7.7)和(7.8)，还是定常情形的方程(7.10)和(7.11)，通常引入流函数 $\psi(x,y,t)$比较方便. $\psi(x,y,t)$定义为

$$u=\frac{\partial\psi}{\partial y},\ v=-\frac{\partial\psi}{\partial x}, \tag{7.17}$$

因而使连续方程得到满足. 将上述 $\psi(x,y,t)$代入方程(7.7)，我们得到

$$\frac{\partial^2\psi}{\partial y\partial t}+\frac{\partial\psi}{\partial y}\frac{\partial^2\psi}{\partial x\partial y}-\frac{\partial\psi}{\partial x}\frac{\partial^2\psi}{\partial y^2}=-\frac{1}{\rho}\frac{\partial p}{\partial x}+\nu\frac{\partial^3\psi}{\partial y^3}. \tag{7.18}$$

这是一个关于流函数的三阶偏微分方程. 边界条件要求在壁面上流体没有滑移，即在壁面上 $\partial\psi/\partial y=\partial\psi/\partial x=0$. 此外，$t=0$ 时的初始条件给出整个区域上的速度分布为 $u=\partial\psi/\partial y$. 如果将这个流函数的方程与完整的 Navier-Stokes 方程(4.10)作比较，就可以看出，边界层假定已将方程从四阶降为三阶.

## d. 表面摩擦力

对边界层方程进行积分，可以求得速度分布，并确定出分离点的位置. 再通过简单的积分步骤，即在整个物体的表面上对壁面切应力积分，就可以计算物体表面的粘性阻力(表面摩擦力). 壁面上的切应力为

$$\tau_0=\mu\left(\frac{\partial u}{\partial y}\right)_{y=0}.$$

对于二维运动情形，粘性阻力为

$$D_f=b\int_{s=0}^{l}\tau_0\cos\phi ds, \tag{7.19}$$

其中 $b$ 表示柱体的高度；$\phi$ 为表面切线与来流速度 $U_\infty$ 之间的夹角，$s$ 是沿物体表面度量的坐标(图 7.5). 积分是沿整个物面进

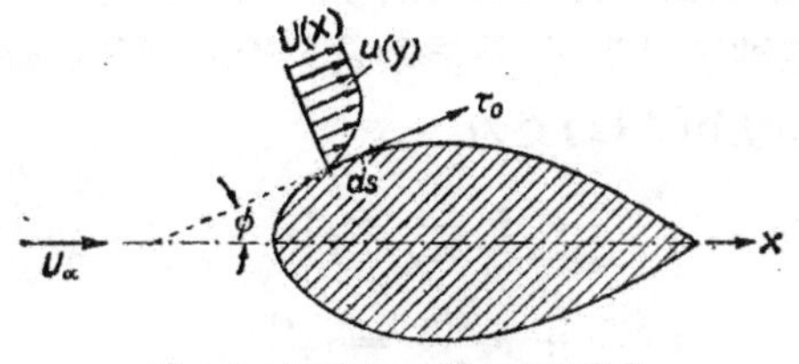


图 7.5 计算表面摩擦力的图例

行的，如果不出现分离，则从前缘驻点积到后缘．因为 $\cos\phi ds = dx$，其中 $x$ 是沿平行于来流速度方向度量的坐标，所以还可以写成

$$D_f = b\mu\int_{x=0}^{l}\left(\frac{\partial u}{\partial y}\right)_{y=0} dx. \tag{7.20}$$

和前面一样，这个积分区域是从前缘到后缘的整个浸湿表面．为了计算表面摩擦力，必须知道壁面上的速度梯度，而这一速度梯度只能通过积分边界层微分方程得到．如果在后缘的前面出现分离，则式(7.20)只在分离点以前有效． 此外，如果层流边界层转捩成湍流边界层，则式(7.20)只在转捩点以前适用． 在转捩点以后是湍流摩擦力，这留到第二十二章再讨论．

如果出现分离，则压力分布与无摩擦位势流动的理想情形有很大不同，并将引起压差阻力或型阻．因此，边界层理论除了可以解释表面摩擦力之外，还能解释型阻．但是，单纯地借助于边界层理论，并不能计算出型阻的数值．不过，在第二十五章中将给出型阻的粗略估计．

## e. 平板边界层

在下一章中，我们将导出边界层微分方程的若干一般性质．但是，在此之前，现在先来研究一个特殊的例子是恰当的，以便更加熟悉这些方程．应用边界层方程最简单的例子是关于沿薄平板的流动． 在历史上，它是说明 Prandtl 边界层理论应用的第一个例子，H. Blasius[2] 在 Goettingen 完成的博士论文中研究了这个问题．设平板平行于 $x$ 轴，前缘在 $x = 0$ 处，且在下游方向是无限长的(图 7.6)．现在来讨论定常流动，其来流速度为 $U_\infty$，且平行于 $x$ 轴．在这种情形下，位势流动是匀速的，所以 $dp/dx = 0$．边界层方程(7.10)至(7.12)变为

$$\frac{\partial u}{\partial x} + \frac{\partial v}{\partial y} = 0, \tag{7.21}$$

$$u\frac{\partial u}{\partial x} + v\frac{\partial u}{\partial y} = \nu\frac{\partial^2 u}{\partial y^2}, \tag{7.22}$$

$$y = 0: u = v = 0; y = \infty: u = U_\infty. \tag{7.23}$$

因为所讨论的系统没有特征长度，所以有理由假定：在离开前缘

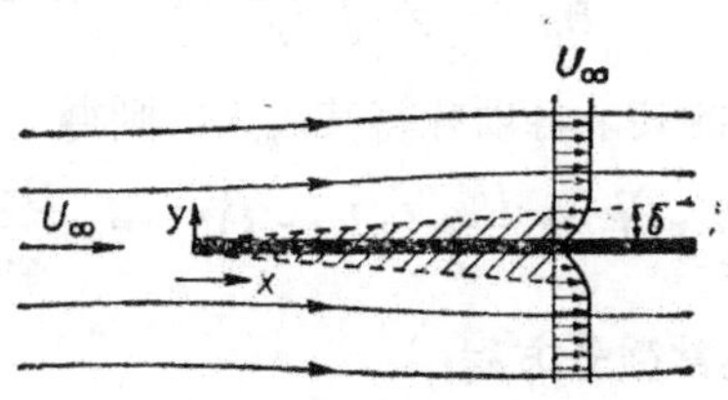


图 7.6 零攻角薄平板的边界层

的不同距离上，速度剖面彼此是相似的．这意味着通过对 $u$ 和 $y$ 选取合适的比例系数，就可以使得不同距离 $x$ 上的速度曲线 $u(y)$ 变得相同[1]．将 $u$ 和 $y$ 的比例系数分别取成来流速度 $U_\infty$ 和边界层厚度 $\delta(x)$ 是很自然的．应该指出，后者随流动距离 $x$ 的增加而增加．因此，边界层中速度剖面的相似性原理可以写成：$u/U_\infty = \phi(y/\delta)$，其中函数 $\phi$ 在离开前缘所有的距离 $x$ 上都必须相同．

现在可以来估计边界层厚度．根据前面（第五章）所研究过的 Navier-Stokes 方程的精确解，例如在平板突然加速的情形下，可以求得 $\delta \sim \sqrt{\nu t}$，其中 $t$ 是从运动开始后所经过的时间．就目前所讨论的问题而论，$t$ 可以用流体质点从前缘运动到点 $x$ 所花的时间来代替．对于边界层外的流体质点来说，也就是 $t = x/U_\infty$，所以可取 $\delta \sim \sqrt{\nu x/U_\infty}$．现在引入新的无量纲坐标 $\eta \sim y/\delta$，于是

$$\eta = y\sqrt{\frac{U_\infty}{\nu x}}. \tag{7.24}$$

如本章 c 已经指出的那样，可以通过引入流函数 $\psi(x, y)$ 来积分连续方程，令

$$\psi = \sqrt{\nu x U_\infty} f(\eta), \tag{7.25}$$

其中 $f(\eta)$ 为无量纲的流函数．于是，速度分量变成

$$u = \frac{\partial\psi}{\partial y} = \frac{\partial\psi}{\partial\eta}\frac{\partial\eta}{\partial y} = U_\infty f'(\eta), \tag{7.26}$$

1）在第八章中，将从更一般观点来讨论速度剖面的仿射性或相似性问题．更严格的理论表明，紧靠前缘后面的邻域必须排除在外，见 157 页．

其中带撇表示对 $\eta$ 的导数．类似地，横向速度分量为

$$v = -\frac{\partial\psi}{\partial x} = \frac{1}{2}\sqrt{\frac{\nu U_\infty}{x}}(\eta f' - f). \tag{7.27}$$

写出方程(7.22)的其余各项并将其代入，则得

$$-\frac{U_\infty^2}{2x}\eta f' f'' + \frac{U_\infty^2}{2x}(\eta f' - f)f'' = \nu\frac{U_\infty^2}{x\nu}f'''.$$

简化后得到下述常微分方程：

$$ff'' + 2f''' = 0 \text{ (Blasius 方程)}. \tag{7.28}$$

从式(7.23)以及式(7.26)和(7.27)可以看出，边界条件为

$$\eta = 0: f = 0, f' = 0; \eta = \infty: f' = 1. \tag{7.29}$$

在这个例子中，通过相似性变换，即变换式(7.24)和(7.25)，已经将两个偏微分方程(7.21)和(7.22)变换成一个关于流函数的**常微分方程**．这个常微分方程是三阶的非线性方程．所以，三个边界条件(7.29)足以完全确定出方程的解．

求解微分方程(7.28)的解析计算是十分冗长的．H. Blasius 求出了这样的解：在 $\eta = 0$ 附近此解表示成级数展开；在 $\eta$ 很大时表示成渐近展开，再将这两种形式的解在适当的 $\eta$ 值处进行配匹．L. Prandtl[22]对这种方法已作了详尽的描述．随后，L. Bairstow[1]和 S. Goldstein[13]用稍微修改过的方法求解同一方程．稍早一点，C. Toepfer[27] 利用 Runge-Kutta 数值方法求解了 Blasius 方程(7.28)． 同时，L. Howarth[16] 以更高的精度再次求解了这个方程，表 7.1 中引用的 $f, f'$ 和 $f''$ 的数值，就是取自他的文章．在这方面，读者还可参阅由 D. Meksyn[19] 给出的新的积分方法．

在图 7.7 中可以看到纵向速度分量 $u/U_\infty = f'(\eta)$ 的变化曲线．将它与图 5.10 中驻点附近的速度剖面进行比较，可以看出，平板边界层的速度剖面在壁面上的曲率很小，然后在离壁面较远的地方有相当急剧的转向，以达到渐近值．在壁面上，速度曲线有一个拐点，因为 $y = 0$ 时有 $\partial^2 u/\partial y^2 = 0$．

在边界层中，由式 (7.27) 所给出的横向速度分量画于图 7.8 中．这里值得指出的是：在边界层的外缘，亦即当 $\eta \to \infty$ 时，这

个分量并不为零，而是

$$v_\infty = 0.8604 U_\infty \sqrt{\frac{\nu}{x U_\infty}}.$$

这说明在边界外缘有向外的流动，它是由于当流体沿壁面流动时，

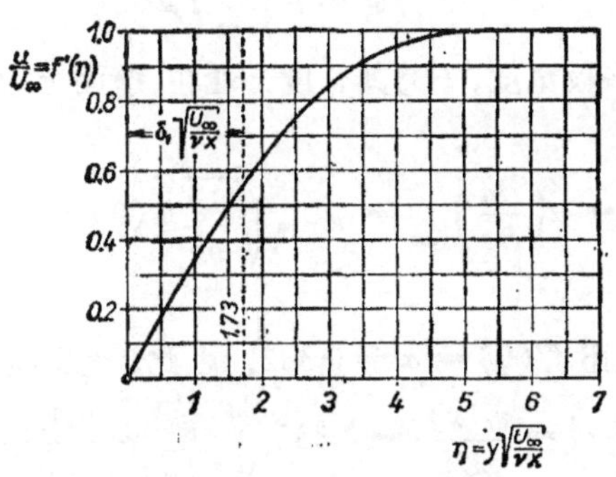


图 7.7 平板边界层中速度分布，取自 Blasius 的文章[2]

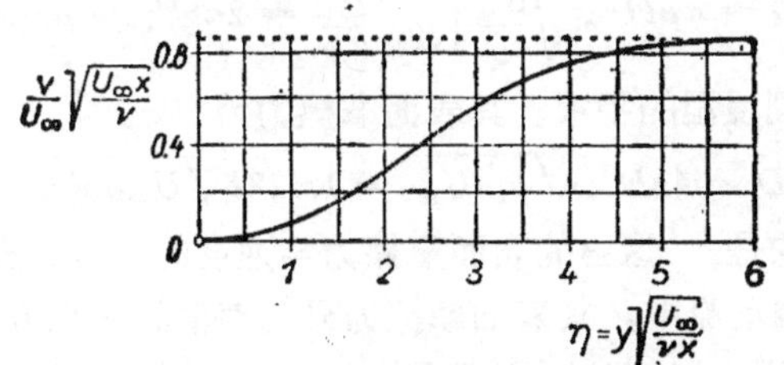


图 7.8 平板边界层中横向速度分量

增长着的边界层厚度使流体从壁面向外排移的结果．在目前的情形下，由于压力梯度为零，所以没有边界层分离．

J. Steinheuer[25]发表了求解 Blasius 方程的系统的评论．尤其是在各种各样的边界条件下，他对 $\eta < 0$ 的积分区域内解的特性进行了讨论． 他弄清了原来存在着三组解，并且在 $\eta \to -\infty$ 时的渐近性质是各不相同的，除了平板层流边界层之外，可以给出具有物理意义的解包括：两平行气流之间的层流，它的一个特殊情形是二维的半射流(见第九章 h)；有垂直抽吸或吹除的层流(见第十四章 b)；以及以同向或反向平行于气流运动的壁面上所形成的

层流边界层.

*表面摩擦力*：由前面的数据，很容易定出表面摩擦力. 根据式(7.19),对平板的一个侧面而言，我们得到

$$D=b\int_{x=0}^{l}\tau_0 dx \tag{7.30}$$

其中 $b$ 为平板宽度，$l$ 为其长度. 现在,壁面上的切应力可以表示为

$$\tau_0(x)=\mu\left(\frac{\partial u}{\partial y}\right)_{y=0}=\mu U_\infty\sqrt{\frac{U_\infty}{\nu x}}f''(0)=\alpha\mu U_\infty\sqrt{\frac{U_\infty}{\nu x}}, \tag{7.31}$$

由表 7.1 查出 $f''(0)=\alpha=0.332$. 因此，无量纲切应力为

$$\frac{1}{2}c_f'=\frac{\tau_0(x)}{\rho U_\infty^2}=0.332\sqrt{\frac{\nu}{U_\infty x}}=\frac{0.332}{\sqrt{\mathrm{R}_x}}. \tag{7.32}$$

从而根据式(7.30)，求得平板一侧的表面摩擦力为

$$D=\alpha\mu bU_\infty\sqrt{\frac{U_\infty}{\nu}}\int_{x=0}^{l}\frac{dx}{\sqrt{x}}=2\alpha bU_\infty\sqrt{\mu\rho lU_\infty},$$

而对于两侧浸湿的平板，其表面摩擦力为

$$2D=4\alpha bU_\infty\sqrt{\mu\rho lU_\infty}=1.328b\sqrt{U_\infty^3\mu\rho l}. \tag{7.33}$$

值得注意的是：这里的表面摩擦力与速度的二分之三次方成正比. 而在蠕动流中，其表面摩擦力只与速度的一次方成正比. 另外,阻力随平板长度的平方根而增加. 上述特性可以解释为：因为下游区域中边界层越来越厚,所以相应的切应力越来越小，因此，平板下游部分对总阻力的贡献小于前缘附近部分的贡献. 照例，引进无量纲的阻力系数，它定义为

$$c_f=\frac{2D}{\frac{1}{2}\rho AU_\infty^2},$$

其中 $A=2bl$ 表示润湿表面的面积，由式(7.33)推出公式

$$\boxed{c_f=\frac{1.328}{\sqrt{\mathbf{R}_l}}.} \tag{7.34}$$

在这里，$\mathbf{R}_l=U_\infty l/\nu$ 表示由平板长度和来流速度构成的 Reynolds

表 7.1 零攻角平板边界层的函数 $f(\eta)$，取自 L. Howarth[16]

| $\eta = y\sqrt{\frac{U_\infty}{\nu x}}$ | $f$ | $f' = \frac{u}{U_\infty}$ | $f''$ |
|---|---|---|---|
| 0 | 0 | 0 | 0.33206 |
| 0.2 | 0.00664 | 0.06641 | 0.33199 |
| 0.4 | 0.02656 | 0.13277 | 0.33147 |
| 0.6 | 0.05974 | 0.19894 | 0.33008 |
| 0.8 | 0.10611 | 0.26471 | 0.32739 |
| 1.0 | 0.16557 | 0.32979 | 0.32301 |
| 1.2 | 0.23795 | 0.39378 | 0.31659 |
| 1.4 | 0.32298 | 0.45627 | 0.30787 |
| 1.6 | 0.42032 | 0.51676 | 0.29667 |
| 1.8 | 0.52952 | 0.57477 | 0.28293 |
| 2.0 | 0.65003 | 0.62977 | 0.26675 |
| 2.2 | 0.78120 | 0.68132 | 0.24835 |
| 2.4 | 0.92230 | 0.72899 | 0.22809 |
| 2.6 | 1.07252 | -0.77246 | 0.20646 |
| 2.8 | 1.23099 | 0.81152 | 0.18401 |
| 3.0 | 1.39682 | 0.84605 | 0.16136 |
| 3.2 | 1.56911 | 0.87609 | 0.13913 |
| 3.4 | 1.74696 | 0.90177 | 0.11788 |
| 3.6 | 1.92954 | 0.92333 | 0.09809 |
| 3.8 | 2.11605 | 0.94112 | 0.08013 |
| 4.0 | 2.30576 | 0.95552 | 0.06424 |
| 4.2 | 2.49806 | 0.96696 | 0.05052 |
| 4.4 | 2.69238 | 0.97587 | 0.03897 |
| 4.6 | 2.88826 | 0.98269 | 0.02948 |
| 4.8 | 3.08534 | 0.98779 | 0.02187 |
| 5.0 | 3.28329 | 0.99155 | 0.01591 |
| 5.2 | 3.48189 | 0.99425 | 0.01134 |
| 5.4 | 3.68094 | 0.99616 | 0.00793 |
| 5.6 | 3.88031 | 0.99748 | 0.00543 |
| 5.8 | 4.07990 | 0.99838 | 0.00365 |
| 6.0 | 4.27964 | 0.99898 | 0.00240 |
| 6.2 | 4.47948 | 0.99937 | 0.00155 |
| 6.4 | 4.67938 | 0.99961 | 0.00098 |
| 6.6 | 4.87931 | 0.99977 | 0.00061 |
| 6.8 | 5.07928 | 0.99987 | 0.00037 |
| 7.0 | 5.27926 | 0.99992 | 0.00022 |
| 7.2 | 5.47925 | 0.99996 | 0.00013 |
| 7.4 | 5.67924 | 0.99998 | 0.00007 |
| 7.6 | 5.87924 | 0.99999 | 0.00004 |
| 7.8 | 6.07923 | 1.00000 | 0.00002 |
| 8.0 | 6.27923 | 1.00000 | 0.00001 |
| 8.2 | 6.47923 | 1.00000 | 0.00001 |
| 8.4 | 6.67923 | 1.00000 | 0.00000 |
| 8.6 | 6.87923 | 1.00000 | 0.00000 |
| 8.8 | 7.07923 | 1.00000 | 0.00000 |

数．由 H. Blasius 首先导出的这个平板摩擦力定律，只在层流的范围内适用，即在 $\mathrm{R}_l = U_\infty l/\nu < 5\times 10^5 \sim 10^6$ 的范围内适用。

它由图 21.2 中的曲线(1)表示．在湍流区域中（$\mathbf{R}_l > 10^6$），阻力远大于式(7.34)所给出的值．

*边界层厚度*：要确切地定义出边界层的厚度是不可能的，因为边界层的粘性影响是逐渐地向外减小的，其平行的速度分量 $u$ 是渐近地趋向于位势流动的值，(函数 $f'(\eta)$ 渐近地趋向于 1)．如果把边界层厚度规定为 $u = 0.99$ 处的距离，则由表 7.1 查得 $\eta \approx 5.0$．因此，上述规定的边界层厚度为

$$\delta \approx 5.0\sqrt{\frac{\nu x}{U_\infty}}. \tag{7.35}$$

一个有物理意义的边界层厚度是**位移厚度** $\delta_1$，它已由式(2.6)引入，见图 2.3．位移厚度是这样一个距离，它是由于边界层内速度减小而使外部位势流场向外移出的距离．由于摩擦的影响使得体积流量的减少为$\int_{y=0}^{\infty}(U_\infty - u)dy$，所以 $\delta_1$ 定义为

$$U_\infty\delta_1 = \int_{y=0}^{\infty}(U_\infty - u)dy,$$

或

$$\delta_1 = \int_{y=0}^{\infty}\left(1 - \frac{u}{U_\infty}\right)dy. \tag{7.36}$$

利用式(7.26)所给出的 $u/U_\infty$ 可得

$$\delta_1 = \sqrt{\frac{\nu x}{U_\infty}}\int_{\eta=0}^{\infty}[1 - f'(\eta)]d\eta = \sqrt{\frac{\nu x}{U_\infty}}[\eta_1 - f(\eta_1)],$$

这里 $\eta_1$ 表示边界层以外的某一点． 利用表 7.1 中的 $f(\eta)$ 值，得 $\eta_1 - f(\eta_1) = 1.7208$，所以

$$\delta_1 = 1.7208\sqrt{\frac{\nu x}{U_\infty}} \quad (\text{位移厚度}). \tag{7.37}$$

距离 $y = \delta_1$ 示于图 7.7 中．这就是由于壁面附近摩擦力作用所产生的外部位势流动流线的移动距离． 由式(7.35)给出的边界层厚度 $\delta$ 是 $u$ 达到 $0.99U_\infty$ 时所对应的距离，它大致是位移厚度的三倍．

由此还可以计算以后要用到的**动量厚度** $\delta_2$．与位势流动相

比，边界层中动量损失为 $\rho\int_0^\infty u(U_\infty-u)dy$，所以这一新的厚度可以定义为

$$\rho U_\infty^2\delta_2=\rho\int_{y=0}^\infty u(U_\infty-u)dy,$$

或

$$\delta_2=\int_{y=0}^\infty \frac{u}{U_\infty}\left(1-\frac{u}{U_\infty}\right)dy. \tag{7.38}$$

对零攻角平板的数值计算给出

$$\delta_2=\sqrt{\frac{\nu x}{U_\infty}}\int_{\eta=0}^\infty f'(1-f')d\eta,$$

或

$$\delta_2=0.664\sqrt{\frac{\nu x}{U_\infty}}\quad(\text{动量厚度}). \tag{7.39}$$

这里应该指出：由于在平板前缘附近不满足 $|\partial^2u/\partial x^2|\ll|\partial^2u/\partial y^2|$ 的假设，所以边界层理论不再适用．因此边界层理论只适用于 Reynolds 数 $R=U_\infty x/\nu$ 大于某个数值以后的区域．平板前缘附近的关系只能从完整的 Navier-Stokes 方程来求解，因为前缘是个奇点．G. F. Carrier 和林家翘[5]以及 B. A. Boley 和 M. B. Friedman[3]为进行这方面的计算作出了努力．

实验研究：为了检验上述边界层理论，首先 J. M. Burgers[4] 和 B. G. van der Hegge Zijnen[15]，接着 M. Hansen[14]进行了测量．后来，J. Nikuradse[20]报告了非常细致和全面的测量，并且发现：前缘形状以及外部流动中可能存在的微小压力梯度，对边界层的形成影响很大．J. Nikuradse 在空气气流中进行平板测量时，对这些可能的影响进行了仔细的修正．图 7.9 中画出了层流边界层中的速度分布，这是根据 Nikuradse 在离开前缘几个不同的位置上所测量的结果．这些测量证明了边界层理论的预言：在离开前缘的所有位置 $x$ 上，速度剖面都是相似的．速度剖面的形状与理论计算结果极为一致．图 2.19 中已给出了无量纲．边界层厚度 $\delta\times\sqrt{U_\infty/\nu x}$ 与以流动长度 $x$ 构成的 Reynolds 数之间的关系曲线．只

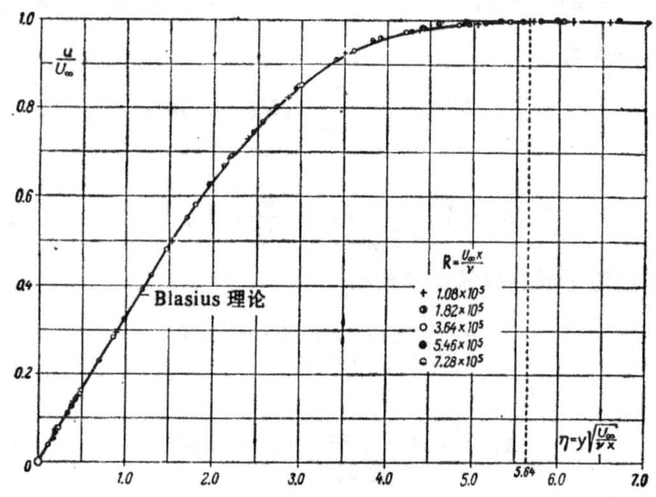


图 7.9 零攻角平板层流边界层中的速度分布,根据 Nikuradse 的测量[20]

要边界层是层流的,这一无量纲厚度就保持不变,其数值接近于式(7.35)所给出的值. 当 Reynolds 数 $U_\infty x/\nu$ 很大时,边界层不再是层流的了,而发生了向湍流的过渡. 如果注意到图 2.19 中边界层厚度随着离前缘距离的增加而有显著的增加,就可以承认这一点. 根据B. G. van der Hegge Zijnen 和 M. Hanscn 所作的测量,层流到湍流的转捩发生在 $U_\infty x/\nu = 300000$. 这相当于以位移厚度为参考长度的 Reynolds 数 $U_\infty \delta_1/\nu = 950$. 在第十四章中将要介绍的最近测量已经证明: 在空气气流中尽量消除扰动,"临界"Reynolds 数的值就能大大提高. 用这种方法有可能使该临界值高达 $U_\infty x/\nu = 3 \times 10^6$ 左右.

平板边界层的层流摩擦力定律也经受了仔细的实验验证. 通过速度剖面在壁面上的斜率和式(7.31), 可以间接确定出壁面上当地的切应力. 近来 H. W. Liepmann 和 S. Dhawan[18] 通过作用在一小块板面上的力直接测量了切应力.这块小板是这样安装的,它可以相对于主板作少许移动. 他们非常仔细的测量结果绘于图

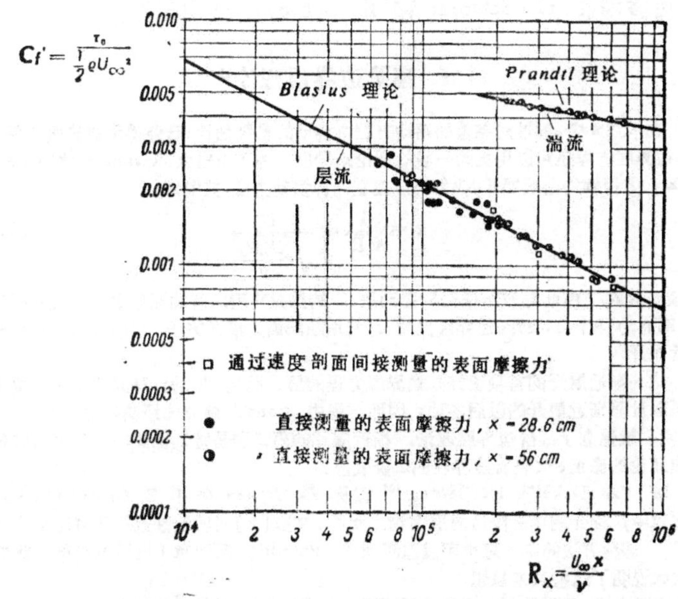


图 7.10 不可压缩流体中零攻角平板局部的表面摩擦力系数，根据 Liepmann 和 Dhawan[16,8]对切应力的直接测量来确定的 理论：层流根据式(7.32)；湍流根据式(21.12)

7.10 中，该图给出了局部表面摩擦力系数 $c_f' = \tau_0 / \frac{1}{2} \rho U_\infty$ 对 Reynolds 数 $\mathbf{R}_x = U_\infty x/\nu$ 的关系曲线．在 $\mathbf{R}_x = 2 \times 10^5$—$6 \times 10^5$的范围内，层流和湍流都有可能．可以看出，直接测量和间接测量的结果极为一致．在层流范围内的测量结果是对 Blasius 公式(7.32)，即对公式 $c_f' = 0.664/\sqrt{\mathbf{R}_x}$ 的一个极好的证明．在湍流范围内，测量结果和 Prandtl 的理论公式，即和公式(21.12)也颇为吻合．公式(21.12)将在第二十一章中导出．

图 7.9 和图 7.10 已经证明：在 Reynolds 数 $\mathbf{R}_x > 10^5$ 的范围内，对于零攻角平板层流边界层中的速度分布和切应力，理论计算和实验结果完全一致．这就从物理观点上明确地证实了边界层近似的正确性．尽管如此，对于边界层理论中这些简化的正确性，一些数学家还是花了很大精力来建立“数学上的证明”；在这方面，读

者可参考阅 H. Schmidt 和 K. Schroeder[24]的工作。

## f. 高阶边界层理论[1)]

在本章 a 中，通过对完整的运动方程中各项的量级估计，已经得到边界层方程. 不过，边界层方程还可以用更为一般的理论来导出. 为了得出大 Reynolds 数的 Navier-Stokes 方程解的渐近展开，我们可以建立一种摄动方法，其中取

$$\varepsilon = \frac{1}{\sqrt{\mathrm{R}}} = \frac{1}{\sqrt{\frac{U_\infty R_0}{\nu}}} \tag{7.40}$$

为摄动参数. 由此导致所谓奇异摄动法. 结果是将所求解的渐近展开分成外部展开(外部流动)和内部展开(边界层流动). 利用匹配渐近展开方法，就能够得出整个解的渐近展开.

这一渐近展开的首项正好是边界层方程的解. 而且，摄动计算继续下去，使得我们可以计算渐近展开的以后各项，因而扩展由 Prandtl 建立的经典边界层理论. 这样，我们就建立了高阶边界层理论. 渐近展开的第二项是特别重要的，可以看成是对经典理论的修正，代表着边界层的二阶效应.

M. Van Dyke[9], K. Gersten[10] 以及 K. Gersten 和 J. F. Gross[12] 等人发表的文章中广泛介绍了高阶边界层理论. 此外，文献[8]对匹配渐近展开方法作了详细说明. 这种方法的基本思想可以追溯到 L. Prandtl；第四章 f 已通过简单的数学例子大体说明了这些基本思想.

在下文中，我们针对在二维不可压缩流动中的应用，简要地阐述大 Reynolds 数的渐近解理论. 这种讨论的主要目的是为了扩展 Prandtl 的边界层理论，从而导出高阶边界层方程. 详细的推导过程可参阅 M. Van Dyke 的论文[7].

我们从第三章 g 中正交曲线坐标系(见图 3.9)的 Navier-Stokes 方程出发. 所有的长度均以一个合适的长度 $R_0$ 为单位来量度(例如选用驻点曲率半径)，同时速度以 $U_\infty$ 为参考单位，超压以 $\rho U_\infty^2$ 为参考单位，壁面的几何形状用当地的曲率半径 $R(x)$ 来描写，壁面的无量纲曲率半径为

$$K(x) = R_0/R(x). \tag{7.41}$$

**外部展开：** 为了求解方程组(3.35)，我们采用下面的渐近展开：

$$\left.\begin{aligned} u(x,y,\varepsilon) &= U_1(x,y) + \varepsilon U_2(x,y) + \cdots, \\ v(x,y,\varepsilon) &= V_1(x,y) + \varepsilon V_2(x,y) + \cdots, \\ p(x,y,\varepsilon) &= P_1(x,y) + \varepsilon P_2(x,y) + \cdots. \end{aligned}\right\} \tag{7.42}$$

将式(7.42)代入方程(3.35)，并按 $\varepsilon$ 的幂次整理各项. 由此，可得出关于一阶解 $U_1(x, y)$, $V_1(x, y)$,$P_1(x, y)$, 二阶解 $U_2(x, y)$, $V_2(x, y)$, $P_2(x, y)$ 等一系列方程组. 到二阶解为止，仍不用计算 $\varepsilon^2$ 项，即 Navier-Stokes 方程中的摩擦力项. 因此，一阶解和二阶解对应于无粘流动，或者，如果只研究均匀来流的流场，甚至对应于位势流动.

**一阶解**满足边界条件

$$\left.\begin{aligned} y = 0:&\ V_1(x,0) = 0, \\ y \to \infty:&\ U_1^2 + V_1^2 = 1. \end{aligned}\right\} \tag{7.43}$$

位势流动方程的解 $U_1(x,y)$,$V_1(x,y)$ 给出壁面上的速度 $U_1(x,0)$，并由 Bernoulli 方

1) 这一节应归功于 K. Gersten 教授.

得出壁面压力

$$P_1(x,0)=\frac{1}{2}-\frac{1}{2}U_1^2(x,0). \tag{7.44}$$

二阶解满足边界条件

$$\left.\begin{aligned}&y=0:\ V_2(x,0)=\frac{1}{\varepsilon}\frac{d}{dx}\left[U_1(x,0)\cdot\delta_1(x)\right],\\&y\to\infty:\ U_2^2+V_2^2=0,\end{aligned}\right\} \tag{7.45}$$

其中 $\delta_1(x)$为位移厚度，其定义类似于式(7.36)，也可参见式(7.51).

位势流动方程的解也给出壁面上切向速度分量的分布 $U_2(x,0)$，以及压力

$$P_2(x,0)=-U_1(x,0)\cdot U_2(x,0). \tag{7.46}$$

一般说来，所得到的解并不满足壁面上无滑移的条件. 因此，这些解在壁面附近不适用，它们称为“外部解”或者“外部渐近展开”.

**内部展开**：为了得到壁面附近适用的解，必须采用特殊的办法. 我们在这里不用离开壁面的距离 $y$ 为坐标，而引入一个新的放大了的坐标

$$N=y/\varepsilon. \tag{7.47}$$

$N$ 称为内部变量，这样选取变量是为了防止在 $x,N$ 坐标系中的一阶方程失去某些粘性项.

对于壁面附近(边界层中)的解，我们仍然采用渐近展开，即

$$\left.\begin{aligned}u(x,y,\varepsilon)&=u_1(x,N)+\varepsilon u_2(x,N)+\cdots,\\v(x,y,\varepsilon)&=v_1(x,N)+\varepsilon v_2(x,N)+\cdots,\\p(x,y,\varepsilon)&=p_1(x,N)+\varepsilon p_2(x,N)+\cdots.\end{aligned}\right\} \tag{7.48}$$

将上式代入方程组(3.35)，并按 $\varepsilon$ 的幂次整理，就可得到下列各方程组.

**一阶边界层方程**:

$$\left.\begin{aligned}&\frac{\partial u_1}{\partial x}+\frac{\partial v_1}{\partial N}=0,\\&u_1\frac{\partial u_1}{\partial x}+v_1\frac{\partial u_1}{\partial N}=-\frac{\partial p_1}{\partial x}+\frac{\partial^2 u_1}{\partial N^2}.\\&0=-\frac{\partial p_1}{\partial N}.\end{aligned}\right\} \tag{7.49}$$

其边界条件为

$$\left.\begin{aligned}&N=0:\ u_1=0,\ v_1=0,\\&N\to\infty:\ u_1=U_1(x,0).\end{aligned}\right\} \tag{7.50}$$

方程(7.49)正好就是 Prandtl 边界层方程(7.10)和(7.11)变换到坐标 $x$，$N$ 中的形式. 此外还有 $p_1(x)=p_1(x,0)$.

有了解 $u_1(x,N)$，就可以计算位移厚度 $\delta_1(x)$，其定义为

$$\delta_1=\varepsilon\int_0^\infty\left(1-\frac{u_1(x,N)}{U_1(x,0)}\right)dN. \tag{7.51}$$

由于一阶方程(7.49)不显含 Reynolds 数，所以 $u_1(x,N)$，$v_1(x,N)$也一定与 Reynolds 数无关. 这就证明了层流分离点的位置与 Reynolds 无关.

**二阶边界层方程**:

$$\left.\begin{aligned}&\frac{\partial u_2}{\partial x}+\frac{\partial v_2}{\partial N}=K\left(N\frac{\partial u_1}{\partial x}-v_1\right),\\&u_1\frac{\partial u_2}{\partial x}+u_2\frac{\partial u_1}{\partial x}+v_1\frac{\partial u_2}{\partial N}+v_2\frac{\partial u_1}{\partial N}+\frac{\partial p_2}{\partial x}-\frac{\partial^2 u_2}{\partial N^2}\\&=K\left(N\frac{\partial^2 u_1}{\partial N^2}+\frac{\partial u_1}{\partial N}-Nv_1\frac{\partial u_1}{\partial N}-u_1v_1\right),\end{aligned}\right\} \tag{7.52}$$

$$\frac{\partial p_2}{\partial N} = Ku_1^2.$$

其边界条件为

$$\left.\begin{aligned} &N = 0:\ u_2 = 0,\ v_2 = 0, \\ &N\to\infty:\ u_2 = U_2(x,0) - KU_1^2(x,0)N, \\ &p_2 = P_2(x,0) + KU_1^2(x,0)N. \end{aligned}\right\} \tag{7.53}$$

内部解的外边界条件(即 $N\to\infty$ 的边界条件)和外部解的内边界条件(例如关于 $V_2(x, 0)$的表达式(7.45))由内外解的匹配得出,可参阅文献[7].

二阶边界层方程组(7.52)和(7.53)也不显含 Reynolds 数. 然而它包含一阶解,并且比一阶方程组的项数要多,但它是线性微分方程组.由于这个缘故,我们又能将整个解分成几个部分解之和.习惯上都把这个解分成曲率项和位移项,但是,我们不在这里作进一步讨论.

因为二阶理论计及壁面的曲率,因此在壁面的垂直方向上出现了压力梯度.由于这个缘故,壁面上的压力与外部流动加在边界层上的压力不同.我们沿边界层厚度方向进行积分,得到壁面上的压力系数如下:

$$\left.\begin{aligned} \frac{1}{2}c_{pw} &= p(x,\ 0,\ \varepsilon) \\ &= P_1(x,\ 0) + \varepsilon\left\{P_2(x,0) + K\int_0^\infty [U_1^2(x,0) - u_1^2(x,N)]dN\right\} + O(\varepsilon^2). \end{aligned}\right\} \tag{7.54}$$

当壁面呈凸形($K>0$)时,壁面上的压力大于外加压力.

二阶近似的局部切应力分布为

$$\frac{1}{2}c_f' = \frac{\tau_0(x)}{\rho U_\infty^2} = \varepsilon\left(\frac{\partial u_1}{\delta N}\right)_{N=0} + \varepsilon^2\left(\frac{\partial u_2}{\partial N}\right)_{N=0} + O(\varepsilon^3). \tag{7.55}$$

二阶边界层也影响到外部流动. 在 K. Gersten 的文章[11]中,计算了包括二阶边界层影响的位移厚度.

**例: 零攻角平板**. 在零攻角不渗透的平板情形下,用式(7.37)可算出位移厚度 $\delta_1$. 根据方程(7.45),外部流动的边界条件为

$$V_2(x,0) = 0.8604/\sqrt{x}, \tag{7.56}$$

这里已将平板长度选为参考长度. 在上述边界条件下,二维位势流动方程的解为

$$\left.\begin{aligned} U_2(x,y) &= -\frac{0.8604}{r}\sqrt{\frac{r-x}{2}}, \\ V_2(x,y) &= \frac{0.8604}{r}\sqrt{\frac{r+x}{2}}. \end{aligned}\right\} \tag{7.57}$$

其中

$$r = \sqrt{x^2 + y^2}. \tag{7.58}$$

相应的流线为抛物线,其焦点在原点,顶点在 $x$ 轴上. 由此可见,在目前的特殊情形下,壁面上的速度 $U_2(x, 0)$变为零,因而方程组(7.52)和(7.53)的解是平凡解. 所以我们得出结论:在平板情形下,表面摩擦力的二阶修正为零. 然而不能作出这样的结论:二阶阻力系数也为零. 原因在于:由式(7.57)所决定的二阶外部流动对动量项有贡献. 将沿整个平板的动量积分计算一下,就可以证明这一点,同时还可以发现这一个贡献等价于阻力的增加. I. Imai[17]已经进行了这种计算. 他求出平板的阻力系数为

$$c_f = \frac{1.328}{\sqrt{\mathbf{R}_l}} + \frac{2.326}{\mathbf{R}_l}. \tag{7.59}$$

其中 $2.326=\pi\times(0.8604)^2$. 公式(7.59)中的修正项(第二项)与第一项相比，在 $\mathbf{R}_l = 10^3$ 时为 5.5%，在 $\mathbf{R}_l = 10^6$ 时降为 0.2%.

公式(7.59)中第二项不代表表面摩擦力. 根据观测，这可解释为前缘流动的奇异性所引起的压差阻力. 据推测，尽管平板厚度非常小，但是前缘出现的无限大超压会产生出一个有限的力. 关于这一点，以后将与第九章 j 中的抛物线情形进行比较.

严格地说，上述绕平板流动的分析只限于半无限平板. 在有限长度平板的情形下，切应力在后缘上游的一定距离内是要修正的. 但是，抛物型的 Prandtl 边界层方程不能计及这一"后缘效应".

根据 K. Stewartson 的文章[25a]，我们有可能控制这类后缘效应，或者一般说来，通过 Prandtl 边界层概念的推广，可以表示为 Prandtl 方程奇异性(例如前缘、后缘、分离点)的那些效应. 这可通过引进"多层结构"边界层的思想(即"三层"概念)来进行.

对于平板的情形，K. Stewartson[25a]和 A. F. Messiter[18b] 求得的表面摩擦力系数可以表示为

$$c_f = \frac{1.328}{\sqrt{\mathbf{R}_l}} + \frac{2.668}{(\mathbf{R}_l)^{7/8}}. \tag{7.60}$$

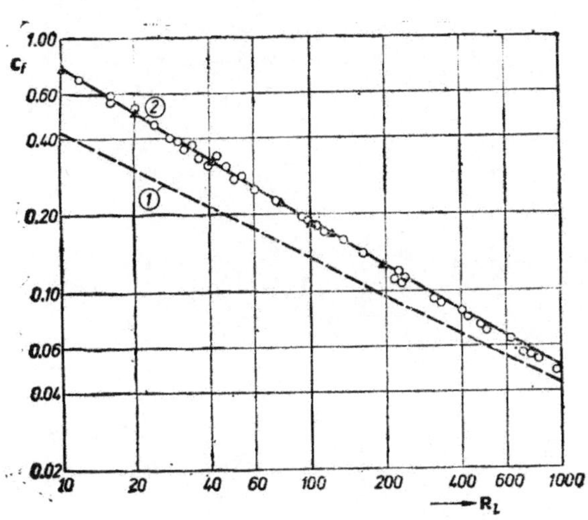


图 7.11 零攻角有限长平板的表面摩擦力系数

(1)根据 H. Blasius 理论，方程(7.34)

(2)根据 A. F. Messiter 理论[18b]、方程(7.60)

▲根据 Dennis 理论 (Navier-Stokes 方程的解)

○根据 Z. Janour 实验[30]

这里已计及后缘的影响，但是未计及位移的影响.

图 7.11 是根据 R. E. Melnik 和 R. Chow 的文章[18a] 画出的. 这个图表明，由方程(7.60)计算的 $c_f$ 与由完整的 Navier-Stokes 方程所得到的结果以及 Reynolds 数低到 $\mathbf{R}_l = 10$ 的测量结果均极为一致. 当 $\mathbf{R}_l = 40$ 时，方程(7.60)给出 $c_f = 0.361$. 它超过精确值 $c_f = 0.311$ 不到 20%.

在第九章 i 中，我们将回头来讨论求二阶边界层方程的精确解问题.

# 第八章　边界层方程的一般性质

在转到下一章计算边界层流动的另外一些例子之前，我们打算首先讨论一下边界层方程的若干一般性质．在讨论中只限于二维定常不可压缩边界层．

尽管与 Navier-Stokes 方程相比，边界层方程有了很大程度的简化，但从数学上看，求解这些方程依然很难，以致于对它们还不能作出很多的一般说明．首先，值得注意的是：对于坐标而言，Navier-Stokes 方程是椭圆型的，而 Prandtl 的边界层方程是抛物型的．其次，由于在边界层理论中采用了一些简化假设，使得在垂直于边界层的方向上可以认为压力是不变的；而沿着壁面又可以认为压力是由外部流动"施加"的，因而压力成为一个给定的函数．由此省略了垂直于流动方向的运动方程．这种省略从物理上可以这样来说明：就横向运动而论，边界层内流体质点的质量为零，同时不经受摩擦阻力．显然，由于在运动方程中引入了这种带有根本性的变化，所以我们一定可以预料到：它们的解会出现某些数学上的奇异性，因而不能期望观察到的现象与计算结果总是吻合的．

## a．边界层特性对 Reynolds 数的依赖关系[1]

随着 Reynolds 数增大，在推导边界层方程时所作的一些假设，将以更高的精度得到满足．因此，可以把边界层理论看作是在很大 Reynolds 数下对 Navier-Stokes 方程的渐近积分方法[2]．这个论述引导我们去讨论 Reynolds 数与所研究的具体物体上的边界层特性之间的关系．我们记得，在推导边界层方程时使用了无量纲

---

1）参看第七章 f 和第九章 j．

2）这一节的论证在第七章 f 节关于高阶近似中已经进行过讨论．为了更好地理解起见，这里作了进一步的论述．

量：各个速度都参照自由流速度 $U_\infty$，各个长度都参照物体的特征长度 $L$. 若把所有的无量纲量都用一撇来表示，例如 $u/U_\infty = u'$，……，$x/L = x'$，…，对于二维定常流动情形，就可以得到如下方程：

$$u'\frac{\partial u'}{\partial x'} + v'\frac{\partial u'}{\partial y'} = U'\frac{dU'}{dx'} + \frac{1}{\mathbf{R}}\frac{\partial^2 u'}{\partial y'^2}, \tag{8.1}$$

$$\frac{\partial u'}{\partial x'} + \frac{\partial v'}{\partial y'} = 0, \tag{8.2}$$

$$y' = 0:\ u' = v' = 0;\ y' = \infty:\ u' = U'(x');$$

也可以参看方程 (7.10)—(7.12). 式中 $\mathbf{R}$ 表示用参考量组成的 Reynolds 数

$$\mathbf{R} = \frac{U_\infty L}{\nu}.$$

由方程 (8.1)和(8.2) 可以看出，如果物体的形状和它的位势运动 $U'(x')$ 是给定的，那么这种边界层的解只取决于一个参数，就是 Reynolds 数 $\mathbf{R}$. 采用进一步的变换，还可以从方程(8.1)和(8.2)中消去 Reynolds 数。如果我们令

$$v'' = v'\sqrt{\mathbf{R}} = \frac{v}{U_\infty}\sqrt{\frac{U_\infty L}{\nu}}, \tag{8.3}$$ [1]

$$y'' = y'\sqrt{\mathbf{R}} = \frac{y}{L}\sqrt{\frac{U_\infty L}{\nu}}, \tag{8.4}$$ [1]

那么方程(8.1)和(8.2)变换成

$$u'\frac{\partial u'}{\partial x'} + v''\frac{\partial u'}{\partial y''} = U'\frac{dU'}{dx'} + \frac{\partial^2 u'}{\partial y''^2}, \tag{8.5}$$

$$\frac{\partial u'}{\partial x'} + \frac{\partial v''}{\partial y''} = 0, \tag{8.6}$$

其边界条件是：在 $y'' = 0$ 处，$u' = 0$，$v'' = 0$；$y'' = \infty$ 处，$u' = U'$. 这些方程现在不含 Reynolds 数，因此，这个方程组的解，即函数 $u'(x', y'')$ 和 $v''(x', y'')$ 也就与 Reynolds 数无关. Reynolds 数的变化引起边界层的仿射变换，其间横向坐标和横向速

1) 这个变换与方程(7.47)和(7.48)采用的变换完全相同.

度都放大 $\mathbf{R}^{-1/2}$ 倍.换句话说,对于一个给定的物体,无量纲速度分量 $u/U_\infty$ 和 $(v/U_\infty)\cdot(U_\infty L/\nu)^{1/2}$ 是无量纲坐标 $x/L$ 和 $(y/L)\cdot(U_\infty L/\nu)^{1/2}$ 的函数;而且,这些函数不再依赖于 Reynolds 数.

这个**关于 Reynolds 数的相似性原理**,其实用价值在于:对于一个给定物形的边界层问题,用上述无量纲变量只需求解一次就足够了.只要边界层是层流的,这样的解对于任何 Reynolds 数都是适用的.特别是,由此还能得出分离点的位置与 Reynolds 数无关.当 Reynolds 数增加时,通过分离点的流线与物体之间的夹角(图 7.2)按 $1/\mathbf{R}^{1/2}$ 的比率单调地减小.

此外,在 Reynolds 数趋向于极限($\mathbf{R}\to\infty$)的过程中,分离会一直保持下来.因此,在物体形状使流动出现分离的情形下,边界层理论与无摩擦位势理论呈现出完全不同的流动图象,即使是在 $\mathbf{R}\to\infty$ 的极限情形下也是这样.这就证实了第四章中曾着重强调过的结论,即趋向无摩擦流动的极限情形不可能通过微分方程本身来实现;那样做只能在解的主要组成部分(外部解)中可以得到有物理意义的结果.

## b. 边界层方程的"相似"解

求解边界层方程引起的另一个非常重要的问题,是要研究在什么样的条件下两个解才是"相似"的.这里,我们把"相似"解定义为这样的解:对于这些解而言,速度分量 $u$ 有如下性质,即位于不同坐标 $x$ 上的两个速度剖面 $u(x,y)$,其不同之处仅在于 $u$ 和 $y$ 各相差一个比例因子.所以,在这种"相似"解的情形下,如果在用比例因子进行无量纲化的坐标上画出速度剖面 $u(x,y)$,则所有 $x$ 值上的速度剖面都是相同的.有时也把这种速度剖面称为**仿射**的.因为在所有截面上无量纲的 $u(x)$ 都随着 $y$ 从 0 变化到 1,因此,$x$ 截面上的当地位势速度 $U(x)$ 显然就是 $u$ 的比例因子.而 $y$ 的比例因子(用 $g(x)$ 表示)必然和当地的边界层厚度成比例.所以,"相似性"的必要条件可以简化为,对于两个任意截面 $x_1$ 和 $x_2$,速度分量 $u(x,y)$ 必须满足下列方程:

$$\frac{u\{x_1, [y/g(x_1)]\}}{U(x_1)} = \frac{u\{x_2, [y/g(x_2)]\}}{U(x_2)}. \tag{8.7}$$

上一章研究的沿零攻角平板的边界层就具有这种“相似性”的特征. 自由流速度 $U_\infty$ 是 $u$ 的比例因子; 而 $y$ 的比例因子则是 $g = \sqrt{\nu x/U_\infty}$, 这个量与边界层厚度成比例. 在 $u/U_\infty$ 对 $y/g = y\sqrt{U_\infty/\nu x} = \eta$ 的曲线图上，所有的速度剖面都是一样的(图 7.7). 类似地，第五章中关于二维和三维驻点流动情形所提供的例子，按现在的意义来说，它们的解也是“相似”的.

对于解的数学性质来说，寻找“相似”解是特别重要的. 正如以后我们会更详细看到的那样，在存在“相似”解的情形下，可以把偏微分方程组简化成常微分方程组，显然，这就使问题在数学上得到相当大的简化. 在这方面，也可以用平板边界层来作为例子. 我们记得，采用**相似性变换** $\eta = y\sqrt{U_\infty/\nu x}$ (即式(7.24))以后，我们曾得到一个关于流函数 $f(\eta)$ 的常微分方程，即方程(7.28)，它代替了原来的偏微分方程.

现在，我们研究存在这种“相似”解的位势流动的类型. 这个问题先后由 S. Goldstein[4] 和 W. Mangler[9] 进行过详细的讨论. 他们都是从考虑平面定常流动的边界程方程组入手的，这些方程就是(7.10)，(7.11)和(7.5a). 现在它们可以写为

$$\left.\begin{aligned} &\frac{\partial u}{\partial x} + \frac{\partial v}{\partial y} = 0, \\ &u\frac{\partial u}{\partial x} + v\frac{\partial u}{\partial y} = U\frac{dU}{dx} + \nu\frac{\partial^2 u}{\partial y^2}, \end{aligned}\right\} \tag{8.8}$$

边界条件是: 在 $y = 0$ 处, $u = v = 0$; $y = \infty$ 处, $u = U$. 通过引入流函数 $\psi(x, y)$ 可以把连续方程与

$$u = \frac{\partial \psi}{\partial y},\quad v = -\frac{\partial \psi}{\partial x}$$

结合起来. 这样，运动方程变为

$$\frac{\partial \psi}{\partial y}\frac{\partial^2 \psi}{\partial x \partial y} - \frac{\partial \psi}{\partial x}\frac{\partial^2 \psi}{\partial y^2} = U\frac{dU}{dx} + \nu\frac{\partial^3 \psi}{\partial y^3}, \tag{8.9}$$

其边界条件是：在 $y=0$ 处，$\frac{\partial\psi}{\partial x}=0$ 和 $\frac{\partial\psi}{\partial y}=0$； $y=\infty$处，$\frac{\partial\psi}{\partial y}=U$. 为了讨论"相似性"问题，我们引进无量纲量，如同本章 a 中所做的那样. 所有的长度用参考长度 $L$ 来无量纲化，而所有的速度都用参考速度 $U_\infty$ 进行无量纲化. 这样做的结果，在方程中出现了 Reynolds 数

$$\mathbf{R}=\frac{U_\infty L}{\nu}.$$

同时，$y$ 坐标和无量纲比例因子 $g(x)$ 有关. 所以我们可以令

$$\xi=\frac{x}{L},\quad \eta=\frac{y\sqrt{\mathbf{R}}}{Lg(x)}. \tag{8.10}$$[1]

坐标的因子$\sqrt{\mathbf{R}}$已经在式(8.4)中出现过. 利用代换

$$f(\xi,\eta)=\frac{\psi(x,y)\sqrt{\mathbf{R}}}{LU(x)g(x)}, \tag{8.11}$$

可以使流函数无量纲化. 因此，速度分量变成

$$\left.\begin{aligned}u&=\frac{\partial\psi}{\partial y}=U\frac{\partial f}{\partial\eta}=Uf',\\ -\sqrt{\mathbf{R}}\,v&=\sqrt{\mathbf{R}}\,\frac{\partial\psi}{\partial x}=Lf\frac{d}{dx}(Ug)+Ug\left(\frac{\partial f}{\partial\xi}-L\frac{g'}{g}\eta f'\right),\end{aligned}\right\} \tag{8.12}$$

其中 $f'$ 上的一撇表示对 $\eta$ 求导数，而 $g'$ 上的一撇表示对 $x$ 求导数. 现在根据式(8.12)可以直接看出，如果流函数 $f$ 只依赖于一个变量 $\eta$(见式(8.10))，从而可以删去 $f$ 对 $\xi$ 的依赖关系，那么速度剖面 $u(x,y)$在前面所定义的意义上就是相似的. 并且，在这种情形下，关于流函数的偏微分方程，即方程(8.9)，必然简化成一个关于 $f(\eta)$ 的常微分方程. 现在我们只要着手研究使方程(8.9)产

1) F. Schultz-Grunow[6a,15a] 所提出的变换

$$\eta^*=\frac{1}{2A}\ln(1+2A\eta),$$

可以把含有自相似解的若干问题归并到零攻角平板的问题中去. 如果把 $A=\delta/2R$ 选为曲率参数，那么这些变换可以应用于具有钝前缘或尖前缘以及具有引射或抽吸的沿纵向弯曲的壁面流动(见第十四章). 上述变换精确到曲率的二阶量，这意味着包含了所有 $A$ 的一次方的项.

生这种简化的条件，那么就可以得到存在这种“相似”解时位势流动 $U(x)$ 所必须满足的条件.

现在，如果把式(8.10)和(8.11)所定义的无量纲变量引进方程(8.9)中，那么我们得到下列关于 $f(\xi,\eta)$ 的微分方程：

$$f''' + \alpha f f'' + \beta(1 - f'^2) = \frac{U}{U_\infty} g^2 \left( f' \frac{\partial f'}{\partial \xi} - f'' \frac{\partial f}{\partial \xi} \right). \quad (8.13)$$

其中 $\alpha$ 和 $\beta$ 是下列 $x$ 的函数的缩写：

$$\alpha = \frac{Lg}{U_\infty} \frac{d}{dx}(Ug); \quad \beta = \frac{L}{U_\infty} g^2 U', \quad (8.14)$$

式中 $U' = dU/dx$. 方程(8.13)的边界条件是：在 $\eta = 0$ 处，$f = 0$ 和 $f' = 0$；$\eta = \infty$ 处，$f' = 1$.

只有当 $f$ 和 $f'$ 都与 $\xi$ 无关的时候，也就是当方程(8.13)的右边为零的时候才存在“相似”解. 同时，方程(8.13)右边的系数 $\alpha$ 和 $\beta$ 必须与 $x$ 无关，即它们必须是常数. 这后一个条件和式(8.14)一起，给出了关于位势速度 $U(x)$ 和关于坐标的比例因子 $g(x)$ 的两个方程，因此它们是可以计算的. 由此可见，如果边界层流动存在相似解，那么流函数 $f(\eta)$ 必然满足下列常微分方程：

$$f''' + \alpha f f'' + \beta(1 - f'^2) = 0. \quad (8.15)$$

其边界条件是

$$\eta = 0:\ f = 0,\ f' = 0;\ \eta = \infty:\ f' = 1. \quad (8.16)$$

V. M. Falkner 和 S. W. Skan[2]首先给出了这个方程，后来，D. R. Hartree[6]详细研究了这个方程的解. 我们将在下一章里再来讲述这一点.

现在，余下的问题是根据式(8.14)来确定 $U(x)$ 和 $g(x)$. 首先，我们由式(8.14)得到

$$2\alpha - \beta = \frac{L}{U_\infty} \frac{d}{dx}(g^2 U).$$

因此，如果 $2\alpha - \beta \neq 0$，则有

$$\frac{U}{U_\infty} g^2 = (2\alpha - \beta)\frac{x}{L}. \quad (8.17)$$

其次，我们由式(8.14)还可以得到

$$\alpha-\beta=\frac{L}{U_\infty}gg'U.$$

因此，

$$(\alpha-\beta)\frac{U'}{U}=\frac{L}{U_\infty}g^2U'\frac{g'}{g}=\beta\frac{g'}{g}.$$

对上式积分，得到

$$\left(\frac{U}{U_\infty}\right)^{(\alpha-\beta)}=Kg^\beta, \tag{8.18}$$

其中$K$是任意常数．从方程(8.17)和(8.18)中消去$g$，就得到位势流动的速度分布

$$\frac{U}{U_\infty}=K^{\frac{2}{2\alpha-\beta}}\left[(2\alpha-\beta)\frac{x}{L}\right]^{\frac{\beta}{2\alpha-\beta}} \tag{8.19}$$

和

$$g=\sqrt{(2\alpha-\beta)\frac{x}{L}}\left(\frac{U}{U_\infty}\right)^{-\frac{1}{2}}. \tag{8.20}$$

请记住，$2\alpha-\beta=0$的情形已经排除在外．

由式(8.14)可以看出，上述结果与$\alpha$和$\beta$的任何公因数无关，因为它可以包含在$g$中．因此，只要$\alpha\neq0$，就可以令$\alpha=+1$，而不失其一般性．另外，为了方便起见，引入一个新的常数$m$来代替$\beta$，即令

$$m=\frac{\beta}{2-\beta}, \tag{8.21}$$

用这种方式，解的物理含意会变得更加清楚．于是有

$$\beta=\frac{2m}{m+1},$$

因此，当$\alpha=1$时，位势流动的速度分布和关于坐标的比例因子$g$变为

$$\frac{U}{U_\infty}=K^{(1+m)}\left(\frac{2}{1+m}\frac{x}{L}\right)^m, \tag{8.22}$$

$$g=\sqrt{\frac{2}{m+1}\cdot\frac{x}{L}\frac{U_\infty}{U}}. \tag{8.23}$$

同时，关于坐标的变换公式(8.10)变为

$$\eta = y\sqrt{\frac{m+1}{2}\frac{U}{\nu x}}. \tag{8.24}$$

由此可以推断，当位势流动的速度分布与弧长的某一幂次成正比时(弧长是从驻点量起的沿壁面的长度)，就可以得到边界层方程的相似解．事实上，在楔的驻点附近就会出现这样的位势流动，楔的夹角等于 $\pi\beta$，如图 8.1 所示．借助于位势理论不难证明，这时有

$$U(x) = Cx^m, \tag{8.25}$$

其中 $C$ 为常数．楔角因子 $\beta$ 和指数 $m$ 之间的关系，已经由式(8.21)精确地给出．

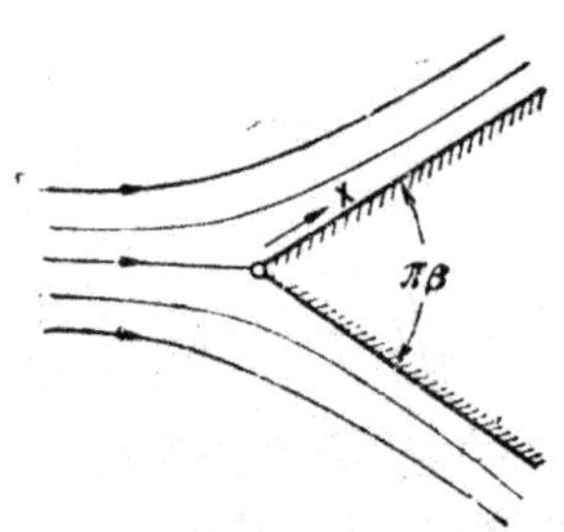


图 8.1　绕楔的流动．在前缘附近位势速度分布为 $U(x) = Cx^m$

$\alpha = 1$ 的特殊情形：(a) 如果 $\beta = 1$，则有 $m = 1$，那么式(8.22)变成 $U(x) = ax$．这正是二维**驻点流动**情形，第五章 b9 中已经讨论过这种情形，并且得到了 Navier-Stokes 方程的精确解．当 $\alpha = 1$，$\beta = 1$ 时，微分方程(8.15)变换成早已讨论过的方程(5.39)． 如果令 $U/x = a$，那么关于坐标的变换公式(8.24)就与我们已经熟悉的公式(5.38)完全一样．

(b)当 $\beta = 0$ 时，则有 $m = 0$，因此 $U(x)$ 是常数，并且等于 $U_\infty$． 这正是**零攻角平板**的情形． 由公式(8.24)可得到 $\eta = y\sqrt{U_\infty/2\nu x}$． 这个值与式(7.24)中所引用的值只相差一个系数 $\sqrt{2}$．根据方程(8.15)得到相应的微分方程为 $f''' + ff'' = 0$．它和以前导出的方程(7.28)相比，只在第二项上相差一个系数 2．当变换到有相同定义的 $\eta$ 时，这两个方程就变得完全相同了．

在下一章中将研究 $m$ 为其它数值时的解．

**$\alpha=0$ 的情形：** 到现在为止，对于 $\alpha=0$ 的情形还未予以考虑．根据公式(8.19)不难推断，对于所有的 $\beta$ 值，这种情形都导致位势流动 $U(x)$ 与 $1/x$ 成正比．这正是二维汇或二维源的情形(取决于 $U$ 的正负号)，也可以解释为具有平直壁面的扩张槽或收缩槽内的流动．这类流动也将在第九章中详细讨论．

前面曾排除在外的另一种情形，即 $2\alpha-\beta=0$ 的情形，会出现 $U(x)$ 正比于 $e^{px}$ 的相似解，其中 $p$ 是正的或负的常数．不过，我们不准备讨论这个问题．

H. Schuh[15] 研究了包括非定常边界层的相似解的存在问题．而关于可压缩边界层的相似解问题将在第十三章 d 中进行讨论．

## c. 边界层方程转换成热传导方程

1927 年，R. von Mises[10] 发表了关于边界层方程的一种著名的变换．这种变换比原来的形式能更清楚地显示出方程的数学特性． von Mises 用流函数 $\psi$ 和长度坐标 $x$ 作为自变量，来代替 Descartes 坐标的 $x$ 和 $y$．把

$$u=\frac{\partial\psi}{\partial y},\ v=-\frac{\partial\psi}{\partial x}$$

代入方程(7.10)和(7.11)，并且用新坐标 $\xi=x$ 和 $\eta=\psi$ 来代替 $x$ 和 $y$，这样得到

$$\frac{\partial u}{\partial x}=\frac{\partial u}{\partial\xi}\frac{\partial\xi}{\partial x}+\frac{\partial u}{\partial\eta}\frac{\partial\eta}{\partial x}=\frac{\partial u}{\partial\xi}-v\frac{\partial u}{\partial\psi},$$

$$\frac{\partial u}{\partial y}=\frac{\partial u}{\partial\xi}\frac{\partial\xi}{\partial y}+\frac{\partial u}{\partial\eta}\frac{\partial\eta}{\partial y}=0+u\frac{\partial u}{\partial\psi}.$$

因此，由方程(7.11)得到

$$u\frac{\partial u}{\partial\xi}+\frac{1}{\rho}\frac{dp}{d\xi}=\nu u\frac{\partial}{\partial\psi}\left(u\frac{\partial u}{\partial\psi}\right).$$

此外，引进“总压头”

$$g=p+\frac{1}{2}\rho u^2, \tag{8.26}$$

其中，已略去小量 $\frac{1}{2}\rho v^2$. 将符号 $\xi$ 还原成 $x$，则得到

$$\frac{\partial g}{\partial x} = \nu u \frac{\partial^2 g}{\partial \psi^2}. \tag{8.27}$$

也可以设

$$u = \sqrt{\frac{2}{\rho}[g - p(x)]}.$$

方程(8.27)是关于总压 $g(x, \psi)$ 的微分方程，其边界层条件是:

对应于 $\psi = 0$, $g = p(x)$;

对应于 $\psi = \infty$, $g = p(x) + \frac{1}{2}\rho U^2 =$ 常数.

为了在物理平面 $x, y$ 上表示这种流动，需要借助于公式

$$y = \int \frac{d\psi}{u} = \sqrt{\frac{\rho}{2}} \int_{\psi=0} \frac{d\psi}{\sqrt{g - p(x)}}$$

将 $\psi$ 变换为 $y$. 方程(8.27)与热传导方程相仿. 对于一维(例如一根直棒的)热传导问题，其微分方程可以表示为

$$\frac{\partial T}{\partial t} = \alpha \frac{\partial^2 T}{\partial x^2}, \tag{8.28}$$

其中 $T$ 表示温度，$t$ 表示时间，$\alpha$ 表示热扩散系数(见第十二章). 然而，与方程(8.28)不同的是: 变换后的边界层方程是非线性的. 因为如果用 $\nu u$ 取代热扩散系数，$\nu u$ 不仅依赖于自变量 $x$，还依赖于因变量 $g$.

在壁面上，$\psi = 0$, $u = 0$, $g = p$, 方程(8.27)出现讨厌的奇异性. 方程的左边为 $\partial g/\partial x = dp/dx \neq 0$; 而方程的右边 $u = 0$. 因此，$\partial^2 g/\partial \psi^2 = \infty$. 在使用数值方法时，这种情况是令人烦恼的，而且它与壁面附近速度剖面的奇异性密切相关，L. Prandtl[11] 对方程(8.27)曾作过详细的讨论. 在 von Mises 发表他的论文之前，Prandtl 早就得出了这种变换，只是没有发表[1)]，见参考文献[1,12,16].

1) 见参考文献[11]第 79 页上的脚注和 L. Prandtl 给 ZAMM 的信(见 ZAMM8, 249 (1928)).

为了检验方程(8.27)的实用性，H. J. Luckert[8] 曾把它应用于平板边界层. L. Rosenhead 和 H. Simpson[13]对上述论文作了评述.

## d. 边界层的动量积分方程和能量积分方程

正如在下一章将详细看到的那样，在许多情况下，采用微分方程完整地计算给定物体的边界层是那样的麻烦而又费时，以至于只有借助于电子计算机才能完成(也见第九章 i). 因此，无论如何总希望有一些近似解法，虽然它们的精度有限，但适用于那些作了相当数量的工作而不能得到边界层方程精确解的情形. 这样的近似方法是可以得到的，只要我们不强求每一个流体质点都满足微分方程. 我们用满足边界条件和某些相容条件的办法，使得在壁面附近和从边界层到外部流动的过渡区域附近的薄层内满足边界层方程. 而在边界层内的其它流体区域中，只满足微分方程的某个平均值(即对整个边界层厚度取的平均值). 这样的平均值是由动量方程得到的，而动量方程是通过在边界层厚度上积分的办法由运动方程导出的. 因为在后面将要讨论的近似方法中要经常使用这个方程，所以我们现在来推导这个方程，并写出它的最新形式. 这个方程称为边界层理论的**动量积分方程**或 von Kármán 积分方程[7].

我们只限于讨论二维定常不可压缩流动的情形，即从方程(7.10)—(7.12)出发. 将运动方程(7.11)对 $y$ 积分，从 $y=0$ (壁面)积到 $y=h$，其中 $y=h$ 这一层全部位于边界层之外，由此得到

$$\int_{y=0}^{h}\left(u\frac{\partial u}{\partial x}+v\frac{\partial u}{\partial y}-U\frac{dU}{dx}\right)dy=-\frac{\tau_0}{\rho}. \qquad (8.29)$$

式中用壁面上的切应力 $\tau_0$ 代替了 $\mu(\partial u/\partial y)_0$，所以方程(8.29)对于层流和湍流两种情形都是适用的. 不过在湍流情形下，$u$ 和 $v$ 表示相应速度分量的时间平均值. 由连续方程可以看出，垂直速度分量 $v$ 可以用 $v=-\int_0^y(\partial u/\partial x)dy$ 来代替，因此得到

$$\int_{y=0}^{h}\left(u\frac{\partial u}{\partial x}-\frac{\partial u}{\partial y}\int_0^y\frac{\partial u}{\partial x}\,dy-U\frac{dU}{dx}\right)dy=-\frac{\tau_0}{\rho}.$$

对上式的第二项进行分部积分，得到

$$\int_{y=0}^{h}\left(\frac{\partial u}{\partial y}\int_0^y\frac{\partial u}{\partial x}\,dy\right)dy=U\int_0^h\frac{\partial u}{\partial x}\,dy-\int_0^h u\frac{\partial u}{\partial x}\,dy,$$

因此

$$\int_0^h\left(2u\frac{\partial u}{\partial x}-U\frac{\partial u}{\partial x}-U\frac{dU}{dx}\right)dy=-\frac{\tau_0}{\rho},$$

这个方程可以缩写成

$$\int_0^h\frac{\partial}{\partial x}[u(U-u)]dy+\frac{dU}{dx}\int_0^h(U-u)dy=\frac{\tau_0}{\rho}. \qquad (8.29a)$$

因为两个积分中的被积函数在边界层之外都为零，所以可以令 $h\to\infty$。

现在我们引入位移厚度 $\delta_1$ 和动量厚度 $\delta_2$（这些在第七章已经使用过），它们分别定义为

$$\delta_1 U=\int_{y=0}^{\infty}(U-u)dy \ \text{（位移厚度）}, \qquad (8.30)$$

$$\delta_2 U^2=\int_{y=0}^{\infty}u(U-u)dy \ \text{（动量厚度）}. \qquad (8.31)$$

值得注意的是，在方程(8.29a)的第一项中，由于积分上限 $h$ 和 $x$ 无关，所以对于 $x$ 的微分和对于 $y$ 的积分可以互换。因此

$$\boxed{\frac{\tau_0}{\rho}=\frac{d}{dx}(U^2\delta_2)+\delta_1 U\frac{dU}{dx}.} \qquad (8.32)$$

这就是**二维不可压缩边界层的动量积分方程**. 只要对 $\tau_0$ 不作规定，那么方程 (8.32) 就既适用于层流边界层，又适用于湍流边界层. 这种形式的动量积分方程是 H. Gruschwitz[5] 首先给出的. 它在层流边界层和湍流边界层的近似理论中都有所应用（见第十，十一和二十二章）.

K. Wieghardt[17] 使用类似的方法导出了关于层流边界层的**能量积分方程**. 将运动方程乘以 $u$，然后从 $y=0$ 到 $y=h>\delta(x)$ 进行积分就能得到这个方程. 我们再一次由连续方程替换掉 $v$，从而得到

$$\rho\int_0^h\left[u^2\frac{\partial u}{\partial x}-u\frac{\partial u}{\partial y}\left(\int_0^y\frac{\partial u}{\partial x}dy\right)-uU\frac{dU}{dx}\right]dy$$
$$=\mu\int_0^h u\frac{\partial^2 u}{\partial y^2}dy.$$

利用分部积分，上式第二项可以变成

$$\int_0^h\left[u\frac{\partial u}{\partial y}\left(\int_0^y\frac{\partial u}{\partial x}dy\right)\right]dy=\frac{1}{2}\int_0^h(U^2-u^2)\frac{\partial u}{\partial x}dy,$$

另外，把第一项和第三项合并起来，则得

$$\int_0^h\left[u^2\frac{\partial u}{\partial x}-uU\frac{dU}{dx}\right]dy=\frac{1}{2}\int_0^h u\frac{\partial}{\partial x}(u^2-U^2)dy.$$

再对上式右边进行分部积分，最后得到

$$\frac{1}{2}\rho\frac{d}{dx}\int_0^\infty u(U^2-u^2)dy=\mu\int_0^\infty\left(\frac{\partial u}{\partial y}\right)^2dy. \tag{8.33}$$

这里，积分上限也能够用 $y=\infty$ 来代替，因为在边界层之外被积函数等于零。式中，$\mu(\partial u/\partial y)^2$ 表示单位体积单位时间通过摩擦转换成热的能量（耗散，参看第十二章）。左边的 $\frac{1}{2}\rho(U^2-u^2)$ 表示与位势流动相比，在边界层内损失的机械能（动能和压力能）。因此，$\frac{1}{2}\rho\int_0^\infty u(U^2-u^2)dy$ 表示耗散能的通量，而方程的左边则表示 $x$ 方向上，单位长度耗散能通量的变化率。

除了由方程 (8.30) 和(8.31)所定义的位移厚度和动量厚度以外，如果再引入由下式所定义的能量损失厚度 $\delta_3$：

$$U^3\delta_3=\int_0^\infty u(U^2-u^2)dy\ （能量厚度）, \tag{8.34}$$

则可以把能量积分方程(8.33)写成如下的简化形式：

$$\frac{d}{dx}(U^3\delta_3)=2\nu\int_0^\infty\left(\frac{\partial u}{\partial y}\right)^2dy. \tag{8.35}$$

这个方程就是**二维不可压缩层流边界层的能量积分方程**[1]。

---

1）在湍流情形下，能量积分方程所采用的形式为

$$\frac{d}{dx}(U^3\delta_3)=2\int_0^\infty\frac{\tau}{\rho}\frac{\partial u}{\partial y}dy.$$

为了使位移厚度，动量厚度和能量损失厚度比较直观，方便的办法是对于具有线性速度分布的简单情形把这些厚度计算出来，如图 8.2 所示. 在这种情形下解得：

$$\text{位移厚度}\qquad \delta_1=\frac{1}{2}\delta$$

$$\text{动量厚度}\qquad \delta_2=\frac{1}{6}\delta$$

$$\text{能量厚度}\qquad \delta_3=\frac{1}{4}\delta.$$

把上述近似方法推广到轴对称边界层的问题将在第十一章给予阐述. 关于热边界层的近似方法将在第十二章 g 中加以讨论；而对于可压缩边界层和非定常边界层的近似方法，则分别在第十三章 d 和第十五章中给出.

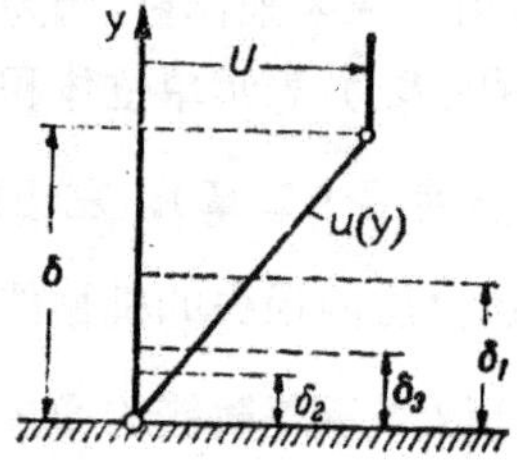


图 8.2 具有线性速度分布的边界层

δ—边界层厚度；$\delta_1$—位移厚度；$\delta_2$—动量厚度；$\delta_3$—能量厚度

# 第九章　二维定常边界层方程的精确解

本章将讨论边界层方程的一些精确解．如果一个解是边界层方程的全解，无论它是解析得到的，还是用数值方法得到的，都可以看作是精确解．另一方面，第十章将讨论近似解，即讨论那些不是通过微分方程，而是通过积分关系式，例如用上一章讲过的动量积分方程和能量积分方程得到的解．

目前只有少数几个精确的解析解，所以我们首先要讨论这些解．正如在平板例子中已经说明的，一般说来，获得边界层方程解析解的过程会遇到相当大的数学困难．在大多数情形下，这些微分方程都是非线性的，因而一般说来，它们只能用幂级数展开法或者用数值方法来求解．即使对不可压缩流动中的零攻角平板边界层这种物理上最简单的情形，至今也没有发现封闭形式的解析解．

在二维运动情形下，边界层方程及其边界条件由式(7.10)至(7.12)给出：

$$\frac{\partial u}{\partial x}+\frac{\partial v}{\partial y}=0, \tag{9.1}$$

$$u\frac{\partial u}{\partial x}+v\frac{\partial u}{\partial y}=U\frac{dU}{dx}+\nu\frac{\partial^2 u}{\partial y^2}, \tag{9.2}$$

$$y=0:\ u=0,\ v=0;\ y=\infty:\ u=U(x). \tag{9.3}$$

另外，还须给出起始截面上，例如在 $x=0$ 处的速度剖面 $u(0,y)$．

在大多数情形下，最好是通过引进流函数 $\psi(x,y)$ 来满足连续方程，这样

$$u=\frac{\partial\psi}{\partial y},\ v=-\frac{\partial\psi}{\partial x}.$$

因此，流函数一定满足下述方程(参看方程(7.18))：

$$\frac{\partial\psi}{\partial y}\frac{\partial^2\psi}{\partial x\partial y}-\frac{\partial\psi}{\partial x}\frac{\partial^2\psi}{\partial y^2}=U\frac{dU}{dx}+\nu\frac{\partial^3\psi}{\partial y^3}, \tag{9.4}$$

其边界条件是：在壁面（$y=0$）上，$\partial\psi/\partial y=0$ 和 $\partial\psi/\partial x=0$，在 $y=\infty$处，$\partial\psi/\partial y=U(x)$.

### a. 绕楔流动

第八章中讨论的“相似”解是一类特别简单的解 $u(x, y)$，它们具有这样的性质：对 $u$ 和 $y$ 用适当的尺度因子，可以使不同距离 $x$ 上的速度剖面变得相同．这样，偏微分方程组(9.1)和(9.2)可以化为一个常微分方程．第八章中已经证明，若位势流速度正比于从驻点量起的长度坐标 $x$ 的某次幂，即当

$$U(x)=u_1x^m$$

时，则存在这类相似解． 由式(8.24)可以看出，为得到常微分方程，自变量 $y$ 的变换是

$$\eta=y\sqrt{\frac{m+1}{2}\frac{U}{\nu x}}=y\sqrt{\frac{m+1}{2}\frac{u_1}{\nu}}\,x^{\frac{m-1}{2}}. \tag{9.5}$$

通过引进流函数来满足连续方程，从式(8.11)和(8.23)可以看出，对此应该设

$$\psi(x,y)=\sqrt{\frac{2}{m+1}}\sqrt{\nu u_1}\;x^{\frac{m+1}{2}}f(\eta).$$

于是速度分量为

$$\left.\begin{aligned}u&=u_1x^mf'(\eta)=Uf'(\eta),\\ v&=-\sqrt{\frac{m+1}{2}\nu u_1x^{m-1}}\left\{f+\frac{m-1}{m+1}\eta f'\right\}.\end{aligned}\right\} \tag{9.6}$$

将这些值代入运动方程(9.1)，再除以 $mu_1x^{2m-1}$，并如式(8.21)那样，令

$$m=\frac{\beta}{2-\beta},\quad \frac{2m}{m+1}=\beta, \tag{9.7}$$

就可以得到下述关于 $f(\eta)$ 的微分方程：

$$f'''+ff''+\beta(1-f'^2)=0. \tag{9.8}$$

可能还记得，这个方程曾作为式(8.15)给出过，而且其边界条件是

$$\eta=0:\ f=0,\ f'=0;\ \eta=\infty:\ f'=1.$$

方程(9.8)是由 V. M. Falkner 和 S. W. Skan 首先导出的，后来 D. R. Hartree 详细地研究了这个方程的解(参看第八章的参考文献). 图 9.1 画出了这个解. 在加速流动情形下($m>0,\ \beta>0$)，速度剖面无拐点，而在减速流动情形下($m<0,\ \beta<0$)，它们显示出一个拐点. 当 $\beta=-0.199$，即当 $m=-0.091$ 时发生分离. 这个结果说明，层流边界层若不发生分离只能承受很小的负加速度.

K. Stewartson[64]对方程(9.8)的这族解作过详细分析. 根据这个分析，在升压区内($-0.199<\beta<0$)，除了 Hartree 发现的那个解之外，还存在另一个解. 由这个解得出有倒流的速度剖面(参看第十章 e).

由 $U(x)=u_1x^m$ 给出的位势流动，出现在楔的驻点附近（图 8.1). 楔的夹角 $\beta$ 由式(9.7)表示. 二维驻点流动以及零攻角平板边界层，都是该解的特殊情形，前者是 $\beta=1$ 和 $m=1$，后者是 $\beta=0$ 和 $m=0$.

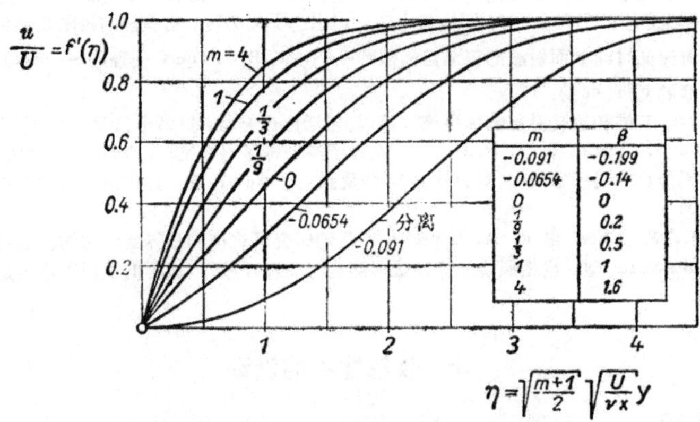


| $m$ | $\beta$ |
|---|---|
| -0.091 | -0.199 |
| -0.0654 | -0.14 |
| 0 | 0 |
| 1/9 | 0.2 |
| 1/3 | 0.5 |
| 1 | 1 |
| 4 | 1.6 |

图 9.1　在 $U(x)=u_1x^m$ 给出的绕楔流动中，层流边界层内的速度分布. 指数 $m$ 和楔角 $\beta$(图 8.1)通过式(9.7)联系起来

$\beta = \frac{1}{2}$，$m = \frac{1}{3}$ 的情形值得注意．在这种情形下，$f(\eta)$ 的微分方程成为： $f''' + ff'' + \frac{1}{2}(1 - f'^2) = 0$；如果设 $\eta = \zeta\sqrt{2}$ 和 $df/d\eta = d\varphi/d\zeta$，它就变成有驻点的旋转对称流动的微分方程(5.47)，即关于 $\varphi(\zeta)$ 的方程 $\varphi''' + 2\varphi\varphi'' + 1 - \varphi'^2 = 0$． 这就是说，这种旋转对称情形的边界层，可以化为绕其夹角为 $\pi\beta = \pi/2$ 的楔的二维流动来计算．

二维边界层和旋转对称边界层之间的关系，将在第十一章以更一般的形式进一步讨论．

如果式(9.5)定义的相似变量 $\eta$ 用自变量 $\eta = y\sqrt{U(x)/\nu x}$ 来代替，则函数 $f'(\eta) = u/U$ 的微分方程形式就会变为

$$f''' + \frac{m+1}{2}ff'' + m(1 - f'^2) = 0. \tag{9.8a}$$

在 $m = 0$ 的特殊情形下，这个方程就变为平板边界层方程(7.28)．Falkner-Skan 方程(9.8)的解在文献[61]中已有详细讨论．

根据 J. Steinheuer[63]的分析，应该承认 Falkner-Skan 方程(9.8)的解有一个有意义的推广；它在减速流动($\beta<0$)中，当速度分布具有速度超出($f'(\eta)>1$)，且在壁面附近有最大值时成立．在这种情形下，当 $\eta\to\infty$时，极限 $f'(\eta) = 1$ 是"由大到小"渐近达到的，而不是象迄今的情形那样"由小到大"达到的． 这种解在物理上可以这样解释：它相当于在正压力梯度($dp/dx>0$)的外部流动中引出的一股层流壁面射流．文献[63]证明，若设 $\beta = -2$，即当最大速度超出趋于无穷时，这些解的极限情形就变为无外流速度时纯壁面射流的著名自相似解—— M. B. Glauert 处理的一个问题(见第十一章的文献[40])．

对于二维和旋转对称物体层流边界层(包括热边界层，见第十二章)的精确自相似解，C. F. Deway 和 J. F. Gross[14]发表了特别详尽的专论． 他们的讨论包括有传热和无传热的可压缩效应(见第八章)，涉及到变 Prandtl 数，并包括某些抽吸和引射的情形．

K. K. Chen 和 P. A. Libby[9] 广泛地研究了这样的边界层：它的特点在于对 Falkner-Skan 型的自相似绕楔流动边界层稍有偏离．显然，这样的边界层不再是自相似的．

### b．收缩槽中的流动

由方程

$$U(x) = -\frac{u_1}{x} \tag{9.9}$$

给出的位势流动问题与绕楔流动有关，而且也可以得到"相似"解．在 $u_1 > 0$ 的情形下，它代表直壁收缩槽内的二维流动(汇)．

对于全开度角 $2\pi$ 和单位高度的流体层，其体积流量是 $Q = 2\pi u_1$ (图 9.2)．引进相似性变换

$$\eta = y\sqrt{\frac{U}{-x\nu}} = \frac{y}{x}\sqrt{\frac{u_1}{\nu}} = \frac{y}{x}\sqrt{\frac{Q}{2\pi\nu}} \tag{9.10}$$

以及流函数

$$\psi(x, y) = -\sqrt{\nu u_1}\, f(\eta),$$

可以得到速度分量

$$u = Uf'; \quad v = -\sqrt{\nu u_1}\,\frac{\eta}{x} f'. \tag{9.11}$$

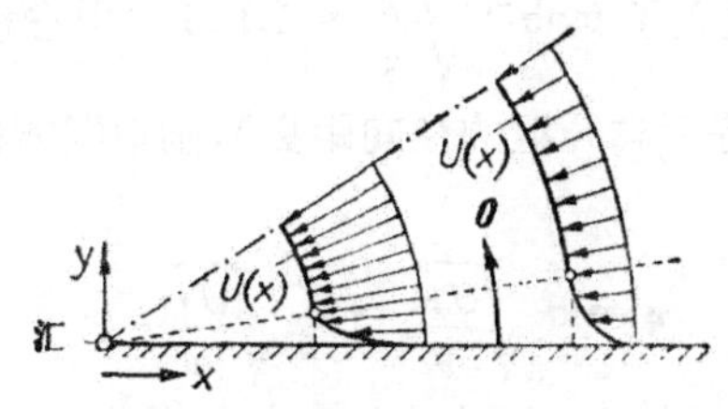

图 9.2　收缩槽中的流动

代入方程(9.2)，就可得到流函数的微分方程

$$f''' + f'^2 + 1 = 0. \tag{9.12}$$

其边界条件由式(9.3)得出，它们是：当 $\eta = 0$ 时，$f' = 0$；当 $\eta = \infty$时，$f' = 1$ 和 $f'' = 0$．这也是第八章中讨论的那类"相似"解的特殊情形．如果设 $\alpha = 0$，$\beta = +1$，就可以由"相似"边界层更普遍的微分方程(8.15)得到方程(9.12)．这里讨论的例子，是以封闭形式得到边界层方程解析解的罕见情形之一．

首先，用 $f''$ 乘方程(9.12)，并积分一次，得到

$$f''^2 - \frac{2}{3}(f' - 1)^2(f' + 2) = a,$$

其中 $a$ 是积分常数．因为当 $\eta \to \infty$时，$f' = 1$ 和 $f'' = 0$，所以 $a$ 值等于零．于是

$$\frac{df'}{d\eta} = \sqrt{\frac{2}{3}(f' - 1)^2(f' + 2)},$$

或者

$$\eta = \sqrt{\frac{3}{2}}\int_0^{f'}\frac{df'}{\sqrt{(f'-1)^2(f'+2)}},$$

其中，由于 $\eta=\infty$时的边界条件 $f'=1$，所以附加的积分常数等于零．这个积分可以用封闭形式表示如下：

$$\eta = \sqrt{2}\left\{\tanh^{-1}\frac{\sqrt{2+f'}}{\sqrt{3}} - \tanh^{-1}\sqrt{\frac{2}{3}}\right\},$$

或者解出 $f'=u/U$：

$$f' = \frac{u}{U} = 3\tanh^2\left(\frac{\eta}{\sqrt{2}} + 1.146\right) - 2. \qquad (9.13)$$

这里我们已代入了 $\tanh^{-1}\sqrt{\frac{2}{3}} = 1.146$．引进极角 $\theta = y/x$ 及 $Q = 2\pi rU$（$r$ 等于离开汇的径向距离），则根据方程(9.10)，可以用下式替代 $\eta$：

$$\eta = \theta\sqrt{\frac{Ur}{\nu}} = \frac{y}{x}\sqrt{\frac{Ur}{\nu}}. \qquad (9.14)$$

图 9.3 画出了式(9.13)的速度分布．大约在 $\eta=3$ 时，边界层与位势流动会合．因此边界层厚度成为 $\delta = 3x\sqrt{\nu/Ur}$；和其它例子一样，$\delta$ 也随 $1/\sqrt{\mathbf{R}}$ 减小而减小．

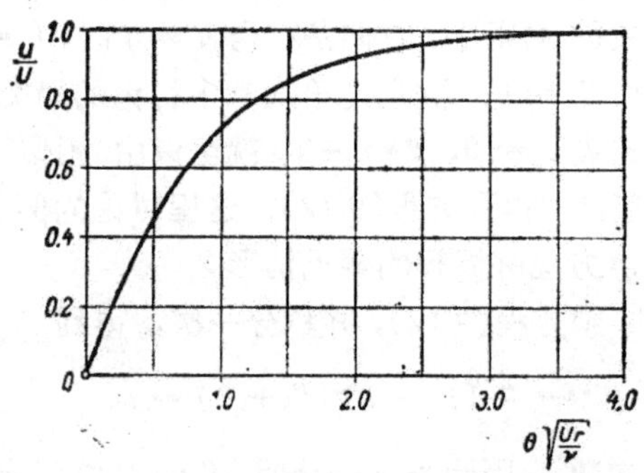


图 9.3　在收缩槽流动中边界层内的速度分布

上述解是由 K. Pohlhausen[50] 首先得到的． 从第 121 页的第五章 b12 可以记起，G. Hamel 讨论的扩张槽流动，是 Navier-

Stokes 方程的精确解．图5.15中的曲线包含了现在这个解的某些数值结果．在这方面，值得参阅 B. L. Reeves 和 C. J. Kippenhan 的文章[52]．

### c. 绕柱体流动；对称情形（Blasius 级数）

迄今所讨论的边界层方程的这类“相似”解是相当有限的．除了已经讲过的平板、驻点流动、绕楔流动和收缩槽流动这些例子以外，几乎很难得到另外的解．现在我们准备研究柱体边界层的一般情形，其中流动垂直于柱体的体轴． H. Blasius[4]首先给出这个问题的解法，后来 K. Hiemenz[39] 和 L. Howarth[40]进一步发展了这一方法．这里必须区分两种情形，就是对于平行于远处来流的轴线，物体是对称的还是非对称的．我们将把这两种情形分别称为对称情形和非对称情形．

在每种情形下，都假定位势流速度具有 $x$ 幂级数的形式，其中 $x$ 表示从驻点开始沿周线的距离．边界层的速度剖面也表示成类似的 $x$ 幂级数，并假定其系数是垂直物面的坐标 $y$ 的函数（Blasius 级数）．L. Howarth 成功地找到了一种对于速度剖面的代换，它能给予依赖于 $y$ 的系数以普遍适用性．换句话说，通过对幂级数的适当假设，使它的系数与柱体的具体形状无关，因而可以计算出这些函数，并能以表格的形式表示出来．因此，只要这种表格列出足够多的级数项，利用这些表格，就能使给定外形的边界层计算变得非常简单．

然而，Blasius 方法的有效性受到严格的限制，因为恰恰在很细长物体这种最重要的情形下，需要的级数项很多；事实上，它们的项数非常多，以致要想用适度的计算量把它们全部列出表来是不现实的．这是因为在细长物体截面情形下，例如，在主轴平行于气流的椭圆形截面情形下，或者在翼剖面情形下，前缘驻点附近的位势速度，最初急剧增加，然后在下游相当大的距离内非常缓慢地变化．通过少数几项的幂级数是不能很好描述这类函数的．尽管有这样的限制，Blasius 方法仍具有很基本的重要性，因为在分离点附近其收敛性不好的情况中，可以利用它以很高的精度解析地算出驻点附近的边界层起始部分．然后再利用适当的数值积分方法继续进行计算，例如象第九章 ε 所叙述的方法．

我们来讨论**对称情形**，并且假设位势流速度以级数形式给出：

$$U(x)=u_1x+u_3x^3+u_5x^5+\cdots. \tag{9.15}$$

系数 $u_1, u_3, \cdots$ 只依赖于物体形状，并且认为是已知的．通过引进流函数 $\psi(x, y)$，使连续方程得到满足．类似于式(9.15)，似乎也可将 $\psi$ 表示成 $x$ 的幂级数，并将其系数看成是 $y$ 的函数．这个幂级数的具体形式的选择取决于以下要求：即要求级数中 $y$ 的函数与描述流动的系数 $u_1, u_3, u_5, \cdots$ 无关．利用这种方法，这些 $y$ 的函数可以成为通用的，而且可以一劳永逸地计算出来．

取[1)]

$$\eta=y\sqrt{\frac{u_1}{\nu}} \tag{9.16}$$

将离开壁面的距离无量纲化．这将导出如下形式的流函数：

$$\psi=\sqrt{\frac{\nu}{u_1}}\{u_1xf_1(\eta)+4u_3x^3f_3(\eta)+6u_5x^5f_5(\eta)+\cdots\}, \tag{9.17}$$

通过它就能求出速度分量 $u=\partial\psi/\partial y$ 和 $v=-\partial\psi/\partial x$ 的级数．将这些表达式代入运动方程(9.2)，比较方程中的系数，就可得到函数 $f_1, f_3, \cdots$ 的常微分方程组．前两个方程是

$$\left.\begin{aligned}&f_1'^2+f_1f_1''=1+f_1''',\\&4f_1'f_3'-3f_1''f_3-f_1f_3''=1+f_3'''.\end{aligned}\right\} \tag{9.18}$$

在这些方程中，用撇表示对 $\eta$ 求导数．有关的边界条件是

$$\left.\begin{aligned}&\eta=0:\ f_1=f_1'=0;\ f_3=f_3'=0,\\&\eta=\infty:\ f_1'=1;\ f_3'=\frac{1}{4}.\end{aligned}\right\} \tag{9.19}$$

所有这些函数系数的微分方程都是三阶的，而且只有第一个，即关

---

1）这种形式是通过将式(9.15)的第一项代入 Blasius 方程(7.24)，即用 $u_1x$ 代替 $U_\infty$ 得到的．这也随着带来缺点，即它没有考虑到边界层厚度沿顺流方向的增长．

于 $f_1$ 的方程是非线性的；它与第五章讨论的二维驻点流动方程(5.39)相同．其余的所有方程都是线性的，而且它们的系数都是用前面方程的各项函数表示的． K. Hiemenz[39] 已经计算了函数 $f_1$ 和 $f_3$．图 9.4 中画出了它们的一阶导数曲线．前面，在图 5.11 和表 5.1 中给出了速度分布函数 $f_1'$（当时用 $\varphi'$ 表示）．它们的高阶函数可以在本书较早的版本[57a]中找到．

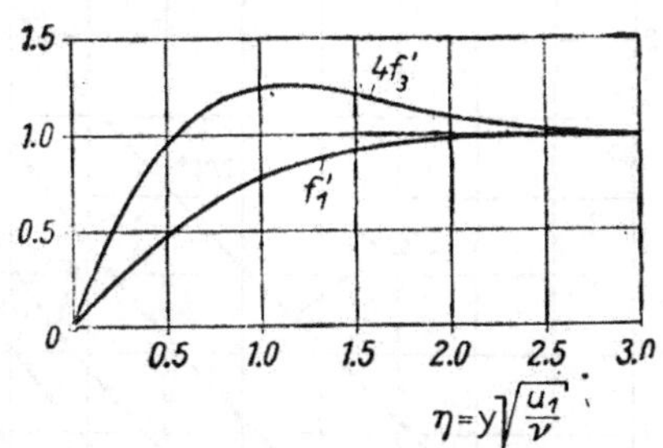


图 9.4　出现在 Blasius 幂级数中的函数 $f_1'$ 和 $f_3'$

例：圆柱．我们现在准备把上面概述的方法应用到圆柱情形．尽管在文献中常常用实验测量的压力分布来求解这个问题，但是为了确定起见，我们还是把计算建立在位势理论压力分布的基础上．在来流平行于 $x$ 轴、来流速度为 $U_\infty$ 以及圆柱半径为 $R$ 的无粘、无旋圆柱绕流中，理想的速度分布可以表示为

$$u(x) = 2U_\infty \sin x/R = 2U_\infty \sin \varphi, \tag{9.20}$$

其中 $\varphi$ 是从驻点起度量的角度．将 $\sin x/R$ 展开成级数，并与式(9.15)的级数进行比较，可以得到

$$u_1 = 2\frac{U_\infty}{R};\quad u_3 = -\frac{2}{3!}\frac{U_\infty}{R^3};\cdots \text{和}\ \eta = \frac{y}{R}\sqrt{\frac{2U_\infty R}{\nu}}.$$

在图 9.5 中，可以看到不同 $\varphi$ 值下的速度剖面，该图是根据将速度 $u$ 展开到 $x^{11}$ 项的级数画出的．$\varphi > 90°$ 的速度剖面都有一个拐点，因为它们处于升压区．

图9.6画出了切应力 $\tau_0 = \mu(\partial u/\partial y)_0$ 的分布曲线．分离点的位置由 $\tau_0 = 0$ 的条件来确定．其位置为

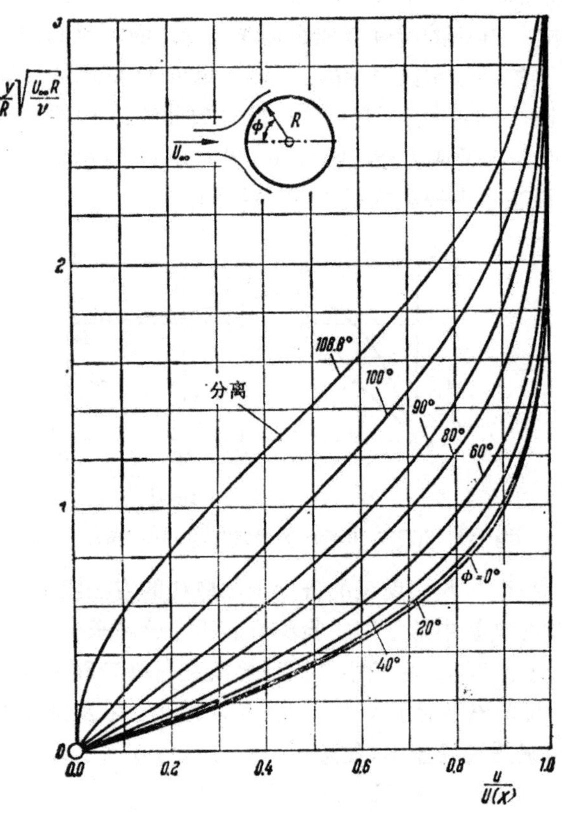


图 9.5 圆柱边界层的速度分布

φ——从驻点起度量的角度

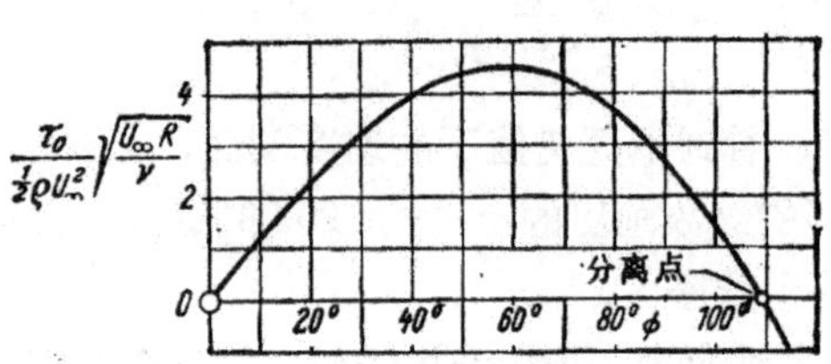


图 9.6 圆柱层流边界层中壁面切应力沿周线的变化

$$\varphi_s = 108.8°.$$

如果幂级数在 $x^9$ 项上截止，则分离点的位置出现在 $\varphi_s = 109.6°$．现在用数值方法可以得到更精确的值，见第九章 i 和第十章 c3.

借助壁面**相容条件**可以检查这种基于幂级数计算的精度，进而估计幂级数省略部分的收敛速度．根据方程(7.15)，必然有

$$U\frac{dU}{dx} = -\nu\left(\frac{\partial^2 u}{\partial y^2}\right)_{y=0}. \tag{9.21}$$

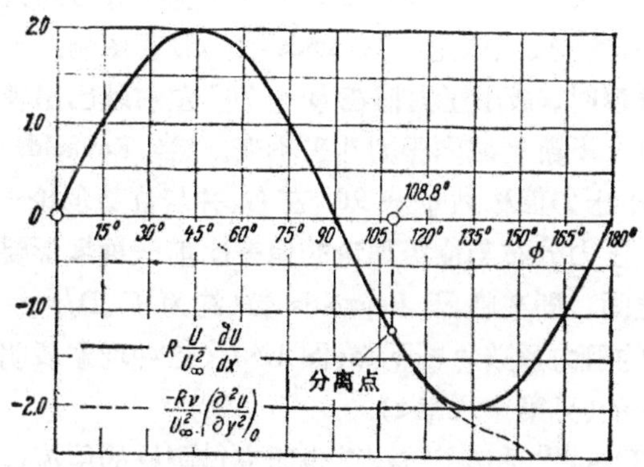


图 9.7　对于图 9.5 的圆柱层流边界层，验证式(9.21)的第一相容条件．直到分离点后的某点都近似满足第一相容条件

图 9.7 将壁面上的速度剖面曲率与 $UdU/dx$ 的精确值作了比较．可以看出，当距离 $x$ 超过分离点时，它们仍符合得很好．因此，我们可以断定：在 $x''$ 项上截止的 Blasius 级数，直到分离点之后的某点，都满足圆球上的相容条件．但是，这并不是说，这个截取级数一定以很高的精确度表示速度剖面．

正如前面提过的，在较细长的物体形状情形下，如果希望得到直至分离点的速度剖面，那就需要相当多的 Blasius 级数项．但是，由于存在相当大的困难，这就妨碍我们计算出更多的函数系数．这些困难不仅在于，当截取级数每增加一项时，需要增加求解的方程个数，而且更重要的还在于，如果要使高幂次项的函数达到

足够的精度，那就还要再提高低幂次项函数的计算精度．

L. Howarth[40]将现在这个方法推广到包括非对称的情形，但是，没有列出相应于 $x^3$ 幂次以后的各项函数系数表．N. Froessling[23]将这种方法推广到旋转对称的情形，这种情形将在第十一章中讨论．

K. Hiemenz 在向 Goettingen 大学提出的论文[39]中，报告了绕圆柱压力分布的测量结果．这些测量结果成为他的边界层计算的基础．他的测量结果表明，分离发生在 $\varphi_S = 81°$，而计算指出 $\varphi_S = 82°$．后来 O. Flachsbart 发表了压力分布的大量实验数据(图 1.10)，这些数据指出 Reynolds 数的显著影响．当 Reynolds 数低于临界值时，最小压力值在 $\varphi = 70°$ 左右就已出现了，并且在圆柱的整个下游区域内压力几乎不变．当 Reynolds 数高于临界值时，最小压力值移到 $\varphi = 90°$ 左右，并与位势理论一致，而且总的来说，压力分布与位势理论的偏差比前一种情形要小．介于这两个值之间，即在临界 Reynolds 数(约为 $U_\infty D/\nu = 3 \times 10^5$)附近，圆柱的阻力系数急剧下降(图 1.4)，这种现象表明边界层已经变成湍流的(见第十八章 f)．

A. Thom[67] 和A. Fage[16] 也研究过圆柱的层流边界层，他们研究的 Reynolds 数范围分别为 $U_\infty D/\nu = 28000$ 和 $U_\infty D/\nu = 1.0 \times 10^5$ 到 $3.3\times10^5$．在 L. Schiller 和 W. Linke 的文章[54]中，包括在低于临界值的 Reynolds 数范围内，对于压差阻力和表面摩阻的一些讨论．在 Reynolds 数约从 60 到 5000 的范围内，在圆柱后面存在一个规则的、周期性结构的涡街(图 2.7 和 2.8)．向这个所谓 von Kármán 涡街发放旋涡的频率，由 H. Blenk, D. Fuchs 和 H. Liebers，后来由 A. Reshko 进行了研究(见第二章)．

## d. 用 $U(x) = U_0 - ax^n$ 表示的位势流动的边界层

L. Howarth[41] 和 I. Tani[66]得到了边界层方程的另外一族解．这些解与由

$$U(x) = U_0 - ax^n \quad (n = 1, 2, 3\cdots) \tag{9.22}$$

表示的位势流动相联系．显然，这种流动是沿平板流动(见第七章 e)的普遍形式；当 $a=0$时，它们是相同的．在 L. Howarth 所处理的 $n = 1$ 的最简单情形下，这种流动可以解释为出现在槽中的流动，这个槽由两部分组成：一个平行壁面部分(速度 $U_0$)，

和一个后接的收缩段($a<0$)或扩张段($a>0$)[1]．这是另一个速度剖面不相似的边界层例子．L. Howarth 引进新的自变量

$$\eta=\frac{1}{2}y\sqrt{\frac{U_0}{\nu x}},\tag{9.23}$$

这与在零攻角平板解中所采用的自变量相同．他还假设

$$x^*=\frac{ax}{U_0}$$

($x^*<0$,加速流动；$x^*>0$，减速流动)．利用类似于柱体情形的方法(见第九章 c)，现在可以对流函数规定一个 $x^*$ 的幂级数，其系数是 $y$ 的函数：

$$\psi(x,y)=\sqrt{U_0\nu x}\{f_0(\eta)-(8x^*)f_1(\eta)+(8x^*)^2f_2(\eta)-+\cdots\}.\tag{9.24}$$

因此流动速度为

$$u=\frac{1}{2}U_0\{f_0'(\eta)-(8x^*)f_1'(\eta)+(8x^*)^2f_2'(\eta)-+\cdots\}.\tag{9.25}$$

将这些值代入运动方程(9.2),比较各项系数,我们就得到一组关于 $f_0(\eta)$，$f_1(\eta)$，…的常微分方程．它们的前三个方程是

$$f_0'''+f_0f_0''=0;$$
$$f_1'''+f_0f_1''-2f_0'f_1'+3f_0''f_1=-1,$$
$$f_2'''+f_0f_2''-4f_0'f_2'+5f_0''f_2=-\frac{1}{8}+2f_1'^2-3f_1f_1'',$$

其边界条件是

$$\eta=0:\ f_0=f_0'=0;\ f_1=f_1'=0;\ f_2=f_2'=0;$$

$$\eta=\infty:\ f_0'=2;\ f_1'=\frac{1}{4};\ f_2'=0.$$

只有第一个方程是非线性的,并且与零攻角平板的方程相同[2]．其余所有的方程都是线性的,而且齐次部分只含函数 $f_0$，但是非齐次项是由其他函数 $f_\nu$ 构成的．L. Howarth 求解了前七个微分方程(直到并包括 $f_6$)，并计算出它们的函数表．

利用这些 $f_\nu$ 值,在 $-0.1\leqslant x^*\leqslant+0.1$ 的范围内,级数(9.25)收敛得很好．在减速流动($x^*>0$)情形下,分离点约在 $x^*=0.12$ 处,但对于这样稍微扩展的 $x^*$ 值的范围，级数(9.25)的收敛性就不能保证了．为了到达分离点，L. Howarth 利用数值方法进行解的延拓．图 9.8 中画出了加速流动和减速流动两种情形下几个 $x^*$ 值的速度剖面．应当注意，减速流动的所有速度剖面都有一个拐点．D. R. Hartree[33]重复了这些计算,所得结果与 L. Howarth 的很一致．D. C. F. Leigh[44]更准确地计算了 $a/U_0=0.125$ 的情形,为此,他使用了电子数字计算机，而且特别注意分离区．他得到在分离点上的形状因数是 $x^*=0.1198$.

I. Tani[66]将 L. Howarth 的方法推广到包括 $n\geqslant1$(同时 $a>0$)的情形． 但是 I. Tani 没有发表任何函数系数表,他只报告了在 $n=2,4$ 和 8 时的最后结果． 在这

---

1) 当 $n=1$ 时，如果将方程(9.22)写成 $U(x)=U_0(1-x/L)$的形式，它也可以解释为沿平直壁面的位势流动，该壁面以 $x=0$ 为起点，并在 $x=L$ 处连接另一个与它垂直的无限长的壁面． 这与图 2.17 表示的减速驻点流动属于同一类型,驻点是在 $x=L$ 处．

2) 以上方程中的自变量 $\eta$ 与第七章的自变量相差一个因子$\frac{1}{2}$.

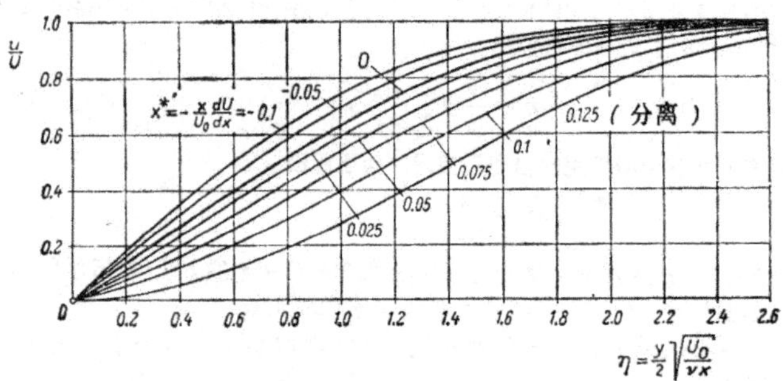


图 9.8 用 $U(x) = U_0 - ax$ 表示的位势流动中，层流边界层的速度分布，根据 Howarth[41]

种情形下，级数的收敛性很差，他也不能以足够的精度确定出分离点，后来只好也利用 L. Howarth 的数值延拓方法.

## e. 零攻角平板尾迹中的流动

边界层方程的应用并不局限于靠近固壁的区域. 如果在流体内部存在粘性影响占优势的流体层，也可以应用这些方程. 当两层流体以不同的速度相遇时，例如，在物体后面的尾迹中，或者当流体通过小孔喷射时，都会出现这种情形. 在本节及后面几节中，我们准备讨论这类流动的三个例子，在讨论湍流时，我们还会回过头来讨论这些流动.

作为第一个例子，我们将讨论零攻角平板尾迹中的流动情形(图 9.9). 在后缘后面两个速度剖面合并为一个尾迹速度剖面. 这一剖面的宽度将随着距离而增加，而其平均速度将减小. 速度曲线减小的多少与物体的阻力直接有关. 但是，总的来说，正如我们将在后面看到的，在远离物体的地方，尾迹中的速度剖面与物体的形状无关，只是尺度因子有差异. 另一方面，非常靠近物体的尾迹速度剖面，显然取决于物体附近的边界层，而其形状取决于流动是否已经发生了分离.

根据尾迹的速度剖面，可以利用动量方程来计算阻力. 为此，我们画出一个矩形控制面 $AA_1B_1B$，如图 9.9 所示. 平行于平板的边界 $A_1B_1$ 离开平板一段距离，它完全处于未受扰动的速度为 $U_\infty$

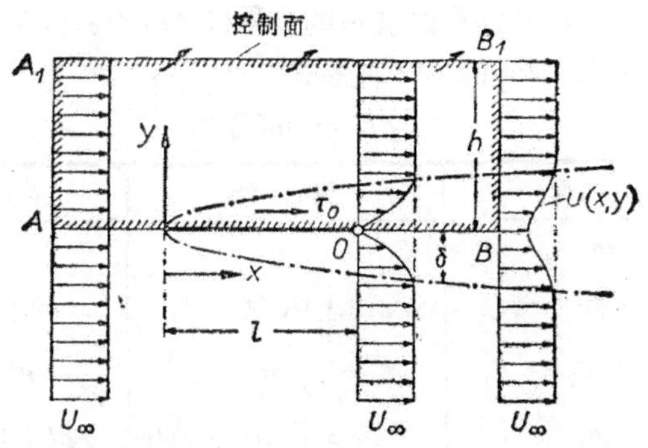


图 9.9 由尾迹速度剖面计算零攻角平板阻力时，动量方程的应用

区域内．另外，在整个控制面上压力不变，所以压力对动量无贡献．当计算通过控制面的动量通量时，必须记住，由于连续性要求，流体必然从边界 $A_1B_1$ 流出．通过 $A_1B_1$ 流出的流量等于流进 $A_1A$ 的流量与流出 $B_1B$ 的流量之差．由于对称性，边界 $AB$ 上的横向速度为零，所以该边界对 $x$ 方向的动量无贡献．其动量守恒关系将在下面以表格形式给出，并且依照惯例，认为流进的质量为正，流出的质量为负．平板宽度用 $b$ 表示．总的动量通量等于单面浸湿平板上的阻力 $D$．于是，我们有

$$D = b\rho \int_{y=0}^{\infty} u(U_\infty - u)dy. \tag{9.26}$$

因为当 $y > h$ 时，式(9.26)中的被积函数等于零，所以可以将积分上限 $y = h$ 改为 $y = \infty$．因此，双面浸湿平板上的阻力为

$$2D = b\rho \int_{-\infty}^{\infty} u(U_\infty - u)dy\ . \tag{9.27}$$

这个式子不仅能用于平板，而且可以用于任意对称柱体．应该记住，在较一般的情形下，应该在足够远的截面上对尾迹剖面进行积分，这样整个截面的静压有其未受扰动的值．由于平板附近既无纵向压力差又无横向压力差，所以式(9.27)可以应用在平板后面的任何距离上．另外，式(9.27)可以应用于平板边界层的任意 $x$ 截面上，这时它给出从前缘到该截面这部分平板的阻力．在式(9.26)或(9.27)中，积分的物理意义是，它代表了摩擦引起的动量

损失．它与定义动量厚度$\delta_2$的方程(8.31)的积分是一样的，所以可以给出式(9.26)的另一种形式

$$D = b\rho U_\infty^2 \delta_2. \tag{9.28}$$

| 截　面 | 流　量 | $x$方向的动量 |
|---|---|---|
| $AB$ | 0 | 0 |
| $AA_1$ | $b\int_0^h U_\infty dy$ | $\rho b\int_0^h U_\infty^2 dy$ |
| $BB_1$ | $-b\int_0^h u dy$ | $-\rho b\int_0^h u^2 dy$ |
| $A_1B_1$ | $-b\int_0^h (U_\infty - u)dy$ | $-\rho b\int_0^h U_\infty(U_\infty - u)dy$ |
| $\Sigma$＝控制面 | $\Sigma$流量＝0 | $\Sigma$动量通量＝阻力 |

我们现在着手计算尾迹中的速度剖面，特别是离开平板后缘很远的尾迹速度剖面．这种计算必须分两步进行：1.沿从前缘到后缘的顺流方向的展开计算，即对后缘附近的平板 Blasius 速度剖面进行延拓计算；2.沿逆流方向的展开计算．后者是对于平板后面远距离的一种渐近积分，而且确实与物体形状无关．这里有必要作如下假设：尾迹中的速度差

$$u_1(x, y) = U_\infty - u(x, y) \tag{9.29}$$

比起$U_\infty$来是小量，所以$u_1$的二次项和高次项可以忽略不计．这种方法利用了延拓已知解的方法．计算是从用 Blasius 方法计算的后缘速度剖面开始的，这里我们不准备进一步讨论了．W. Tollmien[69]计算了沿逆流方向的渐近展开．由于它对尾迹流动问题具有代表性，同时在更重要的湍流问题中还要用到它，所以我们打算花一些时间进行讨论．

由于压力项等于零，所以将(9.29)代入边界层方程(9.2)，得到

$$U_\infty \frac{\partial u_1}{\partial x} = \nu \frac{\partial^2 u_1}{\partial y^2}, \tag{9.30}$$

其中$u_1$和$v$的二次项已经略去．边界条件是：

$$y = 0:\ \frac{\partial u_1}{\partial y} = 0;\quad y = \infty:\ u_1 = 0.$$

通过适当的变换，这个偏微分方程也可以变换为一个常微分方程．

类似于平板 Blasius 方法中的假设(7.24)，设

$$\eta = y\sqrt{\frac{U_\infty}{\nu x}},$$

同时，我们设 $u_1$ 具有如下形式:

$$u_1 = U_\infty C\left(\frac{x}{l}\right)^{-\frac{1}{2}}g(\eta), \tag{9.31}$$

其中 $l$ 是平板的长度(图 9.9).

在式(9.27)中，给出平板阻力的动量积分必须与 $x$ 无关，这就证明在式(9.31)中 $x$ 的 $-\frac{1}{2}$ 次幂是正确的. 因此，忽略 $u_1$ 的二次项以后，式(9.27)给出两面浸湿的平板阻力为

$$2D = b\rho U_\infty\int_{y=-\infty}^{\infty}u_1 dy$$

代入式(9.31)，得到

$$2D = b\rho U_\infty^2 C\sqrt{\frac{\nu l}{U_\infty}}\int_{-\infty}^{\infty}g(\eta)d\eta. \tag{9.32}$$

此外，将式(9.31)代入式(9.30)，再通除以 $CU_\infty^2\cdot(x/l)^{-\frac{1}{2}}x^{-1}$，则得到 $g(\eta)$ 的微分方程

$$g'' + \frac{1}{2}\eta g' + \frac{1}{2}g = 0, \tag{9.33}$$

其边界条件是

当 $\eta = 0$ 时，$g' = 0$；当 $\eta = \infty$时，$g = 0$.

积分一次，有

$$g' + \frac{1}{2}\eta g = 0,$$

其中，由于在 $\eta = 0$ 处的边界条件，积分常数等于零. 再积分一次，则得到解

$$g = \exp\left(-\frac{1}{4}\eta^2\right). \tag{9.34}$$

这里，积分常数以系数的形式出现，并且不失一般性可以使其等于1，因为根据(9.31)定义的速度分布函数 $u_1$ 中还含有一个未定常数 $C$. 常数 $C$ 由这样的条件来确定：由动量损失计算的阻力，式

(9.32)，必须等于平板上的阻力，式(7.33)。

首先，我们注意到

$$\int_{-\infty}^{\infty} g(\eta)d\eta = \int_{-\infty}^{\infty} \exp\left(-\frac{1}{4}\eta^2\right)d\eta = 2\sqrt{\pi},$$

所以，由式(9.32)我们有

$$2D = 2\sqrt{\pi}\, Cb\rho U_\infty^2 \sqrt{\frac{\nu l}{U_\infty}}.$$

另一方面，由式(7.33)可以写出两面浸湿平板的表面摩阻：

$$2D = 1.328\rho U_\infty^2 \sqrt{\frac{\nu l}{U_\infty}}.$$

所以 $2C\sqrt{\pi} = 1.328$，而 $C = 0.664/\sqrt{\pi}$，并且零攻角平板尾迹中速度差的最终结果为

$$\frac{u_1}{U_\infty} = \frac{0.664}{\sqrt{\pi}}\left(\frac{x}{l}\right)^{-\frac{1}{2}} \exp\left\{-\frac{1}{4}\frac{y^2 U_\infty}{x\nu}\right\}. \qquad (9.35)$$

图 9.10 中绘出了这个渐近方程给出的速度分布. 值得注意的是，这个速度分布和 Gauss 误差分布函数是一样的. 正如在开始时

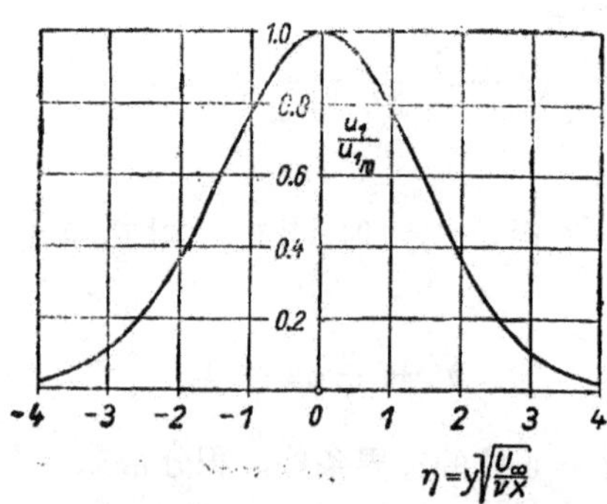


图 9.10 平板后面层流尾迹中的渐近速度分布[根据方程(9.35)]

假定的，只是在远离平板的地方，式(9.35)才是正确的. W. Tollmien 证明了它可以用在大约 $x > 3l$ 的地方. 图 9.11 给出一幅曲线图，由此可以推断出整个速度场.

在大多数情形下，平板尾迹中的流场以及任意物体后面尾迹

中的流场都是湍流的.即使在小 Reynolds 数情形下，比如说 $\mathbf{R}_l<10^6$，这时边界层直至后缘都是层流的，可是在尾迹中流动还是要变成湍流的，因为所有尾迹的速度剖面都有一个拐点，因而是极不稳定的．换句话说，即使在比较小的 Reynolds 数情形下，尾迹也是湍流的．在第二十四章将讨论湍流尾迹．

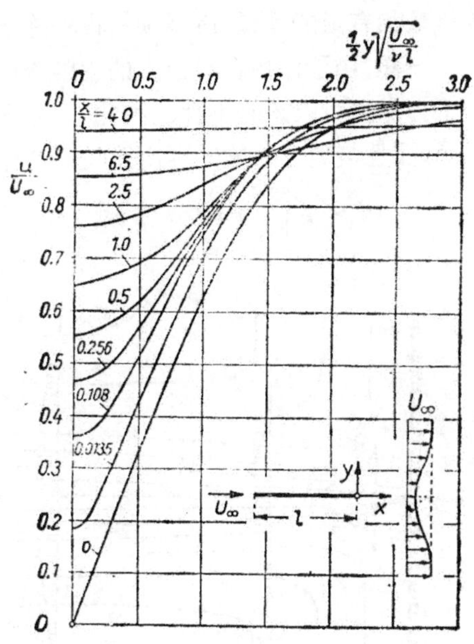


图 9.11 零攻角平板后面层流尾迹中的速度分布

## f. 二维层流射流

从小孔中喷出一股射流的运动，提供了另一个能应用边界层理论，而又无固体边界的运动例子．我们打算讨论二维问题，所以假定射流从一个狭长缝中射出，并与周围流体相混合．H. Schlichting[56]和 W. Bickley[3]求解了这个问题．实际上，和前面一样，在这种情形下，流动也会变为湍流的．可是，这里我们要详细讨论层流情形，因为后面将讨论的湍流射流，可以用同样的数学方法进行分析.

这样一股射流,由于在它边缘上形成的摩擦作用,将带动着周围一些原来静止的流体一起运动. 图 9.12 绘出了所得到的流线图象. 我们将采用原点在狭缝上、横坐标轴与射流轴线相重合的坐标系. 由于摩擦的影响,射流沿流动方向向外扩展,而其中心速度沿流动方向减小. 为简单起见,我们将设狭缝无限小,但是为了保持有限的流量和有限的动量,就必须假设狭缝上的流速无限大. 象前面的例子一样,由于作用在射流上的周围流体的压力不变,所以 $x$ 方向的压力梯度可以忽略不计. 因此,$x$ 方向的总动量(记作 $J$)应保持不变,而且与离开狭缝的距离无关. 这样

$$J=\rho\int_{-\infty}^{\infty}u^2dy=\text{常数}. \tag{9.36}$$

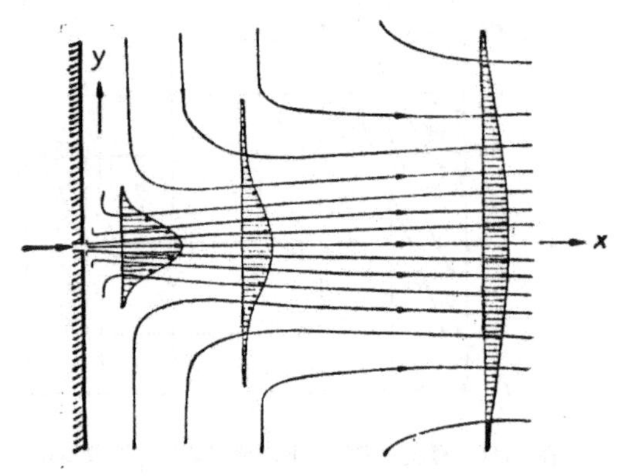


图 9.12 二维层流自由射流

因为整个这个问题无特征长度,所以,和零攻角平板情形一样,如果考虑到速度剖面 $u(x,y)$ 很可能是相似的,就能作出关于速度分布的适当假设. 因此,我们设速度 $u$ 是 $y/b$ 的函数,其中 $b$ 是适当定义的射流宽度. 我们还设 $b$ 正比于 $x^q$. 相应地,可以把流函数写成如下形式:

$$\psi\sim x^p f\left(\frac{y}{b}\right)=x^p f\left(\frac{y}{x^q}\right).$$

这两个未知指数将由下述条件来确定：

1. 根据式(9.36)，$x$ 方向的动量通量与 $x$ 无关.

2. 式(9.2)中的加速度项和摩擦项具有相同的量级.

这就给出两个关于 $p$ 和 $q$ 的方程：

$$2p-q=0 \quad 和 \quad 2p-2q-1=p-3q.$$

由此

$$p=\frac{1}{3}; \quad q=\frac{2}{3}.$$

所以，关于自变量和流函数的假设，如果包括适当的常数，就可以写为：

$$\eta=\frac{1}{3\nu^{1/2}}\frac{y}{x^{2/3}}; \quad \psi=\nu^{1/2}x^{1/3}f(\eta).$$

因此，可以给出速度分量的如下表达式：

$$\left.\begin{aligned} u&=\frac{1}{3x^{1/3}}f'(\eta);\\ v&=-\frac{1}{3}\nu^{1/2}x^{-2/3}(f-2\eta f'). \end{aligned}\right\} \tag{9.37}$$

将这些值代入微分方程(9.2)，并设压力项等于零，我们就得到关于流函数 $f(\eta)$ 的下述微分方程：

$$f'^2+ff''+f'''=0, \tag{9.38}$$

其边界条件是：在 $y=0$ 处，$v=0$ 和 $\partial u/\partial y=0$，在 $y=\infty$ 处，$u=0$. 于是

$$\eta=0:\ f=0,\ f''=0;\ \eta=\infty:\ f'=0. \tag{9.39}$$

方程(9.38)的解是异常简单的. 积分一次，有

$$ff'+f''=0.$$

由于在 $\eta=0$ 处的边界条件，积分常数等于零. 如果这个二阶微分方程的第一项含有系数 2，就可直接进行积分. 这可以通过如下变换来实现：

$$\xi=\alpha\eta;\ f=2\alpha F(\xi),$$

其中 $\alpha$ 是未知常数，以后再来确定. 这样，上面的方程就变换为

$$F''+2FF'=0, \tag{9.40}$$

现在用撇表示对 $\xi$ 求导数．边界条件是

$$\xi = 0: \ F = 0; \ \xi = \infty: \ F' = 0. \tag{9.41}$$

再对方程积分一次，得到

$$F' + F^2 = 1, \tag{9.42}$$

其中积分常数等于 1．如果设 $F'(0) = 1$，就得出这个结果；因为在 $f$ 和 $F$ 的关系中有未定常数 $\alpha$，所以这样的假设是允许的，并不失其一般性．方程(9.42)是 Riccati 型的微分方程，并且能以封闭形式积分．我们得到

$$\xi = \int_0^F \frac{dF}{1 - F^2} = \frac{1}{2} \ln \frac{1+F}{1-F} = \tanh^{-1} F.$$

反解这个方程，可以得到

$$F = \tanh\xi = \frac{1 - \exp(-2\xi)}{1 + \exp(-2\xi)}. \tag{9.43}$$

另外，因为 $dF/d\xi = 1 - \tanh^2\xi$，所以可以由式(9.37)导出速度分布为

$$u = \frac{2}{3} \alpha^2 x^{-1/3} (1 - \tanh^2\xi). \tag{9.44}$$

图 9.13 中给出了式(9.37)的速度分布曲线．

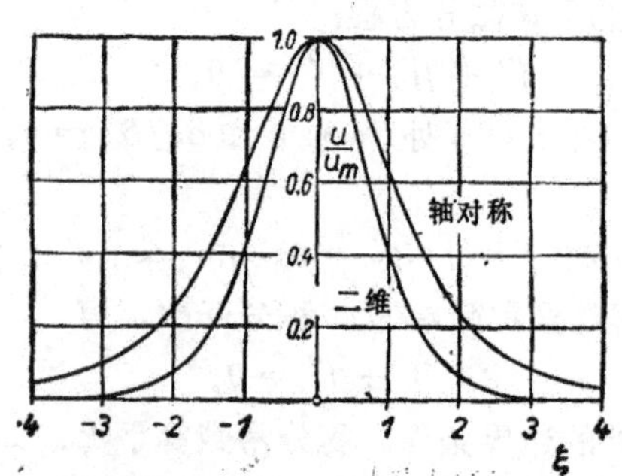


图 9.13　二维自由射流和圆自由射流的速度分布，它们分别由式(9.44)和(11.15)表示．对于二维射流 $\xi = 0.275K^{1/3}y/(\nu x)^{2/3}$，对于圆射流 $\xi = 0.244K'^{1/2}y/\nu x$．$K$ 和 $K'$ 表示动量 $J/\rho$

现在尚需确定常数 $\alpha$，用沿 $x$ 方向动量保持不变的条件式(9.36)，就可以做到这点．联合式(9.44)和(9.36)，可以得到

$$J=\frac{4}{3}\rho\alpha^3\nu^{1/2}\int_{-\infty}^{\infty}(1-\tanh^2\xi)^2d\xi=\frac{16}{9}\rho\alpha^3\nu^{1/2}. \quad (9.45)$$

我们将假定射流的动量通量是给定的．它正比于使射流流出狭缝的压力差．引进运动动量 $J/\rho=K$，由式(9.45)得到

$$\alpha=0.8255\left(\frac{K}{\nu^{1/2}}\right)^{\frac{1}{3}},$$

因此对于速度分布，有

$$\left.\begin{aligned}
u&=0.4543\left(\frac{K^2}{\nu x}\right)^{\frac{1}{3}}(1-\tanh^2\xi),\\
v&=0.5503\left(\frac{K\nu}{x^2}\right)^{\frac{1}{3}}[2\xi(1-\tanh^2\xi)-\tanh\xi],\\
\xi&=0.2752\left(\frac{K}{\nu^2}\right)^{\frac{1}{3}}\frac{y}{x^{2/3}}.
\end{aligned}\right\} \quad (9.46)$$

射流边界上的横向速度是

$$v_\infty=-0.550\left(\frac{K\nu}{x^2}\right)^{\frac{1}{3}}, \quad (9.47)$$

狭缝单位长度射出的体积流量为 $Q=\int_{-\infty}^{\infty}udy$，或者

$$Q=3.3019(K\nu x)^{1/3}. \quad (9.48)$$

由于射流边界的摩擦作用带动周围的流体一起运动，所以体积流量沿着流动方向增加．体积流量还随着射流动量增加而增加．

在第十一章中将讨论相应的旋转对称情形，其中射流从小圆孔射出．S. I. Pai[49]和 M. Z. Krzywoblocki[42]解出了从狭缝中射出二维可压缩层流射流的问题．

E. N. Andrade[1]对二维层流射流所作的测量，很好地证实了上述的理论讨论．直至 $\mathbf{R}=30$ 左右，射流都是层流的，其中 Reynolds 数以喷射速度和狭缝宽度为参考量． 在第二十四章将讨论二维湍流射流和圆湍流射流问题． 在 S. I. Pai 的书[49]中，可以找到所有射流问题的综合评述．

## g. 层流平行流动

我们将简单地讨论一下两个平行的层流流动之间的流体层运

动，这两个平行流动以不同的速度运动，因而提供了另一个能应用边界层方程的例子．在图 9.14 的插图中，可以看到对这个问题的描述：两个最初独立、未受扰动的平行流动，分别以速度 $U_1$ 和 $U_2$ 运动，由于摩擦作用它们开始相互作用．可以假设，从速度 $U_1$ 过渡到速度 $U_2$ 发生在一个狭窄的混合区内，而且横向速度分量 $v$ 处处小于纵向速度分量 $u$．因此，可以用边界层方程(9.1)来描述区域 I 和 II 内的流动，而且可以忽略压力项．

利用类似于平板边界层中使用过的方法（见第七章 e），通过引进无量纲横坐标 $\eta = y\sqrt{U_1/\nu x}$ 和流函数 $\psi = \sqrt{\nu U_1 x}\, f$，可以得到常微分方程

$$ff'' + 2f''' = 0. \tag{9.49}$$

因为 $u/U_1 = f'$，我们得到边界条件

$$\left.\begin{aligned} \eta = +\infty:\ f' = 1, \\ \eta = -\infty:\ f' = \frac{U_2}{U_1} = \lambda. \end{aligned}\right\} \tag{9.50}$$

因为在 $y = 0$ 的分界面上，$\psi = 0$，所以必然有

$$\eta = 0:\ f = 0. \tag{9.51}$$

微分方程(9.49) 满足边界条件(9.50) 和 (9.51)的解不能以封闭形式给出，因而必须使用数值方法．利用在 $\eta \to -\infty$ 和 $\eta \to +\infty$ 的渐近展开以及在 $\eta = 0$ 附近的级数展开，可以得到精确的数值解． R. C. Lock[45] 给出了几个这样的解． M. Lessen[44a] 从 $\eta \to -\infty$ 的渐近展开出发，用数值积分方法首先解出了这个问题．

图 9.14 中的曲线表示 $\lambda = U_2/U_1 = 0$ 和 0.5 的速度剖面． W. J. Christian[10] 发表了一个改进的数值解．一个宽的均匀射流与邻近的静止空气之间相互作用这样一种特殊情形，常常称为“平面半射流”．

根据第七章中提到的 J. Steinheuer[63] 所进行的研究，这些解属于 Blasius 方程(9.49)的一组特殊解．在该文献中可以找到，对于各种速度比 $\lambda$，最近计算的 $f'(0)$ 和 $f''(0)$值．另外，还计算了零流线的位移．因为在边界层两个边缘上，当 $\eta \to \pm\infty$ 时，法向速

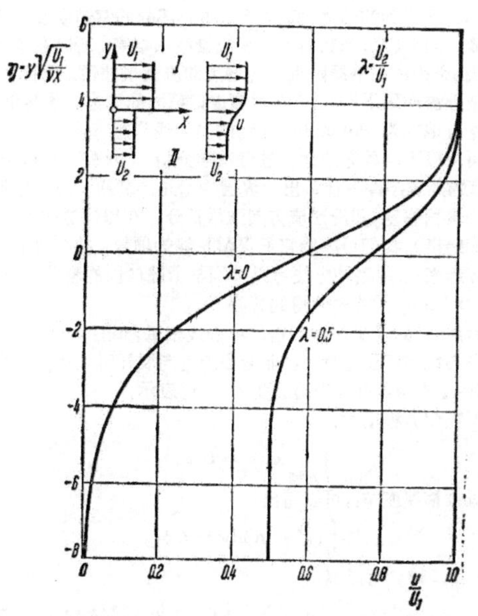

图 9.14 两个相互作用的平行流动之间区域内的速度分布，引自 R. C. Lock[45]

度分量 $v = -\partial\psi/\partial x \sim (\eta f' - f)$不相等，所以发生这种位移.

另外，R. C. Lock[45]研究过两股半射流不仅速度不相同，而且密度和粘性也不相同的情形. 这种情形的一个例子是空气在水面上方的流动. 现在，这个解除了依赖于 $\lambda$ 外，还依赖于 $\kappa = \rho_2\mu_2/\rho_1\mu_1$. Lock 除了给出基于动量积分方程的解以外，还给出了几个精确解. O. E. Potter[51]也给出了一种近似解法.

D. R. Chapman[7] 研究过可压缩半射流的问题. 这类可压缩流动，在分离尾迹的自由剪切层计算中起一定作用[8,13].

## h. 直槽进口段的流动

作为二维边界层流动的另一个例子，我们现在准备讨论平行壁面的直槽进口段的流动问题. 假设在远离进口的上游，速度分布是均匀的，而且和第五章指出的一样，槽内宽度上的速度分布是抛物线的. 我们还假设，进口截面的速度在其宽度 $2a$ 上均匀分布，速度大小为 $U_0$. 由于粘性摩擦作用，在两个壁面上将形成边界层，边界层的厚度将沿顺流方向增长. 开始时，即在离开进口截面的很小距离上，边界层增长的方式与沿零攻角平板相同．所得到的速度剖面，将由中心部分的常速度线和两个壁面上的边界层剖面连接而成．因为在每个截面上体积流量必须相等，所以在壁面附近由于摩擦作用而减少的流量，必须由在轴线附近相应增加的流量来补偿．因此，与平板情形不同，边界层要在加速外流作用下形成．在远离进口截面的地方，这两个边界层逐渐合并，最后速度剖面渐近地成为 Poiseuille 流动的抛物线分布．

这个过程可用以下两种方法之一进行数学分析．首先，可以沿顺流方向进行积分，从而在加速的外流条件下计算出边界层的增长．其次，可以分析速度剖面对渐近的抛物线分布的累积偏差，即沿逆流方向进行积分．在得到这两个解之后(比如说，以级数展开的形式给出)，我们可以给它们保留足够的项数，并在两个级数都可应用的截面上把它们连接起来．用这种方法可以得到整个进口段的流动．现在准备简要地概述一下 H. Schlichting[57]首先使用的方法．

设一个坐标系，它的横坐标轴与槽的中心线相重合(图 9.15)．当沿逆流方向展开时，将从槽的中心线起度量坐标 $y$，而沿顺流方向展开时，将从一个壁面起度量坐标 $y'$．进口速度用 $U_0$ 表示，中心流动速度用 $U(x)$表示．

我们从如下连续方程出发：

$$\int_{y'=0}^{a} u\,dy = U_0 a. \tag{9.52}$$

根据(8.30)引进位移厚度 $\delta_1$，可以写出

$$\int_0^a (U-u)\,dy = U\delta_1,$$

同时，借助于式(9.52)，可以写出

$$U(x) = U_0\frac{a}{a-\delta_1} = U_0\left[1+\frac{\delta_1}{a}+\left(\frac{\delta_1}{a}\right)^2+\cdots\right]. \tag{9.53}$$

靠近进口截面，边界层增长的方式与非加速流动中的零攻角平板边界层相同，所以由式(7.37)有

$$\frac{\delta_1}{a} = 1.72\sqrt{\frac{\nu x}{a^2 U_0}} = 1.72\varepsilon = K_1\varepsilon,$$

其中

$$\varepsilon = \sqrt{\frac{\nu x}{a^2 U_0}} \tag{9.54}$$

是无量纲的进口特征长度．式(9.53)也可写为

$$U(x) = U_0[1+K_1\varepsilon+K_2\varepsilon^2+\cdots], \tag{9.55}$$

其中 $K_1=1.72$．这样就得到用$\sqrt{x}$的幂级数表示的边界层外面的速度．根据平板 Blasius 解，$K_1$ 值是已知的，而其余的系数 $K_2$，$K_3$，…是未知的，因为它们依赖于尚未确定的边界层．

在沿逆流方向的级数展开中，设 $u=u_0(y)-u'(x,y)$，其中 $u_0(y)$是抛物线速度分布，即 $u_0(y)=\frac{3}{2}U_0(1-y^2/a^2)$，而 $u'$ 是一个附加的速度，其高阶项在一次近似中可以略去．

图 9.15 表示整个进口段中速度剖面的变化．可以看出，约在 $\nu x/a^2U_0=0.16$ 的地方，就形成了抛物线剖面，所以实际的进口段长度是 $l_E=0.16a(U_0a/\nu)=0.04(2a)\cdot\mathbf{R}$，其中$\mathbf{R}$ 表示以槽的宽度为参考的 Reynolds 数．例如，在 $\mathbf{R}=2000\sim5000$ 时，进口段长度为槽宽的 80～200 倍．因此，如果槽很短或者 Reynolds 数相当大，则流动就

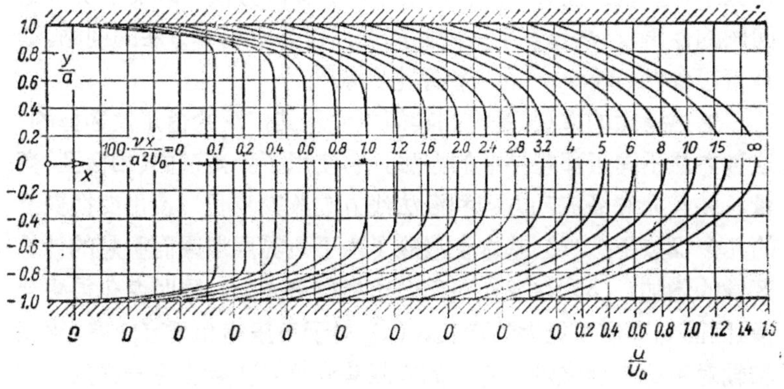


图 9.15 槽内进口段的层流速度分布

不能得到完全发展．

在 H. Hahnemann 和 L. Ehret 的两篇文章[36,37]中，报导了一种基于动量方程计算二维问题的近似方法（见第十章），还有一些延伸到湍流区的数值实验结果．L. Schiller[55]研究了圆管进口段的流动．

在文献[57]中可以找到从下游向上游导出解的计算细节．

M. Van Dyke[71]在阐述其二阶理论时，严格地检验了槽内进口段流动图象的发展问题，关于二阶理论见第七章 *f* 和第九章 *i*．他注意到这样的事实，图 9.15 中画出的解代表一阶的解，并只有当 Reynolds 数很大时才是正确的．由于这个原因，我们发现，在低 Reynolds 数时，这个解与完整 Navier-Stokes 方程的数值解不同，它显示出一定的偏差．

## i. 有限差分方法[1)]

现代方法(数字计算机)．近年来已经提出了许多数值计算方法，用来求解层流边界层方程．这些方法大部分属于**隐式**有限差分法，并且都是对 Fluegge-Lotz 和 Blottner[21] 首先阐述的数值方法的发展．所提到的这些方法都是精确的和快速的，但是需要使

---

1) 感谢 Trondhein 理工学院的 T. I. Fanneloep 教授，他欣然向我提供了如下陈述．

用数字计算机．在某一具体情形下所选择的方法，取决于所讨论问题的性质，当然也有个人爱好问题．作为对现有方法的回顾，读者可以参阅 Blottner 的一篇评论文章[5]．

这里提供的方法，是根据其简单性及其广泛的适用性选择的．这种方法不同于那些早期的方法，它使用了变换过的(相似型)变量，并且允许沿流动方向和沿法线方向改变步长．使用变换变量的几个优点是：(a) 基本上消除了由于边界层增厚而引起的计算区域的增加；(b) 在变换平面内边界层更光滑，同时变化得更缓慢，因而允许使用更大的步长；(c) 对于可压缩和不可压缩、平面和轴对称边界层流动，它们的有限差分公式实际上是一样的．在法线方向上使用变步长，只要在公式上作些较小的变化，就能象计算层流一样来计算湍流．

对于具有不同长度尺度的边界层所表征的特殊层流(例如大引射率的流动)，也能以较高的精度进行处理．

所考虑的边界层方程是

$$\frac{\partial}{\partial x}(r^j u) + \frac{\partial}{\partial y}(r^j v) = 0, \tag{9.56}$$

$$u\frac{\partial u}{\partial x} + v\frac{\partial u}{\partial y} = -\frac{1}{\rho}\frac{dp}{dx} + \frac{\partial}{\partial y}\left[\left(\nu + \frac{\varepsilon_t}{\rho}\right)\frac{\partial u}{\partial y}\right], \tag{9.57}$$

其中 $j = 0$ (平面流动)，或 $j = 1$ (轴对称流动)．其边界条件是：在 $y = 0$ 处，$u = v = 0$，而在 $y = \delta$ 处，$u = U(x)$．对于湍流，$u$ 和 $v$ 是适当的平均速度，而 $\varepsilon_t$ 代表适当定义的涡粘性系数(例如，见 A. M. O. Smith 和 T. Cebeci 的文章[61])． 对于层流，则$\varepsilon_t = 0$． 将方程(9.56)和(9.57) 变为无量纲变量的变换，包括 Blasius 变换和 Mangler 变换(参看 H. Goertler 的文章[33][34])，其定义如下：

$$\xi = \frac{1}{\nu}\int_0^x U(x)dx, \tag{9.58a}$$

$$\eta = yU(x) \Big/ \left(2\nu\int_0^x U(x)dx\right)^{1/2}. \tag{9.58b}$$

连续方程通过流函数来满足：

$$ur^i = \frac{\partial \psi}{\partial y}; \ vr^i = -\frac{\partial \psi}{\partial x}. \tag{9.59}$$

相应的用自变量 $\xi, \eta$ 表示的无量纲流函数 $f(\xi, \eta)$ 由下式定义:

$$\psi(x, y) = \nu\sqrt{2\xi} f(\xi, \eta). \tag{9.60}$$

现在可以证明, $f(\xi, \eta)$ 满足偏微分方程

$$(Nf_{\eta\eta})_\eta + ff_{\eta\eta} + \beta(1 - f_\eta^2) = 2\xi(f_\eta f_{\eta\xi} - f_\xi f_{\eta\eta}). \tag{9.61}$$

这里

$$N = 1 + \varepsilon_t/\rho\nu,$$

而 $\varepsilon_t$ 是由式(19.2)定义的涡粘性系数. 下标表示偏导数, 而

$$\beta(\xi) = 2\frac{U'(x)}{U^2(x)}\int_0^x U(x)dx \tag{9.62}$$

是唯一由外部流动确定的量. $f$ 的边界条件是

$$\eta = 0: f = 0, f_\eta = 0 \text{ 和 } \eta = \infty: f_\eta = 1. \tag{9.63}$$

对二阶有限差分方程进行求解(用矩阵求逆的子程序), 要比对三阶(或高阶)方程求解有效的多. 所以, 将方程(9.61)化为二阶方程是有意义的. 为此, 引进变量 $F = f_\eta$, 并将式(9.61)改写为

$$[NF_\eta]_\eta + fF_\eta + \beta(1 - F^2) = 2\xi[FF_\xi - f_\xi F_\eta]. \tag{9.64}$$

现在这个方程含有两个未知函数 $f$ 和 $F$, 但是它们可以用如下的简单表达式联系起来:

$$f(\xi, \eta) = \int_0^\eta F(\xi, \eta)d\eta + f(\xi, 0). \tag{9.65}$$

在无抽吸和无引射时, 边界条件是

$$F(\xi, 0) = f(\xi, 0) = 0, F(\xi, \infty) = 1. \tag{9.66}$$

在尖体的前缘附近和钝体的驻点区域内, 方程(9.64)和(9.65)可以化为真正相似性的形式. 因此, 可用相应的相似解作为逐步有限差分法的起始值. 这里所介绍的方法可以求解偏微分方程(9.64), 同时(用一些小的修正)也可以求解作为起始值所需要的有关相似性方程. 因此, 这个方法是自动开始的, 不需要另外的输入.

**有限差商**: 在 $\xi, \eta$ 平面内可以用一个半无限的长条来表示计算域, 这个长条的边界是: 壁面 $\eta = 0$, 边界层外缘 $\eta = \eta_e$ (其中 $\eta_e$ 是适当定义的)以及起始线 $\xi = \xi_0$. 在起始线上, 假定解是已知

的.

如图 9.16 所示，由平行于 $\xi$ 和 $\eta$ 坐标轴的直线组成的网格，完全覆盖了这个长条. 步长 $\Delta\xi$ 表示两条相邻网格线($\xi$ = 常数)之间的距离;只是假定它很小,而没有其他方面的规定. 沿 $\eta$ 方向的相应步长 $\Delta\eta$,规定按几何级数变化. 两个相邻网格线间距 $\Delta\eta_n$ 和 $\Delta\eta_{n+1}$ 之比记作 $K = 1 + k$, 在典型情形下, $|k|$ 在 0 到 0.05 之间变化. 每个节点用双下标 $m$, $n$ 标识. 这两个下标规定了该节点的位置 $\xi_m$, $\eta_n$:

$$\xi_m = \xi_0 + \sum_{j=1}^{m} \Delta\xi_j, \quad \eta_n = \frac{\Delta\eta_1}{k}(K^{n-1} - 1). \tag{9.67}$$

在写有限差商时，引进两个相邻 $\Delta\eta$ 值的平均值 $\overline{\Delta\eta_n}$ 是方便的:

$$\overline{\Delta\eta_n} = \frac{1}{2}(\Delta\eta_{n+1} + \Delta\eta_n). \tag{9.68}$$

在逐步计算中，认为在 $\xi_m$ 及其前面所有网格线上的解是已知的，而在 $\xi_{m+1}$ 上寻找变量 $F$ 和 $f$ 值.

通过在$(m+1,n)$点上分别对 $F_{m+1,n+1}$ 和 $F_{m+1,n-1}$ 进行 Taylor 级数展开,可以在 $\xi_{m+1}$ 上得到导数 $F_\eta$ 和 $F_{\eta\eta}$ 的中心差分近似. 用略去 $\Delta\eta^2$ 量级项的方法，就可以把这两个级数展开表达式结合起来. 相应的差商可以给出如下(略去下标 $m+1$):

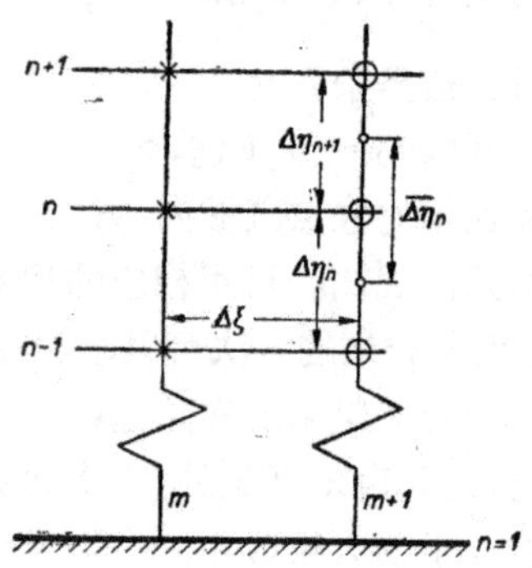


图 9.16 计算层流和湍流边界层时的变步长有限差分网格
×已知值 ○未知值

$$\frac{\partial F_n}{\partial \eta} = \frac{1}{2\Delta\eta_n}\{L_3F_{n-1} + L_2F_n + L_1F_{n+1}\} + O\{\Delta\eta^2, k\Delta\eta\}, \tag{9.69}$$

其中 $L_1 = K^{-1}$，$L_2 = (K^2 - 1)L_1$，$L_3 = -K$；

$$\frac{\partial^2 F_n}{\partial \eta^2} = \frac{P_1}{\Delta\eta_n^2}\{P_4F_{n-1} - P_3F_n + P_2F_{n+1}\} + O\{\Delta\eta^2, k\Delta\eta\}, \tag{9.70}$$

其中 $P_1 = \frac{1}{2}(1 + K)$，$P_2 = L_1$，$P_3 = 2P_1P_2$，$P_4 = 1$. 当 $K = 1$ 时，式(9.69)和(9.70)就化为标准的中心差分格式.

对于方程(9.64)中的 $\xi$ 导数，可以用简单的后向差分公式：

$$F_\xi = \frac{F_{m+1,n} - F_{m,n}}{\Delta\xi} + O(\Delta\xi). \tag{9.71}$$

这里出现的较大截断误差，由为了求解这个方程而提出的迭代方案来补偿. 方程(9.64)中的非线性项，必须用线化差商来代替. 作为例子，项 $fF_\eta$ 和 $FF_\xi$ 可以写为

$$FF_\xi = F^i(F_\xi)_{m+1,n} \text{ 和 } fF_\eta = f^i(F_\eta)_{m+1,n}, \tag{9.72}$$

其中 $(F_\xi)_{m+1,n}$ 和 $(F_\eta)_{m+1,n}$ 分别由式(9.71)和(9.69)给出. 在第一次迭代中，令未知系数 $F^i$ 和 $f^i$ 等于已知值 $F_{m,n}$ 和 $f_{m,n}$，以后在第二次和进一步迭代中，用 $F^i$ 和 $f^i$ $(i = 1, 2, 3, \cdots)$不断改进. 经验表明，项 $F^2$ 应该近似表示为

$$F^2_{m+1,n} = 2F_{m,n}F_{m+1,n} - F^2_{m,n}. \tag{9.73}$$

将上面给出的线化有限差商代入微分方程(9.64)，并通乘以 $\Delta\xi$，就给出一个差分方程. 这个方程写出如下：

$$A_nF_{m+1,n-1} + B_nF_{m+1,n} + C_nF_{m+1,n+1} = D_n, \tag{9.74}$$

其中

$$A_n = \frac{\Delta\xi}{\Delta\eta_n^2}N^iP_1P_4 + \frac{\Delta\xi}{2\Delta\eta_n}L_3[f^i + (N_\eta)^i + 2\xi(f_\xi)^i], \tag{9.75a}$$

$$B_n = -\frac{\Delta\xi}{\Delta\eta_n^2}P_1P_3N^i + \frac{\Delta\xi}{2\Delta\eta_n}L_2[f^i + (N_\eta)^i + 2\xi(f_\xi)^iL_2] - 2F_{m,n}(\Delta\xi \times \beta + \xi), \tag{9.75b}$$

$$C_n = \frac{\Delta\xi}{\Delta\eta_n^2} N^i P_1 P_2 + \frac{\Delta\xi}{2\Delta\eta_n} L_1[f^i + (N_\eta)^i + 2\xi(f_\xi)^i], \tag{9.75c}$$

$$D_n = -\beta(1 - F_{m,n}^2) - 2\xi F_{m,n}^2. \tag{9.75d}$$

在式(9.75)中，$\xi$ 和 $\beta$ 是在 $(m+1)$ 上计算的，只有带上标 $i$ 的变量，才是通过逐次迭代不断改进的．为了加速迭代过程，在达到初始的收敛之前，项 $(f_\xi)^i$ 可以保持不变(等于前一位置的值)．

**求解的方法：** 方程(9.74)表示一组未知量 $F_{m+1,n}(n=2, 3, \cdots, N-1)$ 的 $N-2$ 个联立代数方程．在每一层 $n$ 上出现三个未知量，即 $F_{m+1,n-1}$，$F_{m+1,n}$ 和 $F_{m+1,n+1}$，但是 $F_{m+1,1}$ 和 $F_{m+1,N}$ 可由边界条件知道，所以方程的总数等于未知量的个数．这个代数方程组可用所谓三对角线矩阵形式写出来．这种在三对角线带以外所有非对角线元素都为零的矩阵，可以用很适合于数字计算机的简单而直接的方法求逆． 为此，将方程(9.74)改写为“标准形式”[略去下标 $(m+1)$]：

$$A_n F_{n-1} + B_n F_n + C_n F_{n+1} = D_n; 2 \leqslant n \leqslant N-1. \tag{9.74b}$$

边界条件是

$$F_1 = 0 \text{ 和 } F_N = 1, \tag{9.76}$$

其中 $n=1$ 表示壁面，$n=N$ 表示边界层外缘．现在假定解以如下形式出现[1)]：

$$F_n = E_n F_{n+1} + G_n. \tag{9.77}$$

边界条件 $F_1 = 0$ 以及方程(9.77)成立与步长 $\Delta\eta$ 无关的要求，导出

$$E_1 = 0, \ G_1 = 0. \tag{9.78}$$

由方程(9.77)直接推出

$$F_{n-1} = E_{n-1} F_n + G_{n-1}. \tag{9.79}$$

当将上述表达式代入方程(9.74b)时，就得到如下关系：

---

1) 关于证明可参考 R.D.Richtmeyer 的著作[53].

$$F_n = \frac{-C_n}{B_n + A_n E_{n-1}} F_{n+1} + \frac{D_n - A_n G_{n-1}}{B_n - A_n E_{n-1}}. \tag{9.80}$$

比较式(9.77)和(9.80),表明

$$E_n = \frac{-C_n}{B_n + A_n E_{n-1}}, \quad G_n = \frac{D_n - A_n G_{n-1}}{B_n - A_n E_{n-1}}. \tag{9.81}$$

借助于式(9.81)和条件(9.78),就能对壁面和边界层外缘之间的所有网格点,从 $n = 2$ 开始,计算出 $n$ 的逐次值的 $E_n$ 和 $G_n$.

因为根据 (9.76) $n = N - 1$ 的 $F_{n+1}$ 是已知的,所以能用式(9.77) 从外缘到壁面横穿边界层按 $n$ 的递减值(即按 $n = N - 1$, $N - 2, \cdots, 2$ 的顺序),计算出所有未知量 $F_n$. 这就完成了一次迭代中的 $F_n(\equiv F_{m+1,n})$计算. 一旦确定出 $F_{m+1,n}$,就能直接用方程(9.65)的数值积分,求出 $f_{m+1,n}$ 的相应解. 梯形法则就能解决这个问题.

用这些计算值 $F_{m+1,n}$ 和 $f_{m+1,n}$ 可以定出系数 $A_n$, $B_n$, $C_n$ 新的改进值,反过来,用这些系数又得出 $F_{m+1,n}$ 和 $f_{m+1,n}$ 新的改进值. 当两个相继的迭代结果之差在规定的容许误差之内时,(容许误差的典型量级为 $10^{-5}$),就结束迭代过程. 通常收敛是很快的,在大多数情形下取步长 $\Delta x$ 在 0.01 到 0.05 范围内,有三、四次迭代就够了.

在某些问题中,当向下游进行计算时,必须用增加 $N$ (或 $\eta_e$) 的办法来考虑边界层的增长. 边界层外缘由下述要求来定义: $F_N - F_{N-1}$ 的差值应该小于某个规定值,典型量级是 $10^{-4}$. 甚至在有分离的情形下,用目前这些变量表示的边界层增长,通常也是不大的.

计算中主要关心的一个变量是壁面切应力. 这个值可以通过下述五点公式很精确地确定出来:

$$\left(\frac{\partial F}{\partial \eta}\right)_w = \frac{\Gamma_1}{\Delta \eta_1} \{\Gamma_2 F_2 + \Gamma_3 F_3 + \Gamma_4 F_4 + \Gamma_5 F_5\}, \tag{9.82}$$

其中

$$\left.\begin{aligned}
&\Gamma_1 = -K^{-3},\ \Gamma_2 = -(1 + K + K^2 + K^3),\\
&\Gamma_3 = -\frac{\Gamma_2(1 + K + K^2)}{K^2(1 + K)^2},\\
&\Gamma_4 = -\frac{\Gamma_1\Gamma_2}{1 + K + K^2},\quad \Gamma_5 = \frac{\Gamma_1}{\Gamma_2}.
\end{aligned}\right\} \tag{9.83}$$

**起始值**：如果利用列成表的相似解作为起始值，则每当使用变步长 $\Delta\eta_n$ 时，总需要大量的插值．而利用有限差分法，通过逐次迭代来产生相似解，则更方便也更有效．根据方程(9.64)，可以得到所需要求解的方程，并可写成线化形式：

$$N_{i-1}F_i'' + (f_{i-1} + N_{i-1}')F_i' + \beta(1 - F_{i-1}F_i) = 0, \tag{9.84}$$

其中

$$f_i = \int_0^\eta F_i d\eta. \tag{9.85}$$

下标 $(i, i-1)$表示该变量计算所进行的迭代，而 $(\eta)'$ 表示 $d/d\eta$．认为带下标 $i-1$ 的变量是已知的(最初要推测一个满足边界条件的解)，而那些带下标 $i$ 的值要在第 $i$ 次，即当前迭代中得到．现将差商(9.69)和(9.70)代入方程(9.84)． 最后的差分方程可以写成方程(9.74)的标准形式，其系数为

$$A_n = N_{i-1}P_1P_4 + \frac{1}{2}L_3\overline{\Delta\eta_n}(f_{i-1} - N_{i-1}'), \tag{9.86a}$$

$$B_n = -N_{i-1}P_1P_3 + \frac{1}{2}L_2\overline{\Delta\eta_n}(f_{i-1} - N_{i-1}') - \overline{\Delta\eta_n^2}\beta F_{i-1}, \tag{9.86b}$$

$$C_n = N_{i-1}P_1P_2 + \frac{1}{2}L_1\overline{\Delta\eta_n}(f_{i-1} - N_{i-1}'), \tag{9.86c}$$

$$D_n = -\overline{\Delta\eta_n^2}\beta. \tag{9.86d}$$

取 $F$ 的线性变化关系作为起始推测值 $F_0$ 是足够的，然后由方程(9.85)确定相应的 $f$ 值． 接着计算系数 $A_n$，$B_n$，$C_n$，$D_n$，再横穿边界层计算相应的 $E_n$，$G_n$ 值． 利用递推公式(9.77)和边界条件(9.78)，横穿边界层确定新的迭代值 $F_i$． 这个过程一直重复到相继的迭代值之差小于规定的容许误差时为止．典型的需要迭代的次数大约是 8—12 次． 这种方法比通常用于两点边值问题的“打

靶"法来得简单，而且在许多打靶法失效的情形下，例如在很大引射率的情形下，也是收敛的.

*应用*：这里所介绍的有限差分法，可以作为实用的工程方法. 如果用更复杂的方法，可以获得更高的精度，但是这要增加公式和程序的复杂性，同时又要提高对机时和容量上的要求. 对于所有差分法，计算的时间和精度都取决于计算中使用的步长. 利用几种已知的高精度解的情形来检验本方法的精度是有意义的. 这些情形是 Howarth 的线性减速流动(参看第九章 d)、根据位势理论压力分布计算的圆柱绕流、以及根据 Hiemenz 实验压力分布计算的圆柱绕流(参看第十章 c). "标准"步长下和"小"步长下的结果列表如下. 根据计算的结果，这里只给出分离点的位置.

在 UNIVAC1108 计算机上，用"标准"步长的典型计算时间是 5 至 10 秒. 可以看出，用小步长时精度要好些，但是要以增加二

| 情　形 | 当前的结果 | 精确值 |
|---|---|---|
| 线性减速流动 | (1) $x_s^* = 0.1227$<br>(2) $x_s^* = 0.1210$ | $x_s^* = 0.1199$ (Howarth)<br>或 $x_s^* = 0.1198$ (Leigh)[44]<br>或 $x_s^* = 0.1203$ (Schoenauer) |
| 圆　柱<br>(位势流动) | (1) $\varphi_s = 106.13°$<br>(2) $\varphi_s = 105.01°$ | $\varphi_s = 104.5°$ (Schoenauer)<br>(参看第十章 c) |
| 圆　柱<br>(Hiemenz 压力数据) | (1) $\varphi_s = 80.98°$<br>(2) $\varphi_s = 80.08°$ | $\varphi_s = 80.0°$(Jaffe 和 Smith)[42]<br>(内插结果) |

(1)"标准"步长：$\Delta\xi = 0.01$，$\Delta\eta = 0.05$；(2)"小"步长：$\Delta\xi = 0.001$，$\Delta\eta = 0.025$

十倍的机时作为代价. 对于工程计算来说，这种粗网格就够了；对于象翼剖面层流边界层这种有实际意义的情形，它要求运算时间在 10 秒左右. 在计算进行中改变步长，可以获得更好的经济效果，即只是在邻近分离的关键区域内，才使用这种细网格.

在 Smolderen 讲演录[65]中，给出了流体力学数值方法的扼要说明.

## j. 二阶边界层[1]

在第七章 f 中导出了边界层流动的二阶方程(7.52)和(7.53). 如果已知一阶解 $u_1(x,N)$和 $v_1(x,N)$,并且适当规定了函数 $K(x)$, $U_2(x,0)$和 $P_2(x,0)$, 就能求解这组线性偏微分方程.

因此,在流动中给定物体上计算二阶边界层时,需要采取如下步骤:

(a) 计算绕物体的位势流动(一阶的外部流动), 其边界条件是 $V_1(x,0)=0$. 由这个解得到 $U_1(x,0)$.

(b) 对于给出的 $U_1(x,0)$,计算一阶边界层,即确定方程组(7.49)的解. 特别是,由解 $u_1(x,N)$, $v_1(x,N)$, 我们用式(7.45)计算函数 $V_2(x,0)$.

(c) 根据边界条件 $V_2(x,0)$以及依照式(7.45)在远离物体处速度为零的条件, 计算二阶外部流动. 这步计算为我们提供 $U_2(x,0)$ 和 $P_2(x,0)$.

在下文中, 假设这些步骤已经完成. 我们的讨论将集中在对几个具体问题的更详细的二阶计算上.

**对称驻点流动**: M. Van Dyke 详细分析过这类流动(参看第七章文献[7]). 假设已经求出驻点(在 $x=0$ 上 $K=1$)凸壁上的一阶外部流动和二阶外部流动的表达式, 并得到

$$U(x,0)=U_{11}x+\varepsilon U_{21}x+O(\varepsilon^2), \tag{9.87}$$

其中 $U_{11}$ 和 $U_{21}$ 为常数, 它依赖于物体的形状. 根据式(7.48), 我们对内部解作如下假设:

$$u(x,y,\varepsilon)=U_{11}xf'(\eta)+\varepsilon[\sqrt{U_{11}}\,xF_c'(\eta)+U_{21}xF_d'(\eta)] + O(\varepsilon^2), \tag{9.88}$$

$$v(x,y,\varepsilon)=-\varepsilon U_{11}f(\eta)-\varepsilon^2[F_c(\eta)-\eta f(\eta) + U_{21}F_d(\eta)/\sqrt{U_{11}}\,]+O(\varepsilon^3). \tag{9.89}$$

这里, 定义新变量为

1) 感谢 K. Gersten 教授对本节所作的说明.

$$\eta = \sqrt{U_{11}}\, N = \sqrt{U_{11}}\, y/\varepsilon^{1)}. \tag{9.90}$$

将这些式子代入一阶和二阶边界层方程，可以得到

$$f''' + ff'' + 1 - f'^2 = 0, \tag{9.91}$$

$$F_c''' + fF_c'' - 2f'F_c' + f''F_c = \eta(ff'' - f'^2 + 2) + 0.6479, \tag{9.92}$$

$$F_d''' + fF_d'' - 2f'F_d' + f''F_d = -2, \tag{9.93}$$

其边界条件是

$$\left.\begin{aligned} &\eta = 0: f = 0, f' = 0, F_c = 0, F_c' = 0, F_d = 0, F_d' = 0,\\ &\eta \to \infty: f' = 1,\ F_c'' = -1,\ F_d' = 1. \end{aligned}\right\} \tag{9.94}$$

第一个方程确定一阶边界层，它与平板驻点流动的方程(5.39)相同．后面的两个方程确定二阶边界层．这个解已经分成两部分：由曲率引起的那部分解(下标 $c$)和由位移效应引起的那部分解(下标 $d$)．后面这部分解是由具有速度 $U_2(x, 0) = U_{21}x$ 的二阶外部流动引起的，$U_2(x, 0)$ 由上述步骤(c)确定．对于 $F_d$，我们得到下述简单解：

$$F_d = \frac{1}{2}(f + \eta f'). \tag{9.95}$$

表面摩擦力系数由式(7.55)得到．代入以下数值

$$f''(0) = 1.2326;\ F_c''(0) = -1.9133;\ F_d''(0) = 1.8489, \tag{9.96}$$

求得

$$\frac{1}{2}c_f' = \varepsilon x\sqrt{U_{11}}\{1.2326U_{11} - \varepsilon(1.9133\sqrt{U_{11}} - 1.8489U_{21})\} + O(\varepsilon^2). \tag{9.97}$$

根据式(7.54)，压力系数是

---

1) 只要注意到坐标 $x$, $y$ 在第九章 c 中代表长度，而在这里已经用特征长度 $R_0$(驻点上物体的曲率半径)无量纲化了，那就可以看出这个式子和第九章 c 中的式(9.16)是一样的．如果由式(9.87)和(9.15)比较外部流动的速度分布，就有 $\eta = \sqrt{U_{11}}N = y\sqrt{u_1/\nu}$.

$$c_{pw} = 1 - U_{11}^2 x^2\{1 - \varepsilon(1.8805/\sqrt{U_{11}} - 2U_{21}/U_{11}) + O(\varepsilon^2)\}. \tag{9.98}$$

此压力系数和表面摩擦力系数的公式是通用的。系数 $U_{11}$ 和 $U_{21}$ 的数值只依赖于物体的形状。在所有已知的实例中，都已证明 $U_{21}$ 是负的。这表明，由于高阶边界层效应(曲率和位移)，凸壁驻点附近的表面摩擦力系数会减小，而壁面上的压力系数会增加。

**对称流动中的抛物线体：** M. Van Dyke 计算了对称流动中抛物线体上的二阶边界层(参看第七章文献[7])。在驻点附近，有

$$U_{11} = 1 \text{ 和 } U_{21} = -0.61. \tag{9.100}$$

在抛物线体问题中，我们有 R. T. Davis[11] 计算的完整 Navier-Stokes 方程的数值解可供使用，并可用它作为二阶理论所作改进的直接鉴定。图 9.17 中给出了抛物线体驻点上表面摩擦力系数随 Reynolds 数变化的曲线，该摩擦力系数由式(9.97)算出，Reynolds 数是以顶点曲率半径 $R_0$ 为参考长度构成的。由式(9.97)可以得到

$$c_f'/2\varepsilon x = 1.2326 - 3.04\varepsilon + O(\varepsilon^3), \tag{9.101}$$

它等价于

$$c_f'/2\varepsilon x = \frac{1.2326}{1 + 2.47\varepsilon} + O(\varepsilon^2). \tag{9.101a}$$

在图 9.17 中，曲线 II 是这个关系的曲线，而曲线 I 描绘了一阶解。曲线 III 是用 R. T. Davis 的数值解结果画出的。在低 Reynolds 数区，二阶理论引起的很大改善是显而易见的。另外，这些曲线图提供了一个明显的迹象：二阶理论能使我们指出一阶理论的有效范围。如果允许误差高达 2%，则一阶理论可在 Reynolds 数超过 $\mathbf{R} = 1.5 \times 10^5$ 的范围上使用。基于 R. T. Davis 数值解的类似比较表明，如果允许误差为 2%，则二阶理论适用范围的下限是 $\mathbf{R} = 100$。

图 9.18 给出沿零攻角抛物线体的静压分布和表面摩擦力分布，这两者都是用二阶理论计算的。为了比较起见，图中还有用一阶理论($\mathbf{R} \to \infty$)计算的分布曲线。这两种压力分布都是从

驻点上 $c_p = 1$ 开始的. 无摩擦流动($\mathbf{R} \to \infty$)给出

$$c_p = \frac{1}{1 + 2x^*}, \tag{9.102}$$

其中 $x^* = x'/R_0$ 表示从抛物线体顶点沿中心线度量的无量纲距离,参看图 9.18. 当 $\mathbf{R} = 100$ 时,由式(9.98)可以得到,在驻点附近

$$c_p = 1 - x^2(1 - 3.10\varepsilon) + O(\varepsilon^2). \tag{9.103}$$

这等价于

$$c_p = \frac{1}{1 + 1.38x^*}, \tag{9.104}$$

其中在驻点附近 $x = (2x^*)^{1/2}$. 正如所预料的,高阶修正量沿顺流方向减小,特别是,当沿顺流方向曲率减小时,结果更是如此. 在约 $x^* = 2$ 时, 实际上高阶效应已经消失. 类似的结论适用于表面摩擦力系数, 但是在驻点上呈现出最大的二阶修正量.

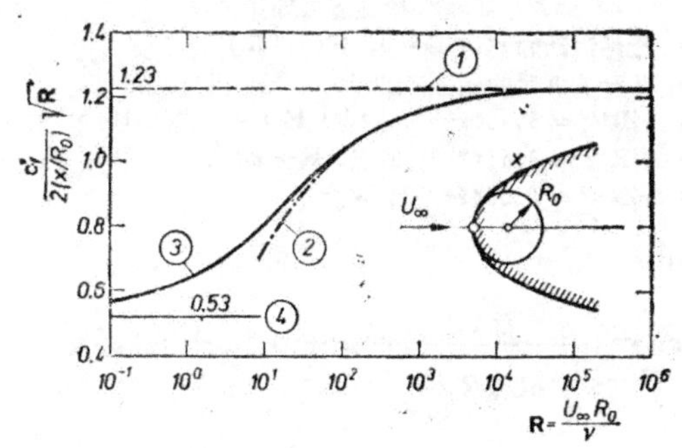


图 9.17 抛物线体驻点附近的局部表面摩擦力系数随 Reynolds 数 $\mathbf{R} = U_\infty R/\nu$ 变化的曲线

(1) 一阶边界层理论, $\mathbf{R} \to \infty$

(2) 二阶边界层理论,式(9.101),根据 K. Gersten (第七章文献[10])

(3) Navier-Stokes 方程数值解,根据 R. T. Davis[11]

(4) $\mathbf{R} = 0$, Stokes 流动

另一方面,高阶效应使压力系数增加,而使表面摩擦力系数减小. 因此,当 Reynolds 数从 $\mathbf{R} \to \infty$ 减小时,抛物线体的压差阻力增加,但表面摩擦力减小.

对于宽度为 $b$ 的抛物线体的压差阻力系数(不计底部阻力),

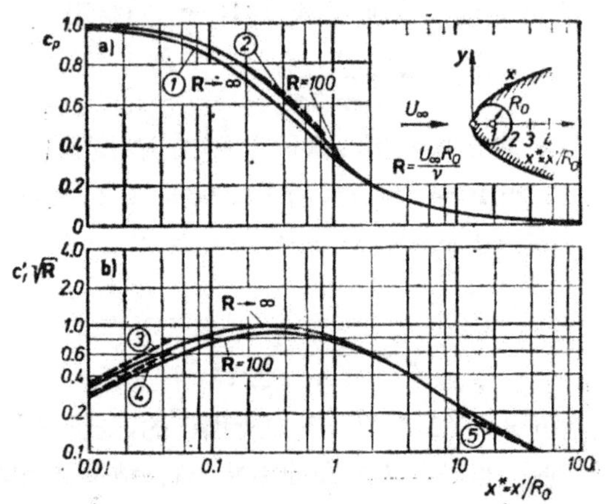


图 9.18 绕零攻角抛物线体的，a)静压分布和 b)切应力分布. $\mathbf{R}=100$ 的曲线对应于二阶边界层理论；$\mathbf{R}\to\infty$ 的曲线对应于一阶边界层理论

(1) 无粘流动的 $c_p$，$\mathbf{R}\to\infty$，式(9.102)

(2) $\mathbf{R}=100$ 时的 $c_p$，式(9.104)

(3) $c_f'\mathbf{R}^{1/2}=3.486x^{*1/2}$；驻点；$\mathbf{R}\to\infty$；式(9.101)；$\varepsilon=0$

(4) $c_f'\mathbf{R}^{1/2}=2.63x^{*1/2}$；驻点；$\mathbf{R}\to\infty$；式(9.101)；$\varepsilon=0.1$

(5) $c_f'\mathbf{R}^{1/2}=0.664x^{*-1/2}$；平板

我们求得[11]

$$c_D=\frac{D}{\frac{1}{2}\rho U_\infty^2 R_0 b}=\pi+5.2\varepsilon+O(\varepsilon^2). \qquad (9.105)$$

这样，当 $\mathbf{R}=100$ 时，该压差阻力比无粘流动的超出 16%.

这种由于二阶边界层效应而增加压差阻力的事实，表明这样的可能性：正如第七章 f 讲过的，对于零攻角平板，在二阶理论中也应出现这样的阻力.

*其他形状*：L. Devan[12]研究了一些半无限体的二阶效应. 其结果与抛物线体相类似. 式(9.97)和(9.98)中的系数是

$$U_{11}=1.5,\quad U_{21}=-0.62.$$

可以预料，对于可以得到一阶自相似解的情形(第八章 b)，也可以得到二阶边界层方程(7.52)和(7.53)的另外一些解. 在一阶外部

流动形式为 $U_1(x,0) \sim x^m$ 的情形下，如果

$$K(x) \sim x^{(m-1)/2}; \ U_2(x, 0) \sim x^n, \tag{9.106}$$

则二阶理论也得到自相似解.关于二阶理论效应更进一步的细节，可以在第七章以及文献[31,33]中找到. 后者包括有抽吸、引射、传热以及可压缩性情形下的二阶效应. 在高 Mach 数和有引射的情形下，二阶理论更加重要. 这方面可参阅文献[24, 25, 47, 48, 59].

# 第十章　二维定常边界层方程的近似解法

**引言**：前几章讨论过的边界层方程**精确解**的一些例子表明：求**解析解**在数学上会带来相当大的困难．特别是，流体绕任意形状物体流动的一般性问题，用前面所介绍的解析方法是不能完全解决的．如果利用快速数字计算机，那么我们采用**数值方法**即逐步逼近法(见第九章 i)，花费适当的工作量，就能解出大多数问题．由于这个缘故，在计算机出现以前提出的边界层方程的近似解法，现在已不如当年重要了．但是，我们打算在这里对这些近似方法作一番概述．因为即使在相当复杂的情形下，利用它们也能很快得出解的概况，E. Truckenbrodt 的总结性文章[24]会帮助我们了解这一点．

本章只讨论层流边界层的近似解法．湍流边界层的类似解法(参看第二十二章)至今仍具有特殊的重要性．

所有的近似解法都是**积分方法**，它们并不要求在每一条流线上都满足边界层方程，而只是在整个边界层厚度上以某种平均意义来满足边界层方程．所有的近似解法都基于第八章 e 中边界层理论的动量方程和能量方程．所有这些解法都可以追溯到两篇论文，一篇是 Th. von Kármán 的论文[7]，另一篇是 K. Pohlhausen 的论文[15]．在将该方法应用到有压力梯度的二维和轴对称边界层的一般情形之前，我们先将它们应用于零攻角平板的情形，以此来讨论这种解法的基本特点．由于整个平板上的压力梯度为零，所以这个例子特别简单．此外，至少在一个具体情形下，我们有可能估计出近似解法的近似程度，并将它与第七章的精确解作比较．

## a. 动量方程在绕零攻角平板流动中的应用

将动量方程应用在图 10.1 所示控制面内的流动体上，设控制面固定于空间，则可以得出下述结论：通过控制面的动量通量等于从前缘 ($x=0$) 到 $x$ 处平板上的摩擦阻力 $D(x)$. 在第九章 f 中,我们已经讨论过动量方程在零攻角平板上的应用,求得由公式(9.26)给出的一面浸湿的平板阻力，即

$$D(x)=b\rho\int_{y=0}^{\infty}u(U_\infty-u)dy, \tag{10.1}$$

此式是在 $x$ 处截面上积分. 另一方面，阻力又可以用壁面上切应力 $\tau_0$ 沿平板的积分来表示:

$$D(x)=b\int_0^x\tau_0(x)dx. \tag{10.2}$$

比较公式(10.1)和(10.2)得出

$$\tau_0(x)=\rho\frac{d}{dx}\int_{y=0}^{\infty}u(U_\infty-u)dy. \tag{10.3}$$

此式还可用完全正规的方法由方程(7.22)导出，即将 $x$ 方向的动量方程对 $y$ 从 0 到∞进行一次积分求得. 只要利用连续方程来消去速度分量 $v$, 并且注意到 $\mu(\partial u/\partial y)_{y=0}=\tau_0$,最后就不难得出公式(10.3).

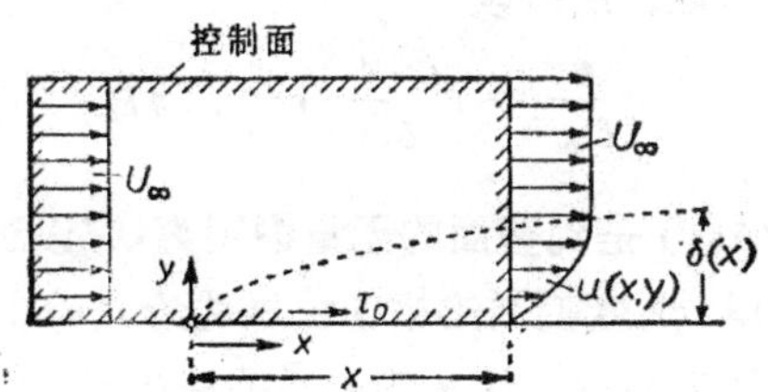


图 10.1 动量方程在零攻角平板绕流中的应用

引进由式(8.31)定义的动量厚度 $\delta_2$, 则有

$$U_\infty^2\frac{d\delta_2}{dx}=\frac{\tau_0}{\rho}. \tag{10.4}$$

边界层理论中动量方程的一般形式为方程(8.32),动量方程(10.4)只是其中的一个特殊情形，只适用于零攻角平板的情形. 因为在所讨论的例子中没有压力梯度的影响，所以方程(10.4)的物理意义为：壁面上的切应力等于边界层中的动量损失.

到目前为止，方程(10.4)中并未作任何附加的假设，在下面的近似方法中将进行某些假设．但是在讨论这个问题之前，首先指出 $\tau_0$ 和 $\delta_2$ 之间的关系是有用的． 我们将式 (7.32)中 $\tau_0$ 的精确值代入方程(10.4)，就可以得到 $\tau_0$ 和 $\delta_2$ 之间的关系． 设 $\tau_0/\rho U_\infty^2 = \alpha\sqrt{\nu/U_\infty x}$，其中 $\alpha = 0.332$，则

$$\delta_2 = \int_0^x \frac{\tau_0}{\rho U_\infty^2} dx = 2\alpha \sqrt{\frac{\nu x}{U_\infty}},$$

由此得到

$$\delta_2 = 2 \frac{\tau_0}{\rho U_\infty^2} x. \tag{10.5}$$

根据方程(10.3)或(10.4)，现在可以对零攻角平板的边界层作出近似计算．近似解法的实质是在边界层中假设一个合适的速度分布函数 $u(y)$． 但是应该注意，它要满足必要的边界条件． 此外，它只包含一个独立参数，例如自然选取边界层厚度，这个参数最后由动量方程(10.3)定出．

在目前所讨论的零攻角平板的特殊情形下，可以利用速度剖面相似这个特点．所以设

$$\frac{u}{U_\infty} = f\left(\frac{y}{\delta(x)}\right) = f(\eta), \tag{10.6}$$

其中 $\eta = y/\delta(x)$ 是到壁面的无量纲距离，它以边界层厚度为参考长度．在这里，速度剖面的相似性表现为 $f(\eta)$ 只是 $\eta$ 的函数，不再包含别的独立参数．从 $u$ 的边界条件得出，函数 $f$ 在壁面($\eta = 0$)上必须为零，而在 $\eta$ 的值很大时应趋向于 1． 尽管边界层方程所有的精确解都是渐近的趋向于其相应的位势流解，但是在采用近似方法时，把过渡到位势流动看成发生在离开壁面有限的距离上是适当的，换句话说，就是假定有一个有限的边界层厚度 $\delta(x)$．就此而论，这样的边界层厚度并没有任何物理意义，只是一个在计算中用起来很方便的量．

采用了式 (10.6)表示的速度剖面，我们就可以计算动量积分(10.3)，由此得出

$$\int_{y=0}^{\infty} u(U_\infty - u)dy = U_\infty^2\delta(x)\int_{\eta=0}^{1} f(1-f)d\eta. \tag{10.7}$$

只要对 $f(\eta)$ 作出具体的规定，方程(10.7)中的积分就可以计算出来．为简短起见，令

$$\alpha_1 = \int_0^1 f(1-f)d\eta, \tag{10.8}$$

则得出

$$\int_{y=0}^{\infty} u(U_\infty - u)dy = U_\infty^2\delta_2 = \alpha_1\delta U_\infty^2, \tag{10.9}$$

即

$$\delta_2 = \alpha_1\delta.$$

为了以后需要，现在还可以根据式(8.30)算出位移厚度 $\delta_1$ 的值．设

$$\alpha_2 = \int_0^1 (1-f)d\eta, \tag{10.10}$$

则得

$$\delta_1 = \alpha_2\delta. \tag{10.11}$$

另外，壁面上的粘性切应力可以表示为

$$\frac{\tau_0}{\rho} = \nu\left(\frac{\partial u}{\partial y}\right)_{y=0} = \frac{\nu U_\infty}{\delta} f'(0) = \beta_1\frac{\nu U_\infty}{\delta}, \tag{10.12}$$

其中

$$\beta_1 = f'(0). \tag{10.13}$$

将这些值代入动量方程(10.4)，得到

$$\delta\frac{d\delta}{dx} = \frac{\beta_1}{\alpha_1}\frac{\nu}{U_\infty}.$$

从 $x=0$ 处 $\delta=0$ 开始积分，就得到近似理论的第一个结果，其形式为

$$\delta(x) = \sqrt{\frac{2\beta_1}{\alpha_1}}\sqrt{\frac{\nu x}{U_\infty}}. \tag{10.14}$$

因此，根据式(10.12)，壁面上的切应力变为

$$\tau_0(x) = \sqrt{\frac{\alpha_1\beta_1}{2}}\mu U_\infty\sqrt{\frac{U_\infty}{\nu x}}. \tag{10.15}$$

最后，作用在两面浸湿的平板上的总阻力 $2D = 2b\int_0^l \tau_0 dx$ 可以写成

$$2D = 2b\sqrt{2\alpha_1\beta_1}\sqrt{\mu\rho l U_\infty^3}, \tag{10.16}$$

同时由方程(10.11)和(10.14)得出位移厚度

$$\delta_1 = \alpha_2\sqrt{\frac{2\beta_1}{\alpha_1}}\sqrt{\frac{\nu x}{U_\infty}}. \tag{10.17}$$

将边界层厚度、壁面上的切应力和阻力的近似表达式同精确理论中相应的公式(7.37)，(7.31)和(7.33)作比较表明，在所有情况下，应用动量积分方程可以得到完全正确的表达式. 换句话说，正确地导出了这些量对流动长度 $x$、来流速度 $U_\infty$ 和运动粘性系数 $\nu$ 的依赖关系. 而且不难证明，根据近似计算也可以导出由式(10.5)所表示的动量厚度和壁面上切应力之间的关系. 剩下的未知系数 $\alpha_1$，$\alpha_2$ 和 $\beta_1$，只有在对速度剖面作出具体假设之后，即式(10.6)中函数 $f(\eta)$ 的形式明确规定之后，才能进行计算.

在给出 $f(\eta)$的表达式时，必须使 $u(y)$(即 $f(\eta)$)满足一定的边界条件. 至少要满足无滑移条件，即在 $y=0$ 处有 $u=0$，以及从边界层速度剖面过渡到位势流速度时的连续条件，即在 $y=\delta$ 处有 $u=U$. 更进一步的条件还可以包括在两个解的连接点上速度剖面斜率和曲率的连续性. 换句话说，我们可以要求满足下述条件：在 $y=\delta$ 处，$\partial u/\partial y=0$ 和 $\partial^2u/\partial y^2=0$. 在平板的情形下，$y=0$ 处 $\partial^2u/\partial y^2=0$ 的条件也是很重要的，因为从方程(7.15)看出，精确解满足这个条件.

**数值例子：**

现在用几个例子来检验上述近似方法，结果的好坏在很大程度上决定于对速度函数(10.6)的选取. 前面已经说明，在任何情况下，根据壁面上无滑移条件，函数 $f(\eta)$在 $\eta=0$ 处必须为零. 此外，当 $\eta$ 值很大时，必须有 $f(\eta)=1$. 如果只要求粗略的近似，则过渡到值 $f(\eta)=1$ 时，可以有不连续的一阶导数. 对于比较好的近似，则可以假定 $df/d\eta$ 连续. 不管对 $f(\eta)$ 假定的具体的形式如何，下述量

$$\delta_1\sqrt{\frac{U_\infty}{\nu x}};\quad \delta_2\sqrt{\frac{U_\infty}{\nu x}},\quad \frac{\tau_0}{\mu U_\infty}\sqrt{\frac{\nu x}{U_\infty}},\quad c_f\sqrt{\frac{U_\infty l}{\nu}}$$

一定是纯数量．它们很容易从式(10.8)至(10.17)算出来．

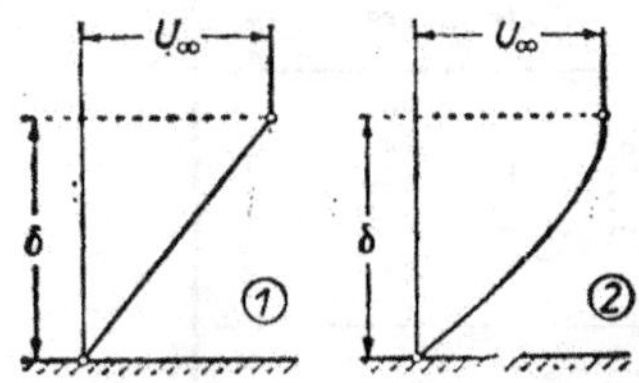


图 10.2 零攻角平板边界层中的速度分布
(1)线性近似
(2)表 10.1 中的三次曲线近似

表 10.1 中列出用几种不同的速度分布函数所算出的结果．前两个函数示于图 10.2 中． 线性函数只满足 $f(0)=0$ 和 $f(1)=1$ 的条件，而三次函数还满足 $f'(1)=0$ 和 $f''(0)=0$ 的条件． 最后，可以使四次多项式满足另一条件 $f''(1)=0$．对于正弦函数，除去 $f''(1)=0$ 的条件之外，满足和四次多项式同样的条件． 由三次多项式，四次多项式和正弦函数算出的壁面上的切应力，其误差小于 3%，因而可以认为是完全合适的． 位移厚度值也表明与相应的精确值相当吻合．

可以看出，在零攻角平板情形下，近似方法给出了满意的结果，与精确解计算中的复杂性相对照，近似计算显然是异常简单的．

## b. 二维流动的 Th. von Kármán 和 K. Pohlhausen 近似方法

现在将上节的近似方法发展一步，使它适用于有压力梯度的二维边界层的一般问题． K. Pohlhausen[15]首先阐明这一方法的最初形式． 以后的表述是基于 H. Holstein 和 T. Bohlen[5] 所建立的更为现代的形式．我们仍旧选取以前用过的坐标系， $x$ 表示沿浸湿壁面量度的弧长， $y$ 表示到壁面的距离．将运动方程对 $y$ 积分，由 $y=0$ 的壁面积分到某个距离 $h(x)$．这里假定 $h(x)$ 大于 $x$ 处的边界层厚度，这样就可得到动量理论的基本方程．根据这些

表 10.1 零攻角平板边界层近似理论的计算结果

| | 速度分布 $u/U=f(\eta)$ | $\alpha_1$ | $\alpha_2$ | $\beta_1$ | $\delta_1\sqrt{\frac{U_\infty}{\nu x}}$ | $\frac{\tau_0}{\mu U_\infty}\sqrt{\frac{\nu x}{U_\infty}}$ | $c_f\left(\frac{U_\infty l}{\nu}\right)^{1/2}$ | $\frac{\delta_1}{\delta_2}=H_{12}$ |
|---|---|---|---|---|---|---|---|---|
| 1 | $f(\eta)=\eta$ | $\frac{1}{6}$ | $\frac{1}{2}$ | 1 | 1.732 | 0.289 | 1.155 | 3.00 |
| 2 | $f(\eta)=\frac{3}{2}\eta-\frac{1}{2}\eta^3$ | $\frac{39}{280}$ | $\frac{3}{8}$ | $\frac{3}{2}$ | 1.740 | 0.323 | 1.292 | 2.70 |
| 3 | $f(\eta)=2\eta-2\eta^3+\eta^4$ | $\frac{37}{315}$ | $\frac{3}{10}$ | 2 | 1.752 | 0.343 | 1.372 | 2.55 |
| 4 | $f(\eta)=\sin\left(\frac{\pi}{2}\eta\right)$ | $\frac{4-\pi}{2\pi}$ | $\frac{\pi-2}{\pi}$ | $\frac{\pi}{2}$ | 1.741 | 0.327 | 1.310 | 2.66 |
| 5 | 精 确 解 | — | — | — | 1.721 | 0.332 | 1.328 | 2.59 |

$$\delta_2\sqrt{\frac{U_\infty}{\nu x}}=\frac{2\tau_0}{\mu U_\infty}\sqrt{\frac{\nu x}{U_\infty}}\ ;\quad c_f\left(\frac{U_\infty l}{\nu}\right)^{1/2}=2\delta_2\sqrt{\frac{U_\infty}{\nu x}}$$

符号，动量方程具有方程(8.32)所给出的形式，即

$$U^2 \frac{d\delta_2}{dx} + (2\delta_2 + \delta_1)U \frac{dU}{dx} = \frac{\tau_0}{\rho}. \tag{10.18}$$

象上一节的平板情形一样，只要对速度剖面假定一个合适的形式，方程(10.18)就给出关于边界层厚度的常微分方程，由此可以算出动量厚度、位移厚度和壁面上的切应力．在选取合适的速度函数时，仍旧需要有和前面相同的考虑，即关于壁面上的无滑移条件，以及这个解与位势流解的连接点上的连续性要求．此外，在有压力梯度的情形下，相应于负压力梯度的区域或正压力梯度的区域内，速度函数必需分别具有拐点和没有拐点．为了能够用近似方法计算分离点的位置，还必须能有壁面上梯度为零(即 $(\partial u/\partial y)_{y=0} = 0$)的速度剖面．另一方面，可以不再规定各个 $x$ 值上的速度剖面具有相似性．按照 K. Pohlhausen 的做法，假设速度函数为 $\eta$ 的四次多项式，这里的 $\eta = y/\delta(x)$ 是到壁面的无量纲距离，也就是在区域 $0 \leqslant \eta \leqslant 1$ 中，设

$$\frac{u}{U} = f(\eta) = a\eta + b\eta^2 + c\eta^3 + d\eta^4, \tag{10.19}$$

而当 $\eta > 1$ 时，就取 $u/U = 1$．和以前一样，我们还要求边界层和位势流动在离壁面的有限距离 $y = \delta(x)$ 上能够连接起来．

为了确定四个独立常数 $a$、$b$、$c$、$d$，我们规定下述四个边界条件：

$$\left.\begin{aligned} &y = 0:\ \nu \frac{\partial^2 u}{\partial y^2} = \frac{1}{\rho} \frac{dp}{dx} = -U \frac{dU}{dx}; \\ &y = \delta:\ u = U;\ \frac{\partial u}{\partial y} = 0,\ \frac{\partial^2 u}{\partial y^2} = 0. \end{aligned}\right\} \tag{10.20}$$

从方程(7.10)至(7.12)可以看出，精确解也满足这个条件．

因为壁面的无滑移条件已隐含在式(10.19)，中所以上述条件足以定出常数 $a$, $b$, $c$, $d$．其中第一个条件特别重要，因为由式(7.15)看出，所有的精确解都满足这个条件．这个条件确定了速度剖面在壁面附近的曲率，不仅保证速度剖面在降压区没有拐点，而且保证增压区有第七章中精确解所要求的拐点，见图 7.3 和图

7.4. 引入无量纲量

$$\Lambda = \frac{\delta^2}{\nu}\frac{dU}{dx}, \tag{10.21}$$

则得出式(10.19)中系数的下述表达式:

$$a = 2 + \frac{\Lambda}{6};\ b = -\frac{\Lambda}{2};\ c = -2 + \frac{\Lambda}{2};\ d = 1 - \frac{\Lambda}{6},$$

因此速度剖面为

$$\frac{u}{U} = F(\eta) + \Lambda G(\eta) = (2\eta - 2\eta^3 + \eta^4) + \frac{\Lambda}{6}(\eta - 3\eta^2 + 3\eta^3 - \eta^4), \tag{10.22}$$

其中

$$\left.\begin{aligned} F(\eta) &= 2\eta - 2\eta^3 + \eta^4 = 1 - (1-\eta)^3(1+\eta), \\ G(\eta) &= \frac{1}{6}(\eta - 3\eta^2 + 3\eta^3 - \eta^4) = \frac{1}{6}\eta(1-\eta)^3. \end{aligned}\right\} \tag{10.23}$$

容易看出，用 $\eta = y/\delta(x)$ 表示的速度剖面构成一单参数的曲线族,并以无量纲量 $\Lambda$ 为形状因子. 无量纲量 $\Lambda$ 还可以写成

$$\Lambda = \frac{\delta^2}{\nu}\frac{dU}{dx} = -\frac{dp}{dx}\frac{\delta}{\mu U/\delta}.$$

因此，在物理上可以把 $\Lambda$ 解释为压力与粘性力之比. 为了得到一个可以具有真实物理意义的量,对于前面所定义的 $\delta$, 必须用一个本身具有物理意义的且正比于 $\delta$ 的量来代替，例如用动量厚度来代替. 这在本节的末尾再加以讨论.

图 10.3 中画出了由式(10.23)定义的两个函数 $F(\eta)$和 $G(\eta)$, 两者组合起来就是由式 (10.22) 给出的速度分布函数. 不同 $\Lambda$ 值的速度剖面示于图 10.4 中. 当 $dU/dx = 0$ 时，得出对应于 $\Lambda = 0$ 的速度剖面,即对应于没有压力梯度的边界层的情形(零攻角平板)，或者对应于位势流动中速度达到最小值或最大值点上的情形. 在这种情形下，速度剖面变得与上节平板中所用的四次多项式一样. 在有 $(\partial u/\partial y)_0 = 0$ (即 $a = 0$)的分离点上，速度剖面对

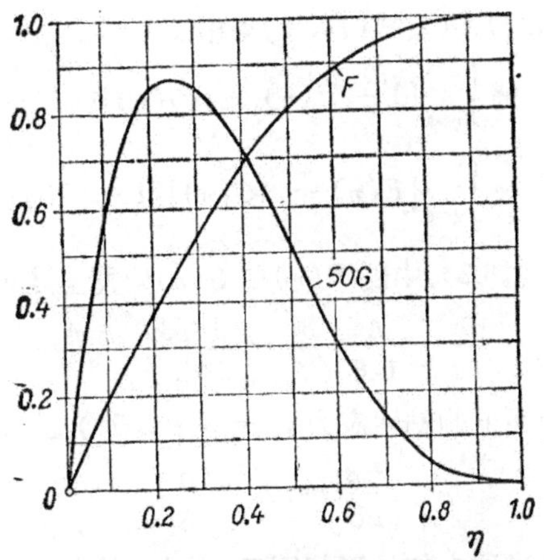


图 10.3 边界层的速度分布函数 $F(\eta)$ 和 $G(\eta)$，根据式(10.22)和式(10.23)画出

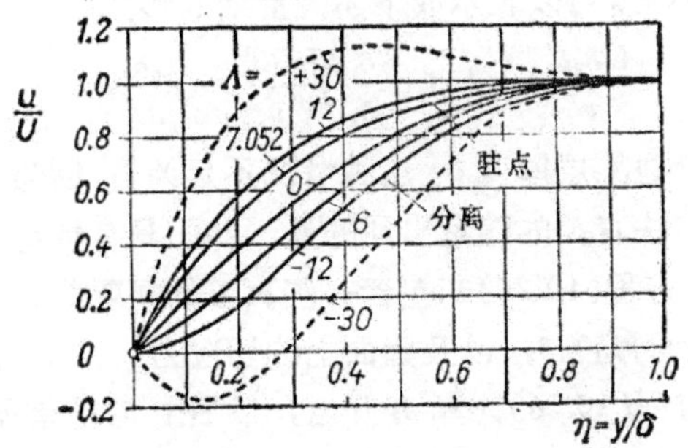


图 10.4 根据式(10.22)画出的单参数速度剖面族

应于 $\Lambda=-12$. 以后将证明，驻点上的速度剖面对应于 $\Lambda=7.052$. 当 $\Lambda>12$ 时，边界层中出现 $u/U>1$，但是，这在定常流动中必须排除. 因为在分离点以后，仍旧根据边界层概念所进行的计算已失去意义. 所以，可以看出，形状因子限制在 $-12\leqslant\Lambda\leqslant12$ 的范围内，见图 10.4.

在根据动量定理着手计算边界层厚度 $\delta(x)$ 之前，如上节中对零攻角平板所做的那样，最好是借助于近似的速度剖面，先计算出动量厚度 $\delta_2$，位移厚度 $\delta_1$ 和壁面上的粘性切应力 $\tau_0$. 我们根据式

(8.33), (8.31),以及式(10.22)得出

$$\frac{\delta_1}{\delta} = \int_{\eta=0}^{1} [1 - F(\eta) - \Lambda G(\eta)] d\eta,$$

$$\frac{\delta_2}{\delta} = \int_{\eta=0}^{1} [F(\eta) + \Lambda G(\eta)][1 - F(\eta) - \Lambda G(\eta)] d\eta.$$

然后利用式(10.23)中的 $F(\eta)$和 $G(\eta)$计算上述定积分，结果得到

$$\frac{\delta_1}{\delta} = \frac{3}{10} - \frac{\Lambda}{120}; \quad \frac{\delta_2}{\delta} = \frac{1}{63}\left(\frac{37}{5} - \frac{\Lambda}{15} - \frac{\Lambda^2}{144}\right). \tag{10.24}$$

类似地，壁面上的粘性应力 $\tau_0 = \mu(\partial u/\partial y)_{y=0}$ 可以表示为

$$\frac{\tau_0 \delta}{\mu U} = 2 + \frac{\Lambda}{6}. \tag{10.25}$$

为了确定出尚属未知的形状因子 $\Lambda(x)$，并由此根据式(10.21)确定出函数 $\delta(x)$，现在必须求助于动量方程(10.18)．将方程(10.18)乘以 $\delta_2/\nu U$，就可以表示成下述无量纲的形式:

$$\frac{U\delta_2\delta_2'}{\nu} + \left(2 + \frac{\delta_1}{\delta_2}\right)\frac{U'\delta_2^2}{\nu} = \frac{\tau_0\delta_2}{\mu U}, \tag{10.26}$$

其中不显含边界层厚度 $\delta$；这种情况不足为奇，因为 $\delta$ 只是与一个近似计算方法有关的随意出现的量，并不具有特定的物理意义．另一方面，方程(10.26)却包含一些真正的重要的物理量，即位移厚度 $\delta_1$，动量厚度 $\delta_2$，以及壁面上的切应力 $\tau_0$．所以，很自然地要从由动量方程(10.26)计算 $\delta_2$ 开始，然后由 $\delta_2$ 再借助于式(10.24)导出 $\delta$．为此，按照 H. Holstein 和 T. Bohlen[5]的意见，最好是引进第二个形状因子

$$K = \frac{\delta_2^2}{\nu}\frac{dU}{dx}, \tag{10.27}$$

$K$ 和动量厚度的关系与第一个形状因子 $\Lambda$ 和边界层厚度 $\delta$ 的关系相同，见式(10.21)．另外，设

$$Z = \frac{\delta_2^2}{\nu}, \tag{10.28}$$

则

$$K = Z\frac{dU}{dx}. \tag{10.29}$$

由式(10.21)，(10.27)和(10.24)可以看出，形状因子$\Lambda$和$K$满足普适关系

$$K=\left(\frac{37}{315}-\frac{1}{945}\Lambda-\frac{1}{9072}\Lambda^2\right)^2\Lambda. \tag{10.30}$$

为了简洁起见，记

$$H_{12}=\frac{\delta_1}{\delta_2}=\frac{\frac{3}{10}-\frac{1}{120}\Lambda}{\frac{37}{315}-\frac{1}{945}\Lambda-\frac{1}{9072}\Lambda^2}=f_1(K),$$

(10.31)[1]

$$\frac{\tau_0\delta_2}{\mu U}=\left(2+\frac{1}{6}\Lambda\right)\left(\frac{37}{315}-\frac{1}{945}\Lambda-\frac{1}{9072}\Lambda^2\right)=f_2(K).$$

(10.32)

将式(10.27)和(10.28)中的$K$和$Z$以及式(10.31)和(10.32)中的$f_1(K)$和$f_2(K)$分别代入动量方程(10.26)，并且有$\delta_2\delta_2'/\nu=\frac{1}{2}dZ/dx$，我们得到关系式

$$\frac{1}{2}U\frac{dZ}{dx}+[2+f_1(K)]K=f_2(K). \tag{10.33}$$

最后，我们引入另一个缩写函数

$$2f_2(K)-4K-2Kf_1(K)=F(K), \tag{10.34}$$

或者完整地写出，

$$F(K)=2\left(\frac{37}{315}-\frac{1}{945}\Lambda-\frac{1}{9072}\Lambda^2\right)\left[2-\frac{116}{315}\Lambda+\left(\frac{2}{945}+\frac{1}{120}\right)\Lambda^2+\frac{1}{9072}\Lambda^3\right], \tag{10.35}$$

其中$\Lambda$和$K$的关系已由式(10.30)给出。 根据所有这些缩写符号

1) 量$H_{12}=\delta_1/\delta_2$也当作是形状因子；对于湍流边界层而言，它是非常重要的，参阅第二十二章． 在层流边界层区域中，$H_{12}$的值约为2.3—3.5，参见表10.2；在湍流边界层中，$H_{12}$取值约为1.3—2.2． 在转折点上，$H_{12}$显著增大，参见图16.5．

及代换，动量方程(10.33)可以改写成非常紧凑的形式

$$\boxed{\frac{dZ}{dx}=\frac{F(K)}{U};\ K=ZU'.} \tag{10.36}$$

这是关于Z的一阶非线性微分方程，其中 $Z=\delta_2^2/\nu$ 是当前的长度坐标 $x$ 的函数. 虽然函数 $F(K)$的形式非常复杂，但是，从解方程(10.36)这一点来说，并没有造成实际上的困难. 因为 $F(K)$是一个普适函数，即 $F(K)$ 是一个与物体形状无关的函数，所以可一劳永逸地计算出来. 表 10.2 中分别列出由式(10.30)算出的函数 $K(\Lambda)$的值，以及由式(10.31)，(10.32) 和 (10.35) 算出的 $f_1(K)$，$f_2(K)$和 $F(K)$的值. 而辅助函数 $F(K)$ 在图 10-6 中用曲线表示出来.

**关于动量厚度的微分方程的解：** 关于求解方程(10.36)的问题，可作如下说明：计算应该从驻点 $x=0$ 处开始，在驻点上有 $U=0$，并且除了物体在驻点具有夹角为零的尖缘之外，$du/dx$ 为有限的非零值. 在上游驻点处，如果 $F(K)$ 不为零，那么积分曲线的初始斜率 $dZ/dx$ 将变成无限大. 由此，可以看出，函数 $F(K)$ 具有有物理意义的初值. $F(K)$ 为零的 $\Lambda$ 取值是使式(10.35)右边第二个括号为零，于是有

$$\text{当 } K=K_0=0.0770 \text{ 或 } \Lambda=\Lambda_0=7.052\text{时},\quad F(K)=0.$$

因此，如前所述，$\Lambda=7.052$ 是第一个形状因子在驻点的值. 由此可以看出，在上游驻点处积分曲线的初始斜率为不定型 $\frac{0}{0}$ (方程(10.30)的奇点). 不过，通过简单的取极限的过程，可以很容易的计算出这个值. 我们得到

$$Z_0=\frac{K_0}{U_0'}=\frac{0.0770}{U_0'};\ \left(\frac{dZ}{dx}\right)_0=-0.0652\frac{U_0''}{U_0'^2}. \tag{10.36a}$$

这里，下标 0 指上游驻点. 根据这些初值，可以很方便地对方程进行积分，例如，用等倾法. 图 10.5 说明这种方法在零攻角对称翼型上的应用. 计算以前缘驻点上的值 $\Lambda_0=7.052$ 和 $K_0=0.0770$ 开始，一直计算到分离点上的值 $\Lambda=-12$ 和 $K=-0.1567$ 为止.

速度函数 $U(x)$ 及其一阶导数 $dU/dx$，则由位势流解给出．对于积分曲线的初始斜率而言，只要求给出在前缘上的 $d^2U/dx^2$ 值．

计算所采取的步骤可以总结如下：

1. 给出用弧长 $x$ 表示的位势流函数 $U(x)$ 及其导数 $dU/dx$；
2. 对方程(10.36)积分给出 $Z(x)$和第二形状因子 $K(x)$，以便由此从式(10.27)能计算出动量厚度 $\delta_2(x)$，随后可以求出分离点的位置；
3. 由式(10.30)和表 10.2 得出第一形状因子的变化；
4. 利用表 10.2 的数值，可以根据式(10.31)和 (10.32)分别求出位移厚度 $\delta_1$ 和壁面上的切应力 $\tau_0$；
5. 由式(10.24)得出边界层厚度 $\delta(x)$；
6. 最后，从式(10.22)求得速度分布．

**表 10.2 层流边界层近似计算中的辅助函数，取自 Holstein 和 Boh'en[7]**

| $\Lambda$ | $K$ | $F(K)$ | $f_1(K)=\frac{\delta_1}{\delta_2}=H_{12}$ | $f_2(K)=\frac{\delta_2\tau_0}{\mu U}$ |
|---|---|---|---|---|
| 15 | 0.0884 | −0.0658 | 2.279 | 0.346 |
| 14 | 0.0928 | −0.0885 | 2.262 | 0.351 |
| 13 | 0.0914 | −0.0914 | 2.253 | 0.354 |
| 12 | 0.0948 | −0.0948 | 2.250 | 0.356 |
| 11 | 0.0941 | −0.0912 | 2.253 | 0.355 |
| 10 | 0.0919 | −0.0800 | 2.260 | 0.351 |
| 9 | 0.0882 | −0.0608 | 2.273 | 0.347 |
| 8 | 0.0831 | −0.0335 | 2.289 | 0.340 |
| 7.8 | 0.0819 | −0.0271 | 2.293 | 0.338 |
| 7.6 | 0.0807 | −0.0203 | 2.297 | 0.337 |
| 7.4 | 0.0794 | −0.0132 | 2.301 | 0.335 |
| 7.2 | 0.0781 | −0.0051 | 2.305 | 0.333 |
| 7.052 | 0.0770 | 0 | 2.308 | 0.332 |
| 7 | 0.0767 | 0.0021 | 2.309 | 0.331 |
| 6.8 | 0.0752 | 0.0102 | 2.314 | 0.330 |
| 6.6 | 0.0737 | 0.0186 | 2.318 | 0.328 |
| 6.4 | 0.0721 | 0.0274 | 2.323 | 0.326 |
| 6.2 | 0.0706 | 0.0363 | 2.328 | 0.324 |

续表

| Λ | K | F(K) | $f_1(K)=\frac{\delta_1}{\delta_2}=H_{12}$ | $f_2(K)=\frac{\delta_2\tau_0}{\mu U}$ |
|---|---|---|---|---|
| 6 | 0.0689 | 0.0459 | 2.333 | 0.321 |
| 5 | 0.0599 | 0.0979 | 2.361 | 0.310 |
| 4 | 0.0497 | 0.1579 | 2.392 | 0.297 |
| 3 | 0.0385 | 0.2255 | 2.427 | 0.283 |
| 2 | 0.0264 | 0.3004 | 2.466 | 0.268 |
| 1 | 0.0135 | 0.3820 | 2.508 | 0.252 |
| 0 | 0 | 0.4698 | 2.554 | 0.235 |
| −1 | −0.0140 | 0.5633 | 2.604 | 0.217 |
| −2 | −0.0284 | 0.6609 | 2.647 | 0.199 |
| −3 | −0.0429 | 0.7640 | 2.716 | 0.179 |
| −4 | −0.0575 | 0.8698 | 2.779 | 0.160 |
| −5 | −0.0720 | 0.9780 | 2.847 | 0.140 |
| −6 | −0.0862 | 1.0877 | 2.921 | 0.120 |
| −7 | −0.0999 | 1.1981 | 2.999 | 0.100 |
| −8 | −0.1130 | 1.3080 | 3.085 | 0.079 |
| −9 | −0.1254 | 1.4167 | 3.176 | 0.059 |
| −10 | −0.1369 | 1.5229 | 3.276 | 0.039 |
| −11 | −0.1474 | 1.6257 | 3.383 | 0.019 |
| −12 | −0.1567 | 1.7241 | 3.500 | 0 |
| −13 | −0.1648 | 1.8169 | 3.627 | −0.019 |
| −14 | −0.1715 | 1.9033 | 3.765 | −0.037 |
| −15 | −0.1767 | 1.9820 | 3.916 | −0.054 |

A. Walz[25]指出，可以引入进一步的近似，将方程(10.36)化成一个简单的求积问题，而没有任何明显的精度损失．他发现函数$F(K)$可以用直线

$$F(K)=a-bK$$

来很好地近似，其中$a=0.470$和$b=6$．这种近似在驻点和最大速度点之间特别与精确值一致(见图10.6)．这样一来，方程(10.36)化为

$$U\frac{dZ}{dx}=a-bK,$$

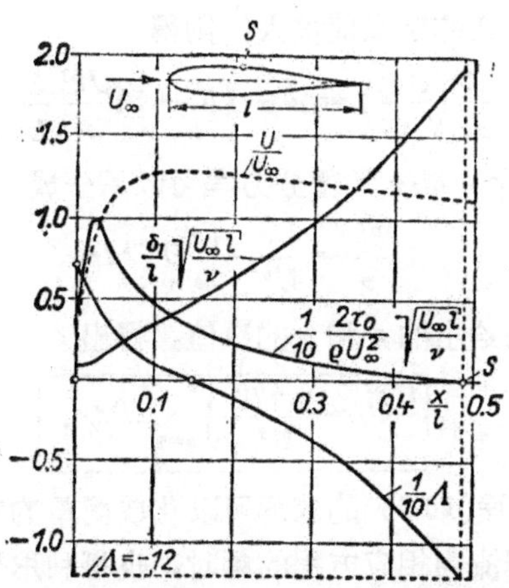


图 10.5 用 Pohlhausen 和 Hostein-Bohlen[8] 建立的近似方法计算边界层的例子．对零攻角($\alpha=0$)的 Zhukovskii 对称翼型 J015 用等倾法所得到的微分方程(10.36)的解．也可见图 10.12

$s$ = 分离点

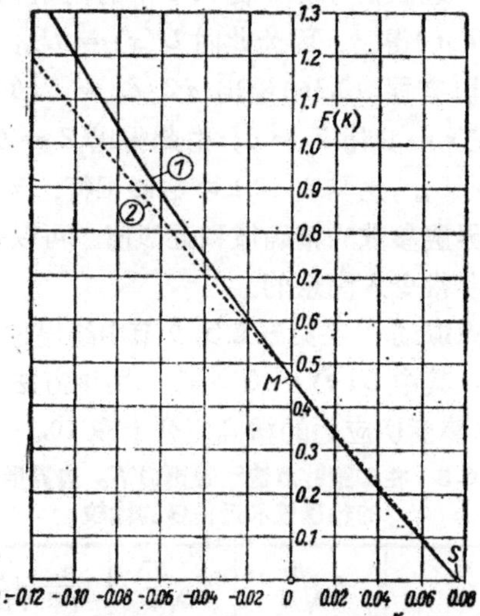


图 10.6 用 Holstein 和 Bohlen[5] 方法计算的层流边界层的辅助函数 $F(K)$

(1)利用方程(10.35)；

(2)线性近似 $F(K)=0.470-6K$；

$S$ = 驻点； $M$ = 速度最大值点

或将 $Z$ 和 $K$ 最初的定义值代入，则得

$$\frac{d}{dx}\left(\frac{U\delta_2^2}{\nu}\right)=a-(b-1)\frac{U\delta_2^2}{\nu}\frac{1}{U}\frac{dU}{dx}.$$

显然，这个关于 $U\delta_2^2/\nu$ 的微分方程可以积分成

$$U\frac{\delta_2^2}{\nu}=\frac{a}{U^{b-1}}\int_0^x U^{b-1}dx,$$

或者利用上面给出的 $a$ 和 $b$ 的数值，得出

$$\boxed{\frac{U\delta_2^2}{\nu}=\frac{0.470}{U^5}\int_{x=0}^{x}U^5dx.} \tag{10.37}$$

由此可见，方程(10.36)的求解可以化成简单的求积分．在第二十二章中求解湍流中相应方程的解时，也将利用类似的求积方法．

### c. 近似解和精确解的比较

**1. 零攻角平板．** 在零攻角平板情形下，由方程(10.22)容易看出：Pohlhausen 近似就等价于表 10.1 中的例 3．这种情形也可以直接从方程(10.36)得出．因为此时 $U(x)=U_\infty$，$U'\equiv 0$，于是 $K=\Lambda\equiv 0$，所以方程(10.36)给出 $dZ/dx=F(0)/U_\infty=0.4698/U_\infty$．考虑到在 $x=0$ 处 $Z=0$，由此得出 $Z=0.4698x/U_\infty$，或 $\delta_2=0.686\sqrt{\nu x/U_\infty}$，这与表 10.1 中数值相符．为了便于比较，表 10.1 列出了边界层参数的精确值和近似值．可以看出，它们之间的吻合程度是非常令人满意的．

**2. 二维驻点流动．** 在第五章第 9 节中给出过二维驻点流动问题的精确解，其中 $U(x)=U'\cdot x$．用该方法计算出的位移厚度，动量厚度和壁面切应力的精确值列于表 10.3．

**表 10.3 在二维驻点流动的情形下，边界层参数的精确值和近似值的比较**

| | $\delta_1\sqrt{\frac{U'}{\nu}}$ | $\delta_2\sqrt{\frac{U'}{\nu}}$ | $\frac{\tau_0}{\mu U}\sqrt{\frac{\nu}{U'}}$ | $H_{12}=\frac{\delta_1}{\delta_2}$ |
|---|---|---|---|---|
| K. Pohlhausen 近似方法的结果 | 0.641 | 0.278 | 1.19 | 2.31 |
| 精确解 | 0.648 | 0.292 | 1.233 | 2.21 |

在近似方法中有 $Z_0=K_0/U'$，因而根据方程(10.36)可知，动量厚度由 $\delta_2\sqrt{U'/\nu}=\sqrt{K_0}=\sqrt{0.0770}=0.278$ 给出。由方程(10.31)看出，位移厚度由 $\delta_1\sqrt{U'/\nu}=f_1(K_0)\sqrt{K_0}=0.641$ 近似确定；而关于壁面切应力，方程(10.32)则给出 $\tau_0/\mu U\cdot\sqrt{\nu/U'}=f_2(K_0)/\sqrt{K_0}=0.332/0.278=1.19$。在这种情形下，近似值和精确值的吻合程度也是完全令人满意的.

**3. 绕圆柱的流动.** 在 K. Pohlhausen 原来的文章[12]中，将绕圆柱流动的近似计算结果与 Hiemenz 解（见第九章 c）进行了比较. 他采用了 Hiemenz 关于圆柱体的实验压力分布函数，并将结果与 Hiemenz 解作了比较，该 Hiemenz 解只取了 Blasius 级数的前三项. Hiemenz 解表明分离发生在 $\phi=82.0°$ 处，而 Pohlhausen 的近似值为 $\phi=81.5°$. 但是，对于分离点附近的边界层厚度而言，用近似方法得到的值却远大于由 Hiemenz 所得到的值. 此外，必须认识到这一比较不是结论性的，因为只包含 Blasius 级数前三项的解本身不足以代表分离点附近的解.

现在将用 Pohlhausen 近似方法所得到的结果和在数字计算机上直接解微分方程所得到的高精度数值结果进行比较. 用来比较的例子就是绕圆柱的流动，其外流速度是用位势流理论计算的，其边界层速度是用包含到 $x^{11}$ 的 Blasius 级数计算的（见第九章 c). 这一比较说明：一直到分离点附近，幂级数方法都具有很高的精度. 但是在分离点本身，级数在 $x^{11}$ 的项上截断就变得不精确了. 图 10.7 中画出了一组边界层参数的曲线，有位移厚度 $\delta_1$，动量厚度 $\delta_2$ 和壁面切应力 $\tau_0$. 由图看出，就位移厚度和动量厚度的变化以及切应力的变化而论，根据 W. Schoenauer[20]所作的新的数值计算结果表明：在分离点附近稍有不同的趋势，并预言分离点的出现要早些. W. Schoenauer 求得的分离角度为 $\phi_S=104.5°$，而用 Pohlhausen 近似方法得到的 $\phi_S=109.5°$，用取到 $x^{11}$ 项的级数展开式给出的 $\phi_S=108.8°$. 速度分布之间的比较(见图 10.8)得出下述结论：在 $0<\phi<90°$ 的角度范围内，即在外部流动加速的区域内，精确解和近似解几乎完全一致. 对比之下，在最小压力

点的下游，当接近分离点时，其间的差异增加得非常迅速.

至今还没有给出关于衡量近似程度的一般准则，看来要得出这种准则是很困难的．但是由上述计算和类似计算以及实验结果来判断，似乎有理由肯定，Pohlhausen 近似方法在位势流动的加速区域内得出非常令人满意的结果.类似地可以说明，在位势流动减

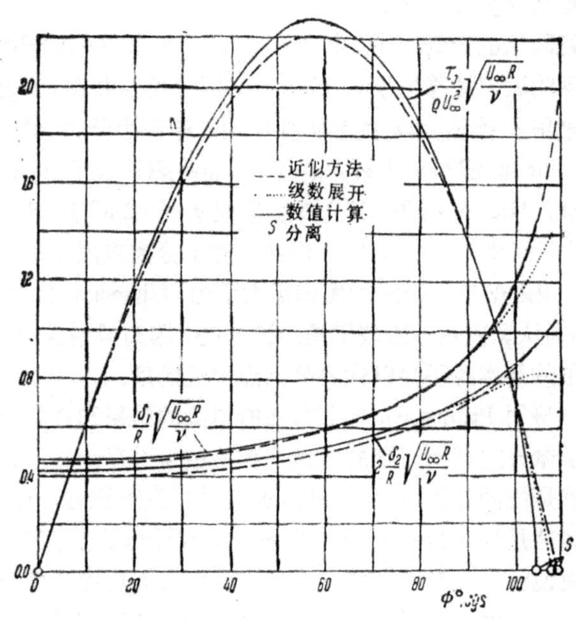


图 10.7 在圆柱情形下，Pohlhausen 近似解与精确解的比较

$\delta_1$ = 位移厚度；

$\delta_2$ = 动量厚度；

$\tau_0$ = 壁面的切应力.

速的区域中，当接近分离点时，近似解变得不那么精确了．特别是在分离点位于最小压力点后面很远的情形下，所计算出的分离点位置会有某种程度的不确定性[1)2)].

1）例如：对于长细比 $a:b = 2.96:1$ 的椭圆柱，当来流平行于长轴时，G. B. Schubauer[21]测量了最小压力点的位置，测得它位于 $x/b = 1.3$ 处，而分离发生在 $x/b = 1.99$ 处．对于速度剖面而言，一直到最小压力点为止，用 Pohlhausen 近

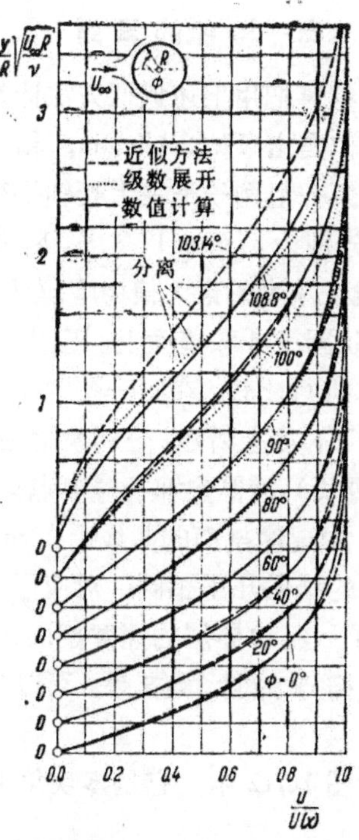


图 10.8 圆柱情形中的速度剖面，Pohlhausen 近似解与精确解的比较

根据速度剖面组成单参数曲线族的假定，必然得出分离点仅由这个参数值确定的结论．但是 I. Tani[22]证明，分离点的位置还依赖于外部流动的压力梯度．

---

似方法计算的结果与实验测量的结果都非常吻合，但是近似方法算不出分离． D. Meksyn[13]建立了一种计算方法．对于上述例子，该方法得出分离点位于 $x/b = 2.02$ 处．在他的方法中，边界层方程被变换成与 Falkner-Skan 方程(9.8)类似的常微分方程．

2) 在此应该指出：在压力梯度很大，即对应于 $\Lambda>12(K>0.095)$ 的区域中，用 Pohlhausen 近似方法的等倾法来近似求积是无效的，因为 $K$ 随 $\Lambda$ 变化的曲线在此向下弯转(见表 10.2)，所以超过 $K=0.095$ 的范围之后，不能继续积分下去．而且当 $\Lambda>12$ 时，由于速度剖面中有 $u/U>1$ 的点(图 10.4)，所以这些速度剖面已不适用．如果利用方程(10.37)，就可避免这些困难．

## d. 其它的算例

在本节中，我们打算把用上述近似方法计算边界层的若干算例概括一下，这一工作是由 H. Schlichting 和 A. Ulrich 在论文[19]中最先给出的. 第一组例子是关于长轴平行于来流方向的椭圆柱，其长短轴之比分别为 $a/b=1, 2, 4, 8$，位势流速度分布函数见图 10.9 中的曲线. 速度的最大值为 $U_m/U=1+b/a$. 边界层的位移厚度 $\delta_1$，形状因子 $\Lambda$ 和壁面上切应力 $\tau_0$ 等特征参数，见图 10.10 中曲线，为了进行比较，在同一图中还画有零攻角平板的结果. 在圆柱的情形下，如上所述，分离发生在 $x/l'=0.609$，即 $\phi=109.5°$处($2l'=$周长)，椭圆愈细长分离点愈移向下游. 分离点的位置标志在图 10.9 中速度剖面的曲线上. $a/b=8$ 的椭圆的结果，与零攻角平板的结果几乎相同. 对应于 $a/b=4$ 的椭圆情形，图 10.11 中画出了一组边界层的速度剖面. 关于短轴平行于来流的椭圆以及旋转椭球的计算结果，可以从 J. Pretsch 的论文[17]中找到.

另一个例子示于图 10.12 中，它是零攻角下 Zhukovskii 对称

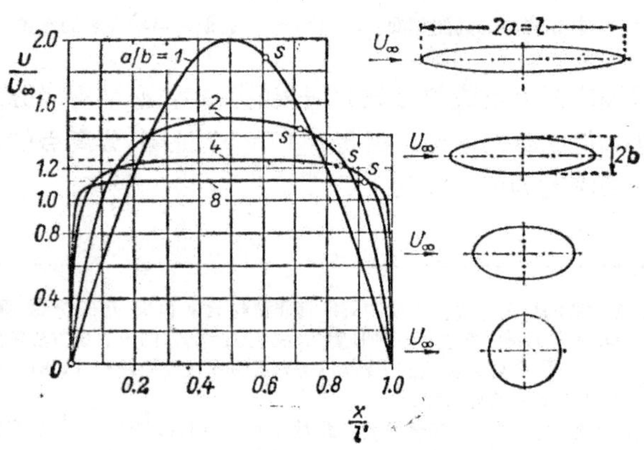


图 10.9 在长细比为 $a/b=1, 2, 4, 8$ 的椭圆柱上，当来流方向平行于椭圆长轴时的位势流速度分布函数
$S=$分离点的位置

翼型的结果．最小压力点在 $x/l' = 0.141$ 处，它非常靠近前缘．在其后面，压力上升是很缓慢的，所以，分离点在最小压力点下游很远的地方，即位于 $x/l' = 0.470$ 处．因为 Zhukovskii 翼型有尖的尾缘，所以尾缘的位势流速度不为零．有关不同厚度比，不同弯度比的 Zhukovskii 翼型的许多系列，在不同攻角下的系统的边界层计算的详情，可以参阅 K. Bussmann 和 A. Ulrich 的论文[2]．

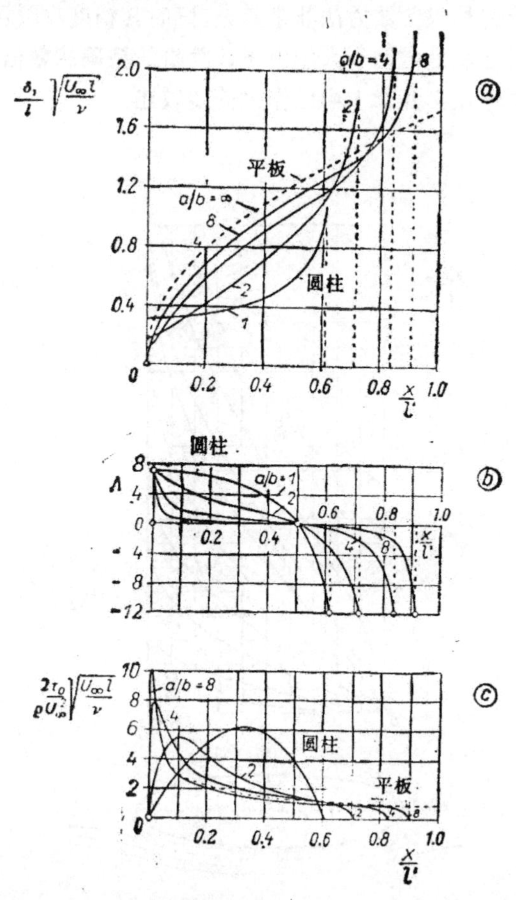


图 10.10　图 10.9 中长细比为 $a/b = 1, 2, 4, 8$ 的椭圆柱上边界层的计算结果．a）边界层位移厚度；b）形状因子；c）壁面上的切应力，$2l'$ = 椭圆的周长；$a/b = 1$为圆柱；$a/b = \infty$为平板

对于迄今已提出的大量近似方法的评述，发表在由 L. Rosenhead 主编的名为"层流边界层"[18]的文集中.

在改进层流边界层的计算精度的工作中，许多作者利用**双参数方法**来代替上述的单参数方法. 要做到这点，除了满足动量积分方程之外，还满足能量积分方程(例如参阅 K. Wieghardt[27]). L. G. Loitsianskii 及其合作者[8,9,10,11,12,14]已经广泛发展了双参数方法. 由于这种双参数方法非常复杂，同时其精度难以评定，所以目前的作者都偏爱借助于大型电子计算机的**精确的数值方法**，这些方法的原理在第九章 i 中已作过简要叙述.

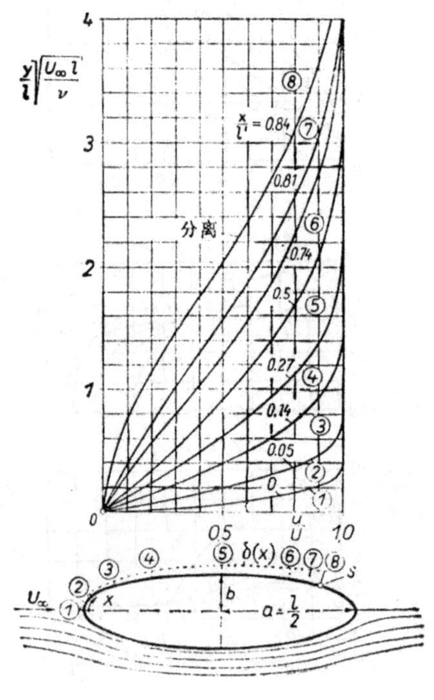


图 10.11　椭圆柱上层流边界层的速度剖面，长短轴比 $a/b=4$

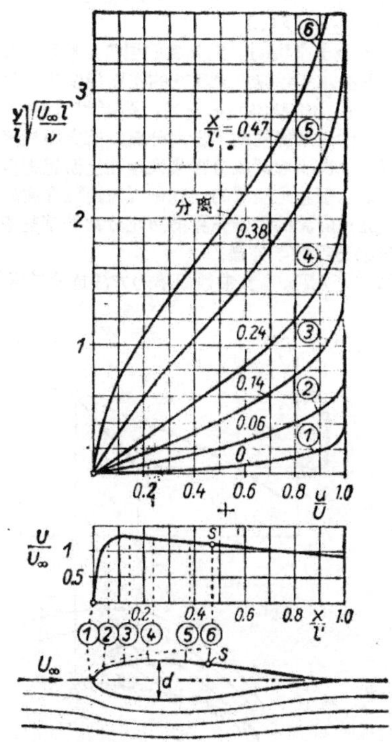


图 10.12 Zhukovskii 翼型 J015 上层流边界层中速度剖面以及位势流速度函数，翼型厚度比 $d/l=0.15$，攻角 $\alpha=0$

## e. 有逆压梯度的层流流动；分离

有逆压梯度的流动(减速流动)具有很大的实际意义．在这方面，总是希望避免从壁面上**分离**，因为分离现象伴随着大量的能量损失．绕翼型的流动就是这样一种情形．由于在吸力面上后缘的压力必须增加到来流的值，因此，流动很可能总是要分离的．扩张槽(扩压器)中的流动提供了另一个例子．利用此种扩张槽形状的目的是将动能转换成压力能．但是如果扩张角取得过大，就会发生分离．

关于分离点邻域中边界层的特性，S. Goldstein[4] 和 B. S. Stratford[21a] 已经作了理论研究．可参阅 S. N. Brown 和 K. Stewartson[1]的评论文章．

观察表明，从壁面分离出来的层流边界层常常是先变成湍流，然后再附于壁面．这种现象导致层流分离泡的产生，这种流体泡本身位于分离点 $S$ 和再附点 $R$ 之间，见图 10.13b．在泡中的流体作循环运动．根据图 10.13a，沿壁面的压力分布可简单地表述为： 在分离点 $S$ 和最大厚度点 $T$ 之间压力为常数值，然后，从 $T$ 到再附点 $R$，压力线性增加．I. Tani[23] 已经对这种现象作了详细的描述．最近，A. D. Young 等[28]以及 M. Gaster[4a] 和 J. L. Van Ingen[6] 已经对层流分离泡的性质进行了实验研究. 有关的理论文献参阅[2b, 3a, 5a].

现在可以借助几个例子来说明，无分离的层流只能承受很小的逆压梯度. 所以，如果流动是层流的，那么在实际应用中存在的逆压梯度几乎总会导致分离. 大量实际流动可以承受相当大的压力增长率而不分离，是由于流动基本上是湍流. 以后可以看到，湍流可以克服很大的逆压梯度而不出现分离. 这方面最著名的例子是绕圆柱和绕圆球的流动，这里层流分离比起湍流分离来发生在上游远得多的地方. 实际上，当有逆压梯度存在时，流动几乎总是湍流的. 这是因为逆压梯度的存在更容易使层流转捩为湍流. 尽管为此，通过层流的例子来弄清防止分离的某些基本关系还是有用的，特别是层流远比湍流容易进行数学处理.

防止分离的方法有好几种. 其中最简单的方法是使逆压梯度保持在发生分离的

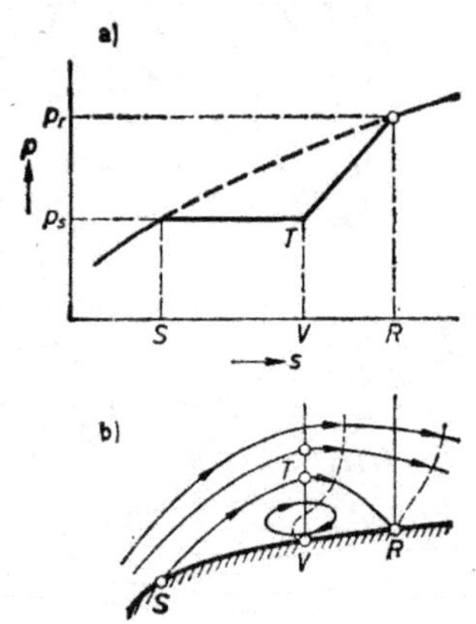


图 10.13 层流边界层中的分离泡(取自 I. Tani[23]). a)流体泡中沿壁面的压力分布(示意图); b)流体泡形状(示意图). 流体泡中 $S$ 和 $V$ 之间的压力保持为 $p_s$ 不变; 在 $V$ 的下游,压力增加到 $p_r$

$S$ = 分离点

$R$ = 再附点

$V - T$ = 气泡高度

限度以下. 下面将用数值例子来说明这一概念. 另一种可能性是控制边界层，例如用抽吸或将流体射入边界层，或在机翼的临界区域中容易影响边界层的地方加辅助装置. 这些方法将在第十四章中更全面地讨论.

现在按照 L. Prandtl 的文章[16]，说明如何才能估计恰好不出现分离时逆压梯度的容许值. 我们的分析是根据第十章 b 中所研究的 von Kármán-Pohlhausen 近似方法. 假定直到非常靠近分离点的某一个点，例如图 10.14 中的点 o 为止，边界层一直受到位势流动中压力分布的作用. 从这个点开始，假定下游的压力梯度使速度剖面的形状保持不变，或者换句话说，形状因子 $\Lambda$ 保持为常值；因为在分离点上 $\Lambda = -12$，所以在该点选取 $\Lambda = -10$. 由表 10.2 看出，这导致第二形状因子有确定的值，即 $K = 0.1369$，所以 $F(K) = 1.523$. 利用这些值，可以从式(10.28)和(10.29)知道，防止分离意味着位势流速度 $U(x)$ 和动量厚度 $\delta_2(x)$ 之间有下述关系：

$$\frac{\delta_2^2}{\nu} = Z = \frac{0.1369}{-U'(x)}.$$

由此得出 $dZ/dx = 0.1369U''/U'^2$，或

$$U\frac{dZ}{dx} = 0.1369\ \frac{UU''}{U'^2} = 0.1369\sigma, \tag{10.38}$$

其中

$$\sigma = \frac{UU''}{U'^2}. \tag{10.39}$$

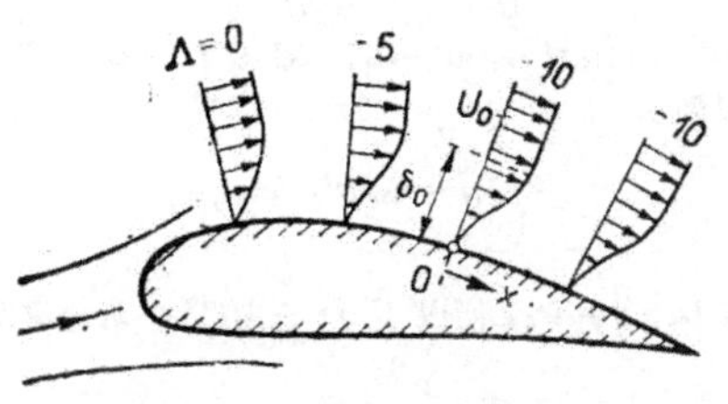


图 10.14　在层流分离被防止的情形下，边界层的发展

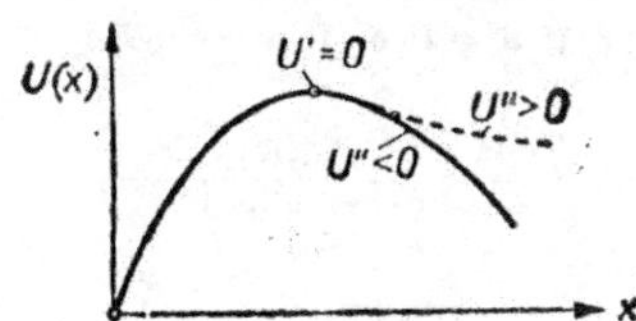


图 10.15　有分离和无分离的层流边界层的位势流速度函数

另一方面，当 $x > 0$ 时，由动量方程(10.36)给出以后的速度剖面，即

$$U\frac{dZ}{dx} = F(K) = 1.523, \tag{10.40}$$

其中对应于 $\Lambda = -10$ 的 $F(K)$的数值已经代入．由方程(10.38)和(10.40)得出，如果 $0.1369\sigma = 1.523$，即如果

$$\sigma = \frac{UU''}{U'^2} = 11.13 \approx 11, \tag{10.41}$$

$$\sigma > 11\text{：不分离；}\quad \sigma < 11\text{：分离，} \tag{10.41a}$$

则形状因子的值保持为 $\Lambda = -10$ 不变．上述讨论表明：如果 $\sigma > 11$，则边界层能够承受这种逆压梯度，而$\sigma < 11$ 意味着分离．如果$\sigma$保持 $\sigma = 11$ 不变，同时 $\Lambda = -10$，那么边界层继续处于分离的边缘．

关于不导致分离的位势流速度函数 $U(x)$的形状，立即可以定性地作出下述说明．根据方程(10.41)看来

$$U'' > 0$$

是减速流动($U' < 0$)附着在壁面上的**必要条件**．换句话说，逆压梯度值必须沿流动方

向减小(图 10.15). 因此,如果速度函数 $U(x)$ 在其最大值后面向下弯曲($U''<0$), 则分离总要发生.反之,如果速度函数向上弯曲($U''>0$),则分离可以避免.即使 $U''=0$ 的极限情形,即速度随弧长线性减小的情形,也总是导致分离. 后一种情形的说明与第九章 d 中得到的结果相同,在那里研究了位势流速度线性减小的边界层,其微分方程的解引自 L. Howarth 的文章. 不出现分离的**充分条件**可以表示为

$$U''>11U'^2/U.$$

对于 $\sigma=11$ 的极限情形,即边界层处于出现分离边缘的情形,我们来计算位势流动和边界层厚度的变化. 由方程(10.41)得到

$$\frac{U''}{U'}=11\times\frac{U'}{U},$$

或通过积分得到 $\ln U'=11\ln U+\ln(-C_1')$, 即 $U'/U^{11}=-C_1'$, 这里 $C_1'$ 表示积分常数. 再积分一次得到

$$\frac{1}{10}U^{-10}=C_1'x+C_2. \tag{10.42}$$

在 $x=0$ 处,必须有 $U(x)=U_0$, 所以 $C_2=\frac{1}{10}U_0^{-10}$. 进一步设 $C_1'U_0^{10}=C_1$, 由方程(10.41)得到

$$U(x)=\frac{U_0}{(1+10C_1x)^{1/10}} \tag{10.43}$$

式(10.43)代表分离刚好可以避免的位势流速度. 常数 $C_1$ 可以由原点 $x=0$ 处边界层厚度的值 $\delta_0$ 来确定. 我们有 $\Lambda=U'\delta^2/\nu=-10$ 或 $\delta=\sqrt{10\nu/(-U')}$. 同时由式(10.43)得到

$$U'=-\frac{C_1U_0}{(1+10C_1x)^{11/10}};$$

所以

$$\delta=\sqrt{\frac{10\nu}{C_1U_0}}(1+10C_1x)^{11/20}.$$

根据 $x=0$ 处 $\delta=\delta_0$,则有 $C_1=10\nu/U_0\delta_0$, 这样就得到关于位势流动和边界层厚度变化的最终解

$$U(x)=U_0\left(1+100\frac{\nu x}{U_0\delta_0^2}\right)^{-0.1}; \tag{10.44}$$

$$\delta(x)=\delta_0\left(1+100\frac{\nu x}{U_0\delta_0^2}\right)^{0.55}. \tag{10.45}$$

由此可见,容许的减速(速度的减小)的数值是很小的,与 $x^{-0.1}$ 成正比. 它的值几乎只有沿零攻角平板的常速度流动才能实现. 在目前的情形下,边界层厚度 $\delta$ 的增加正比于 $x^{0.55}$; 这个数值和零攻角平板情形中的 $\delta\sim x^{0.5}$ 差异也很小.

作为减速流动的另一个例子,我们来研究通过直壁扩张槽的流动. 这种情形是第九章 b 中所讨论的扩张槽中边界层流动的推论. 流动简图示于图 10.16, 其中 $x$ 表示到源 $o$ 的径向距离. 假定壁面从 $x=a$ 开始,此处位势流动的入口速度记作 $U_0$, 位势流动可以表示为

$$U(x)=U_0\frac{a}{x};\quad U'(x)=-U_0\frac{a}{x^2};\quad U''(x)=2U_0\frac{a}{x^3} \tag{10.46}$$

根据方程(10.41)计算对分离有决定意义的量 $\sigma$,可以得出 $\sigma=2$. 应用式(10.41a)给

出的判据可以断定，不管扩张角的大小如何，都要出现分离．这个例子非常清楚地表明：层流承受逆压梯度而不分离的能力是非常有限的．

根据 K. Pohlhausen[15]所作的计算，其分离点出现在 $x_s/a = 1.21$ 处，并且可以看作与扩张角无关．

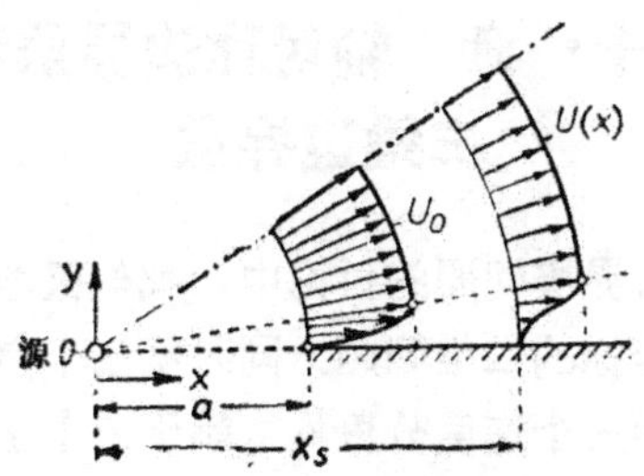


图 10.16 扩张槽中的层流边界层．分离发生在 $x_s/a = 1.21$ 处，与扩张角无关

上述结论只适用于边界层位移效应可以忽略的情形．但是，当扩张角很小时，情况并非如此．在扩张角很小时，经过一定的入口距离之后，边界层就充满整个槽的横截面(参阅第十一章 i)，同时在这种流动过程中，流动渐近地过渡到第五章 12 节中所讨论的扩张槽情形．当夹角不超过某个值时，就不出现分离．这个值与 Reynolds 数有关．

近来，S. N. Brown 和 K. Stewartson 发表了一篇关于分离问题的综合评论[1]；该文强调关于微分方程在临界点上出现的奇异性的数学问题．关于此问题，也可参阅 S. Goldstein 的文章[4]．最近 J. C. Williams III[29] 和 P. K. Chang[2c] 就这个问题发表了从物理上讲更富有启发性的评论．

# 第十一章　轴对称边界层和三维边界层

在前面几章边界层问题的讨论中，我们仅考虑了速度分量只依赖于两个空间坐标的二维问题．同时第三个空间坐标方向的速度分量等于零．而三个速度分量均依赖于三个坐标的一般三维边界层问题，由于数学上相当困难，到目前为止，还没有很好地得到解决它．在本章末尾，我们将叙述对这个问题的初步尝试．

另一方面，在轴对称的边界层研究中所遇到的数学困难要少得多，甚至几乎没有超出在二维情形下所遇到的困难．轴对称边界层，例如，出现在绕轴对称物体的流动中；轴对称射流也属于这类问题． 旋转圆盘和有驻点的轴对称流动这两个例子，已经在 Navier-Stokes 方程精确解的那一章讨论过了．

在本章开始，我们将讨论另外几个定常轴对称流动的例子，它们都是可以用微分方程求解的．接下去要把上一章讲过的近似方法加以推广，以包括轴对称的情形．此外，我们还要讨论三维边界层的基本特点．非定常的轴对称边界层将在第十五章中同非定常二维边界层的例子一起讨论．

## a．轴对称边界层的精确解

**1．地面附近的旋转流动**　在第五章中我们讨论了在静止流体中旋转圆盘附近的流动情形．与此密切相关的是，当流体在静止壁面的远上方以等角速度旋转时，静止壁面附近的流动情形（图 11.1）．U.T．Boedewadt[9] 研究了这个例子． 在旋转圆盘的例子中，基本效果之一是，在壁面附近的薄层内流体在离心力的作用下向外抛开，被迫沿径向向外流动的流体为沿轴向流动的流体所代替．现在所讨论的流体在壁面上方旋转的情形，也有类似的效果，只不过符号相反． 在与径向压力梯度相平衡的离心力的影响下，在壁面远上方旋转的流体质点处于平衡状态．在壁面附近，质点的周向速度降低，因而离心力显著下降，但是指向转轴的径向压力梯度保持不变．这种情形使得壁面附近的质点沿着径向向内流动，同时由于连续性的原因，这种流动必然引起一种向上的轴向流动，如图 11.1 所示． 这种出现于边界层中、其方向偏离外流的叠加流场，通常称为**二次流动**．这是 E. Gruschwitz[45]在分析弯曲管道流动时首先发现的，还可参看 E. Becker 的文章[6]．

上一段叙述的在固壁附近伴随旋转而引起的二次流动，可以

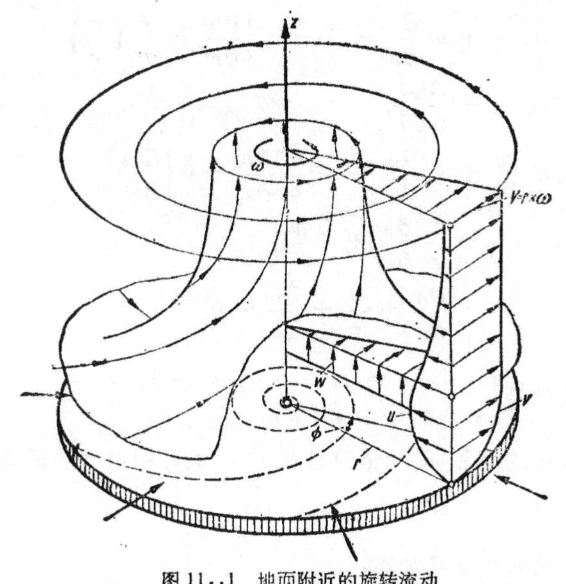


图 11.1 地面附近的旋转流动

速度分量：$u$——径向；$v$——周向；$w$——轴向． 由于摩擦作用，周向速度在静止圆盘附近受到减速．这就引起了沿径向向内的二次流动

很清楚地在茶杯中观察到：经过强烈搅动产生旋转以后，再等一会，就会在杯子底部形成向内的径向流动．可以从茶叶在杯底中间堆成一小堆这个事实来推断它的存在．

为了用数学式子描述这个问题，我们采用柱坐标 $r$，$\varphi$，$z$，静止壁面位于 $z=0$ 面上（图 11.1）． 假定远离壁面的流体象刚

体一样以等角速度 $\omega$ 旋转. 我们将径向速度分量记作 $u$, 周向分量记作 $v$,轴向分量记作 $w$.由于轴对称的原因,可以将对 $\varphi$ 的导数从 Navier-Stokes 方程中去掉. 正如旋转圆盘的解一样,我们将要得到的解也应该是 Navier-Stokes 方程的精确解,因为在边界层方程中略去的项在这里自动等于零. 根据方程(3.36)可写出如下的 Navier-Stokes 方程:

$$u\frac{\partial u}{\partial r}+w\frac{\partial u}{\partial z}-\frac{v^2}{r}=-\frac{1}{\rho}\frac{\partial p}{\partial r}+\nu\left\{\frac{\partial^2 u}{\partial r^2}+\frac{\partial}{\partial r}\left(\frac{u}{r}\right)+\frac{\partial^2 u}{\partial z^2}\right\}, \tag{11.1a}$$

$$u\frac{\partial v}{\partial r}+w\frac{\partial v}{\partial z}+\frac{uv}{r}=\nu\left\{\frac{\partial^2 v}{\partial r^2}+\frac{\partial}{\partial r}\left(\frac{v}{r}\right)+\frac{\partial^2 v}{\partial z^2}\right\}, \tag{11.1b}$$

$$u\frac{\partial w}{\partial r}+w\frac{\partial w}{\partial z}=-\frac{1}{\rho}\frac{\partial p}{\partial z}+\nu\left\{\frac{\partial^2 w}{\partial r^2}+\frac{1}{r}\frac{\partial w}{\partial r}+\frac{\partial^2 w}{\partial z^2}\right\}, \tag{11.1c}$$

$$\frac{\partial u}{\partial r}+\frac{u}{r}+\frac{\partial w}{\partial z}=0. \tag{11.1d}$$

其边界条件是

$$\left.\begin{aligned} z=0:&\ u=0;\ v=0;\ w=0.\\ z=\infty:&\ u=0;\ v=r\omega.\end{aligned}\right\} \tag{11.2}$$

如旋转圆盘的情形那样(见第五章 11),最好引进 $z$ 的无量纲坐标

$$\zeta=z\sqrt{\frac{\omega}{\nu}}. \tag{11.3}$$

假定速度分量的形式如下:

$$u=r\omega F(\zeta);\ v=r\omega G(\zeta);\ w=\sqrt{\nu\omega}\,H(\zeta). \tag{11.4}$$

对于远离壁面的无摩擦流动,其径向压力梯度可由下述条件进行计算: $(1/\rho)\cdot(\partial p/\partial r)=V^2/r$, 或者再利用 $V=r\omega$, 则

$$\frac{1}{\rho}\frac{\partial p}{\partial r}=r\omega^2. \tag{11.5}$$

在边界层理论范围内,假定在壁面附近的粘性层内作用有同样的压力梯度. 将式(11.4)和(11.5)代入方程(11.1a, b, d),可以得到

与第五章11的方程相类似的常微分方程组：

$$\left.\begin{aligned}&F^2-G^2+HF'-F''+1=0,\\&2GF+HG'-G''=0,\\&2F+H'=0.\end{aligned}\right\}\tag{11.6}$$

其边界条件是

$$\left.\begin{aligned}&\zeta=0:\ F=0;\ G=0;\ H=0;\\&\zeta=\infty:\ F=0;\ G=1.\end{aligned}\right\}\tag{11.7}$$

可以假设 $z$ 方向的压力梯度等于零，因为这样一种假设与边界层理论相一致．或者，在得到主要的解之后，可用方程(11.1c)计算出这压力梯度，这样就得到 Navier-Stokes 方程的精确解．

U.T. Boedewadt[9]用一种很麻烦的方法，首先求解了具有边界条件(11.7)的方程组(11.6)，在 $\zeta=0$ 处用幂级数展开法，而在 $\zeta=\infty$处用渐近展开法．最近，J. E. Nydahl[81a]在一篇未发表的文章中改进了这个解．表11.1和图11.2中给出了根据 Nydahl 计算的函数 $F$, $G$, $H$ 值．在图11.3中还用极曲线画出水平速度，即 $u$ 和 $v$ 的合成矢量．水平速度分量与周向之间的夹角仅依赖于高度，此矢量指出了不同高度下的水平速度方向． 对于在很大高度上规定的周向来说，接近地面处的偏离最大，其角度是向内偏50.6°．向外偏7.4°的最大偏离出现在 $\zeta=4.63$ 处，所以最大角度差，即地面的与 $\zeta=4.63$ 处的角度之差是58°．更值得注意的是，轴向速度分量 $w$ 不依赖于离开转轴的距离 $r$，它仅依赖于离开地面的距离．在所有点上，运动方向都是向上的（$w>0$）．正如已指出的，这是由地面附近向内的流动引起的，是地面附近离心力降低的结果．无论如何，如由图11.2所见，这会在较高处为向外的径向流动所抵消，然而总的来说，还是向内的径向流动占优势．在围绕 $z$ 轴半径为 $R$ 的柱面上所通过的流向转轴的总体积流量是

$$\begin{aligned}Q&=2\pi R\int_{z=0}^{\infty}u\,dz=2\pi R^2\sqrt{\omega\nu}\int_0^{\infty}F(\zeta)d\zeta\\&=-\pi R^2\sqrt{\omega\nu}\,H(\infty).\end{aligned}$$

**表 11.1 静止壁面上方有旋转流动情形下的速度分布函数**
**(取自J. E. Nydahl[81a])**

| $\zeta$ | $F$ | $G$ | $H$ |
|---|---|---|---|
| 0.0 | 0.0000 | 0.0000 | 0.0000 |
| 0.5 | −0.3487 | 0.3834 | 0.1944 |
| 1.0 | −0.4788 | 0.7354 | 0.6241 |
| 1.5 | −0.4496 | 1.0134 | 1.0987 |
| 2.0 | −0.3287 | 1.1924 | 1.4929 |
| 2.5 | −0.1762 | 1.2721 | 1.7459 |
| 3.0 | −0.0361 | 1.2714 | 1.8496 |
| 3.5 | 0.0663 | 1.2182 | 1.8308 |
| 4.0 | 0.1227 | 1.1413 | 1.7325 |
| 4.5 | 0.1371 | 1.0640 | 1.5995 |
| 5.0 | 0.1210 | 1.0016 | 1.4685 |
| 5.5 | 0.0878 | 0.9611 | 1.3632 |
| 6.0 | 0.0499 | 0.9427 | 1.2944 |
| 6.5 | 0.0162 | 0.9407 | 1.2620 |
| 7.0 | −0.0084 | 0.9530 | 1.2585 |
| 7.5 | −0.0223 | 0.9693 | 1.2751 |
| 8.0 | −0.0268 | 0.9857 | 1.3004 |
| 8.5 | −0.0243 | 0.9991 | 1.3264 |
| 9.0 | −0.0179 | 1.0078 | 1.3477 |
| 9.5 | −0.0102 | 1.0119 | 1.3617 |
| 10.0 | −0.0033 | 1.0121 | 1.3683 |
| 10.5 | 0.0018 | 1.0099 | 1.3689 |
| 11.0 | 0.0047 | 1.0065 | 1.3654 |
| 11.5 | 0.0057 | 1.0031 | 1.3601 |
| 12.0 | 0.0052 | 1.0003 | 1.3546 |
| 12.5 | 0.0038 | 0.9984 | 1.3500 |
| ∞ | 0.0000 | 1.0000 | 1.3494 |

代入表 11.1 中的 $H(\infty)$值，可以得到

$$Q = -1.347\pi R^2\sqrt{\omega\nu}\,. \tag{11.8}$$

沿 $z$ 轴正方向的体积流量与此相等。最大的向上运动出现在 $\zeta=3.1$，那里 $w=1.85\sqrt{\omega\nu}$。还值得指出的是，比起在静止流体中旋转的圆盘例子来(第五章 b)，这种边界层向上延伸要高得多。如

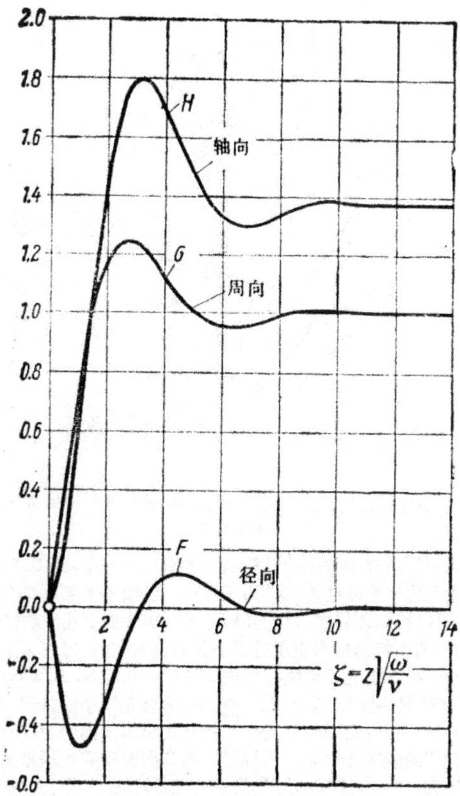


图 11.2 固壁附近的旋转流动，根据 Boedewadt[9]. 由方程(11.4)表示的边界层内的速度分布还可见表 11.1

果将**边界层厚度** $\delta$ 定义为周向速度的偏离等于百分之二的高度，我们将得到 $\delta = 8\sqrt{\nu/\omega}$，而在静止流体情形下 $\delta = 4\sqrt{\nu/\omega}$.

G. Vogelpohl[120] 讨论的两个平行壁面之间涡源运动的例子，在某种程度上与上述情形有关. 对于很小的 Reynolds 数，速度分布稍许偏离 Poiseuille 流动的抛物线曲线. 对于大 Reynolds 数，速度剖面接近矩形分布，并且可以看到边界层的形成. C. Pfleiderer[85] 讨论过相应的湍流情形. 在这方面，还可参阅 E. Becker[6] 的文章.

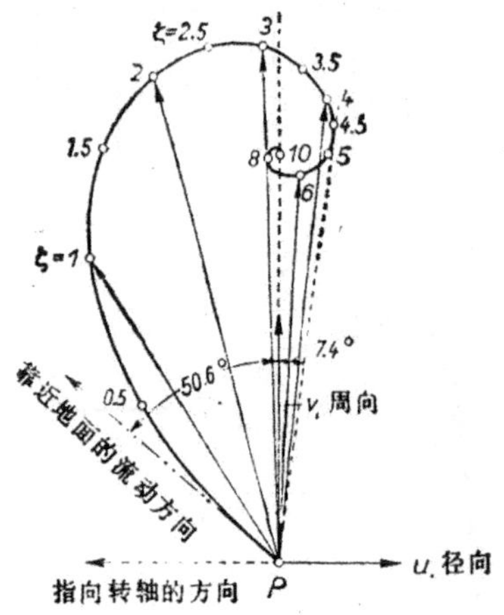


图 11.3 固壁附近的旋转流动，根据 Boedewadt. 矢量代表水平速度分量

在 K. Garbsch[32]研究的锥形漏斗管道内的涡旋流动中，可以发现类似的现象. 其位势流动由一个在锥顶的强度为 $Q$ 的汇和一个沿轴线强度为 $\Gamma$ 的位势涡形成（图 11.4). 通过迭代可以得到边界层方程的解，并且只需要很少几步迭代就可以得到很好的近似. 这种流动的两个特殊情形也用近似方法研究过，它们已在第十章提到: A. M. Binnie 和 D.P. Harris[7]研究了单纯汇的流动 ($\Gamma = 0$), G. I. Taylor[111] 和 J. C. Cooke[17]研究了单纯涡的流动($Q = 0$). 在后一种情形下，如图 11.4 所示，流动在圆锥管壁上形成边界层. 边界层内的流场产生沿圆锥母线方向的速度分量 $w$. 而单纯旋涡的无粘涡核只有切向速度分量 $v$. 边界层内的二次流动向锥顶输运一部分流体. 读者还可以进一步研究 H. F. Weber[121] 的有关文章.

**2. 圆形射流** 我们现在要给出层流圆形射流的 H. Schlichting[97]解，它与第九章 g 给出的二维射流解相类似. 所以，现在研究的问题是一股离开小圆孔并与周围流体相混合的射流. 在大多数实际情形下，圆形射流也是湍流的. 在第二十四章将讨论湍流圆形射流，但是因为它得出一个和层流情形一样的微分方程，所以现在我们要比较详尽地讨论层流射流.

象二维情形一样，这里也可以认为压力不变. 坐标系将这样选择: $x$ 轴选在射流轴线上，$y$ 表示径向距离. 轴向和径向速度分量将分别记作 $u$ 和 $v$. 由于压力不变的假设，沿 $x$ 方向的动量通量再次保持不变:

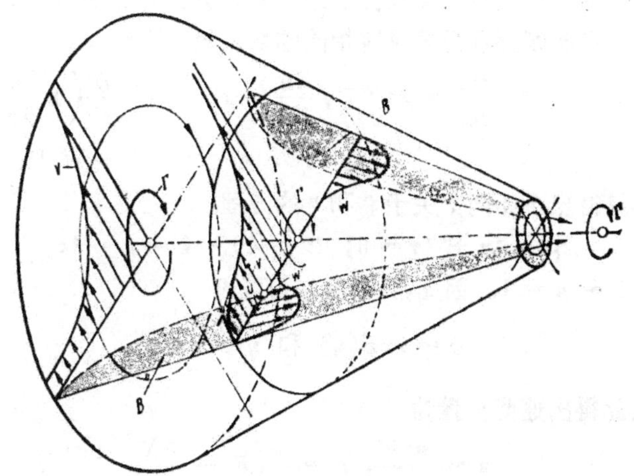


图 11.4　锥形收缩管道中的涡流．根据 G. I. Taylor[111]
$B$ = 锥形管道壁上的边界层，其中有流向锥顶点的二次流动

$$J = 2\pi\rho\int_0^\infty u^2 y\,dy = 常数. \tag{11.9}$$

在通常的边界层简化下，在所选用的坐标系内，$x$ 方向的动量方程及连续方程可以写成

$$u\frac{\partial u}{\partial x} + v\frac{\partial u}{\partial y} = \nu\frac{1}{y}\frac{\partial}{\partial y}\left(y\frac{\partial u}{\partial y}\right), \tag{11.10a}$$

$$\frac{\partial u}{\partial x} + \frac{\partial v}{\partial y} + \frac{v}{y} = 0, \tag{11.10b}$$

其边界条件是

$$\left.\begin{aligned} &y = 0:\ v = 0;\ \frac{\partial u}{\partial y} = 0; \\ &y = \infty:\ u = 0. \end{aligned}\right\} \tag{11.11}$$

象以前一样，可以假设速度剖面 $u(x, y)$ 是相似的．认为射流的宽度正比于 $x^n$，并进一步假设

$$u = x^p F(\eta),\quad 其中\ \eta = \frac{y}{x^n}.$$

为了确定指数 $p$ 和 $n$，我们可以利用和二维情形相同的两个条件．

首先，根据方程(11.9)，动量必须与 $x$ 无关；其次，方程(11.10a)中的惯性项和摩擦项必须具有相同的数量级. 因此

$$u \sim x^{p-2n}, \quad \frac{\partial u}{\partial x} \sim x^{p-2n-1}, \quad \frac{\partial u}{\partial y} \sim x^{p-3n}, \quad \frac{1}{y}\frac{\partial}{\partial y}\left(y\frac{\partial u}{\partial y}\right) \sim x^{p-4n}.$$

这样就得出下述两个关于 $p$ 和 $n$ 的方程:

$$2p - 4n + 2n = 0; \quad 2p - 4n - 1 = p - 4n,$$

所以 $p = n = 1$. 因此，我们现在可以设

$$\psi = \nu x F(\eta) \text{ 和 } \eta = \frac{y}{x},$$

并由此得出速度分量为

$$u = \frac{\nu}{x}\frac{F'}{\eta}; \quad v = \frac{\nu}{x}\left(F' - \frac{F}{\eta}\right). \tag{11.12}$$

将这些值代入方程(11.10a)，我们得到下述关于流函数的方程:

$$\frac{FF'}{\eta^2} - \frac{F'^2}{\eta} - \frac{FF''}{\eta} = \frac{d}{d\eta}\left(F'' - \frac{F'}{\eta}\right).$$

对它进行一次积分，得到

$$FF' = F' - \eta F''. \tag{11.13}$$

其边界条件是，在 $y = 0$ 处，$u = u_m$ 和 $v = 0$. 由此得到，在 $\eta = 0$ 处，$F' = 0$ 和 $F = 0$. 因为 $u$ 是 $\eta$ 的偶函数，所以 $F'/\eta$ 一定是偶函数，$F'$ 是奇函数，$F$ 是偶函数. 由于 $F(0) = 0$，所以 $F$ 对 $\eta$ 的幂级数展开中的常数项必须为零，这就确定了一个积分常数. 第二个积分常数将记作 $\gamma$，它的计算如下: 如果 $F(\eta)$ 是方程(11.13)的一个解，那么 $F(\gamma\eta) = F(\xi)$ 也是一个解. 满足边界条件 $\xi = 0$: $F = 0$，$F' = 0$ 的微分方程

$$F\frac{dF}{d\xi} = \frac{dF}{d\xi} - \xi\frac{d^2F}{d\xi^2}$$

的一个特解可以表示为

$$F = \frac{\xi^2}{1 + \frac{1}{4}\xi^2}. \tag{11.14}$$

所以我们由方程(11.12)得到

$$u=\frac{\nu}{x}\gamma^2\frac{1}{\xi}\frac{dF}{d\xi}=\frac{\nu}{x}\frac{2\gamma^2}{\left(1+\frac{1}{4}\xi^2\right)^2},$$

$$v=\frac{\nu}{x}\gamma\left(\frac{dF}{d\xi}-\frac{F}{\xi}\right)=\frac{\nu}{x}\gamma\frac{\xi-\frac{1}{4}\xi^3}{\left(1+\frac{1}{4}\xi^2\right)^2}.$$

这里 $\xi=\gamma y/x$，并且现在可以从给定的动量值来确定积分常数 $\gamma$。

由方程(11.9) 可以得到射流的动量

$$J=2\pi\rho\int_0^\infty u^2ydy=\frac{16}{3}\pi\rho\gamma^2\nu^2.$$

最后，上述结果可以用只含运动粘性系数 $\nu$ 和**运动动量** $K'=J/\rho$ 的形式来表示。于是

$$u=\frac{3}{8\pi}\frac{K'}{\nu x}\frac{1}{\left(1+\frac{1}{4}\xi^2\right)^2},\tag{11.15}$$

$$v=\frac{1}{4}\sqrt{\frac{3}{\pi}}\frac{\sqrt{K'}}{x}\frac{\xi-\frac{1}{4}\xi^3}{\left(1+\frac{1}{4}\xi^2\right)^2},\tag{11.16}$$

$$\xi=\sqrt{\frac{3}{16\pi}}\frac{\sqrt{K'}}{\nu}\frac{y}{x}.\tag{11.17}$$

图 11.5 表示由上式计算的流线图象． 在图 9.13 中画出了圆形射流的纵向速度 $u$，同时也画出了二维射流的纵向速度．

由于射流引起周围介质流动，所以射流的体积流量 $Q=2\pi\times\int_0^\infty uydy$ (每秒体积)随着离开小孔的距离而增加，它可以用如下简单方程来表示：

$$Q=8\pi\nu x.\tag{11.18}$$

应该将这个方程与二维射流的方程(9.48)加以比较． 可以意外地

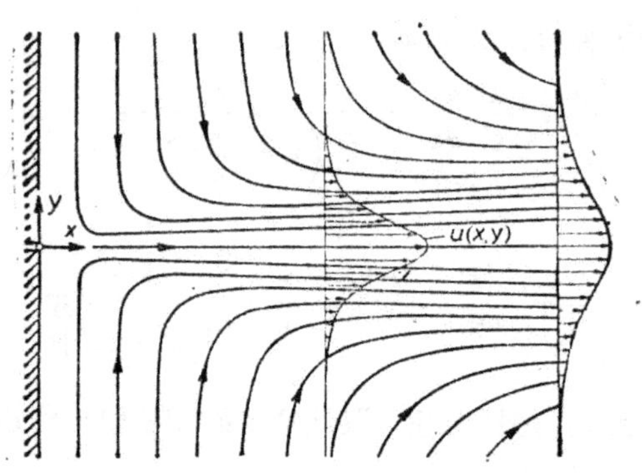


图 11.5 圆形层流射流的流线图象

看出，在离开小孔一定距离上的流量与这股射流的动量无关，即与使射流喷出小孔的压力差无关. 在大压力差(大速度)下喷出的射流比在小压力差(小速度)下喷出的射流要窄些. 后者携带比较多的静止流体,所以只要这两种情形的运动粘性系数相同,就能使它们在离小孔一定距离上的体积流量相等.

对于在环形小孔内还有径向速度分量的锥形射流情形，H. B. Squire[105,106]已求出其边界层方程的解及完整 Navier-Stokes 方程的解,并对它们进行了比较. 在这种径向射流中,其速度也与离开小孔的距离成反比. 通过用湍流运动粘性系数代替这里的运动粘性系数,可将这种理论推广到湍流,在这种情形下湍流粘性系数保持不变，见第二十四章. M. B. Glauert[40] 解决了当射流垂直射到壁面并沿壁面散开的情形,他的文章包括平面和轴对称流动,以及层流和湍流.

M. Z. Krzywoblocki[61] 和 D. C. Pack[83]计算了可压缩圆形层流射流的相应情形. 在亚声速范围内，射流轴线上的密度比边界上的大，温度比边界上的低. 这些差值与离开小孔距离的平方成反比. 根据 H. Goertler 的分析[43]，在射流上叠加一个弱旋涡的情形也可以进行数学处理，并且可以沿顺流方向追踪出现在小孔内的旋涡运动的影响. 结果是随着离小孔距离的增加，旋涡比轴线上的射流速度减小得更快.

**3. 轴对称尾迹**　轴对称尾迹中的流动，例如在零攻角轴对称物体下游出现的流动，也可以用方程组(11.10a,b)来描述．这个问题的解与第九章 f 详细描述的二维情形的解十分相似．设 $U_\infty$ 表示来流速度，并设 $u(x, y)$ 是尾迹中的流动速度．象方程(9.29)那样，假设在远下游的地方，尾迹中的速度差

$$u_1(x,y) = U_\infty - u(x,y) \tag{11.19}$$

与 $U_\infty$ 相比是很小的．因此，我们将略去 $u_1$ 的平方项．利用这种简化，就能由方程(11.10a)和(11.19)导出如下关于 $u_1$ 的微分方程：

$$U_\infty \frac{\partial u_1}{\partial x} = \frac{\nu}{y} \frac{\partial}{\partial y}\left( y \frac{\partial u_1}{\partial y}\right). \tag{11.20}$$

对于速度差与轴向坐标 $x$ 和径向坐标 $y$ 的关系所取的解析形式，可以从这样的条件得出，即在远离物体的下游，由尾迹动量计算出来的阻力必须与 $x$ 无关．由此得出如下关系式：

$$D = 2\pi\rho U_\infty \int_{y=0}^{\infty} u_1 \cdot y dy = \text{常数}, \tag{11.21}$$

这将由如下形式的 $u_1$ 来满足：

$$u_1 = CU_\infty \frac{f(\eta)}{x}, \tag{11.22}$$

其中

$$\eta = \frac{1}{2} y \sqrt{\frac{U_\infty}{\nu x}}. \tag{11.23}$$

这种形式类似于二维问题方程(9.31)的形式． 将方程 (11.22) 和 (11.23)代入方程(11.20)，我们得到一个关于 $f(\eta)$ 的微分方程，这就是

$$(\eta f')' + 2\eta^2 f' + 4\eta f = 0, \tag{11.24}$$

其边界条件是

在 $\eta = 0$ 处，$f' = 0$，在 $\eta = \infty$ 处，$f = 0$．

容易证明，方程(11.24)的解具有指数形式

$$f(\eta) = \exp(-\eta^2), \tag{11.25}$$

这种形式也类似于二维情形方程(9.34)的形式．所以速度差应该是

$$u_1(x,y) = \frac{C}{x} U_\infty \exp\left(-\frac{1}{4}\frac{U_\infty y^2}{\nu x}\right).$$

常数 $C$ 必须根据阻力用方程(11.21)来确定；其值是

$$C = \frac{\pi}{32} c_D \mathbf{R} d,$$

其中 $c_D$ 表示用物体迎风面积作参考的阻力系数，而 $\mathbf{R} = U_\infty d/\nu$. 因此我们得到

$$\frac{u_1(x,y)}{U_\infty} = \frac{\pi c_D}{32}\left(\frac{d}{x}\mathbf{R}\right)\exp(-\eta^2). \tag{11.26}$$

按照式(11.26)画出的速度差曲线与图 9.10 中的曲线相同. 在 F. R. Hama 的文章中[45a]可以找到实验数据.

**4. 旋成体边界层** 粘性流体绕零攻角旋成体的流动具有很大的实际意义. E. Boltze[10]导出了适用于这种情形的边界层方程. 选取一个曲线坐标系(图 11.6)，我们用 $x$ 表示从驻点沿子午线测量的流动长度，$y$ 表示垂直于物面的坐标. 用垂直于体轴的截面半径 $r(x)$ 来规定物体的外形. 假设没有尖角，因而 $d^2r/dx^2$ 不会取极大的值. 平行于物面和垂直于物面的速度分量，将分别记作 $u$ 和 $v$，而位势流动速度则表示为 $U(x)$. 根据 Boltze 的分析，此边界层方程将取如下形式:

$$\left.\begin{aligned} &\frac{\partial u}{\partial t} + u\frac{\partial u}{\partial x} + v\frac{\partial u}{\partial y} = -\frac{1}{\rho}\frac{\partial p}{\partial x} + \nu\frac{\partial^2 u}{\partial y^2}, \\ &\frac{\partial(ur)}{\partial x} + \frac{\partial(vr)}{\partial y} = 0, \end{aligned}\right\} \tag{11.27a,b}$$

其边界条件是

$$y = 0:\ u = v = 0;\quad y = \infty:\ u = U(x,t). \tag{11.28}$$

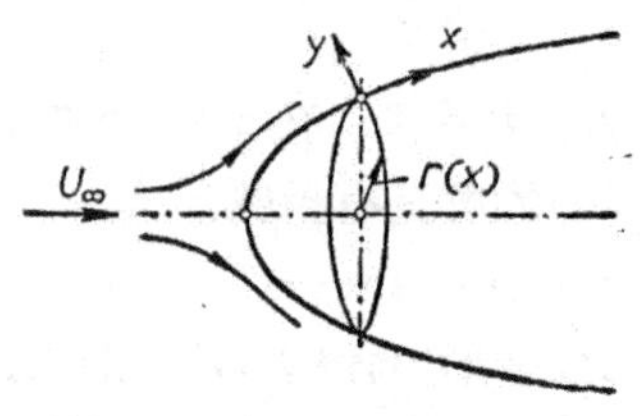


图 11.6 旋成体边界层. 坐标系

与二维流动相比，可以看出 $x$ 方向的运动方程仍保持不变．对 $y$ 方向运动方程的各项进行量级估计表明，垂直于壁面的压力梯度 $\partial p/\partial y \sim u^2/r \sim 1$．因此，穿过边界层的压力差具有边界层厚度 $\delta$ 的量级，所以又能认为位势流动的压力梯度 $\partial p/\partial x$ 施加在边界层上．

本章的讨论仅限于定常流动的情形．为了积分轴对称情形的方程(11.27a,b)，我们再次引进流函数 $\psi(x,y)$：

$$\left.\begin{aligned} u &= \frac{1}{r}\frac{\partial(\psi r)}{\partial y} = \frac{\partial\psi}{\partial y}, \\ v &= -\frac{1}{r}\frac{\partial(\psi r)}{\partial x} = -\frac{\partial\psi}{\partial x} - \frac{1}{r}\frac{dr}{dx}\psi. \end{aligned}\right\} \quad (11.29\text{a,b})^{1)}$$

这使方程(11.27a)变换为

$$\frac{\partial\psi}{\partial y}\frac{\partial^2\psi}{\partial x\partial y} - \left(\frac{\partial\psi}{\partial x} + \frac{1}{r}\frac{dr}{dx}\psi\right)\frac{\partial^2\psi}{\partial y^2} = U\frac{dU}{dx} + \nu\frac{\partial^3\psi}{\partial x^3}, \tag{11.30}$$

其边界条件是

$$y = 0:\ \psi = 0,\ \frac{\partial\psi}{\partial y} = 0;\ y = \infty:\ \frac{\partial\psi}{\partial y} = U(x).$$

我们现在打算对旋成体边界层的计算方法作简要说明．在本书较早版本中[101]可以找到更详细的叙述． 但是对于圆球的数值结果尚需进行比较详细的讨论．**任意形状旋成体**上的边界层，可以用第九章 c 中对任意截面柱体(二维问题)使用过的同样方法来确定． 将位势流速度 $U(x)$ 展开成 $x$ 的幂级数，并且假设流函数 $\psi$ 可以用类似的 $x$ 级数表示，其中的系数依赖于到壁面的距离 $y$(Blasius 级数)．根据 N. Froessling[29]的分析，可以发现这里也可以将关于 $y$ 的系数函数处理得与任何具体问题的参数无关．利用

1) 另一种流函数 $\bar{\Phi}$ 也能满足连续方程，例如

$$u = \frac{1}{r}\frac{\partial\bar{\Phi}}{\partial y};\ v = -\frac{1}{r}\frac{\partial\bar{\Phi}}{\partial x}.$$

如第十五章 b2 中所述，E. Boltze 在计算非定常轴对称边界层时就使用了这种形式的流函数．

这种方法，这些函数一旦计算出来就可以普遍使用。

物体外形用级数给出：

$$r(x)=r_1x+r_3x^3+r_5x^5+\cdots, \tag{11.31}$$

同时位势流速度也用级数给出：

$$U(x)=u_1x+u_3x^3+u_5x^5+\cdots. \tag{11.32}$$

离开壁面的距离用无量纲坐标表示：

$$\eta=y\sqrt{\frac{2u_1}{\nu}}, \tag{11.33}$$

同时，与方程(11.32)相类似，流函数用 Blasius 级数表示：

$$\psi(x,y)=\sqrt{\frac{\nu}{2u_1}}\{u_1xf_1(\eta)+2u_3x^3f_3(\eta)+\cdots\}. \tag{11.34}$$

将方程(11.31)，(11.32)和(11.34)代入方程(11.30)，并比较各项，可以得到一组关于 $f_1$，$f_3$，$\cdots$ 的微分方程．第一个方程是

$$f_1'''=-f_1f_1''+\frac{1}{2}(f_1'^2-1), \tag{11.35}$$

其中用撇表示对 $\eta$ 的导数．边界条件是

$$\eta=0:\ f_1=f_1'=0;\ \eta=\infty:\ f_1'=1. \tag{11.36}$$

这组方程的第一个方程是非线性的，并且与第五章 10 讨论的三维驻点方程相同[1)]．在图 5.10 中画出了 $f_1'$ 的曲线，那里的 $f_1'=\varphi'$． N.Froessling[29]求解了 $x^3$ 项和 $x^5$ 项的方程． F. W. Scholkemeier[102]计算了后面的 $x^7$ 项的十个函数．

例：圆球。

用类似于第九章 c 中圆柱情形使用过的方法，我们可以利用上述方案求解圆球问题．对于半径为 $R$ 的圆球，其流动半径为

$$r(x)=R\sin x/R, \tag{11.37}$$

同时圆球表面上的速度分布为

$$U(x)=\frac{3}{2}U_\infty\sin x/R=\frac{3}{2}U_\infty\sin\varphi, \tag{11.38}$$

---

1) 如果注意到 $\eta=\xi/\sqrt{2}$ 和 $df_1/d\eta=d\varphi/d\xi$，$f_1(\eta)$的方程可以转换为 $\varphi(\xi)$的方程(5.47)。

其中 $\varphi$ 表示从驻点量起的中心角. 将方程(11.38)中 $\sin(x/R)$ 的级数展开式与级数(11.32)相比，可以确定方程(11.32)的系数如下:

$$u_1=\frac{3}{2}\frac{U_\infty}{R};\quad u_3=-\frac{1}{4}\frac{U_\infty}{R^3};\cdots \text{和}\ \eta=\frac{y}{R}\sqrt{\frac{3U_\infty R}{\nu}}.$$

在图 11.7 中画出了对于不同 $\varphi$ 角所得到的速度分布；对于这些曲线，速度 $u$ 已计算到 $x^7$ 项. $\varphi>90°$ 的每一速度剖面都呈现出一个拐点，因为它们处于升压区.

对于目前这个问题，可以重复前面关于使用 Blasius 级数的普遍实用性的论述. 在 $x^7$ 项以后，各基本函数的计算量大得难以接受，而细长体的计算又需要相当多的级数项. 所有这些都对这种方法形成严格的限制. 关于圆球的其他结果，将在下一节介绍.

**横向曲率**. 我们已经反复说过，只是在边界层厚度到处远小于物体外形半径（$\delta\ll r$）的条件下，轴对称流动的运动方程(11.27a)才具有与二维情形相同的形式. 就这方面而言，在细长柱体情形下，或在细长旋成体情形下，都不能满足这个条件. 这种物体上的边界层沿顺流方向增长，而且它的厚度最终可以与物体的半径相当. 这就证明旋成体边界层本来具有三维特性，这种特性是由于物体表面较大的横向曲率引起的.

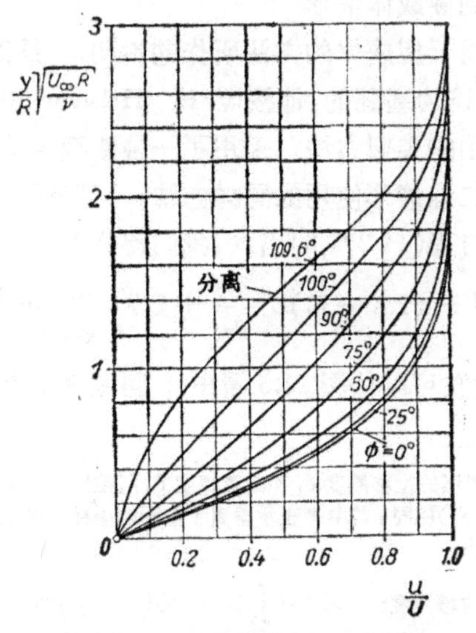


图 11.7 圆球边界层内的速度分布

R. A. Seban 和 R. Bond[99] 处理了置于均匀轴向流动中半径 $r_0 = a =$ 常数的细长柱体问题. H. R. Kelly[60] 研究了同样的问题，他引进了某些数值修正. M. B. Glauert 和 M. J. lighthill[41] 利用 Pohlhausen 近似方法(见第十一章 b)和渐近级数展开法得到了一些解. J. C. Cooke[18] 采用 Blasius 级数和 Pohlhausen 近似方法得到了沿任意横截面柱体母线的流动.

R. F. Probstein 和 D. Elliot[88]研究了旋成体的可压缩、轴对称边界层的一般情形(物体外形是纵向坐标 $x$ 的函数)，特别是圆柱和圆球的情形. 结果表明，对于这样一些有压力梯度的流动，横向曲率与一个附加的顺压梯度有同样的影响. 因此，切应力增加，而分离推迟.

## b. 轴对称边界层的近似解

**1. 非旋转物体上边界层的近似解** 在第十章详细介绍的二维边界层微分方程的近似解法，可以推广到轴对称流动问题. C. B. Millikan[75] 首先给出了轴向流动中旋成体边界层的近似计算方法. S. Tomotika[116,117] 把第十章描述的基于四次多项式的 Pohlhausen-近似解法推广到旋成体情形.

下面对适用于旋成体的方法所作的说明， 是以 F. W. Schokemeier[102]的论述为基础的，他按照 H. Holstein 和 T. Bohlen 对二维情形所使用的类似方法，采用了一种新型的动量方程. 按照第八章 d 中对二维情形使用的同样方法，可以得到轴对称情形的动量方程. 从方程(11.27a,b)出发，我们得到1)

$$U^2\frac{d\delta_2}{dx} + (2\delta_2 + \delta_1)U\frac{dU}{dx} + U^2\frac{\delta_2}{r}\frac{dr}{dx} = \frac{\tau_0}{\rho}. \qquad (11.39)$$

这里 $r(x)$ 的意义可以从图 11.6 看出. 回顾第十章 b 的步骤，我

---

1) 对旋成体边界层的位移厚度 $\delta_1$ 和动量厚度 $\delta_2$ 所使用的定义与二维情形的方程(8.30)和(8.31)相同，其中 $y$ 表示垂直于壁面的坐标. 但是有时也使用稍微不同的定义[122]:

$$\text{位移厚度:}\quad \delta_1 U = \int_0^\infty (U - u)\left(1 + \frac{y}{r}\right)dy,$$

$$\text{动量厚度:}\quad \delta_2 U = \int_0^\infty u(U - u)\left(1 + \frac{y}{r}\right)dy.$$

这个因子$(1 + y/r)$考虑到这种情形，就是在离开壁面的 $y$ 距离上，速度 $u$ 与流过宽度为 $dy$ 的一个环带的体积流量有关. 这个流量是流过宽度为 $2\pi r$ 的平直面积流量的$(1 + y/r)$倍.

们得到如下关于量 $Z=\delta_2^2/\nu$ 的微分方程:

$$\frac{1}{2}U\frac{dZ}{dx}+[2+f_1(K)]K+\frac{1}{r}\frac{dr}{dx}\frac{U}{U'}K=f_2(K).$$

量 $K,f_1(K),f_2(K)$具有二维情形中方程(10.27),(10.31)和(10.32)的同样意义. 象以前写出的式(10.34)一样,引进 $F(K)$,我们有

$$\frac{dZ}{dx}=\frac{1}{U}\left\{F(K)-2K\frac{1}{r}\frac{dr}{dx}\frac{U}{U'}\right\};\ K=ZU'. \tag{11.40}$$

容易看出，转换式

$$\bar{Z}=r^2Z \tag{11.41}$$

将上面这个方程变换成如下形式

$$\frac{d\bar{Z}}{dx}=\frac{r^2}{U}F(K);\quad K=\frac{\bar{Z}U'}{r^2}. \tag{11.42}$$

这种形式比方程(11.40)更可取,因为它不包含导数 $dr/dx$.

分离点仍在 $\Lambda=-12$,即 $K=-0.1567$ 处,但是现在驻点的形状因子 $\Lambda$ 及 $K$ 值有所不同. 如果旋成体有一个钝头，则在 $x=0$ 上，即在前驻点上有

$$\lim_{x\to 0}\left(\frac{1}{r}\frac{dr}{dx}\frac{U}{U'}\right)=1.$$

由于有了这个值，方程 (11.40) 括号中的那些项就可以化为 $F(K)-2K$. 按照如二维情形的同样论述，我们发现在驻点上 $K$ 的初值可以由条件 $F(K)-2K=0$ 来确定，或者明确给出

$$\Lambda_0=+4.716;\ K_0=0.05708.$$

所以,在驻点上积分曲线(11.40)的起始值为

$$\left.\begin{aligned}Z_0&=\frac{K_0}{U'_0}=\frac{0.05708}{U'_0},\\ \left(\frac{dZ}{dx}\right)_0&=0.\end{aligned}\right\} \tag{11.43}$$

对于旋成体,其起始斜率等于零,因为根据对称性，在驻点上一定有 $U''_0=0$. 如 N.Rott 和 L. F. Crabtree[93]所指出的，在第十章

b 中所叙述的直接积分法，可以推广到轴对称情形。关于动量厚度的方程(10.37)，现在要用下式代替:

$$\frac{U\delta_2^2}{\nu}=\frac{0.470}{r^2U^5}\int_0^x r^2U^5dx. \tag{11.44}$$

在 F.W. Scholkemeier[102]向 Braunschweig 工程大学提交的论文中，以及在 J. Pretch[87]的文章中(这两篇前面都引用过)，都计算了一些数值例子. S. Tomotika[117]在某些 Reynolds 数范围内，使用位势压力分布及测量压力分布计算了圆球边界层. A. Fage[27]给出与测量结果的比较，在 W. Moeller[76]的文章中有另外一些测量结果.

在这方面，提到 A. Michalke[74] 关于旋转对称喷管的理论研究和实验研究是有益的.

**2. 圆管进口段的流动** 在这方面，另一个值得注意的轴对称边界层问题，是圆管进口段的层流问题. 严格地说，这不是边界层理论的问题，但是它借助类似于目前讨论的方法已经得到解决。当考虑较下游的截面时，最初在圆管进口截面上的矩形速度分布，在粘性力作用下逐渐变为 Poiseuille 抛物线分布. 第九章 i 中，在边界层流动微分方程的基础上讨论了类似的二维问题，即矩形槽进口段的层流问题. L. Schiller[96] 的近似方法是以这样一个方程为基础的，它类似于早先讨论的动量方程，表示动量、压力降和粘性力之间的平衡条件. 圆管进口段的速度剖面，可以用管轴附近的常速度和壁面附近与之相切的二抛物线部分来近似，从而壁面上的速度等于零. 在进口截面上，抛物线部分的宽度等于零，然后沿顺流方向不断增加，在离进口的一定距离上两个抛物线部分会合为单一的抛物线. 这个距离就是理论入口长度，根据 L. Schiller 计算，其值为 $x\nu/R^2\bar{u}=0.115$. 在进口附近大约三分之一理论入口长度(约 $\nu x/R^2\bar{u}=0.04$)的范围内，J. Nikuradse 的测量结果与 Schiller 理论结果符合得很好(图 11.8). 但是，向抛物线剖面的实际过渡要比近似方法指出的过程慢得多. 由于对中心流体的加速作用，进口的压力降比发展流动的压力降要大些. 进口的附

加压力降是 $\Delta p = 1.16\rho\bar{u}^2/2$. H. L. Langhaar[65]也给出了这个问题的近似解.

B. Punnis[89] 在 1947 年研究过这种圆管进口区的流动，后来 E. M. Sparrow 等[106a]也研究过这种流动.

在除了有纵向分量外，还有沿顺流方向衰减的切向(旋转)分量的情形下,这种轴对称流动变得更加复杂. L. Talbot[110]以及 L. Collatz 和 H. Goertler[14] 研究了这个问题. 假设旋转速度分量与 Hagen 和 Poiseuille 轴向速度相比是小量，则通过列出一个二阶线性微分方程的边值问题(它的第一特征值已经求出)，就能计算出旋转分量. 根据 Talbot 的分析,当 Reynolds 数为 $\mathbf{R} = 10^3$ 时，旋转分量在 40 倍圆管半径的距离上就几乎衰减掉了.这与实验结果很符合.

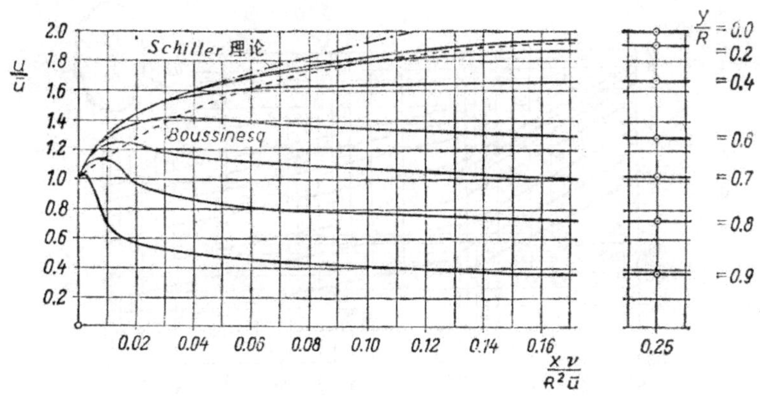


图 11.8 在层流情形下圆管进口段的速度分布；测量是 Nikuradse 完成的，引自 Prandtl-Tietjens vol. II. 理论是 Schiller[96] 提出的

**3. 旋转的旋成体上的边界层** 旋转物体边界层最简单的例子是第五章 b11 中所讨论的问题,即在静止流体中的旋转圆盘问题. 由于存在离心力(“离心作用”)，使得随边界层一起转动的流体质点向外抛出，并由沿轴向流向边界层的质点来填补. 在轴向速度为 $U_\infty$ 的流动中,以角速度 $\omega$ 旋转的半径为 $R$ 的圆盘情形，提供了

对上述问题的一个简单的推广．在这种情形下，流动受两个参数控制： Reynolds 数和旋转参数 $U_\infty/R\omega$．旋转参数由来流速度和圆盘边缘速度之比给出．对于层流情形，D. M. Hannah 小姐[46]1) 和 A. N. Tifford[113] 给出了所讨论问题的精确解；H. Schlichting 和 E. Truckenbrodt[98]提供了近似解． E. Truckenbrodt[119]研究过湍流问题． 图 11.9 中绘出了通过这种计算得到的力矩系数 $C_M=M/\frac{1}{2}\rho\omega^2R^5$ 随 Reynolds 数和旋转参数 $U_\infty/R\omega$ 变化的曲线图．这里$M$只表示圆盘迎风面上的力矩．当圆盘旋转时，仍然可假设分离发生在圆盘边缘上． 圆盘后面的"滞止"流体部分地随着圆盘旋转，它们对力矩的贡献很小． 在图 11.9 的 $C_M$ 中不考虑任何这样的贡献．可以看出，当角速度不变时，力矩随 $U_\infty$ 的增大而迅速增加．

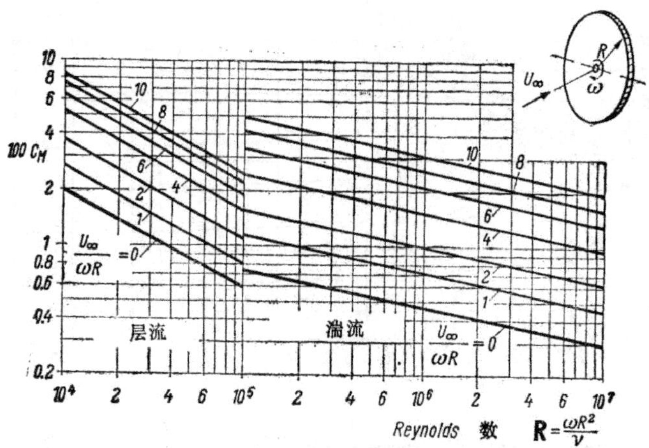


图 11.9 在轴向流动中，旋转圆盘上的力矩系数，根据 Schlichting 和 Truckenbrodt[98,119]

$$C_M = M/\frac{1}{2}\rho\omega^2R^5;$$

$M$ = 圆盘迎风面的力矩

1）实际上，文献[38]求解了有关的问题，其中外部流场是由无穷远处的一个点源形成的．

装有一个旋转盖的圆盒内的流动，与第五章 b11 讲过的两个旋转圆盘间的流动非常相似. D. Grohne[44]详细研究了盒内的流动情形，他发现了其中两个特有的特征. 首先，和正常情形相反，盒子内部无摩擦涡核的流动只有在考虑壁面边界层的影响时才能确定，而在正常情形下，人们很自然地假定边界层的影响至多只产生位移效应. 其次，这些边界层是不寻常的，因为它们彼此相连. 类似地，在 H. Ludwieg[68] 所研究的由一个旋转管道构成的装置中，当转速足够高时，则能识别出两个流动区域，即无摩擦的涡核和在侧壁上形成的、并引起二次流动的边界层. 这种理论得出：由于旋转使阻力系数有很大增加，而且这个结果已经得到实验证实.

如 C. Wieselsberger[123] 及 S. Luthandar 和 A. Rydberg[69]进行的测量所证明的，位于轴向流动中的钝头旋成体，例如圆球或细长旋成体，显示了旋转对阻力的显著影响. 图 11.10 中绘出了旋转圆球的阻力系数随 Reynolds 数变化的曲线图. 可以看到，临界 Reynolds 数（此时阻力系数突然下降）强烈地依赖于旋转参数

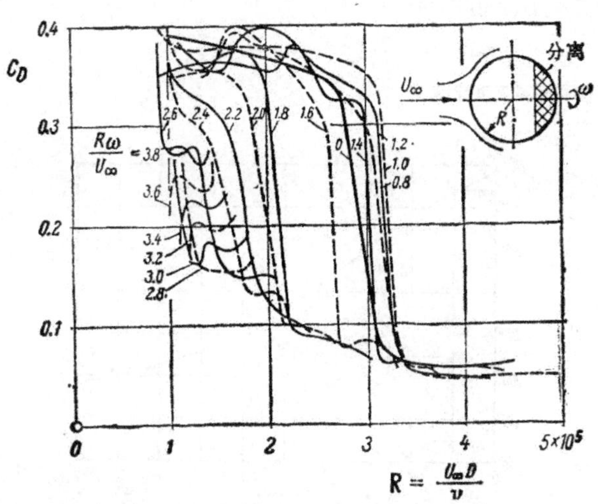


图 11.10 在轴向流动中旋转圆球的阻力系数随 Reynolds 数 **R** 和旋转参数 $\Omega=\omega R/U_\infty$ 的变化关系；其数据是由 Luthander 和 Rydberg[69]测量的

$U_\infty/R\omega$，而且分离点的位置也是这样．图 11.11 中的曲线描述了旋转运动对圆球层流分离线位置的影响；N. E. Hoskin[50] 已经计算出它的数值．与静止圆球相比，当旋转参数达到 $\Omega=\omega R/U_\infty=5$ 时，分离线将向上游方向移动 10° 左右．这种特性的物理原因与作用在流体质点上的离心力有关，这些流体质点在边界层中随着物体一起旋转．离心力与指向赤道平面的附加压力梯度有相同的作用．

H. Schlichting[99], E. Truckenbrodt[118] 和 O. Parr[84] 的文章，从理论上解释了在轴向流动中旋转旋成体边界层内非常复杂的三维效应；这些作者都使用了前面讲过的近似方法．在轴向流动中旋转旋成体边界层确实还保持轴对称性，然而由于旋转运动，除了子午线方向的速度分量以外，还出现了周向速度分量．因此，对这种边界层的计算，除了子午线方向（$x$ 方向）的动量方程外，还必须引进周向（$z$ 方向）的动量方程．假设物体的角速度为 $\omega$，并且将垂直物面的坐标记作 $y$，则可写出如下形式的两个动量方程：

$$U^2\frac{d\delta_{2x}}{dx}+U\frac{dU}{dx}(2\delta_{2x}+\delta_{1x})+\frac{1}{r}\frac{dr}{dx}(U^2\delta_{2x}+w_0^2\delta_{2x})=\frac{\tau_{x0}}{\rho},\tag{11.45}$$

$$\frac{w_0}{r^3}\frac{d}{dx}(Ur^3\delta_{2xz})=-\frac{\tau_{z0}}{\rho}\tag{11.46}$$

其中壁面切应力分量由下式给出：

$$\tau_{x0}=\mu\left(\frac{\partial u}{\partial y}\right)_0;\qquad \tau_{z0}=\mu\left(\frac{\partial w}{\partial y}\right)_0,\tag{11.47}$$

而位移厚度和动量厚度定义为

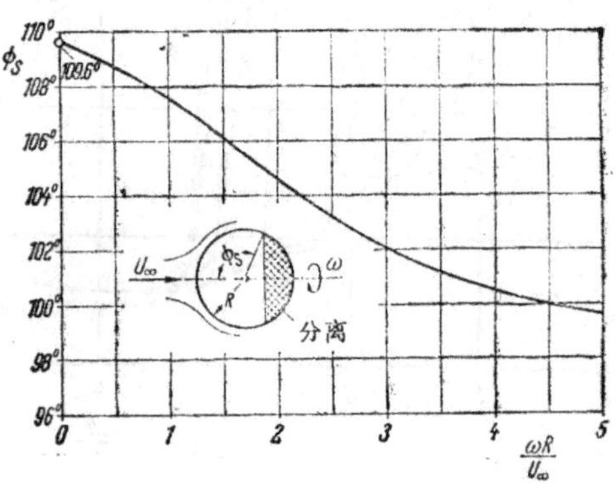


图 11.11　在轴向流动中旋转圆球的层流分离线的位置，引自 N. E. Hoskin[50]

$$\left.\begin{aligned} \delta_{1x} &= \int_{y=0}^{\infty}\left(1-\frac{u}{U}\right)dy; \quad \delta_{2x} = \int_{y=0}^{\infty}\frac{u}{U}\left(1-\frac{u}{U}\right)dy; \\ \delta_{2z} &= \int_{y=0}^{\infty}\left(\frac{w}{w_0}\right)^2 dy; \quad \delta_{2xz} = \int_{y=0}^{\infty}\frac{u}{U}\cdot\frac{w}{w_0}\,dy. \end{aligned}\right\} \tag{11.48}$$

在上述方程中已经把当地圆周速度 $w_0 = r\omega$ 选为周向分量 $w(x,y)$ 的参考速度．上述方程对于层流和湍流都能进行计算，但在湍流情形下须引进另外的壁面切应力表达式（见文献[84]及第二十二章 c)．在某些情形下，已经证明除了能计算转动力矩外还能计算阻力系数；后者随着参数 $\omega R/U_\infty$ 增加而降低．在这方面，还可参阅 C. R. Illingworth[54]及 S. T. Chu 和 A. N. Tifford[13]的文章．H. Schlichting[98]设想的近似方法，已经由 J. Yamaga[125]推广到可压缩流动．无论是对层流还是对湍流，前面的一些研究都为几位日本作者[29a,30,31,79,80]的理论研究和实验研究所推广．

L. Howarth[51]和 S. D. Nigam[81] 曾讨论过在静止流体中旋转圆球周围的层流问题． B. S. Fadnis[26]将这个问题推广到包括旋转椭球的情形． 在两个极点附近，这种流动与旋转圆盘上的流动相同，而在赤道附近，它很象旋转圆柱上的流动．伴随的二次流动引起流体质点在二极点附近向边界层内流动，而在赤道附近向边界层外流动．如果赤道面积和旋转速度保持不变，则这种二次流动的流量将随长细比增加而增加．但是，赤道面内两个边界层彼此冲击并向外抛开的现象，不再可能用边界层理论进行分析．这可参阅 W. H. H. Banks 的文章[5a]．

后来 O. Sawatzki[94]和 P. Dumargue 等[21a]对这个问题进行了进一步的理论和实验研究．文献[94]描述了 Reynolds 数在 $2\times10^5<\mathsf{R}<1.5\times10^6$ 范围内，作用在旋转圆球上的转动力矩的测量结果；这个 Reynolds 数的上限已经大大超出了层流状态的范围． 文献[21a]的研究包括圆球和各种锥角圆锥的近壁螺旋流线的流场显示，它们是在层流中出现的．

人们观察到，在轴流式涡轮机固定叶栅后面以及轮毂附近的涡流中，在某些情形下可能出现一片死水区． K. Bammert 和 H. Klaeukens[5]详尽描述了这种现象．这个死水区的起因与由涡流引起的沿径向向外增加的压力有关．由于这种涡流，使得轮毂附近的轴向压力增加比外层壁面上的压力增加大得多；轮毂位于导流片后面的无叶片环形区内．这里边界层的影响是次要的．另外，还可以注意 K. Bammert 和 J. Schoen[4] 对于通过旋转空心轴的流动所进行的研究． 由于离心力和粘性力之间的相互作用，可以观察到在其出口形成一个漏斗状的自由面．

## c. 轴对称边界层与二维边界层的关系；Mangler 变换

前面的讨论表明，一般说来，轴对称边界层的计算要比二维边界层的计算更加困难．如果记得，二维边界层流场（比如说柱体横向绕流流场）仅仅依赖于位势速度分布 $U(x)$，那就会意识到情况确是如此．相比之下，在研究轴对称边界层，例如旋转旋成体边界层时，就会发现物体的外形 $r(x)$ 明确地写进了相应的方程．本节准备对二维边界层和轴对称边界层之间的关系进行较详细的研究．

在定常流动中，二维流动和轴对称流动的边界层方程，分别由方程(7.10)，(7.11)，和(11.27a,b)给出。后者适用于曲线坐标系，其中 $x$ 表示流动的弧长，$y$ 表示到壁面的垂直距离．相应的速度分量记作 $u$ 和 $v$，同时带杠的量指的是二维情形．使用这些符号，对于二维情形有

$$\bar{u}\frac{\partial\bar{u}}{\partial\bar{x}}+\bar{v}\frac{\partial\bar{u}}{\partial\bar{y}}=\bar{U}\frac{d\bar{U}}{d\bar{x}}+\nu\frac{\partial^2\bar{u}}{\partial\bar{y}^2},\quad\frac{\partial\bar{u}}{\partial\bar{x}}+\frac{\partial\bar{v}}{\partial\bar{y}}=0;\quad(11.49)$$

对于轴对称情形有

$$u\frac{\partial u}{\partial x}+v\frac{\partial u}{\partial y}=U\frac{\partial U}{\partial x}+\nu\frac{\partial^2 u}{\partial y^2},\quad\frac{\partial(ru)}{\partial x}+\frac{\partial(rv)}{\partial y}=0.\quad(11.50)$$

这里 $r(x)$ 表示壁面上一点到对称轴的距离．这两个方程组的第一个方程是相同的，而差别仅仅在于在连续方程中是否出现半径 $r(x)$。

因此我们有理由要问：是否能给出一种变换，使得能用二维情形的解导出轴对称情形的解．二维边界层和轴对称边界层的这种一般关系已经由 W. Mangler[72]揭示出来．它将轴对称物体的层流边界层计算化为柱体的边界层计算．将给定的旋成体与一个柱体上的理想位势速度分布联系起来，其速度分布函数很容易从旋成体外形及其位势速度分布计算出来．Mangler 变换也适用于层流可压缩边界层以及热边界层．但是，我们这里只就不可压缩流动的关系讨论这种变换．

根据 Mangler 的分析，将轴对称问题的坐标和速度变换到等效二维问题中去的方程如下：

$$\left.\begin{aligned}&\bar{x}=\frac{1}{L^2}\int_0^x r^2(x)\,dx;\quad\bar{y}=\frac{r(x)}{L}y;\\&\bar{u}=u;\ \bar{v}=\frac{L}{r}\left(v+\frac{r'}{r}yu\right);\\&\bar{U}=U,\end{aligned}\right\}\quad(11.51)$$

其中 $L$ 表示一个不变的长度．记住

$$\frac{\partial f}{\partial x}=\frac{r^2}{L^2}\frac{\partial f}{\partial \bar{x}}+\frac{r'}{r}\bar{y}\frac{\partial f}{\partial \bar{y}};\ \frac{\partial f}{\partial y}=\frac{\partial f}{\partial \bar{y}}\frac{r}{L},$$

则容易证明，利用转换关系式(11.51)可将方程(11.50)变换到方程(11.49).

具有理想速度分布 $U(x)$ 的旋成体 $r(x)$ 上的边界层，可以通过求解速度为 $\bar{U}(\bar{x})$ 的二维边界层来计算，其中 $U=\bar{U}$，而 $\bar{x}$ 和 $x$ 由方程(11.51)联系起来. 计算出二维边界层的速度分量 $\bar{u}$ 和 $\bar{v}$ 之后，就能通过转换方程(11.51)确定轴对称边界层的分量 $u$ 和 $v$.

利用下述例子可以更好地了解这种方法. 我们考虑旋转对称的驻点流动，对此

$$r(x)=x;\ U(x)=u_1x.$$

于是，由方程(11.51)我们有

$$\bar{x}=\frac{x^3}{3L^2},\quad 因此\ x=\sqrt[3]{3L^2\bar{x}}.$$

相应的二维位势流动成为

$$\bar{U}(\bar{x})=u_1\sqrt[3]{3L^2\bar{x}},$$

所以 $\bar{U}(\bar{x})=C\bar{x}^{1/3}$，其中 $C$ 表示常数. 相应的二维流动属于第九章 a 所讨论的那种楔形流动，它可以表示为 $U=Cx^m$；对于这个例子 $m=\frac{1}{3}$. 根据式(9.7)，我们得到楔角 $\beta=2m/(m+1)=\frac{1}{2}$. 相应的二维流动是绕楔角为 $\pi\beta=\pi/2$ 的流动. 轴对称驻点流动可以化为楔角为 $\pi/2$ 的绕楔流动，我们在第九章 a 中曾介绍过这个事实，而现在得到了证明.

## d. 三维边界层

到目前为止，我们几乎仅限于讨论二维和轴对称问题. 二维和轴对称问题有这样一个共同点，即所规定的位势流动只依赖于一个空间坐标，而边界层内的两个速度分量各依赖于两个空间坐标. 在三维边界层情形下，位势外流依赖于壁面上的两个坐标，而边界层内的流动有三个速度分量，在一般情形下，它们均依赖于所

有的三个空间坐标. 在静止流体中旋转圆盘附近的流动(第五章b)和固定壁面附近的旋转流动(第十一章 a),不仅是 Navier-Stokes 方程的精确解，而且也是三维边界层的例子. 如果位势流动的流线是一些直线,它们或者收缩或者发散,则这种流动和二维流动的主要区别仅在于边界层的厚度有所变化. 另一方面，如果位势流动是弯曲的，则加在边界层上的横穿这些位势流线的压力梯度，会产生另外一些影响，例如二次流动：在边界层之外，横向压力梯度与离心力相平衡,而在边界层内,由于速度减慢使得离心力减小,因而横向压力梯度使流体向内流动,即向位势流线凹的一侧流动. 空气在固定壁面上方旋转的流动，提供了一个具有这种特性的流动例子,并说明存在向内的流动.

由涡轮叶片或压气机叶片，或者由导流片形成的通道侧壁上的流动，提供了二次流动的另外一个例子. 由于外部流场流线的曲率，侧壁上的边界层引起了从一个叶片压力面到下一个叶片吸力面的二次流动. 侧壁引起的二次流动还受叶片本身边界层的影响，结果使得通过涡轮机或压气机每一级的流动图象都变得非常复杂. 对于这个问题来说,由于流动特性本质上是三维的,这就给边界层理论提出一个非常困难的问题. 长期以来，这类问题只靠实验方法进行研究[47].

**1. 偏航柱体上的边界层** 三维边界层的另一个重要情形，是其前缘不垂直于来流的机翼的情形,如后掠翼和偏航翼.根据经验知道,在吸力面上有相当数量的流体向后翼端流动,这种现象对机翼的气动特性有非常不利的影响.

在二维边界层流动中，物体的几何形状仅间接地影响流动的流场，即通过位势流速度分布来影响流场，而该速度分布是单独进行计算的. 相比之下，三维边界层受到两种影响：受外流速度分布的影响和直接受物体几何形状的影响. 例如在旋成体情形下，半径随距离变化的函数 $r(x)$ 直接出现在微分方程中，见方程(11.27b).

为了建立边界层方程,我们将限于最简单的平面壁面的情形,或者可展成一个平面的曲面壁面(图 11.12). 设 $x$ 和 $z$ 表示壁面的坐标，$y$(象以前一样)表示垂直壁面的坐标. 设位势流的速度矢量 $V$ 有分量 $U(x,z)$ 和 $W(x,z)$,则定常情形下位势流的压力分布为

$$p + \frac{1}{2}\rho[U^2 + W^2] = \text{常数}. \tag{11.52}$$

在 Reynolds 数很大的前题下,如果象在第七章 a 关于二维情形所详细说明的那样，现在对三维 Navier-Stokes 方程(3.32)进行同样的量级估计，我们就会得到如下结论：在 $x$ 和 $z$ 方向动量方程的各个摩擦项中,对 $x$ 和 $z$ 的导数与对 $y$ 的导数相比,前二者可以略去. 关于 $y$ 方向的方程，我们又可以得到 $\partial p/\partial y$ 很小并且可以略去的结论. 于是,可以认为压力只依赖于 $x$ 和 $z$，并且是由位势流动施加到边界层上的. 这种估计还表明，一般来说任何对流项都不能略去. 这样,三维边界层方程表述如下:

$$\left.\begin{aligned} u\frac{\partial u}{\partial x} + v\frac{\partial u}{\partial y} + w\frac{\partial u}{\partial z} &= -\frac{1}{\rho}\frac{\partial p}{\partial x} + \nu\frac{\partial^2 u}{\partial y^2}, \\ u\frac{\partial w}{\partial x} + v\frac{\partial w}{\partial y} + w\frac{\partial w}{\partial z} &= -\frac{1}{\rho}\frac{\partial p}{\partial z} + \nu\frac{\partial^2 w}{\partial y^2}, \\ \frac{\partial u}{\partial x} + \frac{\partial v}{\partial y} + \frac{\partial w}{\partial z} &= 0, \end{aligned}\right\} \tag{11.53a,b,c}$$

其边界条件是

$$y = 0:\ u = v = w = 0;\ y = \infty:\ u = U;\ w = W. \tag{11.54}$$

压力梯度 $\partial p/\partial x$ 和 $\partial p/\partial z$，可以根据方程 (11.52) 由位势流动得到. 这是一组关于 $u$，$v$ 和 $w$ 的三个方程. 当 $W \equiv 0$ 和 $w = 0$ 时,这组方程就变为熟悉的二维边界层流动方程(7.10)和(7.11).

除了前面提到的例子以外，至今还未找到三维流动中上述一般方程组的精确解. Th. Geis[33,34] 研究过导致相似解的特殊流动. 与楔形流动相类似，这里的速度剖面在两个坐标轴的每个方向上都是相似的,从而能够将方程组(11.53)变换为一组常微分方程.

一个更适合于数值计算的三维边界层流动的特殊情形，是位势流动依赖于 $x$ 而不依赖于 $z$ 的情形，即这时

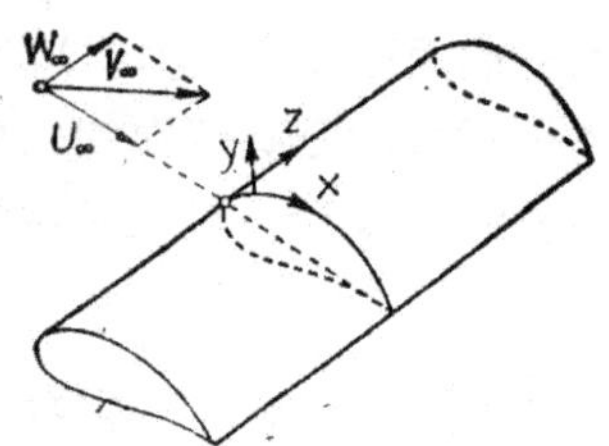


图 11.12　三维边界层的坐标系

$$U = U(x);\ W = W(x). \tag{11.55}$$

这些条件适用于偏航柱体，也近似适用于零升力偏航机翼．由于目前的问题不依赖于 $z$，所以方程组(11.53a, b, c)可以得到简化．在$W = W_\infty =$ 常数和考虑到 $-(1/\rho)(\partial p/\partial x) = U \cdot (dU/dx)$的情形下，我们得到

$$\left.\begin{aligned} u\frac{\partial u}{\partial x} + v\frac{\partial u}{\partial y} &= U\frac{dU}{dx} + \nu\frac{\partial^2 u}{\partial y^2}, \\ u\frac{\partial w}{\partial x} + v\frac{\partial w}{\partial y} &= \nu\frac{\partial^2 w}{\partial y^2}, \\ \frac{\partial u}{\partial x} + \frac{\partial v}{\partial y} &= 0, \end{aligned}\right\} \tag{11.56}$$

其边界条件和前面一样．在这种特殊情形下，这组方程在这种意义上可以简化：它可以从第一个和最后一个方程计算 $u$ 和 $v$，其解与二维情形的解相同，然后从第二个方程完成 $w$ 的计算，该方程对 $w$ 来说又是线性的．这就使计算真正简化了．顺便我们还可以注意到，关于速度分量 $w$ 的方程与 Prandtl 数等于 1 时二维边界层的温度分布方程相同(参看第七章)．

对于 $U(x) = U_\infty =$ 常数的情形，进一步研究方程组(11.56)，就可以得到零攻角下偏航平板的例子．在这种情形下，第一个方程的压力项等于零，这时如果用 $u$ 代替 $w$，则第二个方程就变得和第一个方程相同．于是，方程的解 $u(x,y)$ 和 $w(x,y)$ 成正比，也就是 $w(x,y) =$ 常数 $\times u(x,y)$，或

$$\frac{w}{u} = \frac{W_\infty}{U_\infty}.$$

这就是说，在偏航平板情形下，在所有各点上边界层内平行于壁面的合成速度仍平行于位势流动．可见，平板是否偏航这一点，对边界层的形成没有影响(独立原理)．

当偏航平板边界层的流动为湍流时，方程组(11.56)前两个方程的右边须补充湍流 Reynolds 应力项(第十九章)．这样，这两个方程就不能再用 $u$ 代替 $w$ 或用 $w$ 代替 $u$ 而相互转换了．因此，正如直接通过实验所证明[3]的那样，边界层内的流线不再与自由流动的方向相平行．另外，文献[3]已经证实，比起无偏航平板的情形来，偏航平板湍流边界层的位移厚度沿顺流方向增长得稍许快些．这又证明独立原理对湍流边界层的不适用性．

偏航柱体的三维边界层计算，即方程(11.56)，可以用类似于绕柱体二维流动的解法（见第九章 c）进行求解，即通过对从驻点量起的弧长 $x$ 进行级数展开的方法求解．在对称柱体情形下，可以设

$$U(x)=u_1x+u_3x^3+\cdots,W(x)=W_\infty=\text{常数}.$$

还可以假设，这种流动(其中所有驻点在一条确定的线上)的速度分量 $u(x,y)$和 $v(x,y)$，也可以通过其系数依赖于 $y$ 的 $x$ 级数表示出来（Blasius 级数），其流动图象与沿柱体母线测量的坐标 $z$ 无关．于是，设

$$\eta=y\sqrt{\frac{u_1}{\nu}}, \tag{11.57}$$

可以得到

$$\left.\begin{aligned}
u(x,y)&=u_1xf_1'(\eta)+4u_3x^3f_3'(\eta)+\cdots;\\
v(x,y)&=-\sqrt{\frac{\nu}{u_1}}\{u_1f_1(\eta)+12u_3x^2f_3(\eta)+\cdots\};\\
w(x,y)&=W_\infty\left\{g_0(\eta)+\frac{u_3}{u_1}x^2g_2(\eta)+\cdots\right\}.
\end{aligned}\right\}$$

(11.58a,b,c)

函数 $f_1$，$f_3$，···满足微分方程(9.18)． 分量 $w$ 的计算结果首先由 W. R. Sears[105] 给出，后来 H. Goertler[42] 又大大扩充了这种计算．函数 $g_0$，$g_2$，···满足微分方程

$$\left.\begin{aligned}g_0'' + f_1 g_0' &= 0,\\ g_2'' + f_1 g_2' - 2f_1' g_2 &= -12 f_3 g_0',\end{aligned}\right\} \tag{11.59a,b}$$

其边界条件是

$$\eta = 0:\ g_0 = 0,\ g_2 = 0, \cdots,$$
$$\eta = \infty:\ g_0 = 1,\ g_2 = 0, \cdots.$$

如 L. Prandtl[86]指出的，$g_0$ 的方程可以直接积分求解，其结果是

$$g_0(\eta) = \frac{\int_0^\eta \left\{\exp\left(-\int_0^\eta f_1 d\eta\right)\right\} d\eta}{\int_0^\infty \left\{\exp\left(-\int_0^\eta f_1 d\eta\right)\right\} d\eta}, \tag{11.60}$$

其中 $f_1$ 表示按方程(5.39)和表 5.1 给出的二维驻点流动的解，这里 $f_1(\eta) = \varphi(\eta)$. 图 11.13 画出了微分方程(11.58c)中的函数 $g_0$ 和 $g_2$. 这两个函数表可在文献[101]及文献[42]中找到.

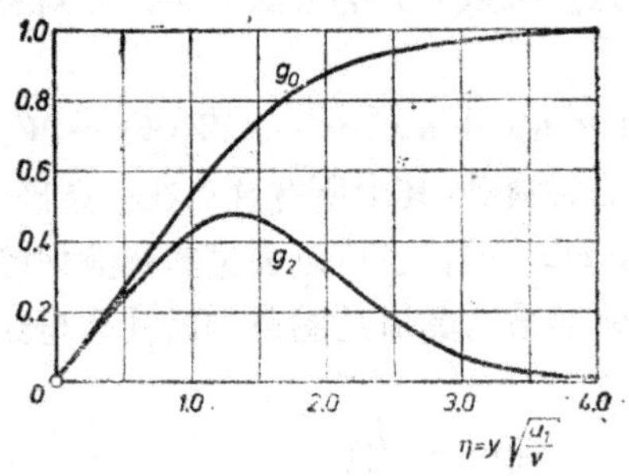


图 11.13 偏航柱体上的层流边界层. $g_0$ 和 $g_2$ 是沿柱体轴线方向的速度分量 $w$ 中的函数，见方程(11.58c). 在驻点线上有 $W/W_\infty = g_0(\eta)$.

**近似方法.** L. Prandtl[72]提出了借助于动量定理，即通过类似于本章 b 使用的方法得到近似解的方案. 特别是，当在形式上假设 $r$ = 常数和方位动量厚度 $\delta_{2xz}$ 用公式

$$\delta_{2xz} = \int_{y=0}^{\infty} \frac{u}{U}\left(1 - \frac{w}{W_\infty}\right) dy$$

表示时，可将方程(11.45)到(11.48)转换成关于偏航柱体的方程. W. Dienemann[21]发表了一种基于这些方程的计算方法.

J. M. Wild[124]曾利用类似的近似方法求出偏航柱体问题的

解．图 11.14 表示其截面长短轴之比为 6:1 的偏航椭圆柱体的流动图象；来流对柱体有一个攻角．其升力系数值为 0.47．图中画出的一些箭头线指出邻近壁面且平行于壁面的速度分量的流动方向，也就是值

$$\lim_{y \to 0}(w/u).$$

图中用虚线画出了一条相应的流线，同时作为比较还画出了位势流线．由图可以看出，边界层内的流动方向以大角度转向柱体后柱端．当用丝线法观察后掠翼流动图象时，这种情形很重要．

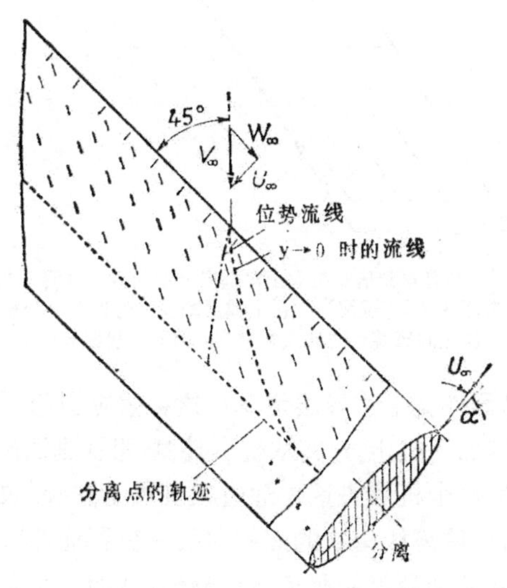


图 11.14　绕有升力偏航椭圆柱体的边界层流动，引自 J. M. Wild[124]

**后掠翼．**偏航柱体边界层内出现的横向流动对于后掠翼的气动特性是很重要的．当偏航翼或后掠翼以较高升力值飞行时，在近前缘的吸力面上，压力显示出一个相当大的指向后翼端的压力梯度；这种效应是翼型截面后移的结果．这种现象可以从图 11.15 推断出来，该图画出了偏航翼吸力面上的等压线．在边界层内减速的流体质点有沿该梯度方向移动的倾向，结果形成了向后翼端方向的横向流动．如 R. T. Jones[58] 和 W. Jacobs[55] 的测量所证

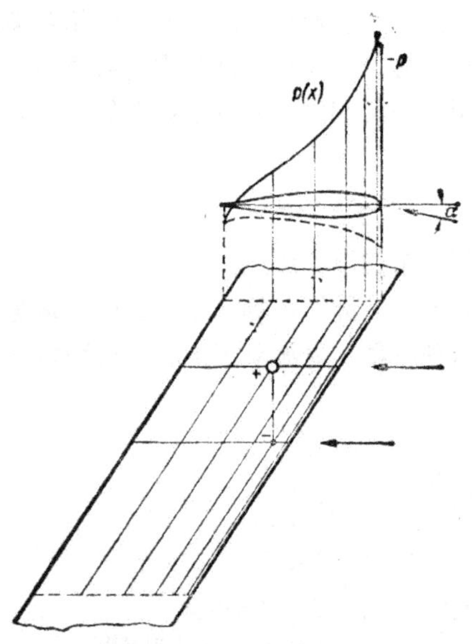


图 11.15　在有攻角偏航机翼上对横向流动起因的说明．机翼吸力面上的常压曲线(等压线)．在上翼面的前缘附近有一个垂直于主流指向翼端很陡的压力梯度，因而引起横向流动

明的，在后掠翼外侧上边界层增厚，这种效应引起了过早的分离．在装有后掠翼的飞机上，分离从机翼外侧，即从副翼附近开始，并且会引起可怕的整个机翼失速．通过在机翼上安装“边界层隔板”的办法(这种由金属薄板构成的隔板安装在机翼前部吸力面上，因而可以防止横向流动)，就能避免这种分离，从而防止整个机翼失速．图 11.16 中示出一架装有后掠翼并在两边机翼上各有一片边界层隔板的飞机． W. Liebe[66]曾报导用这种方法改善了机翼的特性．M. J. Queijo, B. M. Jaquet 和 W. D. Wolhart 的文章[90]叙述了装有“边界层隔板”模型的大量测量结果． J. Black[8]和 D. Kuechemann[64] 的文章有关于后掠翼边界层内非常复杂的流动图象的更多细节．A. Das[20]得到的实验结果指出，边界层隔板除了改善它的外侧流动外，对它内侧的流动也有很大改善． K. G. R. Raju 等[91a]研究了装在平板上的隔板的阻力系数．

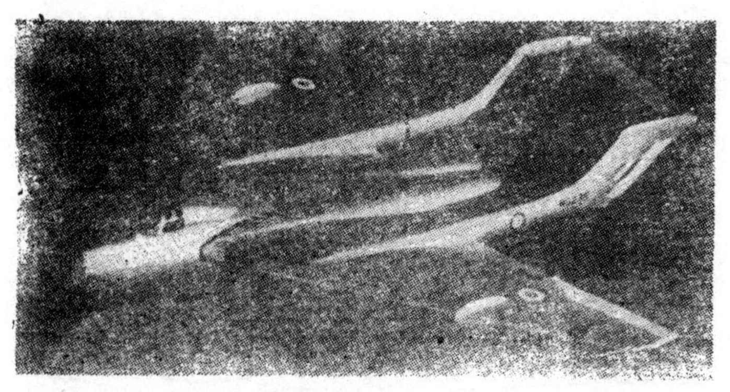

图 11.16 De Havilland D. H. 110 喷气战斗机，它装有后掠翼并在每个副翼边缘处装有边界层隔板，引自 W. Liebe[66]

$W=$ 常数的情形，见方程(11.55)，并不是唯一受到重视的情形. H. G. Loos[67] 研究了自由流动为 $U=$ 常数，$W=a_0+a_1x$ 的绕平板流动的情形，而 A. G. Hanser 和 H. Z. Herzig[48] 讨论了自由流动为

$$U=\text{常数};\ W=\Sigma a_n x^n$$

的一般情形. 由于这种外流不是无旋的，所以边界层内的速度可以比自由流动的速度大. 这种速度超出是由边界层内的二次流动引起的，正是二次流动将流体质点从较高能量区输送到这里. 有时沿主流方向的原有速度剖面也会呈现一些倒流区，但这并不意味着分离；它们通常在下游就消失了. 这种性质也可用二次流动的能量传递来解释. 读者从上述这个例子可以看出，当讨论三维边界层时，定义分离会遇到重重困难. 这是因为现在倒流与切应力之间的关系不象二维情形那样简单[49,77]. 根据 L. E. Fogarty[28] 的分析，当考虑一个绕铅垂轴旋转的无限机翼(直升飞机旋翼)时，可以成功地得到与方程(11.55)所描述的自由流动中所遇到的关系相同的分离. 可以发现这种旋转运动不影响弦向速度分量，因而分离区的范围保持不变. 旋转只不过引起微小的径向速度分量.

如果外部流动是在二维基本流动上叠加一个微弱扰动，并且这种流动用

$$U(x,z)=U_0(x)+U_1(x,z),\ U_1\ll U_0,$$
$$W(x,z)=W_1(x,z),\ W_1\ll U_0$$

描述时，则对于方程(11.53)和(11.54)所描述的一般问题，存在另一种便于计算的特殊情形. 此时，边界层流动同样可以分为一个二维基本图象和一个叠加在上面的微弱扰动. 通过线性化，这问题的基本微分方程又能相互分开. A. Mager[70,71] 和 H. S. Tan[110a] 给出了这类问题的一些例子.

**2. 其他物体上的边界层** 当外流不能简单地表示为两个分量叠加时，三维边界层就会变得更加复杂. 例如，偏航的旋成体上就是这种情形. 在这种情形下，边界层内的速度方向明显地偏离该点自由流动的方向. 换句话说，产生了很强的二次流场. 从图 11.17b 的照片可以获得这种非常复杂的三维流动的概念；它是 E. A. Eichelbrenner 和 A. Oudart[22] 在偏航旋成椭球的上表面拍摄的，从物体表面小孔流出的染料条纹使得流动图案成为可见的. 这张照片明显表明，逆压梯度下的三维边界层图案与二维边界层图案存在着显著的差别. 其主要差别是：在二维情形下，如果逆压梯度足够

强，则边界层内的流体一般被迫进入外流，由此引起从壁面的分离(参看图 7.2b)；在三维情形下，流体质点可以从侧向沿着壁面分离. 图 11.17b 中的照片清楚地显示出这种性质：在后驻点附近，即在强逆压梯度区(另外参看图 11.17a)，可以清楚地看到条

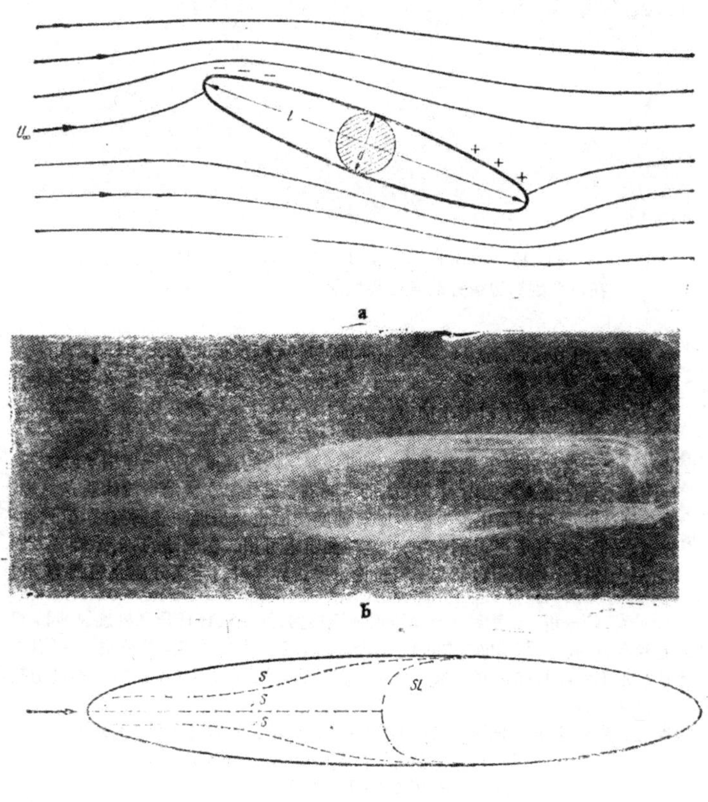


图 11.17 a，b，c 长短轴比 $L/d=6$ 和有 10° 偏航角的旋成椭球上表面三维边界层，取自 E. A. Eichelbrenner 和 A. Oudart[21,22]

a) 侧视流线示意图

b) 在 Chatillon-sous-Bagneux (Paris) 的 ONERA 水洞中的旋成椭球上表面的照片. Reynolds 数 $U_\infty l/\nu=2\times10^4$. 通过从物体表面流出的染料线条使流动图案可见. 后驻点附近边界层内的流线显示出显著的横向偏斜. 这对应于三维边界层分离

c) 计算得到的壁面流线，记作 S，理论分离线记作 SL；它们与 b) 中示出的照片图案在定性上令人满意地一致

纹横向偏转，但是它们确实仍然依附于表面上. 图 11.17c 是通过计算得到的表面流线，它与图 11.17b 的实验图象定性地一致. 因此，如果考虑到这种特性，则确实不容易建立起三维边界层的分离准则. 在这点上，我们希望读者注意 W. J. Rainbird, R. S. Crabbe 和 L. S. Jurewicz[91]关于偏航圆锥的研究.

看来试图用 Prandtl 建议的方法[86]对三维边界层进行理论分析是可能的，Prandtl 建议引进一个曲线坐标系，其中以自由流动的等势线和流线为坐标曲线. 当 E. A. Eichelbrenner 和 A. Oudart[22]计算上面提到的旋成椭球层流问题时，就采用了这种方法. 我们已经讲过，如图 11.17c 所示，它们在定性上很一致. 还可参阅 R. Timman 的著作[114].

最近 W. Geissler[35,36,37] 用数值计算发展了 L. Prandtl 提出的计算方法. 图 11.18 说明偏航旋成椭球三维边界层的一些结果. 图 11.18a 中除了画出等势线和外流流线外，还画出分离线 $S$；后者具有类似于图 11.17 的分离线. 图 11.18b 和图 11.18c 表示在一条具体位势线上不同位置的边界层速度分布.

R. Sedney[101] 较早研究过超声速流动中偏航旋转圆锥的层流边界层，而 J. C. Martin[73]研究过小攻角下旋成体上的 Magnus 效应.

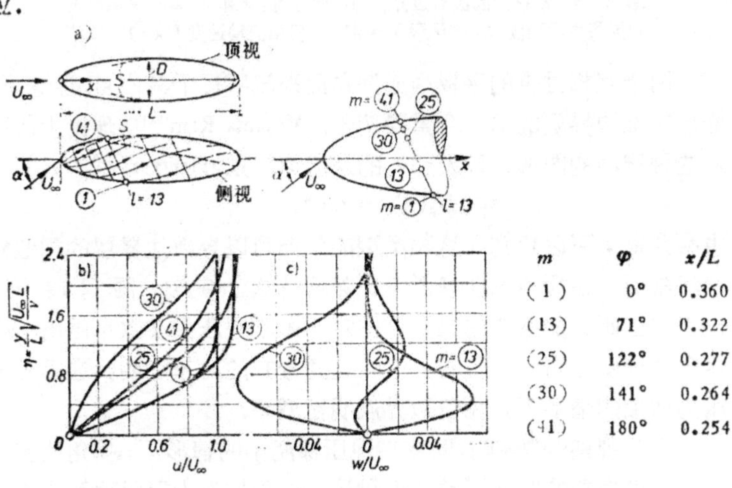


| $m$ | $\varphi$ | $x/L$ |
|---|---|---|
| (1) | 0° | 0.360 |
| (13) | 71° | 0.322 |
| (25) | 122° | 0.277 |
| (30) | 141° | 0.264 |
| (41) | 180° | 0.254 |

图 11.18 在攻角 $\alpha=15°$ 和长短轴比 $L/D=4$ 的旋成椭球上三维边界层内的速度分布，取自 W. Geissler[36,37]. a) 外流等势线和流线坐标系；$S$ = 分离线. b) 沿外流流线方向的主要流动速度剖面 $u/U_\infty$. c) 垂直于外流流线方向的二次流动速度剖面 $w/U_\infty$. 这些速度剖面是在位势线 $L=(13)$和不同位置 $m$ 上给出的，每个 $m$ 的方位角 $\varphi$ 和位置 $x$ 如上表所示($\varphi=0°$—迎风对称面)

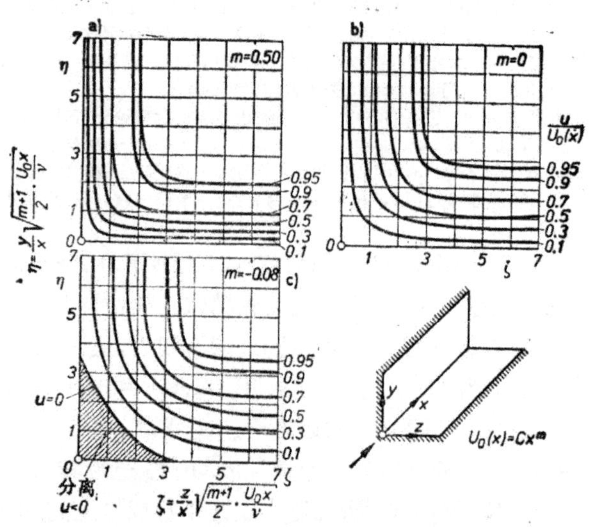


图 11.19 沿拐角的层流边界层的速度分布，取自 Vasanta Ram[92]. 边界层中常速度线，$u/U_0(x)=$常数. 自由流动速度 $U_0(x)=Cx^m$

两个互相垂直的平板构成拐角而来流平行于其交线的情形，给出三维边界层的另一个重要例子. Vasanta Ram[92]从理论上研究过这种流动的图形. 假设远处的外流速度是 Hartree 型的，即

$$U_0(x)=Cx^m.$$

由第九章 a 可以想到，这种类型的外流可以导致边界层的相似性速度剖面. 在拐角流动情形下仍然保持这个特点. 图 11.19 中给出了这些研究的某些结果；该图对三个不同压力参数 $m$ 画出了拐角内的速度分布. 对不同 $m$ 值的速度分布的比较表明，在沿外流压力增加的情形下，拐角边界层明显增厚.

实验观察[82,39]表明，即使在逆压梯度小的情形下，拐角的流动也比远离拐角的壁面流动分离得早. 这种物理上可以理解的状态模式已为这些理论结果完全证实. 平板上在 $m=-0.091$ 时发生分离（图 9.1），而直角拐角则早在 $m=-0.05$ 时就发生了分离. 在 $m=-0.08$ 时，拐角附近的流动显示出一个有倒流（$u<0$）的分离区（图 11.19）. 相反，在远离拐角的地方，没有出现倒流.

M. Zamir 和 A. D. Young[126,127]对零攻角直角拐角的层流边界层进行了大量的实验. 还可参阅 S. G. Rubin 的文章[93a].

G.Jungclaus[49] 曾把 Pohlhausen 方法推广到旋转的物体; 他把这种推广用来研究通过弯曲管道的相对运动,这在离心泵理论中是很重要的. 这种理论对分离的预测与测量结果很吻合.

最后, 可以注意一下 C. F. Carrier[12]和 K. Gersten[38] 作出的在零攻角下两个互相垂直平板的边界层计算. M. Z. Von Krzywoblocki 曾处理过超声速流动和传热情形下的同样问题, 他利用 G. F.Carrier 较早的工作; 参看 H. A. Dwyer 的文章[21b].

所谓"四分之一平板问题"与上述问题密切相关. 其中一项研究是对零攻角平板流动的研究. 这个平板除了有前缘外还有一个平行于来流的侧缘. 这个问题理论处理的假定是 K. Stewartson 和 L. Howarth[108], 以及 K. Stewartson[109]作出的. 平板侧缘使边界层内出现附加的二次流动. 除了其他影响外,这要引起切应力增加.这个结果与 J. W. Elder[25]在有限宽度平板上进行的测量结果相符合. 但是,象紧靠前缘附近的流动一样, 侧缘上的流动还没有完全了解.

许多三维边界层流动物理上实在太复杂, 很可能长期难以进行数值处理. 可以通过图 11.20 来说明这种类型流动的一个例子. 这个例子用图描述了在钝头短粗柱体(高度比长度小)附近形成的三维边界层. 柱体放在平板上.在这个平板上,远离柱体的边界层是二维的. 而靠近柱体时,在对称面以外地方的边界层内[1)]形成一个二次流区, 其中速度剖面是扭曲的, 很象图 11.1 中的那种剖面. 对称面内的边界层,必须克服柱体驻点区很强的压力增加,这就导致了在 $S$ 点上发生分离, 其形式类似于图 2.15 的减速滞止流动.

在分离区附近,流动形成了一个绕此柱体卷起的分离涡面,它在柱体基底处象一个马蹄. 为了将它显示出来, 图 11.21 这张照片是用注入烟流拍摄的. 其中可以看到, 除了柱体前面顺时针旋转的主旋涡外, 还形成了一个附加的小旋涡, 它以同样的方向旋转. 这个主旋涡与二维类似物的主要区别在于, 它不是由不变的流体质点组成的;相反,它不断地从上游方向接收新的流体, 同时又不断地向涡面内的分离区释放流体. 通过计算来了解这种复杂的流动图象是很困难的, 特别是因为在壁面附近虽然它可以是层

1) 虽然这种流动在大多数情形下是湍流, 我们还是结合层流边界层的讨论来叙述这种流动,因为总的来说它们的性质是相同的.

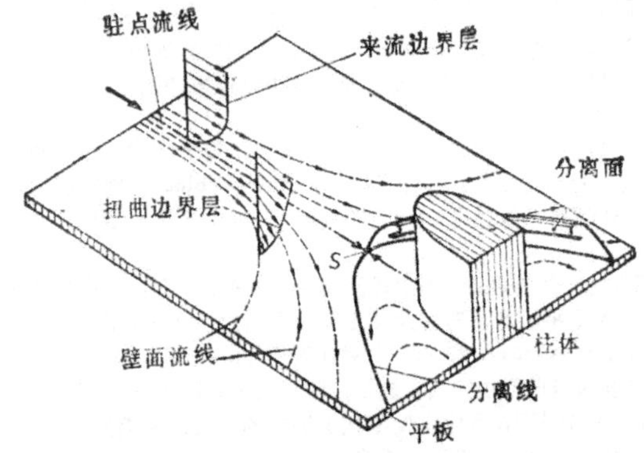


图 11.20 （简图）放在平板上的短粗柱体底角处形成的三维边界层（根据 J. P. Johnston[56,57]）. 流线向对称面外面弯曲. 结果，在边界层中形成二次流，速度剖面扭曲. 对称面内的边界层在驻点区的 $S$ 点上发生分离. 这种流动形成一个分离面；还可参看图 11.21

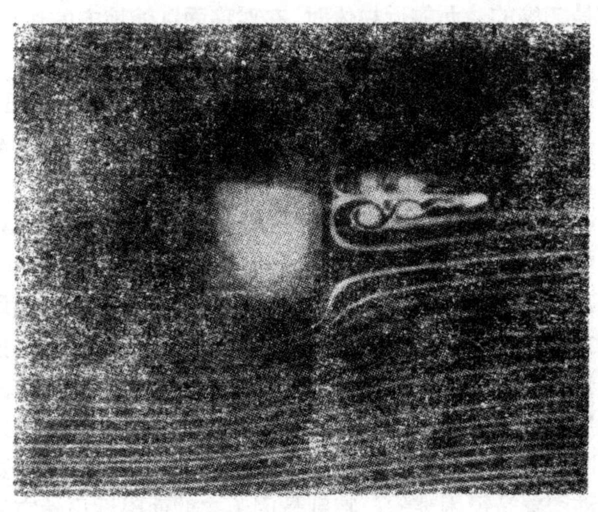

图 11.21 驻点流动的三维边界层分离；短粗柱体放在平板上（取自 Thwaites[112a]；还可参看图 11.20）

流，但是在大多数情形下它主要还是湍流。

在 AGARD Conference Proceedings No. 168[1] 中广泛地讨论了当代对三维流动分离问题的研究。

W. R. Sears[103a], F. K. Moore[78], J. C. Cooke 和 M. G. Hall[19],以及 H. Schlichting[100]都给出过关于三维边界层的概述文章。

# 第十二章　层流热边界层[1)]

## a. 能量方程的推导

研究固体与流动液体或流动气体之间的传热是包含有流体运动学科的课题. 对于实际的流体流动,其中还叠加着热的流动,并且一般说来,这两个场是相互作用的. 为了确定温度分布,必须联立运动方程和热传导方程.直观上看,流动流体中热物体周围的温度分布常常与边界层流动中的速度分布有相同的特征. 例如, 我们设想把一个物体放置在流动流体中,同时对物体加热,使得它的温度始终高于周围流体的温度. 那么很明显, 只是在直接邻近物体的薄层内和在物体后面狭窄的尾迹中,流体的温度才会增加,见图 4.2. 从热物体的温度过渡到较冷的环境温度, 主要是发生在邻近物体的薄层内. 与流动现象相类似, 我们把这个薄层称为热边界层. 显然, 流动现象和热现象之间的相互作用是很强烈的.

为了研究这种现象,除了要考虑运动方程外,还必须建立运动流体微元的能量平衡. 对于不可压缩流体,能量平衡由内能、传导热、流动的对流热和摩擦热来确定. 在可压缩流体中,当体积改变时还要加上一项膨胀功(或者压缩功). 在所有情形下都还可能出现辐射传热, 但是, 在中等温度下它的贡献很小, 因此我们将它完全略去. 现在, 我们在**热力学第一定律**的基础上来建立这种能量平衡. 为此, 考虑一个沿其自身轨迹运动的、质量为 $\Delta M = \rho\Delta V$ 的体元 $\Delta V = dxdydz$. 在单元时间 $dt$ 内加给该体元的热量 $dQ$ 使该体元的内能增加 $dE_T$,并对外做功 $dW$. 因此,

---

1) 感谢 K. Gersten 教授对本章提出的修改意见.

$$\frac{dQ}{dt}=\underbrace{\frac{dE_T}{dt}}_{\text{能}}+\underbrace{\frac{dW}{dt}}_{\text{功}}\qquad [\mathrm{J/s}]^{1)},\tag{12.1}$$

其中项 $dE_T/dt$ 表示随体导数，它由当地贡献和对流贡献所组成．

如果略去辐射传热，那么，传热只能通过热传导来实现．按照 Fourier 定律，单位时间通过单位面积的热通量 $q[\mathrm{J/m^2\cdot s}]$ 正比于温度梯度，所以有

$$\frac{1}{A}\frac{dQ}{dt}=q=-k\frac{\partial T}{\partial n}.\tag{12.2}$$

式中 $k[\mathrm{J/m\cdot s\cdot deg}]$ 表示流体的导热系数．负号的意义表示热通量的方向与温度梯度的方向相反．所以，通过垂直于 $x$ 方向的面元传进体元 $\Delta V$ 中的热量(见图 12.1)等于 $-(k\partial T/\partial x)dydz$，而从体元 $\Delta V$ 中传出去的热量则为 $[(k\partial T/\partial x)+(\partial/\partial x)(k\partial T/\partial x)dx]dydz$．因此，在 $dt$ 时间内通过热传导加给体元 $\Delta V$ 的热量可以写成

$$dQ=dt\Delta V\left\{\frac{\partial}{\partial x}\left(k\frac{\partial T}{\partial x}\right)+\frac{\partial}{\partial y}\left(k\frac{\partial T}{\partial y}\right)+\frac{\partial}{\partial z}\left(k\frac{\partial T}{\partial z}\right)\right\}.\tag{12.3}$$

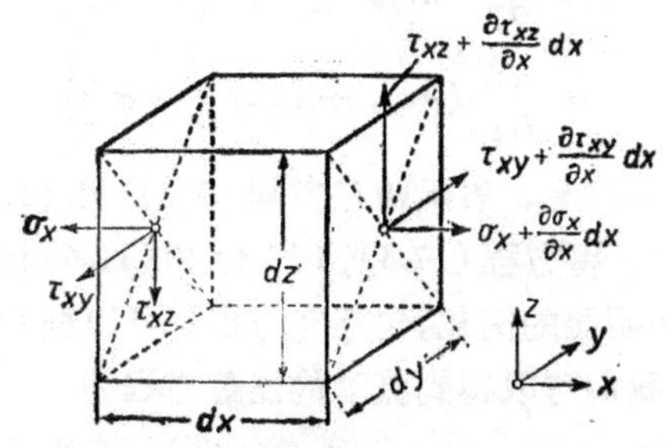


图 12.1　流体微元上的摩擦应力

1) 在这里和下文中，我们采用 Joule (1 Joule = 1 Newtonmeter 或 1J = 1 N·m) 作为功和能量的单位．

如果略去在重力场中由于位移而引起的势能变化，则总的能量变化 $dE_T$ 是由内能的变化 $dE = \rho\Delta V de$ 和动能的变化

$$d\left\{\frac{1}{2}\rho\Delta V(u^2+v^2+w^2)\right\}$$

所组成的．因此有

$$\frac{dE_T}{dt} = \rho\Delta V\left\{\frac{de}{dt}+\frac{1}{2}\frac{d}{dt}(u^2+v^2+w^2)\right\}. \tag{12.4}$$

为了确定所做的功，我们首先分析应力分量 $\sigma_x$ 所起的作用．按照图 12.1，可以看出单位时间所做的功为

$$\begin{aligned} dW_{\sigma_x} &= -dydz\left\{-u\sigma_x+\left(u+\frac{\partial u}{\partial x}dx\right)\right.\\ &\qquad\left.\times\left(\sigma_x+\frac{\partial\sigma_x}{\partial x}dx\right)\right\}\\ &= -\Delta V\frac{\partial}{\partial x}(u\sigma_x). \end{aligned} \tag{12.5}$$

加上负号是为了遵循方程 (12.1) 的符号约定，按照这个约定，外界对流体所做的功是负的．单位时间正应力和切应力做的总功可以写为

$$\left.\begin{aligned} dW = -\Delta V&\left\{\frac{\partial}{\partial x}(u\sigma_x+v\tau_{xy}+w\tau_{xz})\right.\\ &+\frac{\partial}{\partial y}(u\tau_{yx}+v\sigma_y+w\tau_{yz})\\ &\left.+\frac{\partial}{\partial z}(u\tau_{zx}+v\tau_{zy}+w\sigma_z)\right\}. \end{aligned}\right\} \tag{12.6}$$

式中 $\sigma_x, \sigma_y, \cdots, \tau_{zy}$ 表示曾在方程 (3.20) 和 (3.25) 中引进的正应力和切应力．将方程 (12.3), (12.4) 和 (12.6) 代入方程 (12.1)，同时进行一些明显的简化，包括在方程 (3.11) 引用过的简化，并经过一些运算，我们可以得到流动的能量方程为

$$\begin{aligned} \rho\frac{de}{dt}+p\,\mathrm{div}\,\boldsymbol{w} &= \frac{\partial}{\partial x}\left(k\frac{\partial T}{\partial x}\right)+\frac{\partial}{\partial y}\left(k\frac{\partial T}{\partial y}\right)\\ &\quad+\frac{\partial}{\partial z}\left(k\frac{\partial T}{\partial z}\right)+\mu\Phi. \end{aligned} \tag{12.7}$$

式中 $\Phi$ 为耗散函数，其表达式为

$$\Phi = 2\left\{\left(\frac{\partial u}{\partial x}\right)^2 + \left(\frac{\partial v}{\partial y}\right)^2 + \left(\frac{\partial w}{\partial z}\right)^2\right\} + \left(\frac{\partial v}{\partial x} + \frac{\partial u}{\partial y}\right)^2 + \left(\frac{\partial w}{\partial y} + \frac{\partial v}{\partial z}\right)^2 + \left(\frac{\partial u}{\partial z} + \frac{\partial w}{\partial x}\right)^2 - \frac{2}{3}\left(\frac{\partial u}{\partial x} + \frac{\partial v}{\partial y} + \frac{\partial w}{\partial z}\right)^2. \tag{12.8}$$

方程 (12.7) 是普遍适用的，但是，在大多数实际问题中还能进一步简化．不过在简化的时候，必须仔细地把完全气体情形与不可压缩流体情形区分开．后者的热力学性质并**不是**前者热力学性质的极限情形．事实上，完全气体的内能变化是 $de = c_v dT$，而焓的变化是 $dh = c_p dT$．可是，对于不可压缩流体而言，相应的变化分别是 $de = cdT$ 和 $dh = cdT + (1/\rho)dp$．

利用连续方程 (3.1)，在完全气体情形下得到

$$\text{div}\,\boldsymbol{w} = \frac{\partial u}{\partial x} + \frac{\partial v}{\partial x} + \frac{\partial w}{\partial z} = -\frac{1}{\rho}\frac{D\rho}{Dt}. \tag{12.9}$$

借助于这个方程和

$$c_p dT = c_v dT + d\left(\frac{p}{\rho}\right), \tag{12.10}$$

我们可以把方程 (12.7) 写成如下形式：

$$\boxed{\rho c_p \frac{dT}{dt} = \frac{dp}{dt} + \left\{\frac{\partial}{\partial x}\left(k\frac{\partial T}{\partial x}\right) + \frac{\partial}{\partial y}\left(k\frac{\partial T}{\partial y}\right) + \frac{\partial}{\partial z}\left(k\frac{\partial T}{\partial z}\right)\right\} + \mu\Phi.} \tag{12.11}$$

式中 $c_p$[J/kg · deg] 表示单位质量的定压比热．一般说来，$c_p$ 是温度的函数．在导热系数为常数的情形下，我们可以得到更为简单的形式

$$\rho c_p \frac{dT}{dt} = \frac{dp}{dt} + k\left(\frac{\partial^2 T}{\partial x^2} + \frac{\partial^2 T}{\partial y^2} + \frac{\partial^2 T}{\partial z^2}\right) + \mu\Phi. \tag{12.12}$$

在不可压缩流体的情形下，$\text{div}\,\boldsymbol{w} = 0$，同时考虑到 $de = cdT$，则方程 (12.7) 变成

$$\rho c \frac{dT}{dt} = k\left(\frac{\partial^2 T}{\partial x^2} + \frac{\partial^2 T}{\partial y^2} + \frac{\partial^2 T}{\partial z^2}\right) + \mu\Phi. \qquad (12.13)$$

### b. 绝热压缩的温升；驻点温度

在可压缩流动中，由于动压改变而引起的温度变化对流动的热平衡有重要影响．特别是，把由于摩擦热产生的温度差和由于压缩性引起的温度差进行比较，看来是有用的．基于这个理由，我们将首先计算在无摩擦气流中由于压缩性引起的温升：如果沿着流线速度改变，那么温度也必然随着改变．为了简化这个论证，可以假定过程是绝热的和可逆的．因为一般说来，导热系数的值很小，而状态的热力学性质的变化速率却很高，这就阻止了与周围环境的任何明显的热交换．特别是我们所要计算的温升 $(\Delta T)_{ad} = T_0 - T_\infty$，是气流在物体驻点处出现的温升，它是由于从 $p_\infty$ 压缩到 $p_0$ 所引起的，见图 12.2．

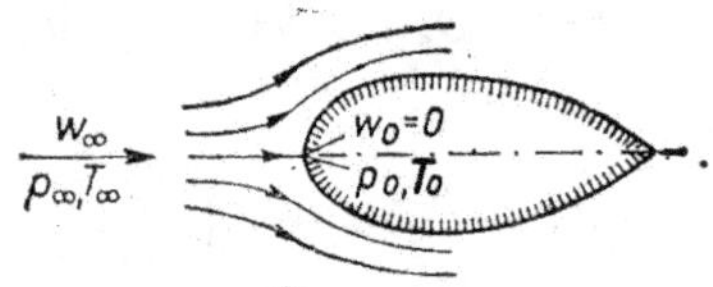


图 12.2　驻点绝热压缩温升 $(\Delta T)_{ad} = T_0 - T_\infty$ 的计算

对于无热传导的无摩擦流动情形，能量方程(12.11)沿着流线(坐标 $s$) 给出如下温度和压力之间的关系式：

$$\rho c_p w \frac{dT}{ds} = w \frac{dp}{ds},$$

其中 $w(s)$ 表示沿着流线的速度．将上式除以 $\rho w$，再沿着流线积分，我们得到

$$c_p(T - T_\infty) = \int_{s_\infty}^{s} \frac{1}{\rho} \frac{dp}{ds} ds = \int_{p_\infty}^{p} \frac{dp}{\rho}.$$

用类似的方法，如果在完整的 Navier-Stokes 方程 (3.26) 中略去粘性项，再沿着流线积分，就可以导出 Bernoulli 方程：

表 12.1 物理常数

($1J = 1N \cdot m$; $1kJ/kg \cdot deg = 10^3 m^2/s^2 \cdot deg$)

| 物质 | 温度 $t$ [℃] | 温度 $T$ [$K$] | 比热 $c_p$ [kJ/kg·K] | 导热系数 $k$ [J/m·s·K] | 热扩散系数 $\alpha \times 10^6$ [m²/s] | 粘性系数 $\mu \times 10^6$ [kg/m·s = Pa·s] | 运动粘性系数 $\nu \times 10^6$ [m²/s] | Prandtl 数 P [−] |
|---|---|---|---|---|---|---|---|---|
| 水（大气压） | 20 | 293 | 4.183 | 0.598 | 0.143 | 1000 | 1.006 | 7.03 |
| | 40 | 313 | 4.179 | 0.627 | 0.151 | 654 | 0.658 | 4.35 |
| | 60 | 333 | 4.191 | 0.650 | 0.159 | 470 | 0.478 | 3.01 |
| | 80 | 353 | 4.199 | 0.670 | 0.164 | 354 | 0.364 | 2.22 |
| | 100 | 373 | 4.215 | 0.681 | 0.169 | 276 | 0.294 | 1.75 |
| 水银 | 20 | 293 | 0.138 | 9.3 | 5 | 1560 | 0.115 | 0.023 |
| 润滑油 | 20 | 293 | 1.84 | 0.145 | 0.088 | 796 000 | 892 | 10 100 |
| | 40 | 313 | 1.92 | 0.143 | 0.084 | 204 000 | 231 | 2 750 |
| | 60 | 333 | 2.00 | 0.141 | 0.081 | 71 300 | 82 | 1 020 |
| | 80 | 353 | 2.10 | 0.140 | 0.078 | 31 500 | 37 | 471 |
| 空气（大气压） | −50 | 223 | 1.006 | 0.0205 | 13.1 | 14.6 | 9.5 | 0.72 |
| | 0 | 273 | 1.006 | 0.0242 | 19.2 | 17.1 | 13.6 | 0.71 |
| | +50 | 323 | 1.006 | 0.0278 | 26.2 | 19.6 | 18.6 | 0.71 |
| | 100 | 373 | 1.009 | 0.0310 | 33.6 | 21.8 | 23.8 | 0.71 |
| | 200 | 473 | 1.028 | 0.0368 | 49.7 | 25.9 | 35.9 | 0.71 |
| | 300 | 573 | 1.048 | 0.0430 | 69.0 | 29.6 | 49.7 | 0.72 |

$$\frac{w^2}{2} + \int \frac{dp}{\rho} = 常数,$$

所以温升为

$$T - T_\infty = \frac{1}{2c_p}(w_\infty^2 - w^2), \tag{12.14a}$$

特别是在驻点 ($w = 0$) 处，由于绝热压缩引起的温升为

$$T_0 - T_\infty = (\Delta T)_{ad} = \frac{w_\infty^2}{2c_p}. \tag{12.14b}$$

式中 $w_\infty$ 表示来流速度(见图 12.2). 速度减小到零时流体的温度 $T_0$ 称为**驻点温度**，有时也叫作**总温**. 驻点温度和来流温度之间的

差值 $(\Delta T)_{ad} = T_0 - T_\infty$，称为**绝热温升**.

公式 (12.14a) 也称为可压缩流动的 Bernoulli 方程. 在推导该公式时曾假定流体的流动是可逆的，也就是沿着流线熵值保持不变. 实际上，公式 (12.14a) 的应用比上述论证所引用的假定更具有普遍性，因为它可以应用于任何一维流动，例如通过一个细长喷管内的流动. 这时只要求没有外部的热交换，而不管其熵值是否保持不变. 在三维定常流动中，可以证明沿着流线这个公式大体

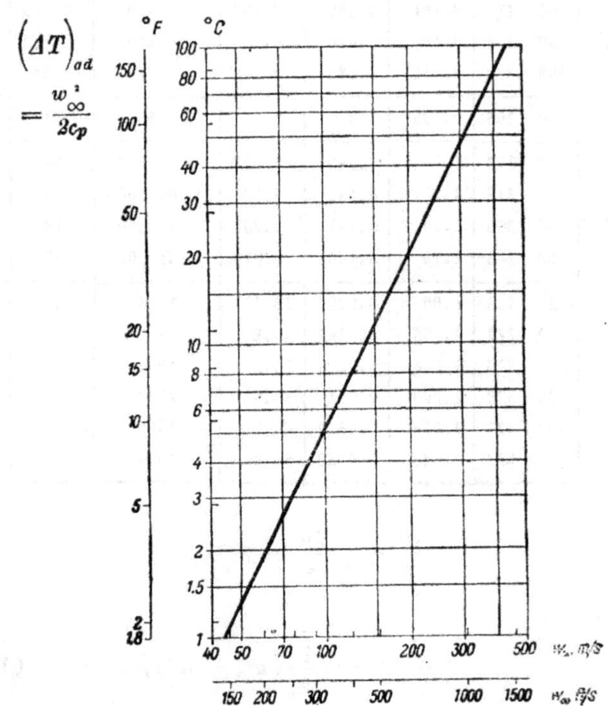


图 12.3 对空气，由式 (12.14b) 计算的驻点绝热温升
($c_p = 0.24$Btu/lbf · R)*

---

* 1 Btu = 1055.06 J.——编者

上也是正确的[1]． 对于空气，$c_p = 1.006$ kJ/kg·deg，当速度为 $w_\infty = 100$m/s 时，绝热温升的值为

$$(\Delta T)_{ad} = \frac{100^2}{2 \times 1006} = 4.97℃.$$

对于空气，图 12.3 画出了由公式（12.14b）计算的绝热温升．一些物质的比热，导热系数和其它的热特性列在表 12.1 中．

### c．传热的相似性理论

在温差引起了密度差的运动中，运动方程（3.28）中还必须包含浮力，并且将它作为施加在液体（或气体）上的彻体力来看待，这些彻体力的大小是

$$X = \rho g_x, \quad Y = \rho g_y, \quad Z = \rho g_z,$$

其中 $g_x$，$g_y$，$g_z$ 表示重力加速度矢量 $\boldsymbol{g}$ 的分量．一般说来，密度是压力 $p$ 和温度 $T$ 的函数． 如果压力和温度对于参考值 $p_\infty$ 和 $T_\infty$ 的偏离不太大，则可以利用如下的展开式：

$$\rho = \rho_\infty + \left(\frac{\partial \rho}{\partial T}\right)_{p, T=T_\infty} (T - T_\infty) + \left(\frac{\partial \rho}{\partial p}\right)_{T, p=p_\infty} (p - p_\infty), \tag{12.15}$$

或者

$$\rho = \rho_\infty - \rho_\infty \beta (T - T_\infty) + \frac{\gamma}{c_\infty^2}(p - p_\infty). \tag{12.16}$$

式中 $\beta$ 表示温度为 $T_\infty$ 时的热膨胀系数，$\gamma$ 是比热比，而 $c_\infty$ 是流体的声速．

在受重力作用的流动中，上式最后一项可以略去．一般说来，这样做意味着密度对于压力的依赖关系可以略去不计．另外，如果减去由静力场产生的项 grad$p = \rho \boldsymbol{g}$， 则对于常粘性系数可压

---

1）例如，可以参看 L. Howarth 主编的 "Modern Developments in Fluid Dynamics: High-Speed Flow", Clarendon Press, Oxford 1953．第 761 页方程（10）．（中译本：L. 霍华斯主编，流体动力学的新发展（高速流），科学出版社，1959，508 页．）

缩流体的定常流动，我们可以由方程(3.30)和(3.29)得到下列修改后的 Navier-Stokes 方程：

$$\frac{\partial(\rho u)}{\partial x}+\frac{\partial(\rho v)}{\partial y}+\frac{\partial(\rho w)}{\partial z}=0, \tag{12.17}$$

$$\left.\begin{aligned}
&\rho\left(u\frac{\partial u}{\partial x}+v\frac{\partial u}{\partial y}+w\frac{\partial u}{\partial z}\right)\\
&\quad=-\frac{\partial p}{\partial x}+\rho g_x\beta\theta+\mu\left[\Delta^2 u+\frac{1}{3}\ \frac{\partial}{\partial x}\operatorname{div}\boldsymbol{w}\right],\\
&\rho\left(u\frac{\partial v}{\partial x}+v\frac{\partial v}{\partial y}+w\frac{\partial v}{\partial z}\right)\\
&\quad=-\frac{\partial p}{\partial y}+\rho g_y\beta\theta+\mu\left[\Delta^2 v+\frac{1}{3}\ \frac{\partial}{\partial y}\operatorname{div}\boldsymbol{w}\right],\\
&\rho\left(u\frac{\partial w}{\partial x}+v\frac{\partial w}{\partial y}+w\frac{\partial w}{\partial z}\right)\\
&\quad=-\frac{\partial p}{\partial z}+\rho g_z\beta\theta+\mu\left[\Delta^2 w+\frac{1}{3}\frac{\partial}{\partial z}\operatorname{div}\boldsymbol{w}\right].
\end{aligned}\right\} \tag{12.18}$$

另外还必须考虑能量方程(12.12)，在特性不变的假设下有

$$\begin{aligned}
&\rho c_p\left(u\frac{\partial T}{\partial x}+v\frac{\partial T}{\partial y}+w\frac{\partial T}{\partial z}\right)\\
&\quad=k\left(\frac{\partial^2 T}{\partial x^2}+\frac{\partial^2 T}{\partial y^2}+\frac{\partial^2 T}{\partial z^2}\right)\\
&\qquad+u\frac{\partial p}{\partial x}+v\frac{\partial p}{\partial y}+w\frac{\partial p}{\partial z}+\mu\Phi.
\end{aligned} \tag{12.19}$$

式中耗散函数 $\Phi$ 由方程(12.8)给出．对于完全气体，状态方程可以写为

$$\frac{p}{\rho}=RT. \tag{12.20}$$

在可压缩介质的一般情形下，方程(12.17)至(12.20)组成一个六个方程联立的方程组，其中六个变量是 $u$, $v$, $w$, $p$, $\rho$, $T$[1)]．对于不

1) 因为已经假定粘性系数为常数，因此，上述方程组只适用于温度变化不大的场合．对于气体，在温差很大(超过 50℃ 或者 90°F)的情形下；对于液体，在中等温差(超过 10℃ 或者 18°F)的情形下，都必须计及 $\mu$ 随温度的变化．在这种

可压缩介质(液体),最后一个方程,以及表示压缩功的项 $u\frac{\partial p}{\partial x}$ 等都消失. 在这种情形下,只有五个方程,五个变量为 $u, v, w, p, T$.

必须强调的是,在方程(12.18),(12.19)和(12.20)中,符号 $p$ 并不表示相同的物理量. 在后两个方程中,$p$ 代表热力学性质,而在方程(12.18)中,符号 $p$ 表示介质的实际压力与静力学压力之差,其中静力学压力是密度为 $\rho_\infty$ 时静止介质的压力(参看第四章 a 中关于无自由表面流体的叙述). 至今,在文献中详细讨论这些情形时,压力项或者只包含在方程(12.18)中(自由流动情形),或者只包含在关于可压缩流动的一对方程(12.19)和(12.20)中.

关于上述方程的解将在下面几节中进行讨论. 在指出这些方程的解之前,我们准备首先从**相似性原理**[106] 的观点研究这些方程. 通过这种方法,我们将会找到这些解所必须依赖的一些无量纲组合量. 按照第四章 a 中由 Navier-Stokes 方程导出 Reynolds 相似性原理的同样方法,先在方程(12.18)和(12.19)中引入一些无量纲量. 所有的长度都参考于某一特征长度 $l$,所有的速度都参考于自由流速度 $U_\infty$,密度参考于 $\rho_\infty$,而压力则参考于 $\rho_\infty U_\infty^2$ 进行无量纲化. 能量方程中的温度参考于温差 $(\Delta T)_0$ 进行无量纲化,其中 $(\Delta T)_0 = T_w - T_\infty$ 是壁面温度与远离物体处的流体温度之差;因此 $\theta^* = (T - T_\infty)/(\Delta T)_0$. 如果用星号表示所有的无量纲量,根据 $x$ 方向的运动方程(12.18)和能量方程(12.19),对于二维情形利用 $g_x = g^*\cos\alpha$,我们可以得到

$$\rho^*\left(u^*\frac{\partial u^*}{\partial x^*} + v^*\frac{\partial u^*}{\partial y^*}\right) = -\frac{\partial p^*}{\partial x^*} + \frac{g\beta(\Delta T)_0 l}{U_\infty^2}\rho^*\theta^*\cos\alpha + \frac{\mu}{\rho_\infty U_\infty l}\left(\frac{\partial^2 u^*}{\partial x^{*2}} + \frac{\partial^2 u^*}{\partial y^{*2}}\right), \tag{12.21}$$

$$\rho^*\left(u^*\frac{\partial \theta^*}{\partial x^*} + v^*\frac{\partial \theta^*}{\partial y^*}\right)$$

---

情形下,运动方程仍然保持(3.29)的形式. 除了上述六个方程,还需补充一个经验的粘性公式 $\mu(T)$,即方程(13.3). 这样,我们就得到由七个方程组成的联立方程组,七个变量是 $u, v, w, p, \rho, T, \mu$.

$$= \frac{k}{\rho_\infty c_p U_\infty l}\left(\frac{\partial^2\theta^*}{\partial x^{*2}} + \frac{\partial^2\theta^*}{\partial y^{*2}}\right)$$

$$+ \frac{U_\infty^2}{c_p(\Delta T)_0}\left(u^*\frac{\partial p^*}{\partial x^*} + v^*\frac{\partial p^*}{\partial y^*}\right)$$

$$+ \frac{\mu U_\infty}{\rho_\infty c_p l(\Delta T)_0}\Phi^*. \tag{12.22}$$

这里，无量纲耗散函数由下式表示：

$$\Phi^* = 2\left[\left(\frac{\partial u^*}{\partial x^*}\right)^2 + \cdots\right] + \cdots.$$

一般认为，方程 (12.21) 和 (12.22) 的解依赖于下列五个无量纲组合量：

$$\mathbf{R} = \frac{\rho_\infty U_\infty l}{\mu};\quad \frac{g\beta(\Delta T)_0 l}{U_\infty^2};\quad \frac{k}{\rho_\infty c_p U_\infty l};$$

$$\frac{U_\infty^2}{c_p(\Delta T)_0};\quad \frac{\mu U_\infty}{\rho_\infty c_p l(\Delta T)_0}.$$

第一个组合量是早已熟悉的 Reynolds 数．第四和第五个组合量之间只相差一个因子 $\mathbf{R}$，所以，总共只有**四个独立的无量纲量**．第二个组合量可以表示成

$$\frac{g\beta l(\Delta T)_0}{U_\infty^2} = \frac{g\beta l^3(\Delta T)_0}{\nu^2}\ \frac{\nu^2}{U_\infty^2 l^2} = \mathbf{G}\frac{1}{\mathbf{R}^2}.$$

这就给出了 Grashof 数

$$\mathbf{G} = \frac{g\beta l^3(\Delta T)_0}{\nu^2}. \tag{12.23}$$

第三个组合量可以写成

$$\frac{k}{\rho_\infty c_p U_\infty l} = \frac{\alpha}{U_\infty l} = \frac{\alpha}{\nu}\ \frac{\nu}{U_\infty l} = \frac{1}{\mathbf{P}}\ \frac{1}{\mathbf{R}}, \tag{12.24}$$

其中

$$\alpha = \frac{k}{\rho_\infty c_p} \tag{12.25}$$

是热扩散系数 [$m^2/s$ 或 $ft^2/s$]，而

$$\mathbf{P} = \frac{\nu}{\alpha} = \frac{\mu c_p}{k}$$

是无量纲的 Prandtl 数．应该注意，Prandtl 数只取决于介质的属性．对于空气，近似有 $\mathbf{P}=0.7$；对于水，在 20℃ 时，近似有 $\mathbf{P}=7$；而对于油类，由于它们的粘性系数很大（参看表 12.1），所以 Prandtl 数的量级是 1000[1]．第四个无量纲量可以直接导致如公式(12.14b)中所计算的绝热压缩温升．我们有

$$\mathbf{E}=\frac{U_\infty^2}{c_p(\Delta T)_0}=2\frac{(\Delta T)_{\mathrm{ad}}}{(\Delta T)_0}\quad(\text{Eckert 数}),\qquad(12.26)^{2)}$$

其中 $\mathbf{E}$ 称为无量纲的 Eckert 数．在不可压缩流动中，量 $\mathbf{E}=U_\infty^2/c_p(\Delta T)_0$ 仍可保留，但是关于绝热压缩的解释已不再适用．现在我们可以推断，当自由流速度 $U_\infty$ 很大，以至于绝热温升与固体和流体之间规定的温差大小相当时，摩擦热和压缩热对于温度场的计算都是重要的．

如果规定的温差与自由流的绝对温度具有相同的量级（例如，在高空火箭上就具有这样的情形），那么 Eckert 数会变得与 Mach 数大小相当．这可以由下列计算看出：根据完全气体的状态方程

$$\frac{p_\infty}{\rho_\infty}=RT_\infty=T_\infty(c_p-c_v)=c_pT_\infty\frac{\gamma-1}{\gamma},$$

其中 $c_p/c_v=\gamma$．于是声速为

$$c_\infty^2=\gamma p_\infty/\rho_\infty=T_\infty c_p(\gamma-1).$$

这时

$$\mathbf{E}=\frac{U_\infty^2}{c_p(\Delta T)_0}=\frac{U_\infty^2}{c_pT_\infty}\frac{T_\infty}{(\Delta T)_0}=(\gamma-1)\frac{U_\infty^2}{c_\infty^2}\frac{T_\infty}{(\Delta T)_0}$$

$$=(\gamma-1)\mathbf{M}^2\frac{T_\infty}{(\Delta T)_0},$$

所以

---

1）在传热理论中，有时要使用 Péclet 数

$$\mathbf{P}_e=\frac{U_\infty l}{a}.$$

它与 Prandtl 数的关系为 $\mathbf{P}_e=\mathbf{PR}$.

2）至今，这两种温度差的比值还没有一个公认的单独名称．在本书较早的版本中，依照 E. Schmidt 教授的建议用 E. R. G. Eckert 教授的名字来命名，因此将其取名为 Eckert 数 $\mathbf{E}$.

$$\mathbf{E} = (r-1)\mathbf{M}^2 \frac{T_\infty}{(\Delta T)_0}, \tag{12.27}$$

其中 $\mathbf{M} = U_\infty / c_\infty$ 是 Mach 数．当自由流速度与声速相近，并且当规定的温度差与自由流的绝对温度具有同样量级时，压缩功和摩擦功都变得重要了；实际上，火箭在高空飞行时就会出现这种情形．

上述量纲分析导致这样的结论：以上关于速度场和温度场的方程组的解，依赖于下列四个无量纲组合量：

$$\left.\begin{aligned} &\text{Reynolds 数} \quad && \mathbf{R} = \frac{U_\infty l}{\nu} \\ &\text{Prandtl 数} \quad && \mathbf{P} = \frac{\nu}{\alpha} = \frac{\mu c_p}{k} \\ &\text{Grashof 数} \quad && \mathbf{G} = \frac{g\beta(\Delta T)_0 l^3}{\nu^2} \\ &\text{Eckert 数} \quad && \mathbf{E} = \frac{U_\infty^2}{c_p(\Delta T)_0}. \end{aligned}\right\} \tag{12.28}$$

如果 $(\Delta T)_0 \approx T_\infty$，则按照公式 (12.27)，Eckert 数由 Mach 数确定．P. Fischer 的文章[36]讨论了在有热传递时确定支配流动的无量纲组合量的问题．

在大多数实际应用中，我们并不要求知道温度场和速度场的全部细节，而首先希望知道的是物体和流体之间的热交换量．这个量可以借助于传热系数 $\alpha$ 来表示，$\alpha$ 或者定义为局部量，或者定义为所研究物体表面上的平均量．

传热系数用壁面温度与流体温度的温差作参考，这里的流体温度系指远离壁面处的流体温度．如果用 $q(x)$ 表示 $x$ 点处单位时间和单位面积所交换的热量（＝热通量），则按照 **Newton 冷却定律**，它可以表示为

$$q(x) = \alpha(x) \times (T_w - T_\infty) = \alpha(x)(\Delta T)_0. \tag{12.29}$$

传热系数的量纲是 $[\mathrm{J/m^2 \cdot s \cdot deg}]$．在固体与流体的界面上，传热完全是由于热传导引起的．按照 Fourier 定律，热通量的绝对值为(见公式 (12.2))

$$q(x) = -k\left(\frac{\partial T}{\partial n}\right)_{n=0}. \tag{12.30}$$

比较方程(12.29)和(12.30)，并且引入无量纲量，就可以得到局部的无量纲传热系数，我们称它为 Nusselt 数 **N**[91]：

$$\mathbf{N}(x) = \frac{\alpha(x)l}{k} = -\left(\frac{\partial T^*}{\partial n^*}\right)_{n^*=0} = -\frac{l}{(\Delta T)_0}\left(\frac{\partial T}{\partial n}\right)_{n=0}.$$

因此，热通量可以写成

$$q = \frac{k}{l}\mathbf{N}(T_w - T_\infty) = \frac{k}{l}\mathbf{N}(\Delta T)_0. \tag{12.31}$$

根据上述分析可以预料，速度场和温度场以及局部无量纲传热系数必然都依赖于前面所讨论的无量纲组合量．因此

$$\left.\begin{aligned} &\frac{w}{U_\infty} = f_1(s^*; \mathbf{R}, \mathbf{P}, \mathbf{G}, \mathbf{E}) \\ &\frac{T - T_\infty}{(\Delta T)_0} = f_2(s^*; \mathbf{R}, \mathbf{P}, \mathbf{G}, \mathbf{E}) \\ &\mathbf{N} = f_3(s^*; \mathbf{R}, \mathbf{P}, \mathbf{G}, \mathbf{E}) \end{aligned}\right\} \tag{12.32}$$

第二个方程说明，相似过程也可以用这样的事实来表征，即在这些过程中比值 $T_\infty/(\Delta T)_0$ 必须相同(见文献[36])．这里符号 $s^*$ 表示三个无量纲的空间坐标．如果通过对整个表面的积分得出传热系数的平均值，那么空间坐标将不会出现，这时对于几何相似的表面，有

$$\mathbf{N}_m = f(\mathbf{R}, \mathbf{P}, \mathbf{G}, \mathbf{E}). \tag{12.32a}$$

此外，当研究一些特解时，在多数情况下，将有一个或几个无量纲组合量不会出现，因为这类问题很少会具有这种最一般的性质．由公式(12.27)可以看出，只有当温度差较大(例如 50～100℃ 或者 100～200°F)，同时速度也很大(具有声速量级)时，温度场和传热系数才依赖于 Eckert 数．在中等速度情形下，只有当温度差很小(几度)时，温度场和速度场才依赖于 Eckert 数．另外，即使在中等速度下，方程(12.21)中由于温度差所引起的浮力，与惯性力和摩擦力相比也是很小的．在这种情形下，问题与 Grashof 数无关．这样的流动称为**强迫流动**．因此，对于**强迫对流**

$$\mathrm{N}_m = f(\mathrm{R},\ \mathrm{P}) \qquad (\text{强迫对流}).$$

只有在流动速度很小的情形下，Grashof 数才是重要的，特别是，由浮力引起的运动，例如流体沿着受热铅垂平板的这种上升流动就是如此．这样的流动称为**自然流动**，我们把这种问题称为**自然对流**问题．在这种情形下，流动与 Reynolds 数无关，因此有

$$\mathrm{N}_m = f(\mathrm{G},\ \mathrm{P}) \qquad (\text{自然对流}).$$

在本章 e—g 中将给出一些强迫流动问题的例子；而在本章 h 中，则有一些自然对流问题的例子．

## d. 粘性流动中关于温度分布的精确解

现在，我们解几个关于温度分布的特殊问题．这里准备讨论的例子都是从许多可能求解的情形中根据数学上的简单性挑选出来的．正如在第五章中首先讨论有摩擦流动方程的几个精确解的例子一样，现在我们也首先讨论几个精确解的例子，这些例子是 H. Schlichting[101] 给出的．在特性不变的二维不可压缩流动情形下，我们由方程 (12.17)—(12.19) 得到沿水平面 ($x$, $z$ 平面) 的定常流动中，关于速度分布和温度分布的方程组：

$$\frac{\partial u}{\partial x} + \frac{\partial v}{\partial y} = 0, \qquad (12.33\text{a})$$

$$\rho\left(u\frac{\partial u}{\partial x} + v\frac{\partial u}{\partial y}\right) = -\frac{\partial p}{\partial x} + \mu\left(\frac{\partial^2 u}{\partial x^2} + \frac{\partial^2 u}{\partial y^2}\right), \qquad (12.33\text{b})$$

$$\rho\left(u\frac{\partial v}{\partial x} + v\frac{\partial v}{\partial y}\right) = -\frac{\partial p}{\partial y} + \mu\left(\frac{\partial^2 v}{\partial x^2} + \frac{\partial^2 v}{\partial y^2}\right), \qquad (12.33\text{c})$$

$$\rho c\left(u\frac{\partial T}{\partial x} + v\frac{\partial T}{\partial y}\right) = k\left(\frac{\partial^2 T}{\partial x^2} + \frac{\partial^2 T}{\partial y^2}\right) + \mu\Phi, \qquad (12.34)$$

其中

$$\Phi = 2\left[\left(\frac{\partial u}{\partial x}\right)^2 + \left(\frac{\partial v}{\partial y}\right)^2\right] + \left(\frac{\partial v}{\partial x} + \frac{\partial u}{\partial y}\right)^2.$$

**1. Couette 流动**　对于 **Couette 流动**可以得到这个方程组的一个特别简单的精确解．Couette 流动是两个平行平直壁面之

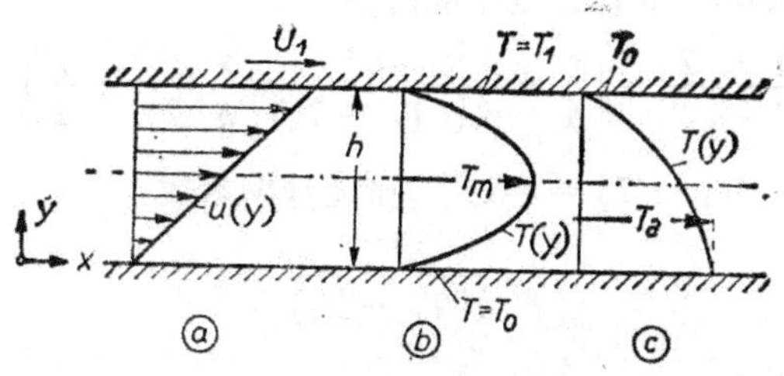


图 12.4 Couette 流动中的速度分布和温度分布．a）速度分布．b）当两个壁面的温度相等时，有摩擦热的温度分布．c）当下壁面无热传导时，有摩擦热的温度分布

间的流动，其中一个壁面是静止的，另一个以不变的速度 $U_1$ 沿自身的平面运动，见图 12.4．在 $x$ 方向上没有压力梯度时，运动方程的解是

$$u(y) = U_1 \frac{y}{h}; \quad v \equiv 0; \quad p = \text{常数}.$$

如果沿着壁面的温度为常数，那就可以得到关于温度分布的一个非常简单的解，其边界条件是

$$y = 0: \ T = T_0; \quad y = h: \ T = T_1. \tag{12.35a}$$

在这种情形下，耗散函数简化成表达式 $\Phi = (\partial u/\partial y)^2$，因此，关于温度分布的方程变成

$$\rho c\left(u \frac{\partial T}{\partial x} + v \frac{\partial T}{\partial y}\right) = k\left(\frac{\partial^2 T}{\partial x^2} + \frac{\partial^2 T}{\partial y^2}\right) + \mu\left(\frac{\partial u}{\partial y}\right)^2. \tag{12.35b}$$

根据边界条件 (12.35a)，上述方程有一个与 $x$ 无关的解．因为 $v = 0$，方程左边的项 $v \dfrac{\partial T}{\partial y}$ 也为零，所以方程(12.34)左边所有的对流项都等于零．因此，最后得到的温度分布只是由于摩擦热和横向的传导热引起的．由方程 (12.35b) 我们得出

$$k \frac{d^2 T}{dy^2} = -\mu\left(\frac{du}{dy}\right)^2. \tag{12.35c}$$

替换掉 $du/dy$，则有

$$k \frac{d^2 T}{dy^2} = -\mu \frac{U_1^2}{h^2}.$$

这个方程满足条件（12.35a）的解是

$$\frac{T-T_0}{T_1-T_0}=\frac{y}{h}+\frac{\mu U_1^2}{2k(T_1-T_0)}\frac{y}{h}\left(1-\frac{y}{h}\right).$$

如果我们令 $T_1-T_0=(\Delta T)_0$，则无量纲参数

$$\frac{\mu U_1^2}{k(T_1-T_0)}$$

也可以写作

$$\frac{\mu U_1^2}{k(T_1-T_0)}=\frac{\mu c_p}{k}\frac{U_1^2}{c_p(\Delta T)_0}=\mathbf{P}\cdot\mathbf{E}.$$

可以看出，这个无量纲参数可以根据式（12.28）用 Prandtl 数和 Eckert 数来表示．在所研究的情形下，也就是当没有对流热的时候，可以看到温度分布依赖于乘积 $\mathbf{P}\times\mathbf{E}$．最后如果引入缩写符号 $\eta=y/h$，则得到下述非常简单的温度分布公式：

$$\frac{T-T_0}{T_1-T_0}=\eta+\frac{1}{2}\mathbf{P}\cdot\mathbf{E}\eta(1-\eta). \qquad (12.36)$$

这个温度分布包括一个线性项，它与不产生摩擦热的静止流体的情形是相同的．在它上面叠加了一个由于摩擦热形成的抛物线分布．图 12.5 中画出了乘积 $\mathbf{P}\times\mathbf{E}$ 为不同数值时的温度分布．值得注意的是，当两个壁面的给定温度差 $T_1-T_0>0$ 时，只要上壁面的速度 $U_1$ 不超过某一个值，热量总是从上壁面流向流体．如果在上壁面处的温度梯度改变符号，那么上壁面的热流也改变方向．根据式（12.36）可以看出，当 $\mu U_1^2/2k=T_1-T_0$ 时，$(dT/dy)_{y=h}=0$．因此，下面的规则可以用来判断在上壁面处的热流方向：

热从上壁→流体（冷却上壁）：

$$\frac{\mu U_1^2}{2k}<T_1-T_0 \text{ 或者 } \mathbf{P}\cdot\mathbf{E}<2.$$

热从流体→上壁（加热上壁）：

$$\frac{\mu U_1^2}{2k}>T_1-T_0 \text{ 或者 } \mathbf{P}\cdot\mathbf{E}>2. \qquad (12.37)$$

这个简单的例子表明，摩擦热的产生对于冷却过程有很大的影响．尤其是当速度很高时，较暖的壁面可能被加热而不是被冷却．这种影响对于研究速度很高时的冷却问题具有基本的重要性．在热边界层问题中还要提到它，这些留待以后讨论．

对于两个壁面温度相等（$T_1 = T_0$）的 Couette 流动情形，式(12.36)导致简单的抛物线温度分布，它对于中间轴线是对称的，其式为

$$T(y) - T_0 = \frac{\mu U_1^2}{2k} \frac{y}{h}\left(1 - \frac{y}{h}\right).$$

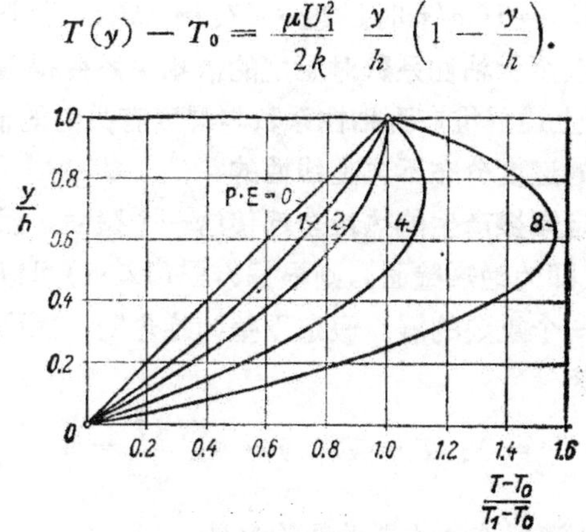


图 12.5 有摩擦热时两个壁面有不同温度的 Couette 流动中的温度分布（$T_0$ = 下壁面温度，$T_1$ = 上壁面温度）

图 12.4b 中画出了这种分布．由摩擦热产生的最高温度 $T_m$ 出现在中心位置，其值为

$$T_m - T_0 = \frac{\mu U_1^2}{8k}. \qquad (12.38)$$

在可压缩流动情形下，只要能够假定粘性系数与温度无关，则上面的解仍然有效，并可以把式(12.38)写成如下的无量纲形式：

$$\frac{T_m - T_0}{T_0} = \frac{\gamma - 1}{8} \mathbf{P} \cdot \mathbf{M}^2, \qquad (12.38a)$$

其中 $\mathbf{M} = U_1/c_0$ 表示 Mach 数，$c_0$ 是温度为 $T_0$ 时的声速．值得注意的是最大温度与两个壁面之间的距离无关．由摩擦产生的热量在静止壁面和运动壁面之间是均匀分布的．

这个例子的温度分布对于轴颈和轴承之间间隙中的流动有重要意义，G. Vogelpohl[143] 对此作过详细的讨论．由于间隙的尺寸很小，同时油的粘性系数又很大，因此间隙中的流动是层流的．即使是在中等速度下，由于摩擦造成的温升也是很显著的．这可以从下面的例子得到证实：根据表 12.1，在中等温度(例如 30℃)时油的粘性系数 $\mu=0.4\mathrm{kg/m\cdot s}$；油的导热系数 $k=0.14\mathrm{J/m\cdot s\cdot deg}$．因此，根据公式 (12.38)，当 $U_1=5\mathrm{m/s}$ 时，$T_m-T_0=9℃$；而当 $U_1=10\mathrm{m/s}$ 时，$T_m-T_0=36℃$．润滑油的温升是如此之大，以至于粘性系数对温度的依赖关系变得重要了．R. Nahme[90] 把上述解推广到粘性系数与温度有关时的情形，并发现垂直于壁面的速度分布不再是线性的．

如果假定摩擦产生的热量全部传给一个壁面，而另一个壁面上没有传热(即为绝热壁面)，则根据方程(12.34)可以得到关于温度分布的另一个重要的解．假定下壁为绝热壁，因而关于温度的边界条件变为

$$y=h:\ T=T_0;\ y=0:\ \frac{dT}{dy}=0. \tag{12.39}$$

方程 (12.34) 满足这个边界条件的解是

$$T(y)-T_0=\mu\frac{U_1^2}{2k}\left(1-\frac{y^2}{h^2}\right); \tag{12.40}$$

其分布曲线见图 12.4c．这样，下壁面的温升可以表示为

$$T(0)-T_0=T_a-T_0=\mu U_1^2/2k. \tag{12.41}$$

式中 $T_a$ 称为**绝热壁温**，这在前面已讲述过了；这个值等于平板型温度计上的读数．比较式 (12.41) 和 (12.38) 可以看出，在壁温相等的情形下，管道中心的最高温升等于绝热壁温升的四分之一，即

$$T_a-T_0=4(T_m-T_0). \tag{12.42}$$

如果引入绝热壁温 $T_a$，则可使式 (12.37) 所给出的不同壁温情形下的冷却判别式得到简化，这时我们有

$$T_1-T_0\gtrless T_a-T_0:\ \left.\begin{matrix}\text{冷却}\\ \text{加热}\end{matrix}\right\}\ \text{上壁面}. \tag{12.43}$$

H. M. de Groff[48] 把上述 Couette 流动的解推广到流体的粘性系数与温度有关时的情形. C. R. Illingworth[58] 和 A. J. A. Morgan[87] 则进一步引伸到可压缩流体的情形.

**2. 平壁槽中的 Poiseuille 流动** 在平行平壁槽的二维流动情形下，可以得到另一个非常简单的关于温度分布的精确解. 利用图 12.6 中所标明的符号，Poiseuille 指出其速度分布为抛物线：

$$u(y) = u_m \left(1 - \frac{y^2}{h^2}\right).$$

再假定二壁面的温度相等，即 $y = \pm h$ 时，$T = T_0$，因此由方程 (12.35c) 可以得到

$$k \frac{d^2 T}{d y^2} = - \frac{4\mu (u_m)^2}{h^4} y^2.$$

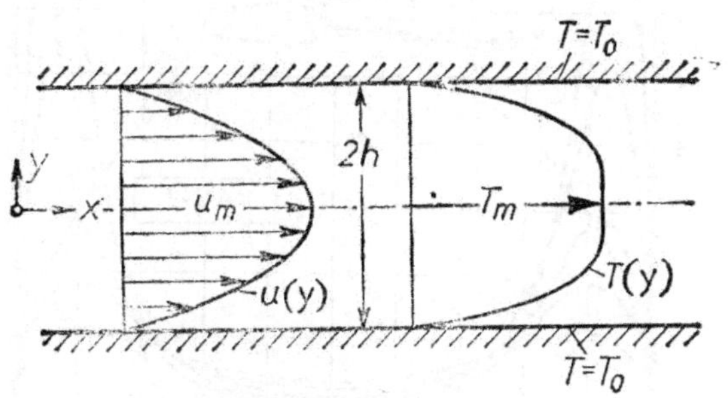


图 12.6 计及摩擦热时平壁槽中的速度分布和温度分布

这个方程的解是

$$T(y) - T_0 = \frac{1}{3} \frac{\mu (u_m)^2}{k} \left[1 - \left(\frac{y}{h}\right)^4\right]. \qquad (12.44)$$

这种温度分布为四次抛物线，见图 12.6，在管道中心上的最大温升是

$$T_m - T_0 = \frac{1}{3} \frac{\mu (u_m)^2}{k}. \qquad (12.45)$$

H. Hausenblas[53] 把这个解引伸到粘性系数与温度有关时的情形.

U. Grigull[47] 给出了关于圆管情形相应的解.

对于在第五章 12 节中早已讨论过的收缩槽和扩张槽中的流动，可以得到热边界层的另一个精确解. 为了求解温度问题，K. Millsaps 和 K. Pohlhausen[86] 利用了 O. Jeffery 和 G. Hamel 给出的速度场的解（第五章 12 节中引用了这个解). 图 12.7 中画出了 Prandtl 数为不同数值时，槽内的温度分布. 由于在壁面附近能量耗散特别大，因此得到的温度剖面有明显的"边界层外貌". 事实上，随着 Prandtl 数的增大，这种类似边界层的外貌就愈加明显. 为了便于比较，图 12.7 中还画出了引自图 5.15 的速度分布 $u/u_0$。

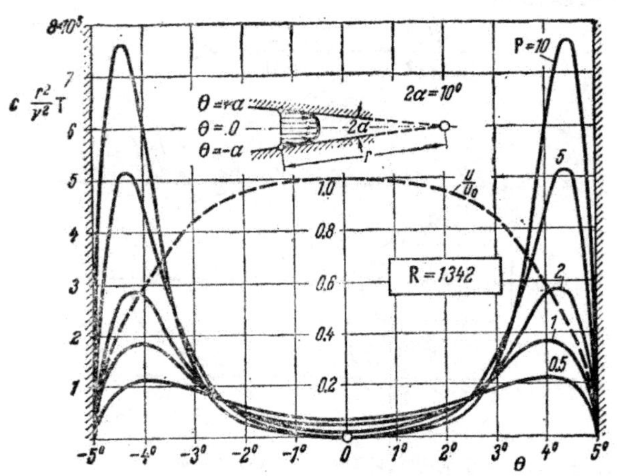


图 12.7 对于不同的 Prandtl 数 **P**，夹角 $2\alpha = 10°$ 的收缩槽中的温度分布，引自 K. Millsaps 和 K. Pohlhausen[86]，Reynolds 数 **R** = 1342，速度分布取自图 5.15.

由于在壁面附近能量耗散特别大，因此得到的温度剖面具有明显的"边界层外貌"

**旋转圆盘：** 第五章（具体地讲，在图 5.12 和 5.13 中）有一个无限大圆盘附近流动问题的解，这个圆盘在本来静止的流体中旋转. 这是方程组 (5.53) 的一个解. 为了确定一个热旋转圆盘邻近的温度场，必须扩大上述方程组以包括描述温度分布的方程（能量方程). K. Millsaps 和 K. Pohlhausen[86a] 已经作了这种计算，并且在计算中也包含了耗散效应. B. L. Reeves 和 Ch. J. Kippenhan[97] 给出了 Navier-Stokes 方程和能量方程的另外几个相似解.

## e. 边界层简化

我们已经几次提到,从直观上显然可以看出,在许多情形下位于流动流体中热物体周围的温度场具有**边界层型式**. 这就是说,物体周围的温度场基本上只扩展到直接邻近物面的狭窄区域内,而远离表面的区域实际上不受热物体温度的影响. 特别是当导热系数 $k$ 很小时,例如一些气体或液体,就是这种情况. 在这种情形下，壁面的法向上有很大的温度梯度，并且，由热传导引起的热通量与只通过壁面附近一个薄层的对流热通量具有同样的量级. 另一方面可以预料,在以高 Reynolds 数流动的流体中，未受热的物体附近由于摩擦热引起的温升,只在薄边界层内才是重要的,因为机械能通过摩擦转化为热的量仅在这里才是明显的. 由此可以预料,将会形成一个与速度边界层连在一起的热边界层,在此薄层内有很大的温度梯度. 从而,可以利用这个事实,对支配温度分布的能量方程引进一些简化，这些简化与早先在运动方程中引进过的简化相类似(见第七章).

在本章 c 中给出了无量纲形式的运动方程和能量方程，其中利用了特征速度 $U_\infty$，特征长度 $l$ 和特征温度差 $(\Delta T)_0$，使相应的量变成无量纲量. 为了简单起见，我们只限于讨论流体特性不变的二维情形，同时，选取 $x$ 轴沿着主流动方向. 在这些假设下，$x$ 方向的运动方程和能量方程,即方程(12.21)和(12.22),可以写成如下形式:

$$\rho\left(u\frac{\partial u}{\partial x}+v\frac{\partial u}{\partial y}\right)$$

$$1 \quad 1 \qquad \delta_s\,\frac{1}{\delta_s}$$

$$= -\frac{\partial p}{\partial x} + \frac{\mathbf{G}}{\mathbf{R}^2}\theta\cos\alpha + \frac{1}{\mathbf{R}}\left(\frac{\partial^2 u}{\partial x^2} + \frac{\partial^2 u}{\partial y^2}\right), \qquad (12.46\text{a})$$

$$1 \qquad\qquad\qquad \delta_s^2 \quad 1 \quad \frac{1}{\delta_s^2}$$

$$\rho\left(u\frac{\partial \theta}{\partial x} + v\frac{\partial \theta}{\partial y}\right)$$

$$1 \;\; 1 \qquad \delta_s \frac{1}{\delta_T}$$

$$= \frac{1}{\mathbf{PR}}\left(\frac{\partial^2 \theta}{\partial x^2} + \frac{\partial^2 \theta}{\partial y^2}\right) + \mathbf{E}\left(u\frac{\partial p}{\partial x} + v\frac{\partial p}{\partial y}\right) + \mathbf{E}\frac{1}{\mathbf{R}}\Phi. \qquad (12.46\text{b})$$

$$\delta_T^2 \quad 1 \qquad \frac{1}{\delta_T^2} \qquad\qquad 1\;1 \quad \delta_s\;\delta_s \qquad \delta_s^2\frac{1}{\delta_s^2}$$

这里略去了作为上标的星号. 式中标出了两个方程中各项的量级,它们是借助于速度边界层方程(7.2)估算出来的. 上述估算的基本结论是: 只有当速度边界层厚度 $\delta_s$ 满足条件

$$\left(\frac{\delta_s}{l}\right)^2 \sim \frac{1}{\mathbf{R}} \qquad (12.47)$$

时,粘性力与惯性力才具有相同的量级. 由此证明,在第一个运动方程中,与 $\partial^2 u/\partial y^2$ 相比可以略去 $\partial^2 u/\partial x^2$,而第二个运动方程则可以完全略去. 这是因为横向压力梯度 $\partial p/\partial y \sim \delta_s$,所以可以假定压力只取决于 $x$. 由方程(12.46a)可见,如果

$$\mathbf{G} \approx \mathbf{R}^2,$$

那么,由于较热流体质点的浮力(也就是热膨胀)所产生的彻体力将与惯性力和粘性力具有相同的量级; 这种情形只出现在速度非常小而温差相当大的场合.

现在,我们可以对能量方程的各项作出类似的估计. 就液体或气体而言,如果 Reynolds 数很大,那么无量纲组合量

$$\frac{k}{\rho_\infty c_p U_\infty l} = \frac{k}{c_p \mu}\frac{1}{\mathbf{R}} = \frac{1}{\mathbf{P}}\frac{1}{\mathbf{R}} \qquad (12.24)$$

(即热传导项的放大因子)也是一个小量,因为气体 Prandtl 数的量级为 1,而液体 Prandtl 数的量级为 10～1000. 因此可以看出,

只有当 $\partial\theta/\partial y$ 非常大时，也就是在物体表面附近存在很陡的横向温度梯度层(热边界层)时，热传导项才可以具有与对流项相同的量级.现在可以估计对流项和粘性项的量级.估计结果写在方程式的下面，其中符号 $\delta_T$ 表示热边界层的厚度[1]. 只有当热边界层的厚度具有量级

$$\left(\frac{\delta_T}{l}\right)^2 \sim \frac{1}{\mathbf{R}} f_1(\mathbf{P}) \tag{12.48}$$

时，$\partial^2\theta/\partial x^2$ 项与 $\partial^2\theta/\partial y^2$ 项相比才可以略去，并且热传导项与对流项有相同的量级. 鉴于以前对边界层厚度所作的估计，即 $\delta_s \sim 1/\sqrt{\mathbf{R}}$，于是得到

$$\frac{\delta_T}{\delta_s} = f_2\left(\frac{x}{l}, \mathbf{P}, \mathbf{E}, \frac{\mathbf{G}}{\mathbf{R}^2}\right). \tag{12.49}$$

由此可见，两种边界层厚度的比值与 Reynolds 数无关. 如果可以忽略摩擦引起的能量耗散和浮力，那么，两种边界层厚度的比值就只取决于一个特征参数——Prandtl 数. 在这种情形下，就可对 Prandtl 数作出很好的物理解释，详细说明见本章 §4.

通过对能量方程中其它各项的估计可以断定，在耗散函数表达式中只剩下 $(\partial u/\partial y)^2$ 项是有意义的，并且

$$\Phi = \left(\frac{\partial u}{\partial y}\right)^2 \sim \frac{1}{\delta_S^2}.$$

可见只是在

$$\mathbf{E} = \frac{U_\infty^2}{c_p(\Delta T)_0} \sim 1$$

时，摩擦热才是重要的. 对于气体，只有当绝热压缩引起的温升和物体与流体之间的温差具有相同量级时，摩擦热才是重要的. 这个叙述同样适用于压缩功.

回到有量纲量，并且计及粘性系数对温度的依赖关系，我们得到下列简化的二维可压缩流动方程：

---

1) 因为对于不同的流体，Prandtl 数的变化可达几个量级（见表 12.1），所以在 $\mathbf{P}\to 0$ 或 $\mathbf{P}\to\infty$ 的极限情形下，不能认为这里的估计仍然有效. 在这种极限情形下，更好的估计值可以由公式(12.58)和(12.62a)给出的解得到.

$$\frac{\partial(\rho u)}{\partial x} + \frac{\partial(\rho v)}{\partial y} = 0, \tag{12.50a}$$

$$\rho\left(u\frac{\partial u}{\partial x} + v\frac{\partial u}{\partial y}\right) = \frac{\partial}{\partial y}\left(\mu\frac{\partial u}{\partial y}\right) - \frac{dp}{dx} + \rho g_x\beta(T - T_\infty), \tag{12.50b}$$

$$\rho c_p\left(u\frac{\partial T}{\partial x} + v\frac{\partial T}{\partial y}\right) = k\frac{\partial^2 T}{\partial y^2} + \mu\left(\frac{\partial u}{\partial y}\right)^2 + u\frac{dp}{dx}, \tag{12.50c}$$

$$\frac{p}{\rho} = RT, \quad \mu = \mu(T). \tag{12.50d;e}$$

因为在边界层理论的范围内，可以把压力看作是一个给定的、由外部施加的力，因此，我们现在得到五个方程组成的联立方程组，五个未知量为 $\rho$, $u$, $v$, $T$, $\mu$. 在 (12.50b) 和 (12.50d) 这两个方程中关于 $p$ 的含意的区别，提请读者参看本章 c 中紧接方程 (12.17)—(12.20) 的后面所作的说明.

对于不可压缩($\rho = \rho_\infty =$ 常数)和粘性系数为常数的情形，这些方程简化为

$$\frac{\partial u}{\partial x} + \frac{\partial v}{\partial y} = 0, \tag{12.51a}$$

$$\rho_\infty\left(u\frac{\partial u}{\partial x} + v\frac{\partial u}{\partial y}\right) = \mu\frac{\partial^2 u}{\partial y^2} - \frac{dp}{dx} - \rho_\infty g_x\beta(T - T_\infty), \tag{12.51b}$$

$$\rho_\infty\left(u\frac{\partial T}{\partial x} + v\frac{\partial T}{\partial y}\right) = k\frac{\partial^2 T}{\partial y^2} + \mu\left(\frac{\partial u}{\partial y}\right)^2, \tag{12.51c}$$

这给出了关于 $u$, $v$ 和 $T$ 的三个方程.

## f. 热边界层的一般性质

**1. 强迫流动和自然流动** 速度边界层的微分方程(12.51b)和热边界层的微分方程(12.51c)在结构上非常相似. 它们的差别只在于运动方程的最后两项和温度方程的最后一项. 在一般情形下，速度场和温度场是相互作用的. 这就是说，温度分布依赖于速

度分布；反之，速度分布也依赖于温度分布．在特殊情形下，如果浮力可以不考虑，同时可以假定流体的特性与温度无关，那么这种相互作用就消失了．这时虽然温度场对速度场的依赖关系依然存在，但是速度场不再依赖于温度场．这种情形发生在速度很大(大 Reynolds 数)同时温差很小的时候，我们把这种流动称为**强迫流动**(参见 301 页)．这种流动中的传热过程称为**强迫对流**．浮力起支配作用的流动称为**自然流动**，相应的传热过程称为**自然对流**．这种情况发生在运动速度非常小而温差却很大的场合．伴有自然对流的运动状态是由地球重力场中的浮力引起的，而浮力又是由于密度差或密度梯度造成的．例如，直立热平板外侧的流场就属于这种类型．强迫流动又可以再分为中等速度流动和高速流动，这要看是否需要计及摩擦热和压缩性热而定．在这两种情形下温度场都依赖于流场．然而，在中等速度下，如果摩擦热和压缩热可以忽略，则温度场对速度场的依赖关系只取决于 Prandtl 数．对于每一个速度场，都对应以 Prandtl 数为参量的无限多个温度分布．在高速下，必须包括摩擦功和压缩功．是否需要计及摩擦功和压缩功，取决于 Eckert 数 $\mathbf{E}=2(\Delta T)_{ad}/(\Delta T)_0$，即取决于 Eckert 数是不是可以与 1 相比较．换句话说，当由于摩擦和压缩引起的温升与边界条件中所规定的温差(物体和流体之间的温度差)可以相比较的时候，就必须计及摩擦功和压缩功．如果规定的温度差具有平均绝对温度的量级，那么只有当流动速度与声速可以比较时，摩擦功和压缩功才变成重要的．

指出这样一点是重要的：和运动方程不同，温度方程是线性的．这就使积分过程大为简化，并且可以对已知解进行叠加．

**2. 绝热壁**　最后必须提到的是，各种可能的温度场边界条件的集合大于速度场边界条件的集合．物体表面的温度可以是不变的，也可以是改变的，此外还可能遇到规定表面热通量的问题．鉴于方程 (12.30)，这意味着壁面上的温度梯度可以作为边界条件出现．通常所谓的**绝热壁**则构成了后一种边界条件的特例，因为这时必须假定从壁面到流体没有热流，即壁面上的边界条件是

$$\left(\frac{\partial T}{\partial n}\right)_{n=0}=0 \quad (绝热壁).$$

这种情形可以想象为物体壁面对热流是完全绝热的．流体通过摩擦产生的热使壁面变热，直到 $(\partial T/\partial n)_{n=0}=0$ 的条件获得满足为止．这样，壁面温度(也可以称为**绝热壁温**)就高于离壁面一定距离处的流体温度．当使用所谓的平板温度计时，即当借助平行于主流的平板来测量流动流体的温度时，实际上就满足这种条件[1)]．平板上超出的温度构成平板温度计的误差．为了得到运动流体的真实温度必须减去这个误差．这个差值有时称为**动力学温度**．

**3. 传热和表面摩擦力之间的比拟** 对于边界层流动，在传热和表面摩擦力之间存在一种非常明显的关系．1874 年 O. Reynolds[98] 以最简单的形式揭示出了这种关系．基于这个原因，我们把这种关系称为 Reynolds 比拟．

在第八章 a 中已经表明，对于不可压缩流体，二维边界层方程的所有解都有如下的形式：

$$\frac{u}{U_\infty}=f_1\left(\frac{x}{l},\ \frac{y}{l}\sqrt{\mathbf{R}}\right), \tag{12.52a}$$

$$\frac{v}{U_\infty}\sqrt{\mathbf{R}}=f_2\left(\frac{x}{l},\ \frac{y}{l}\sqrt{\mathbf{R}}\right), \tag{12.52b}$$

其中 $\mathbf{R}=U_\infty l/\nu$．如果可以略去压缩功和耗散热，根据同样的理由，描述热边界层的方程 (12.51c) 的所有解必然都具有这样的形式：

$$\theta^*=\frac{T-T_\infty}{T_w-T_\infty}=f_3\left(\frac{x}{l},\ \frac{y}{l}\sqrt{\mathbf{R}},\ \mathbf{P}\right). \tag{12.52c}$$

因此，按照表达式 (12.30)，热通量可以写为

$$q=-k\left(\frac{\partial T}{\partial y}\right)_{y=0}=\frac{k}{l}(T_w-T_\infty)\sqrt{\mathbf{R}}\,\bar{f}_3\left(\frac{x}{l},\mathbf{P}\right); \tag{12.52d}$$

---

1) 基于这个原因，在早期的教科书上把绝热壁的问题称为平板温度计问题．

而 Nusselt 数可以表示为

$$\mathbf{N} = \frac{ql}{k(T_w - T_\infty)} = \sqrt{\mathbf{R}}\, \bar{f}_3\left(\frac{x}{l}, \mathbf{P}\right). \tag{12.53}$$

这个非常重要的关系式说明，对于**所有的**层流边界层(始终假定可以略去压缩功和摩擦热)，Nusselt 数与 Reynolds 数的平方根成正比. 这是在边界层简化的基础上得到的一种特殊而更加明显的关系，而不是在完整的 Navier-Stokes 方程的基础上，由式(12.32) 所表示的那种 Nusselt 数与 Reynolds 数之间的普遍关系.

由方程 (12.52a)，我们可以写出如下关于局部切应力的公式:

$$\tau_0 = \mu\left(\frac{\partial u}{\partial y}\right)_{y=0} = \frac{\mu U_\infty \sqrt{\mathbf{R}}}{l}\, \bar{f}_1\left(\frac{x}{l}\right), \tag{12.53a}$$

而由此给出的局部表面摩擦力系数为

$$c_f' = \frac{\tau_0}{\frac{1}{2}\rho U_\infty^2} = \frac{2}{\sqrt{\mathbf{R}}}\, \bar{f}_1\left(\frac{x}{l}\right). \tag{12.53b}$$

将式 (12.53b) 与 (12.53) 合并，我们可以得到普遍关系

$$\boxed{\mathbf{N} = \frac{1}{2} c_f' \mathbf{R} f\left(\frac{x}{l}, \mathbf{P}\right).} \tag{12.54}$$

如上所述，这个最普遍的 Reynolds 比拟关系式对于**所有的**层流边界层都是适用的.

特别地，如果存在一种**相似解**，即由形式为 $U(x) = u_1 x^m$ 的外部流动所给出的解，那么按照第九章 a 的讨论我们可以写出

$$\frac{u}{U(x)} = F_1\left(y\sqrt{\frac{U(x)}{\nu x}}\right), \tag{12.54a}$$

$$\frac{v}{U(x)}\sqrt{\frac{xU(x)}{\nu}} = F_2\left(y\sqrt{\frac{U(x)}{\nu x}}\right). \tag{12.54b}$$

根据温度方程可以直接得到

$$\theta^* = \frac{T - T_\infty}{T_w - T_\infty} = F_3\left(y\sqrt{\frac{U(x)}{\nu x}}, \mathbf{P}\right). \qquad (12.54c)$$

与式(12.53)相类似，用坐标 $x$ 构成的局部 Nusselt 数可以表示成这样的形式：

$$\mathbf{N}_x = \frac{\alpha x}{k} = \sqrt{\mathbf{R}_x} \cdot F(m, \mathbf{P}), \qquad (12.55)$$

其中

$$\mathbf{R}_x = \frac{xU(x)}{\nu}.$$

函数 $F(m, \mathbf{P})$ 将在本章 .g2 中详细讨论（见式（12.87）和图 12.14）．这样，局部表面摩擦力系数

$$c'_{fx} = \frac{\tau_0}{\frac{1}{2}\rho[U(x)]^2} = \frac{2}{\sqrt{\mathbf{R}_x}}\bar{F}_1(m), \qquad (12.55a)$$

与 Nusselt 数之间有以下关系：

$$\mathbf{N}_x = \frac{1}{2}c'_{fx}\mathrm{R}_x \cdot \bar{F}(m, \mathbf{P}). \qquad (12.56)$$

最简单的流动型式是绕零攻角平板的流动，其特点是 $m = 0$，这时如果 Prandtl 数为 1，则关于速度场和温度场的方程(12.51b)和(12.51c)就变成完全类似．在这种情形下，这两个解本身具有完全相同的代数形式，即有

$$F_3\left(y\sqrt{\frac{u_1}{\nu x}}, 1\right) \equiv F_1\left(y\sqrt{\frac{u_1}{\nu x}}\right) \quad (\text{如果 } m = 0). \qquad (12.56a)$$

因此，对于平板情形

$$\bar{F}(0, 1) = 1,$$

并且式(12.56)简化为

$$\mathbf{N}_x = \frac{1}{2}c'_{fx}\mathbf{R}_x \quad (m = 0, \ \mathbf{P} = 1), \qquad (12.56b)$$

这正是最简单形式的 Reynolds 比拟；如上所述，这个比拟式是由 O. Reynolds 本人首先发现的．

至此，上述讨论只能适用于壁面温度为常数以及能量耗散可

以忽略的层流不可压缩流动．当然也可以把上述结果引伸到其它的情形，例如具有摩擦热的平板情形（见公式（12.81）和同页上的脚注），或者具有压缩功的情形（见第十三章 c)．尤其值得注意的是：在湍流边界层中也可以找到 Reynolds 比拟，这种比拟在计算湍流传热率时起着极为重要的作用(参看第二十三章)．

**4. Prandtl 数的影响** 本章的讨论使我们确信 Prandtl 数是这样一个数：它对热边界层的厚度，进而对强迫对流或自由对流中的传热率都起着决定性的作用．按其定义

$$\mathbf{P}=\frac{\nu}{\alpha},$$

Prandtl 数等于两个量的比值：其中一个（粘性系数）表征流体的动量输运特性，另一个（热扩散系数）表征流体的热输运特性．如果流体的粘性系数特别大，那就可以不太严格地说，其输运动量的能力很大．因此，由于存在壁面（无滑移条件）而引起的动量损失将在流体中延伸很远，所以速度边界层就比较厚．对于热边界层也可以作类似的叙述．因此可以理解，Prandtl 数在强迫流动中起着直接量度两种边界层厚度之比的作用，正如在式（12.49）中已表明的那样．前面讨论过的 $\mathbf{P}=1$ 的特殊情形，对应于两种边界层厚度近似相等的流动；沿着等温的零攻角平板，它们就是完全相等的．除此之外，对于 Prandtl 数很大或者 Prandtl 数很小的极端情形也是值得注意的，它们概要地表示在图 12.8 中．

**极小 Prandtl 数**：由图 12.8 可以清楚地看出，在 Prandtl 数很小的情形下，例如在熔化的金属(如水银)中出现的那样，热边界层的计算可以不考虑速度边界层的影响．因此，速度分量 $u(x, y)$ 和 $v(x, y)$ 可以分别用 $U(x)$ 和 $V(x, y)=-(dU/dx)y$ 来代替，这个关于 $V$ 的近似是由适用于壁面的连续方程得到的．于是，能量方程（12.51c）变成特别简单的形式

$$U(x)\frac{\partial T}{\partial x}-y\frac{dU}{dx}\frac{\partial T}{\partial y}=\alpha\frac{\partial^2 T}{\partial y^2}\quad(\mathbf{P}\to 0).\qquad(12.57)$$

而且，在边界层内温度场与速度场无关．

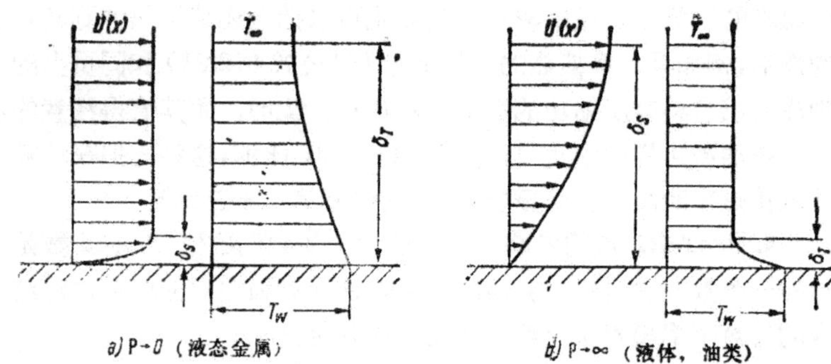


图 12.8 在 Prandtl 数具有很小值或很大值的边界层中，温度场与速度场之间的比较

引入相似参数

$$\eta = y\frac{U(x)}{2\sqrt{\alpha\int_0^x U(x)dx}}, \tag{12.57a}$$

就可以把关于温度分布的偏微分方程变换成常微分方程. 然后，可以得到如下关于 Nusselt 数的通用表达式:

$$\mathbf{N}_x = \frac{\alpha x}{l} = \frac{xU(x)}{\sqrt{\pi\nu\int_0^x U(x)dx}}\mathbf{P}^{1/2} \quad (\mathbf{P}\to 0). \tag{12.57b}$$

表达式 (12.59a) 和 (12.59b) 是这种通用表达式的特殊情形.

在具有均匀壁温 $T_w$ 的平板情形下 ($U(x) = U_\infty =$ 常数)，我们得到与方程 (5.17) 相同的微分方程(方程 (5.17) 是第五章中对另一种关系导出的方程). 这个方程的解是

$$T - T_\infty = (T_w - T_\infty)\left(1 - \frac{2}{\sqrt{\pi}}\int_0^\eta \exp(-\eta^2)d\eta\right), \tag{12.58}$$

其中

$$\eta = \frac{1}{2}y\sqrt{\frac{U_\infty}{\alpha x}}.$$

按照式 (12.31)，相应的 Nusselt 数是

$$\mathbf{N}_x = \frac{\alpha x}{k} = \sqrt{\frac{U_\infty x}{\pi a}} = \frac{1}{\sqrt{\pi}}\sqrt{\mathbf{R}_x\mathbf{P}} \text{（平板，P} \to 0\text{）.} \tag{12.59a}$$

在驻点流动情形下（$U(x)=u_1x$），得到

$$\mathbf{N}_x = \sqrt{\frac{2}{\pi}}\sqrt{\mathbf{R}_x\mathbf{P}} \quad \text{（驻点流动，P} \to 0\text{），} \tag{12.59b}$$

其中

$$\mathbf{R}_x = Ux/\nu.$$

**极大 Prandtl 数**：许多年以前，M. A. Levèque[76] 首先解出了 $\mathbf{P}\to\infty$ 的第二种极限情形．他引入了一个很合理的假定：整个温度场都局限在这样的区域内，在这个区域中速度场的纵向速度分量 $u$ 正比于横向距离 $y$．在已经形成的速度边界层内，热边界层在壁面 $x=x_0$ 处以温度跃变起始的情形下(参看图 12.17)，即使 Prandtl 数为中等数值时也能出现这种情况．因此，在能量方程 (12.51c) 中，我们可以假定用 $u=(\tau_0/\mu)y$ 来表示速度边界层的速度分布．于是，依照参考文献 [76] 和 [68a]（也可见文献 [111] 和 [112]），可以证明变换式

$$\eta = \frac{y\sqrt{\dfrac{\tau_0}{\mu}}}{\left\{9\alpha\displaystyle\int_{x_0}^{x}\frac{\tau_0}{\mu}\,dx\right\}^{1/3}}, \tag{12.60}$$

可以把能量方程变换为下述常微分方程：

$$\frac{d^2T}{d\eta^2} + 3\eta^2\frac{dT}{d\eta} = 0. \tag{12.61}$$

式中 $x_0$ 表示壁面上发生温度跃变处的坐标．应该记住，这里已经略去了摩擦热的影响．这个常微分方程的解可以用不完全的 gamma 函数以封闭形式表示出来．经过一些必要的计算，我们就能得到 Nusselt 数

$$\mathbf{N}_x = \frac{\alpha(x-x_0)}{k} = \frac{x-x_0}{0.8930}\sqrt{\frac{\tau_0}{\mu}}$$

$$\times\left\{9\alpha\int_{x_0}^{x}\sqrt{\frac{\tau_0}{\mu}}\,dx\right\}^{-1/3}\quad(\mathbf{P}\to\infty),\qquad(12.61\text{a})^{1)}$$

或者

$$\mathbf{N}_x=0.5384\mathbf{P}^{1/3}\frac{x-x_0}{\nu}\sqrt{\frac{\tau_0}{\rho}}\left\{\int_{x_0}^{x}\sqrt{\frac{\tau_0}{\rho}}\,\frac{dx}{\nu}\right\}^{-1/3}\quad(\mathbf{P}\to\infty).\qquad(12.61\text{b})^{1)}$$

在零攻角平板和 $x_0=0$ 的特殊情形下，将式 (7.31)，即

$$\tau_0=0.332\mu U_\infty\sqrt{\frac{U_\infty}{\nu x}},$$

代入式 (12.61b)，得到

$$\mathbf{N}_x=0.339\mathbf{P}^{1/3}\sqrt{\mathbf{R}_x}\quad(\text{平板},\ \mathbf{P}\to\infty).\qquad(12.62\text{a})$$

图 12.14 表明，即使是在中等 Prandtl 数的情形下，这个公式也给出很好的近似．在驻点处相应的公式是

$$\mathbf{N}_x=0.661\mathbf{P}^{1/3}\sqrt{\mathbf{R}_x}\ (\text{驻点},\ \mathbf{P}\to\infty).\qquad(12.62\text{b})$$

类似地，对于直立平板上的自由对流情形也可以建立简单的渐近公式，见文献 [73]，也可以见公式 (12.118a) 和 (12.118b)．

## g. 强迫流动中的热边界层

这一节我们将讨论强迫流动热边界层的几个例子．在求解这些问题的时候，将利用简化的热边界层方程．正如解速度边界层问题一样，计算任意形状物体热边界层的一般问题是非常困难的，所以，我们还是从最简单的零攻角平板开始．

**1. 绕零攻角平板的平行流动** 我们假定 $x$ 轴位于平板平面上，并沿着流动方向，$y$ 轴则垂直于平板和流动方向，原点位于前缘处．不可压缩流动和不变特性流体(即特性与温度无关)的边界层方程组已由方程 (12.51a, b, c) 给出． 如果假设浮力等于零以及 $dp/dx=0$[18,94]，则得到

1) $0.8930=\left(\frac{1}{3}\right)!$，$0.5384=9^{-1/3}\left[\left(\frac{1}{3}\right)!\right]^{-1}$，其中 $z!=\Gamma(z+1)$．

$$\frac{\partial u}{\partial x}+\frac{\partial v}{\partial y}=0, \tag{12.63a}$$

$$\rho\left(u\frac{\partial u}{\partial x}+v\frac{\partial u}{\partial y}\right)=\mu\frac{\partial^2 u}{\partial y^2}, \tag{12.63b}$$

$$\rho c_p\left(u\frac{\partial T}{\partial x}+v\frac{\partial T}{\partial y}\right)=k\frac{\partial^2 T}{\partial y^2}+\mu\left(\frac{\partial u}{\partial y}\right)^2. \tag{12.63c}$$

边界条件是

$y=0$: $u=v=0$; $T=T_w$ 或者 $\partial T/\partial y=0$;

$y=\infty$: $u=U_\infty$; $T=T_w$.

这里速度场不依赖于温度场，所以可以首先求解两个流动方程 (12.63a, b)，然后利用所得到的结果计算温度场. 根据方程 (12.63b) 和 (12.63c) 可以直接得到速度分布与温度分布之间的一个重要关系. 在方程 (12.63c) 中，如果摩擦热 $\mu(\partial u/\partial y)^2$ 可以略去，并且用第二个方程中的 $u$ 代替 $T$; 另外，如果流体的特性满足关系式

$$\frac{\mu}{\rho}=\frac{k}{c_p\rho}\quad \text{或者}\ \nu=\alpha,\ \text{即}\ \mathbf{P}=1,$$

则方程 (12.63b) 和 (12.63c) 就变成完全相同了. 如果不计摩擦热，那么，只有在壁面和外部流动之间有温差（例如假定 $T_w-T_\infty>0$ (冷却)）时才存在温度场. 由此可见，对于平行流动中的零攻角平板，在速度很小时，只要 Prandtl 数等于1，温度分布和速度分布就是相同的，即

$$\frac{T-T_w}{T_\infty-T_w}=\frac{u}{U_\infty}\qquad (\mathbf{P}=1). \tag{12.64}$$

这个结果对应于式 (12.52)，它曾使我们在传热和表面摩擦力之间得到重要的 Reynolds 比拟关系式.

为了求解流动方程，H. Blasius 引进新变量，见式 (7.24) 和 (7.25)（其中 $\psi$ 为流函数），即:

$$\eta=y\sqrt{\frac{U_\infty}{\nu x}};\qquad \psi=\sqrt{\nu x U_\infty}\,f(\eta).$$

因此，

$$u = U_\infty f'(\eta);\quad v = \frac{1}{2}\sqrt{\frac{\nu U_\infty}{x}}\,(\eta f' - f).$$

关于 $f(\eta)$ 的微分方程 (7.28) 变为

$$ff'' + 2f''' = 0,$$

其边界条件是

$$\eta = 0:\quad f = f' = 0;$$

$$\eta = \infty:\ f' = 1.$$

在第七章表 7.1 中已经给出了这些方程的解.

**计及摩擦热的影响.** 由方程 (12.63c) 可见，温度分布 $T(\eta)$ 由下列方程给出：

$$\frac{d^2T}{d\eta^2} + \frac{\mathbf{P}}{2} f \frac{dT}{d\eta} = -2\mathbf{P}\frac{U_\infty^2}{2c_p} f''^2. \tag{12.65}$$

通过如下形式的两个解的叠加，可以方便地表示出方程(12.65)的通解：

$$T(\eta) - T_\infty = C\theta_1(\eta) + \frac{U_\infty^2}{2c_p}\theta_2(\eta). \tag{12.66}$$

式中 $\theta_1(\eta)$ 表示齐次方程的通解，$\theta_2(\eta)$ 表示非齐次方程的特解. 另外，为了简便起见，可以这样选择 $\theta_1(\eta)$ 和 $\theta_2(\eta)$ 的边界条件：使得 $\theta_1(\eta)$ 成为在壁面和外部流动之间具有规定温差 $(T_w - T_\infty)$ 的冷却问题的解，而 $\theta_2(\eta)$ 是关于绝热壁问题的解. 因此 $\theta_1(\eta)$ 和 $\theta_2(\eta)$ 满足下列两个方程，即

$$\theta_1'' + \frac{1}{2}\mathbf{P} f \theta_1' = 0, \tag{12.67}$$

其边界条件是：在 $\eta = 0$ 处，$\theta_1 = 1$；在 $\eta = \infty$ 处，$\theta_1 = 0$.

$$\theta_2'' + \frac{1}{2}\mathbf{P} f \theta_2' = -2\mathbf{P} f''^2, \tag{12.68}$$

其边界条件是：在 $\eta = 0$ 处，$\theta_2' = 0$；在 $\eta = \infty$ 处，$\theta_2 = 0$. 根据式 (12.66)，由 $\theta_2(0)$ 的值可以计算出常数 $C$，其方法是满足边界条件：在 $\eta = 0$ 处，$T = T_w$. 由此得到

$$C = T_w - T_\infty - \frac{U_\infty^2}{2c_p}\theta_2(0). \tag{12.68a}$$

**冷却问题**：E. Pohlhausen[94] 首先给出了方程 (12.67) 的解. 这个解可以写成

$$\theta_1(\eta, \mathbf{P}) = \int_{\xi=\eta}^{\infty} [f''(\xi)]^{\mathbf{P}}\, d\xi \Big/ \int_{\xi=0}^{\infty} [f''(\xi)]^{\mathbf{P}}\, d\xi. \tag{12.69}$$

因此，当 $\mathbf{P} = 1$ 时：$\theta_1(\eta) = 1 - f'(\eta) = 1 - u/U_\infty$. 同时依照式 (12.64)，当 $\mathbf{P} = 1$ 时，温度分布与速度分布变成相同的. 由式 (12.69)，并用 $f''(0) = 0.332$，算出壁面上的温度梯度为：

$$-\left(\frac{d\theta_1}{d\eta}\right)_0 = \alpha_1(\mathbf{P}) = (0.332)^{\mathbf{P}} \Big/ \int_0^{\infty} [f''(\xi)]^{\mathbf{P}}\, d\xi. \tag{12.70}$$

可见系数 $\alpha_1$ 只依赖于 Prandtl 数，即有 $\alpha_1(\mathbf{P})$. 表 **12.2** 中列出了 E. Pohlhausen 计算的一些值. 这些值可以由公式

$$\alpha_1 = 0.332\sqrt[3]{\mathbf{P}} \qquad (0.6 < \mathbf{P} < 10) \tag{12.71a}$$

插值求得，并具有很好的精度. 当 Prandtl 数很小时，式 (12.59a) 给出

$$\alpha_1 = 0.564\sqrt{\mathbf{P}} \qquad (\mathbf{P} \to 0), \tag{12.71b}$$

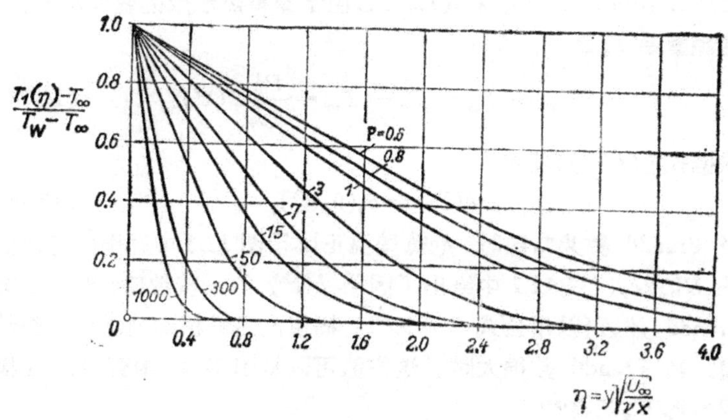


图 12.9 速度很小时对于不同 Prandtl 数 P 画出的零攻角热平板的温度分布(不计摩擦热)

而当 Prandtl 数很大时，式 (12.62a) 给出

$$\alpha_1 = 0.339\sqrt[3]{\mathbf{P}} \qquad (\mathbf{P}\to\infty). \tag{12.71c}$$

根据式(12.69)计算的温度分布绘在图12.9上．如前所述，$\mathbf{P}=1$ 的温度分布曲线同时也是速度分布曲线．当 $\mathbf{P}>1$ 时，热边界层比速度边界层薄．例如，对于油，Prandtl 数是 $\mathbf{P}=1000$，热边界层的厚度仅是速度边界层的十分之一．

**表 12.2 零攻角平板的无量纲传热系数 $\alpha_1$ 和无量纲绝热壁温度 $b$，根据式 (12.70) 和 (12.75)**

| $\mathbf{P}$ | 0.6 | 0.7 | 0.8 | 0.9 | 1.0 | 1.1 | 7.0 | 10.0 | 15.0 |
|---|---|---|---|---|---|---|---|---|---|
| $\alpha_1$ | 0.276 | 0.293 | 0.307 | 0.320 | 0.332 | 0.344 | 0.645 | 0.730 | 0.835 |
| $b$ | 0.770 | 0.835 | 0.895 | 0.950 | 1.000 | 1.050 | 2.515 | 2.965 | 3.535 |

**绝热壁**：利用“参数易变法”可以得到方程 (12.68) 的解．其解为

$$\theta_2(\eta,\mathbf{P}) = 2\mathbf{P}\int_{\xi=\eta}^{\infty}[f''(\xi)]^{\mathbf{P}}\left(\int_0^{\xi}[f''(\tau)]^{2-\mathbf{P}}\,d\tau\right)d\xi. \tag{12.72}$$

当 $\mathbf{P}=1$ 时，有

$$\theta_2(\eta) = 1 - f'^2(\eta). \tag{12.73}$$

因此，利用式 (12.66) 和 (12.72)，由于摩擦热形成的壁面温度，即**绝热壁温** $T_a$ 是：

$$T_{2w} - T_\infty = T_a - T_\infty = \frac{U_\infty^2}{2c_p}b(\mathbf{P}). \tag{12.74}$$

根据式(12.72)，其中

$$b(\mathbf{P}) = \theta_2(0,\mathbf{P}). \tag{12.75}$$

当 Prandtl 数为常数时，绝热壁温正比于图 12.3 中画出的绝热温升 $U_\infty^2/2c_p$．表 12.2 中给出了因子 $b(\mathbf{P})$ 的一些数值；对于中等 Prandtl 数，可以用公式 $b=\sqrt{\mathbf{P}}$ 插值而足够精确地求得这些数值．当 Prandtl 数很大时，这些值可以从图 12.10 中查得．在极限情形下，则有[84]

$$b(\mathbf{P}) = 1.9\,\mathbf{P}^{1/3} \qquad (\mathbf{P}\to\infty).$$

值得注意的是：当 $\mathbf{P}=1$ 时，精确地有 $b=1$．因此，对于 $\mathbf{P}=1$

而速度为 $U_\infty$ 的平行气流绕零攻角平板的流动，由于摩擦引起的温升等于绝热温度，即等于速度从 $U_\infty$ 减小到零时出现的温度。图12.11中画出了不同 Reynolds 数 $U_\infty x/\nu$ 下测量的绝热壁温[16,20]。在层流范围内吻合得很好。但在边界层从层流向湍流过渡的转捩点处，温度突然上升。用无量纲形式表达的绝热壁温度分布是

$$\frac{T_2(\eta)-T_\infty}{T_{2w}-T_\infty}=\frac{T_2(\eta)-T_\infty}{T_a-T_\infty}=\frac{\theta_2(\eta,\mathbf{P})}{b(\mathbf{P})},$$

在图 12.12 中可以看到不同 Prandtl 数下的分布曲线。根据式(12.74)和(12.75)，可以由式(12.68a)得到常数 $C$ 为

$$C=(T_w-T_\infty)-(T_a-T_\infty)=T_w-T_a.$$

因此，对于壁面和自由流之间有规定温差 $(T_w-T_\infty)$ 的通解（见式(12.66)）是

$$T(\eta)-T_\infty=[(T_w-T_\infty)-(T_a-T_\infty)]\theta_1(\eta,\mathbf{P})+\frac{U_\infty^2}{2c_p}\theta_2(\eta,\mathbf{P}),\tag{12.76}$$

其中 $T_a-T_\infty$ 由式(12.74)给出。无量纲的温度分布为

$$\frac{T-T_\infty}{T_w-T_\infty}=\left[1-\frac{1}{2}\mathbf{E}b(\mathbf{P})\right]\theta_1(\eta,\mathbf{P})+\frac{1}{2}\mathbf{E}\theta_2(\eta,\mathbf{P}).\tag{12.76a}$$

图 12.13 中画出了各种 Eckert 数 $\mathbf{E}=U_\infty^2/c_p(T_w-T_\infty)$（根据式(12.28)）下的分布曲线。当 $b\times\mathbf{E}>2$ 时，由于摩擦热使得壁面附近的边界层比壁面本身更热。在这种情形下，流经壁面的气流不会使壁面冷却。

**传热**。由方程(12.2)可以看出，在 $x$ 位置上从平板向流体的热通量为 $q(x)=-k(\partial T/\partial y)_{y=0}$，或者写成

$$q(x)=-k\sqrt{\frac{U_\infty}{\nu x}}\left(\frac{dT}{d\eta}\right)_{\eta=0}.\tag{12.77}$$

单位时间平板（长为 $l$，宽为 $b$）两面的总传热率为

$$Q=2b\int_0^l q(x)dx,$$

所以

$$Q = 4bk\sqrt{\frac{U_\infty l}{\nu}}\left(-\frac{dT}{d\eta}\right)_0. \tag{12.78}$$

a) 不计摩擦热：根据式 (12.69) 和 $(dT/d\eta)_0 = -\alpha_1(T_w - T_\infty)$，在这种条件下 $T(\eta) - T_\infty = (T_w - T_\infty)\theta_1(\eta)$. 利用式 (12.71a) 中的 $\alpha_1$，则有

$$\left(\frac{dT}{d\eta}\right)_0 = -0.332\sqrt[3]{\mathbf{P}}(T_w - T_\infty).$$

所以

$$\left.\begin{aligned} q(x) &= 0.332k\sqrt[3]{\mathbf{P}}\sqrt{\frac{U_\infty}{\nu x}}(T_w - T_\infty), \\ Q &= 1.328bk\sqrt[3]{\mathbf{P}}\sqrt{\mathbf{R}_l}(T_w - T_\infty). \end{aligned}\right\} \tag{12.79}$$

如果引进由式 (12.31) 定义的无量纲传热系数 (Nusselt 数) 分别代替局部热通量和总热流率，即

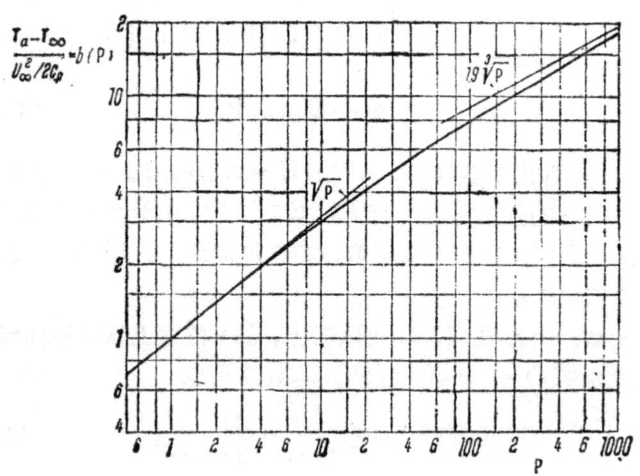


图 12.10 在不同 Prandtl 数下，速度为 $U_\infty$ 时零攻角平板的绝热壁温 $T_a$；引自 E. Eckert 和 O. Drewitz[13] 以及 D. Meksyn[84]. 当 Prandtl 数很大时，依照 D. Meksyn[84] 则有 $b = 1.9\mathbf{P}^{1/3}$

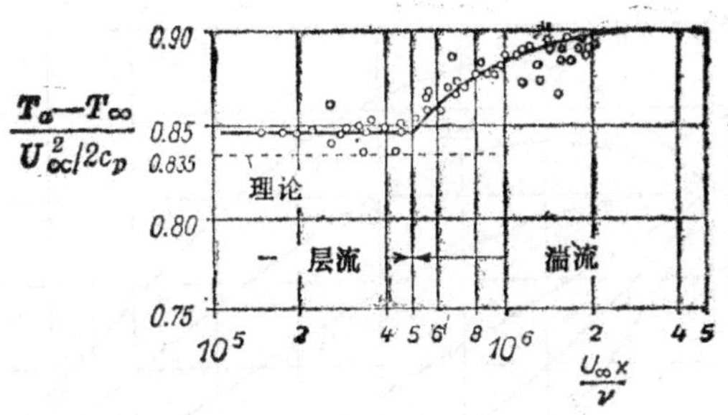


**图 12.11** 在层流和湍流边界层内，平行气流中零攻角平板绝热壁温的测量值，引自 Eckert 和 Weise[20]；理论值是 $\mathbf{P}=0.7$ 时层流边界层的值

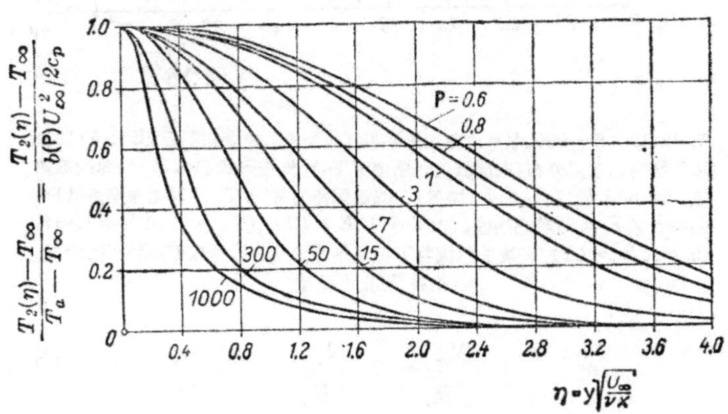


**图 12.12** 在不同 Prandtl 数下，高速平行气流中零攻角平板层流边界层内的温升，平板**没有加热**（绝热壁）

$$q(x)=\frac{k}{x}\mathbf{N}_x(T_w-T_\infty) \text{ 和 } Q=2bl\frac{k}{l}\mathbf{N}_m(T_w-T_\infty),$$

则可以得到

$$\left.\begin{aligned}
\mathbf{N}_x &= 0.564\sqrt{\mathbf{P}}\sqrt{\mathbf{R}_x} && \mathbf{P}\to 0,\\
\mathbf{N}_x &= 0.332\sqrt[3]{\mathbf{P}}\sqrt{\mathbf{R}_x} && 0.6<\mathbf{P}<10,\\
\mathbf{N}_x &= 0.339\sqrt[3]{\mathbf{P}}\sqrt{\mathbf{R}_x} && \mathbf{P}\to\infty.
\end{aligned}\right\}\quad(12.79\text{a})$$

由总热流率得出的平均 Nusselt 数为

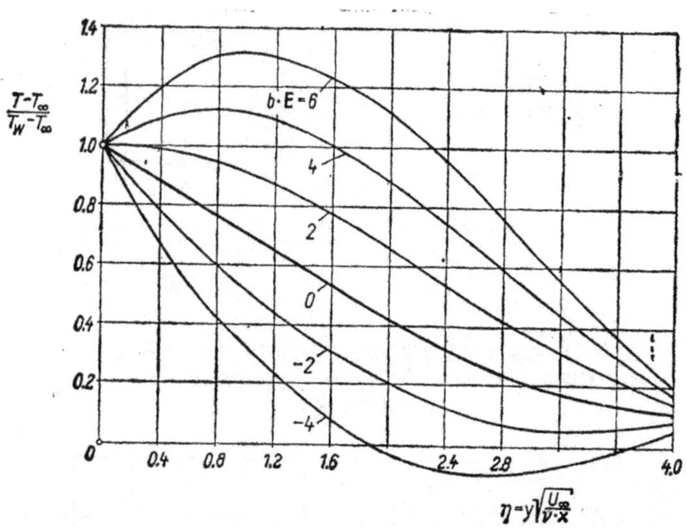


图 12.13 平行流体中零攻角加热平板 ($\mathbf{E}>0$) 或冷却平板 ($\mathbf{E}<0$) 层流边界层内的温度分布,在层流边界层情形下,计及按照式(12.76)计算的摩擦热. Prandtl 数 $\mathbf{P}=0.7$ (空气). 壁温保持为常数 $T_w$. 对无摩擦热情形,曲线 $b\times\mathbf{E}=0$;对绝热壁,$b\times\mathbf{E}=2$;$\mathbf{E}=U_\infty^2/c_p(T_w-T_\infty)$;$b=0.835$. 当 $b\times\mathbf{E}>2$ 时,较冷的气流将不再使热壁冷却,因为摩擦热所产生的"热垫层"阻止了冷却

$$\frac{\mathbf{N}_m}{\sqrt{\mathbf{R}_l}}=2\frac{\mathbf{N}_x}{\sqrt{\mathbf{R}_x}}. \tag{12.79b}$$

对于湍流,可以用下列近似公式:

$$\mathbf{N}_x=0.0296\sqrt[3]{\mathbf{P}}\cdot\mathbf{R}_x^{0.8}\ (\text{湍流}), \tag{12.79c}$$

$$\mathbf{N}_m=0.037\sqrt[3]{\mathbf{P}}\cdot\mathbf{R}_l^{0.8}\ (\text{湍流}). \tag{12.79d}$$

为了完整起见,这里引用了这两个公式,但未加证明. 上式关于传热率的公式与 F. Elias[31], A. Edwards 和 B. N. Furber[27] 以及 J. Kestin, P. E. Maeder 和 H. E. Wang[66] 等人的测量结果完全一致.

**b) 计及摩擦热**: 在这种情形下, 由式(12.76)的 $T(\eta)$ 我们得到

$$\left(\frac{dT}{d\eta}\right)_0 = -\alpha_1(T_w - T_a) = -0.332\ \sqrt[3]{\mathbf{P}}\ (T_w - T_a),$$

其中 $T_a$ 是绝热壁温度．它与温度计问题中的壁面温度是相同的，并且可以根据下式得出：

$$T_a - T_\infty = b(\mathbf{P})\frac{U_\infty^2}{2c_p} = \sqrt{\mathbf{P}}\ \frac{U_\infty^2}{2c_p}. \qquad (12.80)$$

式中 $b(\mathbf{P})$ 可以取自表 12.2． 如果根据式 (12.27) 引入 Mach 数 $\mathbf{M} = U_\infty/c_\infty$，则 $T_a$ 也可以用下式计算：

$$T_a = T_\infty\left(1 + \frac{\gamma - 1}{2}\mathbf{M}^2\right) \qquad (\mathbf{P} = 1).$$

因此，根据式 (12.77) 和 (12.78) 可以得到局部热通量和总热流率的表达式，它们分别是

$$\left.\begin{aligned} q(x) &= 0.332k\ \sqrt[3]{\mathbf{P}}\ \sqrt{\frac{U_\infty}{\nu x}}\,(T_w - T_a), \\ Q &= 1.328bk\ \sqrt[3]{\mathbf{P}}\ \sqrt{\mathbf{R}_l}\,(T_w - T_a). \end{aligned}\right\} \qquad (12.81)$$

这里没有使用式 (12.29) 中基于温度差 $(T_w - T_\infty)$ 的传热系数 $\alpha(x)$，也没有使用按照式 (12.31) 确定的 Nusselt 数，因为热通量不再与这种温度差成正比[1)]．

由于摩擦热，流体对壁面的冷却作用大大减低．在没有摩擦热时，只要 $T_w > T_\infty$，热总是从平板流向流体 $(q > 0)$．但是在实际情况下，如果存在摩擦热，那么只有当 $T_w > T_a$ 时，从平板向流体的热流才能持续，见式 (12.81)．考虑到对 $T_a$ 所导出的值，我们得出这样的判别条件：如果

---

1) 因此，E. Eckert 和 W. Weise[17] 曾建议引入基于温度差 $(T_w - T_a)$ 的 Nusselt 数 $\mathbf{N}^*$．这样，我们可以预料：作为一次近似，即使在可压缩流动中也能得到如同式 (12.79a,b) 中那样的关于 $\mathbf{N}^*$ 的表达式．另一方面，如果我们仍然用基于 $(T_w - T_\infty)$ 的 Nusselt 数，那么由式 (12.81) 导出的表达式已不是式 (12.79a)，而是

$$\mathbf{N}_x = 0.332\ \sqrt[3]{\mathbf{P}}\ \sqrt{\mathbf{R}_x}\left[1 - \frac{1}{2}\,\mathbf{E}b(\mathbf{P})\right],$$

即当 $b\mathbf{E} = 2$ 时，$\mathbf{N}_x = 0$；当 $b\mathbf{E} > 2$ 时，$\mathbf{N}_x < 0$，参见图 12.13．

$$T_w - T_\infty \gtrless \sqrt{\mathrm{P}}\,\frac{U_\infty^2}{2c_p}, \tag{12.82}$$

那么热流从壁面流向流体（>号），或者从流体流向壁面（<号）。可以用一个数值例子来说明式(12.82)的意义：在空气流中，若流动速度 $U_\infty = 200\mathrm{m/s}$，$\mathrm{P} = 0.7$，$c_p = 1.006\ \mathrm{kJ/kg\cdot deg}$，则得到 $\sqrt{\mathrm{P}}\,\frac{U_\infty^2}{2c_p} = 16℃$．因此，当

$$T_w - T_\infty > 16℃$$

时，壁面才会受到冷却．如果壁面与流体之间的温差小于 16℃，那么壁面将吸收一部分摩擦热．特别是，当壁面温度与流体温度相等时，就是这种情况．

H. Schuh[110] 导出了物质特性变化时零攻角平板的传热率公式．参考文献 [128] 研究了有线性温度分布的自由流流过平板时的温度场．

**2. 热边界层方程的其它相似解** 在零攻角平板情形下，速度剖面和温度剖面本身是相似的．这就是说，通过 $y$ 方向的适当拉伸，可以使沿着平板不同距离 $x$ 处的速度（或温度）分布变成完全一样的．因为我们知道，除了平板之外，还有其它的速度边界层也存在这种情形（例如第九章中讨论的绕尖楔流动的速度剖面），所以研究能量方程存在其它相似解的可能性将是有用的．在参考文献 [135] 中详细研究了这个问题．现在，我们将从绕楔边界层的这类流动入手，并且假定外部流动的形式为 $U(x) = u_1x^m$．用类似的方法，我们约定壁面温度分布也满足某一幂次律，例如有这样一种形式：$T_w(x) - T_\infty = (\Delta T)_0 = T_1x^n$． 这也包含了壁面温度为常数的情形，即 $n = 0$；而 $n = (1 - m)/2$，相应于热通量 $q$ 为常数的情形．引入相似变量

$$\eta = y\sqrt{\frac{U(x)}{\nu x}}$$

我们可以得到熟悉的关于速度 $u = U(x)\cdot f'(\eta)$ 的方程 (9.8a)，或者将它写作

$$f''' + \frac{m+1}{2} ff'' + m(1 - f'^2) = 0. \tag{12.83}$$

这时，无量纲温度

$$\theta = \frac{T - T_\infty}{T_w - T_\infty}$$

满足方程

$$\theta'' + \frac{m+1}{2}\mathbf{P}f\theta' - n\mathbf{P}f'\theta = -\mathbf{PE}x^{2m-n}f''^2, \tag{12.84}$$

同时，方程的解必须满足边界条件

$$\eta = 0:\ \theta = 1; \qquad \eta = \infty:\ \theta = 0.$$

式中 $\mathbf{E} = u_1^2/c_pT_1$ 是适用于这类问题的 Eckert 数.

由方程(12.84)可明显看出，没有摩擦热时，方程的右边为零，并且所有的解都具有相似型. 但是，如果包含摩擦热，则只有当参数的组合使方程右边与 $x$ 无关时才有相似解. 当 $2m - n = 0$ 时，就是说，当外部流动的速度分布和沿着壁面的温度分布之间存在某种固定的耦合时，就会出现这种情形. 依照这个结论，壁面温度为常数的情形只有在平板上 ($m = n = 0$) 才有相似解. 另一方面，如果满足 $2m - n = 0$ 的条件，那么，对于每一对 $m$ 和 $\mathbf{P}$ 值，都有一个确定的 $\mathbf{E}_a$ 值，在这个 $\mathbf{E}_a$ 值下将没有热流 ($\theta'(0) = 0$). 在这种情形下，沿壁面的温度分布(也称为绝热壁温度分布 $T_a$) 可以表示为

$$\frac{T_a - T_\infty}{U^2/2c_p} = 2c_p\frac{T_1x^{2m}}{u_1^2x^{2m}} = \frac{2}{\mathbf{E}_a} = b(m, \mathbf{P}). \tag{12.85}$$

E. A. Brun[7] 计算了函数 $b(m, \mathbf{P})$ 的数值. 在 $m = 0$ 的特殊情形下，恢复到表 12.2 的数值.

如果忽略耗散热的影响，则可以得到较简单的方程

$$\theta'' + \frac{m+1}{2}\mathbf{P}f\theta' - n\mathbf{P}f'\theta = 0. \tag{12.86}$$

许多作者[79,121,32,33,89,140]发表了当参数 $m$, $n$ 和 $\mathbf{P}$ 为不同数值时这个方程的解. E. R. G. Eckert[19] 证明了当 $n = 0$ 时，局部 Nusselt 数

可以表示为

$$\frac{\mathbf{N}_x}{\sqrt{\mathbf{R}_x}} = F(m, \mathbf{P})$$

$$= \left\{\int_0^\infty \exp\left[-\mathbf{P}\sqrt{\frac{m+1}{2}}\int_0^\eta f(\eta)d\eta\right]d\eta\right\}^{-1}. \quad (12.87)$$

式中

$$\mathbf{N}_x = \frac{\alpha x}{k} = -\sqrt{\frac{U(x)\cdot x}{\nu}}\,\theta'(0) = -\sqrt{\mathbf{R}_x}\,\theta'(0). \quad (12.88)$$

函数 $F(m, \mathbf{P})$ 绘于图 12.14 中，该图是基于 H. L. Evans[38] 所提供的数据．另外，图中还分别指出了极小 Prandtl 数和极大 Prandtl 数时的渐近值，见式 (12.57b) 和 (12.61a)（也见文献 [119]）．对

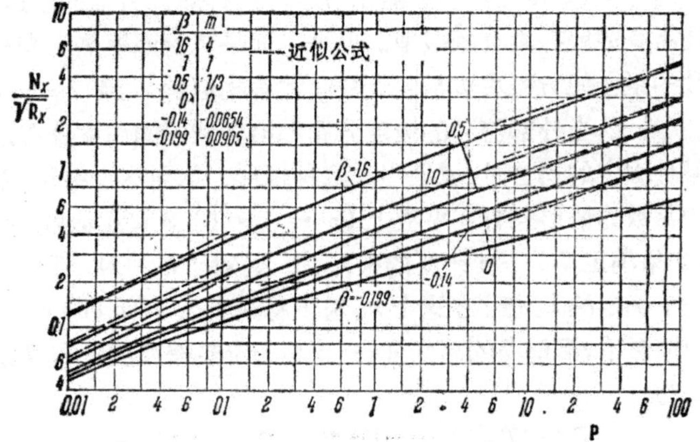


图 12.14 作为 Prandtl 数和流动参数 $m$ 的函数的局部 Nusselt 数，自由流速度按照 $U(x) = u_1x^m = u_1x^{\beta/(2-\beta)}$ 的规律分布（绕楔流动），但是壁面温度为常数，同时不计耗散．

当 $\mathbf{P}\to 0$ 时，渐近近似式为

$$\frac{\mathbf{N}_x}{\sqrt{\mathbf{R}_x}} = \sqrt{\frac{2}{\pi(2-\beta)}}\,\mathbf{P}^{1/2};$$

当 $\mathbf{P}\to\infty$ 而 $\beta\neq -0.199$ 时，按照式 (12.61a)；

当 $\mathbf{P}\to\infty$，同时 $\beta = -0.199$ 时，渐近近似式为

$$\frac{\mathbf{N}_x}{\sqrt{\mathbf{R}_x}} = 0.224\mathbf{P}^{1/4};$$

当 Prandtl 数为中等值而 $\beta = 0$ 时，近似式为式 (12.71a)

于平板 ($m=0$)，自然地恢复到前面的关系式，即式 (12.59a) 和 (12.62a)．对于驻点流动 ($m=1$)，则得到式 (12.59b) 和 (12.62 b)．在具有分离剖面的特殊情形下 ($m=-0.091$)，当 $\mathbf{P}\to\infty$ 时，如文献 [32] 指出的那样，必须采用别的渐近近似法．

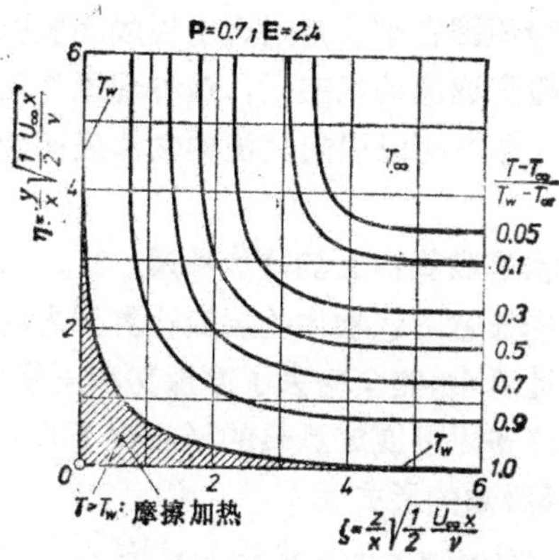


图 12.15 在直角拐角中沿热壁 ($T_w > T_\infty$) 层流边界层内的温度分布，外流速度 $U_\infty$ 为常数，计及耗散．引自 Vasanta Ram[144]．等温线是在 $\mathbf{P}=0.7$ 和 $\mathbf{E}=2.4$ 时画出的，在阴影区域中，当地温度超过壁面温度 ($T > T_w$)；因此，在这个区域内，热从流体流向壁面，尽管事实上这时壁面温度超过自由流温度．其原因在于耗散． Eckert 数

$$\mathbf{E}=U_\infty^2/c_p(T_w-T_\infty)$$

当外流速度分布为 $U(x)=Cx^m$ 的 Hartree 类型时，与零攻角直角拐角情形的三维速度边界层相关的热边界层也是自相似型的．在 Vasanta Ram 的文章(见第十一章参考文献 [92])中，给出了这种情形下的速度分布和温度分布．对于不同的压力梯度参数值 $m$，图 11.19 给出了关于速度分布的概念． 图 12.15 的图线是图 11.19 的补充，因为它含有一个相关的温度分布的例子．对于 $U(x)=U_\infty=$ 常数的均匀外部流动，并且在 $T_w > T_\infty$ 的热壁(即壁面被冷却的)情形下，它的解在拐角附近呈现出这样一个区域(图中用阴影表示)，在这个区域中 $(T-T_\infty)/(T_w-T_\infty)>1$*，

* 原文误为 $(T-T_\infty)/(T_w-T_\infty)>0$．——译者注

也就是说其中 $T > T_w$. 当计及耗散时就会出现这样的区域，在这个区域中当地的流体温度超过了壁面温度. 因此，尽管远离壁面处的流体温度低于壁面温度，即 $T_\infty < T_w$，但是在局部区域，热通量是反向的，它从流体流向壁面. 对于这种表面上看来反常的特性，其物理原因在于拐角附近出现的耗散引起了局部加热率的增加. 在高超声速流动状态下，这种现象是重要的. 在这类问题中出现的很大温升可以引起气流中物体表面的燃烧（参看第十三章 e）

**3. 任意形状等温物体上的热边界层** N. Frössling[39] 对于绕二维和轴对称的任意形状物体的层流边界层内的温度分布进行了计算. 在他的计算中，完全略去了摩擦功和压缩功，并且假定绕物体的位势速度分布可以展成弧长的幂级数（Blasius 级数）. 与第九章 c 类似，其幂级数的形式为

$$U = u_1 x + u_3 x^3 + u_5 x^5 + \cdots.$$

另外，假定边界层速度分布的形式为

$$u(x, y) = u_1 x f_1(y) + u_3 x^3 f_3(y) + \cdots.$$

相应地，假定温度分布的形式为

$$T(x, y) = T_0 + x T_1(y) + x^3 T_3(y) + \cdots.$$

用类似于第九章 c 中对于速度边界层的方法，可以发现函数 $T_1(y)$，$T_3(y)$，$\cdots$都满足含有速度分布函数 $f_1$，$f_3$，$\cdots$的常微分方程. 可是，在这种情形下，函数 $T_1$，$T_3$，$\cdots$还依赖于 Prandtl 数. 当 Prandtl 数为 0.7 时，对于二维和轴对称情形，已经用数值方法计算了开头的几个辅助函数 $T_\nu(y)$. 和速度边界层的情形一样，所用的方法按其性质而言是比较麻烦的，特别是在细长体情形下，这时在幂次展开式中需要保留许多项，正如文献 [28] 中所表明的那样.

关于含有引射和抽吸效应的自相似热边界层的许多解，可以在文献 [34, 44, 134, 10] 中找到.

在 $\mathbf{P} = 1$，同时又不计摩擦热的特殊情形下，关于绕任意柱体的边界层内温度分布的微分方程，与关于横向速度分量（即偏航柱

体母线方向上的速度分量）的微分方程是完全相同的．将方程(12.63c)和(11.56)比较一下就可以看出这一点．这个关系已经在第十一章d中讨论过，L. Goland[46] 曾利用这个关系计算了绕特殊形状柱体边界层内的温度分布．

在驻点邻域内，速度分布可以用 $U(x)=u_1x$ 来表示，且 $m=\beta=1$．如果不计能量耗散，则由式(12.87)所定义的Nusselt数可以用下式表示：

$$\frac{\mathbf{N}_x}{\sqrt{\mathbf{R}_x}}=F(\mathbf{P},1)=A(\mathbf{P}). \tag{12.89}$$

函数 $A(\mathbf{P})$ 的特性可以从图12.14和表12.3中看出．在图12.14中，$\beta=1$ 的曲线对应于函数 $A$．对于圆柱体，可以令 $U(x)=U_\infty\sin(x/R)$，所以 $u_1=4U_\infty/D$．因此

$$\frac{\mathbf{N}_x}{\sqrt{\mathbf{R}_x}}=\frac{\alpha x}{k}\sqrt{\frac{D\nu}{4U_\infty x^2}}=\frac{1}{2}\frac{\alpha D}{k}\sqrt{\frac{\nu}{U_\infty D}}$$
$$=\frac{1}{2}\frac{\mathbf{N}_D}{\sqrt{\mathbf{R}_D}}=A(\mathbf{P}). \tag{12.90}$$

在较低 Reynolds 数时，上述表达式与 E. Schmidt 和 K. Wenner[107] 所作的测量结果是相当一致的，见图12.16．然而可以发现，比值 $\mathbf{N}_D/\sqrt{\mathbf{R}_D}$ 有规则地依赖于 Reynolds 数；这种有规则的影响并不能为理论所解释．例如，当 $\mathbf{R}=1.7\times10^5$ 时，在驻点处的测量值比理论值大10—15%．本章g7中还要谈到这一点，在那里将表明，这种偏差是由于自由流湍流度随 Reynolds 数变化引起的．

对热边界层进行数值计算时，可以发现近似方法比上述精确方法简单得多．这种近似方法所依据的方程是仿照计算速度边界层的动量积分方程得到的，这种动量积分方程在第十章中已详细讨论过．略去摩擦热和压缩性效应，可以从 $y=0$ 到 $y=\infty$ 积分能量方程(12.51c)，从而得到热通量方程

$$\frac{d}{dx}\int_0^\infty[u(T-T_\infty)]dy=-\alpha\left(\frac{\partial T}{\partial y}\right)_{y=0}, \tag{12.91}$$

其中 $\alpha=k/\rho c_p$ 是在式(12.25)中引入的热扩散系数．上述方程

有时也称为能量积分方程[1)]，它与速度边界层的动量积分方程(8.32)十分类似.

表 12.3 计算驻点附近传热系数公式中的系数 A，取自 H. B. Squire[131]

| P | 0.6 | 0.7 | 0.8 | 0.9 | 1.0 | 1.1 | 7.0 | 10 | 15 |
|---|---|---|---|---|---|---|---|---|---|
| A | 0.466 | 0.495 | 0.521 | 0.546 | 0.570 | 0.592 | 1.18 | 1.34 | 1.54 |

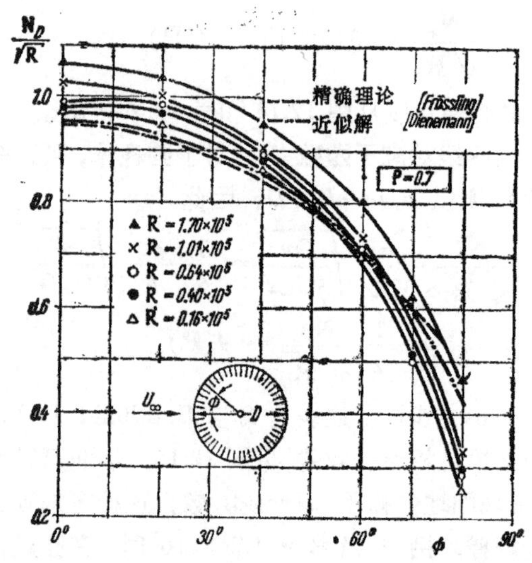


图 12.16 绕圆柱体流动的局部传热率．理论与实验的比较．Nusselt 数 $\mathbf{N}_D$ 和 Reynolds 数 $\mathbf{R}_D$ 都参考于圆柱直径 $D=$ 100 毫米．实验测量是由 E. Schmidt 和 K. Wenner[107] 进行的，理论值是 N. Froessling[39] 和 W. Dienemann[11] 计算的．关于改变自由流湍流度引起的 Reynolds 数的系统影响，见本章 g7

在可以用来求解热通量方程(12.91)的大量方法中，我们打算比较详细地叙述 H. B. Squire[132] 的方法，因为这种方法特别简单，同时它又是第十章所叙述的求解速度边界层的 Pohlhausen 近似方

1) 不要和能量积分方程 (8.35) 混为一谈.

法的自然延续．为了计算方程(12.91)左边的积分，我们对速度边界层引进变量 $\eta=y/\delta$，对温度边界层引进变量 $\eta_T=y/\delta_T$．而用 $\Delta=\delta_T/\delta$ 表示它们的比值，并且假定速度分布和温度分布的形式分别为

$$u=U(x)[2\eta-2\eta^3+\eta^4]=U(x)F(\eta), \qquad (12.92a)$$

$$T-T_\infty=(T_w-T_\infty)[1-2\eta_T+2\eta_T^3-\eta_T^4]$$
$$=(T_w-T_\infty)L(\eta_T). \qquad (12.92b)$$

这里所规定的速度分布相应于式 (10.23) 中的 Pohlhausen 假定．而温度分布函数的形式可以这样选取：当 $\delta_T=\delta$ 时，保证速度分布和温度分布完全相同，正象在 $\mathbf{P}=1$ 时关于平板的 Reynolds 比拟所要求的那样，见式 (12.64)． 将式 (12.92a, b) 代入方程 (12.91)，我们得到

$$\frac{d}{dx}\{\delta_T\cdot U\cdot H(\Delta)\}=2\frac{\alpha}{\delta_T}. \qquad (12.93)$$

式中 $H(\Delta)$ 是 $\Delta=\delta_T/\delta$ 的通用函数，其结果可以表示为

$$H=\int_0^\infty F(\eta)\cdot L(\eta_T)\cdot d\eta_T. \qquad (12.94)$$

通过积分，我们得出

当 $\Delta<1$ 时，

$$H(\Delta)=\frac{2}{15}\Delta-\frac{3}{140}\Delta^3+\frac{1}{180}\Delta^4,$$

当 $\Delta>1$ 时，

$$H(\Delta)=\frac{3}{10}-\frac{3}{10}\frac{1}{\Delta}+\frac{2}{15}\frac{1}{\Delta^2}-\frac{3}{140}\frac{1}{\Delta^4}+\frac{1}{180}\frac{1}{\Delta^5}.$$

W. Dienemann[11] 计算的函数 $H(\Delta)$ 的一些数值列在表 12.4 中．

**表 12.4 函数 $H(\Delta)$ 的数值**

| $\Delta$ | 0.7 | 0.8 | 0.9 | 1.0 | 1.2 | 1.4 |
|---|---|---|---|---|---|---|
| $H$ | 0.0873 | 0.0980 | 0.1080 | 0.1175 | 0.1345 | 0.1492 |

对方程 (12.93) 进行积分，得到

$$(\delta_T U \cdot H)^2 = 4a\int_0^x U\cdot H\cdot dx. \tag{12.95}$$

利用式 (10.37) 可以计算速度边界层的厚度 $\delta$，这时根据式 (10.24)[1] 有 $\delta/\delta_2 = 315/37$. 因此

$$\delta^2 = 34\frac{\nu}{U^6}\int_{x=0}^{x} U^5 dx. \tag{12.96}$$

将式 (12.95) 除以式 (12.96)，得到

$$\Delta^2\cdot H(\Delta) = \frac{4}{34}\frac{1}{\mathbf{P}}\frac{U^4\int_0^x UH\cdot dx}{H\int_0^x U^5 dx}. \tag{12.97}$$

因为 $H(\Delta)$ 是已知函数，见表 12.4,因此上述公式可以用来确定 $\Delta(x)$. 最好采用逐次近似法进行计算. 开始时先假定 $\Delta=$ 常数,从而得到

$$\Delta^2\cdot H(\Delta) = \frac{4}{34}\frac{1}{\mathbf{P}}\frac{U^4\int_0^x U dx}{\int_0^x U^5 dx}. \tag{12.97a}$$

再将得到的$\Delta$值代入式(12.97)的左边,这样可以得到一个改进的$\Delta$值. 我们发现通常只要迭代两次就足够了.

局部传热率变成

$$q(x) = -k\left(\frac{\partial T}{\partial y}\right)_0 = 2(T_w - T_\infty)\frac{k}{\delta_T},$$

从而,以特征长度 $l$ 为参考值的局部 Nusselt 数为

$$\mathbf{N}_x = \frac{q(x)}{T_w - T_\infty}\cdot\frac{l}{k} = 2\frac{l}{\delta_T}. \tag{12.98}$$

因此，沿着给定形状的物体，计算热边界层的步骤，特别是确定 Nusselt 数变化的步骤如下:

1. 根据式 (12.97) 和 (12.97a) 计算 $\Delta(x)$,

2. 根据式 (12.96) 计算 $\delta(x)$,

---

1) 为了简单起见,完全依据平板关系 ($\Lambda=0$) 进行计算.

3. 步骤 1 和 2 给出 $\delta_T(x)$；最后根据式（12.98）得出局部 Nusselt 数.

**零攻角平板**：现在，在零攻角平板的情形下，将上述近似方法与精确解进行比较. 把 $U(x)=U_\infty$ 代入式（12.97），我们得到

$$\Delta^2 H(\Delta)=\frac{4}{34}\cdot\frac{1}{\mathbf{P}}.$$

这个方程的解可以近似表示为 $\Delta=\mathbf{P}^{-1/3}$，它与精确解相比，误差在百分之五以内. 由式（12.96），边界层的厚度为

$$\delta=5.83\sqrt{\nu x/U_\infty}.$$

因此，沿着平板以流动长度 $x$ 为参考量的局部 Nusselt 数，即式（12.98）变为

$$\mathbf{N}_x=0.343\sqrt[3]{\mathbf{P}}\,\mathbf{R}_x^{1/2}, \tag{12.99}$$

而精确解，即式（12.79a）表明其数字系数等于 0.332.

E. Eckert[19] 与 E. Eckert 和 J. N. B. Livingood[23,25] 指出了计算任意形状物体热边界层的另一种近似方法；不过后者需要的计算工作量更大，但其精度有所改善. 在这方面，W. Dienemann[11]，H. J. Merk[85]，M. B. Skopets[118] 以及 A. G. Smith 和 D. B. Spalding[119] 等人的文章对读者可能也是有益的. 与 H. B. Squire 的方法不同，这些人的方法利用了上一节中给出的关于相似热边界层理论的结果，从而改进了计算的精度. 在 D.B.Spalding 和 W. M. Pun[122] 的文章中，对各种近似方法进行了严格的检验，并且作了相互比较. 特别是，通过与 N. Froessling 给出的圆柱精确解的比较，对这些方法的精度作出了判断. 根据这些研究，证明 H. J. Merk[85] 与 A. G. Smith 和 D. B. Spalding[119] 所给出的方法，尽管很简单，但是相对而言却最为精确. 文献 [119] 表明，在 Prandtl 数 $\mathbf{P}=0.7$ 时，相似的楔剖面很精确地满足关系式：

$$\frac{U(x)}{\nu}\frac{d(\delta_T^2)}{dx}=46.72-2.87\frac{\delta_T^2}{\nu}\frac{dU}{dx}. \tag{12.100}$$

对 $\beta=0$（平板）和 $\beta=1$（驻点）的情形，这个公式是精确的. 如果认为式（12.100）普遍适用，那么，就可以直接写出一个简单的关

于 $\delta_T$ 的积分公式，即

$$\left(\frac{\delta_T}{l}\right)^2 \frac{U_\infty l}{\nu} = \frac{46.72}{\left(\frac{U(x)}{U_\infty}\right)^{2.87}} \int_0^{x/l} \left(\frac{U(x)}{U_\infty}\right)^{1.87} d\left(\frac{x}{l}\right)$$

$$(\mathbf{P} = 0.7). \tag{12.101}$$

式中 $U_\infty$ 和 $l$ 表示不变的参考值．这个公式相应于 A. Walz 对于动量厚度导出的公式 (10.37)．局部 Nusselt 数还是由式 (12.98) 来确定．在驻点处，我们得到

$$\left(\frac{\delta_T}{l}\right)^2 \frac{U_\infty l}{\nu} = \frac{16.28}{\left[\frac{d(U/U_\infty)}{d(x/l)}\right]} \qquad (\mathbf{P} = 0.7). \tag{12.102}$$

H. J. Allen 和 B. C. Look[1] 与 E. Eckert 和 W. Weise[17] 给出了计算平板和旋成体热边界层的极其简单的方法．

E. Eckert 和 O. Drewitz[18] 对边界层内考虑压缩性效应和摩擦热效应时的温度分布进行了计算．一般说来，在气体流动时，压缩性功与粘性耗散具有相同的量级．在这种情形下，不能再象平板情形那样，把温度分布方程简化成一阶常微分方程，这种情况使计算变得困难得多．特别是，上述作者详细计算了绕楔流动的热边界层，这种流动对应于 $U(x) = u_1 x^m$．D. R. Hartree 最先计算了这种流动的速度边界层（见第九章 a 中所作的讨论）． A. N. Tifford[139] 的文章也讨论过绕楔流动的热边界层．

**4. 壁面具有任意温度分布的热边界层** 除了本章 g2 中讨论的关于绕楔流动的相似解以外，至此所讨论的所有热边界层都是在这样的假设下进行计算的：壁面和自由流之间引起热通量的温差保持常数．当沿着壁面存在温度分布 $T_w(x)$ 时，温度场和传热率的计算会出现许多困难．在许多情形下，这些困难是由以下事实引起的：即局部热通量决不仅仅取决于局部温度差 $T_w(x) - T_\infty$，还受到边界层"过去经历"的强烈影响．

C. R. Guha 和 C. S. Yin[49] 以及 N. Fröessling[40] 把 Blasius 级数展开法推广到包含壁面温度为任意分布时的情形． D. R. Davies 和 D.E. Bourne[9] 研究了这样一种特殊情形：这时边界层的速度剖面可以表示成幂次律的形式，而沿着壁面的温度分布可以表示成幂级数的形式． 下列作者详尽阐述了沿着非等温壁面计算热边界层的近似方法：D. R. Chapman和 W. M. Rubesin[8]，J. Klein 和 M. Tribus[69]，

F. L. Donoughe 和 N. B. Livingood[12], M. J. Lighthill[80], H. Schuh[111], G. S. Ambrok[2], D. B. Spalding[120], E. Eckert, J. P Hartnett 和 R. Birkeback[26], B. Le Fur[76,75] 以及 H. Schlichting[102]. H. B. Squire 提出的方法(前面已作过论述)也可以推广到非等温壁的情形[133]. 在大多数情形下,当研究不可压缩流动时,作者们都略去了摩擦热.

因为热边界层的微分方程是线性的,因此,可以利用某些标准解的线性组合形式写出问题的通解. 通过研究图 12.17 所示的壁面就能得到这样的标准解;图中从 $x=0$ 到 $x=x_0$, 壁面温度等于自由流温度 $T_\infty$. 在 $x=x_0$ 处,壁面温度突然变成 $T_s$ 值,从而产生了如图所示的阶梯函数. 如果这个问题的解记作

$$\theta(x, y, x_0)=\frac{T(x, y, x_0)-T_\infty}{T_s-T_\infty}, \tag{12.103}$$

那么,对于任意温度分布 $T_s(x)$, 我们有

$$T(x, y)-T_\infty=\int_0^x \theta(x, y, x_0)dT_s(x_0). \tag{12.104}$$

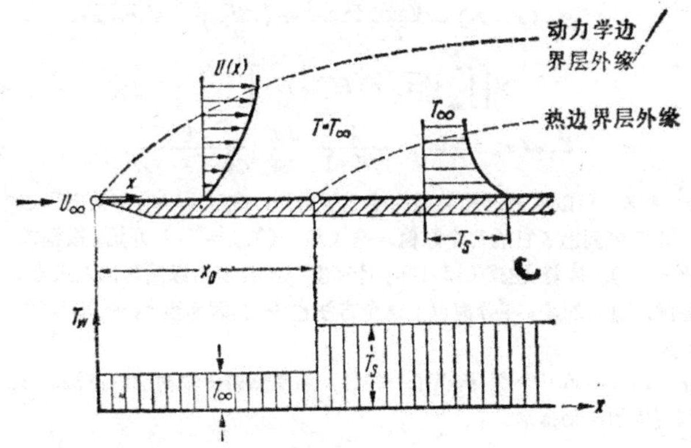


图 12.17 在 $x=x_0$ 处,壁面温度有阶梯跃变时速度边界层和温度边界层的发展(标准问题)

对于图 12.17 的标准问题,用类似的方法,可以根据已知的温度分布计算出热通量 $q(x)$:

$$q(x, x_0)=q^*(x, x_0)(T_s-T_\infty).$$

在这种情形下,

$$q(x)=\int_0^x q^*(x, x_0)dT_s(x_0). \tag{12.105}$$

这里,式(12.104)和(12.105)包含了 Stieltjes 积分. 如果在 $x>0$ 处的温度分布 $T_s(x)$ 是连续的,则可以把上面的表达式简化成

$$T(x, y)-T_\infty=\int_0^x \theta(x, y, x_0)\frac{dT_s}{dx_0}dx_0, \tag{12.106}$$

对式 (12.105) 也可以写出类似的形式. 借助于式 (12.61b), 沿着温度 $T_s(x)$ 变化的壁面,现在可以得到下列关于热通量的表达式:

$$q(x) = 0.5384 \left(\frac{\rho \mathrm{P}}{\mu^2}\right)^{\frac{1}{3}} \sqrt{\tau_0(x)}$$

$$\times \left\{ \int_0^x \left( \int_{x_0}^x \sqrt{\tau_0(z)}\ dz \right)^{-\frac{1}{3}} dT_s(x_0) \right\}. \tag{12.107}$$

这个表达式是 M. J. Lighthill[80] 首先发现的. 严格地说,上述方程只适用于 $\mathrm{P} \to \infty$ 的渐近情形. 但是, M. J. Lighthill[80] 指出,如果用 0.487 代替系数 0.5384,则可以保证在 $0<\beta<1$ 的范围内计算值与实验结果更为一致. H. W. Liepmann[78] 利用另外的推理方式也得出了同样的表达式,不过系数是 0.523.

正如在图 12.14 的说明中所指出的, 一般的渐近近似法对于分离剖面是不适用的. 因此很清楚,在分离点处 Lighthill 公式 (12.107) 必然失效. D. B. Spalding[120] 指出了计算传热率的改进方法. 按照这个方法, 关于图 12.17 的标准问题, 其热通量分布必须通过下列两个方程的迭代求得:

$$q^*_{n+1}(x,\ x_0) = \frac{q_{n+1}(x,\ x_0)}{T_s - T_\infty} = \left(\frac{\rho \mathrm{P}}{\mu^2}\right)^{1/3} \sqrt{\tau_0(x)}$$

$$\times \left[ \int_{x_0}^x \sqrt{\tau_0(x)}\, F(\chi_n) dx \right]^{-\frac{1}{3}}, \tag{12.108}$$

$$\chi_{n+1}(x,\ x_0) = -\frac{k}{\tau_0(x)} \frac{dp}{dx} \frac{1}{q^*_{n+1}(x,\ x_0)}. \tag{12.109}$$

其中函数 $F(\chi)$ 可以根据已知类型的相似解得到. 文献 [120] 中给出了这个函数;这里,在表 12.5 中列出了它的几个数值. 迭代从 $F(\chi_0) = 6.4$ 开始,根据式 (12.108) 得到 $q^*_1(x,\ x_0)$. 接着,由式 (12.109) 计算出 $\chi_1(x,\ x_0)$,以后再代入式 (12.108),如此反复进行. 遗憾的是,在分离点上这个方法也失效,因为当 $\tau_0 \to 0$ 时函数 $\chi(x,\ x_0)$ 变成无穷大.

另外, B. Le Fur[74,75] 给出了一种计及摩擦热的比较精确的方法. 这个方法已被推广到可压缩流动情形.

**表 12.5 计算非等温壁面热边界层的函数 $F(\chi)$ 的值; 取自 D. B. Spalding[120]**

| $x$ | −4 | −3 | −2 | −1 | 0 | +1 | +2 | +3 |
|---|---|---|---|---|---|---|---|---|
| $F(\chi)$ | 3.5 | 3.8 | 4.3 | 5.1 | 6.4 | 8.5 | 11.6 | 15.8 |

**5. 旋成体和转动物体上的热边界层** 计算旋成体的热边界层并不显得特别困难, 因为能量方程和二维情形是相同的. 因此, 对于二维问题所得到的大部分方法都可以推广应用于旋成体表面,例子可看文献 [1, 17, 111]. 此外,通过应用 Mangler 变换[71] (见第十一章 c) 可以把旋成体问题简化成二维问题.

已经有大量的文章研究了转动的旋成体表面的热边界层. 文献 [129, 130, 51] 中研究了在静止空气中转动圆盘的解(见第五章 11); S. N. Singh[117] 解出了有关转动圆球的相应问题 (见第十一章 b2).

A. N. Tifford 和 S. T. Chu[141] 研究了位于轴向流动中的转动圆盘问题，而 J. Siekmann[116] 研究了轴向流动中的转动圆球问题．在参考文献 [3] 和 [138] 中可以找到其它转动物体的解．关于轴向流动中转动物体热边界层的研究，Y. Yamaga[145] 提出了一种普遍适用的近似方法，这个方法以第十一章中提到的 H. Schlichting 的方法（见第十一章参考文献 [99]）为基础．

**6. 圆柱体和其它形状物体的测量结果**　在 R. Hilpert[56] 以及 E. Schmidt 和 K. Wenner[107] 的文章中，可以找到关于强迫对流传热系数的测量结果，其中大部分是在圆柱体上测得的．R. Hilpert 在很宽的 Reynolds 数范围内，对位于横向气流中的圆柱体作了测量．图 12.18 包含一条平均 Nusselt 数 $\mathbf{N}_m$ 与 Reynolds 数 $\mathbf{R}$ 的关系曲线，其中 $\mathbf{N}_m$ 是对整个圆柱周线取的平均值．而 $\mathbf{N}_m$ 和 $\mathbf{R}$ 都以圆柱直径为参考长度．作为初步近似，可以假定层流的 $\mathbf{N}_m$ 与 $\mathbf{R}^{1/2}$ 成正比．这一点已经为零攻角平板的理论计算所证实，见式 (12.79a, b)；也为驻点流动的理论计算所证实，见式 (12.90)．

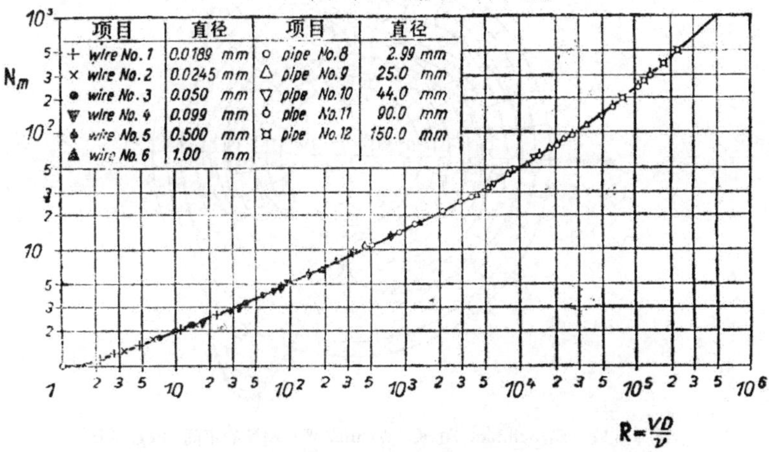


图 12.18　圆柱体的 Nusselt 数 $\mathbf{N}_m$ 与 Reynolds 数 $\mathbf{R}$ 的关系．引自 R. Hilpert[56]．表面温度 100℃ 左右．通过与 J. Kestin 和 P. F. Maeder[67] 的测量值进行比较，认为 Hilpert 的结果是在湍流度为 0.9% 的流动中测得的

在柱体或其它物体表面上，局部传热系数有很大变化．图 12.19 给出 E. Schmidt 和 K. Wenner[107] 对圆柱体的测量结果．由图可见，在层流边界层内，传热系数随着离开驻点的距离而减小，并在分离点附近达到最小值．在分离点以后的流动中，传热系数值约等于层流边界层的前缘值．文献 [72] 和 [99] 中报道了类似的工作．在图 12.16 中已经给出过绕圆柱体流动的测量值与理论计算值的比较．其中的测量值就是引自图 12.19 中圆柱迎风部分（即层流部分）的测量结果，而理论曲线是基于在外部流动中实际测量的速度分布得到的．众所周知，在前驻点附近，该理论曲线与位势理论的结果是非常符合的．如前所述，这种符合程度是令人满意的．D. Johnson 和 J. P. Hartnett[62] 对有引射（发汗冷却)的圆柱传热率进行过测量．E. Eckert 和 W. Weise[17,20] 发表

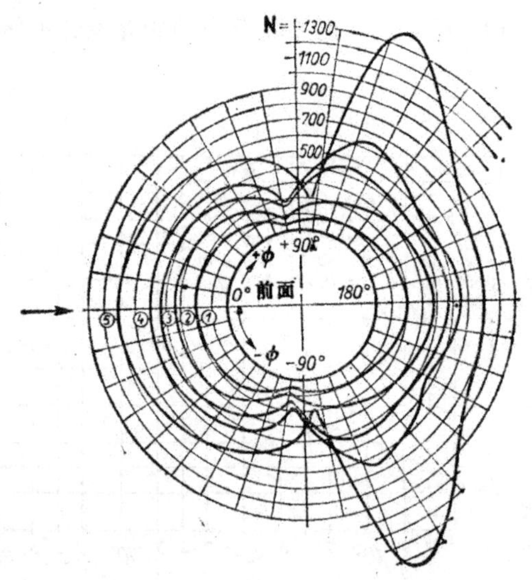


图 12.19 E. Schmidt 和 K. Wenner[107] 测量的不同 Reynolds 数下圆柱体的局部传热系数．曲线 (1) 和 (2) 指的是小于临界 Reynolds 数的区域，曲线 (3) 和 (4) 是在临界区域内测定的，曲线 (5)指的是大于临界 Reynolds 数的区域

(1) $\mathbf{R} = 39\ 800$, (2) $\mathbf{R} = 101\ 300$, (3) $\mathbf{R} = 170\ 000$, (4) $\mathbf{R} = 257\ 600$, (5) $\mathbf{R} = 426\ 000$

了关于平均壁温和局部绝热壁温的测量结果，他们的测量是在不受热的圆柱体上进行的，柱体平行于或者垂直于流动方向，空气速度范围的上限几乎达到声速． 在气流与柱体轴线平行的情形下，他们得到一个平均值 $(T_a - T_\infty)2c_p/U_\infty^2 = 0.84$，该值与 Mach 数无关，并且与式(12.80)的平板值符合得很好． 在流动垂直于柱体轴线的情形下，他们得到的平均值在 0.6 与 0.8 之间，该值也可以认为与 Mach 数无关． V. T. Morgan[88] 的文章中有对圆柱体总传热率方面近期工作的综述．

R. Eichhorn，E. Eckert 和 A. D. Anderson[30] 测量了位于轴向流动中沿圆柱体的传热率，柱体表面温度是可变的．当计及表面曲率的影响时，他们得到的结果与理论计算是非常一致的．他们对传热问题最新文章的评论经常发表在 International Journal of Heat and Mass Transfer（国际传热与传质杂志）上．

利用干涉照片可以方便地显示出热边界层． 图 12.20 表示绕涡轮叶栅的流动． 图上线条的位移是当地密度与参考密度之差的量度(例如可以把未扰动流动作为参考状态)．在位势流动范围内，密度的变化主要是由于压力变化引起的，但是在边界层内，密度的变化却主要是由摩擦热引起的．通过精细的分析，在图 12.20 上可以分辨出线条有突然而急剧的扭弯，这些正是由于摩擦热引

图 12.20 利用干涉法显示的涡轮叶栅的热边界层．引自 F. Eckert，入口处流动的角度 $\beta_1 = 40°$；叶栅稠度 $l/t = 2.18$；Reynolds 数 $\mathbf{R} = 1.97 \times 10^5$

干涉条纹的位移与密度的变化成正比．在壁面附近线条的突然扭弯表示出热边界层的外缘，因为在这个区域内摩擦热使密度产生很大的变化

起很大的密度附加变化所造成的．因此，这种扭弯描绘出热边界层的外缘．在自然对流中，显示热边界层的更为简易的方法是使用纹影技术，E. Schmidt[105] 首先阐述了这种方法，参看第 353 页．

**7. 自由流湍流度的影响** 在以上所有关于层流边界层的讨论中，自然意味着外部流动也是层流的．然而，在绝大多数情形下，特别是在风洞实验过程中，外部流动本身带有一定程度的湍流度．这就是说外部流动的每一点上速度是脉动的，在不停地改变着速度的大小和方向．如果速度的平均值是定常的，那么可以认为在这个平均值上叠加有三个脉动速度分量．当时间间隔足够长时，这些脉动速度分量的时间平均值为零．这种脉动量对速度边界层的影响将在第十五章中详细地加以研究，第十五章专门论述非定常边界层．在这一节里，我们将研究这种自由流脉动，特别是由于湍流度产生的脉动对热边界层和传热率的影响．

一般都公认，要明确地描述这种脉动流动是困难的．因为湍流包含着随机的脉动，所以严格地说，任何两个湍流都不可能是相似的．然而，通过实验可以发现，利用脉动的某些平均特性可以描述这种流动．这些平均特性是：第十六章 d1 中定义的湍流度 **T** 和第十八章 d 中定义的湍流尺度 $L$．另外，还可以发现，在湍流尺度远小于物体尺寸的情形下，仅湍流度就足以表征这个流场；在大多数实际情况中都会出现这种情形．因此可以预料，对于几何相似的等温物体，把它置于平行、等温、有脉动的流体中时，其 Nusselt 数除了依赖于 Prandtl 数和 Reynolds 数之外，还依赖于湍流度 **T**．这样，对于局部 Nusselt 数和平均 Nusselt 数，我们可以分别写为

$$\mathbf{N}_x = f_1(\mathbf{R},\ \mathbf{P},\ \mathbf{T}), \tag{12.110a}$$

$$\mathbf{N}_m = f_2(\mathbf{R},\ \mathbf{P},\ \mathbf{T}), \tag{12.110b}$$

用它们来代替以前的关系式 (12.32) 和 (12.32a)．

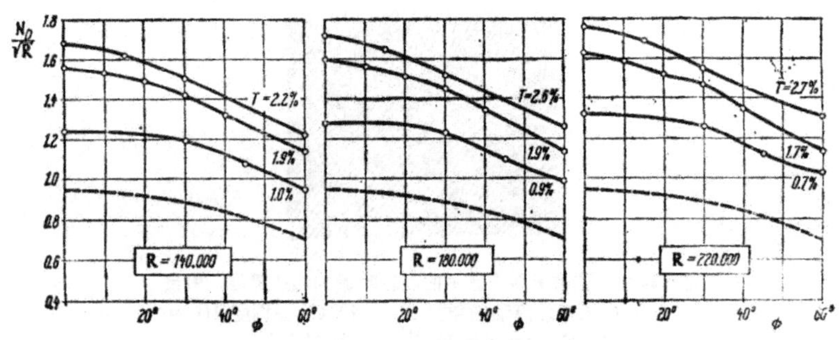


图 12.21 圆柱体局部 Nusselt 数 $N_D$ 随着湍流度 **T** 和角度坐标 φ 的变化，引自 J. Kestin, P. F. Maeder 和 H. H. Sogin[64]（湍流度 **T** 只是近似值）---是引自 N. Fröessling[39] 的理论值

增大自由流的湍流度必然会产生两种本质上不同的影响．第一，正如第十六章将说明的，增大湍流度使得边界层提前转变成湍流，因而引起传热率的增加． 与层流边界层相比，这种传热率的增大正是湍流的特征． 这种影响将在第十六章详细讨论． 此外还有第二种影响，这种影响在层流边界层情形下可能变得特别明显． 根据 J. Kestin, P.F. Maeder 和 H.H. Sogin[64] 所作的测量，图 12.21 中的曲线描绘了在不同的 Reynolds 数和不同外流湍流度下，圆柱体局部 Nusselt 数的变化．在图中把这些测量结果与 N. Fröessling[39] 的理论计算结果进行了比较，理论计算对应于外部流动无湍流度的情形．这些结果与图 12.19 中的结果是十分相似的． 值得注意的是湍流度的影响是十分显著的，在湍流度约为 2.5% 时，局部热通量约增大 80% 左右．

后来，L. Kayalar[63] 从理论和实验两方面研究了湍流度对圆柱体传热的影响． 实验结果示于图 12.22． 这些测量结果也表明，当湍流度在 $\mathbf{T}=1\%$ 和 5% 之间时，随着湍流度增加，Nusselt 数急剧增加，虽然增加量并不象图 12.21 所示的那样大． L. Kayalar 试图从理论上解释这种现象： 他认为具有向外凹的流线的驻点流动（见图 5.10），形成了一系列稳定的反向旋转的涡，涡的轴线与主流方向一致，它们颇象图 17.32b 中所示的凹壁上的涡系（Göertler 涡）．结果，这种流动在边界层内变成高度三维的，由此可以解释传热率的增加． 在这方面，有关的研究包含在以下作者的文章中： H. Göertler[45]，H. Schlichting[103]，J. Kestin[65] E. A. Brun 等人[4]，G. W. Lowery 和 R. J. Vachon[82] 以及 J.

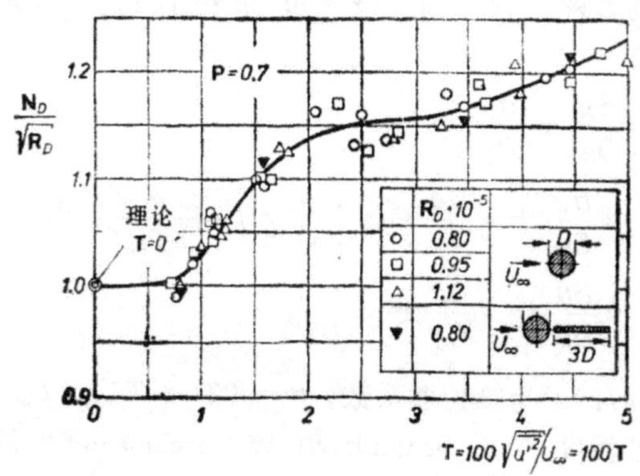


图 12.22 外部流动的湍流度对圆柱驻点传热率的影响，引自 L. Kayalar[63]

Kestin 和 L. N. Persen[68a]. 还可以参阅第十七章的文献[118].

然而，意外的是在零攻角平板上却没有上述效应. J. Kestin, P. F. Maeder 和 H. E. Wang[68] 在平板上的测量结果表明，在层流范围内这些结果对自由流湍流度并不敏感. A. Edwards 和 N. Furber[27] 也得到相同的结果. 这种结果指出：只有在有压力梯度的情形下，外流的湍流度才影响局部传热. 参考文献[67]中引用的实验结果为这种假定提供了一个可靠的证据. 通过在平板上人为地施加压力梯度的方法，可以发现局部 Nusselt 数能随着湍流度而增加. 正如文献[68]中所指出的，借助于第十五章中叙述的林家翘的理论可以作出这种特性的定性解释. 文献[5, 42, 43, 54, 83, 100, 113, 136]中也研究过自由流湍流度对传热的影响. 而最新的综述可以在文献[88]中找到.

## h. 自然流动(自由对流)中的热边界层

只是由温度差产生的密度梯度而引起的运动称为“自由流动”，以区别于因外部原因所引起的“强迫流动”. 在一块直立热平板或者在一水平热圆柱的周围就存在着这样的自然流动. 在大多数情形下，特别是当流体的粘性系数和导热系数都很小时，自然流动也呈现出边界层的结构. A. J. Ede[28] 对这种流场作了综合评述.

在**直立热平板**情形下，每一个水平面上的压力都等于重力的压力，因此是一个常数. 引起自然流动的唯一原因是地球重力场中的重力和浮力不相等. 根据方程(12.51a, b, c)可以得到这种运动的运动方程，其中 $dp/dx = 0$，$\beta = 1/T_\infty$. 当不计摩擦热时，我们有

$$\frac{\partial u}{\partial x} + \frac{\partial v}{\partial y} = 0, \tag{12.111}$$

$$u\frac{\partial u}{\partial x} + v\frac{\partial u}{\partial y} = \nu\frac{\partial^2 u}{\partial y^2} + g\frac{T_w - T_\infty}{T_\infty}\theta, \tag{12.112}$$

$$u\frac{\partial \theta}{\partial x} + v\frac{\partial \theta}{\partial y} = \alpha\frac{\partial^2 \theta}{\partial y^2}. \tag{12.113}$$

式中 $\alpha = k/\rho c_p$ 为热扩散系数，$\theta = (T - T_\infty)/(T_w - T_\infty)$ 是无量纲局部温度. E. Schmidt 和 W. Beckmann[104] 从实验上测定了直立热平板上有自然对流时的温度场和速度场；E. Pohlhausen 通过对这些实验结果的理论研究证明：如果设 $u = \partial\psi/\partial y$ 和 $v = -\partial\psi/\partial x$，从而引进流函数，然后采用相似变换

$$\eta = c\frac{y}{\sqrt[4]{x}}; \quad \psi = 4vcx^{3/4}\zeta(\eta).$$

其中

$$c = \sqrt[4]{\frac{g(T_w - T_\infty)}{4v^2 T_\infty}}, \tag{12.114}$$

则可以把关于 $\psi$ 的偏微分方程简化成一个常微分方程．这时速度

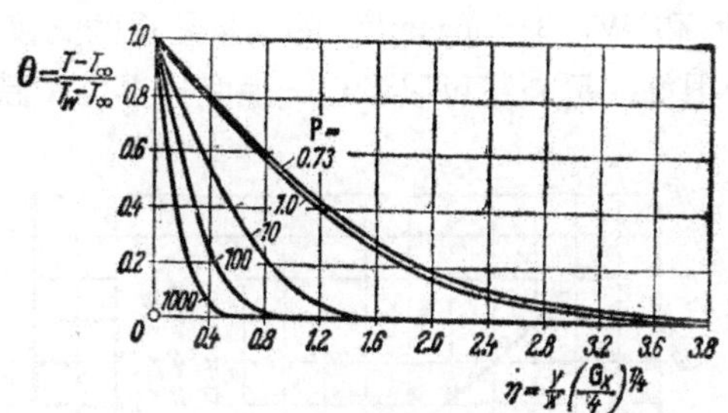


图 12.23　直立热平板上自然对流层流边界层内的温度分布．理论曲线，$P = 0.73$，引自 E. Pohlhausen[93] 和 S. Ostrach[93]

$$G_x = \frac{gx^3}{\nu^2}\frac{T_w - T_\infty}{T_\infty} = \text{Grashof 数}$$

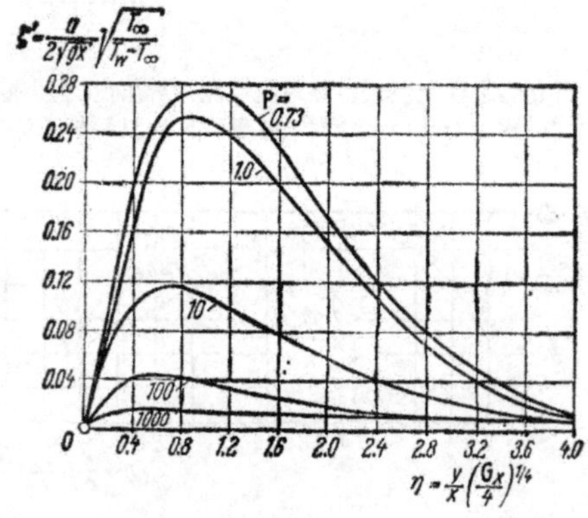


图 12.24　直立热平板上自然对流层流边界层内的速度分布（参看图 12.23）

分量变成

$$u = 4\nu x^{1/2} c^2 \zeta'; \quad v = \nu c x^{-1/4}(\eta\zeta' - 3\zeta),$$

而温度分布则由函数 $\theta(\eta)$ 确定. 由方程(12.112), (12.113)和(12.114)可以得到如下的微分方程:

$$\zeta''' + 3\zeta\zeta'' - 2\zeta'^2 + \theta = 0, \quad \theta'' + 3\mathbf{P}\zeta\theta' = 0, \tag{12.115a,b}$$

其边界条件是: 在 $\eta = 0$ 处, $\zeta = \zeta' = 0$ 和 $\theta = 1$; 在 $\eta = \infty$ 处, $\zeta' = 0$, $\theta = 0$. 图 12.23 和 12.24 给出在不同 $\mathbf{P}$ 值下这些方程的解. 图 12.25 和 12.26 包含了速度分布和温度分布的计算值与 E. Schmidt 和 W. Beckmann[104] 的测量结果的比较. 由图看出两者吻合得很好. 另外还可以看出, 速度边界层和温度边界的

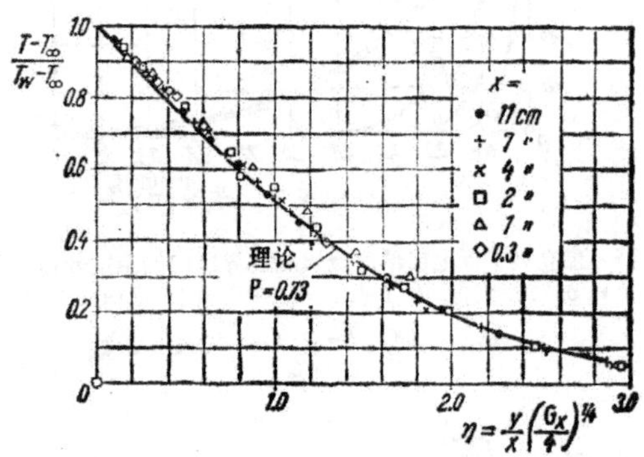


图 12.25 直立热平板上空气自然对流层流边界层内的温度分布, 由 E. Schmidt 和 W. Beckmann[104] 测量; $x$ = 从平板下缘量起的距离

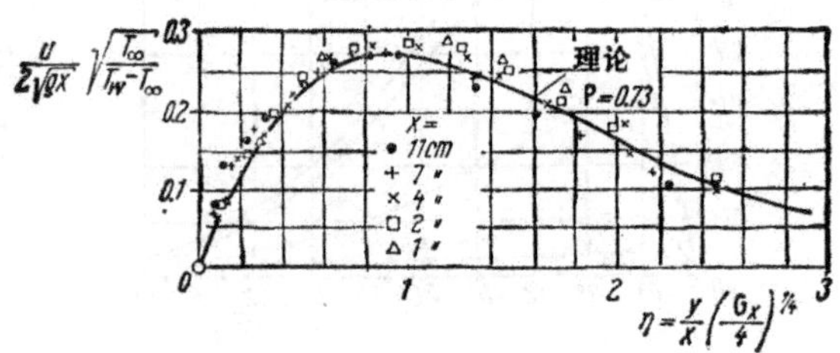


图 12.26 直立热平板上空气自然对流层流边界层内的速度分布. 由 E. Schmidt 和 W. Beckmann[104] 测量

厚度均与 $x^{1/4}$ 成正比.

**传热**: 在 $x$ 截面上, 单位时间通过单位面积从平板向流体传递的热量 $q(x)=-k(\partial T/\partial y)_0$ 为

$$q(x)=-kcx^{-1/4}\left(\frac{d\theta}{d\eta}\right)_0(T_w-T_\infty),$$

其中,当 $\mathbf{P}=0.733$ 时, $(\partial\theta/\partial\eta)_0=-0.508$. 在长为 $l$,宽为 $b$ 的平板上,总传热量为 $Q=b\int_0^l q(x)dx$,因此

$$Q=\frac{4}{3}\times 0.508bl^{3/4}ck(T_w-T_\infty).$$

这样, 由 $Q=bk\mathbf{N}_m(T_w-T_\infty)$ 所定义的平均 Nusselt 数变为 $\mathbf{N}_m=0.677cl^{3/4}$,或者代入式(12.114)的 $c$ 值,则有:

$$\mathbf{N}_m=0.478(\mathbf{G})^{1/4}, \tag{12.116}$$

其中

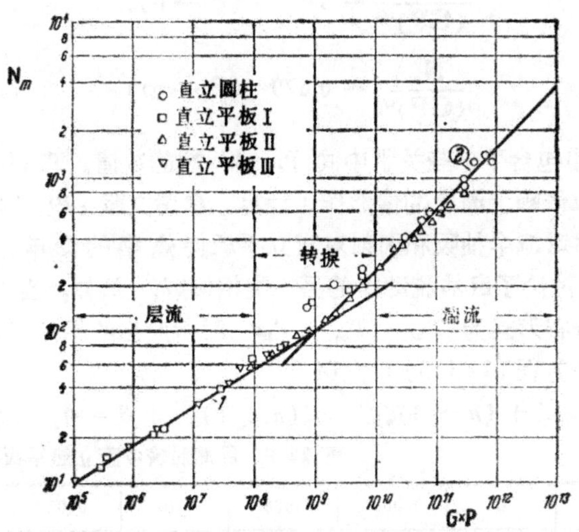


图 12.27 在直立平板和直立圆柱上自由对流的平均 Nusselt 数,引自 E. R. G. Eckert 和 T. W. Jackson[22]

曲线(1)层流: $\mathbf{N}_m=0.555(\mathbf{GP})^{1/4}$; $\mathbf{GP}<10^9$

曲线(2)湍流: $\mathbf{N}_m=0.0210(\mathbf{GP})^{2/5}$; $\mathbf{GP}>10^9$

$$G = \frac{gl^3(T_w - T_\infty)}{\nu^2 T_\infty} \tag{12.117}$$

为 Grashof 数．在液体情形中，也可以写成 $G = gl^3\beta(T_w - T_\infty)/\nu^2$.

图 12.27 给出了自由对流的理论值与测量结果之间的比较，测量是 E. R. G. Eckert和 T. W. Jackson[22] 在直立热圆柱和直立热平板上进行的．当乘积 $GP < 10^8$ 时，流动是层流的，而 $GP > 10^{10}$ 时，流动是湍流的．理论和实验之间非常吻合．

H. Schuh[109] 把 E. Pohlhausen 的计算方法推广到大 Prandtl 数的情形，例如存在于油中的情形．

在 E. M. Sparrow 和 J. L. Gregg[126] 的文章中研究了极小 Prandtl 数的情形．E. J. Le Fevre[73] 研究了当 $P \to 0$ 和 $P \to \infty$ 时的极限情形，按照他的结果可以写成

$$\frac{N_m}{(GP)^{1/4}} = 0^* \qquad (P \to 0), \tag{12.118a}$$

$$\frac{N_m}{(GP)^{1/4}} = 0.670 \quad (P \to \infty). \tag{12.118b}$$

表 12.6 中包含了一些关于中间 Prandtl 数的数值．T. Hara[30] 对粘性系数依赖于温度的情形作了计算．参考文献 [29, 124] 中阐述了自然对流中抽吸和引射对直立平板传热率的影响． K. T. Yang[146] 讨论了自然流动中的另一类相似解．例如，当平板表面的温度分布形式为 $T_w - T_\infty = T_1 x^n$ 时所产生的相似解，但是，这时微分方程 (12.115) 代之以

$$\zeta''' + (n + 3)\zeta\zeta'' - 2(n + 1)\zeta'^2 + \theta = 0, \tag{12.119a}$$

**表 12.6 自然对流中直立热平板的传热系**

| P | 0 | 0.003 | 0.008 | 0.01 | 0.02 | 0.03 |
|---|---|---|---|---|---|---|
| $\frac{N_m}{(GP)^{1/4}}$ | 0 | 0.182 | 0.228 | 0.242 | 0.280 | 0.305 |

* 原文误为 $\frac{N_m}{(GP^2)^{1/4}} = 0.800$．——译者注

$$\theta'' + \mathbf{P}(n+3)\zeta\theta' - 4\mathbf{P}n\zeta'\theta = 0. \qquad (12.119b)$$

E. M. Sparrow 和 J. L. Gregg[127] 求出了这些方程的解。参考文献 [125] 讨论了同时有自由对流和强迫对流时的相似解. 在这种情形下,外部流动的速度必须与 $x^m$ 成正比(绕楔流动),而平板上的温度分布必须与 $x^{2m-1}$ 成正比.

H. H. Lorenz[81] 在油中对直立热平板所作的测量结果,给出 $\mathbf{N}_m = 0.555(\mathbf{G} \times \mathbf{P})^{1/4}$, 如果可以假定理论计算不考虑粘性系数对温度的依赖关系(这对油类恰恰是重要的), 那么测量结果与理论计算是非常一致的.

在自然对流中,利用 E. Schmidt[105] 发明的纹影法,可以方便

图 12.28 直立热平板上热边界层的纹影照片,引自 E. Schmidt[105]

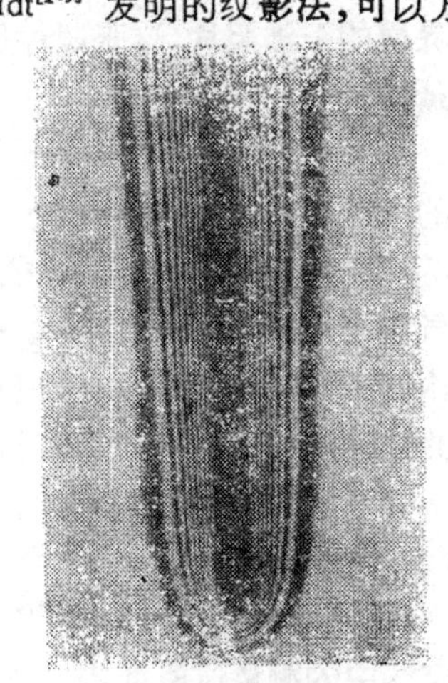

图 12.29 直立热平板上热边界层的干涉照片,引自 E. R. G. Eckert 和 E. Soehngen[13]

数(层流), 按照文献 [93, 94, 109, 126]

| 0.72 | 0.73 | 1 | 2 | 10 | 100 | 1000 | ∞ |
|---|---|---|---|---|---|---|---|
| 0.516 | 0.518 | 0.535 | 0.568 | 0.620 | 0.653 | 0.665 | 0.670 |

地把热物体周围的层流热边界层显示出来. 让一束平行光在平行于平板的方向上通过边界层, 于是光束在远离物体处的屏幕上产

生阴影．在垂直于物面方向上，空气的密度梯度引起光线向外折射．密度梯度愈陡的地方(即物体附近)折射率愈大．只要屏幕与物体的距离足够大，则受热层所占据的空间就会变暗．所以在纹影照片上，热边界层产生的暗影包围了物体的暗影．从温度场向外折射的光线，形成了一个包围这个暗影的发光区．这个明亮区的外缘是由沿着物面传播的光线组成的．因此，这些光线的折射率正比于物面上的密度梯度，也就是正比于物面的局部传热系数．图 12.28 是对直立热平板拍摄的纹影照片．图中的白色虚线是平板的轮廓．根据阴影不难看出，边界层厚度按 $x^{1/4}$ 增长．明亮区域的外缘表明局部传热系数与 $x^{-1/4}$ 成正比．图 12.29 给出了这种边界层的干涉照片；这张照片是 E. R. G. Eckert 和 E. Soehngen[13] 拍摄的．

**其它物形：** R. Hermann[55] 用类似的方法研究了绕水平热圆柱的自然对流运动．当 $\mathbf{P}=0.7$ 时，他得到平均传热系数 $\mathbf{N}_m=0.372\mathbf{G}^{1/4}$，其中 $\mathbf{G}$ 取圆柱直径作为参考长度．K. Jodlbauer[61] 在空气中所作的测量给出，$\mathbf{N}_m=0.395\mathbf{G}^{1/4}$，在 $\mathbf{G}=10^5$ 时，该值与理论值是非常一致的．文献 [142] 在水和乙二醇中对直立圆柱体的测量结果给出：对于层流 $(\mathbf{P}\times\mathbf{G}=2\times10^8\sim4\times10^{10})$，$\mathbf{N}=0.726\ (\mathbf{P}\times\mathbf{G})^{1/4}$；对于湍流 $(\mathbf{P}\times\mathbf{G}=4\times10^{10}\sim9\times10^{11})$，$\mathbf{N}=0.0674(\mathbf{G}\times\mathbf{P}^{1.29})^{-1/3}$．

对于圆球，J. I. Shell[115] 算出 $\mathbf{N}_m=0.429\mathbf{G}^{1/4}$，这个结果已为空气中的测量值所证实．在文献 [65, 96] 中包含了有关自然对流最新工作的综述．

# 第十三章 可压缩流动中的层流边界层[1)]

## a. 物理分析

可压缩流动中的边界层理论，是在航空工程的进展以及现代的火箭和人造卫星发展的激励下发展起来的．当飞行速度达到几倍声速时，压缩功和能量耗散会引起相当大的温升，迫使我们在分析中总是要计及热边界层，因为速度边界层和热边界层之间存在着强烈的相互作用．当飞行速度为 $w_\infty$ 时，由公式 (12.14b) 看出，绝热压缩引起的温升值达到

$$(\Delta T)_{ad} = \frac{w_\infty^2}{2c_p}, \tag{13.1}$$

其中 $c_p$ 是单位质量气体的比热．由于 $\gamma p_\infty/\rho_\infty = (\gamma - 1)c_p T_\infty$，所以还可以写成

$$\frac{(\Delta T)_{ad}}{T_\infty} = \frac{\gamma - 1}{2}\mathbf{M}_\infty^2, \tag{13.2}$$

这里的 Mach 数定义为 $\mathbf{M}_\infty = w_\infty/c_\infty$．如第十二章所述，边界层内由摩擦引起的温升与因绝热压缩引起的温升有相同的量级．这在本章后面还要更为详细地加以证明．

若把空气看作完全气体（其 $c_p = 1.006\text{kJ/kg}\cdot\text{K}$，$\gamma = 1.4$），公式 (13.1) 和 (13.2) 的数值计算结果示于图 13.1．由图看出，当飞行速度 $w_\infty = 2\text{km/s}$（对应于 Mach 数 $\mathbf{M}_\infty = 6$）时，气流的温升达到 $\Delta T = 2000℃$．随着飞行速度的增加，这样的温升迅速增加．但是与相应的完全气体相比，高温下的真实气体还改变着它的物理性质． 这时在**真实气体**中将出现离解过程和电离过程（形成等离子体）．这些过程对能量的吸收使得真实气体的温升小

---

1) F. W. Riegels 博士对本章的前一版提出了修改意见；特别是对本章 d1 中关于推广的 Illingworth-Stewartson 变换作了系统的阐述，在此表示感谢．

于完全气体的温升．在人造卫星的轨道速度 $w_\infty \approx 8\text{km/s}$ 时，即使真实气体的温升仍然是 10000℃ 的量级．Mach 数 $\mathbf{M}_\infty > 6$ 的流动称为**高超声速流动**，此时真实气体和完全气体之间在性质上有很大不同．在高超声速气流中，因激波后或物体上的边界层内存在高温而出现化学反应(电解、离解)，使得分析流动的工作大为复杂化．由于这个缘故，我们的讨论将限制在可以假定流体仍然遵守完全气体定律的 Mach 数范围内；对空气而言，这相当于 $\mathbf{M}_\infty < 6$ 的范围．近来，对于具有化学反应的高超声速边界层的研究给予了很大的注意．有关这方面的详细情形，读者可参考 W. H. Dorrance 的著作[29]．

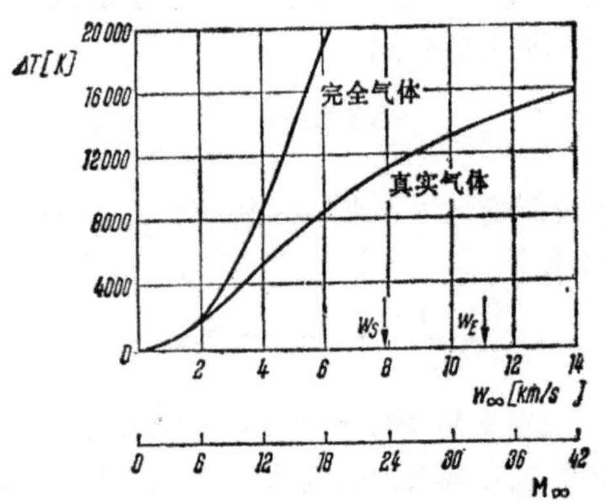


图 13.1　空气中温升随飞行速度 $w_\infty$ 和飞行 Mach 数 $\mathbf{M}_\infty$的变化．标有“完全气体”的曲线是用公式 (13.1) 和 (13.2) 计算的．$w_s = 7.9\text{km/s}$ 是人造卫星的轨道速度，$w_E = 11.2\text{km/s}$ 是卫星离开地球的逃逸速度

即使在超声速的 Mach 数范围(在空气中 $\mathbf{M}_\infty < 6$)内，气流中的温升也比较高，使我们不得不考虑温度对气体特性的影响，特别是对气体粘性系数的影响．对于包括空气在内的大多数气体而言，运动粘性系数随着温度的升高都有显著的增加．

在空气的情形下，正如 E. R. van Driest[30] 所指出的，可以采用基于 D. M. Sutherland 的粘性理论的插值公式：

$$\frac{\mu}{\mu_0}=\left(\frac{T}{T_0}\right)^{\frac{3}{2}}\frac{T_0+S_1}{T+S_1}, \qquad (13.3)$$

其中 $\mu_0$ 为参考温度 $T_0$ 所对应的粘性系数，$S_1$ 为常数，对空气而

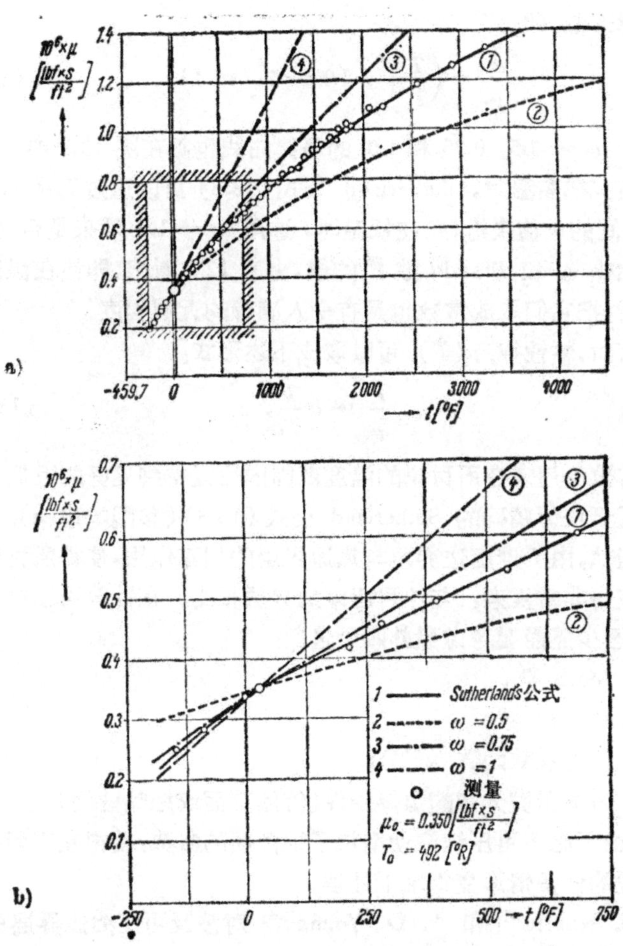


图 13.2 空气的动力粘性系数 $\mu$ 随温度 $T$ 的变化

曲线 (1)：测量值和基于 Sutherland 公式的插值公式(13.3)；

曲线 (2)，(3) 和 (4)：指数 $\omega$ 取不同值的幂律公式 (13.4)

言，取

$$S_1 = 110\text{K}.$$

空气的粘性系数和温度之间的上述关系见图 13.2 中曲线（1）．由于关系式（13.3）还是太复杂，所以在理论计算中通常采用更简单的幂律近似，即

$$\frac{\mu}{\mu_0} = \left(\frac{T}{T_0}\right)^{\omega}, \quad (0.5 < \omega < 1). \tag{13.4}$$

对应于 $\omega = 0.5$，0.75 和 1.0 的幂律曲线也画在图 13.2 中． 由图看出：在高温时，Sutherland 公式（13.3）可以通过选用 0.5 和 0.75之间的 $\omega$ 值来近似；在低温时，选用 $\omega = 1.0$ 看来是合适的．至于比热 $c_p$ 和 Prandtl 数 **P** 的值，由表 12.1 看出，即使在温度差很大时，把它们取成常数也具有令人满意的近似程度．

有时，粘性律 $\mu(T)$ 可以取成下述形式：

$$\frac{\mu}{\mu_0} = b\,\frac{T}{T_0}, \tag{13.4a}$$

其中常数 $b$ 用来在所讨论的温度范围内可以得到更好的近似，即更接近于较为精确的 Sutherland 公式（13.3）（参阅本章 d）．

当然，由于速度边界层与热边界层的相互作用，使得所讨论的现象变得非常复杂．与不可压缩边界层相比，在计算可压缩边界层时，至少还需要考虑另外四个量：

1. Mach 数；

2. Prandtl 数；

3. 粘性系数函数 $\mu(T)$；

4. 有关温度分布的边界条件（传热壁面或绝热壁面）．

显然，由于比不可压缩流动增加了很多新的参数，使得在实际中可能出现的许多情形变得难于处理．

G. Kuerti[57] 和 A. D. Young[106] 对涉及可压缩边界层的大量论文作了综合评述． N. Curle[26] 和K. Stewartson[96] 讨论了不同作者所采用的特殊数学方法的一些细节．可压缩湍流边界层的问题将在第二十三章中讨论．

## b. 速度场和温度场之间的关系

在二维流动情形下，不管物体的形状如何，速度场和温度场之间都存在着非常简单的关系．在 $\mathbf{P}=1$ 的特殊情形下，求解微分方程要容易得多．A. Busemann[10] 和 L. Crocco[20] 在计算可压缩平板边界层时，首先利用了相应的想法．这可以简单地表述如下：不管粘性系数函数具有什么样的形式，温度 $T$ 只依赖于平行于壁面的速度分量 $u$，即 $T=T(u)$．因此，等速曲线（$u=$ 常数）和等温曲线（$T=$ 常数）是一致的．

这个著名的定理可以很容易从边界层方程组导出．若略去浮力项，但是考虑 $\mu$ 和 $k$ 对温度的依赖关系，我们可以将边界层方程组（12.50a, b, c）改写成

$$\frac{\partial(\rho u)}{\partial x}+\frac{\partial(\rho v)}{\partial y}=0, \tag{13.5}$$

$$\rho\left(u\frac{\partial u}{\partial x}+v\frac{\partial u}{\partial y}\right)=-\frac{dp}{dx}+\frac{\partial}{\partial y}\left(\mu\frac{\partial u}{\partial y}\right), \tag{13.6}$$

$$\rho c_p\left(u\frac{\partial T}{\partial x}+v\frac{\partial T}{\partial y}\right)=u\frac{dp}{dx}+\frac{\partial}{\partial y}\left(k\frac{\partial T}{\partial y}\right)+\mu\left(\frac{\partial u}{\partial y}\right)^2, \tag{13.7}$$

$$p=\rho RT. \tag{13.8}$$

和不可压缩流动的情形一样，现在压力梯度也是由无摩擦的外流来确定：

$$\frac{dp}{dx}=-\rho_1U\frac{dU}{dx}=\rho_1c_p\frac{dT_1}{dx}, \tag{13.9}$$

其中 $\rho_1(x)$ 和 $T_1(x)$ 分别表示边界层外缘的密度和温度．因为沿流动的任何点 $x$ 处有 $\partial p/\partial y=0$，所以温度和密度满足关系式

$$\rho(x,y)\cdot T(x,y)=\rho_1(x)\cdot T_1(x). \tag{13.10}$$

在方程 (13.5) 至 (13.7) 中假设温度只依赖于变量 $u$，即

$$T=T(u),$$

就可以由方程 (13.7) 推出

$$\rho c_p T_u\left(u\frac{\partial u}{\partial x}+v\frac{\partial u}{\partial y}\right)$$

$$=u\frac{dp}{dx}+\frac{\partial}{\partial y}\left(kT_u\frac{\partial u}{\partial y}\right)+\mu\left(\frac{\partial u}{\partial y}\right)^2,$$

其中用下标 $u$ 表示对 $u$ 的微商，所以 $T_u=dT/du$。 利用方程 (13.6) 消去上式的左边，得到

$$c_pT_u\left[-\frac{dp}{dx}+\frac{\partial}{\partial y}\left(\mu\frac{\partial u}{\partial y}\right)\right]$$

$$=u\frac{dp}{dx}+T_u\frac{\partial}{\partial y}\left(k\frac{\partial u}{\partial y}\right)+(T_{uu}k+\mu)\left(\frac{\partial u}{\partial y}\right)^2,$$

或

$$-\frac{dp}{dx}(c_pT_u+u)+T_u\left[c_p\frac{\partial}{\partial y}\left(\mu\frac{\partial u}{\partial y}\right)\right.$$

$$\left.-\frac{\partial}{\partial y}\left(k\frac{\partial u}{\partial y}\right)\right]=(T_{uu}k+\mu)\left(\frac{\partial u}{\partial y}\right)^2.$$

引入 Prandtl 数 $\mathbf{P}=\mu c_p/k$，就气体而论，可以假设 $\mathbf{P}$ 与温度无关(参阅表 12.1)，则得

$$-\frac{dp}{dx}(c_pT_u+u)+c_p\frac{\mathbf{P}-1}{\mathbf{P}}T_u\frac{\partial}{\partial y}\left(\mu\frac{\partial u}{\partial y}\right)$$

$$=(T_{uu}k+\mu)\left(\frac{\partial u}{\partial y}\right)^2.$$

由此清楚看出，如果同时有

$$\frac{dp}{dx}=0;\ \mathbf{P}=1\ \text{和}\ T_{uu}=-\frac{\mu}{k}=-\frac{1}{c_p},\qquad(13.11)$$

或者如果

$$\frac{dp}{dx}\neq 0,\text{另外有在}\ y=0\ \text{处}\ T_u=0,\qquad(13.11\text{a})$$

那么 $T=T(u)$ 就是方程组 (13.5)～(13.7) 的解。这就证明了我们的想法。

温度与速度关系的具体函数可以通过积分求得。 根据等式

(13.11)，求得通解为

$$T(u) = -\frac{u^2}{2c_p} + C_1 u + C_2.$$

其积分常数 $C_1$ 和 $C_2$ 现在可通过边界条件来确定．当 $dp/dx \neq 0$ 时，我们得 $C_1 = 0$．

**1. 绝热壁面**

绝热壁面上的边界条件为

$$y = 0:\ u = 0;\ \frac{\partial T}{\partial y} = 0,\ \text{因此}\ \frac{dT}{du} = 0.$$

$$y = \infty:\ u = U;\ T = T_1,$$

其中 $T_1(x)$ 为边界层外缘的温度．于是解为

$$T = T_1 + \frac{1}{2c_p}(U^2 - u^2). \tag{13.12}$$

所以当 $u = 0$ 时，绝热壁面的温度 $T = T_a$ 为

$$T_a = T_1 + \frac{U^2}{2c_p}. \tag{13.12a}$$

引入 Mach 数 $\mathbf{M} = U/c_1$，其中 $c_1^2 = (\gamma - 1)c_p T_1$，则可以将式(13.12a) 改写为如下形式

$$T_a = T_1\left(1 + \frac{\gamma - 1}{2}\mathbf{M}^2\right),\ (\mathbf{P} = 1). \tag{13.12b}$$

$T_a - T_1$ 这个量表示由摩擦热引起的绝热壁面的温升．它与粘性系数函数的指数无关．

**2. 传热壁面**（平板，$dp/dx = 0$）

我们假设壁面的温度保持不变且等于 $T_w$．此时边界条件为

$$y = 0:\ u = 0,\ T = T_w;\ y = \infty:\ u = U_\infty,\ T = T_\infty.$$

由此而给出的解为

$$\frac{T - T_w}{T_\infty} = \left(1 - \frac{T_w}{T_\infty}\right)\frac{u}{U_\infty} + \frac{U_\infty^2}{2c_p T_\infty}\frac{u}{U_\infty}\left(1 - \frac{u}{U_\infty}\right). \tag{13.13}$$

如果用 Mach 数 $\mathbf{M}_\infty = U_\infty/c_\infty$ 来表示，则得

$$\frac{T - T_w}{T_\infty} = \left(1 - \frac{T_w}{T_\infty}\right)\frac{u}{U_\infty}$$

$$+\frac{\gamma-1}{2}\mathbf{M}_\infty^2\frac{u}{U_\infty}\left(1-\frac{u}{U_\infty}\right). \qquad (13.13a)$$

在 $\mathbf{M}_\infty\to 0$ 的极限情形下，式 (13.13a) 具有式 (12.64) 的形式，后者是以前在不可压缩流动中所得到的关系式.

由式 (13.13) 给出的速度分布与温度分布的关系示于图 13.3 中. 由于 $(\partial u/\partial y)_w>0$，所以热流的方向由壁面上的梯度 $(dT/du)_w$ 确定. 实际上，我们从式 (13.13) 可以推出

$$\frac{U_\infty}{T_\infty}\left(\frac{dT}{du}\right)_w=1-\frac{T_w}{T_\infty}+\frac{U_\infty^2}{2c_pT_\infty}, \qquad (13.14)$$

所以当 $(dT/du)_w<0$ 时，热流从壁面流向流体，而当 $(dT/du)_w>0$ 时，热流则从流体流向壁面. 因此，当 $\mathbf{P}=1$ 时，有

$$T_w-T_\infty\gtrless\frac{U_\infty^2}{2c_p} \text{ 或 } \frac{T_w-T_\infty}{T_\infty}\gtrless\frac{\gamma-1}{2}\mathbf{M}_\infty^2: \qquad (13.15)$$

热通量壁面 $\rightleftarrows$ 流体.

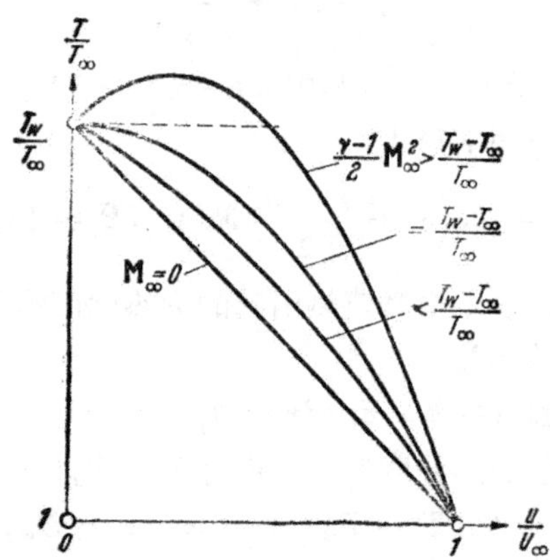


图 13.3 有摩擦热时可压缩平板边界层中速度分布与温度分布的关系，根据关系式 (13.13)

Prandtl 数 $\mathbf{P}=1$. $T_w$ = 壁温; $T_\infty$ = 来流温度. 当

$$\frac{1}{2}(\gamma-1)\mathbf{M}^2>(T_w-T_\infty)/T_\infty$$

时，得 $(\partial T/\partial y)_w>0$. 虽然此时有 $T_w>T_\infty$，但是由于摩擦产生很大的热量，所以还是有热量传给壁面

### c. 零攻角平板

关于零攻角平板边界层，已有大量的文章进行了广泛的研究，所以，我们首先来相当详尽地讨论这种情形。一开始，我们将根据上一节的一般想法，导出平板上速度分布和温度分布之间的关系。

在**绝热壁面**(平板温度计)下，将 $T_1 = T_\infty$ 和 $U = U_\infty$ 代入式(13.12)，则平板边界层中的温度分布为

$$T = T_\infty + \frac{1}{2c_p}(U_\infty^2 - u^2), \tag{13.16}$$

同时，绝热壁面温度(见式(13.12a, b))为

$$T_a = T_\infty + \frac{U_\infty^2}{2c_p} = T_\infty\left(1 + \frac{\gamma - 1}{2}\mathbf{M}_\infty^2\right), (\mathbf{P} = 1), \tag{13.17}$$

其中利用了 $\mathbf{M}_\infty = U_\infty / c_\infty$ 和 $c_\infty^2 = (\gamma - 1)c_p T_\infty$. 值得注意的是：在可压缩流动的情形下，只要 $\mathbf{P} = 1$，则由式(13.17)给出的壁面温度就与不可压缩流动中由给出式(12.80)的壁面温度相同. H. W. Emmons 和 J. G. Brainerd[34] 已经指出：在 Prandtl 数不为 1 的情形下，与不可压缩的公式(13.80)给出的壁面温度相比，由可压缩性效应引起壁面温度的偏差是非常微小的. 因此，在可压缩流动中，绝热壁面温度公式

$$T_a = T_\infty + \sqrt{\mathbf{P}}\,\frac{U_\infty^2}{2c_p} = T_\infty\left(1 + \sqrt{\mathbf{P}}\,\frac{\gamma - 1}{2}\mathbf{M}_\infty^2\right) \tag{13.18}$$

仍然有效，并有很好的近似程度. 对于空气而言，有 $\gamma = 1.4$, $\mathbf{P} = 0.71$，可得

$$T_a = T_\infty(1 + 0.170\mathbf{M}_\infty^2). \tag{13.18a}$$

这个绝热壁面温度对 Mach 数的函数关系已示于图 13.4 中. 例如，当 Mach 数 $\mathbf{M}_\infty = 1$ 时，壁面加热引起的温升约为 45℃ (或 80°F). 当 $\mathbf{M}_\infty = 3$ 时，温升达到 400℃ (或 720°F)，而当 $\mathbf{M}_\infty = 5$ 时，温升高达 1200℃ (或 2200°F).

现在已习惯将式(13.18)写成更一般的形式

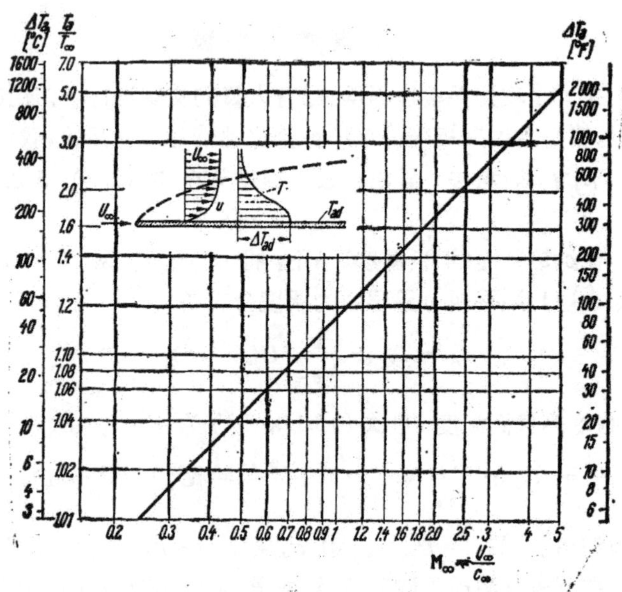


图 13.4 由空气摩擦加热引起的绝热壁面温升随 Mach 的变化，根据公式 (13.18a)

Prandtl 数 $\mathbf{P}=0.7$；绝热壁面温度 $=T_a$；外流温度 $=T_\infty$；壁面温升 $(\Delta T)_a=T_a-T_\infty$；$T_\infty=273\text{K}(492°\text{R})$

$$T_a = T_\infty + r\frac{U_\infty^2}{2c_p} = T_\infty\left(1 + r\frac{\gamma-1}{2}\mathbf{M}_\infty^2\right). \qquad (13.19)$$

因而**恢复系数** $r$ 代表平板的摩擦温升 $(T_a - T_\infty)$ 与绝热压缩温升 $\Delta T_a$ 之比．根据公式 (12.14)，绝热压缩温升为

$$\Delta T_a = \frac{U_\infty^2}{2c_p},$$

将公式 (13.18) 和 (13.19) 进行比较，可知恢复系数为

$$r = \sqrt{\mathbf{P}} \quad (\text{层流}), \qquad (13.19a)$$

因此，对空气而言，

$$r = \sqrt{0.71} = 0.84 \quad (\text{层流}). \qquad (13.19b)$$

图 13.5 记录了恢复系数的实验数据，这是由 G. R. Eber[32]

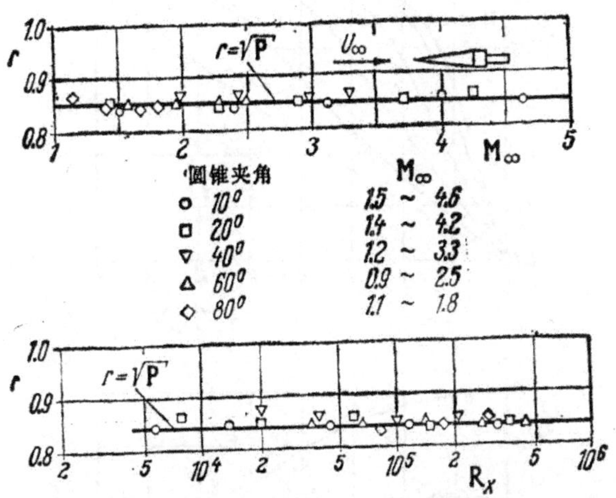


**图 13.5** 在不同的 Mach 数和 Reynolds 数下，超声速绕锥流动中层流边界层的恢复系数 $r$ 的测量值与理论的比较．实验值取自 G. R. Eber[32]；理论值根据公式 (13.19a)

在超声速气体绕圆锥流动的层流边界层情形下测得的．这些实验数据证实了恢复系数 $r=\mathbf{P}^{1/2}$．B. des Clers 和 J. Sternberg[27] 对各种圆锥体及一个抛物面体所作的实验测量，也得出了类似的结果．

**无传热时的速度分布和温度分布：** W. Hantzsche 和 H. Wendt 的两篇论文[44,46] 及 L. Crocco 的一篇论文[21] 中列出了在一些特殊情形下计算速度分布和温度分布的显函数公式．图 13.6 中有一些不同 Mach 数的边界层的速度分布曲线． 这是 Crocco 对**绝热平板**边界层的计算结果，其中假定粘性(幂)律的指数 $\omega=1$ 以及 $\mathbf{P}=1$． 离开壁面的距离 $y$ 已用 $\sqrt{\nu_\infty x/U_\infty}$ 作了无量纲化，其中 $\nu_\infty$ 是外流中的运动粘性系数．由图看出，当 Mach 数增加时，边界层显著增厚，而且当 Mach 数非常大时，在整个边界层厚度上速度近乎是线性分布．

图 13.6 中也给出了温度分布．可以看出，当 Mach 数很大时，边界层中的摩擦温升是很大的． 在前面引用过的 W. Hantzsche

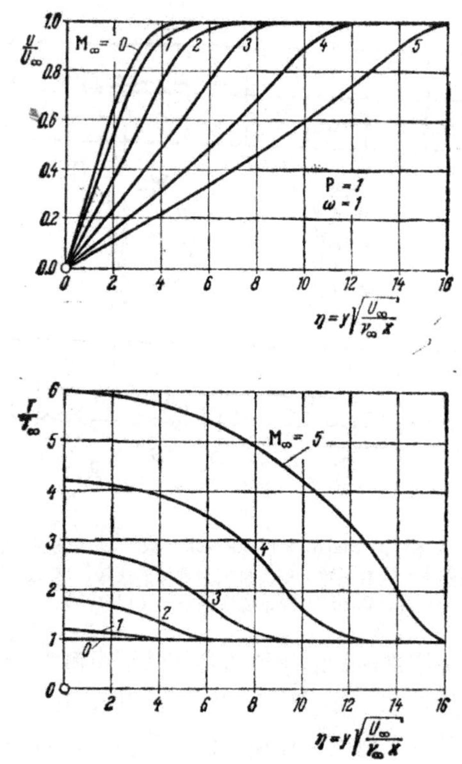


图 13.6 绝热可压缩平板层流边界层中的速度分布和温度分布，取自 Crocco[21]

Prandtl 数 $\mathbf{P}=1$, $\omega=1$, $\gamma=1.4$. 到壁面的距离的参考长度为 $\sqrt{\nu_\infty x/U_\infty}$

和 H. Wendt 的论文[44]中，给出了关于 $\mathbf{P}=0.7$ (空气)的导热平板的计算结果. 这一计算表明：当 Mach 数的值更大时，速度 $u/U_\infty$ 对 $y\sqrt{U_\infty/x\nu_w}$的分布曲线与 $\mathrm{P}=1$ 的情形有相当大的偏差. 当离开壁面的距离 $y$ 用 $\sqrt{\nu_w x/U_\infty}$ 无量纲化时，可使图 13.6 中所示的那些速度分布曲线几乎重合，见图 13.7，这里的 $\nu_w$ 为壁面上空气的运动粘性系数. 这一情况的物理意义是，(当 Reynolds 数不变时) 边界层厚度随 Mach 数增加而增加的主要原因在于壁面附近获得温升的空气体积增加. A. N. Tifford[98] 首先指出了这个事用这种作图方法，已使不同 Mach 数的速度曲线几乎重合．由此可以推断，边界层厚度随 Mach 数增加而迅速增加的主要原因在于：壁面附近获得温升的空气体积增加

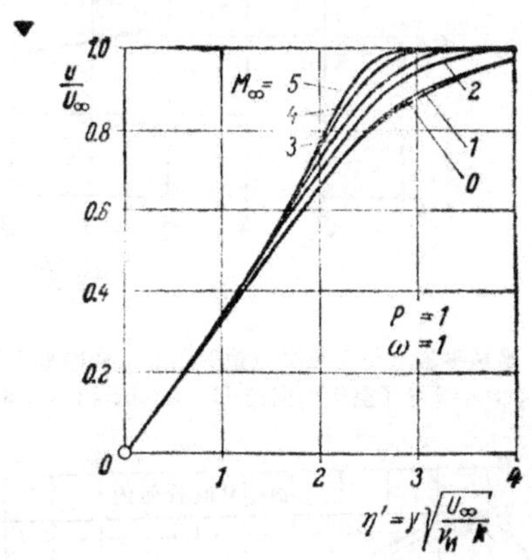


图 13.7　零攻角绝热平板层流边界层中的速度分布；数据与图 13.6 的相同．离壁面的距离用 $\sqrt{\nu_w x/U_\infty}$ 无量纲化．当 $\omega=1$ 时，有 $\sqrt{\nu_w/\nu_\infty}=T_w/T_\infty$

实．

*绝热的表面摩擦力系数*：根据 W. Hantzsche 和 H. Wendt 的计算，绝热壁面上表面摩擦力系数随 Mach 数的变化曲线已示于图 13.8 中．当 $\omega=1$ 时，乘积 $c_f\sqrt{\mathbf{R}}$ 与 Mach 数无关，但是对于其它的 $\omega$ 值，表面摩擦力系数随 Mach 数的增加而减小，而且 $\omega$ 的值愈小，其减小的速率就愈大．图 13.9 比较了绝热平板的几种表面摩擦力系数的数值，它们是由不同的作者求得的，即它们有不同的 Prandtl 数 $\mathbf{P}$ 和粘性函数中指数 $\omega$ 的数值．这些曲线表明：Prandtl 数对表面摩擦力系数的影响要比指数 $\omega$ 的影响小得多．

图 13.10 表示 R. M. O'Donnell[28] 对可压缩边界层的测量结果．这是在非常细长的圆柱体轴向绕流的边界层中测量的，其中保持 Mach 数 $\mathbf{M}_\infty=2.4$ 不变而改变 Reynolds 数．速度分布是

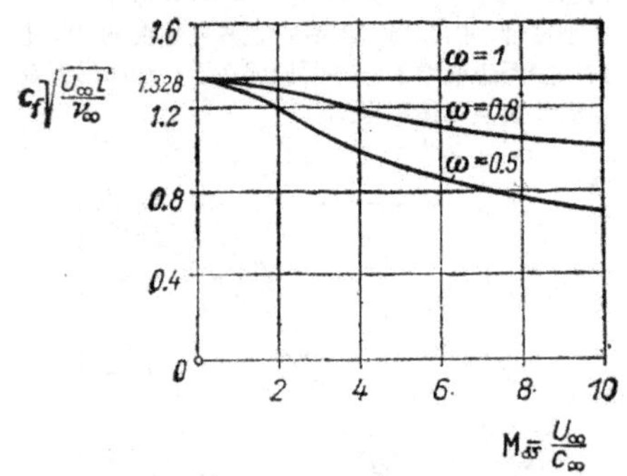


图 13.8 绝热平板上可压缩层流边界层的表面摩擦力系数. $\mathbf{P}=1$, $\gamma=1.4$ (空气),引自 Hantzsche 和 Wendt[44]

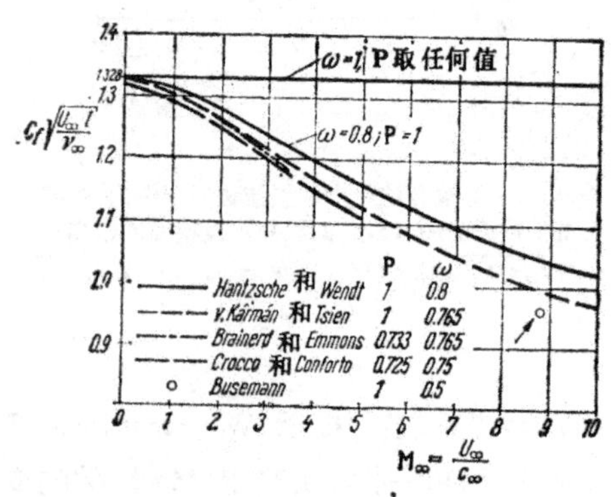


图 13.9 零攻角绝热平板上可压缩层流边界层的表面摩擦力系数,引自 Rubesin 和 Johnson[88]

对 $y/\delta_2$ 画出的,其中 $\delta_2$ 为公式(13.75)所定义的动量厚度. 显然,在离前缘不同距离上的速度剖面是彼此相似的,并与 D. R. Chapman 和 M. W. Rubesin[13] 的理论极为一致.

有传热时的速度分布和温度分布:在**有传热出现**的一般情形下,速度分布和温度分布之间的关系可以从式(13.13a)导出. 当 $\mathbf{P}=1$ 时,此关系可以写成

$$\frac{T}{T_\infty}=1+\frac{\gamma-1}{2}\mathbf{M}_\infty^2\left[1-\left(\frac{u}{U_\infty}\right)^2\right]$$

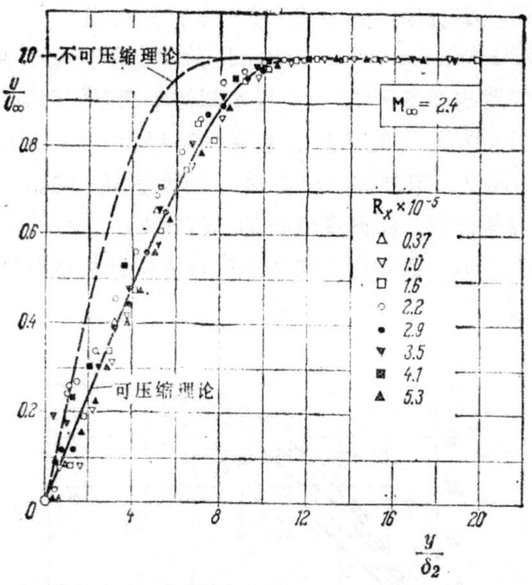


图 13.10 超声速流动中绝热层流边界层速度分布的测量结果，引自 R. M. O'Donnell[28]. Mach 数 $\mathbf{M}_\infty = 2.4$. 理论值引自参考文献 [13]

$$+\frac{T_w - T_{ad}}{T_\infty}\left[1-\frac{u}{U_\infty}\right], \quad (\mathbf{P}=1), \tag{13.20}$$

其中 $T_{ad}$ 由公式 (13.17) 给定. 通过引入恢复系数，上述关系式可以扩展到 Prandtl 数不为 1 的情形，此时写成

$$\frac{T}{T_\infty} = 1 + r\frac{\gamma-1}{2}\mathbf{M}_\infty^2\left[1-\left(\frac{u}{U_\infty}\right)^2\right]$$

$$+\frac{T_w - T_{ad}}{T_\infty}\left[1-\frac{u}{U_\infty}\right]. \tag{13.21}$$

在这个关系式中，绝热壁温 $T_{ad}$ 应由公式 (13.18) 算出，但是必须认识到这只是一种近似. 热量传递的方向则可由公式 (13.21) 导出，并可写成

$$T_w - T_\infty \gtrless \sqrt{\mathbf{P}}\,\frac{U_\infty^2}{2c_p}, \text{ 热量：壁面} \rightleftarrows \text{气体}. \tag{13.22}$$

此式与不可压缩流动中的公式(12.82)完全相同.

在 W. Hantzsche 和 H. Wendt 的第二篇论文[46]中,列举了导热壁面情形的许多例子. 通过冷却使壁面温度降到来流温度($T_w = T_\infty$)的情形下的某些结果示于图 13.11 中. 将图 13.11 和图 13.6 的速度分布进行比较表明: 导热壁面上的边界层比绝热壁面上的要薄得多. 而温度分布的比较表明: 在目前所讨论的情形下,不管 Mach 数如何,边界层中最大温升只达到绝热压缩温升的 20% 左右.

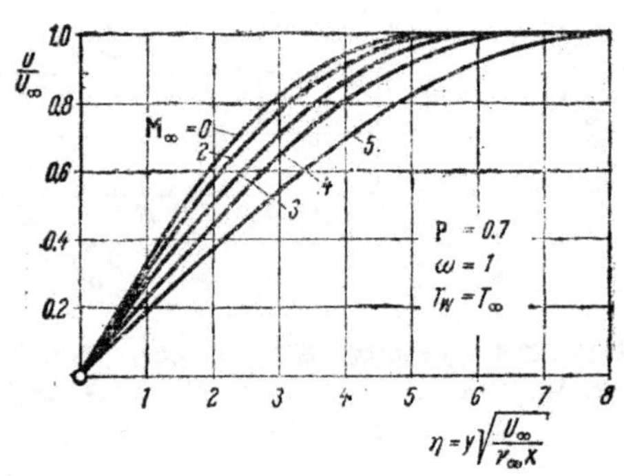


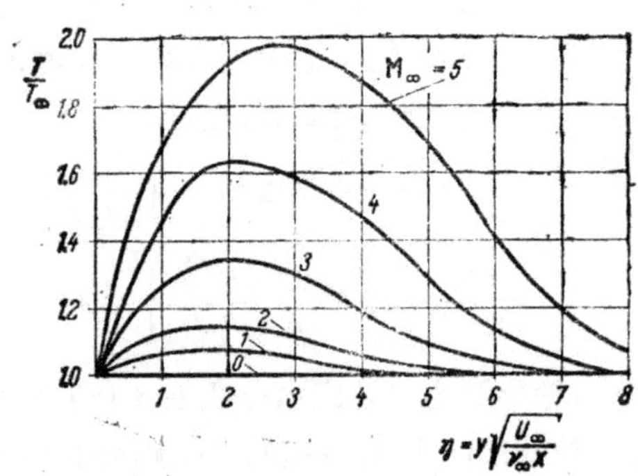


图 13.11 **有传热**时零攻角平板可压缩**层流**边界层中的速度分布和**温**度分布,引自 Hantzsche 和 Wendt[44]

壁面温度=来流温度,$T_w = T_\infty$; $\mathbf{P} = 0.7$, $\omega = 1$; $\gamma = 1.4$

由于当 $\omega=1$ 时，表面摩擦力系数不依赖于 Mach 数（图 13.8），所以传热速率变得和不可压缩气流中的情形相同，见式(12.81)。 对于高 Mach 数层流边界层和湍流边界层中传热系数和恢复系数的评述，可参阅 J. Kaye 的文章[55]. 在这方面，还可参阅参考文献[105].

在假设粘性系数为 $\mu/\mu_0=bT/T_0$ 的前提下，D. R. Chapman 和 M. W. Rubesin[13] 研究了温度沿壁面变化的情形，即 $T_w=T_w(x)$ 的情形. 他们的研究表明：局部热通量（单位时间内通过单位面积的传热量）不能仅仅由温度差 $T_w(x)-T_a$ 确定，在很大程度上还依赖于边界层以前的"历史"，即依赖于所考虑的截面上游的条件. 在壁面温度沿流动方向变化的情形下，局部 Nusselt 数失去它的意义，因为使用它就意味着局部热通量正比于 $T_w-T_\infty$，见式(12.31)，或者，当考虑摩擦热时，意味着局部热通量正比于 $T_w-T_a$。

Th. von Kármán 和钱学森[53] 在动量积分方程(第十章)的基础上，计算了可压缩平板边界层，见图 13.9. F. Bouniol 和 E. A. Eichelbrenner[7], D. Coles[17], L. Crocco[22] 以及 R. J. Monaghan[75] 等也发表了关于平板边界层的近似解. L. L. Moore[77] 及 G B. W. Young和 E. Janssen[108] 则给出了考虑气体性质变化的层流边界层方程的解.

## d. 压力梯度不为零的边界层

**1. 精确解.** 计算压力梯度不为零的边界层，要比计算平板边界层更加困难，因为它的自变量较多. L. Crocco[21] 很早就发现了一种变换. 对于 (1) $\mathbf{P}=1$ 而粘性系数函数 $\mu(T)$ 是任意的情形，或 (2) Prandtl 数是任意的而 $\mu/T=$ 常数(即 $\omega=1$) 的情形，这种变换可以简化方程的求解工作. 在 $\mathbf{P}=1$ 和 $\omega=1$ 的绝热壁面特殊情形下，L. Howarth[48]，C. R. Illingworth[70] 和 K. Stewartson[94] 发现一种变换，可以将可压缩边界层方程简化成几乎与不可压缩边界层方程相同的形式。

**1.1. Illingworth-Stewartson 变换.** 现在来推导 Illingworth-Stewartson 变换，我们采用一种对参考文献 [94] 稍加修改的推导方法. 首先，我们的讨论不局限于绝热壁面. 其次，假设 Prandtl 数 $\mathbf{P}$ 可以是任意的，但为常数. 同时还假定粘性律 $\mu(T)$ 是线性的，如式 (13.4a)，其中带下标 0 的粘性系数和其他参数均指外流驻点上的值，常数 $b$ 是用来改进近似的，以便在所讨论的温度范围内更接近于较精确的 Sutherland 公式 (13.3). 如果以壁面温度 $T_w$ 来选取常数 $b$，若 $T_w$ 为常数，则根据公式 (13.3) 和 (13.4a)，必须令

$$b = \sqrt{\frac{T_w}{T_0}} \cdot \frac{T_0 + S_1}{T_w + S_1}. \tag{13.23}$$

Illingworth-Stewartson 变换引入两个新的坐标，它们定义为

$$\tilde{x} = \int_0^x b \frac{p_1 c_1}{p_0 c_0} dx, \tag{13.24}$$

$$\tilde{y} = \frac{c_1}{c_0} \int_0^y \frac{\rho}{\rho_0} dy. \tag{13.25}$$

其中 $c$ 为声速，下标 1 指 $x$ 处的外流（边界层外缘）的条件. 因此

$$c_1^2 = (\gamma - 1) c_p T_1 \text{ 和 } c_0^2 = (\gamma - 1) c_p T_0. \tag{13.26}$$

然而，由于 $T_1$ 只依赖于 $x$，所以 $c_1 = c_1(x)$；又因为 $p_1 = p_1(x)$，我们得出 $\tilde{x} = \tilde{x}(x)$ 只是 $x$ 的函数. $\tilde{y}$ 却不同，由于边界层中密度是 $y$ 的函数，所以 $\tilde{y}$ 依赖于 $y$ 和 $x$. 我们也可以反解出这些关系，将反变换记作

$$x = x(\tilde{x}), \text{ 而 } y = y(\tilde{x}, \tilde{y}).$$

下面的推导是要用新坐标 $\tilde{x}$ 和 $\tilde{y}$ 来表示边界层方程 (13.5) 和 (13.6). 引入流函数 $\psi(x, y)$，其定义为

$$\frac{\partial \psi}{\partial y} = \frac{\rho}{\rho_0} u, \quad \frac{\partial \psi}{\partial x} = -\frac{\rho}{\rho_0} v, \tag{13.27}$$

于是连续方程自动满足. 把 $\psi$ 看成是 $\tilde{x}$ 和 $\tilde{y}$ 的函数，因为 $\partial \tilde{x}/\partial y = 0$，我们求得

$$
\left.\begin{aligned}
\frac{\partial\psi}{\partial x} &= \frac{d\tilde{x}}{dx}\frac{\partial\psi}{\partial\tilde{x}} + \frac{\partial\tilde{y}}{\partial x}\frac{\partial\psi}{\partial\tilde{y}} = \frac{bp_1c_1}{p_0c_0}\frac{\partial\psi}{\partial\tilde{x}} + \frac{\partial\tilde{y}}{\partial x}\frac{\partial\psi}{\partial\tilde{y}}, \\
\frac{\partial\psi}{\partial y} &= \frac{\partial\tilde{y}}{\partial y}\frac{\partial\psi}{\partial\tilde{y}} = \frac{c_1\rho}{c_0\rho_0}\frac{\partial\psi}{\partial\tilde{y}}.
\end{aligned}\right\} \quad (13.28)
$$

于是不难写出速度，例如

$$
u = \frac{\rho_0}{\rho}\frac{\partial\psi}{\partial y} = \frac{c_1}{c_0}\frac{\partial\psi}{\partial\tilde{y}}. \quad (13.29)
$$

此外，在计算过程中消去项 $\partial\tilde{y}/\partial x$，我们可以得出

$$
u\frac{\partial u}{\partial x} + v\frac{\partial u}{\partial y} = \left(\frac{c_1}{c_0}\right)^3\frac{p_1b}{p_0}\left[\frac{\partial\psi}{\partial\tilde{y}}\frac{\partial^2\psi}{\partial\tilde{y}\partial\tilde{x}} - \frac{\partial\psi}{\partial\tilde{x}}\frac{\partial^2\psi}{\partial\tilde{y}^2} + \frac{1}{c_1}\frac{dc_1}{d\tilde{x}}\left(\frac{\partial\psi}{\partial\tilde{y}}\right)^2\right].
$$

假设外流是等熵的，则沿外流流线，驻点焓保持不变，即

$$
h_1 = c_pT + \frac{1}{2}u_1^2 = c_pT_0;\ h = c_pT + \frac{1}{2}u^2, \quad (13.30)^{1)}
$$

或者利用式(13.26)则有

$$
c_1^2 + \frac{1}{2}(\gamma - 1)u_1^2 = c_0^2. \quad (13.31)
$$

由此得出

$$
\frac{1}{c_1}\frac{dc_1}{dx} = -\frac{1}{2}(\gamma - 1)\frac{u_1}{c_1^2}\frac{du_1}{dx}, \quad (13.32)
$$

又因为

$$
\frac{d\tilde{x}}{dx} = b\frac{p_1c_1}{p_0c_0},
$$

于是最后得到

$$
u\frac{\partial u}{\partial x} + v\frac{\partial u}{\partial y} = \left(\frac{c_1}{c_0}\right)^3\frac{p_1b}{p_0}\left(\frac{\partial\psi}{\partial\tilde{y}}\frac{\partial^2\psi}{\partial\tilde{y}\partial\tilde{x}} - \frac{\partial\psi}{\partial\tilde{x}}\frac{\partial^2\psi}{\partial\tilde{y}^2}\right) - \frac{1}{2}(\gamma - 1)\frac{u^2}{c_1^2}u_1\frac{du_1}{dx}. \quad (13.33)
$$

借助于公式(13.4a)和完全气体定律 $p = p_1 = \rho RT$，可以将

1) 在本节中我们发现，用符号 $u_1$ 而不用过去的 $U$ 来表示外流速度更为简单.

运动方程中的粘性项变换成

$$\frac{1}{\rho}\frac{\partial}{\partial y}\left(\mu\frac{\partial u}{\partial y}\right)=\frac{\nu_0 b p_1}{p_0}\left(\frac{c_1}{c_0}\right)^3\frac{\partial^3\psi}{\partial\tilde{y}^3}. \tag{13.34}$$

同时，根据方程(13.9)和(13.10)得到

$$-\frac{1}{\rho}\frac{dp}{dx}=-\frac{T}{\rho_1 T_1}\frac{dp_1}{dx}=\frac{T}{T_1}u_1\frac{du_1}{dx},$$

或引入无量纲的温度函数(参考于驻点焓的相对焓差)，其定义为

$$S=\frac{c_pT+\frac{1}{2}u^2}{c_pT_0}-1=\frac{h+\frac{1}{2}u^2}{h_0}-1, \tag{13.35}$$

再利用式(13.26)，我们得到

$$-\frac{1}{\rho}\frac{dp}{dx}=\left\{(1+S)\left(\frac{c_0}{c_1}\right)^2-\frac{\gamma-1}{2}\frac{u^2}{c_1^2}\right\}u_1\frac{du_1}{dx}. \tag{13.36}$$

这里 $h$ 表示局部焓，以区别于驻点焓. 将等式(13.33)，(13.34)和(13.36)代入方程(13.6)，并除以 $\rho$，则导出

$$\frac{\partial\psi}{\partial\tilde{y}}\frac{\partial^2\psi}{\partial\tilde{y}\partial\tilde{x}}-\frac{\partial\psi}{\partial\tilde{x}}\frac{\partial^2\psi}{\partial\tilde{y}^2}$$

$$=(1+S)\left(\frac{c_0}{c_1}\right)^5\frac{p_0}{p_1 b}u_1\frac{du_1}{dx}+\nu_0\frac{\partial^3\psi}{\partial\tilde{y}^3}. \tag{13.37}$$

令

$$\tilde{u}_1=\frac{c_0}{c_1}u_1, \tag{13.38}$$

则得

$$\frac{du_1}{dx}=\frac{1}{c_0}\left(\tilde{u}_1\frac{dc_1}{dx}+c_1\frac{d\tilde{u}_1}{dx}\right),$$

因此，借助于等式(13.31)和(13.32)，可得

$$u_1\frac{du_1}{dx}=\left(\frac{c_1}{c_0}\right)^5\frac{bp_1}{p_0}\tilde{u}_1\frac{d\tilde{u}_1}{d\tilde{x}}. \tag{13.39}$$

最后，我们定义

$$\hat{u}=\frac{\partial\psi}{\partial\tilde{y}}\ \text{和}\ \hat{v}=-\frac{\partial\psi}{\partial\tilde{x}}, \tag{13.40}$$

将式(13.39)和(13.40)代入方程(13.37)，就得出变换后的运动

方程

$$\boxed{\tilde{u}\frac{\partial\tilde{u}}{\partial\tilde{x}}+\tilde{v}\frac{\partial\tilde{u}}{\partial\tilde{y}}=\tilde{u}_1\frac{d\tilde{u}_1}{d\tilde{x}}(1+S)+\nu_0\frac{\partial^2\tilde{u}}{\partial\tilde{y}^2}.}\qquad(13.41)$$

这一变换后的方程与相应的不可压缩边界层方程的差别仅在于压力项上乘有因子 $(1+S)$。

为了变换能量方程，将方程 (13.6) 的两边同乘以 $u$，并与方程 (13.7) 相加．请记住，Prandtl 数为

$$\mathbf{P}=\frac{\mu c_p}{k},$$

我们得到

$$\rho u\frac{\partial}{\partial x}\left(c_pT+\frac{1}{2}u^2\right)+\rho v\frac{\partial}{\partial y}\left(c_pT+\frac{1}{2}u^2\right)$$

$$=\frac{\partial}{\partial y}\left\{\mu\frac{\partial}{\partial y}\left(\frac{c_pT}{\mathbf{P}}+\frac{1}{2}u^2\right)\right\}.\qquad(13.42)$$

利用式 (13.35) 定义的温度函数 $S$，可将上式变换成

$$\rho u\frac{\partial S}{\partial x}+\rho v\frac{\partial S}{\partial y}$$

$$=\frac{\partial}{\partial y}\left\{\mu\left[\frac{1}{\mathbf{P}}\frac{\partial S}{\partial y}+\frac{\mathbf{P}-1}{\mathbf{P}}\frac{\partial}{\partial y}\left(\frac{u^2}{2c_pT_0}\right)\right]\right\}.\qquad(13.43)$$

象对式 (13.28) 所做的那样，用对 $\tilde{x}$ 和 $\tilde{y}$ 的偏导数来表示对 $x$ 和 $y$ 的偏导数，注意到 $\mu=b\mu_0p_1\rho_0/p_0\rho$，并利用定义 (13.40)，则得

$$\tilde{u}\frac{\partial S}{\partial\tilde{x}}+\tilde{v}\frac{\partial S}{\partial\tilde{y}}=\nu_0\left\{\frac{1}{\mathbf{P}}\frac{\partial^2S}{\partial\tilde{y}^2}+\frac{\mathbf{P}-1}{\mathbf{P}}\frac{\partial^2}{\partial\tilde{y}^2}\left(\frac{u^2}{2c_pT_0}\right)\right\}.\qquad(13.44)$$

式 (13.20) 和 (13.30) 加上关系式

$$\frac{u}{u_1}=\frac{\tilde{u}}{\tilde{u}_1}\qquad(13.45)$$

给出

$$\frac{u^2}{2c_pT_0}=\frac{\frac{1}{2}(\gamma-1)\mathbf{M}_1^2}{1+\frac{1}{2}(\gamma-1)\mathbf{M}_1^2}\left(\frac{\tilde{u}}{\tilde{u}_1}\right)^2.\qquad(13.46)$$

在这里，$\mathbf{M}_1=u_1/c_1$ 是外流的 Mach 数．因为

$$\frac{\partial}{\partial\tilde{y}}=\frac{\partial y}{\partial\tilde{y}}\frac{\partial}{\partial\tilde{y}}+\frac{\partial x}{\partial y}\frac{\partial}{\partial x}=\frac{\partial y}{\partial\tilde{y}}\frac{\partial}{\partial y},$$

在方程 (13.44) 中，可以将式 (13.46) 中 $(\tilde{u}/\tilde{u}_1)^2$ 的系数提到算符 $\partial^2/\partial y^2$ 的前面，所以，变换后的能量方程形式为

$$\boxed{\tilde{u}\frac{\partial S}{\partial\tilde{x}}+\tilde{v}\frac{\partial S}{\partial\tilde{y}}=\nu_0\left\{\frac{1}{\mathbf{P}}\frac{\partial^2 S}{\partial\tilde{y}^2}+\frac{\mathbf{P}-1}{\mathbf{P}}\frac{\frac{1}{2}(\gamma-1)\mathbf{M}_1^2}{1+\frac{1}{2}(\gamma-1)\mathbf{M}_1^2}\frac{\partial^2}{\partial\tilde{y}^2}\left[\left(\frac{\tilde{u}}{\tilde{u}_1}\right)^2\right]\right\}.}\tag{13.47}$$

现在，方程 (13.41) 和 (13.47) 加上连续方程

$$\frac{\partial\tilde{u}}{\partial\tilde{x}}+\frac{\partial\tilde{v}}{\partial\tilde{y}}=0,\tag{13.48}$$

构成了一组新的边界层方程．上述连续方程是式 (13.40) 的直接结果．

方程组 (13.5)，(13.6)，(13.7) 还须加上边界条件

$$y=0:\ u=v=0\ 和\ \frac{\partial T}{\partial y}=0\ 或\ T=T_w,$$

以及

$$y=\infty:\ u=u_1(x);\ T=T_1(x),$$

其中壁面温度取决于壁面是绝热的还是等温的．不难看出，这些边界条件变换成如下形式：

$$\left.\begin{aligned}&\tilde{y}=0:\ \tilde{u}=\tilde{v}=0\ 和\ \frac{\partial S}{\partial\tilde{y}}=0\ 或\ S=S_w,\\&\tilde{y}=\infty:\ \tilde{u}=\tilde{u}_1(x);\ S=0.\end{aligned}\right\}\tag{13.49}$$

*极限情形*：如果 $\mathbf{P}=1$，则 $S=0$ 是能量方程 (13.47) 的一个特解．再利用式 (13.30)，就可导出如式 (13.12) 早已给出的绝热壁面情形中温度和速度之间的关系．在这种情况下，方程 (13.41) 完全具有方程 (9.2) 的“不可压缩”形式．

沿着平板有 $dp/dx=0$，这意味着 $d\tilde{u}_1/d\tilde{x}=0$. 于是，对于 $\mathbf{P}=1$，我们发现 $S=S_w(1-\tilde{u}/\tilde{u}_1)$ 是方程(13.47)的一个特解，其中 $S_w$ 为一常数. 这一点是很容易通过代入方程验证的. 利用式(13.45)和(13.30)，又可得到最早由方程(13.12)所给出的温度和速度之间的关系. 请记住，必须将 $U_\infty$ 写成 $u_1$，将 $T_\infty$ 写成 $T_1$.

**1.2. 自相似解.** Illingworth-Stewartson 变换已被用来得出一些精确解和建立许多近似方法. 自相似解在这种精确解中起着重要的作用. 在不可压缩流动中，如果对 $u$ 和 $y$ 各自乘上一个比例系数，就能使两个不同位置 $x$ 处的速度剖面形状等同，我们就认为这个解是自相似解(见第八章 b). 我们当时指出，只在有限的几种外流 $u_1(x)$ 的情形下，才存在这种自相似解. 在这种情况下，关于流函数的偏微分方程简化为常微分方程，解这一常微分方程要比解原来的偏微分方程容易得多.

在诸如参考文献[48, 49, 50]等许多研究工作的基础上，T. Y. Li 和 H. T. Nagamatsu[60,61] 以一些值得钦佩的研究证明：在可压缩边界层的情形中，也存在着这种自相似解. 就速度边界层而论，这里也是指纵向速度分量 $u$ 的相似性；而对热边界层说来，则指驻点焓 $h=c_pT+\frac{1}{2}u^2$ 的相似性. 驻点焓早在式(13.35)中以"温度函数"的形式出现过. 在这种情况下，关于 $u$, $v$ 和 $T$ 的偏微分方程组简化为关于流函数和驻点焓的两个耦合的常微分方程.

可压缩边界层的自相似解是该方程组的精确解，所以从本质上讲是非常重要的. 或许更重要的是：自相似解可以作为标准来鉴定各种近似方法的精度. 由于这些缘故，现在打算粗略地说明一下从 Illingworth-Stewartson 变换出发导出自相似解的过程. 末了用若干数值结果来结束这个课题. 现在假设式(13.4a)的粘性律成立，这意味着，$\omega=1$ 和 $\mathbf{P}=1$. 在**有传热的**边界层情形下，假定壁面温度 $T_w$ 为任一常数，所以 $S_w$ 为常数. 在**绝热**壁面的问题中，驻点焓由式(13.12)给出：

$$c_pT + \frac{1}{2}u^2 = c_pT_1 + \frac{1}{2}u_1^2 = c_pT_0,$$

并在整个边界层内保持不变，也就是说 $S = 0$（还可参阅前节末尾）. 在这种情形下，驻点焓剖面的相似性是一种平凡形式.

使用流函数 $\psi$，将方程 (13.41) 和 (13.47) 改写成下列形式:

$$\frac{\partial\psi}{\partial\tilde{y}}\frac{\partial^2\psi}{\partial\tilde{y}\partial\tilde{x}} - \frac{\partial\psi}{\partial\tilde{x}}\frac{\partial^2\psi}{\partial\tilde{y}^2}$$

$$= \tilde{u}_1\frac{d\tilde{u}_1}{d\tilde{x}}(1 + S) + \nu_0\frac{\partial^3\psi}{\partial\tilde{y}^3}, \tag{13.50}$$

$$\frac{\partial\psi}{\partial\tilde{y}}\frac{\partial S}{\partial\tilde{x}} - \frac{\partial\psi}{\partial\tilde{x}}\frac{\partial S}{\partial\tilde{y}} = \nu_0\frac{\partial^2 S}{\partial\tilde{y}^2}. \tag{13.51}$$

借助于下述假定引入相似性变量:

$$\left.\begin{aligned} \psi &= A\tilde{x}^q\tilde{u}_1^r \times f(\eta), \\ \tilde{y} &= B\tilde{x}^s\tilde{u}_1^t \times \eta, \\ S &= S(\eta), \end{aligned}\right\} \tag{13.52}$$

其中 $A, B, q, r, s, t$ 起着待定常数的作用，$f(\eta)$ 为未知的流函数，而 $S(\eta)$ 是式 (13.35) 所定义的温度函数，这时认为它只是 $\eta$ 的函数.

现在把方程 (13.50) 和 (13.51) 变换到坐标 $\tilde{x}$ 和 $\eta$ 上来，并要求在最后的表达式中必须不出现含 $\tilde{x}$ 的项. 用这种方法，我们将得到关于 $f(\eta)$ 和 $S(\eta)$ 的常微分方程组. T. Y. Li 和 H. T. Nagamatsu[60] 已经作了这样的计算，他们发现有四类关于 $\tilde{u}_1(\tilde{x})$ 的解. 由这一工作出发，C. B. Cohen[16] 证明其中三类可以归纳为下述共同的形式

$$\tilde{u}_1 = K\tilde{x}^m \tag{13.53}$$

($K$ 和 $m$ 为常数). 第四类

$$\tilde{u}_1 = K'\exp(K''\tilde{x})$$

没有多大实际意义，以后不予考虑.

对于变换后由坐标 $\tilde{x}$ 表示的幂律式 (13.53)，我们现在希望确定出其外流 $u_1 = u_1(x)$ 的具体形式. 由式 (13.38) 和 (13.31) 可

得

$$c_1^2 = \frac{c_0^4}{c_0^2 + \frac{1}{2}(\gamma - 1)\tilde{u}_1^2}. \tag{13.54}$$

由于外流是等熵的，所以

$$\frac{p_1}{p_0} = \left(\frac{\rho_1}{\rho_0}\right)^\gamma, \text{ 故有 } \frac{c_1^2}{c_0^2} = \frac{p_1/p_0}{\rho_1/\rho_0},$$

由此可得

$$\frac{p_1}{p_0} = \left(\frac{c_1}{c_0}\right)^{2\gamma/(\gamma-1)}. \tag{13.55}$$

因此，利用式(13.24)，(13.53)和(13.54)，我们导出

$$dx = \frac{1}{b}\left[1 + \frac{\gamma - 1}{2c_0^2} K^2 \tilde{x}^{2m}\right]^{(3\gamma-1)/2(\gamma-1)} d\tilde{x}. \tag{13.56}$$

上述微分方程只有对于特殊的 $m$ 值才能以封闭的形式求解．如果选取

$$m = m_0 = \frac{\gamma - 1}{3 - 5\gamma}, \tag{13.57}$$

则

$$\frac{3\gamma - 1}{2(\gamma - 1)} = -1 - \frac{1}{2m_0},$$

然后通过积分得到

$$x = \frac{\tilde{x}}{b\left[1 + \frac{\gamma - 1}{2c_0^2} K^2 \tilde{x}^{2(\gamma-1)/(3-5\gamma)}\right]^{(3-5\gamma)/2(\gamma-1)}}. \tag{13.58}$$

根据式(13.53)和(13.54)，得出

$$u_1 = \frac{c_1}{c_0}\tilde{u}_1 = Kb^{(\gamma-1)/(3-5\gamma)} x^{(\gamma-1)/(3-5\gamma)} = K' x^{(\gamma-1)/(3-5\gamma)}. \tag{13.59}$$

可以看出，在这种特殊情形下，外流 $u_1(x)$ 也是 $x$ 的幂函数，而且其指数与 $\tilde{u}_1(\tilde{x})$ 的相同．根据式(13.59)，将适用于单原子、双原子和多原子气体的 $\gamma$ 值代入 $x$ 的指数中去，对于所有这三类气体，使之具有相似性的外流都是减速的，见下表：

| 气　体 | $\gamma$ | $m_0=\dfrac{\gamma-1}{3-5\gamma}$ |
|---|---|---|
| 单原子的 | $\frac{5}{3}=1.67$ | $-\frac{1}{8}$ |
| 双原子的或直线多<br>原子的、刚性的 | $\frac{7}{5}=1.40$ | $-\frac{1}{10}$ |
| 多原子的<br>非直线的、刚性的 | $\frac{4}{3}=1.33$ | $-\frac{1}{11}$ |

当$m$取任意值时，一般说来，只能用级数展开来求解方程(13.56)。然而，关系式 $u_1=u_1(x)$ 已不是一个简单的幂函数了。对于 $m=-1,0,+\frac{1}{2},+1$ 以及 $K=1$, $b=1$ 和 $\gamma=7/5$ 的情形，图 13.12 中画出了速度分布 $u_1(x)$ 和 $\tilde{u}_1(\tilde{x})=K\tilde{x}^m$ 的几

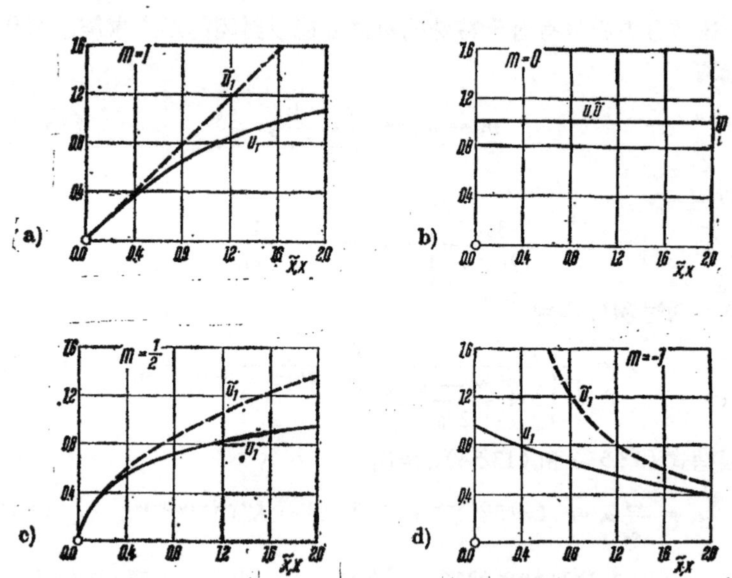


图 13.12　在 $\gamma=7/5$ 的情形下，由 Illingworth-Stewartson 变换得到的自相似解的速度分布．根据式（13.53）$\tilde{u}_1=K\tilde{x}^m$；根据式(13.59)$u_1=K'x^m$

$x$ 和 $\tilde{x}$ 的关系由式(13.56)给出

$m$ 和 $\gamma$ 的关系由式(13.57)给出

组曲线.

我们现在应用变换(13.52)的一个具体形式,取

$$A=B=\sqrt{2\nu_0/(m+1)};\quad q=r=s=\frac{1}{2};\ t=-\frac{1}{2},$$

由此给出

$$\left.\begin{aligned}&\phi=f(\eta)\sqrt{\frac{2\nu_0}{m+1}\tilde{u}_1\tilde{x}},\ S=S(\eta),\\&\eta=\tilde{y}\sqrt{\frac{(m+1)\tilde{u}_1}{2\nu_0\tilde{x}}},\end{aligned}\right\}\tag{13.60}$$

并将变换后的边界层方程(13.50)和(13.51)写成下列两个常微分方程:

$$\left.\begin{aligned}&f'''+ff''=\beta(f'^2-1-S),\\&S''+fS'=0,\end{aligned}\right\}\tag{13.61}$$

其中一撇表示对 $\eta$ 的微商. 与前面的关系式(9.7)中相同,参数 $\beta$ 定义为

$$\beta=\frac{2m}{m+1},$$

它反映了外流压力梯度的特征.

请记住,

$$\tilde{u}=\frac{\partial\phi}{\partial\tilde{y}}=\frac{\partial\phi}{\partial\eta}\ \frac{\partial\eta}{\partial\tilde{y}},$$

借助于式(13.60),由于

$$f'=\frac{\tilde{u}}{\tilde{u}_1}=\frac{u}{u_1},\tag{13.62}$$

所以我们得出结论: $f'$ 是边界层中纵向速度分量的无量纲形式. 因为 $y=0$ 和 $y=\infty$ 分别意味着 $\eta=0$ 和 $\eta=\infty$, 所以方程组(13.61)的边界条件应写成

$$\left.\begin{aligned}&\eta=0:\ f=f'=0,\ S=S_w;\\&\eta=\infty:\ f'=0,\qquad S=0.\end{aligned}\right\}\tag{13.63}$$

在**绝热壁面**的情形下,方程组(13.61)中的第二个方程自动满足,

只需解一个方程

$$f''' + ff'' = \beta(f'^2 - 1).$$

而这个方程与早先给出不可压缩绕楔流动的方程(9.8)相同;我们记得，D. R. Hartree 研究了不同 $\beta$ 值时这个方程的解. 他当时发现,对于 $\beta < -0.199(m < -0.0904)$ 所有的值，都将出现分离. 所以在上表的特殊 $m$ 值中，当壁面绝热时，前两种情形（即 $m = -1/8$ 和 $m = -1/10$）也导致分离.

当壁面允许传热时,则必须求解整个方程组(13.61). 因为可以用任意的方式规定壁面温度 $T_w$，所以这些解将不仅依赖于 $\beta$，而且还依赖于参数

$$S_w = \frac{T_w}{T_0} - 1.$$

T. Y. Li 和 H. T. Nagamatsu[61] 以及 C. B. Cohen 和 E. Roshotko[16a] 已对这两个参数的许多不同的值求出了相应的解.

值得注意的是,当 $\beta < 0$ 时，在满足边界条件(13.63)的前提下,方程组(13.61)给出两个有物理意义的解(在绝热壁面的情形下也是这样,参阅第九章 a). 根据 C. B. Cohen 和 E. Reshotko[16a] 所表示的看法，其中出现在实验中的一个解，是由建立作用在发展着的边界层上压力场的初始条件确定的.

对于温度参数 $S_w$ 和 $\beta$ 不同的值,图 13.13a，b，c中曲线给出了其速度分布 $u/u_1 = f'$ 随横向无量纲距离 $\eta$ 的变化. 图中所选 $S_w$ 的具体值对应于下述情形(依照次序):绝热壁面取 $T_w = T_0$; 冷却壁面取 $T_w = 0.2T_0$（从壁面向流体传热). 在多重解的情形下,对于一定的 $\beta$ 值,较小值的 $f'$ 曲线已用星号加以区别. 值得注意的是，在加热壁面和有顺压梯度($\beta > 0$, 图 13.13c)的情形下，在离开壁面的某个范围内，边界层中速度可以超过外流速度 $u_1$. 可以认为这是由于强烈加热使边界层中气体的体积大为增加的缘故.尽管边界层中流动受到粘性应力的作用而减速,但是,外部压力对低密度气体的加速作用比对外流中气体的加速作用更为强烈.

图 13.13d，e 中是根据式(13.35)算出的边界层中焓 $S$ 的分

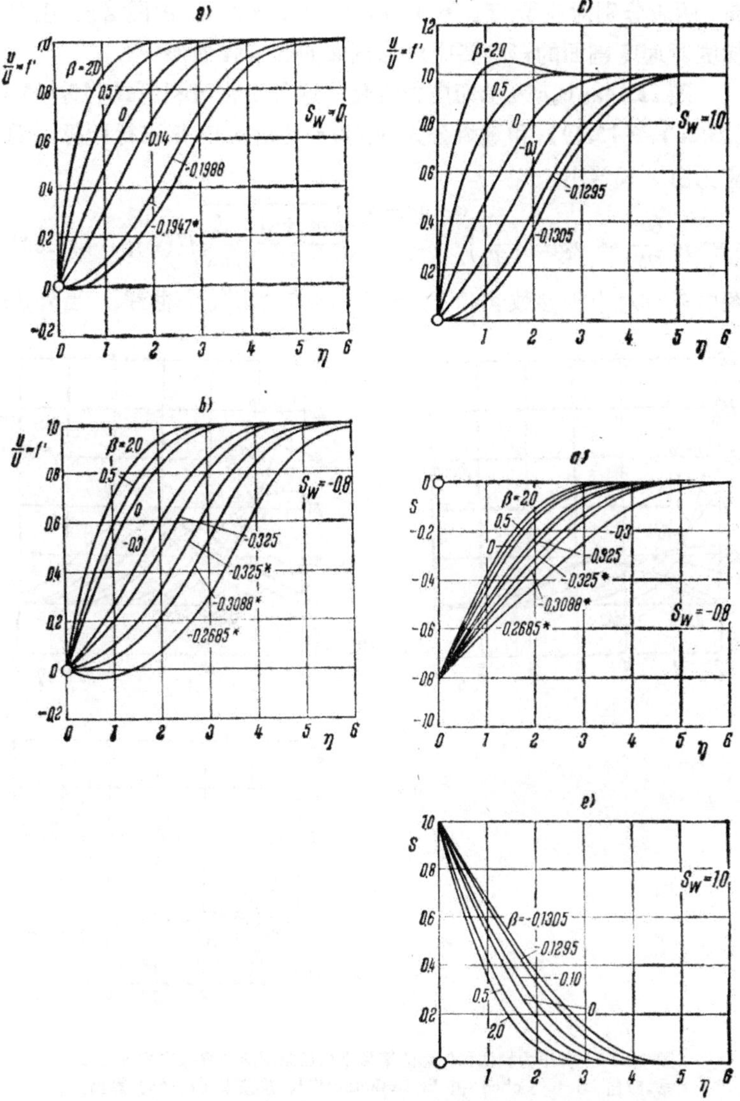


图 13.13 在有压力梯度和传热的情形下，可压缩层流边界层的速度分布和焓分布，引自 C. B. Cohen 和 E. Roshotko[16a]，并按式(13.32)和(13.35)算出 Prandtl 数：P = 1；$\omega = 1$. $U(x) = u_1(x)$ 为外流速度. a)，b)，c) 速度分布；d)，e) 焓分布；a) $S_w = 0$，$T_w = T_0$，绝热壁面；b)，d) $S_w = -0.8$，$T_w = 0.2T_0$，冷却壁面，c)，e) $S_w = 1.0$，$T_w = 2T_0$，加热壁面

布，两者分别对应于 $T_w = 0.2T_0$ 和 $T_w = 2T_0$. 由图看出，压力梯度对速度剖面的影响要比对焓剖面的影响强烈得多.

图 13.14a, b, c 表示**切应力变化**. 这种变化可利用式(13.10), (13.26), (13.29) 和等熵公式 $p_1/p_0 = (\rho_1/\rho_0)^\gamma$ 来进行计算. 切应力由下式给出:

$$\tau = \mu \frac{\partial u}{\partial y} = b\mu_0\tilde{u}_1\left(\frac{T_1}{T_0}\right)^{(2\gamma-1)/(\gamma-1)}\sqrt{\frac{m+1}{2}\frac{\tilde{u}_1}{\nu_0\tilde{x}}}f''(\eta). \quad (13.64)$$

图中还有对应于参数 $\beta$ 和 $T_w$ 为不同数值的 $f''(\eta)$ 曲线. 当外流

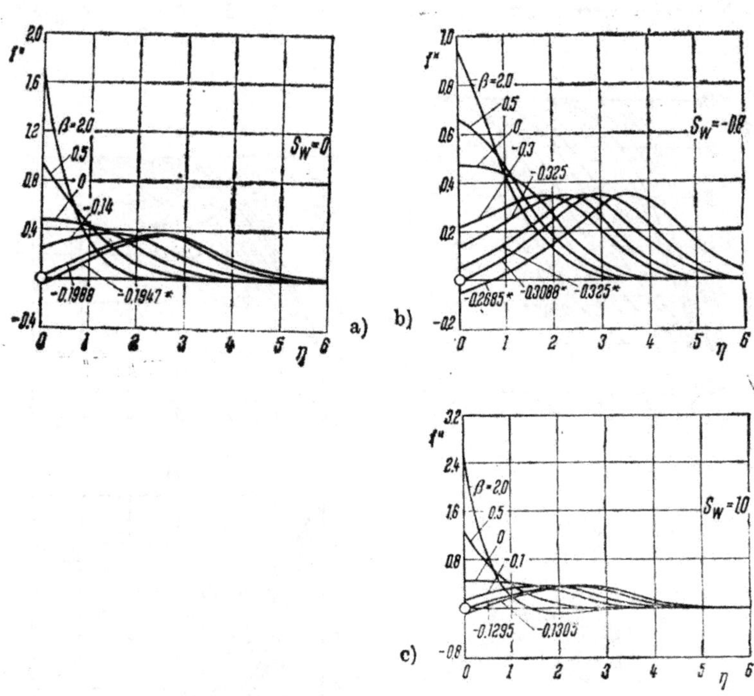


图 13.14 有压力梯度和传热的情形下可压缩层流边界层中切应力分布，取自 C. B. Cohen 和 E. Reshotko[16a]，并按式 (13.64) 算出

Prandtl 数 $\mathbf{P}=1$; $\omega=1$

a) $S_w = 0$, $T_w = T_0$, 绝热壁面

b) $S_w = -0.8$, $T_w = 0.2T_0$, 冷却壁面

c) $S_w = 1.0$, $T_w = 2T_0$, 加热壁面

被加速 ($\beta > 0$) 时，最大切应力就出现在壁面 ($\eta = 0$) 上；当外流被减速 ($\beta < 0$) 时，最大切应力从壁面离开，并随着逆压梯度的增加，即随 $\beta$ 的绝对值 ($\beta$ 为负值) 的增加而进一步外移．引入局部表面摩擦力系数

$$c_f' = \frac{\tau_w}{\frac{1}{2}\rho_w u_1^2} \tag{13.65}$$

以及 Reynolds 数

$$\mathbf{R}_w = \frac{u_1 x}{\nu_w},$$

其中下标 $w$ 指在壁面上取值，于是求得

$$c_f'\sqrt{\mathbf{R}_w} = f_w''\sqrt{2(m+1)\frac{x}{\tilde{x}}\ \frac{d\tilde{x}}{dx}}. \tag{13.66}$$

对于不同的 $S_w$ 值，$f_w''$ 随 $\beta$ 的变化曲线示于图 13.15 中．由图看出，压力梯度的改变对加热壁面 ($S_w > 0$) 上 $f_w''$ 的影响，因而对切应力的影响要比对冷却壁面上的影响大得多．在 $\beta$ 为负值的范围内，对于每一个 $\beta$ 值，存在着两个 $\tau_w$ 值．如前所述，这是因为在这个范围内存在着两个解．当壁面绝热 ($S_w = 0$) 时，$f_w''$ 的下面分支曲线给出负的切应力数值，这说明出现了回流． 当壁面加热 ($S_w > 0$) 时，可以找到一些足够小的 $\beta - \beta_{\min}$ 数值．对于这样的 $\beta$ 值而言，$f_w''$ 的两个值都是负的，也就是说流动的方向发生了倒转． 在冷却壁面 ($S_w < 0$) 的情形下，上述 $f_w''$ 的两个值可以都是正的，说明这样的两个值都能代表无分离的流动图象．最后可以看出，随着壁面温度的增加，分离点 ($f_w'' = 0$) 向压力增加较慢的方向移动．

为了将变量 $\eta$ 变换到物理平面上的距离 $y$，必须利用式 (13.8)，(13.10)，(13.24)，(13.25) 和 (13.52)．最后可求得

$$y = b\frac{dx}{d\tilde{x}}\sqrt{\frac{2}{m+1}\ \frac{\nu_0\tilde{x}}{\tilde{u}_1}}\int_0^\eta \frac{T}{T_0}d\eta. \tag{13.67}$$

积分号前面的系数通过式 (13.53) 来计算，而 $x$ 和 $\tilde{x}$ 之间的函数关

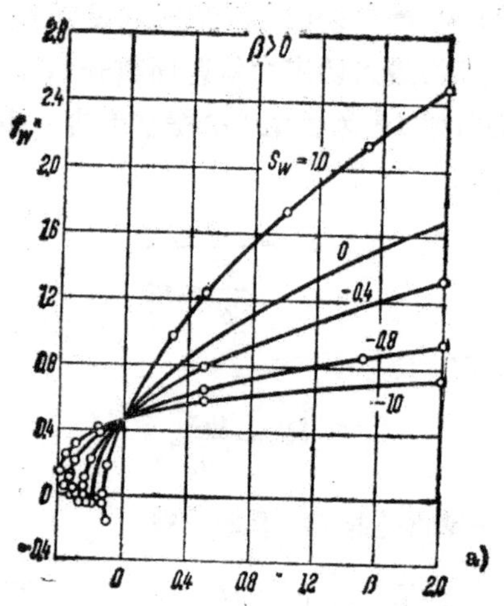


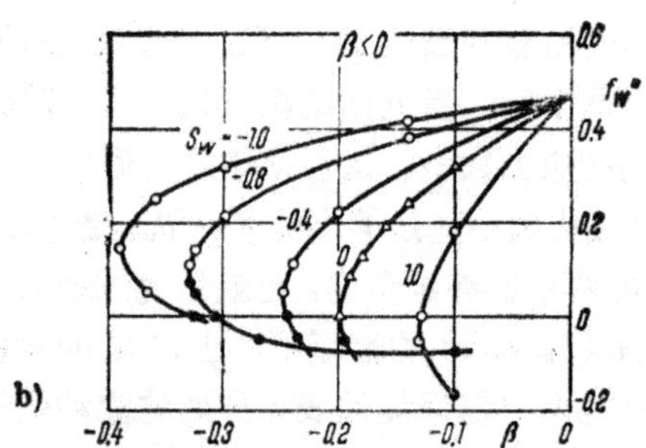


图 13.15 有压力梯度和传热情形下，可压缩层流边界层中的局部表面摩擦力系数，取自 C. B. Cohen 和 E. Reshotko[16a]，并按式(13.66)算出

Prandtl 数 P = 1; $\omega = 1$. $S_w = 0$; 绝热壁面. $S_w < 0$; 冷却壁面. $S_w > 0$; 加热壁面

系应该由方程(13.56)来确定．根据式(13.46)和(13.62)，被积函数为

$$\frac{T}{T_0}=1+S-\frac{u^2}{2c_pT_0}$$

$$=1+S(\eta)-\frac{\frac{1}{2}(\gamma-1)\mathbf{M}_1^2}{1+\frac{1}{2}(\gamma-1)\mathbf{M}_1^2}[f'(\eta)]^2. \qquad (16.68)$$

T. Y. Li 和 H. T. Nagamatsu[61] 没有用 Illingworth-Stewarson 变换而成功地导出了自相似解的表达式. W. Mangler[71] 指出了一些代换式，利用这些式子对任意压力分布情形进行了计算.

E. Reshotko 和 I. E. Beckwith[86] 发表了关于偏航圆柱上三维边界层的精确计算，其中考虑了传热以及 Prandtl 数可取任意数值.

**2. 近似方法.** 为计算可压缩层流边界层而提出的许多近似方法，大多数基于边界层的动量积分方程和能量积分方程. 读者可能记得，在不可压缩边界层的情形中也是这样. 所有这些近似方法都有这样的共同特点，即它们所牵涉的计算步骤要比(第十章中) 不可压缩流动中的计算步骤多得多. 从变量数目的增多就可料到，在可压缩边界层情形中，可供选择的方法要多得多. 在这个问题上，可查阅 A. D. Young[106] 和 M. Morduchow[79] 所写的评论. N. Curle[26] 发表了更新的综述.

在讨论近似方法时，必须将只适用于**绝热壁面**的方法与同时也适用于**传热壁面**的方法明确区分开来.

局限于**绝热壁面**的近似方法，有早期由 L. Howarth[48] 建立的方法，以及后来由 H. Schlichting[90] 对其作了某些修改的方法，二者都是针对 $\mathbf{P}=1$ 的情形；另外还有由 E. Gruschwitz[43], J. A. Zaat[110] 以及 I. Fluegge-Lotz 和 A. F. Johnson[36] 等人所建立的几种方法，这些方法对 Prandtl 数为任意值的情形均能适用. 在 $dp/dx=0$ 的特殊情形下，前面提到的最后一种方法还可修改成适用于传热壁面的情形. 上述所有的方法都基于 $\omega=1$ 的假定.

近年来的工作主要集中在解壁面有传热的问题上. 在限于

**P** = 1 的方法中，应该提到 M. Morduchow[79]，C. B. Cohen 和 E. Reshotko[16a]，R. J. Monaghan[76] 以及 G. Poots[85] 等人的方法．所有这些方法都限于 $\omega = 1$ 的假定．上述第二、三种方法可用来确定动量厚度、表面摩擦力系数和传热系数．而第一、四种方法还可确定出速度剖面和温度剖面． 当 **P** 和 $\omega$ 都与 1 相差不大时，还可以采用由 R. E. Luxton 和 A. D. Young[68] 所建立的方法．

由 N. Curle[24,25] 和 G. M. Lilley[65] 所建立的方法对 Prandtl 数为任何值的情形均适用，不过都是基于由式 (13.4a) 和 (13.23) 给出的**粘性律**，其中的常数 $b$ 最多只依赖于 $x$；即函数 $\mu(T)$ 是线性的．N. Curle 的文章计算了有逆压梯度的速度边界层的特征参数，其中假定了一个事先知道的温度场，但是允许壁面温度可以变化．同一作者的另一篇文章[25] 中，在已知壁面切应力分布的前提下，就能够计算传热速率．而 G. M. Lilley 在温度沿壁面变化的情形下，确定出壁面上的切应力和传热系数．由 I. Ginzel[41] 以及 D. N. M. Morris 和 J. W. Smith[80] 提出的方法适用于**任意的粘性律**，后者还适用于壁面温度变化的情形．

应用 K. T. Yang[104] 的方法，能够大大改进一般近似计算所得到的结果．

*动量积分方程和能量积分方程*：我们从推导可压缩边界层的动量积分方程和能量积分方程开始，因为它们是大多数近似方法的出发点．为此，我们要用到可压缩层流边界层的基本方程组，即方程 (13.5)—(13.8)．引入局部焓

$$\hat{h} = c_p T \tag{13.69}$$

及驻点焓

$$h = \hat{h} + \frac{1}{2} u^2 = c_p T + \frac{1}{2} u^2, \tag{13.70}$$

就可将能量方程 (13.7) 改写成如下形式：

$$\rho\left(u \frac{\partial \hat{h}}{\partial x} + v \frac{\partial \hat{h}}{\partial y}\right) = u \frac{dp}{dx} + \mu \left(\frac{\partial u}{\partial y}\right)^2$$

$$+\frac{\partial}{\partial y}\left(\frac{\mu}{\mathbf{P}}\frac{\partial \hat{h}}{\partial y}\right). \tag{13.71}$$

边界条件为

a）有传热：

$$\left.\begin{aligned} &y=0:\quad u=v=0,\ T=T_w;\\ &y=\infty:\ u=U(x),\quad \hat{h}=\hat{h}_1(x), \end{aligned}\right\} \tag{13.72a}$$

b）绝热壁面：

$$\left.\begin{aligned} &y=0:\quad u=v=0,\ \frac{\partial \hat{h}}{\partial y}=0;\\ &y=\infty:\ u=U(x),\quad \hat{h}=\hat{h}_1(x). \end{aligned}\right\} \tag{13.72b}$$

方程(13.5)，(13.6)，(13.8)和(13.71)加上边界条件(13.72)组成关于变量 $u$，$v$，$\rho$ 和 $\hat{h}$ 的四个方程的方程组. 根据 Bernoulli 方程,压力 $p(x)$ 是已知的,并由方程(13.9)给定，它在整个边界层厚度上保持不变,即 $\partial p/\partial y=0$. 因为横穿边界层时压力不变,所以在 $x$ 截面上的各点有

$$\frac{\hat{h}}{\hat{h}_1}=\frac{T}{T_1}=\frac{\rho_1}{\rho}, \tag{13.73}$$

其中 $\hat{h}_1$，$T_1$，$\rho_1$ 分别为边界层外缘的焓、温度和密度.

现在按照与不可压缩流动中相同的方法引入位移厚度、动量厚度和能量损失厚度,以及用焓定义的另外几个量. 在这方面,前三个参数是这样定义的：当 $\rho=$ 常数时,应该退化为不可压缩流动中相应的量，见式(8.30)，(8.31)和(8.34). 记速度边界层厚度为 $\delta$，我们引入如下定义：

$$\delta_1=\int_0^\delta\left(1-\frac{\rho u}{\rho_1 U}\right)dy \quad (\text{位移厚度}), \tag{13.74}$$

$$\delta_2=\int_0^\delta\frac{\rho u}{\rho_1 U}\left(1-\frac{u}{U}\right)dy \quad (\text{动量厚度}), \tag{13.75}$$

$$\delta_3=\int_0^\delta\frac{\rho u}{\rho_1 U}\left(1-\frac{u^2}{U^2}\right)dy \quad (\text{能量损失厚度}), \tag{13.76}$$

$$\delta_H=\int_0^\delta\frac{\rho u}{\rho_1 U}\left(\frac{\hat{h}}{\hat{h}_1}-1\right)dy \quad (\text{焓厚度}), \tag{13.77}$$

$$\delta_u = \int_0^\delta \left(1 - \frac{u}{U}\right) dy \quad (速度厚度). \tag{13.78}$$

由式(13.73),(13.74),(13.77)和(13.78)容易证明,参数 $\delta_1$, $\delta_H$ 和 $\delta_u$ 满足关系式

$$\delta_1 - \delta_u = \delta_H. \tag{13.79}$$

采用与不可压缩流动中相同的做法,将动量方程(13.6)和能量方程(13.71)对 $y$ 积分,就能够得到可压缩流动的动量积分方程和能量积分方程。考虑到

$$\frac{1}{\rho_1}\frac{d\rho_1}{dx} = -\frac{(1-\mathbf{M}^2)}{U}\frac{dU}{dx},$$

我们得到下述形式的**动量积分方程**:

$$\boxed{\frac{d\delta_2}{dx} + \frac{\delta_2}{U}\frac{dU}{dx}\left(2 + \frac{\delta_1}{\delta_2} - \mathbf{M}^2\right) = \frac{\mu_w}{\rho_1 U^2}\left(\frac{\partial u}{\partial y}\right)_w.} \tag{13.80}$$

先将方程(13.6)两边乘以速度分量 $u$,然后对 $y$ 进行积分,我们得到关于**机械能的方程**。再利用连续方程,并作一些简化,则得

$$\frac{1}{2}\frac{d}{dx}(\rho_1 U^3 \delta_3) + \rho_1 U^2 \frac{dU}{dx}(\delta_1 - \delta_u) = \int_0^\delta \mu \left(\frac{\partial u}{\partial y}\right)^2 dy. \tag{13.81}$$

在上述方程的左边是流动的机械功,而右边的项代表机械能的耗散。在不可压缩流动中,因为 $\rho =$ 常数,求得 $\delta_H = 0$,所以左边第二项为零。其结果使方程(13.81)变为方程(8.35)。

将方程(13.71)对 $y$ 积分,我们得到关于焓增加的方程——习惯上简称为能量方程。由此

$$\frac{d}{dx}(\rho_1 \hat{h}_1 U \delta_H) + \rho_1 U^2 \frac{dU}{dx}\delta_H = -\left(\frac{\mu}{\mathbf{P}}\frac{\partial \hat{h}}{\partial y}\right)_w + \int_0^\delta \mu\left(\frac{\partial u}{\partial y}\right)^2 dy. \tag{13.82}$$

上述方程的左边代表气流中焓的改变,而右边的项表示了由于壁面(下标 $w$)传热引起的焓的改变,以及通过耗散所产生的焓。注

意，方程 (13.81) 描述了机械能的损失，而方程 (13.82) 描述了焓的增加. 通过两式相减，就能得到描述沿 $x$ 方向**总焓**增加的方程. 由此得到

$$\frac{d}{dx}\left[\rho_1 U\left(\hat{h}_1\delta_H-\frac{1}{2}U^2\delta_3\right)\right]=-\left(\frac{\mu}{\mathbf{P}}\ \frac{\partial\hat{h}}{\partial y}\right)_w. \qquad (13.83)$$

再由式 (13.70) 引入单位质量的驻点焓 $h$，我们将方程 (13.83) 变换成下述形式:

$$\frac{d}{dx}\int_0^\delta \rho u(h-h_1)dy=-\left(\frac{\mu}{\mathbf{P}}\ \frac{\partial\hat{h}}{\partial y}\right)_w. \qquad (13.84)$$

上述方程的左边代表气流沿 $x$ 方向驻点焓的增加，而右边描述壁面放出或吸收的热量.

将方程 (13.83) 对 $x$ 进行积分，则得到

$$\frac{1}{2}U^2\delta_3=\hat{h}_1\delta_H+\frac{1}{\rho_1 U}\int_0^x\left(\frac{\mu}{\mathbf{P}}\ \frac{\partial\hat{h}}{\partial y}\right)_w dx. \qquad (13.85)$$

对于**绝热壁面**，由于 $(\partial\hat{h}/\partial y)_w=0$，所以方程 (13.85) 的右边为零. 为了方便起见，现在引入对应于边界层外缘状态的声速 $c_1^2=\gamma RT_1$. 由于这时

$$\hat{h}_1=c_pT_1=\frac{c_1^2}{\gamma-1},$$

所以有

$$\delta_H=\frac{1}{2}(\gamma-1)\mathbf{M}^2\delta_3. \qquad (13.86)$$

从方程 (13.83) 可知，这里 $\mathbf{M}=U/c_1$ 表示边界层外缘处的局部 Mach 数. 考虑到关系式 (13.79), (13.81) 和 (13.86)，我们得到**能量积分方程**的最后形式

$$\boxed{\frac{d\delta_3}{dx}+\frac{\delta_3}{U}\frac{dU}{dx}[3-(2-\gamma)\mathbf{M}^2]=\frac{2}{\rho_1 U^3}\int_0^\delta \mu\left(\frac{\partial u}{\partial y}\right)^2 dy.}$$

(13.87)

方程 (13.80) 和 (13.87) 分别代表绝热壁面可压缩层流边界层中动量方程和能量方程的积分形式. 它们成为近似方法中，尤其是

Gruschwitz 提出的近似方法中进一步计算的基础．对于不可压缩流动，即在 $\mathbf{M} \to 0$ 的极限情形下，方程 (13.80) 和 (13.87) 分别变为动量积分方程 (8.32) 和能量积分方程 (8.35).

**Gruschwitz 近似方法**：在下文中，我们只研究大量近似方法中的一个，即 E. Gruschwitz 提出的近似方法．它适用于 $\omega = 1$ 的绝热壁面，不过 Prandtl 数可取任意值．就数值计算的工作量而言，这个方法还是比较简单的．它还有另一个优点，即在趋向不可压缩流动的极限情形时，可以过渡到由 K. Pohlhausen 以及 H. Holstein 和 T. Bohlen 所建立的方法，这两种方法早先在第十章中已作过详细的描述.

我们不准备在此对这种方法作详细讨论，有兴趣的读者可以去查阅本书第六版中的第十三章．这里只把注意力集中在高亚声速绕翼型流动的计算结果上[1)].

上述翼型吸力面的位势流压力分布示于图 13.16，图中曲线对应于三个 Mach 数：$\mathbf{M}_\infty = 0$；0.6 和 0.8，而攻角 $\alpha = 0$．图中还有边界层外缘温度 $T_1$ 的变化曲线．计算结果示于图 13.17 和 13.18．图 13.17 中曲线分别说明动量厚度 $\delta_2$、位移厚度 $\delta_1$ 及切应力 $\tau_w$ 沿翼型吸力面的变化．当 Mach 数增加时，层流分离点稍微向上游移动．动量厚度和壁面上切应力的变化几乎不受 Mach 数的影响，而位移厚度 $\delta_1$ 随着 Mach 数的增加而显著增加．最后，图 13.18 中画出沿翼型周线几个位置上的速度分布和温度分布．随着 Mach 数的改变，速度剖面并没有多大的改变，但是，温度剖面却表明，壁面温度随 Mach 数的增加有很大的增加．这是必然的，因为假设了壁面是绝热的．绝热壁面温度 $T_a$ 也示于图 13.16 中．对于壁面绝热、Prandtl 数为 1 以及粘性系数正比于温度的情形，N. Rott 和 L. F. Crabtree[87] 已给出了积分方法.

由 W. Hantzsche 和 H. Wendt[45] 计算的轴向超声速绕圆锥流动的情形，是轴对称边界层的一个例子．F. K. Moore[78] 研究

1) 作者感谢 F. Moser 先生算出这个例子．因为 Gruschwitz 方法不能得出合理的温度分布，所以，这里的温度剖面是以参考文献 [36] 为基础计算的.

图 13.16 至图 13.18 亚声速可压缩流动中 *NACA* 8410 翼型吸力面的层流边界层，假定壁面绝热．攻角 $\alpha = 0°$. Mach 数 $M_\infty = U_\infty/c_\infty$; Prandtl 数 $P = 0.725$. 计算基于 E. Gruschwitz[43] 的近似方法

$S$ = 分离点

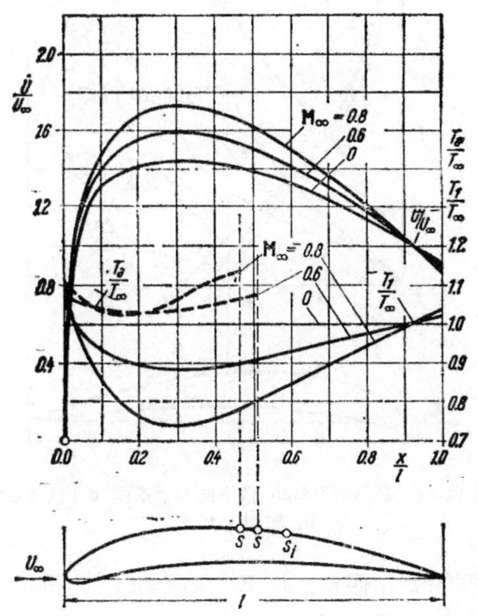


图 13.16 边界层外缘的位势流速度分布 $U/U_\infty$，相应的温度分布 $T_1/T_\infty$ 以及绝热壁面温度的变化 $T_a/T_\infty$

了超声速气流中偏航圆锥的边界层，而 R. Sedney[93] 讨论了超声速气流中偏航角不大的旋转圆锥的情形. S. T. Chu 和 A. N. Tifford[15] 以及 J. Yamaga[103] 对旋转物体进行了另外的一些计算.

利用第十一章 c 中所述的 Mangler 提出的方案，可以将任何形状旋成体的轴对称边界层计算化为二维流动的计算. 这在可压缩流体流动的范围内也是有效的.

R. M. Inman[51] 分析了可压缩的 Couette 流动，并计算了绝热壁面和传热壁面情形下的表面摩擦力系数，但是都基于粘性系

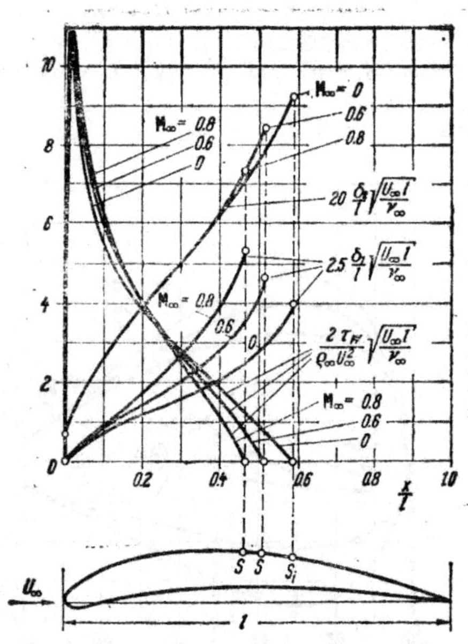

图 13.17 在不同 Mach 数下的动量厚度 $\delta_2$，位移厚度 $\delta_1$ 和切应力 $\tau_w$

数正比于温度的简化假定. I. E. Beckwith[5] 证明: 如果二次流分量远小于主流分量，则对于任何形状的三维物体的可压缩边界层也可以进行近似计算.

## e. 激波与边界层干扰

当物体位于高速气流中或在空气中作高速飞行时，在物体附近会形成局部的超声速区域. 流动克服逆压梯度从超声速过渡到亚声速时通常是通过激波来实现的.在通过很薄的激波时,流体的压力、密度和温度的变化率非常大. 除去紧贴壁面的邻域之外,变化率大到可以把这种过渡看成是间断的. 由于激波常常引起边界层分离,所以对于物体的阻力来说,激波的出现有重要的影响. 激波及相应流场的理论计算是非常困难的，我们不准备在此讨论这个课题. 实验表明: 激波形成过程和边界层形成过程之间存在着

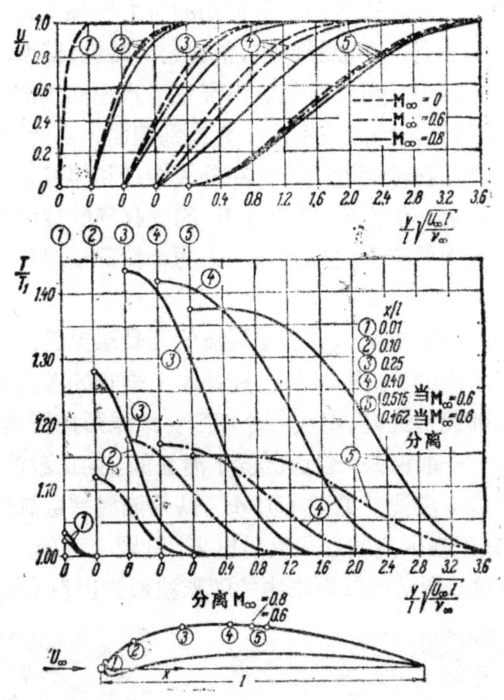


图 13.18 在不同 Mach 数下边界层中的 速度分布和温度分布

强烈的相互干扰，由此导致极为复杂的现象．因为边界层的特性主要取决于 Reynolds 数，而激波中的条件则主要取决于 Mach 数．最早是将这两种影响完全分开作系统的研究，这已进行了很长时间． J. Ackeret, F. Feldmann 和 N. Rott[1]，H. W. Liepmann[63]，G. E. Gadd, W. Holder 和 J. D. Regan[38] 在他们的实验中单独改变 Reynolds 数或 Mach 数，因而成功地对这种复杂的干扰现象提供了某些解释．本节将叙述上面三篇论文中最重要的结果． 但是，我们必须说明，至今尚未完全了解这些复杂现象．

因为激波后面，边界层区域和外流区域的分界流线必定平行于物体的型线，所以边界层中沿流动的压力增加最终一定要和外流的压力增加相同．在边界层中，根据它的特性，壁面附近质点是亚声速运动的，但是激波又只能出现在超声速的气流中．所以很清楚，外流中所产生的激波不能一直达到壁面．由此可见，平行于壁面的压力梯度在壁面附近要比在外流中缓和得多．在激波伸向壁面的那点附近，$\partial u/\partial x$ 和 $\partial u/\partial y$ 的变化率的量级相同，而在那里也可能出现横向压力梯度．上述两种情况使得熟知的边界层理论的假定失效．

激波的外形取决于边界层是层流的还是湍流的．这两种激波外形是根本不同的，见图 13.19．在基本上垂直的激波射到层流边界层的那点前面不远处，出现一个短腿，结果形成所谓的 $\lambda$ 激波，见图 13.19a．一般说来，若边界层是湍流的，则正激波不会裂开，因而不会形成 $\lambda$ 激波，见图 13.19b．从外流射到层流边界层的斜激波，将以扇形膨胀波的形式反射出来，见图 13.30a．但是，若边界层是湍流的，则反射以更集中的膨胀波形式出现（图 13.30b）．

图 13.19　激波的纹影照片；流动方向自左向右，取自 Ackeret，Feldmann 和 Rott[1]；a)层流边界层；多重 $\lambda$ 激波，$\mathbf{M}=1.92$，$\mathbf{R}_{\delta_2}=390$；b) 湍流边界层；正激波，$\mathbf{M}=1.28$，$\mathbf{R}_{\delta_2}=1159$

图 13.20 中等压曲线和图 13.21 中压力曲线表明：沿层流边界层或沿湍流边界层的压力增长率比外流中的缓慢．我们通过压力分布在壁面附近的"扩散"来说明边界层中压力梯度变得平缓的

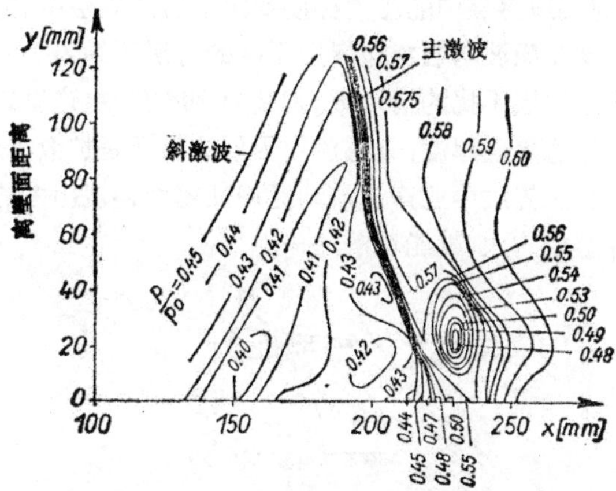


图 13.20 层流流动中激波区的等压线(λ 激波)，取自 Ackeret, Feldmann 和 Rott[1]

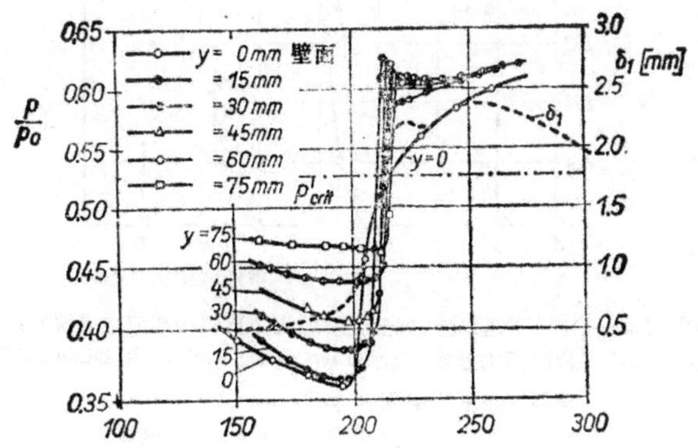


图 13.21 激波区的湍流边界层；离壁面不同距离上的压力分布，引自 Ackeret, Feldmann 和 Rott[1]

现象．据观测，层流边界层中的扩散要比湍流边界层中更为显著．由图 13.22 也可看出层流的激波扩散和湍流的激波扩散之间的这种差别．该图是 H. W. Liepmann, A. Roshko 和 S. Dhawan[64] 的测量结果，给出了平行于超声速气流的平板上的压力变化．这些压力曲线是在平板上由尖楔产生的斜激波与边界层干扰点附近画出的. 湍流边界层中的压力梯度要比层流边界层中的陡得多. 扩散(区)宽度在激波与层流边界层干扰的情形下约为 100$\delta$, 而在激波与湍流边界层干扰的情形下,则减为 10$\delta$ 左右;这里的符号 $\delta$ 表示激波区的边界层厚度. 层流边界层的特征是扩散程度更大,只要指出层流边界层中亚声速流动区域从壁面伸展出去的范围要比湍流边界层中的大,就能理解这一点.

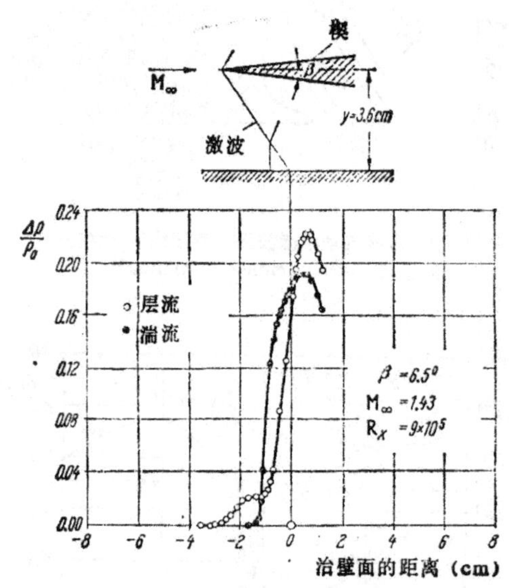


图 13.22 在超声速气流中,激波从层流边界层和湍流边界层反射的区域中沿平板的压力分布,引自 Liepmann, Roshko 和 Dhawan[64]

边界层厚度: 层流 $\delta \approx 0.7$mm (0.028in)

湍流 $\delta \approx 1.4$mm (0.056in)

不管分离是否出现,激波入射点前的边界层厚度都将增加.边界层外缘的压力增加,因此边界层内的压力也增加,这对应于这样一条弯曲流线,它沿壁面方向凸起,并将外流和边界层流动分开.而在斜激波的反射膨胀波的影响区中,边界层内压力的稍微减小,见图 13.22,这对应于上述分界流线是凹向壁面的. 无分离的层流边界层只能承受很小的压力增升,因为外流完全是通过粘性力把压力梯度加给边界层的. 而无分离的湍流边界层却能承受大得多的压力梯度，因为这时湍流的混合运动有助于这个过程. 如果边界层中出现分离，则层流边界层和湍流边界层都能承受强激波加给的很大的压力增升. 特别是在湍流情形下，在分离的边界层和壁面之间的死水涡可以产生很大的速度，通过粘性的作用推动边界层内缘来克服压力的增升. 图 13.23 中示意图表明边界层和死水区在波阵面前如何变厚，以及在其后面又如何变薄. 最后，如图 12.23 所示，边界层本身可以完全再附于壁面，在图 13.24 中也可以看到同样的现象.

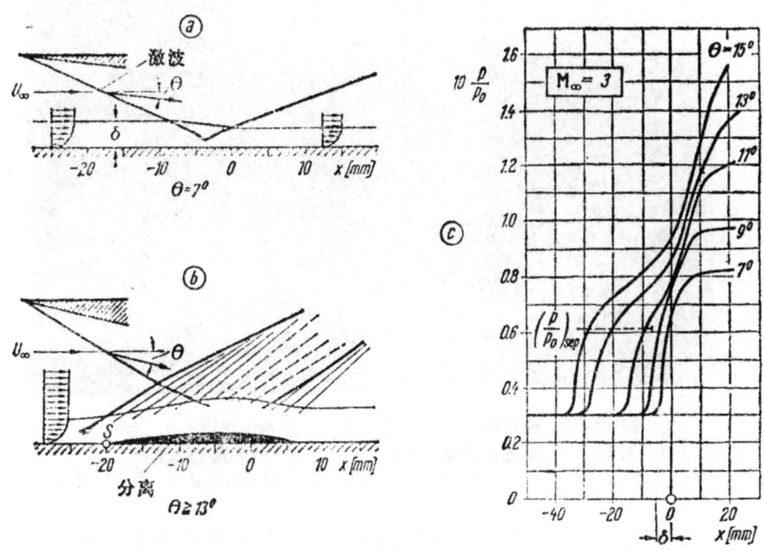


图 13.23 平直壁面上湍流边界层的激波反射，取自 S. M. Bogdonoff 和 C. E. Kepler[6]. 激波前边界层厚度 $\delta\approx 3\text{mm}$ (0.12in). a) 弱激波，偏转角 $\theta=7°$. 反射类似于无摩擦流动中的情形，无边界层分离；b) 强激波，偏转角 $\theta\geqslant 13°$. 以一系列压缩波和膨胀波的形式反射，边界层分离；c) 偏转角 $\theta$ 不同时的压力分布. 分离发生在接近于 $p_{sep}/p_\infty=2$ 的点上

图 12.23 重新绘出 S. M. Bogdonoff 和 C. E. Kepler[6] 所测量的一些结果，这是在他们研究斜激波从平直壁面湍流边界层上反射时测得的，外流的 Mach 数 $M_\infty=3$. 图 13.23a 和 b 分别说明弱激波和强激波的反射，激波强度由偏转角 $\theta$ 的大小来调节.

对弱激波 ($\theta = 7°$) 情形，反射激波呈现出理想流体理论所预示的图象,因而边界层不出现分离．当激波强度增加 ($\theta = 13°$) 时，反射图象中包含一系列的压缩波和膨胀波．边界层显示出很大的局部增厚，由此导致分离．边界层在反射激波后面比在入射激波前面更厚． 不同偏转角(因而不同激波强度)下，相应的沿壁面压力分布曲线示于图 13.23c．当 $\theta > 9°$ 时，出现分离．产生分离的压力增升与偏转角无关,其值大致为 $p_{sep}/p_{\infty} = 2$．

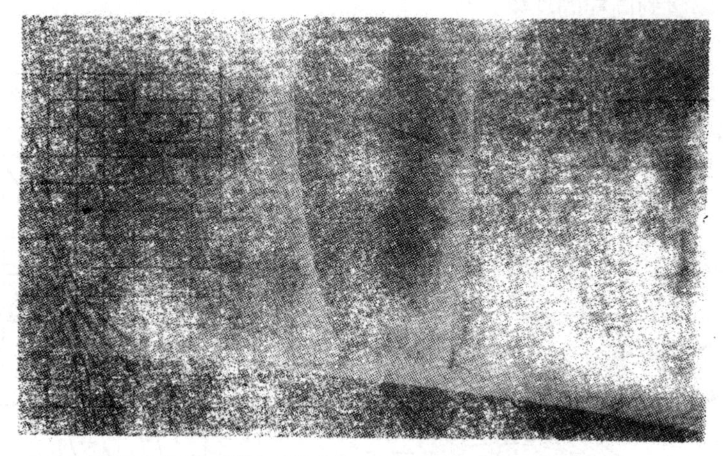

图 13.24 绕翼型流动的纹影照片．激波与边界层干扰．实例 (2)：在激波前出现分离，而在激波后再附的层流边界层：$\mathbf{M} = 0.84$，$\mathbf{R} = 8.45 \times 10^5$,取自 Liepmann[63]

在入射激波的附近,转捩和分离的出现主要受边界层中 Reynolds 数和外流 Mach 数的控制．当激波很弱以及 Reynolds 数很小时，整个边界层仍是层流的．当 Mach 数固定在较小的数值上而增加 Reynolds 数时,将在激波入射点上引起转捩．当激波很强(Mach 数很大)而 Reynolds 很小时,由于压力扩散,层流边界层将在激波的前面分离,也可以在激波前面发生转捩．当 Reynolds 数足够大时，不管边界层是否分离，边界层转捩总是在激波前面发生．根据 A. Fage 和 R. Sargent[35] 所作的观测，当压力比 $p_2/p_1$ 小于 1.8 时，湍流边界层不出现分离，对于正激波，这时相当于

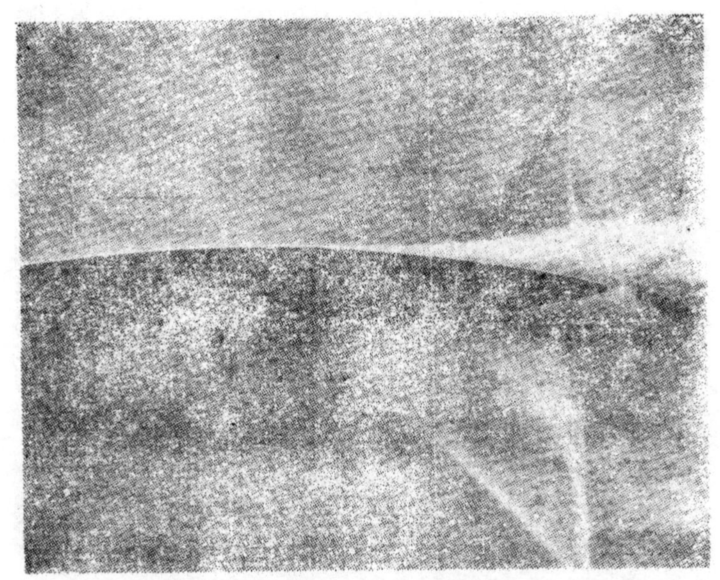

图 13.25 绕翼型流动的纹影照片．实例 (**3**)：激波后出现分离的层流边界层． $\mathbf{M}=0.90$, $\mathbf{R}=8.74\times10^{5}$, 取自 Liepmann[63]

Mach 数 $\mathbf{M}_{\infty}<1.3$．有关激波与边界层干扰的其他实验结果，可以参阅 W. A. Mair[69], N. H. Johannesen[52], O. Bardsley 和 W. A. Mair[3] 以及 J. Lukasiewicz 和 J. K. Royle[69] 等人的文章．

近年来，曾试图通过理论的方法来描述层流边界层与激波的干扰．这种尝试基本上是不成功的，因为一般说来，边界层理论的假设在激波附近已不成立．在某些研究中，基于 Navier-Stokes 方程求出了数值解．有关这个复杂问题近况的评论，可参阅 J. D. Murphy[81a], R. W. MacCormack[14a], J. M. Klineber[56a], J. C. Carter[14b] 以及 J. D. Murphy 等[81b]的文章．

现在根据纹影照片来说明激波入射到边界层上的各种影响．正如 A. D. Young[106] 所指出的那样，可将其分成下列几种情形：

(1) 前面的边界层是层流的，并且在激波后面仍然是层流的，无分离；

(2) 前面的边界层是层流的，但是由于逆压梯度的作用，边界

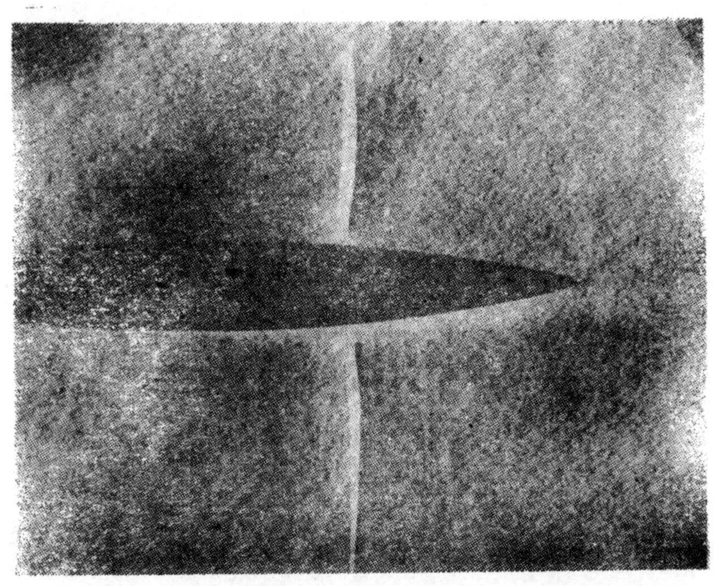

图 13.26 绕翼型流动的纹影照片．激波与边界层干扰．实例(4)：在激波前转捩成湍流的边界层，没有分离．$\mathbf{M}=0.85$，$\mathbf{R}=1.69\times10^{6}$，取自 Liepmann[63]

层在激波前发生分离，然后以层流或湍流状态再附于壁面，见图 13.24[1)]；

(3) 前面的边界层是层流的，但在激波前面完全从壁面分离，并且不能再附于壁面，见图 13.25：正激波并生出 $\lambda$ 分支；

(4) 前面的边界层是湍流的，并且不从壁面上分离，见图 13.26；

(5) 前面的边界层是湍流的，但是从壁面上分离，见图 13.27 和图 13.28.

图 13.30a 和 b 分别说明斜激波从层流边界层和湍流边界层的反射．

---

1) 感谢加州理工学院 H. W. Liepmann 教授，承蒙应允采用图 13.24—13.26 和图 13.29—13.30 中的照片，并热情地为本书出版提供原始照片．

很久以前，A. Busemann[10] 发表了关于超声速流动中边界层分离的观测资料．超声速风洞通常装有扩压段，它用来从很高的风速中恢复压力．这种扩压段做成收缩-扩张通道的形状，气流通

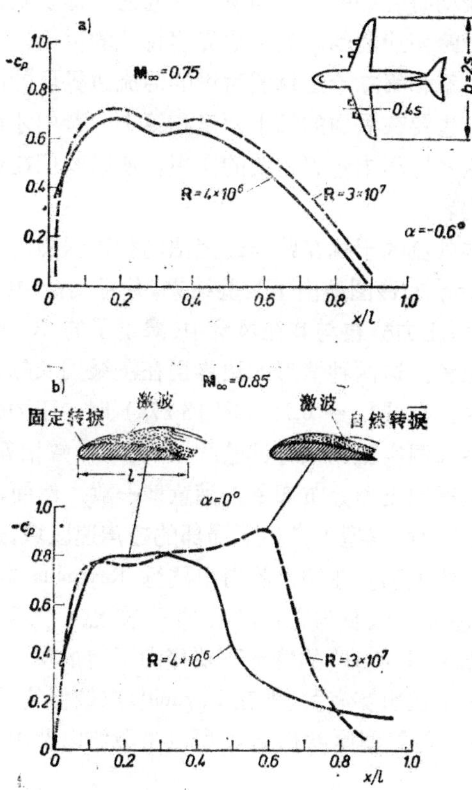


图 13.27 在跨声速范围内 Reynolds 数对翼型表面压力分布的影响，取自 G. L. Loving[66]；$\mathbf{R}=3\times10^7$ 的飞行试验(全尺寸)和 $\mathbf{R}=4\times10^6$ 风洞试验间的比较．在自由飞行中自然转捩；在风洞试验中激发转捩．a) 当 $\mathbf{M}_\infty=0.75$ 时，亚临界压力分布；升力系数 $c_L\approx0.3$；$\mathbf{R}=3\times10^7$ 的自由飞行试验和 $\mathbf{R}=4\times10^6$ 的风洞实验之间令人满意地一致．b) 当 $\mathbf{M}=0.85$ 时，超临界压力分布；升力系数 $c_L\approx0.34$；$\mathbf{R}=3\times10^7$ 的自由飞行试验和 $\mathbf{R}=4\times10^6$ 的风洞实验有很大的差别

——风洞(转捩点固定)

----全尺寸飞行

过扩压段时，在收缩段和扩张段中都有逆压梯度. A. Busemann 观测到：不管 Mach 数的值如何，分离都不取决于收缩角和扩张角，但是总是与逆压梯度有关. 在这方面应该认识到，在高 Mach 数下出现的流动特性的变化是与所改变的逆压梯度条件有关的.

下面关于跨声速范围内翼型边界层特性的讨论，实质上涉及后面第二十二章和第二十三章要讨论的湍流边界层的内容. 虽然转捩过程本身也要在后面的第十六章和第十七章中才讨论，但是，由于转捩在这些过程中起着重要的作用，所以我们在这里将插进一些有关的内容.

边界层与外流的干扰在跨声速范围内特别强烈. 图 13.27 引自 G. L. Loving[66]，该图给出了实验结果，并将飞行中(大 Reynolds 数)测量的翼型压力分布与其在风洞中(减小了的 Reynolds 数)测量结果作了比较. 这两种情形的边界层在浸湿周长的大部分区域内都是湍流的. 在 $\mathbf{M}_\infty = 0.75$ (图 13.27a) 时，压力分布仍是亚临界的. 虽然风洞实验和飞行试验的 Reynolds 数相差十倍，但是这两种情况测得的压力分布却令人满意地一致. 然而，当 $\mathbf{M}_\infty = 0.85$ (图 13.27b)时，翼型上产生了局部的超声速区域，这两种压力分布就有很大的差别. 在较大的自由飞行 Reynolds 数 $\mathbf{R} = 3 \times 10^7$ 情形下，激波（以及与它相联系的分离点）位置比风洞中 Reynolds 数 $\mathbf{R} = 4 \times 10^6$ 的情形下要移向下游很多. 这种情况的物理解或许与下述事实有关，即在 Reynolds 数较低的风洞实验中，边界层相当厚（与翼型厚度相比），所以将激波以及由它引起的分

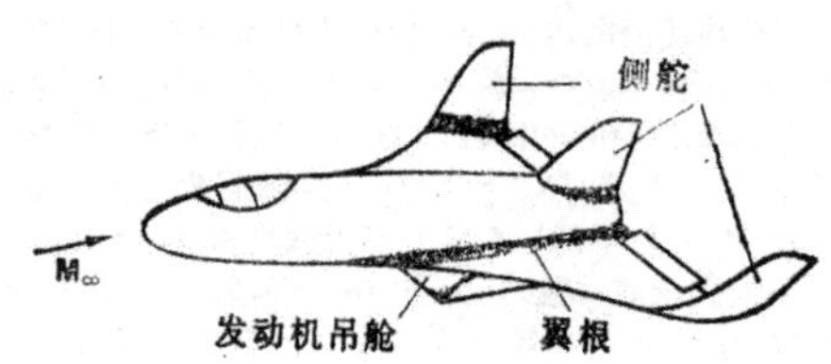


图 13.28　平行于高超声速流动的拐角
::::::严重过热的拐角

图 13.29 绕翼型流动的纹影照片．激波与边界层干扰．实例(5)：激波后强烈分离的湍流边界层．$\mathbf{M}=0.90$，$\mathbf{R}=1.75\times10^6$，取自 Liepmann[63]

离点推向更上游．由此可以推断，Reynolds 数对边界层（因而也对激波及其相关的分离点）的影响在跨声速流动中是十分显著的．因此，在**跨声速的 Mach 数**范围内，Reynolds 数对翼型的整个气动特性的影响要比在亚声速范围内或纯超声速范围内的影响大得多．由于这个缘故，当我们将跨声速范围内的风洞实验结果用来预言飞行特性时，必须极其小心．有关这个课题的另外一些实验结果，可以从参考文献 [27a, 84, 91] 中找到．

J. J. Kacprzynski[53] 报道了这一领域中新近非常广泛的实验结果．

**高超声速**范围内的传热问题发生在空间飞行器和弹道火箭再入地球大气层的时候．当运动物体接近地面时，如果利用空气阻力来进行减速，则由此耗散的大部分能量以热的形式加给物体．无论高超声速边界层是层流的还是湍流的，其中都会发生这种过程．J. C. Rotta[87a] 发表了一篇综述文章，描述了在二维和旋成体中出现的这方面问题．

还有另一个边界层与激波干扰的重要问题出现在零攻角高超

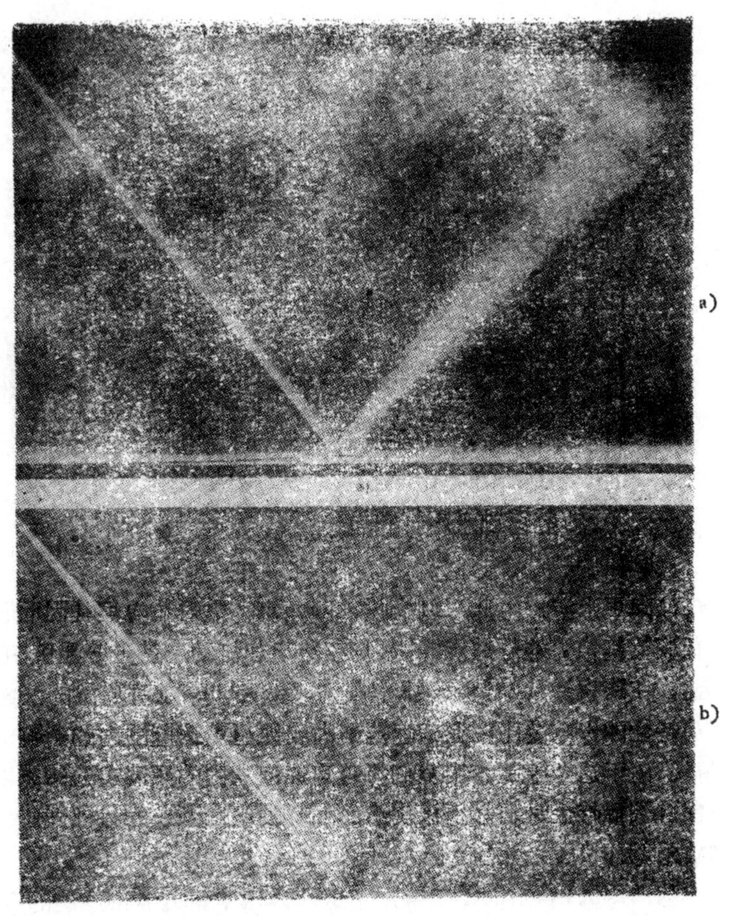

图 13.30a,b 斜激波在平板边界层上反射，取自 Liepmann，Roshko 和 Dhawan[64].

a）层流边界层；b）湍流边界层

**声速沿拐角流动**中．由于拐角中的耗散速率比附近的二维流动中的大得多，所以拐角中的流动伴随有强烈的加热．在图 12.15 中可以看到这方面的迹象．图中表明，在沿直角拐角的不可压缩流动中，即使壁面温度超过自由流温度，也存在从流体向壁面传递的热流量．与此相反，在远离拐角的地方，热流却是从壁面流向流体的.

只是近年来，即美国试验机 $X$-15 在 Mach 数 $\mathbf{M}=3$ 至 6 的范围内进行飞行试验时，科学家们才意识到上述问题. R. D. Neumann[82,99]发表了有关这种现象的报告. 图 13.28 提醒读者，这类拐角外形出现在翼根、侧舵、发动机吊舱和吸气式发动机的空气入口处.

最近，K. Kipke 和 D. Hummel[56] 在 $\mathbf{M}=12\sim16$ 这种很高 Mach 数的情形下，完成了高超声速沿拐角流动的实验研究. 他们测量了拐角中的压力分布和局部传热率，并发现了激波与边界层干扰区域内异常复杂的结构. 拐角中流动产生强烈的分离区，其中局部传热率比二维流中的大十倍.

涉及激波与边界层干扰问题的理论研究不胜枚举. 我们只举出下述少数作者：E. A. Mueller[81], D. Meksyn[74], M. Honda[47] 以及 A. Appleton 和 H. J. Davies[2]. 应该特别注意 N. Curle 的文章[24]. 该文研究了传热对平板上压力增升的影响，并说明了计算具有任何壁面温度和任何 Prandtl 数的边界层的近似方法. 这种近似方法利用了 G. E. Gadd[39] 的实验结果. 这一实验结果说明：虽然在分离点上速度梯度 $dU/dx$ 不为零，但是速度 $U$ 本身却近似地保持不变. 利用这一简化，在假设未知的压力梯度和边界层厚度增加之间存在某种关系的条件下，就能对方程组进行求解. 结果是：分离点上压力系数与壁面温度无关，但是干扰区延伸的范围正比于 $T_w$. 所以，在分离处的压力增升反比于 $T_w$.

假设 $p$ 与 $p_0$ 相差很小，而且近似有

$$c_p \approx \frac{2}{\gamma \mathbf{M}_0^2}\left(\frac{p}{p_0}-1\right) \approx 1-\frac{U^2(x)}{U_0^2}, \tag{13.88}$$

N. Curle 计算了本节表 13.1 所引用的函数 $F(X)$. Curle 引入下列缩写符号：

$$F = 0.4096(\mathbf{M}_0^2-1)^{1/4}\mathbf{R}^{1/4}\left(1-\frac{U^2(x)}{U_0^2}\right), \tag{13.89}$$

$$X = 1.820(\mathbf{M}_0^2 - 1)^{1/4}\mathbf{R}^{1/4}\left(\frac{T_w}{T_1}\right)_{sep}^{-1}\left(\frac{x}{x_{sep}} - 1\right). \quad (13.90)$$

下标 sep 指分离点，下标 0 指激波上游状态，下标 1 指边界层边缘状态。

分离点上压力系数最后具有下述形式

$$c_{psep} = \frac{2}{\gamma \mathbf{M}_0^2}\left(\frac{p_{sep}}{p_0} - 1\right) = 0.825(\mathbf{M}_0^2 - 1)^{-1/4}\mathbf{R}^{-1/4}, \quad (13.91)$$

其中 $\mathbf{R} = Ux/\gamma_1$，$p_0$ 和 $\mathbf{M}_0$ 分别为激波上游的压力和 Mach 数。

**表 13.1 在激波附近沿平板的压力分布函数 $F(X)$，根据式 (13.89) 和 (13.90)，取自 N. Curle[24]**

| $X$ | $F(X)$ | $F'(X)$ | $X$ | $F(X)$ | $F'(X)$ |
|---|---|---|---|---|---|
| −7.03 | 0.02 | 0.0103 | 0.70 | 0.40 | 0.0885 |
| −5.12 | 0.05 | 0.0237 | 1.86 | 0.50 | 0.0828 |
| −4.09 | 0.08 | 0.0351 | 3.21 | 0.60 | 0.0645 |
| −3.14 | 0.12 | 0.0479 | 5.03 | 0.70 | 0.0465 |
| −2.21 | 0.17 | 0.0612 | 7.61 | 0.80 | 0.0323 |
| −1.32 | 0.23 | 0.0736 | 11.75 | 0.90 | 0.0174 |
| −0.55 | 0.29 | 0.0832 | 15.52 | 0.95 | 0.0101 |
| 0 | 0.338 | 0.0900 | 23.33 | 1.00 | 0.0042 |
| | | | ∞ | 1.03 | 0 |

图 13.31a 和 b 给出了理论曲线与实验结果的比较，其中实验结果是由 G. E. Gadd 和 J. L. Attridge[40] 进行测量的。无论是从理论或是从实验，都可以得出结论：对于分离区前面的压力，壁面加热时的值比壁面绝热时要高。这两个图对应于不同的壁面温度，它们之间的比较使我们相信，随着壁面温度的增加，这种影响变得更为显著。

有关分离后的层流边界层与无摩擦的超声速气流干扰区的数值解，已由 V. N. Vatsa 和 S. D. Bertke[101]，以及 O. R. Burggraf[9]，G. S. Settles, S. M. Bogdonoff 和 I. E. Vas[93a] 等人作出。

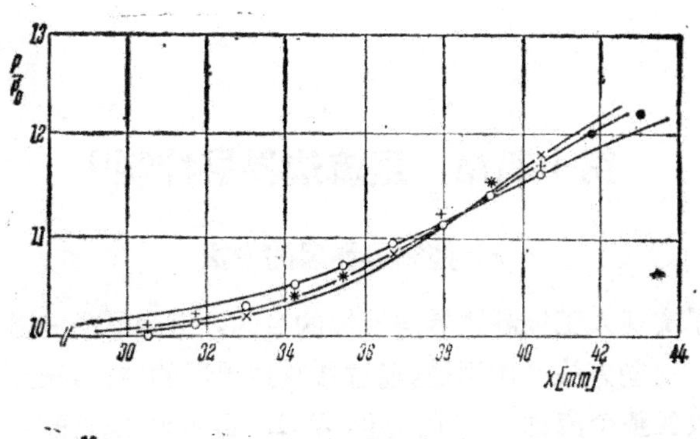


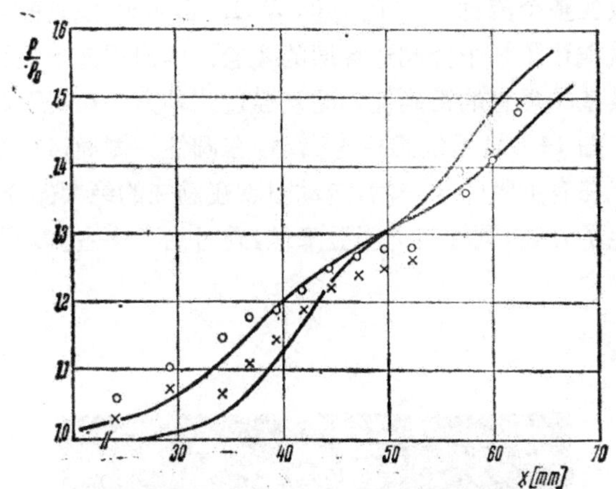


图 13.31a

$M_0 = 3$; $R = 4.2 \times 10^5$

+ 加热壁面 $T_w = 1.25T_0$

× 无传热壁面 $T_w = T_0$

○ 冷却壁面 $T_w = 0.88T_0$

图 13.31b

$M_0 = 2.7$; $R = 1.5 \times 10^5$

× 无传热壁面 $T_w = T_0$

○ 冷却壁面 $T_w = 1.5T_0$

图 13.31 与激波相干扰区域内的层流边界层：在壁面温度不同的条件下，超声速气流中零攻角平板上的压力分布．实线：根据 N. Curle 的理论[24]

# 第十四章　层流边界层控制[1)]

## a. 控制边界层的方法

为了实现人工控制边界层特性的目的，迄今已经提出了好几种方法．这些方法的作用是，通过影响边界层的结构，来按所希望的方向改变整个流动．早在1904年 L. Prandtl 发表的第一篇论文中，就叙述了几个控制边界层的实验．他想用适当设计的实验来证明其基本思想的正确性，而且通过这种方法获得了相当出色的成果．图14.1表示绕圆柱的流动，在圆柱一侧通过一个小缝进行抽吸．在有抽吸的这一侧，流动附着在圆柱的绝大部分表面上，从而避免了分离；圆柱阻力明显降低，同时由于失去流动图象的对

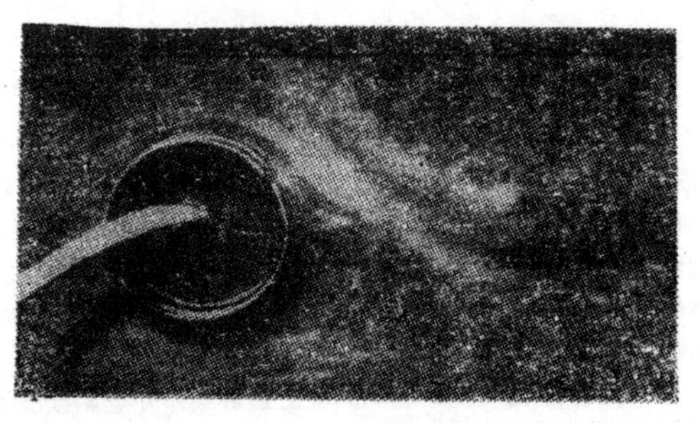

图14.1　绕一侧有抽吸的圆柱流动，根据 Prandtl

1) W. Wuest 教授参与了本书第五版本章新文稿的准备工作．

称性，引起了很大的横向力.

正如在第十章所说明的，层流边界层不发生分离时只能承受很小的逆压力梯度．和层流相比，在湍流情形下分离的危险大大减小了，因为，由于湍流的混合运动，有动量从外缘向壁面连续流动．但是，即使在湍流中，也常常需要采取某种**边界层控制**的措施来避免分离．边界层控制的问题，特别是在航空工程领域内，一度成了非常重要的问题．在实际应用上，为了减小阻力并获得较高的升力，往往需要防止分离． 在实验以及理论分析[6,75,76]的基础上，已经提出了几种控制边界层的方法．这些方法可以分类如下：

1. 使壁面运动
2. 使边界层加速(吹除)
3. 抽吸
4. 注射不同气体(二组元边界层)
5. 通过采用适当的外形(层流翼型)防止向湍流转捩
6. 冷却壁面

方法 1 至方法 4 就在本章讨论．方法 5 和方法 6 将在第十七章描述，那一章将讨论从层流向湍流转捩的理论．

G. V. Lachmann 的题为“边界层和流动控制”[44]的论文，有根据当时研究状况写出的边界层控制问题的综述，此外还可参阅 P. K. Chang 的著作[12a]．直到第二次世界大战末期，几乎只有德国从事这方面问题的研究，A. Betz[9] 已经报道了这方面的成就．自从第二次世界大战末期以来，其他国家对这个问题的发展，已经

图 14.2 绕旋转圆柱的流动

在文献[44]以及[27，36，65，104]中作出概括.

本章主要处理层流边界层控制问题.有关湍流边界层的问题将在第二十二章 b6 中加以研究.

**1. 壁面运动** 最明显的避免分离的方法是尽量防止形成边界层.因为边界层是由于流体与固壁之间的速度差造成的，所以尽量消除这个速度差，使得壁面随着流体一起运动，就能避免形成边界层.得到这种结果的最简单的方法是圆柱旋转.图 14.2 表示绕旋转圆柱的流动图象，圆柱放在与其轴线相垂直的流动中.在流动方向与柱面运动方向相同的上侧，完全消除了分离；而在流体运动方向与壁面运动方向相反的下侧，仅发生了不完全的分离.总的来说，这种流动图象非常接近于有环量的绕圆柱无摩擦流动的图象.在垂直于平均流动的方向上，流体对圆柱作用一个相当可观的力；有时称之为 Magnus 效应.例如，打网球"削"球时，就可以看到这种效应.另外，还曾试图利用旋转圆柱上产生的升力来推进船舶（Flettner 旋筒[1]）.除了旋转圆柱之外，当形状不是圆柱时，使壁面随着流体运动的想法付诸实现是相当复杂的.因此，这种方法并没有得到很多实际应用. 然而，A. Favre[26] 还是对翼型上运动边界的影响进行了全面的实验研究.翼型的一部分上表面做成绕两个转轴运动的环带，所以返回运动发生在模型内部.这种装置表明对于避免分离非常有效，而且在大攻角（$\alpha = 55°$）时得到很高的最大升力系数（$C_{L\max} = 3.5$）. E. Truckenbrodt[100] 计算出平板尾部随着流体一起运动的平板层流边界层.

**2. 边界层加速(吹除)** 防止分离的另一种方法，是向边界层中正在减速的流体质点添加能量.用特殊的压缩机从物体内部射出流体（见图 14.3a），或者直接从主流中引出所需要的能量，就可以得到这种结果.通过机翼内的缝隙将减速区与高压区连接起来，就能产生后一种效果（开缝机翼，见图 14.3b）. 在这两种情形下，都能把添加的能量传给边界层内靠近壁面的流体质点.当流体射出时（比如用图 14.3a 所示的方法），为了避免射流在出口后面短距离内转化为旋涡，一定要非常注意缝口的形状.后来

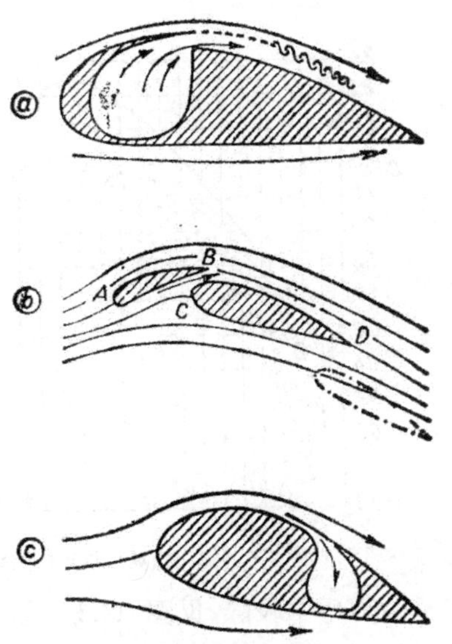


图 14.3 边界层控制的不同方案. a) 流体吹除, b) 开缝机翼, c) 抽吸

在法国所做的实验[64]，使下述方法非常引人注目：即在翼型后缘上采用吹除，用以提高它的最大升力. 通过缝隙吹除大大提高襟翼最大升力的努力也获得了成功（参看第十二章 b6). 在图 14.3b 所示的开缝机翼情形下[7]，吹除产生的效果如下：前缘缝翼 A—B 上形成的边界层在发生分离之前就被带入主流，同时从 $C$ 点开始形成一个新的边界层. 在适当条件下，这个新边界层将无分离地到达后缘 D. 用这种方法可以在相当大的攻角下避免分离，并且可以得到很大的升力. 在图 14.4 中，对于带有或者不带前缘缝翼和襟翼几种情形的每种翼型，各画出一条极曲线(升力系数对阻力系数的关系曲线). 由靠近后缘的襟翼所形成的缝隙中的现象，大体上与前缘缝翼的现象相同. 可以看出，升力的增益是非常显著的.

在文献 [13] 中有吹除控制方面新近工作的评论.

**3. 抽吸** 抽吸的作用在于，在减速的流体质点行将发生分离

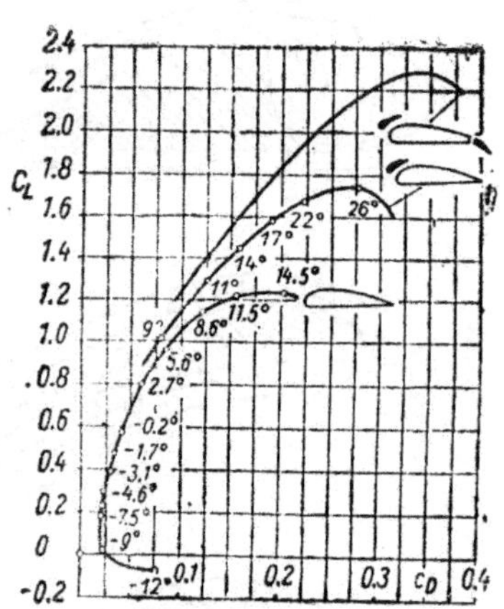


图 14.4 带有前缘缝翼和襟翼的机翼极曲线

之前，就把它们从边界层中吸除，见图 14.3c．而在缝口后面的区域，可以形成一个新的重新能克服一定逆压梯度的边界层．采用适当的缝口结构和在适当条件下，可以完全防止分离．这时，由于没有分离而大大减小压差阻力．L. Prandtl 首先进行了抽吸应用的实验（图 14.1），后来这个办法广泛地应用在飞机机翼设计上．由于采用抽吸，在大攻角时，在上翼面可以得到明显的吸力增加(即较低的绝对压力)，从而得到更大的最大升力值．Q. Schrenk[85] 研究过许多抽吸缝口的方案，以及它们对最大升力的影响，这方面还可参阅文献［104］.

后来，还利用抽吸降低阻力．利用抽吸缝口的适当安排，能使边界层转捩点向下游移动；由于层流阻力远小于湍流阻力，从而使阻力系数减小(图 14.9)．这种由于抽吸引起的**推迟转捩**的作用，在于减小边界层的厚度，从而减小转为湍流的倾向[3]．另外，有抽吸边界层的速度剖面更丰满（图 14.6)，比起无抽吸而厚度相等的层流边界层来，它的形状更不容易产生湍流．在第十七章将更充分地讨论与转捩现象有关的问题，特别是那些涉及抽吸的问题.

**4. 注射不同的气体** 通过多孔壁面向边界层注入与外流不同的轻质气体，可以降低壁面与气流之间的热交换率[34]．这是采用这种方法所产生的最重要的作用之一. 由于这个原因，这种方案经常用来提供高超声速速度下的热防护. 注射在边界层内产生一种混合气体，因此除了动量传递和传热过程以外，还增加了由于扩散引起的传质过程. 一般说来，对于沿浓度梯度的扩散而言，一定不要忽略热扩散. 当液体薄膜在壁面上蒸发时，或者当壁面材料本身熔化或升华时，也会发生类似的过程. 这后一过程将用术语**烧蚀**来描述，对此我们将在本章 c 中再讨论.

**5. 通过采用适当的外形来防止转捩. 层流翼型** 利用适当形状的物体也可以推迟从层流向湍流的转捩. 象抽吸情形一样，其目的也是通过使转捩点向下游移动来降低摩擦阻力. 人们已经证实，外流中的压力梯度强烈地影响边界层转捩点的位置. 在压力递减时，出现转捩的 Reynolds 数要比压力递增时高得多. 压力沿流动方向递减对边界层具有很大的稳定作用；压力沿流动方向递增时作用相反. 这种情形在现代低阻翼型上得到应用. 将最大厚度截面大大后移，就能得到这种所希望的结果. 采用这种方法，翼型的大部分区域是在向下游递减的压力影响下，因而能维持层流边界层. 我们将在第十七章再讨论这个问题.

**6. 冷却壁面** 在一定的超声速马赫数范围内，通过对壁面冷却，完全能使边界层稳定（参看第十七章 e). 冷却还能用来减小边界层厚度，而且这种可能性很重要，例如使密度很低的气体流过风洞喷管时就是如此，不然太厚的边界层会使实验段的有效面积减小到不能容许的程度.

在以上讨论的所有方法中，通过抽吸控制边界层的方法，以及在层流翼型上防止转捩的方法最有实际意义. 由于这个原因，已经建立了计算抽吸对边界层流动影响的各种数学方法；现在打算简要地回顾一下.

## b. 边界层抽吸

### 1. 理论结果

**1.1. 基本方程.** 在开始对有抽吸的层流边界层进行数学研究

时，最简单的是首先讨论连续抽吸的情形。可以设想这种情形用多孔壁面来实现．我们将采用普通的坐标系，$x$ 轴沿着壁面，$y$ 轴垂直于壁面，见图 14.5．通过在壁面上规定一个非零的法向速度分量 $v_0(x)$ 来说明抽吸量，在抽吸情形下设 $v_0 < 0$，在吹除情形下设 $v_0 > 0$．我们假设从气流中抽吸的流量非常小，以至只是邻近壁面的流体质点被吸走．这等于说，抽吸速度 $v_0$ 对来流速度 $U_\infty$ 的比值非常小，比如说 $v_0/U_\infty = 0.0001$ 到 0.01[1]．在存在抽吸的情形下，仍保留壁面无滑移的条件以及壁面切应力表达式

$$\tau_0 = \mu(\partial u/\partial y)_0.$$

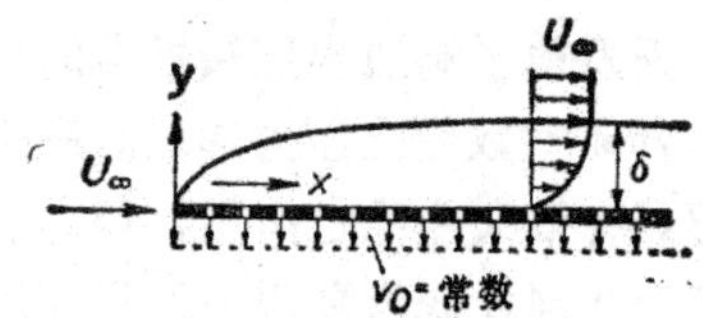


图 14.5　有均匀抽吸的零攻角平板

抽吸的流体流量 $Q$ 用无量纲体积系数表示，设

$$Q = c_Q A U_\infty, \tag{14.1}$$

其中 $A$ 表示浸湿面积．对于平板，$Q = b\int_0^l [-v_0(x)]dx$，且 $A = bl$，因此

$$c_Q = \frac{1}{lU_\infty}\int_0^l [-v_0(x)]dx, \tag{14.2}$$

而在均匀抽吸情形下，$v_0 =$ 常数，所以

$$c_Q = \frac{-v_0}{U_\infty}. \tag{14.2a}$$

---

1）为了确保壁面有抽吸或有吹除的流动满足边界层理论的简化条件，必须把壁面速度 $v_0$ 的大小限制在 $U_\infty \mathbf{R}^{-1/2}$ 的量级，其中 $\mathbf{R} = U_\infty l/\nu$，$l$ 表示位于流动中的物体特征长度．在 $\mathbf{R} = 10^6$ 时，这个条件给出 $v_0 \sim 0.001U_\infty$．在抽吸的量级这样小时，就能忽略位势外流的质量损失或“汇效应”．换句话说，可以假设位势流动不受固体表面上的这种吹除或抽吸的影响．

对于可压缩的二维流动，我们有下列微分方程：

$$\left.\begin{aligned}&\frac{\partial u}{\partial x}+\frac{\partial v}{\partial y}=0,\\&u\frac{\partial u}{\partial x}+v\frac{\partial u}{\partial y}=-\frac{1}{\rho}\frac{dp}{dx}+\nu\frac{\partial^2 u}{\partial y^2},\end{aligned}\right\}\tag{14.3}$$

其边界条件是

$$\left.\begin{aligned}&y=0:\ u=0,\ v=v_0(x);\\&y=\infty:\ u=U(x).\end{aligned}\right\}\tag{14.4}$$

显然，对于任意物体形状的一般情形，即对于任意速度函数 $U(x)$ 的情形，上述方程组的积分并没有比无抽吸情形带来更多的困难。

然而，借助上述方程，即使不进行积分也可以定性估计抽吸对分离的影响。沿壁面 ($y=0$) 上的流线，方程 (14.3) 和 (14.4) 给出

$$\nu\left(\frac{\partial^2 u}{\partial y^2}\right)_{y=0}=\frac{1}{\rho}\frac{dp}{dx}+v_0\left(\frac{\partial u}{\partial y}\right)_{y=0}.\tag{14.5}$$

可以看出，在逆压梯度范围内 ($dp/dx>0$)，加上抽吸 ($v_0<0$) 会减小壁面上的速度剖面曲率。根据第七章提出的论点，这意味着分离点向后移。依照将在第十七章给出的理论，现在这种情形还有使层流边界层稳定的作用。由抽吸引起的两种作用，即避免分离和使层流变为湍流的转捩点出现在更高 Reynolds 数的作用，已为实验结果所证实。

W. Wuest[108] 发表了关于有抽吸边界层的各种计算方法的综述文章。

**1.2. 精确解.** 在第九章 c 所描述的将位势速度展开成弧长的幂级数（Blasius 级数）的方法，原则上也可用于这种情形。但是，如无抽吸的情形一样，最后的计算都是很麻烦的[75]。只有在零攻角平板情形下，才能得到比较简单的解。

平板：在有均匀抽吸的零攻角平板情形下（图 14.5），可以得到异常简单的解。这组微分方程现在简化为

$$\frac{\partial u}{\partial x}+\frac{\partial v}{\partial y}=0;\tag{14.5a}$$

$$u\frac{\partial u}{\partial x}+v\frac{\partial u}{\partial y}=\nu\frac{\partial^2 u}{\partial y^2},\tag{14.5b}$$

其边界条件是：在 $y=0$ 处，$u=0$，$v=v_0=$ 常数 $<0$，和在 $y=\infty$ 处，$u=U_\infty$. 可以立即看出，这组方程有一个速度与流动长度 $x$ 无关的特解[52,78]. 令 $\partial u/\partial x\equiv 0$，由连续方程可以看出 $v(x,y)=v_0=$ 常数. 因此，运动方程成为

$$v_0\partial u/\partial y=\nu\partial^2 u/\partial y^2,$$

其解是

$$u(y)=U_\infty[1-\exp(v_0 y/\nu)];\quad v(x,y)=v_0<0.\tag{14.6}$$

值得指出的是，这个简单解还是完整 Navier-Stokes 方程的精确解. 其位移厚度和动量厚度是

$$\delta_1=\frac{\nu}{-v_0};\quad \delta_2=\frac{1}{2}\frac{\nu}{-v_0};\quad (14.7);\ (14.8)$$

而壁面切应力 $\tau_0=\mu(\partial u/\partial y)_0$ 是

$$\tau_0=\rho(-v_0)U_\infty,\tag{14.9}$$

而且与粘性无关. 图 14.6 中的曲线 I 画出了这个速度分布. 作为比较，曲线 II 表示无抽吸的 Blasius 速度分布. 应该注意，这种抽吸速度剖面更丰满些. 在有均匀抽吸的零攻角平板上，即使从前缘开始应用抽吸，也只是在离开前缘一定距离上才能得到这

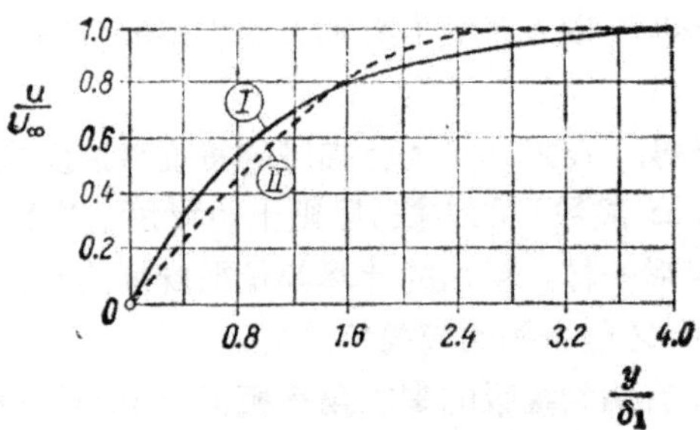


图 14.6　零攻角平板上边界层的速度分布
I. 均匀抽吸；“渐近抽吸剖面”
II. 无抽吸；“Blasius 剖面”

样的解．很明显，边界层从前缘的零厚度开始，然后沿顺流方向不断增加，并渐近地趋向于式(14.7)给出的值．速度剖面只是渐近地，即从实用观点来看在一定的起始长度之后，才达到式(14.6)给出的简单形式．由于这个原因，可以把上述特解看作**渐近抽吸剖面**．

R. Iglisch[40] 对**起始长度**内的流动，即达到渐近状态之前的流

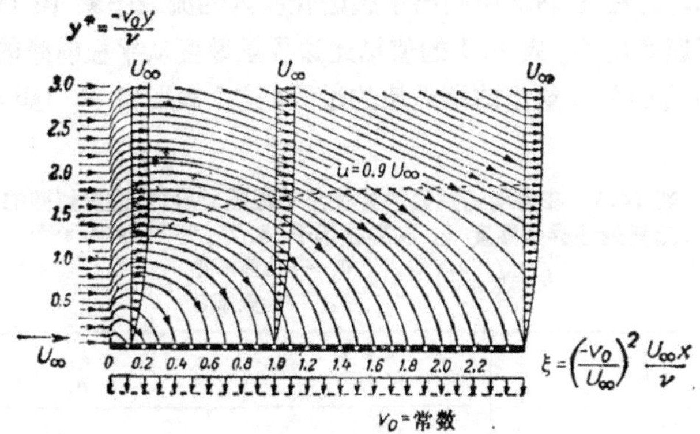


图 14.7 有均匀抽吸的平板；流动图象

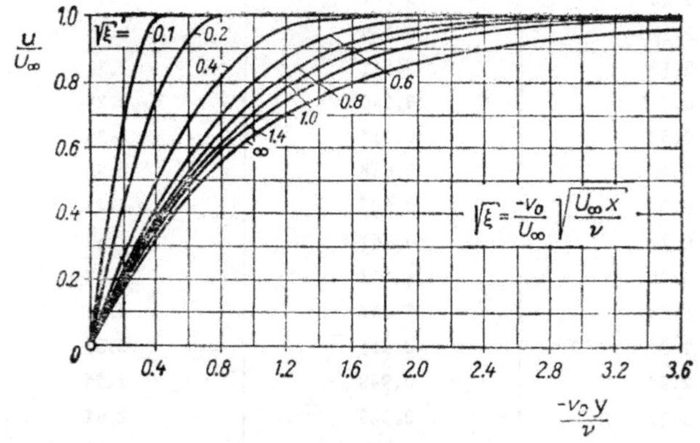


图 14.8 有均匀抽吸的平板，起始长度内的速度剖面，引自 Iglisch[40]
$\xi=\infty$ 的曲线相应于式(14.6)的"渐近抽吸剖面"

动，进行了较详细的研究，他证明经过一段长度之后才达到渐近状态，这段长度约为

$$\left(\frac{-v_0}{U_\infty}\right)^2 \frac{U_\infty x}{\nu} = 4 \text{ 或 } c_Q\sqrt{\mathbf{R}_x} = 2.$$

在起始长度内速度剖面本身是不相似的．在离开前缘一个短距离内，它们实际上与无抽吸情形的速度剖面是一样的（Blasius 剖面，见图 7.7）．在图 14.7 中画出了起始长度内的流线图象，图 14.8 中画出了速度剖面．表 14.1 的值描述边界层厚度从平板前缘的零值增加到式（14.7）给出的渐近值的过程；这个表取自 R. Iglisch 的文章．

**表 14.1　在有均匀抽吸的零攻角平板起始段内，速度剖面的无量纲边界层厚度 $\delta_1$ 和形状因子 $\delta_1/\delta_2$，取自 Iglisch[40]**

$\xi = \left(\frac{-v_0}{U_\infty}\right)\frac{U_\infty x}{\nu}$；$\delta_1$——位移厚度；$\delta_2$——动量厚度

| $\xi$ | $\frac{-v_0\delta_1}{\nu}$ | $\frac{\delta_1}{\delta_2}$ |
|---|---|---|
| 0 | 0 | 2.59 |
| 0.005 | 0.114 | 2.53 |
| 0.02 | 0.211 | 2.47 |
| 0.045 | 0.303 | 2.43 |
| 0.08 | 0.381 | 2.39 |
| 0.125 | 0.450 | 2.35 |
| 0.18 | 0.511 | 2.31 |
| 0.245 | 0.566 | 2.28 |
| 0.32 | 0.614 | 2.25 |
| 0.405 | 0.658 | 2.23 |
| 0.5 | 0.695 | 2.21 |
| 0.72 | 0.761 | 2.17 |
| 0.98 | 0.812 | 2.14 |
| 1.28 | 0.853 | 2.11 |
| 2.0 | 0.911 | 2.07 |
| 2.88 | 0.948 | 2.05 |
| 5.12 | 0.983 | 2.01 |
| 8.0 | 0.996 | 2.00 |
| ∞ | 1 | 2 |

特别有趣的是用抽吸保持层流而引起的阻力减小，因而，也就是有抽吸情形下的摩擦定律。在图 14.9中画出了这种摩擦定律。在很大 Reynolds 数 $U_\infty l/\nu$ 的情形下，此时平板的主要部分都属于渐近抽吸区，阻力由简单方程(14.9)给出，由此可以得出局部阻力系数

$$c'_{f\infty}=\frac{\tau_0}{\frac{1}{2}\rho U_\infty^2}=2\frac{-v_0}{U_\infty}=2c_Q. \qquad (14.10)^{1)}$$

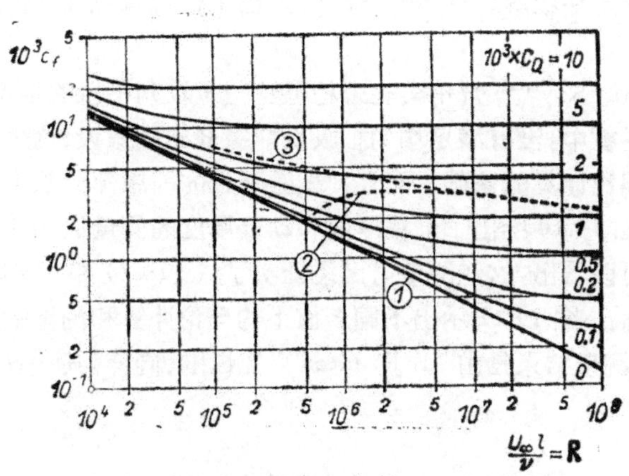


图 14.9 有均匀抽吸的零攻角平板的阻力系数

$c_Q=(-v_0)/U_\infty$ = 抽吸的体积系数

曲线(1)，(2)，(3)属于无抽吸的情形

(1)层流；(2)从层流向湍流转捩；(3)完全湍流

在小 Reynolds 数情形下阻力系数比较大，因为平板前部切应力比较大，就是说平板前部属于起始区，那里的边界层比起下游是比较薄的。为了比较起见，在图 14.9 中还画出了无抽吸湍流边界层的

1) 这种阻力完全不依赖于粘性。利用 $D=\tau_0 bl$ 和 $Q=(-v_0)bl$，由式(14.9)可以得到

$$D=\rho QU_\infty$$

这是由于吸收引起的阻力，即置于速度为 $U_\infty$ 的无摩擦流动中且"吞进"流体流量为 $Q$ 的物体所受到的阻力。应用动量定理可以非常简单地导出上述表达式(参看 Prandtl-Tietjens, Hydro-u. Aeromechanik, vol. II, 1931, p. 140, Engl. transl. by J. P. den Hartog, 1934.)。

平板阻力．在第二十一章将更充分地讨论这种情形．只要知道大 Reynolds 数下能确保边界层层流条件的最小抽吸体积系数值，就能从这张曲线图求出阻力的减小．在第十七章将和转捩现象一起研究这个问题．到那时将证明，存在一个"最有利抽吸"的曲线；这条曲线画在图 17.19 中．应该注意，通过抽吸引起的阻力减小是非常显著的，而且所需要的抽吸强度很小，因为它相应于 $c_Q = 10^{-4}$ 的量级．H. G. Lew 和 J.B. Fanucci[47] 得到了可压缩流动中有均匀抽吸的平板解；W. Wuest[107] 解出了任意横截面柱体的同样问题．

J. M. Kay[41a] 曾用实验来检验这些零攻角平板的理论结果．在试验平板中，没有满足均匀抽吸从前缘开始的假设；这个假设是 Iglisch 理论计算的基础．而且，试验平板的前缘部分根本就没有抽吸．图 14.10 绘出了位移厚度和动量厚度的测量值和计算值的比较．可以看出，这些测量值已经证实了式 (14.7) 和 (14.8) 表示的渐近值．图 14.11 示出不同 $\xi$ 值下的理论计算和测量结果的比较；这些测量结果是由 M. R. Head[35] 完成的．同样，其一致性也是

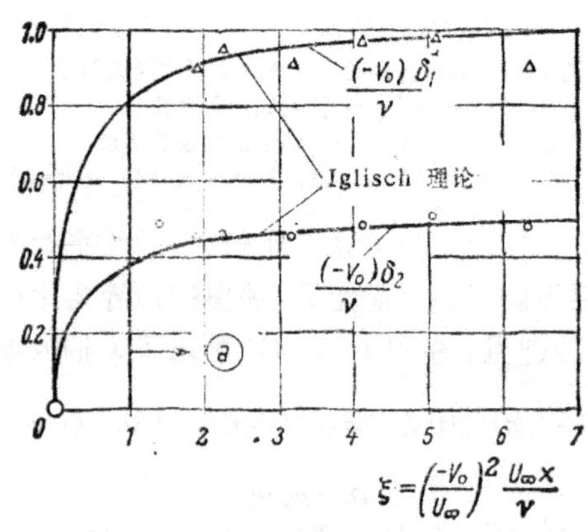


图 14.10 有均匀抽吸的零攻角平板层流边界层．这里的位移厚度 $\delta_1$ 和动量厚度 $\delta_2$ 由 J. M. Kay[41a] 测出．理论曲线取自 R. Iglisch[40]（表 14.1）．$a$ =抽吸开始的截面

令人满意的.另外,如将在第十七章 c 更充分说明的，P.A. Libby, L. Kaufmann 和 R. P. Harington[48] 所做的测量，证实了抽吸产生很强的稳定作用（提高了临界 Reynolds 数）. M. Jones 和 M. R. Head[41] 及 A. Rospet[70] 所做的测量，证实了由于应用抽吸而保持层流所引起的表面摩擦的显著下降，在图 14.9 中画出了这种下降.

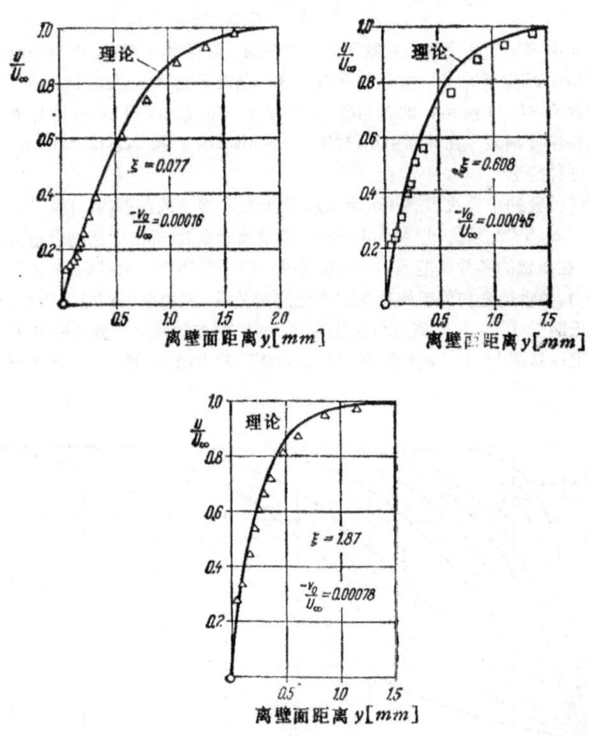


图 14.11　在通过多孔壁面进行抽吸的翼型上层流边界层的速度分布. 由 M. R. Head[35] 完成这些测量；与 R. Iglisch 的理论[40] 作比较

**有压力梯度的边界层**：只是对于有相似性速度剖面的流动图象的情形，才得出边界层方程(14.3)和(14.4)的另外一些精确解. 第八章中讨论的那种相似解可以推广到包括有抽吸和吹除的边界层. 当外部流动速度可以用函数 $U(x) = u_1x^m$ 描述而

抽吸速度 $v_0$ 正比于 $x^{(1/2)(m-1)}$时，由边界层方程又可以得出已经熟悉的流函数$f(\eta)$的常微分方程. 这是 Falkner 和 Skan 首先导出的,即熟知的方程(9.8):

$$f''' + ff'' + \beta(1 - f'^2) = 0,$$

其中$\eta$已由式(9.5)定义. 从式(9.5)出发,通过检验，就可以推断出这个方程仍然成立. 在目前的情形下，在$\eta = 0$的壁面上，流函数 $f(\eta)$ 的值不为零. 在有抽吸的情形下,这个值是正的,而在有吹除时,它是负的.

H. Schlichting 和 K. Bussmann[79,80] 研究了$m = 0$的特殊情形,这相当于有抽吸的平板,其抽吸速度为

$$v_0(x) = -\frac{1}{2} C \sqrt{\frac{\nu U_\infty}{x}}; \quad \begin{matrix} C>0.\text{抽吸} \\ C<0.\text{吹除} \end{matrix} \tag{14.11}$$

在图 14.12 中画出了几个体积系数下的速度剖面. 值得指出的是,在有吹除的情形下,所有速度剖面都有 $\partial^2 u/\partial y^2 = 0$ 的拐点. 这一点对研究转捩是重要的(见第十六章). 在速度函数为 $U(x) = u_1 x$ 的有抽吸二维驻点流动问题中，只要 $v_0 =$ 常数，也可以得到相似性速度剖面. 在前面引用过的 H. Schlichting 和 K. Bussmann 的文章中也研究了这种情形.

对于有抽吸的平板边界层 ($m = 0$)，在参数$C$很宽的范围内，H. W. Emmons 和 D. C. Leigh[22] 以及 J. Steinheuer (参看第七章)计算出大量的表格.在 $m \neq 0$ 的情形下,在很宽的参数值范围内，还有另外一些数值解[57]. 图 14.13 中的曲线表示壁面切应力、抽吸速度和外部流动参数$\beta$之间的关系，其中壁面切应力正比于 $f''(0)$, 抽吸速度正比于 $f(0)$. 分离点的位置由 $\tau_0 = 0$ 的参数确定，也就是由 $f''(0) = 0$ 的条件确定. 从图 14.13 很清楚,即使在急剧减速的流动中(例如，当$\beta = -1$时，即

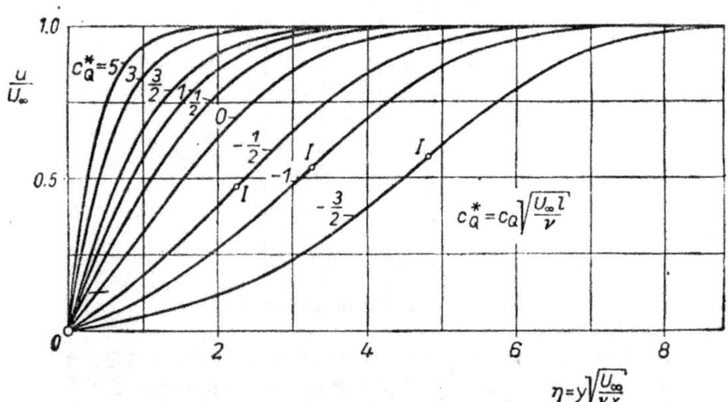


图 14.12 有抽吸和吹除的零攻角平板边界层内的速度分布，其中抽吸和吹除是根据式(14.11)按 $v_0 \sim 1/\sqrt{x}$ 的规律进行的. 根据 H. Schlichting 和 K. Bussmann[79]. $C = c_Q^* =$ 约化的抽吸体积系数. $c_Q^*>0$: 抽吸; $c_Q^*<0$: 吹除; $I =$拐点

$m=-\frac{1}{3}$ 时),也可以利用强烈的抽吸消除分离．当吹除质量流量变大时，可以看出相应的数值计算变得很困难，因为速度剖面出现一个纽结．J.Pretsch[69] 首先发现了这个细节,他从渐近解的讨论中导出这个结果．E. J. Watson[102] 研究了抽吸速度较大时上述相似解的渐近性质．

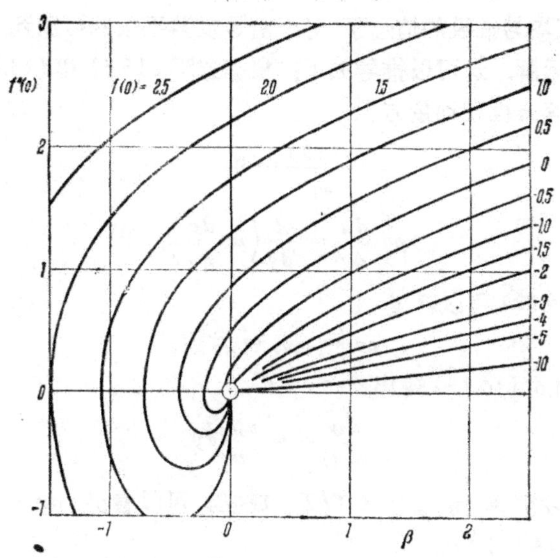


图 14.13　当外流速度为 $U(x)=u_1x^m$ 时，对于有抽吸层流边界层,其壁面切应力 $\tau_0$ 和抽吸速度 $v_0$ 的关系,根据 N. Nickel[37]．

由 $\tau_0=0$，即 $f''(0)=0$ 的条件确定分离点位置．注意:

$$\tau_0/\rho U^2=\sqrt{\frac{m+1}{2}}\sqrt{\frac{\nu}{Ux}}f''(0),$$

$$v_0/U=-\sqrt{\frac{m+1}{2}}\sqrt{\frac{\nu}{Ux}}f(0).$$

$f(0)>0$ 表示抽吸，$f(0)<0$ 表示吹除，且 $\beta=\frac{2m}{m+1}$,见式(9.7)

外部流动速度为 $U(x)=u_1x^m$ 的解成为一系列进一步研究的基础．这些研究的目的在于发现有抽吸或吹除的层流边界层的其他精确解:

a) K. D. P. Sinhar[86] 研究了有抽吸的无限长偏航柱体的问题．假设沿气流的速度分布正比于 $x^m$．这种研究对于后掠翼的边界层控制有一定的意义．

b) 当喷出流体的温度与外部流动中流体的温度不同时，边界层内将形成一个温度剖面．在文献[55]和[111]中计算了这种温度边界层．了解边界层内的温度分布对于冷却问题特别重要. 可以得出，通过从多孔壁面吹出冷却剂的冷却方法，即所谓发汗冷却，比在内部冷却壁面有效得多. 在这方面可以参阅 B. Brown[11,12], P. L. Donoughe 和 J. N. B. Livingood[19] 以及 W. Wuest[109] 的文章.

c) 对于高速流动，冷却问题是非常重要的. G.M. Low[51] 求得了可压缩流动流过等温平板情形的解；还可参阅文献 [45,110].

有抽吸的可压缩边界层：A. D. Young[112] 和 H. G. Lew[45] 证明，在均匀抽吸的情形下，对于沿零攻角平板的**可压缩流动**，也存在渐近解. 这可以推导如下：根据方程 (13.5) 和 (13.6)，可以写出连续方程和动量方程

$$\frac{d(\rho v)}{dy}=0, \tag{14.12}$$

$$\rho v\frac{du}{dy}=\frac{d}{dy}\left(\mu\frac{du}{dy}\right). \tag{14.13}$$

由式 (14.12) 可以得出

$$\rho v=\rho_0 v_0=\text{常数}.$$

因此，由式 (14.13) 得出

$$\frac{du}{u-U_\infty}=\frac{v_0\rho_0}{\mu}dy. \tag{14.14}$$

假定粘性定律 $\mu/\mu_\infty=CT/T_\infty$ 成立，可以看出 $\rho\mu=\rho_0\mu_0$. 于是，式 (14.14) 积分为

$$u(y)=U_\infty\left\{1-\exp\left(\frac{v_0\rho_\infty y_1}{\mu_0}\right)\right\}, \tag{14.15}$$

其中

$$y_1=\int_0^y\frac{\rho}{\rho_\infty}dy. \tag{14.16}$$

上述关系对于任意 Prandtl 数都是成立的. 壁面切应力和式 (14.9) 一致，现在是

$$\tau_0=\rho_0(-v_0)U_\infty. \tag{14.17}$$

当$\mathbf{P}=1$和壁面绝热时，可以进一步专门研究式 (14.15) 和 (14.16). 计算得到下述显式表达式

$$\frac{v_0\rho_\infty y}{\mu_0}=\left(\frac{T_a}{T_\infty}-1\right)\left\{\frac{1}{2}\left(\frac{u}{U_\infty}\right)^2+\frac{u}{U_\infty}\right\}$$

$$-\ln\left(1-\frac{u}{U_\infty}\right), \qquad (14.18)$$

(P = 1；绝热壁). 当流动不可压缩时，我们有 $T_a = T_\infty$，同时式(14.18)化为式(14.6).

**1.3. 近似解.** 在任意物体形状和任意抽吸律的一般情形下，我们必须采用基于动量方程的近似方法；在第十章已描述过这些方法. 除了必须注意到壁面上的法向速度分量不为零外，有抽吸情形的动量方程可以用和以前完全一样的方法求得. 经过如第八章 c 同样的计算，我们发现，在离壁面一段距离 $y = h$ 上，现在法向速度分量的方程成为

$$v_h = v_0 - \int_0^h \frac{\partial u}{\partial x}\, dy.$$

用和第八章 c 完全相同的方法继续进行计算，最后得到下述有抽吸边界层的动量方程:

$$\frac{d}{dx}(U^2\delta_2) + \delta_1 U \frac{dU}{dx} - v_0 U = \frac{\tau_0}{\rho}. \qquad (14.19)$$

根据 K. Wieghardt[103] 的讨论，能量积分方程的形式如下:

$$\frac{d}{dx}(U^3\delta_3) - v_0 U^2 = 2\int_0^\infty \frac{\tau}{\rho}\frac{du}{dy}\, dy. \qquad (14.20)$$

与方程(8.32)和(8.35)相比，这里的附加项分别表示由于壁面抽吸引起的动量和能量的变化.

L. Prandtl[67] 曾用方程(14.19)对刚好足以防止分离的抽吸速度进行了简单估算. 设沿整个长度上的速度剖面与分离点上的速度剖面（即满足 $\tau_0 = \mu(\partial u/\partial y)_0 = 0$ 的剖面）相同，同时正如 Pohlhausen 所假设的，取 $\Lambda = -12$，就能由式(10.22)导出速度为

$$u = U\left\{6\left(\frac{y}{\delta}\right)^2 - 8\left(\frac{y}{\delta}\right)^3 + 3\left(\frac{y}{\delta}\right)^4\right\}.$$

位移厚度和动量厚度由式(10.24)得出，它们分别是

$$\delta_1 = \frac{2}{5}\delta;\ \delta_2 = \frac{4}{35}\delta,$$

于是

$$\delta_1 + 2\delta_2 = \frac{22}{35}\delta.$$

将这些值代入方程 (14.19)，并且注意到，由于边界层厚度不变的假设，$d\delta_2/dx = 0$，则有

$$v_0 = \frac{22}{35}\delta\frac{dU}{dx}. \tag{14.20a}$$

另外，根据方程 (14.5)，在 $y = 0$ 上有

$$v_0\left(\frac{\partial u}{\partial y}\right)_0 = U\frac{dU}{dx} + \nu\left(\frac{\partial^2 u}{\partial y^2}\right)_0. \tag{14.21}$$

在所考虑的情形下，$(\partial u/\partial y)_0 = 0$ 和 $(\partial^2 u/\partial y^2)_0 = 12U/\delta^2$. 因此，我们由式 (14.21) 得出

$$\delta = \sqrt{\frac{12\nu}{(-dU/dx)}}, \tag{14.22}$$

并且由式 (14.20a) 和 (14.22) 得出

$$v_0 = -2.18\sqrt{\nu\left(-\frac{dU}{dx}\right)}. \tag{14.23}$$

可以看出，这个抽吸速度刚好足以防止沿整个壁面的分离. 作为一个例子，考虑半径为 $R$ 的圆柱绕流情形，其后驻点处

$$dU/dx = -2U_\infty/R,$$

并应用式 (14.3)，我们得出为防止分离所应使用的体积系数为

$$c_Q\sqrt{\frac{U_\infty R}{\nu}} = 2.18\sqrt{2} = 3.08.$$

对于使用任意抽吸速度 $v_0$ 的任意形状物体上的边界层计算，H. Schlichting[77,81] 指出了一种近似计算方法. 这种方法类似于 Kármán-Pohlhausen 方法，并使用了动量方程. T. P. Torda[98] 对这个方法做了改进. L. Trilling[99], B. Thwaites[39,96] 和 F. Ringleb[74] 的文章叙述了适用于任意压力分布以及任意抽吸速度分布的一些方法. K. Wieghardt[103] 将它们推广到轴对称物体的情形，而 J. T. Stuart[88a] 解出了旋转圆盘的情形. E. Truckebrodt[101] 提出了一种近似方法，它适用于二维以及轴对称情形，并且由于它特别简单而优于其他方法. 这里，整个问题已经变成解一个一阶常

微分方程的问题．在无抽吸的极限情形下，即当壁面不可渗透时，这个方程与 A. Walz 给出的方程（参看第十章 b）一样．在图 14.14 中绘出了使用这种方法对 Zhukovskii 翼型计算的结果．可以看出，当抽吸强度增加时，分离点向后缘移动，而且从某个抽吸强度开始根本就不发生分离．

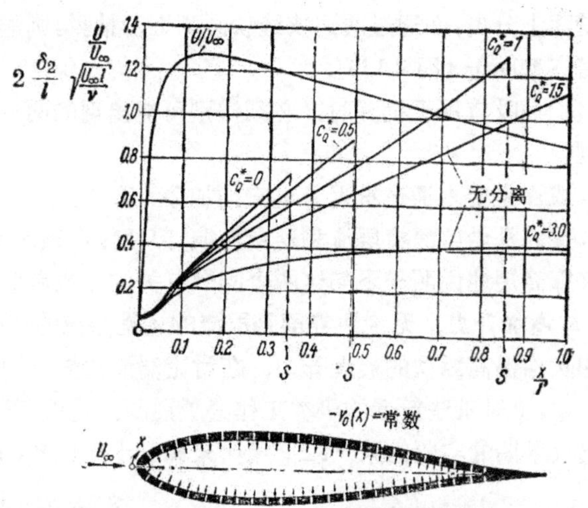


图 14.14　有均匀抽吸的对称 Zhukovskii 翼型上的层流边界层；由 E. Truckenbrodt[101] 计算，$v_0(x)=$ 常数，攻角 $\alpha=0$

$\delta_2=$ 动量厚度；$l'=$ 半周长；$c_Q^*=c_Q\sqrt{U_\infty l/\nu}=$ 约化抽吸体积系数．随着抽吸增加，即当 $c_Q^*>1.12$ 时，根本就不发生分离

R. Eppler[23] 提出了一种计算有抽吸的层流和湍流边界层的近似方法，这种方法对数字计算机的程序设计非常适宜．在文献 [49, 55, 111] 中提出了有抽吸和有吹除的可压缩边界层的相应近似方法，其中特别注意到有关传热的问题，这对冷却问题很重要．一些近似方法也可用来计算有吹除和有抽吸的湍流边界层[14,20,76]，至少它们可用于平板情形；它们全都使用了 Prandtl 混合长假设（参看第十九章 b）．W. Pechau[60a] 发表了一种计算有任意外部流动和任意抽吸分布的可压缩层流边界层的近似方法，不过这种方法只用于壁面绝热且 Prandtl 数 $\mathbf{P}=1$ 的特殊情形．

**2. 关于抽吸的一些实验结果** 早在 1904 年 Prandtl 就发表了一组照片,这组照片的流动图象说明,即使在非流线型的钝体(例如圆柱)情形下,抽吸也能使流动附着在壁面上,否则在照片中应该有强烈旋涡结构.图 2.14 和 2.15 说明在扩张槽中使用抽吸对流动的影响.在正常条件下(图 2.13),在迅速扩张槽中,流动会猛烈地从壁面上分离,而通过两边狭缝从两侧进行抽吸,则能使流动完全附着在壁面上(图 2.15).

当把抽吸应用于机翼时,必须辨别可能出现的两种不同性质的问题:

1. 或许是要求通过推迟分离来增加最大升力.

2. 或许是希望保持层流和避免转捩,以便减小表面摩擦力.

我们打算简短地说明一下与这两个问题有关的一些考虑.

**2.1. 增加升力.** 无论边界层是层流的还是湍流的,都能通过抽吸和吹除提高翼型的最大升力.在讨论湍流边界层的第二十二章 b6 中,将对某些新近的研究工作给予说明.这里,我们先叙述一些比较早期的实验结果.二十年代末和三十年代初,在 Goetti-

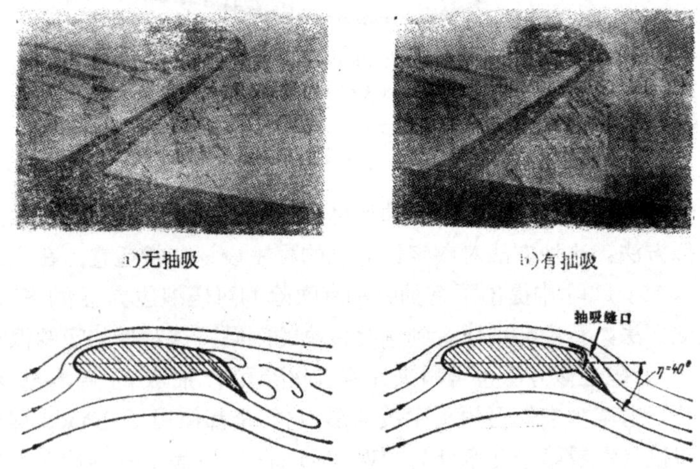


图 14.15 绕 Goettingen 实验飞机机翼的流动;襟翼处于向下的位置:这两幅照片表示无抽吸和有抽吸的流动. a) 无抽吸:流场从襟翼上分离,b) 有抽吸:流动附着于襟翼

ngen 的 Aerodynamische Versuchsanstalt 由 O. Schrenk 指导制定的一项研究计划的执行期间，曾汇集了大量有关利用抽吸增加升力系数的实验资料．抽吸的作用在于，比起无抽吸的情形，能在更大攻角下保持位势流动的图象． 在文献 [84] 中，O. Schrenk 对这项工作发表了一篇综合评述．这些实验的水平达到了如此先进的程度[85]，以致在三十年代末 Geottingen 的这个研究所就能造出两架实验飞机，其中利用抽吸来改进性能．J. Stueper[93] 对这些实验飞机作了详细叙述． 图 14.15 示出其中一架实验机机翼流场的照片．在机翼和襟翼之间的缝隙内采用了抽吸，抽吸的作用可以清楚地从照片中显示的线丝状态推断出来：当无抽吸时(图 14.15a)，流动完全从襟翼上分离，而接通抽吸时，流动又完全附着于襟翼(图 14.15b)． A. Gerber[30] 系统地研究了某些抽吸状况，例如，最佳缝口形状，缝口附近的速度分布，缝口周围的压力分布，等等．

后来在英国[58,59] 和美国[88]，对薄翼型的抽吸作用进行了广泛的研究．因为在大攻角下，薄翼上表面的头部附近出现一个尖的负压峰值，所以必须在那里采用抽吸．在这方面，重要的是要知道，是采用多孔壁面抽吸(均匀抽吸)，还是采用一系列缝口的抽吸． 图 14.16 中的曲线画出了后掠翼上连续抽吸与缝口抽吸两者

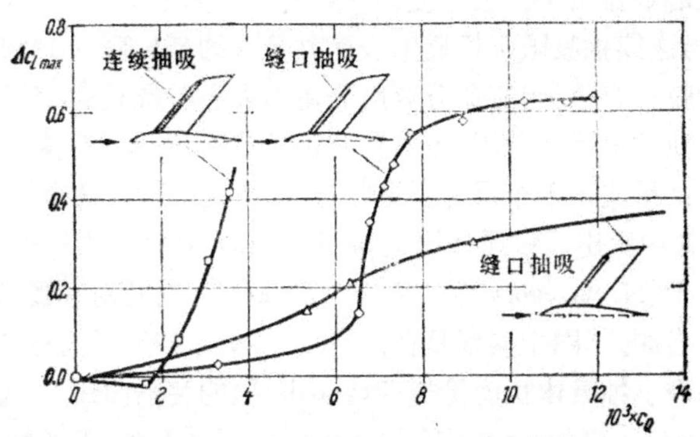


图 14.16 通过抽吸提高后掠翼的最大升力．连续抽吸和缝口抽吸的比较，由 E. D. Poppleton[66] 测量

Reynolds 数 $\mathbf{R} = 1.3\times10^6$；缝口相对宽度 $s/l = 0.004$

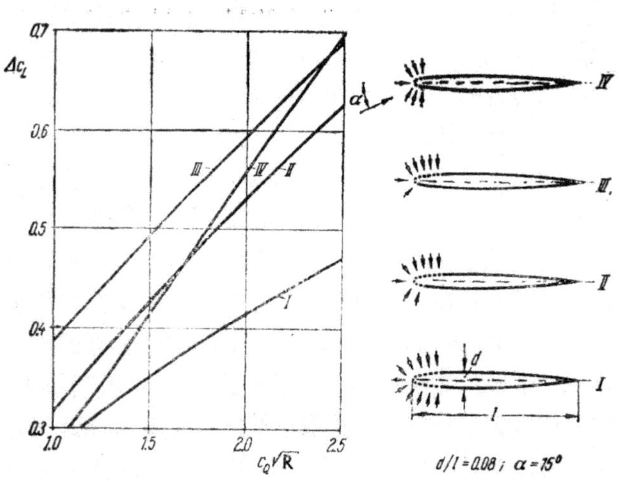


图 14.17 在攻角 $\alpha=15^\circ$ 的 8% 厚度翼型上改变多孔抽吸表面位置对升力系数增量的影响

结果之间的比较，由 E. D. Poppleton[66] 测量；此外还可参看文献[38]. 很明显，当采用连续抽吸时，用大大减小的质量流量可以得到同样大的升力系数增量. 图14.17 中的曲线有关于头部抽吸区最佳位置的数据资料. 在厚度为 8% 的对称翼型上所做的实验似乎表明，当连续抽吸限于机翼上表面并且大约延伸到 $0.15l$ 时，这种连续抽吸最有效. 为避免分离所需要的最小质量流量，不仅依赖于多孔表面的位置和范围，更重要的还依赖于 Reynolds 数. 当将模型实验结果应用于全尺寸翼型时，这当然是一种非常重要的考虑. 图 14.18 中示出了该质量流量与 Reynolds 数关系的一些数据. 它们是基于 N. Gregory 和 W. S. Walker[32] 对薄对称翼型所做的测量画出的. 图中实线是在固定攻角 $\alpha=14^\circ$ 下为避免分离所需要的最小抽吸体积流量与 Reynolds 数的关系曲线. 为了比较起见，图中还画出了几条根据纯层流理论得出的 $c_Q\sqrt{\mathbf{R}}=$ 常数的曲线.

**2.2. 减小阻力.** 首先 H. Holstein[37]，接着 J. Ackeret, M.

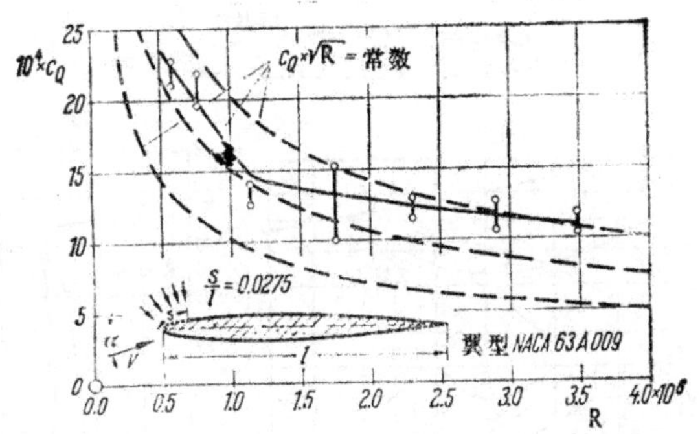


图 14.18 在攻角 $\alpha = 14°$ 时为防止分离所需要的最小抽吸体积流量与 Reynolds 数的关系. 根据 Gregory 和 Walker[32]

Ras 和 W. Pfenninger[3] 作了通过抽吸能维持边界层层流状态的实验验证. 关于利用抽吸维持层流来降低阻力的问题, W. Pfenninger[61] 做了大量实验. 图 14.19 引用了他在装有大量抽吸缝口的薄翼上获得的一些结果. 图 14.19a 中实线是阻力系数最佳值随 Reynolds 数变化的关系曲线. 可以看出,即使把抽气泵的功率消耗算进阻力,阻力也有明显的减小. 曲线图还表明,在中等升力系数情形下,即使 Reynolds 数很大,阻力系数值也不比零攻角平板的高多少. 而且,图 14.19b 说明,在升力系数值 $c_L$ 的很大范围内都存在这种低阻力值. 另外,实验还表明,利用抽吸保持层流而引起的阻力降低,在很大程度上依赖于对缝口形状的仔细修整. 如果不采取这种预防措施,流动会受到缝口的很大影响,以致容易发生向湍流转捩,在这方面还可参看 N. Gregory 的文章[33]. 在一篇美国人的文章[10]中,仔细研究了利用多孔壁面的连续抽吸来维持层流直至很高 Reynolds 数 (量级为 $\mathbf{R} = 20 \times 10^6$) 的可能性. 在这种情形下,即使考虑到为维持层流所需要的机械功,也可以获得阻力显著减小的效果.

当试图通过抽吸,或者如已讲过的,仅仅通过给出适当外形来维持层流边界层时, 最重要的是对位势速度要有很好的了解. 在

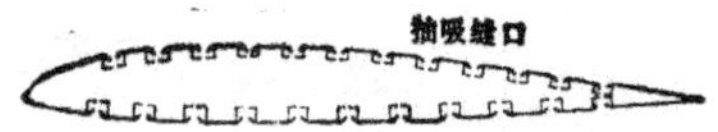


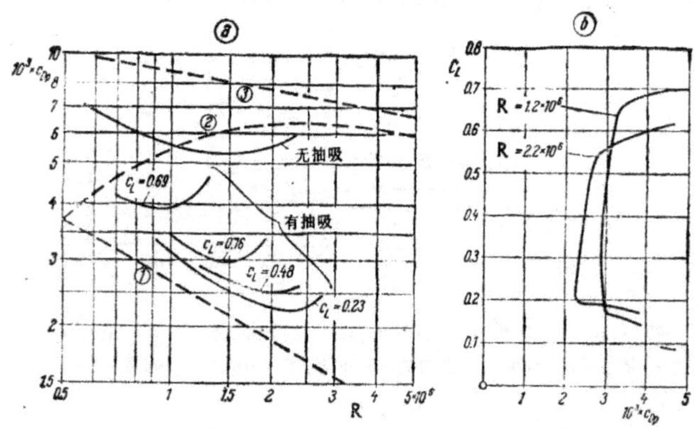


图 14.19　用大量缝口抽吸推迟转捩来减小翼型阻力，引自 W. Pfenninger[61]．泵的能量损耗已计入阻力系数
a）阻力系数最佳值随 Reynolds 数 **R**变化的关系曲线
曲线(1),(2) 和 (3) 无抽吸；(1) 平板，层流；(2) 平板，转捩；(3) 平板，充分发展的湍流
b）两个不同 Reynolds 数下的极曲线．在一个升力系数 $c_L$ 值增加的区域内存在非常低的阻力系数

每种情形下，都必须在截面的尽可能大的部分上使压力降低．有关这个问题的大量实验是 S. Goldstein[31] 及其合作者们做的．计算能确定出具有所规定的位势速度分布的翼型截面形状．为了得到直到后缘都保持层流的翼型，有人曾建议采用这样一些外形，它们在整个长度上都显示出压力降低(速度增加)，只是在一个位置上突然出现压力增高，如图 14.20 所示．假若按 Griffith[73] 的建议将吸缝安排在压力跳跃点上，则能保证在一些厚翼上直到吸缝都是层流边界层，而且在吸缝之后也能防止分离．B. Regenscheit[71,72] 和 B.Thwaites[94] 建议通过改变抽吸强度来“调整”厚翼的升力，因而得到不依赖于攻角的升力．后来有许多利用从边界层吸出的空气来提高喷气式飞机推力的建议．

F. X. Wortmann[105] 和 W. Pfenninger[62,63] 的文章报道了关

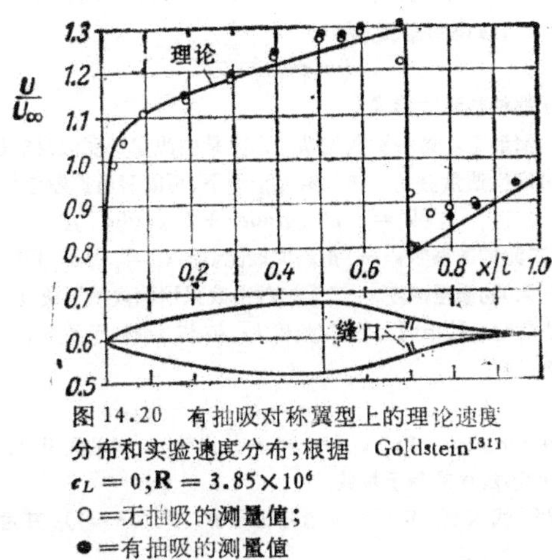

图 14.20 有抽吸对称翼型上的理论速度分布和实验速度分布；根据 Goldstein[31]
$c_L=0$; $\mathbf{R}=3.85\times10^6$
○=无抽吸的测量值；
●=有抽吸的测量值

于层流翼型设计和推迟后掠翼转捩的更新的成果.

G. V. Lachmann[43] 和 C. R. Pankhurst[59] 提出了一篇关于飞机结构和边界层控制问题的综合评论. M. H. Smith[88] 的文章有大量的参考文献目录.

在有抽吸的边界层中，从层流向湍流的转捩过程将在第十七章 c 详细研究.

## c. 注射不同的气体(二组元边界层)

### 1. 理论结果

**1.1. 基本方程.** 当空间飞行器返回稠密大气层时，在飞行器头部或者沿壁面的边界层内产生的滞止作用会引起很高的温度. 为了将传入飞行器的热量减小到很小的部分，可以通过多孔壁面向外注射轻质气体或液体. 这种轻质气体或蒸发的液体将沿着壁面形成一个薄层. 如果容许壁面材料(例如石墨、玻璃或者合成材料)升华而减小壁厚(烧蚀)，则也能产生类似的效果. 在所有这些情形下，都会形成其中有两种或多种气体并经过扩散而互相混合的边界层.

在流动的混合气体中，每种组元 $i$ 都以各自不同的平均速度 $\mathbf{w}_i$ 运动. 为了描述速度场，最好引进一个**平均或质心速度** $\mathbf{w}=\sum\rho_i\mathbf{w}_i/\sum\rho_i$，其中 $\sum\rho_i=\rho$ 表示总的密度. 速度 $\mathbf{w}_i$ 对质心速度 $\mathbf{w}$ 的偏离叫做这种组元的扩散速度 $\mathbf{W}_i$，所以

$$\mathbf{w}_i=\mathbf{W}_i+\mathbf{w}.$$

由于 $\mathbf{w}$ 的定义，我们一定有 $\sum\rho_i\mathbf{W}_i=0$，并且对于每种组元 $i$，可以写出如下形式的质量守恒定律:

$$\mathrm{div}(\rho_i \mathbf{w}_i) = \mathrm{div}\{\rho_i(\mathbf{w} + \mathbf{W}_i)\} = 0. \tag{14.24}$$

对所有组元求和，可以得到连续方程

$$\mathrm{div}(\rho \mathbf{w}) = 0, \tag{14.25}$$

它具有式(3.1)那种熟悉的形式.

在无外流场情形下，这种扩散流动基本上是由浓度梯度以及热扩散引起的，后者在有温度梯度时产生质量流动．在二组元情形下，可以写出扩散定律如下:

$$c_1 \mathbf{W}_1 = -D_{12}(\mathrm{grad} c_1 + k_T \mathrm{grad} \ln T), \tag{14.26}$$

其中 $D_{12}$ 表示二元扩散系数，$k_T$ 是热扩散比，而 $c_1 = \rho_1/\rho$ 是第一种气体(假设是从壁面流出的气体)的质量浓度．二元扩散系数只稍稍依赖于浓度，而其受温度影响的方式则与运动粘性系数相同．热扩散比 $k_T$ 基本上依赖于浓度，并常常用下述相当粗糙的关系式来近似:

$$k_T = \alpha c_1(1 - c_1), \tag{14.27}$$

这个关系式是由 Onsager，Furry 和 Jones 给出的．这里假设对这些气体的每种特定组合，其热扩散系数 $\alpha$ 都等于常数.

将式(14.26)代入第一组元的质量守恒定律，式(14.24)，并考虑到式(14.25)，则可以得到

$$\rho\left(u \frac{\partial c_1}{\partial x} + v \frac{\partial c_1}{\partial y}\right) = \mathrm{div}\{\rho D_{12}(\mathrm{grad} c_1 + k_T \mathrm{grad} \ln T)\}.$$

我们现在可以将通常的边界层简化用到该方程的右边，于是相对于 $\partial/\partial y$ 项，可以略掉 $\partial/\partial x$ 项．用这种方法可以得到**浓度方程**

$$\rho\left(u \frac{\partial c_1}{\partial x} + v \frac{\partial c_1}{\partial y}\right) = \frac{\partial}{\partial y}\left\{\rho D_{12}\left(\frac{\partial c_1}{\partial y} + k_T \frac{\partial \ln T}{\partial y}\right)\right\} \tag{14.28}$$

对于第二组元，相应的方程也是成立的；但是，如果使用方程(14.28)的修正形式，则第二个方程就成为不必要的了，因为 $c_1 + c_2 = 1$．因此，第二个方程要用连续方程(14.25)代替.

混合气体动量方程与单一气体动量方程是一样的，并写成

$$\rho\left(u \frac{\partial u}{\partial x} + v \frac{\partial u}{\partial y}\right) = -\frac{dp}{dx} + \frac{\partial}{\partial y}\left(\mu \frac{\partial u}{\partial y}\right), \tag{14.29}$$

$$\frac{\partial p}{\partial y} = 0, \tag{14.30}$$

其中 $\rho$ 和 $\mu$ 除了熟悉的对温度的依赖关系外，现在还依赖于浓度.

推导混合气体的能量方程，必须适当考虑普通的热传导、扩散引起的传热以及热扩散引起的传热．这里只限于讨论完全气体，我们引进混合气体焓

$$h = c_1 h_1 + c_2 h_2. \tag{14.31}$$

因为推导过程很冗长，所以我们只引用边界层近似的结果:

$$\rho c_p\left(u \frac{\partial T}{\partial x} + v \frac{\partial T}{\partial y}\right) = \frac{\partial}{\partial y}\left(k \frac{\partial T}{\partial y}\right) + u \frac{dp}{dx} + \mu\left(\frac{\partial u}{\partial y}\right)^2$$

$$+ \frac{RTk_T}{c_1 c_2}\left\{\frac{\partial}{\partial y}\left[\rho D_{12}\left(\frac{\partial c_1}{\partial y} + k_T \frac{\partial \ln T}{\partial y}\right)\right]\right\}$$

$$+\rho D_{12}\left\{\frac{\partial c_1}{\partial y}+\underline{k_T\frac{\partial \ln T}{\partial y}}\right\}\frac{\partial}{\partial y}\left\{(h_1-h_2)\right.$$

$$\left.+\underline{\frac{RTk_T}{c_1c_2}}\right\}. \tag{14.32}$$

这里$R$代表普适气体常数．如果忽略热扩散，则把下面划线的各项删去．在这个方程的推导中已经利用了 Onsager 原理，根据这个原理，热通量矢量中关于浓度梯度的系数与质量通量中关于温度梯度的系数相同．

速度与温度的边界条件与单一气体的边界层条件相同．除此之外，还必须补充两个新的关于浓度的边界条件．在远离壁面的地方只有外部流动气体，就是说，在 $y=\infty$

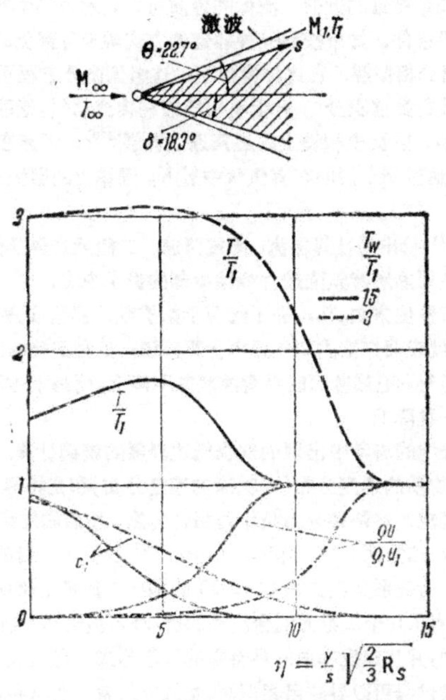


图 14.21 在有氦气注射到空气中的情形下，超声速速度 $M_\infty=12.9$的圆锥层流二组元边界层，根据W. Wuest[110]在壁面温度 $T_w$ 与外流温度 $T_1$ 不同比值下的速度分布 $u$，温度分布$T$和浓度分布 $c_1$．注射速度：

$v/u_1=0.2(\rho_1/\rho_w)/\sqrt{2\mathbf{R}_s/3}$；

$\eta=\sqrt{3\mathbf{R}_s/2}(y/s)$；$\mathbf{R}_s=u_1s/\nu_1$；$\mathbf{M}_\infty=12.9$；

$T_\infty=-50℃$；$\mathbf{M}_1=5$；$T_1=1023℃$．

处壁面上产生的气体的浓度 $c_1$ 等于零．第二个边界条件必须在壁面上给出．在大多数情形下，可以假设外部流动的气体不能穿过壁面，就是说外流气体的扩散速度与壁面上引射气体的速度 $v_w$ 大小相等而符号相反．因为

$$c_2\mathbf{W}_2=(1-c_1)\mathbf{W}_2=c_1\mathbf{W}_1,$$

并考虑到式(14.26)，我们得到壁面条件是

$$v_w=\left\{\frac{D_{12}}{1-c_1}\ (\mathrm{grad}c_1+k_T\mathrm{grad}\ln T)\right\}_w. \tag{14.33}$$

方程(14.25)，(14.28)，(14.29)和(14.32)构成一组关于四个量 $u$，$v$，$T$ 和 $c_1$ 的四个方程．

**1.2. 精确解．** 为了求解这组抛物线型的偏微分方程，目前有各种数值方法[97,42]以及高速电子计算机供我们使用．借助于这些方法和计算机，则能在可容许的时间内得到几乎与精确解任意接近的近似．流体的性质可以表示为随位置变化的变量，并且可以指定任意的边界条件．如果按照一种确定的方式规定外部流动速度、引射速度以及壁面温度，就能得到相似解．在这种情形下，这组偏微分方程可以化为一组常微分方程，而后者可以进行数值积分． 对于不可压缩绕楔流动(包括驻点流动[102,29])、可压缩零攻角平板流动、以及楔和锥上的超声速边界层[110]，都存在这种数值结果．图14.21中的曲线，是通过例子说明在有氦气注射下，圆锥上的层流速度、温度和浓度边界层．

J. Steinheuer[91] 给出为计算层流、高超声速、二组元边界层而设计的一种方法，他将这种方法应用到用热解特氟隆进行烧蚀冷却的例子中去．

目前提到的所有数值方法，都略去了起源于热扩散的那些项，即在方程(14.32)中下面划线的各项． 就表面摩擦力和传热率计算来说，这种简化有时是可以允许的．实验表明，在有热扩散时，绝热壁面的平衡温度并不降低，而基于这种简化方法的计算，则总是预示出这样一种降低．

在有蒸发或有升华的流动中出现的双物质边界层的精确计算，给我们带来相当大的困难． 这时蒸发物质的速度分布(即吹除的速度分布)和在相界面上沿流动方向的温度分布不能任意规定．这两种分布是作为耦合传热、传质的结果自然形成的，两者事先都是未知的． 在这方面，W. Splett stoesser[90] 计算了大量的解，其中蒸发率以及局部满足的能量平衡关系是在方程(14.33)的基础上计算出来的．

F. Eisfeld[21]发表了几个二组元混合流动的解，混合流动是在有二氧化碳薄膜绝热蒸发的情形下产生的，并且蒸发率取一种特殊的数学形式．在这项工作中，他发现平面薄膜的这种绝热蒸发过程可以导致自相似解，参阅第八章．在这种情形下，可以得出局部蒸发率必须遵守 $1/\sqrt{x}$ 型的规律．如图14.12中说明的，这就是得到自相似解的零攻角平板上的抽吸或引射的法向速度分布． 同时薄膜表面上的温度和浓度都是相同的．

**1.3. 近似解．** 如果假设 Prandtl 数**P**和 Schmidt 数 $\mathbf{S}_c=\nu/D_{12}$ 都等于1，同时粘性系数是温度的线性函数，就能简化这个问题． 利用这些假设，C. R. Fanlders[25] 计算了有轻质气体注射时的壁面切应力；他还讨论了相对于基本气体改变分子质量比的情形．关于外部流动速度分布和引射速度分布更一般的情形，可以用积分方程进行

分析[109].

**2．实验结果**

对于向超声速层流边界层注入外来气体的大多数实验研究，几乎无例外地集中在测量绝热壁平衡温度上.

当边界层含有几种组元时，因为每种组元的流量依赖于其余所有组元的流量，所以这种精确的计算会变得很冗长．如果在某个特定状态下确定出多组元扩散系数，并采用性质不变的模型，则可以带来相当大的简化．即使在性质强烈变化的情形下，这样一种模型给出的解也与精确解非常一致[97].

更大量的实验是在湍流边界层情形下做出的（参看第二十二章）．由于对烧蚀的详细过程只有部分的了解，所以烧蚀传热的计算仍建立在粗糙的半经验方程的基础上[3a].

# 第十五章　非定常边界层[1)]

## a. 非定常边界层计算的概述

到目前为止，我们所研究的求解边界层方程的例子都是对定常运动而言的．它们是实际应用中最重要的情形．然而，在本章我们将讨论几个依赖于时间的运动，即讨论几个非定常边界层的例子．

最普通的非定常边界层的例子，出现在**运动由静止开始**或者运动呈周期变化的时候．如果运动是从静止开始的，在某一时刻之前，物体和流体的速度都为零．在该时刻运动开始，我们可以认为，或者被拖动的物体通过静止的流体，或者物体静止而外部流体的运动随时间变化．运动开始以后，起初在物体附近形成一层很薄的边界层，从物体速度到外部流动速度的过渡就发生在这个薄层内．运动刚刚开始时，除了物体附近很薄的薄层以外，整个流体空间的流动都是无旋的和有势的． 边界层的厚度随着时间而增加．当边界层继续发展时，研究在什么时候首先出现分离(倒流)是很重要的．第五章第 4 节中早已讨论过一个这样的例子，它是关于壁面附近流动的 Navier-Stokes 方程的精确解，这个壁面从静止突然加速，并且沿着平行于自身平面的方向运动．管内流动的起动过程(参看第五章 6)也属于这种类型．

非定常边界层的其它例子还出现在：当物体在静止流体中作周期运动，或者物体静止而流体作周期运动的时候．在自身平面内振动的壁面附近的流体运动(见第五章 7)就是这类问题的例子．

**1. 边界层方程**　第七章 a 中已经导出了非定常边界层的基本

---

1) 十分感谢 K. Gersten 教授，他为本书第五版修订了这一章的内容．

方程．在一般情形下，如果流动是二维非定常可压缩的，那么我们必须采用下列关于速度场和温度场的方程（参见方程（12.50a—c））：

$$\frac{\partial \rho}{\partial t}+\frac{\partial(\rho u)}{\partial x}+\frac{\partial(\rho v)}{\partial y}=0, \tag{15.1}$$

$$\rho\left(\frac{\partial u}{\partial t}+u\frac{\partial u}{\partial x}+v\frac{\partial u}{\partial y}\right)=-\frac{\partial p}{\partial x}+\frac{\partial}{\partial y}\left(\mu\frac{\partial u}{\partial y}\right), \tag{15.2}$$

$$\rho c_p\left(\frac{\partial T}{\partial t}+u\frac{\partial T}{\partial x}+v\frac{\partial T}{\partial y}\right)=\frac{\partial}{\partial y}\left(k\frac{\partial T}{\partial y}\right)+\mu\left(\frac{\partial u}{\partial y}\right)^2+\frac{\partial p}{\partial t}+u\frac{\partial p}{\partial x}, \tag{15.3}$$

$$p=\rho RT, \tag{15.4}$$

$$\mu=\mu(T). \tag{15.5}$$

边界条件是：

$$y=0:\ u=U_w(t),\ v=0,\ T=T_w(x,t);$$

$$y=\infty:\ u=U(x,t),\ T=T_\infty(x,t).$$

其中，如果壁面运动，那么 $U_w(t)$ 表示壁面的速度，而 $U(x,t)$ 表示外部无粘流动的速度，这个速度与压力的关系为

$$-\frac{1}{\rho_\infty}\frac{\partial p}{\partial x}=\frac{\partial U}{\partial t}+U\frac{\partial U}{\partial x}. \tag{15.6}$$

这个方程可以直接从方程(15.2)略去粘性项得出．一般说来，把坐标系选取在定常的外部流动上较为方便．就不可压缩流动而言，这些不同的坐标系都是等价的(参看文献[27])． 但是，在非定常流动中，分离点的定义却与坐标系的选择密切相关(参看文献[33])．在下文中我们将认为，对于与固体表面相连的坐标系，分离出现在 $(\partial u/\partial y)_w$ 为零的点上．

与定常边界层完全类似，也可以根据非定常边界层流动的微分方程导出积分关系式．这些关系式是：

$$U\frac{\partial}{\partial t}\int_0^\infty(\rho-\rho_\infty)dy+\frac{\partial}{\partial t}(\rho_\infty U\delta_1)+\frac{\partial U}{\partial x}\rho_\infty U\delta_1$$

$$+\frac{\partial}{\partial x}(\rho_\infty U^2\delta_2)=\tau_0, \tag{15.7}$$

$$c_pT_\infty\frac{\partial}{\partial t}\int_0^\infty(\rho_\infty-\rho)dy+\left(\rho_\infty c_p\frac{\partial T_\infty}{\partial t}-\frac{\partial p}{\partial t}\right)\delta_1$$

$$+\rho_\infty U\frac{\partial U}{\partial t}\delta_H+\frac{\partial}{\partial x}(\rho_\infty c_pT_\infty U\delta_H)+\rho_\infty U^2\frac{\partial U}{\partial x}\delta_H$$

$$=\int_0^\infty\mu\left(\frac{\partial u}{\partial y}\right)^2dy-k\left(\frac{\partial T}{\partial y}\right)_{y=0}. \tag{15.8}$$

式中 $\delta_1$ 表示位移厚度，$\delta_2$ 表示动量厚度，$\delta_H$ 表示热焓厚度，它们分别由前面的式 (13.74)，(13.75) 和 (13.77) 所定义．另外，$U(x, t)$，$\rho_\infty(x, t)$ 和 $T_\infty(x, t)$ 都表示无摩擦外部流动的量。在定常流动的特殊情形下，可以重新得到为我们所知的关系式 (13.80) 和 (13.82)。当流动为不可压缩时，(15.7) 和 (15.8) 分别简化为：

$$\frac{\partial}{\partial t}(U\delta_1)+U\frac{\partial U}{\partial x}\delta_1+\frac{\partial}{\partial x}(U^2\delta_2)=\frac{\tau_0}{\rho}, \tag{15.9}$$

$$\frac{\partial\delta_1}{\partial t}+\frac{1}{U^2}\frac{\partial}{\partial t}(U^2\delta_2)+U\frac{\partial\delta_3}{\partial x}+3\delta_3\frac{\partial U}{\partial x}$$

$$=\frac{2}{\rho U^2}\int_0^\infty\mu\left(\frac{\partial u}{\partial y}\right)^2dy. \tag{15.10}$$

如果流动是定常的，则方程 (15.9) 就变得与方程 (8.35) 一样，而方程 (15.10) 则化为方程 (8.32)。

我们的研究将从分析不可压缩流体的非定常边界层开始．在本章 f 中将讨论一些可压缩流动非定常边界层方程的解．

**2. 逐次近似法** 在大多数情形下，可以采用逐次近似法对非定常边界层方程 (15.1)～(15.3) 进行积分．这种方法基于下述物理推理：运动自静止开始以后，最初时刻边界层非常薄，方程 (15.2) 中的粘性项 $\nu(\partial^2u/\partial y^2)$ 非常大，而对流项却仍为通常值。于是，这个粘性项将与非定常加速度项 $\partial u/\partial t$ 和压力项相平衡。

最初，$\partial U/\partial t$ 的贡献是最主要的．如果我们把坐标系选取在物体上，并且假定物体静止而流体作相对运动，那么可以假设速度是由两项组成的：

$$u(x, y, t)=u_0(x, y, t)+u_1(x, y, t). \tag{15.11}$$

在这些条件下，一次近似值 $u_0$ 满足线性微分方程

$$\frac{\partial u_0}{\partial t}-\nu\frac{\partial^2 u_0}{\partial y^2}=\frac{\partial U}{\partial t}, \tag{15.12}$$

其边界条件是 $y=0$，$u_0=0$；$y=\infty$，$u_0=U(x, t)$．根据方程 (15.2) 可以得到关于二次近似值 $u_1$ 的方程，其中对流项用 $u_0$ 计算，并且现在在这里计及对流压力项．由此我们有

$$\frac{\partial u_1}{\partial t}-\nu\frac{\partial^2 u_1}{\partial y^2}=U\frac{\partial U}{\partial x}-u_0\frac{\partial u_0}{\partial x}-v_0\frac{\partial u_0}{\partial y}, \tag{15.13}$$

其边界条件是 $y=0$，$u_1=0$ 和 $y=\infty$，$u_1=0$．这也是一个线性方程．除了方程 (15.12) 和 (15.13) 之外，我们还有关于 $u_0$，$v_0$ 和 $u_1$，$v_1$ 的连续方程．用类似的方法可以得到更高次的近似值 $u_2$，$u_3$，$\cdots$．同样的方法也可以应用于周期性边界层的研究．然而，当讨论高次近似值时，逐次近似法的复杂程度将迅速增加．

**3. 关于周期性外部流动的林家翘方法**　林家翘仿照湍流研究中所使用的近似(将在第十八章叙述)，提出了另一种方法，它可以用来求解在自由流中含有周期运动的问题．这种方法依赖于对所研究的物理量作出适当的平均，同时依赖于对描述边界层内振动速度分量方程的线性化．另一方面，描述平均流动的完整方程保持不变．

如果自由流速度 $U(x, t)$ 有振动分量，则可以写成

$$U(x, t)=\overline{U}(x)+U_1(x, t), \tag{15.14}$$

其中一杠表示对一个周期时间的平均值．因此，周期分量 $U_1(x, t)$ 的平均值为零．即

$$\overline{U}_1(x, t)=0. \tag{15.15}$$

边界层的速度分量 $u$ 和 $v$ 以及压力 $p$ 也可以分解成平均值和周期分量两部分：

$$
\left.\begin{aligned}
u(x, y, t) &= \bar{u}(x, y) + u_1(x, y, t), \\
v(x, y, t) &= \bar{v}(x, y) + v_1(x, y, t), \\
p(x, t) &= \bar{p}(x) + p_1(x, t),
\end{aligned}\right\} \tag{15.16}
$$

并且

$$
\bar{u}_1 = \bar{v}_1 = \bar{p}_1 = 0. \tag{15.17}
$$

将式 (15.14) 代入方程 (15.6), 取平均后得到

$$
\bar{U} \frac{d\bar{U}}{dx} + \overline{U_1 \frac{\partial U_1}{\partial x}} = -\frac{1}{\rho} \frac{\partial \bar{p}}{\partial x}. \tag{15.18}
$$

从方程 (15.6) 中减去上式得到

$$
\frac{\partial U_1}{\partial t} + \bar{U} \frac{\partial U_1}{\partial x} + U_1 \frac{\partial \bar{U}}{\partial x} + U_1 \frac{\partial U_1}{\partial x} - \overline{U_1 \frac{\partial U_1}{\partial x}} = -\frac{1}{\rho} \frac{\partial p_1}{\partial x}. \tag{15.19}
$$

类似地, 根据方程 (15.2) 可以得到

$$
\bar{u} \frac{\partial \bar{u}}{\partial x} + \bar{v} \frac{\partial \bar{u}}{\partial y} = \bar{U} \frac{d\bar{U}}{dx} + \nu \frac{\partial^2 \bar{u}}{\partial y^2} + F(x, y), \tag{15.20}
$$

其中

$$
F(x, y) = \overline{U_1 \frac{\partial U_1}{\partial x}} - \left(\overline{u_1 \frac{\partial u_1}{\partial x}} + \overline{v_1 \frac{\partial u_1}{\partial y}}\right) \tag{15.21}
$$

$$
\begin{aligned}
&\underline{\frac{\partial u_1}{\partial t}} + \left(\bar{u} \frac{\partial u_1}{\partial x} + \bar{v} \frac{\partial u_1}{\partial y}\right) + \left(u_1 \frac{\partial \bar{u}}{\partial x} + v_1 \frac{\partial \bar{u}}{\partial y}\right) \\
&\quad + \left(u_1 \frac{\partial u_1}{\partial x} + v_1 \frac{\partial u_1}{\partial y}\right) - \left(\overline{u_1 \frac{\partial u_1}{\partial x}} + \overline{v_1 \frac{\partial u_1}{\partial y}}\right) \\
&= \underline{\frac{\partial U_1}{\partial t}} + \bar{U} \frac{\partial U_1}{\partial x} + U_1 \frac{\partial \bar{U}}{\partial x} + U_1 \frac{\partial U_1}{\partial x} \\
&\quad - \overline{U_1 \frac{\partial U_1}{\partial x}} + \underline{\nu \frac{\partial^2 u_1}{\partial y^2}}.
\end{aligned} \tag{15.22}
$$

这个理论的主要简化在于方程 (15.22) 中仅保留下面划线的三项, 因此方程是线性的, 并简化成

$$\frac{\partial u_1}{\partial t} = \frac{\partial U_1}{\partial t} + \nu \frac{\partial^2 u_1}{\partial y^2}. \tag{15.23}$$

如果用振动频率 $n$ 组成的所谓“ac”边界层厚度为

$$\delta_0 = \sqrt{\frac{2\nu}{n}}, \tag{15.24}$$

同时假定 $U(x, t)$ 等于 $U(x)$ 时的定常边界层厚度为 $\delta$，通过量级估计可以证明，当 $\delta_0$ 比 $\delta$ 小得多时，上述近似是有效的. 因此，当这种近似法有效时，必须有

$$\left(\frac{\delta_0}{\delta}\right) \ll 1. \tag{15.25}$$

实际上，这就限制了这种理论只适用于频率很高的情形. 应该记得，在第五章 a7 所讨论的振动平板问题的解中，曾出现过式(15.24)表示的量 $\delta_0$.

方程 (15.23) 是线性的，并且与所谓的热传导方程 (5.17) 有关系. 方程 (15.23) 描述边界层速度剖面的振动分量 $u_1$，并且可以通过给定的位势流动的振动分量 $U_1$ 单独求解，因为这种线性过程使得它与平均运动无关. 流动的法向分量可以根据连续方程 (15.1) 进行计算，连续方程也可以分解成平均部分

$$\frac{\partial \bar{u}}{\partial x} + \frac{\partial \bar{v}}{\partial y} = 0, \tag{15.26}$$

和振动部分

$$\frac{\partial u_1}{\partial x} + \frac{\partial v_1}{\partial y} = 0. \tag{15.27}$$

解出振动分量 $u_1(x, y, t)$ 和 $v_1(x, y, t)$ 以后，可以回到方程 (15.21)，并且计算出出现在方程 (15.20) 中的函数 $F(x, y)$. 方程 (15.20) 现在描述平均流动 $\bar{u}(x, y)$.

应该指出，平均流动方程 (15.20) 与定常状态边界层方程的形式是相同的. 其差别仅在于出现了一个附加项 $F(x, y)$；现在这一项与来源于压力梯度的项 $\bar{U} \cdot d\bar{U}/dx$ 起相同的作用. 这两项在微分方程中都代表已知函数. 它们的唯一区别是：平均压力梯度 $\bar{U} \cdot d\bar{U}/dx$ 是外流“施加”在边界层上的，它与纵坐标 $y$ 无

关，而附加项 $F(x, y)$ 却是 $y$ 的函数.

由于存在振动分量，这种平均流动不同于从一开始就对位势速度 $U(x, t)$ 取平均所得到的平均流动. 显然，函数 $F(x, y)$ 的出现就是这种差别的证据；其根源在于微分方程的非线性.

以后第十八章和第十九章中将会讲到：定常湍流的基本特征在于，在平均流动速度上叠加了一个随机的、三维的、准周期的脉动. 因此，自由流是湍流的问题与现在所讨论的问题具有相同的性质；这两类问题中，不仅自由流速度 $U$ 的大小有变化，而且还涉及自由流速度方向的变化. 在大多数情形下，习惯上都是略去自由流的脉动，从而把流动看成是定常的，并用位势速度 $\bar{U}(x)$ 代替 $U(x, t)$ 来进行计算. 这等价于略去了方程 (15.20) 中的附加项 $F(x, y)$，于是必然得到不同于 $\bar{u}(x, y)$ 的平均速度剖面. 以上论述清楚地表明，进行两种运算(即取平均与解方程)的次序并不是无关紧要的，它会影响到最后的结果.

**4. 定常流动受轻微扰动时的级数展开法** 一些非定常的边界层问题常常都包含一个基本的定常流动和一个叠加在它上面的非定常小扰动. 如果这种扰动与基本的定常流动相比是很小的，那么就可以把方程分开成关于定常扰动的非线性边界层方程. 一个著名的例子就是当外部流动速度的形式为

$$U(x, t) = \bar{U}(x) + \varepsilon U_1(x, t) + \cdots, \tag{15.28}$$

时的情形，其中 $\varepsilon$ 表示非常小的数. M. J. Lighthill[27] 详尽地研究了当外部扰动是单纯谐波时这种最重要的特殊情形. 当可以用表达式

$$T_w(x, t) = \bar{T}_w(x) + \varepsilon T_{w1}(x, t) \tag{15.29}$$

表示壁面温度时，或者当壁面本身作很小的、非定常的扰动运动(物体振动)时，也可以采用这种相同的线化形式.

在这种情形下，我们首先假定动力学边界层和热边界层的解具有如下形式：

$$\left.\begin{aligned} u(x, y, t) &= u_0(x, y) + \varepsilon u_1(x, y, t) + \varepsilon^2 u_2(x, y, t) + \cdots, \\ v(x, y, t) &= v_0(x, y) + \varepsilon v_1(x, y, t) + \varepsilon^2 v_2(x, y, t) + \cdots, \\ T(x, y, t) &= T_0(x, y) + \varepsilon T_1(x, y, t) + \varepsilon^2 T_2(x, y, t) + \cdots. \end{aligned}\right\} \tag{15.30}$$

把式 (15.30) 所假定的形式代入方程 (15.1)～(15.3)，然后把得到的项按 $\varepsilon$ 的幂次进行整理. 根据要求，这些乘以 $\varepsilon$ 不同幂次的微分表达式必须各自为零，由此可以得到各阶的微分方程. 当 $\rho =$ 常数，外部流动具有式 (15.28) 的形式，并且壁面温度可以用式 (15.29) 表示时，这种情形下的各阶微分方程为：

零阶方程(定常的基本流动)：

$$
\left.\begin{aligned}
&\frac{\partial u_0}{\partial x}+\frac{\partial v_0}{\partial y}=0,\\
&u_0\frac{\partial u_0}{\partial x}+v_0\frac{\partial u_0}{\partial y}=\bar{U}\frac{d\bar{U}}{dx}+\nu\frac{\partial^2 u_0}{\partial y^2},\\
&u_0\frac{\partial T_0}{\partial x}+v_0\frac{\partial T_0}{\partial y}=\alpha\frac{\partial^2 T_0}{\partial y^2},
\end{aligned}\right\}\tag{15.31}
$$

边界条件是

$$
\begin{aligned}
&y=0:\ u_0=v_0=0;\ T_0=\bar{T}_w(x),\\
&y=\infty:\ u_0=\bar{U}(x);\ T_0=T_\infty.
\end{aligned}
$$

一阶方程(纯非定常流动):

$$
\left.\begin{aligned}
&\frac{\partial u_1}{\partial x}+\frac{\partial v_1}{\partial y}=0,\\
&\frac{\partial u_1}{\partial t}+u_0\frac{\partial u_1}{\partial x}+u_1\frac{\partial u_0}{\partial x}+v_0\frac{\partial u_1}{\partial y}+v_1\frac{\partial u_0}{\partial y}\\
&\qquad=\frac{\partial U_1}{\partial t}+\bar{U}\frac{\partial U_1}{\partial x}+U_1\frac{d\bar{U}}{dx}+\nu\frac{\partial^2 u_1}{\partial y^2},\\
&\frac{\partial T_1}{\partial t}+u_0\frac{\partial T_1}{\partial x}+u_1\frac{\partial T_0}{\partial x}+v_0\frac{\partial T_1}{\partial y}+v_1\frac{\partial T_0}{\partial y}=\alpha\frac{\partial^2 T_1}{\partial y^2},
\end{aligned}\right\}\tag{15.32}
$$

边界条件是

$$
\begin{aligned}
&y=0:\ u_1=v_1=0;\ T_1=T_{w1}(x,t),\\
&y=\infty:\ u_1=U_1(x,t);\ T_1=0.
\end{aligned}
$$

二阶方程(定常和非定常项):

$$
\left.\begin{aligned}
&\frac{\partial u_2}{\partial x}+\frac{\partial v_2}{\partial y}=0,\\
&\frac{\partial u_2}{\partial t}+u_0\frac{\partial u_2}{\partial x}+u_1\frac{\partial u_1}{\partial x}+u_2\frac{\partial u_0}{\partial x}+v_0\frac{\partial u_2}{\partial y}\\
&\qquad+v_1\frac{\partial u_1}{\partial y}+v_2\frac{\partial u_0}{\partial y}=U_1\frac{\partial U_1}{\partial x}+\nu\frac{\partial^2 u_2}{\partial y^2},\\
&\frac{\partial T_2}{\partial t}+u_0\frac{\partial T_2}{\partial x}+u_1\frac{\partial T_1}{\partial x}+u_2\frac{\partial T_0}{\partial x}+v_0\frac{\partial T_2}{\partial y}\\
&\qquad+v_1\frac{\partial T_1}{\partial y}+v_2\frac{\partial T_0}{\partial y}=\alpha\frac{\partial^2 T_2}{\partial y^2},
\end{aligned}\right\}\tag{15.33}
$$

边界条件是

$$
\begin{aligned}
&y=0:\ u_2=v_2=T_2=0,\\
&y=\infty:\ u_2=T_2=0.
\end{aligned}
$$

更高阶的方程也有相应的结构形式. 值得指出的是: 除了零阶方程以外, 上述方程组都是线性的, 可以逐次求解. 如果方程(15.1)~(15.3)具有假定形式(15.30)的精确到 $\varepsilon^n$ 阶的解, 那么一般说来, 通过上述方法得到的解与精确解的不同之处只在于 $\varepsilon^{n+1}$ 阶的项.

本章 e3 中将讨论这种方法在计算周期边界层中的应用. F. K. Moore[31], S. Ostrach[35], F. K. Moore 和 S. Ostrach[32] 以及 E. M. Sparrow[50] 等人使用了一种类似的级数展开法, 但是是按下列形式的幂次展开:

$$\frac{x^k}{U^{k+1}}\frac{\partial^k U}{\partial t^k}, 和 \frac{1}{T_w - T_\infty}\left(\frac{x}{U}\right)^k\frac{\partial^k T_w}{\partial t^k}, \tag{15.34}$$

(参看本章 f2 节).

**5. 相似解和半相似解** 在研究二维定常边界层理论时（见第八章 b），我们把这样一类解称为相似解：对于它们，利用适当的相似变换，可以将依赖于两个变量 $x$ 和 $y$ 的解化成只依赖于一个变量 $\eta$ 的解. 类似地，如果可以把依赖于三个自变量 $x$，$y$，$t$ 的解，化成只依赖于一个自变量的解，我们就说这种非定常二维问题的解也属于这类相似解. H. Schuh[46] 和 Th. Geis[10] 指出了所有这种可以化成一个变量的解，也就是具有如下形式的解：

$$u(x, y, t) = U(x, t)\cdot H(\eta), 其中 \eta = \frac{y}{N(x, t)}. \tag{15.35}$$

例如形式为 $U(x, t) = mx/t$ 和本章 c 中将提到的 $U(x, t) = Ct^n$ 的外部流动都属于这种类型. K. T. Yang[71] 分析了外部流动的形式为 $U(x, t) = x/(a + bt)$ 时的相似解，其中 $a$ 和 $b$ 均为常数.

如果可以找到把三个自变量 $x$，$y$，$t$ 化成两个自变量的变换，那么所得到的解就称为半相似解[21]. 特别是当变量可以化成 $y$ 和 $x/t$ 时，这样的解又称为准定常解（见文献 [7]）. I. Tani[56] 找到了这种类型的解，在这种情形下，外部流动可以表示为

$$U(x, t) = U_0 - x/(T - t),$$

其中 $U_0$ 和 $T$ 都是常数. H. A. Hassan[19] 研究了更为普遍的半相似解；也可参看文献 [21].

**6. 近似解** 当外部流动 $U(x, t)$ 是自变量的任意函数时，试图在一般情形下求解完整的方程组将会遇到极大的困难. 基于这个原因，人们往往不得不采用近似方法，例如采用类似于第十章中所讨论的 Kármán-Pohlhausen 法. H. Schuh[46], L. A. Rozin[42] 和 K. T. Yang[72] 等人对于不可压缩的非定常边界层详细地阐述了这种方法. 文献 [72] 还研究了热边界层的问题. 方程 (15.9) 和 (15.10) 所给出的积分关系成为这里的出发点. 因为在边界层

厚度上的积分过程只能消去一个自变量 $y$，因此方程依然是偏微分方程。

## b. 运动突然起动以后边界层的形成

现在，我们来分析从静止开始运动以后的最初状态。如果认为流体静止，而物体迅速加速，或者换言之，假定物体突然起动，那么正如 H. Blasius[8] 所指出的，这种问题可以大大简化。在这种情形下，物体立即达到全速，而且在此以后速度保持不变。在象前面所采用的与物体连结的坐标系中，位势流动由下述条件来确定：

$$\left.\begin{aligned} t \leqslant 0:\ U(x, t) &= 0, \\ t > 0:\ U(x, t) &= U(x); \end{aligned}\right\} \tag{15.36}$$

其中 $U(x)$ 表示定常状态下绕物体的位势流动。在这种特殊情形下，我们有 $\partial U/\partial t = 0$。因此，一次近似的微分方程 (15.12) 简化为

$$\frac{\partial u_0}{\partial t} - \nu \frac{\partial^2 u_0}{\partial y^2} = 0, \tag{15.37}$$

其中，在 $y = 0$ 处，$u_0 = 0$；在 $y = \infty$ 处，$u_0 = U(x)$。这个方程与一维热传导方程完全相同。对于平板在自身平面内突然起动，而远离平板处流体为静止的情形，第五章第 4 节中已求解了这个方程。现在可以引进一个新的无量纲变量(**相似性变换**)

$$\eta = \frac{y}{2\sqrt{\nu t}}. \tag{15.38}$$

用这种方法，我们得到用下述形式表示的解：

$$u_0(x, y, t) = U(x) \times \zeta_0'(\eta) = U(x)\operatorname{erf}\eta. \tag{15.39}$$

这就是对于二维和轴对称两种情形的一次近似值。另外，如果位势速度与 $x$ 无关，即有 $U = U_0 =$ 常数(零攻角平板)，那么式 (15.39) 就是方程 (15.2) 的精确解。因为这时方程 (15.13) 中的对流项与压力项都为零，所以 $u_1 \equiv 0$。然而，用这种方法得到的解并不是这个问题的完整的解，它只适用于足够远的下游区域，在那里可以忽略前缘的影响，其流动特征就象无限长平板一样。严

格地讲，完整的解还必须满足这样的条件：对于所有的 $y$ 和 $t$，都有 $u(0, y, t)=0$. 文献 [54] 中给出了这种完整的解.

在一般情形下，当外部流动 $U(x, t)$ 依赖于空间坐标时，还必须区分二维情形和轴对称情形.

**1. 二维情形** 我们从讨论二维情形入手. 在这种情形下，我们假定流函数用时间的幂级数表示，并规定它有如下形式:

$$\psi(x, y, t)=2\sqrt{\nu t}\left\{U\zeta_0(\eta)+tU\frac{dU}{dx}\zeta_1(\eta)+\cdots\right\}. \tag{15.40}$$

因此，速度分量 $u=\partial\psi/\partial y$ 和 $v=-\partial\psi/\partial x$ 分别变成:

$$\left.\begin{aligned} u&=U\zeta_0'+tU\frac{dU}{dx}\zeta_1'+\cdots,\\ -v&=2\sqrt{\nu t}\left\{\frac{dU}{dx}\zeta_0+t\left[\left(\frac{dU}{dx}\right)^2+U\frac{d^2U}{dx^2}\right]\zeta_1+\cdots\right\}. \end{aligned}\right\} \tag{15.41}$$

将这些表达式代入方程 (15.12)，我们得到关于一次近似的微分方程:

$$\zeta_0'''+2\eta\zeta_0''=0, \tag{15.42}$$

其边界条件是: $\eta=0$ 时，$\zeta_0=\zeta_0'=0$; $\eta=\infty$时，$\zeta_0'=1$. 方程 (15.42) 与方程 (5.21) 是相同的，$\zeta_0'$ 的解给在式 (15.39) 中. 图 15.1 画出了函数 $\zeta_0'$ 的曲线.

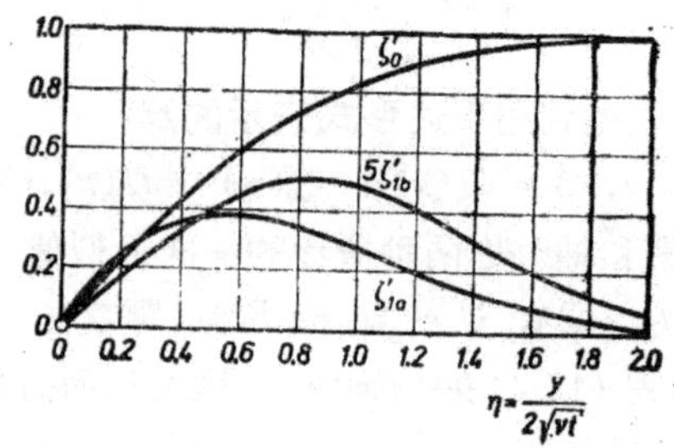


图 15.1 突然运动时非定常边界层的速度分布函数 $\zeta_0'$, $\zeta_1'=\zeta_{1a}'$ 和 $\zeta_{1b}'$. 见式 (15.41) 和式 (15.50)

把方程 (15.13) 与 (15.40) 结合起来，可以得到关于二次近似 $\zeta_1(\eta)$ 的微分方程，其形式为

$$\zeta_1''' + 2\eta\zeta_1'' - 4\zeta_1' = 4(\zeta_0'^2 - \zeta_0\zeta_0'' - 1),$$

其边界条件是： $\eta = 0$ 时，$\zeta_1 = \zeta_1' = 0$；$\eta = \infty$ 时，$\zeta_1' = 0$. H. Blasius 得到的解是：

$$\begin{aligned}\zeta_1' = &-\frac{3}{\sqrt{\pi}}\eta\exp(-\eta^2)\mathrm{erfc}(\eta) + \frac{1}{2}(2\eta^2 - 1)\mathrm{erfc}^2(\eta)\\ &+ \frac{2}{\pi}\exp(-2\eta^2) + \frac{1}{\sqrt{\pi}}\eta\exp(-\eta^2) + 2\mathrm{erfc}(\eta)\\ &- \frac{4}{3\pi}\exp(-\eta^2) + \left(\frac{3}{\sqrt{\pi}} + \frac{4}{3\pi^{3/2}}\right)\Big\{\eta\exp(-\eta^2)\\ &- \frac{\sqrt{\pi}}{2}(2\eta^2 + 1)\mathrm{erfc}(\eta)\Big\}.\end{aligned} \tag{15.43}$$

图 15.1 中还画出了函数 $\zeta_1'$ 的曲线(作为函数 $\zeta_{1a}'$ 给出). 为了计算的需要，这两个函数的初始斜率可以分别表示为

$$\left.\begin{aligned}\zeta_0''(0) &= \frac{2}{\sqrt{\pi}} = 1.128;\\ \zeta_1''(0) &= \frac{2}{\sqrt{\pi}}\left(1 + \frac{4}{3\pi}\right) = 1.607.\end{aligned}\right\} \tag{15.44}$$

S. Goldstein 和 L.Rosenhead[14] 得到了用时间表示的流函数展开式的三次近似项的精确表达式. 以前，E. Boltze[9] 在讨论轴对称问题时，曾得到一个不太精确的解(参见下一节).

借助于二次近似可以回答分离点的位置问题. 在这方面，我们将讨论圆柱体和椭圆柱的情形. 这时，关于分离点的条件可以表示为：

$$y = 0\text{ 时}，\frac{\partial u}{\partial y} = 0,$$

由此得到如下关于分离时间 $t_s$ 的条件：

$$\zeta_0''(0) + \zeta_1''(0)t_s\frac{dU}{dx} = 0,$$

这可以由式 (15.41) 看出. 利用式 (15.44) 的值，上式变为

$$1+\left(1+\frac{4}{3\pi}\right)\frac{dU}{dx}t_s=0. \qquad (15.45)$$

方程 (15.45) 可以使我们计算出给定位置处分离开始的时刻. 显然分离只出现在 $dU/dx$ 为负值的地方. 最先分离的点发生在 $dU/dx$ 的绝对值最大的地方. 然而，不能由此得出分离点一定与后驻点相重合，以后在椭圆柱的例子中将证明这一点.

例：圆柱体

关于半径为 $R$ 的圆柱绕流，当流速为 $U_\infty$ 时我们得到

$$U(x)=2U_\infty\sin\frac{x}{R} \text{ 和 } \frac{dU}{dx}=2\frac{U_\infty}{R}\cos\frac{x}{R},$$

其中 $x$ 表示由前驻点量起的弧长. 梯度 $dU/dx$ 的绝对值在后驻点处最大，同时由式 (15.45) 可以看出，分离出现的时刻为

$$t_s=\frac{R/U_\infty}{2\left(1+\frac{4}{3\pi}\right)}, \qquad (15.46)$$

直到分离开始时所走的距离为 $s_s=t_sU_\infty$，因此

$$s_s=\frac{R}{2\left(1+\frac{4}{3\pi}\right)}=0.351R.$$

I. Proudman 和 K. Johnson[39a] 对于圆柱体突然加速的问题，计算了后驻点附近的边界层；他们是在 Navier-Stokes 方程基础上求解这个问题的. 也可参看 M. Katagiri[29a].

**例：椭圆柱**[16,59]

设椭圆柱的两个半轴分别为 $a$ 和 $b$. 令它们的比值为 $k=b/a$，但并不规定它们的相对大小，所以有 $a\gtrless b$. 椭圆方程可以写为

$$\frac{x^2}{a^2}+\frac{y^2}{b^2}=1.$$

引入角坐标 $\phi$，其定义为

$$\frac{x}{a}=\cos\phi,\ \frac{y}{b}=\sin\phi,$$

并且假定椭圆柱以速度 $U_\infty$ 沿平行于 $a$ 轴的方向突然起动. 我们可以写出椭圆周线上的速度分布为：

$$\frac{U(s)}{U_\infty}=\frac{1+k}{\sqrt{1+k^2\cot^2\phi}},$$

而速度梯度为

$$\frac{a}{U_\infty}\frac{dU}{ds}=\frac{(1+k)k^2\cos\phi}{(\sin^2\phi+k^2\cos^2\phi)^2}.$$

不难证明，如果 $k^2<4/3$，则速度梯度的最大值与后驻点重合，如果 $k^2>4/3$，则速度梯度的最大值位于 $\phi=\phi_m$ 处，其中

$$\cos^2\phi_m=\frac{1}{3(k^2-1)}.$$

因此速度梯度的最大值变成

$$\left.\begin{aligned}&k^2\leqslant\frac{4}{3}:\ \frac{b}{U_\infty}\left(\frac{dU}{ds}\right)_m=\frac{1+k}{k},\\&k^2\geqslant\frac{4}{3}:\ \frac{b}{U_\infty}\left(\frac{dU}{ds}\right)_m=\frac{3\sqrt{3}}{16}\ \frac{k^3(1+k)}{\sqrt{k^2-1}}.\end{aligned}\right\}\tag{15.47}$$

把式(15.47)的值代入方程(15.45)，就可以求出直到分离开始时所经过的时间，即

$$\left.\begin{aligned}&t_s\frac{U_\infty}{a}=\frac{k^2}{\left(1+\frac{4}{3\pi}\right)(1+k)},\quad k^2\leqslant\frac{4}{3};\\&t_s\frac{U_\infty}{b}=\frac{16\sqrt{k^2-1}}{\left(1+\frac{4}{3\pi}\right)3\sqrt{3}\,k^3(1+k)},\quad k^2\geqslant\frac{4}{3}.\end{aligned}\right\}\tag{15.48}$$

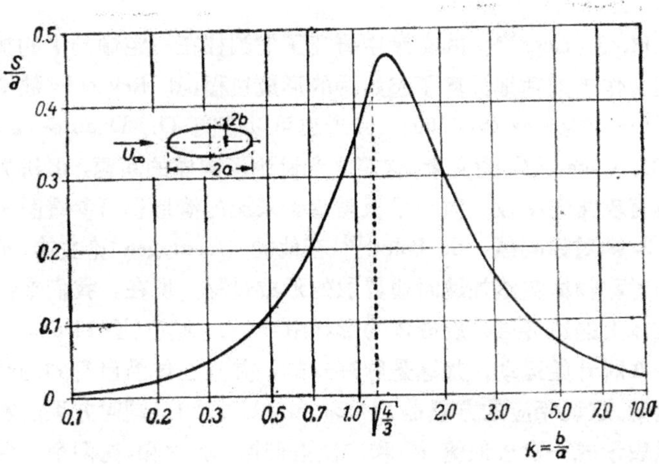


图 15.2　椭圆柱由静止突然加速直到分离开始时所通过的距离 s

图 15.2 绘出了直到分离开始时椭圆柱所通过的距离 $s$，与两轴比值

$$k=\frac{b}{a}$$

的关系，其中 $s=t_sU_\infty$. 最先出现分离的位置可以表示为:

$$\text{当 } k^2 \leqslant \frac{4}{3} \text{ 时，} y_s = 0,$$

$$\text{当 } k^2 \geqslant \frac{4}{3} \text{ 时，} \frac{y_s^2}{b^2} = 1 - \frac{1}{3(k^2-1)}.$$

当 $k=1$ 时，或 (15.48) 变成关于圆柱的公式 (15.46)。从这个值起，分离开始的时间 $t_s$ 随着

$$k = \frac{b}{a}$$

的增加而减小，并且分离点的位置从 $a$ 轴的端点向 $b$ 轴的端点移动。在 $\frac{b}{a} \longrightarrow \infty$ 的极限情形下，即对于一块与运动方向相垂直的平板，则有 $t_s = 0$ 和 $y_s = b$。因此，在平板与运动方向相垂直的情形下，当运动开始时就立即出现分离，而且分离发生在平板的边缘上。

W. Tollmien[60] 在 1924 年发表的 Goettingen 论文中，用类似的方法计算了突然转动的旋转圆柱上边界层的形成过程。在这种情形下，柱体上切向速度与流动速度方向相同的一侧，分离受到抑制。

H. J. Lugt[28a] 的文章中研究了椭圆柱在一定倾角下的加速过程。作者成功地计算了起始涡的形成过程，其 Reynolds 数范围是 $\mathbf{R} = Vd/\nu = 15 \sim 200$。读者也可以查阅 D. Dumitrescu 和 M. D. Cazacu[9a] 的文章，这篇文章讨论了同样的问题，但研究对象是有攻角的平板。对于平板垂直于来流的情形也可参看图 4.2。

**2. 轴对称问题** E. Boltze[9] 在他的 Goettingen 论文中，研究了轴对称物体突然加速时边界层的形成过程。现在，我们来讨论旋成体上的边界层，旋成体的形状由 $r(x)$ 确定（图 11.6），它在 $t=0$ 时开始运动。加速是脉冲式的，并且柱体沿自身的轴线方向运动。这里相应的方程是 (15.2) 和 (11.27b)。同时方程的解也可以表示成一次近似值 $u_0$ 和二次近似值 $u_1$ 之和，这两个近似值分别由式 (15.12) 和 (15.13) 所定义。考虑到连续方程形式的改变，我们引入另一种流函数，即

$$u = \frac{1}{r}\frac{\partial \psi}{\partial y}; \quad v = -\frac{1}{r}\frac{\partial \psi}{\partial x},$$

并且假定流函数的形式为

$$\psi(x, y, t) = 2\sqrt{\nu t}\ \left\{rU\zeta_0(\eta) + t\left[rU\frac{dU}{dx}\zeta_{1a}(\eta)\right.\right.$$

$$\left.\left. + U^2\frac{dr}{dx}\zeta_{1b}(\eta)\right] + \cdots\right\}. \qquad (15.49)$$

因此

$$\frac{u}{U} = \zeta_0' + t\left[\frac{dU}{dx}\zeta_{1a}' + \frac{U}{r}\frac{dr}{dx}\zeta_{1b}'\right]. \qquad (15.50)$$

其中变量 $\eta$ 和二维问题中的 $\eta$（见式 (15.38)）有相同的含意. 正如已经提到的，由方程 (15.12) 得到的关于 $\zeta_0$ 的微分方程与关于二维问题的方程 (15.42) 是相同的. 对于以时间表示的展开式中的二次近似，现在我们可以从方程 (15.13) 得到下述关于 $\zeta_{1a}$ 和 $\zeta_{1b}$ 的微分方程:

$$\left.\begin{aligned} \zeta_{1a}''' + 2\eta\zeta_{1a}'' - 4\zeta_{1a}' &= 4(\zeta_0'^2 - 1 - \zeta_0\zeta_0''), \\ \zeta_{1b}''' + 2\eta\zeta_{1b}''' - 4\zeta_{1b}' &= -4\zeta_0\zeta_1''. \end{aligned}\right\} \qquad (15.51)$$

其边界条件是

$$\eta = 0: \ \zeta_{1a} = \zeta_{1a}' = 0; \ \zeta_{1b} = \zeta_{1b}' = 0;$$

$$\eta = \infty: \ \zeta_{1a}' = 0; \ \zeta_{1b}' = 0.$$

关于 $\zeta_{1a}$ 的方程与二维问题中关于 $\zeta_1$ 的方程完全相同. E. Boltze[9] 用数值方法求解了关于 $\zeta_{1a}$ 的方程. 根据图 15.1 可以看出 $\zeta_{1a}'$ 和 $\zeta_{1b}'$ 的特征. $\zeta_{1b}$ 的初始斜率是 $\zeta_{1b}''(0) = 0.169$.

分离的开始由条件 $(\partial u/\partial y)_{y=0} = 0$ 来确定，根据式 (15.50)，它给出

$$\zeta_0''(0) + t_s\left[\frac{dU}{dx}\zeta_{1a}''(0) + \frac{U}{r}\frac{dr}{dx}\zeta_{1b}''(0)\right] = 0,$$

或者，利用上述 $\zeta_0''(0)$，$\zeta_{1a}''(0) = \zeta_1''(0)$ 及 $\zeta_{1b}''(0)$ 的数值，则有

$$1 + t_s\left[\frac{dU}{dx}\left(1 + \frac{4}{3\pi}\right) + 0.150\frac{U}{r}\frac{dr}{dx}\right] = 0. \qquad (12.52)$$

E. Boltze 还计算了流函数展开式 (15.49) 中的另外两项.

例：圆球

作为算例，E. Boltze 计算了圆球上边界层的形成过程，圆球

由静止突然起动．用$R$表示圆球半径，$U_\infty$ 表示自由流速度．在这种情形下，我们有

$$r = R\sin\frac{x}{R};\quad U(x) = \frac{3}{2}U_\infty\sin\frac{x}{R}.$$

现在，分离的开始可以由方程 (15.52) 得到，或者由下式得到：

$$1 + t_s\frac{3}{2}\frac{U_\infty}{R}1.573\cos\frac{x}{R} = 0.$$

分离最先出现在后驻点处，也就是在

$$\cos\left(\frac{x}{R}\right) = -1$$

的地方．由此得到

$$\frac{3}{2}t_s\frac{U_\infty}{R} = 1/1.573 = 0.635.$$

考虑到 E. Boltze 计算的流函数展开式中的另外两项的值，我们得到这个常数的更精确的值为 0.589．因此，突然起动的圆球出现分离的时刻为

$$t_s = 0.392\frac{R}{U_\infty}. \tag{15.53}$$

在这个时间内，圆球走过的距离是 $s_s = U_\infty t_s = 0.392R$，或者，大约是圆球半径的 40%．分离点从最初 $\phi = \pi$ 处先快后慢地移向 $\phi \approx 110°$ 处．这正是定常流动时分离点的位置，也就是在无限长时间以后才会达到的位置．图 15.3 表示某一中间时刻的流线图象和速度分布，这一时刻对应于圆球走了 $0.6R$ 的距离．当半径 $R = 10\text{cm}$（大约 4in）和速度 $U_\infty = 10\text{cm/s}$（大约 0.33ft/s）时，相应的时间为 0.6 秒．图 15.3 画出了流线的图形，为了清楚起见，图中边界层厚度的线尺度有所夸大．以水为例，

$$\nu = 0.01\times10^{-4}\text{m}^2/\text{s}\ （大约\ 0.1\times10^{-4}\text{ft}^2/\text{s}),$$

厚度放大了 30 倍左右．在如图所示的封闭旋涡中速度的绝对值很小，而在通过分离点的流线 $\psi = 0$ 的外侧，速度梯度和环量最大．

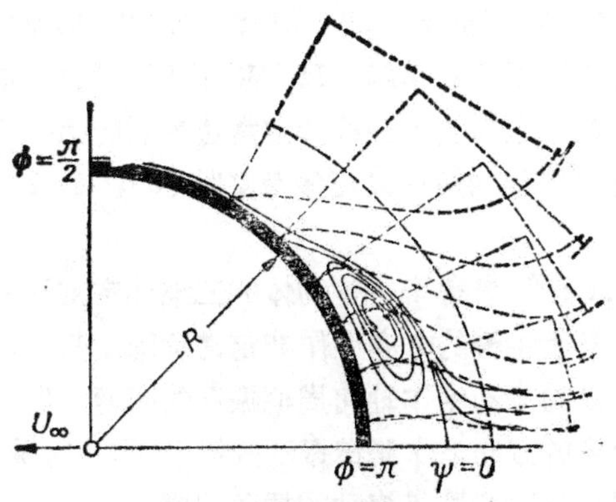


图 15.3　在突然加速的圆球背风面上，分离开始以后的边界层；引自 Boltze[9]．圆球走了 0.6$R$ 的距离

只要加速的时间远小于分离开始以前所经过的时间，那么，上述理论所采取的理想化的瞬时加速过程，就是对实际情形的一个很好的近似．

K. H. Thiriot[58] 在 Goettingen 大学提出的论文中，研究了旋转圆盘上边界层的形成过程．他讨论了圆盘在静止流体中突然加速到某一等角速度的情形，以及圆盘和流体一起转动，然后圆盘突然停止运动的情形．对于前一种情形，运动的最终状态就是 W. G. Cochran 给出的在静止流体中旋转圆盘的解，这已在第五章 11 中讨论过． 对于第二个问题，运动的最终状态就是 U. T. Boedewadt 所得到的解，这已在第十章 a 中作过讨论．这是流体在固定平面上旋转的问题． K. H. Thiriot[57] 在另一篇文章中讨论了所有这些情形的推广．他考察了圆盘和流体一起转动，然后圆盘突然加速或突然减速时的情形，这时圆盘角速度的变化与流体角速度相比是一个小量．值得注意的是在这种旋转圆盘附近也形成一个稳定的边界层． S. D.Nigam[34] 计算了圆盘突然起动以后边界层增长的详细过程．

E. M. Sparrow 和 J. L. Gregg[51] 求解了圆盘以变角速度旋

转的问题．C. R. Illingworth[25] 和 Y. D. Wadhwa[64] 研究了旋成体转动时边界层增长的问题．H. Wundt[70] 讨论了偏航圆柱体突然加速的问题，这构成了三维非定常边界层的另一个实例．其它三维非定常边界层的解可以在参考文献［20，21，22，52和53］中找到．

W. Wuest[69] 求得了一些物体的三维非定常边界层的解，这些物体在垂直于主流的方向上作非定常运动．其中，一个例子是圆柱在定常横向流动中作轴向周期振动的问题．另一个例子是楔在平行其前缘的方向上作简谐振动的情形，作为特殊情况，这个例子包括了平板振动和驻点流动的振动问题．

## c. 加速运动中边界层的形成

H. Blasius 计算了二维流动中物体作匀加速运动时边界层的形成过程．其结果与物体突然开始运动的结果非常类似．这时，物体的位势速度可以用下述方式给定

$$\left.\begin{aligned} t\leqslant 0:\ U(x,t)=0,\\ t>0:\ U(x,t)=t\times w(x). \end{aligned}\right\} \tag{15.54}$$

现在，也可以假设一个如式（15.11）给定的用逐次近似值表示的级数．于是，这些近似值满足方程（15.12）和（15.13）．假定流函数对时间的展开式有如下形式：

$$\psi(x,y,t)=2\sqrt{\nu t}\left\{tw\zeta_0(\eta)+t^3w\,\frac{dw}{dx}\zeta_1(\eta)+\cdots\right\},$$

$$u(x,y,t)=U\left(\zeta_0'+t^2\,\frac{dw}{dx}\,\zeta_1'+\cdots\right), \tag{15.55}$$

则可以导出下列关于 $\zeta_0(\eta)$ 和 $\zeta_1(\eta)$ 的微分方程：

$$\left.\begin{aligned} \zeta_0'''+2\eta\zeta_0''-4\zeta_0'&=-4\\ \zeta_1'''+2\eta\zeta_1''-12\zeta_1'&=-4+4(\zeta_0'^2-\zeta_0\zeta_0'') \end{aligned}\right\}, \tag{15.56}$$

其边界条件是

$$\eta=0:\ \zeta_0=\zeta_0'=0,\ \zeta_1=\zeta_1'=0,$$
$$\eta=\infty:\ \zeta_0'=1,\ \zeta_1'=0.$$

关于函数 $\zeta_0'$ 的解，由 H. Blasius 给出的形式为：

$$\zeta_0'=1+\frac{2}{\sqrt{\pi}}\,\eta\exp(-\eta^2)-(1+2\eta^2)\operatorname{erfc}\eta. \tag{15.57}$$

Blasius 还以封闭形式给出了关于 $\zeta_1'$ 的解．计算分离所需要的初始斜率是：

$$\zeta_0''(0)=\frac{4}{\sqrt{\pi}}=2.257;$$

$$\zeta_1''(0)=\frac{31}{15\sqrt{\pi}}-\frac{256}{225\sqrt{\pi^3}}=0.427\,\frac{4}{\sqrt{\pi}}=0.964.$$

方程(15.55)给出了这种情形下分离开始的时刻，如果只取展开式的前两项，则可以得到

$$\zeta_0''(0)+t_s^2\frac{dw}{dx}\zeta_1''(0)=0,$$

或者，利用上述 $\zeta_0''(0)$ 和 $\zeta_1''(0)$ 的数值，则有

$$1+0.427t_s^2\frac{dw}{dx}=0,$$

所以

$$t_s^2\frac{dw}{dx}=-2.34.$$

这个表达式也可以写成如下形式:

$$1+0.427t_s\frac{dU}{dx}=0.$$

与式(15.45)相比可以看出，当 $dU/dx$ 值相同时，突然起动的分离要比匀加速运动的分离出现得更早.

H. Blasius 还计算了展开式的另外两项. 利用这两项的值，可以得到下列关于 $t_s$ 方程的改进形式:

$$1+0.427\frac{dw}{dx}t_s^2-0.026\left(\frac{dw}{dx}\right)^2t_s^4$$

$$-0.01w\frac{d^2w}{dx^2}t_s^4=0.$$

对于柱体情形，当柱体相对于流动方向对称放置时，在后驻点处上式最后一项为零，由此得到

$$t_s^2\frac{dw}{dx}=-2.08. \tag{15.58}$$

**例: 圆柱体**

对于圆柱体情形，我们有

$$U(x,t)=tw(x)=2bt\sin\frac{x}{R},$$

其中 $b$ 表示等加速度. 因此,

$$w(x)=2b\sin\frac{x}{R},$$

$$\frac{dw}{dx}=\frac{2b}{R}\cos\frac{x}{R}.$$

在这种情形下，最先发生分离的点也与后驻点 ($\cos(x/R)=-1$) 相重合. 这样，由式(15.58)可以得到

$$t_s^2=1.04\frac{R}{b}.$$

直到分离开始为止，圆柱体走过的距离为

$$s = \frac{1}{2} b t_s^2,$$

因而可写成 $s = 0.52R$，这个距离也比突然运动情形下的距离大．在本章 b 中关于最先出现分离点的讨论，对目前的情形依然适用． 图 15.4 给出了上述情形下的流线图象，它是基于 Blasius 的文章绘制的．这个图象对应的时间为

$$T = t\sqrt{b/R} = 1.58,$$

而圆柱走过的距离等于 $1.25R$． 假定 $R = 10\text{cm}$（大约 4in），$b = 0.1\text{cm/s}^2$（大约 $0.04\text{in/s}^2 = 0.0033\text{ft/s}^2$），那么我们得到

$$\sqrt{b/R} = 0.1 \text{ 秒}^{-1},$$

而运动开始以后所经过的时间是 $t = 15.8$ 秒． 图 15.4 表示所求得的边界层的形状．和图15.3一样，其中放大了边界层厚度的线尺度．对于水而言，$\nu = 0.01 \times 10^{-4}\text{m}^2/\text{s}$（大约 $0.1 \times 10^{-4}\text{ft}^2/\text{s}$），厚度放大到 $\sqrt{10}$ 倍左右．

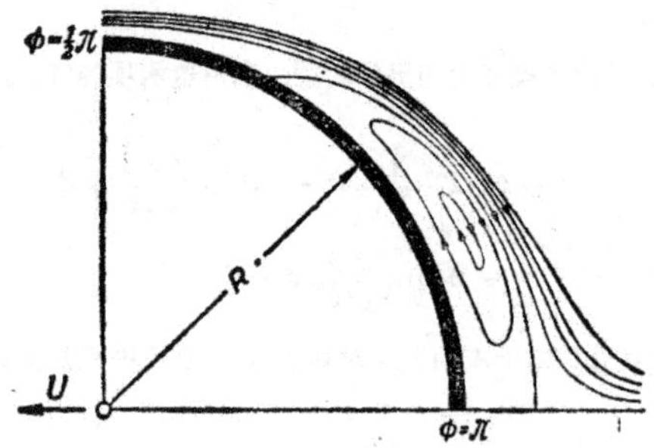


图 15.4 作匀加速运动的圆柱体背风面上，分离开始以后的边界层（Blasius）

速度：$U(t) = b \times t$；在 $T = t\sqrt{b/R} = 1.58$ 时的图象；在 $T_s = t_s\sqrt{b/R} = 1.02$ 时最先出现分离

H.Goertler[15] 推广了这种加速运动期间边界层形成过程的理论计算方法． 他假设位势流动的速度表达式为 $U(x,t) = w(x)t^n$，其中 $n = 0, 1, 2, 3, 4$．当 $n = 0$ 和 $n = 1$ 时，可分别得到上述突然起动和匀加速运动的情形．在 $n = 0 \sim 4$ 的情形下，H.Goertler 给出了用时间幂次项表示的流函数展开式中首项的显式表达式． 并且在壁面上计算出了第二项和它的初始斜率，从而可以计算分离开始的时刻和所走过的距离（可以用圆柱体为例）．在这方面，还可以参考 E.J.Watson[65] 的文章．

## d. 起动过程的实验研究

借助以上所讨论的解析方法，可以研究边界层形成的过程．但

是分离开始以后，这种解析方法就逐渐无能为力了．在分离开始以后，边界层外边的流动图象出现明显的改变，尤其是在钝体(例如圆柱体)的背风面．因此，根据位势理论导出的理论压力分布所作的计算，对分离以后的过程给出的是不精确的描述．图 15.5 的一组照片说明了圆柱绕流图象的发展过程．图 15.5a 显示流动刚开始时的无摩擦位势流动图象． 图 15.5b 表示后驻点上刚刚开始分离时的图象．图 15.5c 表明分离点已经向上游移动了很大的距离．通过分离点的流线包围了一个流速很小的区域．这条流线的外侧涡量最大，进而形成一个涡面．随着图象的不断发展，涡面

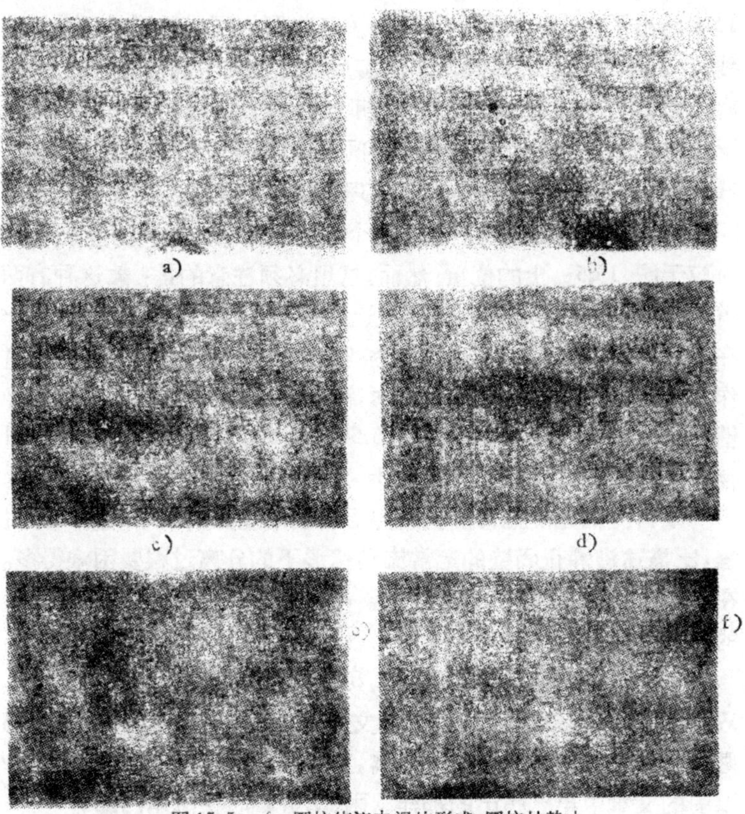

图 15.5a～f 圆柱绕流中涡的形成，圆柱从静止开始加速运动 (L.Prandtl)

卷起并形成了如图 15.5d 所示的两个集中的涡. 在这两个涡的后面的自由流中，可以看出有一个驻点. 这个驻点与通过分离点的两条流线的交点相重合. 图 15.5e 表明旋涡在继续增长. 随着时间的推移，旋涡变成不稳定的. 最后如图 15.5f 所示的那样，它们终于被外部流动带着离开了物体. 在定常状态下，运动有脉动，并且物体周围的压力分布明显地不同于位势流动理论所确定的结果.

M.Schwabe[47] 在圆柱体上，很详细地研究了上述现象. 特别是，他测量了从静止开始的加速过程中圆柱周围的压力分布. 图 15.6 给出了在加速过程的不同阶段环绕圆柱周线的压力分布曲线. 其中 $d$ 表示柱体与两个涡旋后面自由流中的驻点之间的距离. 由图可见，在加速过程的早期阶段，测量的压力分布非常接近于位势流动的结果. 但是随着时间的推移，两者的差别迅速增大. H.Rubach[43] 曾试图借助于位势理论来描述这种类型的圆柱绕流问题. 他假设在物体的下游有两个对称的点涡，点涡的位置大致对应于图 15.5e 上的位置. 然而，这里必须注意的是：象这种有两个对称涡的图象只是暂时的. 最近，M.Coutanceau 和 R.Bouard[9b,c] 在 Reynolds 数 $5 < R < 40$ 的范围内，对圆柱体后形成的尾迹作了非常广泛的实验研究. 这两篇文章包括了定常和非定常两种情形. 文献 [9c] 确定了图 15.5d 和 15.5e 所示的"涡对"可以存在并附着在物体上的 Reynolds 数范围的界限.

**分离**：描述非定常层流边界层和运动壁面情形下的分离过程，比描述沿静止固壁的定常流动情形下的分离过程要困难得多。在后一种情形下，用一个简单的条件就能确定分离，这就是壁面上的切应力必须为零：

$$\tau_0 = \mu(\partial u/\partial y)_0 = 0.$$

W.Sears 和 D.P.Telionis[47a] 的论文指出，在非定常流动中，当内部驻点上的切应力为零时出现分离，正如 F.K.Moore[33] 和 N.Rott[38] 以前的文章中早已指出的那样. 因此，分离时在流体内部有

$$u = 0 \text{ 以及 } \partial u/\partial y = 0.$$

这个条件称为 **Moore-Rott-Sears** 准则. 在物理上,这个条件描述层流边界层的破裂. 在一定程度上, 这种有分离的二维非定常边界层, 与平板和它上面的短粗物体之间拐角处形成的三维边界层呈现出相同的特征. 在图 11.20 和 11.21 所示的情形下,流动形成一个分离面;也可参阅文献 [47b, c].

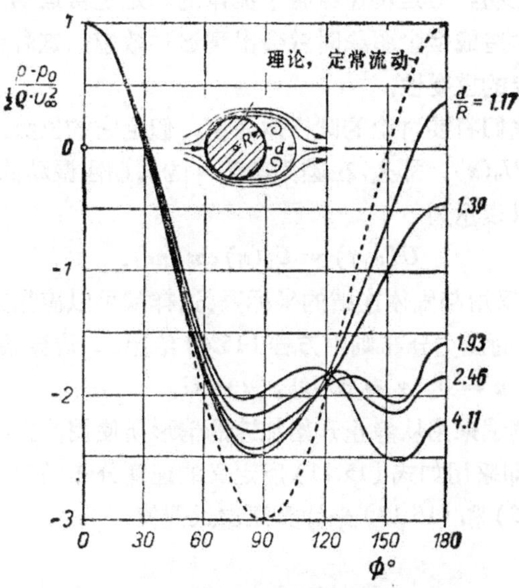


图 15.6 起动过程中在圆柱周围测量的压力分布,引自 M.Schwabe[47]

S.Taneda[56a] 给出了关于绕钝体非定常流动的广泛评论,其中附有许多极好的流动照片.

最后,值得指出的是: 在细长体情形(例如长轴平行于流动方向的细长椭圆柱体)或者在翼型情形下, 分离过程的尺度大大减小,因此,在大多数情形下, 这种物体上的实验压力分布与位势理论所给出的压力分布是十分一致的(也看图 1.11).

## e. 周期性的边界层流动

**1. 静止流体中的振动柱体** 为了给出一个周期性边界层流动

的例子，我们现在来计算在静止流体中物体以小振幅作往复简谐振动时的边界层．这是第五章第 7 节中所讨论的在自身平面内作简谐振动的平板边界层问题的推广．

本节将要证明，在静止流体中物体很小的振动会诱导出特征二次流，这种二次流的性质是这样的：尽管物体的运动只是单纯的周期性运动，但是传递给整个流体的却是定常运动．例如，在 Kundt 管中造成烟尘图象时就会出现这种效应，这种效应在声学中具有一定的重要性．

对于我们将要讨论的圆柱体而言，假定它的位势速度分布可以表示为 $U_0(x)$．那么，在圆频率为 $n$ 的周期性振动的情形下，位势流动可以表示为

$$U(x,t) = U_0(x)\cos(nt). \tag{15.59}$$

现在，我们采用与固体连结的坐标系．这样就可以应用方程 (15.1) 和 (15.2)，而压力分布则由方程 (15.6) 给出． 边界条件是： 在 $y=0$ 处，$u=0$；$y=\infty$ 处，$u=U$．

可以尝试采用从静止开始加速的情形所使用的方法来求解这个问题，即采用如式 (15.11) 所定义的速度分布函数，并借助于方程 (15.12) 和 (15.13) 来计算逐次近似值．

如果

$$\left|U\frac{\partial U}{\partial x}\right| \ll \left|\frac{\partial U}{\partial t}\right|,$$

那么这种方法是可取的．现在 $U\partial U/\partial x \sim U_m^2/d$，其中 $d$ 表示物体的线尺度（例如圆柱的直径）． 另一方面，$\partial U/\partial t \sim U_m \times n$，其中 $U_m$ 表示物体的最大速度．因此，我们有

$$U\frac{\partial U}{\partial x}\Big/\frac{\partial U}{\partial t} \sim \frac{U_m}{nd}.$$

最大速度 $U_m$ 正比于 $n \times s$，其中 $s$ 是振幅，所以

$$U\frac{\partial U}{\partial x}\Big/\frac{\partial U}{\partial t} \sim \frac{s}{d} \ll 1.$$

上述讨论表明：这里提出的求解方法可以适用于振动的振幅远小

于物体尺寸的情形.

H.Schlichting[44] 完成了这个计算（也可参看文献[36]).因为微分方程是线性的，因此这里采用复数符号似乎更为方便. 在这种情形下,式(15.59)可以写成

$$U(x,\ t)=U_0(x)e^{int},$$

并且约定只对所述复数的实部赋于物理意义. 引入一个无量纲坐标 $\eta$，定义

$$\eta=y\sqrt{\frac{n}{\nu}}, \tag{15.60}$$

同时假设流函数的一次近似值 $\psi_0$ 具有如下形式:

$$\psi_0(x,\ y,\ t)=\sqrt{\frac{\nu}{n}}\,U_0(x)\zeta_0(\eta)e^{int},$$

因此,

$$\left.\begin{aligned} u_0(x,\ y,\ t)&=U_0(x)\zeta_0'e^{int};\\ v_0(x,\ y,\ t)&=-\frac{dU_0}{dx}\sqrt{\frac{\nu}{n}}\,\zeta_0e^{int}. \end{aligned}\right\} \tag{15.61}$$

根据方程(15.12)可以得到下列关于 $\zeta_0(\eta)$ 的微分方程:

$$i\zeta_0'-\zeta_0'''=i,$$

其边界条件是:在 $\eta=0$ 处，$\zeta_0=\zeta_0'=0$; $\eta=\infty$ 处，$\zeta_0'=1$. 这个方程的解是

$$\zeta_0'=1-\exp\{-(1-i)\eta/\sqrt{2}\}.$$

如果还回到用实数符号[1]表示,我们得到函数

$$u_0(x,y,t)=U_0(x)[\cos(nt)-\exp(-\eta/\sqrt{2})$$

$$\times\cos(nt-\eta/\sqrt{2})] \tag{15.62}$$

这就是速度分布函数的一次近似值. 它与式(5.26a)关于振动平板的解相同[2].

---

1) 这是为了适合于计算方程(15.13)右边的对流项的需要.

2) 应该指出,与第五章 a7 不同,这里坐标系取在物体上;另外,无量纲坐标 $\eta$ 与那里所用的 $\eta$ 相比少因子 $\sqrt{2}$.

如果现在根据方程 (15.13) 来计算二次近似值 $u_1(x, y, t)$，则可以看出，方程右边的对流项将出现具有 $\cos^2 nt$ 的项，而这些项可以化成 $\cos 2nt$ 项，$\sin 2nt$ 项和定常状态项(即与时间无关的项)．考虑到这些情况，我们可以把流函数的二次近似值表示成如下形式：

$$\psi_1(x, y, t) = \sqrt{\frac{\nu}{n}}\, U_0(x) \frac{dU_0}{dx} \frac{1}{n} \{\zeta_{1a}(\eta) e^{2int} + \zeta_{1b}(\eta)\},$$

因此有

$$u_1(x, y, t) = U_0(x) \frac{dU_0}{dx} \frac{1}{n} \{\zeta'_{1a} e^{2int} + \zeta'_{1b}\},$$

其中 $\zeta_{1a}$ 和 $\zeta_{1b}$ 分别表示二次近似值的周期性成分和定态成分．由方程 (15.13) 看出，这两个函数满足下列微分方程：

$$2i\zeta'_{1a} - \zeta_{1a}''' = \frac{1}{2}(1 - \zeta_0'^2 + \zeta_0\zeta_0''),$$

$$-\zeta_{1b}''' = \frac{1}{2} - \frac{1}{2}\zeta_0'\bar{\zeta}_0' + \frac{1}{4}(\zeta_0\bar{\zeta}_0'' + \bar{\zeta}_0\zeta_0''),$$

其中符号上面的一杠表示对应的共轭复数．

周期性成分的法向分量和切向分量在壁面上必须为零，然而，在远离壁面处只是切向分量为零．设

$$\eta' = \eta/\sqrt{2},$$

则得到

$$\zeta'_{1a} = -\frac{i}{2}\exp[-(1+i)\sqrt{2}\,\eta'] + \frac{i}{2}\exp[-(1+i)\eta'] - \frac{i-1}{2}\eta'\exp[-(1+i)\eta'].$$

在考虑定态成分时，可以发现只能满足壁面上的边界条件，而在远离壁面处切向分量可以是不为零的有限值．例如

$$\zeta'_{1b} = -\frac{3}{4} + \frac{1}{4}\exp(-2\eta') + 2\sin\eta'\exp(-\eta') + \frac{1}{2}\cos\eta'\exp(-\eta') - \frac{\eta'}{2}(\cos\eta' - \sin\eta')$$

$$\times \exp(-\eta'),$$

所以

$$\zeta'_{1b}(\infty)=-\frac{3}{4}.$$

由此看出，二次近似值包含一个定态项，它在远离物体处(即在边界层之外)并不为零．它的大小可以表示为

$$u_2(x,\infty)=-\frac{3}{4n}U_0\frac{dU_0}{dx}. \tag{15.63}$$

这样，上述讨论使我们得到一个值得注意的结论：相对于时间是周期性的位势流动，由于粘性力的作用，在远离壁面处会诱导出一个二次('流')的定常运动．它的大小由式(15.63)给出，并与粘性系数无关．这个定态速度分量使流体质点沿着平行于壁面的位势速度分量的振幅减小的方向流动．

这种流动的一个例子示于图 15.7 中，该图是静止流体中振动圆柱周围的定常流动的流线图象．图 15.8 是圆柱在充满水的容器中振动时，柱体周围流动图象的照片．用来摄影的照相机与圆柱一起运动，同时水面上撒有显示流动的金属粉末．由于曝光时间长以及金属粉末作往复运动，因此粉末在照片上表现为一条条的宽带．流体质点从上方和下方向着圆柱流动，然后沿平行于圆柱往复运动的方向向两边流走．这与图 15.7 所示的理论流线图象是

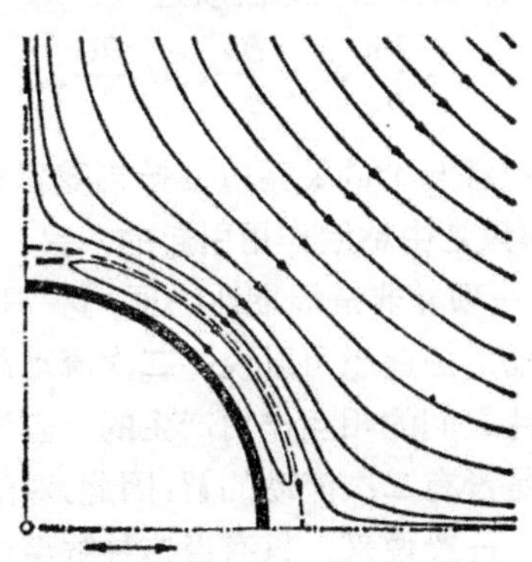

图 15.7 振动圆柱附近定常二次流的流线图象

十分一致的. E.N.Andrade[1] 也发表了类似的照片，他在圆柱体周围诱发出驻声波，并且通过注入烟的办法显示出所引起的二次流.

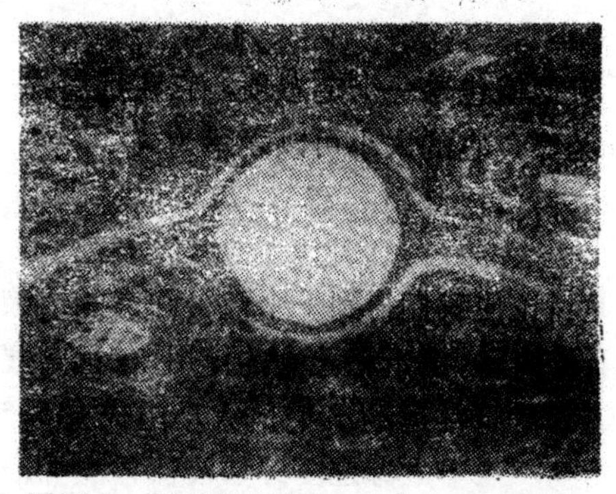

图 15.8 振动圆柱附近的二次流. 照相机与圆柱一起运动. 由于曝光时间长和金属粉末的往复运动，用来显示流动的金属粉末呈现为宽的条带，引自 Schlichting[44]

这里，值得注意的是：式 (15.62) 中的一次近似值 $u_0$ 表明，和强迫振动相比，不同流体层振动的相位移是不同的，并且它们的振幅从壁面向外逐渐减小. 第五章中讨论过的一些解也呈现出相同的特性. 一次近似值 $u_0$ 以及第五章的解是利用不包含以下对流项的微分方程得到的，这些对流项是

$$u\frac{\partial u}{\partial x},\quad v\frac{\partial u}{\partial y},\quad U\frac{\partial U}{\partial x}.$$

因此可以说，相位移与 $y$ 的关系以及振幅随着离开壁面的距离而逐渐衰减，这些都只是由粘性作用引起的. 另一方面，在二次近似值 $u_1$ 中，出现了一项并非是周期性的项，这一项代表叠加在振动运动上的定常流动. 由此也可以说：二次流动起源于对流项，它是由于惯性和粘性之间的相互作用产生的. 应该记住：略去对流项的简化得到的是没有二次流动的解，因此，对这种流动可能给出使人误解的解释. 一般说来，只有当这种解至少进行到二阶近似时才会出现二次流.

上面讨论的现象为 Kundt 的烟尘图象提供了一个简单的解释，这种图象可以用来证明管内驻声波的存在．这种声波属于纵波，同时声波振幅的最大值位于驻波的最大振幅点（见图 15.9）．这样，在管内诱导出了二次流动．在壁面附近，二次流的速度方向从最大振幅点指向波节．显然，为了满足连续性的要求，在远离壁面处，速度必然要改变方向．这就引起了“二次流”效应，即烟尘粒子的位移，从而使烟尘粒子在波节处形成小的堆积．

根据以上的叙述，可以清楚地看出用来产生 Kundt 图象的烟尘量具有很大的重要性．烟尘量太大要发生搅动．当管子受激振动时，烟尘可以到达内部流动区．因此，这就不可能使烟尘从最大振幅点移走．相反，如果烟尘量取得过小，则壁面附近的流动影响将变得更为强烈，很快就使得最大振幅点上变成无烟尘的．在关于声学的出版物中已经详细研究了这些与振动相伴随的定常流动问题，参看文献 [68]．

A.Gosh[17] 完成了绕轴对称椭球流动的类似研究，这种椭球在静止流体中绕着它的对称轴振动；也可参阅 D.Roy[40,41] 的文章．

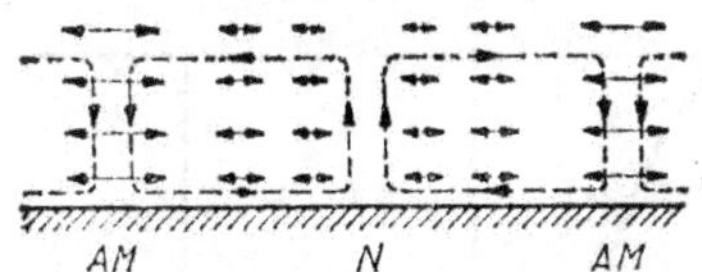


图 15.9 形成 Kundt 烟尘图象的说明
$AM$ = 振幅最大点
$N$ = 振动节点

**2. 谐振的林家翘理论** 上节讨论了在静止流体中含有振动的典型例子．但是在实际应用中，在流动流体上叠加这种振动的问题更为重要，当然也更难于分析．借助于本章 a 中所叙述的林家翘理论[28]，可以深入了解这类过程．

如果外部振动用以下函数描述，即

$$U(x, t) = \overline{U}(x) + U_1(x)\sin nt, \qquad (15.64)$$

则由方程 (15.23) 可以求得纵向速度 $u$ 的振动分量为

$$u_1(x, y, t) = U_1(x)\{\sin nt - [\exp(-y/\delta_0)] \cdot [\sin(nt - y/\delta_0)]\}. \tag{15.65}$$

值得注意的是纵向扰动分量 $u_1(x, y, t)$ 相对于外部流动的相位移仍然依赖于坐标 $y$. 借助于连续方程(15.27)可以得到横向分量 $v_1(x, y, t)$，它也呈现出这种典型的相位移. 由于已经得到 $u_1(x, y, t)$ 和 $v_1(x, y, t)$ 的表达式，根据式(15.21)可以计算出表观压力梯度 $F(x, y)$. 它取以下形式:

$$F(x, y) = \frac{1}{2} U_1 \frac{dU_1}{dx} \bar{F}\left(\frac{y}{\delta_0}\right), \tag{15.66}$$

其中

$$\bar{F}\left(\frac{y}{\delta_0}\right) = \exp(-y/\delta_0)[(2 + y/\delta_0)\cos(y/\delta_0) - (1 - y/\delta_0)\sin(y/\delta_0) - \exp(-2y/\delta_0)]. \tag{15.67}$$

这个函数的曲线见图 15.10. 表达式(15.66)表明，真实的平均速度剖面 $\bar{u}$ 和假定 $F(x,y) = 0$ 时所产生的准定常速度剖面 $u_s$ 之间的偏差，主要取决于振动的振幅 $U_1(x)$ 和振幅沿着流动的变化

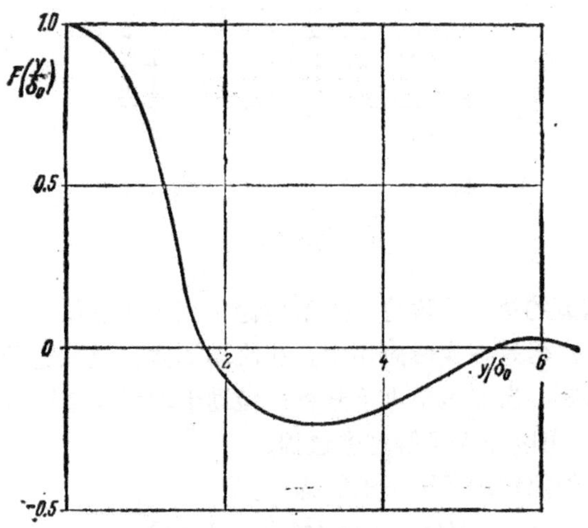


图 15.10 当外部流动中只有单一的谐振分量时，由式(15.67)得到的函数 $\bar{F}(y/\delta_0)$ 的曲线

$dU_1/dx$. 特别地，如果沿着流动振幅保持不变，也就是 $U_1 =$ 常数，那么，即使振幅很大，这个速度剖面也不会产生变化. 根据图 15.10 的曲线，可以推断速度剖面的最大相对修正量出现在壁面附近，因为在壁面附近 $\bar{F}(y/\delta_0)$ 有最大值 $\bar{F}(0) = 1$. 由于最靠近壁面的流体质点以比较小的加速度运动，因此，在壁面附近附加压力梯度将产生最大的变化.

如果有频率为 $kn(k = 1, 2, \cdots)$ 的谐振频谱，即对于自由流速度有

$$U(x, t) = \bar{U}(x) + \sum_k U_{1k}(x) \sin(knt), \qquad (15.68)$$

则可以简单地得到

$$F(x, y) = \sum_k \frac{1}{2} U_{1k} \frac{dU_{1k}}{dx} \bar{F}\left(\frac{y}{\delta_{0k}}\right), \qquad (15.69)$$

其中

$$\delta_{0k} = \sqrt{\frac{2\nu}{kn}}.$$

如前所述，层流分离点的位置显然受到外部振动的影响，因此分离点本身必然也在振动. 最后，林家翘的方法导出一个有价值的结论：这种基本的振动在边界层内诱导出更高次的谐振动.

**3. 有很小谐扰动的外部流动** 许多文章研究了外部流动作微小谐振动的问题. 所使用的方法就是本章 a3 中叙述的对摄动参数进行级数展开. 假设外部流动的形式为

$$U(x, t) = \bar{U}(x) + \varepsilon U_1(x) e^{int}, \qquad (15.70)$$

我们注意到对于这种情形，大多数的研究都限于计算一次近似值，即根据式(15.30)计算函数 $u_1$, $v_1$ 和 $T_1$. M.J.Lighthill[27] 系统地阐述了函数 $\bar{U}(x)$ 和 $U_1(x)$ 为任意形式时求解方程(15.32)的近似方法。E.Hori[24] 讨论了函数 $\bar{U}(x)$ 和 $U_1(x)$ 可以表示成幂级数形式的特殊情形. 而 N.Rott 和 M.L.Rosenzweig[39] 则检验了当函数 $\bar{U}(x)$ 和 $U_1(x)$ 是 $x$ 的一次方时的例子. M.B.Glauert[13] 和 N.Rott[39] 所研究的驻点流动的例子以及 A.Gosh[17] 和 S.Gibbelato[11,12] 所研究的沿零攻角平板的流动，将在下面予以叙述. 另外，A.Gosh[17] 与 P.G.Hill 和 A.H.Stenning[23] 还对非定常边界层作了实验测量.

假定外部流动的形式为

$$U(x,t) = cx^m(1 + \varepsilon e^{int}) = \bar{U}(1 + \varepsilon e^{int}), \qquad (15.71)$$

那么，由方程组(15.31)可以得到求相似解时已熟悉的微分方程(9.8)和(9.8a)，即

$$f''' + \frac{m+1}{2} ff'' + m(1 - f'^2) = 0, \qquad (15.72)$$

$$\frac{1}{\mathrm{P}}\theta'' + \frac{m+1}{2}f\theta' = 0, \tag{15.73}$$

并有

$$u_0 = cx^m f'(\eta) \text{ 和 } \frac{T_0 - T_\infty}{T_w - T_\infty} = \theta(\eta),$$

其中

$$\eta = y\sqrt{\frac{\bar{U}}{\nu x}}.$$

在方程组(15.32)中假定

$$u_1 = \varepsilon e^{int}\bar{U}\Phi_\eta(\xi, \eta), \tag{15.74}$$

$$\frac{T_1 - T_\infty}{T_w - T_\infty} = \varepsilon e^{int}\Theta(\xi, \eta), \tag{15.75}$$

其中

$$\xi = \frac{inx}{\bar{U}}. \tag{15.75a}$$

这样，我们可以得到如下关于辅助函数 $\Phi(\xi,\eta)$ 和 $\Theta(\xi,\eta)$ 的微分方程：

$$\Phi_{\eta\eta\eta} + \frac{m+1}{2}f\Phi_{\eta\eta} - (\xi + 2mf')\Phi_\eta + \frac{m+1}{2}f''\Phi$$

$$-(1-m)f'\xi\Phi_{\eta\xi} + (1-m)f''\xi\Phi_\xi + \xi + 2m = 0, \tag{15.76}$$

$$\frac{1}{\mathrm{P}}\Theta_{\eta\eta} + \frac{m+1}{2}f\Theta_\eta - (1-m)f'\xi\Theta_\xi - \xi\Theta$$

$$= -\frac{m+1}{2}\Phi\theta' - (1-m)\xi\Phi_\xi\theta'. \tag{15.77}$$

其边界条件是

$$\begin{aligned} &\eta = 0:\ \Phi = \Phi_\eta = \Phi_\xi = \Theta = 0, \\ &\eta = \infty:\Phi_\eta = 1;\ \Theta = 0. \end{aligned} \tag{15.78}$$

上述微分方程通常都是用级数展开形式先对小 $\xi$ 值求解，然后对大 $\xi$ 值求解．对于小 $\xi$ 值，假定

$$\Phi(\xi, \eta) = \sum_{k=0}^{\infty}\xi^k\Phi_k(\eta);\ \Theta(\xi, \eta) = \sum_{k=0}^{\infty}\xi^k\theta_k(\eta). \tag{15.79}$$

我们可以得到关于函数 $\Phi_k(\eta)$ 和 $\theta_k(\eta)$ 的常微分方程．这两个函数在 $\eta = 0$ 处的导数用来计算壁面上的切应力和局部 Nusselt 数．用这种方法，我们可以导出

$$\frac{1}{2}c_f\sqrt{\mathrm{R}_x} = \frac{\tau_0}{\mu\bar{U}\sqrt{\frac{\bar{U}}{\nu x}}}$$

$$= f''(0) + \varepsilon e^{int}\sum_{k=0}^{\infty}\xi^k\Phi''_k(0), \tag{15.80}$$

$$\frac{\mathrm{N}_x}{\sqrt{\mathrm{R}_x}} = -\left\{\theta'(0) + \varepsilon e^{int}\sum_{k=0}^{\infty}\xi^k\theta'_k(0)\right\}. \tag{15.81}$$

按照 K.K.Moore 的文章[31]（也可参看 A.Gosh[17] 和 S.Gibbelato[12]），零攻角平板问题可以用如下表达式表示：

$$\frac{1}{2}c_f'\sqrt{\mathbf{R}_x}=0.332+\varepsilon e^{int}\left\{0.498+0.470\left(\frac{nx}{U_\infty}\right)^2+\cdots\right.$$

$$\left.+\mathrm{i}\left(0.849\ \frac{nx}{U_\infty}+\cdots\right)\right\} \qquad (15.82)$$

$$\frac{\mathbf{N}_x}{\sqrt{\mathbf{R}_x}}=0.296+\varepsilon e^{int}\left[0.148+0.125\left(\frac{nx}{U_\infty}\right)^2+\cdots\right.$$

$$\left.\cdots-\mathrm{i}\left(0.021\ \frac{nx}{U_\infty}+\cdots\right)\right],\ (\mathrm{P}=0.72). \qquad (15.83)$$

用 $n=0$ 代入，就可以得到准定常解．这就是说，在每一瞬间这个解就象在该瞬时外流速度下的定常解一样．当 $n\neq 0$ 时，出现了虚数项，这意味着边界层相对于外部流动有了相位移，而且速度的相位移和温度的相位移是不同的．切应力的最大值超前于外部流动的最大值（在 $nx/U_\infty\longrightarrow\infty$ 的极限情形下，相位角趋于 45°），而温度的最大值滞后于外部流动的最大值（在 $nx/U_\infty\longrightarrow\infty$ 的极限情形下，相位角趋于 90°）．另外，还可以证明：当 $nx/U_\infty$ 的值很大时，切应力振动的振幅可以无限制地增大，而热通量的振幅随着 $nx/U_\infty$ 的增大却逐渐减小为零．

当方程组（15.33）的解进行到二阶时，可以发现函数 $u_2(x,y,t)$，$v_2(x,y,t)$ 和 $T_2(x,y,t)$ 将包含一个两倍频率的谐波部分和一个与时间无关的、附加的定常部分．后者改变了基本流动，我们把它解释为二次流动，这与上一节所讲的二次流动是完全类似的．

对于驻点流动，有 $U_1(x)=$ 常数，正如 M.B.Glauert[13] 所证明的那样，可以发现这时 $u_2$，$v_2$ 和所有更高阶的项全都为零．因此，由 $u_1$ 和 $v_1$ 项所增大的基本流动构成一个精确解，并且也是完整的 Navier-Stokes 方程的精确解（也可参看文献[67]）．采用适当的变量转换，上述情形可以得到振动壁面上的驻点流动解，文献[13, 67, 2]首先给出了这些解．由 J.T.Stuart[55] 求得并由 J.Watson[66] 引伸的关于无限平板具有抽吸和周期性外部流动情形下的解，与上述驻点流情形的解密切相关．J.Kestin、P.F.Maeder 和 H.E.Wang[26] 详细研究了其外部流动受行波扰动情况下的沿零攻角平板的流动．W.Wuest[69] 解出了圆柱体沿轴向振动时其周围的三维流动问题．

**4. 圆管内的振动流动** 在周期性压差的影响下流体通过管道的流动问题，是边界层内振动流动的又一个例子．例如，在往复活塞的作用下就会出现这类流动，Th.Sexl[48] 和 S.Uchida[63] 给出了这类流动的理论．现在假设管子很长，并且横截面是圆的，用 $x$ 表示圆管的轴向坐标，用 $r$ 表示到管轴的径向距离．在上述假设下，可以认为流动与 $x$ 无关．如果轴向速度分量 $u$ 与 $x$ 无关，则径向速度分量以及平行于管轴的对流项必然都为零．因此，Navier-Stokes 方程（3.36）的形式为

$$\frac{\partial u}{\partial t}=-\frac{1}{\rho}\frac{\partial p}{\partial x}+\nu\left(\frac{\partial^2 u}{\partial r^2}+\frac{1}{r}\frac{\partial u}{\partial r}\right), \tag{15.84}$$

因为这个方程不包含其它的简化，所以它是精确的．其边界条件是：在 $r=R$ 处(管壁上)，$u=0$．我们假定由运动活塞所引起的压力梯度是某种谐波，并可表示为

$$-\frac{1}{\rho}\frac{\partial p}{\partial x}=K\cos nt, \tag{15.85}$$

其中$K$为常数．为了方便起见，再次使用复数符号，并令

$$-\frac{1}{\rho}\frac{\partial p}{\partial x}=Ke^{int},$$

同样，认为只是实部有物理意义．

假设速度函数的形式为 $u(r,t)=f(r)e^{int}$，因而根据方程(15.84)，我们得到下列关于函数 $f(r)$ 的微分方程：

$$f''(r)+\frac{1}{r}f'(r)-\frac{in}{\nu}f(r)=-\frac{K}{\nu},$$

它的解可以表示为

$$u(r,t)=-i\frac{K}{n}e^{int}\left\{1-\frac{J_0\left(r\sqrt{\frac{-in}{\nu}}\right)}{J_0\left(R\sqrt{\frac{-in}{\nu}}\right)}\right\}. \tag{15.86}$$

式中 $J_0$ 表示零阶第一类 Bessel 函数．由于方程(15.84)是线性的，所以对于不同的频率由式(15.86)所得到的解可以进行叠加．因为这个解式中出现了具有复自变量的 Bessel 函数，所以要全面讨论任意 $n$ 值时的解是颇繁杂的，但是可以证明，圆频率 $n$ 很大和很小的极限情形却是非常简单的．

如果把 Bessel 函数展开成级数，并且只保留到二次项，则可以得到当无量纲组合量 $\sqrt{n/\nu}\,R$ 非常小(很缓慢的振动)时适用的表达式：

$$u(r,t)=-i\frac{K}{n}e^{int}\left\{1-\frac{1+\frac{in}{4\nu}r^2}{1+\frac{in}{4\nu}R^2}\right\}, \tag{15.87}$$

其实部为

$$u(r, t) = \mathrm{Re}\left[\frac{K}{4\nu} e^{int}(R^2 - r^2)\right]$$

$$= \frac{K}{4\nu}(R^2 - r^2)\cos(nt).$$

可以看出速度分布与激发压力分布同相，而振幅与定常流动中的情形一样，仍然是半径的抛物函数.

利用 Bessel 函数的渐近展开式

$$J_0(z) \to \sqrt{2/\pi z}\, e^{\mathrm{i}}\ \mathrm{i}^{-\frac{1}{2}},$$

则可以得到 $\sqrt{n/\nu}\,R$ 值很大时的表达式:

$$u(r, t) = -\frac{\mathrm{i}K}{n} e^{int}\left\{1 - \sqrt{\frac{R}{r}}\right.$$

$$\left.\times \exp\left[-(1+\mathrm{i})\sqrt{\frac{n}{2\nu}}(R-r)\right]\right\}, \qquad (15.88)$$

其实部为

$$u(r, t) = \frac{K}{n}\left\{\sin nt - \sqrt{\frac{R}{r}}\right.$$

$$\times \exp\left(-\sqrt{\frac{n}{2\nu}}(R-r)\sin\left[nt\right.\right.$$

$$\left.\left.\left. - \sqrt{\frac{n}{2\nu}}(R-r)\right]\right)\right\}.$$

只要 $\sqrt{n/\nu}\,R$ 很大，则随着离开壁面距离 $(R-r)$ 的增加，式中第二项迅速减小. 因此，在远离壁面的地方只有第一项是主要的；不难看出这一项与距离无关. 这个解具有典型的边界层的形式，因为在远离壁面处，流体仿佛作无摩擦运动，不过，对于激发力而言，它的相位移动了半个周期.

示意图 15.11 表示在中等振动频率 ($\sqrt{n/\nu}R = 5$) 时一个周期内不同时刻的速度剖面. 把速度剖面与压力梯度随时间变化的曲线进行比较（压力梯度曲线画在图 15.11 的下方），可以清楚地看出，管轴上的流动滞后于管壁附近流体层内的流动．应该指出的是：根据上一节的叙述，因为在微分方程(15.84)中不出现非线性的惯性项，因此，本解没有二次流动．另一方面，我们却可以清楚地辨别出特征相位移和振幅衰减(参看文献[27])．

E.G.Richardson 和 E.Tyler[37] 从实验上研究了上述类型的流动，他们测量了关于速度平方的时间平均值(用 $\overline{u^2}$ 表示)．在快速振动的情形下，根据式(15.88)得到表达式

$$\overline{u^2(r)} = \frac{K^2}{2n^2}\left\{1 - 2\sqrt{\frac{R}{r}}\exp\left[-\sqrt{\frac{n}{2\nu}}(R-r)\right]\right.$$
$$\times\cos\left[\sqrt{\frac{n}{2\nu}}(R-r)\right] + \frac{R}{r}$$
$$\left.\times\exp\left[-2\sqrt{\frac{n}{2\nu}}(R-r)\right]\right\}.$$

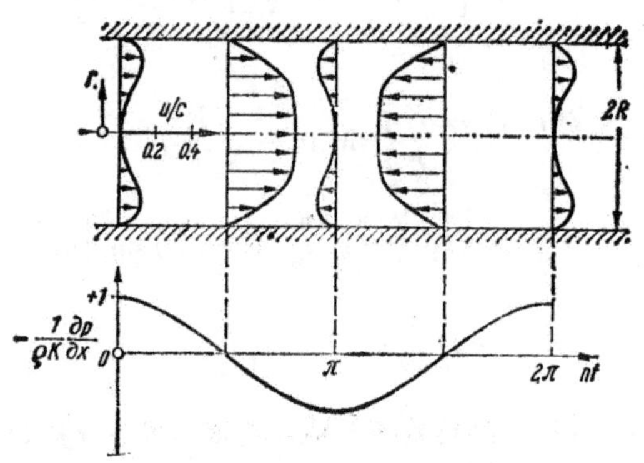


图 15.11 振动管流在一个周期内不同时刻的速度分布，引自 S. ucnida [63]

压力梯度：$-\frac{\partial p}{\partial x} = \rho K\cos(nt)$；$k = \sqrt{\frac{n}{\nu}}R = 5$；

$c = \frac{Kk^2}{8n} = 3.125\frac{K}{n}$

如果离开管壁的距离 $y = R - r$ 远小于圆管半径 $R$，那么比值 $R/r$ 可以用 1 来代替．因此，通过引入离开管壁的无量纲距离

$$\eta = (R-r)\sqrt{n/2\nu} \quad = y\sqrt{n/2\nu},$$

则有

$$\frac{\overline{u^2(y)}}{K^2/2n^2} = 1 - 2\cos\eta\exp(-\eta) + \exp(-2\eta). \qquad (15.89)$$

在图 15.12 中画出了这个平均值对 $\eta$ 的变化曲线．最大值与管轴(最大距离)并不重合，而是出现在管壁附近

$$\eta = y\sqrt{n/2\nu} = 2.28$$

处．这个值与测量值（E. G. Richardson[37] 的"环状效应"）是非常一致的．在这方面，读者还可以参考 M. Z. Krzywoblocki 对可压缩流体所作的计算（第十一章文献 [61]）．

最近，R. B. Kinney 和他的同事们[26a,b,44a] 成功地计算了绕升力翼型的非定常粘性流动．其中包括了在前缘和后缘处开始的涡旋的发展过程．

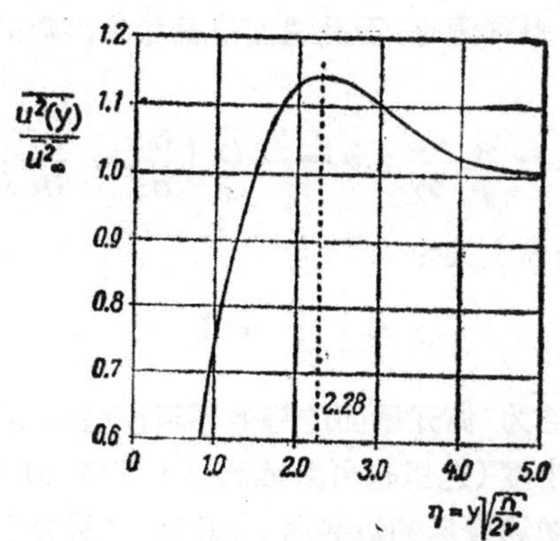


图 15.12　周期性管流中速度平方的时间平均值的变化（E. G. Richardson[37] 的"环状效应"）$y$ = 离开管壁的距离；$\overline{u^2_\infty} = K^2/2n^2$ = 远离管壁处速度平方的时间平均值

## f. 非定常可压缩边界层

当代，超声速空气动力学的迅速发展使人们对非定常可压缩边界层产生了日益增长的兴趣．例如，在空气动力学研究中所使用的激波管或者类似的装置中，激波或者膨胀波系后面就会出现这种类型的边界层．透彻地了解非定常可压缩边界层，对于计算高速飞行物体作减速或者加速飞行时的阻力和传热量也是必不可少的．由于气动加热，这时飞行器的表面温度可能随时间变化．下面我们举两个简单的非定常层流可压缩边界层的例子．第一个例子讨论运动正激波波后边界层的形成．第二个例子讨论变速和变表面温度的零攻角平板．希望深入了解非定常可压缩边界层的读者也可以参阅 E. Becker[6] 和 K. Stewartson[54] 的综述评论．

为了简单起见，我们只限于研究比热和 Prandtl 数都为常数，并且粘性系数正比于绝对温度(式 (13.4a) 中 $\omega=1$) 的完全气体． 这种二维动力边界层和热边界层现在可以由方程 (15.1) 到 (15.5) 连同它们的边界条件来确定．连续方程可以通过引入流函数 $\psi(x, y, t)$ 得到满足，于是速度分量和流函数的关系可以用下列公式表示：

$$u=\frac{\rho_0}{\rho}\frac{\partial\psi}{\partial y};\quad v=-\frac{\rho_0}{\rho}\left(\frac{\partial\psi}{\partial x}+\frac{\partial\bar{y}}{\partial t}\right), \qquad (15.90)$$

其中，新的纵坐标定义为

$$\bar{y}=\int_0^y\frac{\rho}{\rho_0}\,dy\,; \qquad (15.91)$$

这个坐标可以称为“离开壁面的等效不可压缩距离”．符号 $\rho_0$ 表示适当的参考密度(这里也可以参照第十三章 d1.1 中的做法)．

**1. 运动正激波波后的边界层** 图 15.13 解释了我们所感兴趣的第一个问题；这就是以等速度 $U_s$ 运动的正激波进入静止流体以后产生的边界层．静止流体的状态用下标 0 表示． 激波波后、边界层之外的气体状态用下标 $\infty$ 表示． 下面我们假定激波波后的外部流动参数与 $x$ 和 $t$ 无关，从而把这个问题简化．这种假定相当于忽略了增长着的边界层对外部流动的影响(可以预料在激波管中外部流动是会感受到这种影响的). 其结果是以上所阐述的问题将导致一组相似剖面,于是可以将它化成单一变量的问题,这个变量为

$$\eta=\frac{\bar{y}}{\sqrt{\nu_0\left(t-\frac{x}{U_s}\right)}}=\int_0^y\frac{(\rho/\rho_0)\,dy}{\sqrt{\nu_0\left(t-\frac{x}{U_s}\right)}},\tag{15.92}$$

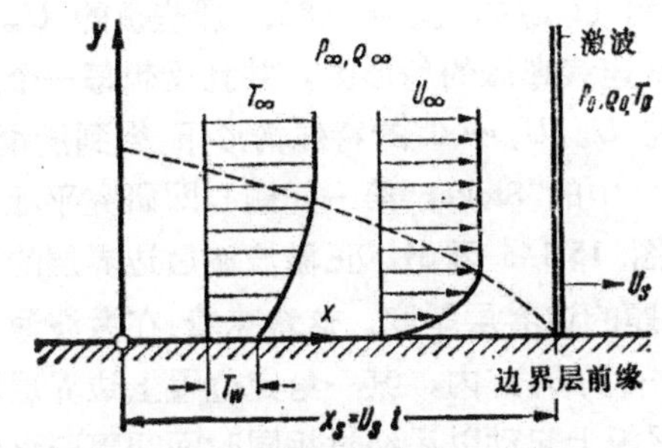


图 15.13 以速度 $U_s$ 运动的正激波波后形成的边界层

它代替了原来的三个变量 $x, y, t$. 假定流函数的形式为

$$\psi(x, y, t)=U_\infty\sqrt{\nu_0\left(t-\frac{x}{U_s}\right)}f(\eta),\tag{15.93}$$

则可以用如下公式来描述边界层内的速度分布,即

$$u=U_\infty f'(\eta).\tag{15.94}$$

把上述形式的流函数和对应的形式为

$$T=T_\infty\theta(\eta)\tag{15.95}$$

的温度分布代入方程 (15.1)—(15.5), 可以推导出下列关于函数 $f(\eta)$ 和 $\theta(\eta)$ 的常微分方程组. 这些方程是

$$f'''+\frac{1}{2}\left(\eta-\frac{U_\infty}{U_s}f\right)f''=0,\tag{15.96}$$

$$\frac{1}{\mathbf{P}}\theta''+\frac{1}{2}\left(\eta-\frac{U_\infty}{U_s}f\right)\theta'=-\frac{U_\infty^2}{c_pT_\infty}f''^2.\tag{15.97}$$

需要满足的边界条件可以记为：

$$\left.\begin{aligned}&\eta=0:\ f=f'=0,\ \theta=\frac{T_w}{T_\infty};\\&\eta=\infty:\ f'=1,\ \theta=1.\end{aligned}\right\}\tag{15.98}$$

图 15.14a 中画出了由方程(15.96)求得的解 $u/U_\infty=f'(\eta)$. 图中曲线族的参数 $U_\infty/U_s$ 表征激波的强度. $U_\infty/U_s$ 的最大可能值为 $(U_\infty/U_s)_{max}=2/(\gamma+1)$，它相应于激波强度为无限大；当 $\gamma=1.4$ 时，得到 $(U_\infty/U_s)_{max}=0.83$. 那些负的 $U_\infty/U_s$ 值相应于假想的非定常连续膨胀的扇形区，并且设想每一个扇形区汇集成一个锋面. 在 $U_\infty/U_s=0$ 的特殊情形下，得到所谓的 Rayleigh 问题(第五章 a4 中的 Stokes 第一问题)，即研究平板壁面突然起动的问题. 由图 15.14a 看出，正激波波后边界层的厚度大于所谓 Rayleigh 问题的边界层厚度. 这意味着，在激波通过以后的某一时间间隔 $(t-x/U_s)$ 内，某一给定位置上边界层增长的厚度大于突然起动平板上起动以后经过相同时间间隔所形成的边界层厚度. 对于膨胀波情况则相反.

关于 $\theta(\eta)$ 的线性微分方程(15.97)的解可以表示成两个基本解的线性组合形式，其定义如下：

$$\begin{aligned}\frac{T-T_\infty}{T_\infty}&=\theta(\eta)-1\\&=\frac{\gamma-1}{2}\mathbf{M}_\infty^2 r(\eta)-\left\{\frac{\gamma-1}{2}\mathbf{M}_\infty^2 r(0)+1\right.\\&\quad\left.-\frac{T_w}{T_\infty}\right\}s(\eta).\end{aligned}\tag{15.99}$$

函数 $r(\eta)$ 和 $s(\eta)$ 是下列常微分方程：

$$\frac{1}{\mathbf{P}}r''+\frac{1}{2}\left(\eta-\frac{U_\infty}{U_s}f\right)r'=-2f''^2,\tag{15.100}$$

$$\frac{1}{\mathbf{P}}s''+\frac{1}{2}\left(\eta-\frac{U_\infty}{U_s}f\right)s'=0,\tag{15.101}$$

以及边界条件

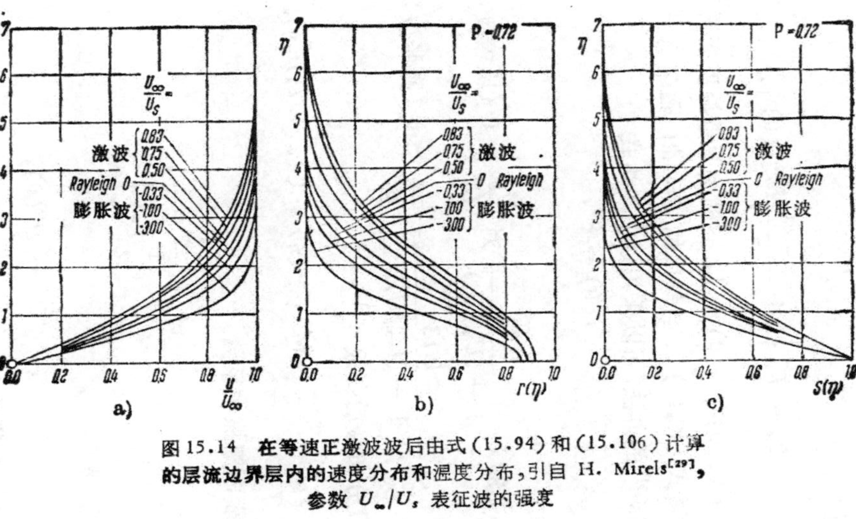


图 15.14 在等速正激波波后由式(15.94)和(15.106)计算的层流边界层内的速度分布和温度分布，引自 H. Mirels[29]，参数 $U_\infty/U_s$ 表征波的强度

$$\left.\begin{aligned}\eta = 0:\ r' = 0,\ s = 1;\\ \eta = \infty:\ r = 0,\ s = 0.\end{aligned}\right\} \tag{15.102}$$

的解. 在图 15.14 b 和 c 中画出了 $\mathbf{P} = 0.72$ 时的解. 其中数值 $r(0)$ 是恢复温度 $T_a$ (即绝热壁面的表面温度)的量度. 在绝热壁情形下, $\theta'(0) = 0$, 因此, $s(\eta) = 0$. 根据式 (15.99), 绝热壁温度是

$$T_a = T_\infty \left\{1 + \frac{\gamma - 1}{2} \mathbf{M}_\infty^2 r(0)\right\}. \tag{15.103}$$

如果 $\mathbf{P} = 1$, 则有 $r(0) = 1$, 这时绝热壁温度变得与驻点温度相同(参看式 (13.17)). 当气体的 Prandtl 数略小于 1 时, 按照 H. Mirels[29] 的办法, 可以采用近似表达式

$$r(0) = \mathbf{P}^\alpha,$$

其中

$$\alpha = 0.39 - \frac{0.02}{1 - (U_\infty/U_s)} \quad 对 \quad \frac{U_\infty}{U_s} > 0 \ (压缩波), \tag{15.104}$$

$$\alpha = 0.50 - \frac{0.13}{1 - (U_\infty/U_s)} \quad 对 \quad \frac{U_\infty}{U_s} < 0 \ (膨胀波). \tag{15.105}$$

因此, 温度分布最后变成

$$T - T_\infty = \frac{\gamma - 1}{2} \mathbf{M}_\infty^2 T_\infty r(\eta) + (T_w - T_a) s(\eta). \tag{15.106}$$

关于表面摩擦力系数

$$c_f' = \frac{\tau_w}{\frac{1}{2}\rho_w U_\infty^2},$$

可以求得

$$c_f' \sqrt{\mathbf{R}} = 2f''(0), \tag{15.107}$$

而局部 Nusselt 数是

$$\mathbf{N} = \frac{q}{T_w - T_a} \frac{U_\infty^2 \left(t - \frac{x}{U_s}\right)}{k_w} = \mathbf{R} s'(0), \tag{15.108}$$

其中

$$\mathbf{R} = \frac{U_\infty^2}{\nu_w}\left(t - \frac{x}{U_s}\right).$$

再一次按照 H. Mirels[29] 的文章，当 Prandtl 数接近于1时，可以采用下述近似公式：

$$c_f'\sqrt{\mathbf{R}} = 1.128\sqrt{1 - \beta\frac{U_\infty}{U_s}}, \tag{15.109}$$

$$\mathbf{N} = \frac{1}{2}c_f'\mathbf{R}\mathbf{P}^\lambda, \tag{15.110}$$

其中，对于压缩波 ($U_\infty/U_s > 0$)

$$\left.\begin{aligned} \beta &= 0.346, \\ \lambda &= 0.35 + \frac{0.15}{1-(U_\infty/U_s)}, \end{aligned}\right\} \tag{15.111}$$

而对于膨胀波 ($U_\infty/U_s < 0$)

$$\left.\begin{aligned} \beta &= 0.375, \\ \lambda &= 0.48 + \frac{0.02}{1-(U_\infty/U_s)}. \end{aligned}\right\} \tag{15.112}$$

在压缩波情况下，边界层厚度大于所谓的 Rayleigh 值，这就使得切应力、表面摩擦力系数和 Nusselt 数都小于它们的Rayleigh值．对于膨胀波情况正相反．在 $\mathbf{P} = 1$ 的特殊情形下，传热公式变成简单的 Reynolds 比拟关系式

$$\mathbf{N} = \frac{1}{2}c_f'\mathbf{R}, \ (\mathbf{P} = 1) \tag{15.113}$$

正如式 (12.56b) 一样，该式是读者所熟悉的．

以上讨论的等速激波波后的边界层问题是一种理想化的特殊情形，在这种情形下，可以通过适当选取坐标系而将问题化为定常问题，在所选取的这种坐标系中，激波是静止的．E. Becker[3,4,6,7] 与 H. Mirels 和 J. Hamman[30] 的文章讨论了这个问题的更一般的解．

**2. 变自由流速度和变表面温度的零攻角平板** 第二个例子讨论自由流速度 $U_\infty(t)$ 以及表面温度 $T_w(t)$ 随时间变化情形下平板上的可压缩边界层．在这种情况下，可以通过方程

$$\psi_{\bar{y}t} + \psi_{\bar{y}}\psi_{x\bar{y}} - \psi_x\psi_{\bar{y}\bar{y}} = \dot{U}_\infty + \nu_\infty\psi_{\bar{y}\bar{y}\bar{y}}, \tag{15.114}$$

$$\theta_t + \theta\frac{\dot{T}_w}{T_w - T_\infty} + \psi_{\bar{y}}\theta_x - \psi_x\theta_{\bar{y}} = \frac{\nu_\infty}{\mathrm{P}}\left\{\theta_{\bar{y}\bar{y}} + \frac{\mu_\infty/k_\infty}{T_w - T_\infty}\psi_{\bar{y}\bar{y}}^2\right\}, \tag{15.115}$$

来确定式 (15.90) 中的流函数 $\psi$ 和温度分布

$$\theta = \frac{T - T_\infty}{T_w - T_\infty}.$$

方程中已经消去了压力梯度项.变量 $\bar{y}$ 的定义见式 (15.91), $\dot{U}_\infty$ 和 $\dot{T}_w$ 分别表示自由流速度和表面温度对时间的导数. 为了得出这些解,假设有下列形式的级数展开式:

$$\psi = \sqrt{\nu_\infty U_\infty x}\,\{F(\eta) + \zeta_0 f_0(\eta) + \zeta_1 f_1(\eta) + \cdots\}, \tag{15.116}$$

$$\theta = \theta_0(\eta) + \beta_1\theta_1(\eta) + \beta_2\theta_2(\eta) + \cdots + \zeta_0 h_0(\eta) + \zeta_1 h_1(\eta) + \zeta_2 h_2(\eta) + \cdots + \frac{U_\infty^2}{2c_p(T_w - T_\infty)} \times \{S(\eta) + \zeta_0 s_0(\eta) + \zeta_1 s_1(\eta) + \cdots\}. \tag{15.117}$$

其中

$$\eta = \frac{\bar{y}}{2x}\sqrt{\frac{U_\infty x}{\nu_\infty}}$$

是新定义的无量纲坐标,同时还采用了下列缩写符号:

$$\left.\begin{aligned} &\zeta_0 = \frac{\dot{U}_\infty}{U_\infty}\left(\frac{x}{U_\infty}\right),\ \zeta_1 = \frac{\ddot{U}_\infty}{U_\infty}\left(\frac{x}{U_\infty}\right)^2, \cdots \text{等} \\ &\beta_1 = \frac{\dot{T}_w}{T_w - T_\infty}\left(\frac{x}{U_\infty}\right),\ \beta_2 = \frac{\ddot{T}_w}{T_w - T_\infty}\left(\frac{x}{U_\infty}\right)^2, \cdots \text{等} \end{aligned}\right\} \tag{15.118}$$

把上式代入边界层微分方程,可以发现函数 $F(\eta), f_0(\eta), \cdots\cdots$ 都满足常微分方程. 文献 [35, 49] 中给出了当 $\mathbf{P} = 0.72$ 时这些函数的解. 函数 $F(\eta)$, $\theta_0(\eta)$ 和 $S(\eta)$ 与用 $U_\infty$ 作为瞬时速度的定常问题(准定常流动)的解是完全相同的. 而其余的项表示对准定常解的偏差.

在壁面上,切应力 $\tau_w$ 与准定常流动切应力 $\tau_{ws}$ 的比值可以

表示为

$$\frac{\tau_w}{\tau_{ws}} = 1 + \frac{x}{U_s}\left\{2.555\frac{\dot{U}_\infty}{U_\infty} - 1.414\frac{\dot{U}_\infty}{U_\infty}\left(\frac{x}{U_\infty}\right) + \cdots\right\}. \tag{15.119}$$

相应地，在壁面上，当 $\mathbf{P} = 0.72$ 时热通量的比值(参看文献 [50])表示为

$$\frac{q}{q_s} = 1 + \frac{x}{U_\infty}\left\{2.39\frac{\dot{T}_w}{T_w - T_{as}} + \cdots - \frac{\dot{U}_\infty}{U_\infty}\left[0.0692\frac{T_w - T_\infty}{T_w - T_{as}} - 0.0448\frac{T_\infty - T_{as}}{T_w - T_{as}}\right] + \cdots\right\}. \tag{15.120}$$

其中作为参考量使用的准静态流动的绝热壁温，应该由下式计算：

$$T_{as} = T_\infty + 0.848\frac{U_\infty^2}{2c_p}. \tag{15.121}$$

正如 H. Tsuji[62] 所指出的，在使用上述方法的时候应该认识到，一般说来，$\zeta_0, \zeta_1, \cdots, \beta_1, \beta_2, \cdots$ 的表达式对规定的 $U_\infty(t)$ 和 $T_w(t)$ 的形式是相互依赖的，这方面也可以参看 H. D. Harris 和 A. D. Young[73] 的文章.

近几年，非定常层流边界层的理论有了很大的发展，这方面的资料可以从以下三本会议文集中找到. 第一本是 E. A. Eichelbrenner 主编的 IUTAM 会议上的报告 “Recent Research on Unsteady Boundary Layer”, Quebec, 1972[74]. 第二本是 R. B. Kinney 主编的 1975 年在 Arizona 大学举行的专题会议资料 “Unsteady Aerodynamics”[75]. 第三本是 1977 年举行的 AGARD 会议的文集[76]. 另外，N. Riley 的评论性文章[37a] 也是值得参考的.

# 参考文献

## 第一章


[1] Achenbach, E.: Experiments on the flow past spheres at very high Reynolds numbers. JFM *54*, 565—575 (1972).

[1a] Bailey, A.B., and Hiatt, J.: Sphere drag coefficients for a broad range of Mach and Reynolds numbers. AIAA J. *10*, 1436—1440 (1972).

[1b] Bailey, A.B., and Starr, R.F.: Sphere drag at transonic speeds and high Reynolds numbers. AIAA J. *14*, 1631 (1976).

[2] Betz, A.: Untersuchung einer Joukowskischen Tragfläche. ZFM *6*, 173—179 (1915).

[3] Flachsbart, O.: Neuere Untersuchungen über den Luftwiderstand von Kugeln. Phys. Z. *28*, 461—469 (1927).

[4] Flachsbart, O.: Winddruck auf Gasbehälter. Reports of the AVA in Göttingen, IVth Series, 134—138 (1932).

[5] Fuhrmann, G.: Theoretische und experimentelle Untersuchungen an Ballonmodellen. Diss. Göttingen 1910; Jb. Motorluftschiff-Studiengcs. *V* 63—123 (1911/12).

[6] Hagen, G.: Über die Bewegung des Wassers in engen zylindrischen Röhren. Pogg. Ann. *46*, 423—442 (1839).

[7] Homann, F.: Einfluss grosser Zähigkeit bei Strömung um Zylinder. Forschg. Ing.-Wes. *7*, 1—10 (1936).

[8] Jones, G.W., Cinotta, J.J., and Walker, R.W.: Aerodynamic forces on a stationary and oscillating circular cylinder at high Reynolds numbers. NACA TR R-300 (1969).

[9] Naumann, A.: Luftwiderstand von Kugeln bei hohen Unterschallgeschwindigkeiten. Allgem. Wärmetechnik *4*, 217—221 (1953).

[10] Naumann, A., and Pfeiffer, H.: Über die Grenzschichtströmung am Zylinder bei hohen Geschwindigkeiten. Advances in Aeronautical Sciences (Th. von Kármán, ed.) Vol. *3*, 185—206, London, 1962.

[11] Poiseuille, J.: Récherches expérimentelles sur le mouvement des liquides dans les tubes de très petits diametres. Comptes Rendus *11*, 961—967 and 1041—1048 (1840); *12*, 112—115 (1841); in more detail: Mémoires des Savants Etrangers *9* (1846).

[12] Reynolds, O.: An experimental investigation of the circumstances which determine whether the motion of water shall be direct or sinuous, and of the law of resistance in parallel channels. Phil. Trans. Roy. Soc. *174*, 935—982 (1883) or Scientific Papers II, 51.

[13] Roshko, A.: Experiments on the flow past a circular cylinder at very high Reynolds numbers. JFM *10*, 345—356 (1961); see also: On the aerodynamic drag of cylinders at high Reynolds numbers. Paper presented at the US Japan Research Seminar on Wind Loads on Structures, Univ. of Hawaii, Oct. 1970.

[14] Taneda, S.: Experimental investigation of the wakes behind cylinders and plates at low Reynolds numbers. J. Phys. Soc. Japan *11*, 302—307 (1956).


## 第二章


[1] Achenbach, E.: Experiments on the flow past spheres at very high Reynolds numbers. JFM *54*, 565—575 (1972).

[2] Berger, E., and Wille, R.: Periodic flow phenomena. Annual Review of Fluid Mech. *4*, 313—340 (1972).

[3] Berger, E.: Bestimmung der hydrodynamischen Grössen einer Kármánschen Wirbelstrasse aus Hitzdrahtmessungen bei kleinen Reynolds-Zahlen. ZFW *12*, 41—59 (1964).

[3a] Bearman, P.W.: On the vortex shedding from a circular cylinder in the critical Reynolds number range. JFM *37*, 577—585 (1969).

[4] Blasius, H.: Grenzschichten in Flüssigkeiten mit kleiner Reibung. Diss. Göttingen 1907; Z. Math. u. Phys. *56*, 1—37 (1908); Engl. transl. in NACA TM 1256.

[5] Blenk, H., Fuchs, D., and Liebers, L.: Über die Messung von Wirbelfrequenzen. Luftfahrtforschung *12*, 38—41 (1935).

[6] Burgers, J.M.: The motion of a fluid in the boundary layer along a plane smooth surface. Proc. First International Congress for Applied Mechanics, Delft, 113—128 (1924).

[7] Chang, P.K.: Separation of flow. Pergamon Press, Washington D.C., 1970.

[8] Cermak, J.E.: Application of fluid mechanics to wind engineering — A Freeman Scholar lecture. Trans. ASME Fluids Engineering *97*, Ser. I, 9—38 (1975); see also: Laboratory simulation of the atmospheric boundary layer. AIAA J. *9*, 1746—1754 (1971).

[8a] Cermak, J.E.: Aerodynamics of buildings. Annual Review of Fluid Mech. *8*, 75—106 (1976).
[9] Cermak, J.E., and Sadeh, W.Z.: Wind-tunnel simulation of wind loading on structures. Meeting Preprint 1417, ASCE National Structural Engineering Meeting, Baltimore, Maryland, 19—23 April, 1971.
[10] Davenport, A.G.: The relationship of wind structure to wind loading. Proc. Conference on Wind Effects on Buildings and Structures, National Physical Laboratory, Teddington, Middlesex, Great Britain, 26—28 June 1963. Her Majesty's Stationary Office, London. Vol. *I*, 54—112 (1965).
[11] Domm, U.: Ein Beitrag zur Stabilitätstheorie der Wirbelstrassen unter Berücksichtigung endlicher und zeitlich wachsender Wirbelkerndurchmesser. Ing.-Arch. *22*, 400—410 (1954).
[12] Dubs, W.: Über den Einfluss laminarer und turbulenter Strömung auf das Röntgenbild von Wasser und Nitrobenzol. Helv. phys. Acta *12*, 169—228 (1939).
[13] Durgin, W.W., and Karlsson, S.K.F.: On the phenomenon of vortex street breakdown. Klasse 1914, 177—190; see also Coll. Works *II*, 597—608.
[14] Eiffel, G.: Sur la résistance des sphères dans l'air en mouvement. Comptes Rendus *155*, 1597 (1912).
[14a] Försching, H.W.: Aeroelastische Probleme an Hochbaukonstruktionen in freier Windumströmung. Vulkan-Verlag, Essen, Haus der Technik, Part 347, 3—18 (1976).
[15] Frimberger, R.: Experimentelle Untersuchungen an der Kármánschen Wirbelstrasse. ZFW *5*, 355—359 (1957).
[16] Hansen, M.: Die Geschwindigkeitsverteilung in der Grenzschicht an der längsangeströmten ebenen Platte. ZAMM *8*, 185—199 (1928); NACA TM 585 (1930).
[17] van der Hegge Zijnen, B.G.: Measurements of the velocity distribution in the boundary layer along a plane surface. Thesis Delft 1924.
[18] Heinemann, H.J., Lawaczeck, O., and Bütefisch, K.A.: Kármán vortices and their frequency determination in the wakes of profiles in the sub- and transonic regime. Symposium Transsonicum II Göttingen, Sept. 1975. Springer Verlag, 1976, pp. 75—82; see also: AGARD-Conference Proc. No. 177, Unsteady Phenomena in Turbomachinery (1975).
[19] Hucho, W.H.: Einfluss der Vorderwagenform auf Widerstand, Giermoment und Seitenkraft von Kastenwagen. ZFW *20*, 341—351 (1972).
[20] von Kármán, Th.: Über den Mechanismus des Widerstandes, den ein bewegter Körper in einer Flüssigkeit erzeugt. Nachr. Ges. Wiss. Göttingen, Math. Phys. Klasse 509—517 (1911) and 547—556 (1912); see also Coll. Works *I*, 324—338.
[21] von Kármán, Th., and Rubach, H.: Über den Mechanismus des Flüssigkeits- und Luftwiderstandes. Phys. Z. *13*, 49—59 (1912); see also Coll. Works *I*, 339—358.
[22] Lin, C.C.: On periodically oscillating wakes in the Oseen approximation. R. v. Mises Anniversary Volume, Studies in Mathematics and Mechanics. Academic Press, New York, 1950, 170—176.
[23] Möller, E.: Luftwiderstandsmessungen am Volkswagen-Lieferwagen. Automobiltechnische Z. *53*, 1—4 (1951).
[23a] Novak, I.: Strouhal number of bodies and their systems (in Russian). Strojnicky Casopis *26*, 72—89 (1975).
[24] Owen, M., Griffin, S., and Ramberg, E.: The vortex-street wakes of vibrating cylinders. JFM *66*, 553—576 (1974).
[25] Prandtl, L.: Über Flüssigkeitsbewegung bei sehr kleiner Reibung. Proc. 3rd Intern. Math. Congr. Heidelberg 1904, 484—491. Reprinted in: Vier Abhandlungen zur Hydrodynamik und Aerodynamik, Göttingen, 1927; see also Coll. Works *II*, 575—584; Engl. transl. NACA TM 452 (1928).
[26] Prandtl, L.: Der Luftwiderstand von Kugeln. Nachr. Ges. Wiss. Göttingen, Math. Phys. Klasse, 1914, 177—190; see also Coll. Works *II*, 597—608.
[27] Prandtl, L., and Tietjens, O.: Hydro- und Aeromechanik (based on Prandtl's lectures). Vol. *I* and *II*, Berlin, 1929 and 1931; Engl. transl. by L. Rosenhead (Vol. *I*) and J.P. den Hartog (Vol. II), New York, 1934.
[28] Relf, E.F., and Simmons, L.F.G.: The frequencies of eddies generated by the motion of circular cylinders through a fluid. ARC RM 917, London (1924).
[29] Reynolds, O.: An experimental investigation of the circumstances which determine whether the motion of water shall be direct or sinuous, and of the law of resistance in parallel channels. Phil. Trans. Roy. Soc. *174*, 935—982 (1883); see also Scientific Papers *2*, 51.
[30] Ribner, H.S., Etkins, B., and Nelly, K.K.: Noise research in Canada: Physical and bioacoustic. Proc. First Int. Congress Aero. Sci. Madrid, Pergamon Press, London, Vol. *I*, 393—411 (1959).
[31] Roshko, A.: Experiments on the flow past a circular cylinder at very high Reynolds number. JFM *10*, 345—356 (1961).
[32] Roshko, A.: On the development of turbulent wakes from vortex streets. NACA Rep. 1191 (1954).

[32a] Rosenhead, L.: The formation of vortices from a surface of discontinuity. Proc. Roy. Soc. A *134*, 170 (1931).

[33] Rubach, H.: Über die Entstehung und Fortbewegung des Wirbelpaares bei zylindrischen Körpern. Diss. Göttingen 1914; VDI-Forschungsheft 185 (1916).

[33a] Sarpkaya, T.: An inviscid model of two-dimensional vortex shedding for transient and asymptotically steady flow over an inclined plate. JFM *68*, 109—128 (1975).

[34] Sadeh, W.Z., and Cermak, J.E.: Turbulence effect on wall pressure fluctuations. J. Eng. Mech. Div. ASCE *98*, No. EM 6, Proc. Paper 9445, 189—198 (1972).

[35] Schlichting, H.: Aerodynamische Untersuchungen an Kraftfahrzeugen. Rep. Techn. Hochschule Braunschweig, 130—139 (1954).

[36] Schrenk, O.: Versuche mit Absaugeflügeln. Luftfahrtforschung *XII*, 10—27 (1935).

[37] Strouhal, V.: Über eine besondere Art der Tonerregung. Ann. Phys. und Chemie, New Series *5*, 216—251 (1878).

[38] Timme, A.: Über die Geschwindigkeitsverteilung in Wirbeln. Ing.-Arch. *25*, 205—225 (1957).

[38a] Wedemeyer, E.: Ausbildung eines Wirbelpaares an den Kanten einer Platte. Ing.-Arch. *30*, 187—200 (1961).

[39] Wieselsberger, C.: Der Luftwiderstand von Kugeln. ZFM *5*, 140—144 (1914).

## 第三章

[1] de Groot, S.R., and Mazur, P.: Non-equilibrium thermodynamics. North-Holland Publ. Co., 1962.

[2] Föppl, A.: Vorlesungen über technische Mechanik. Vol. *5*, Teubner, Leipzig, 1922.

[3] Hopf, L.: Zähe Flüssigkeiten. Contribution to: Handbuch der Physik, Vol. *VII* (H. Geiger and K. Scheel, ed.), Berlin, 1927.

[4] Kestin, J.: A course in thermodynamics. Vol. *1*, Blaisdell, 1966.

[5] Kestin, J.: Etude thermodynamique des phénomènes irréversibles. Rep. No. 66—7, Lab. d'Aérothermique, Meudon, 1966.

[6] Lamb, H.: Hydrodynamics. 6th ed., Cambridge, 1957; also Dover, 1945.

[7] Love, A.E.H.: The mathematical theory of elasticity. 4th ed., Cambridge Univ. Press, 1952.

[8] Meixner, J., and Reik, H.G.: Thermodynamik der irreversiblen Prozesse. Contribution to Handbuch der Physik, Vol. *III/2* (S. Flügge, ed.), Springer, 1959, pp. 413—523.

[9] Navier, M.: Mémoire sur les lois du mouvement des fluides. Mém. de l'Acad. de Sci. *6*, 389—416 (1827).

[10] Poisson, S.D.: Mémoire sur les équations générales de l'équilibre et du mouvement des corps solides élastiques et des fluides. J. de l'Ecole polytechn. *13*, 139—186 (1831).

[11] Prager, W.: Introduction to mechanics of continua. Ginn & Co., 1961.

[12] Prigogine, I.: Etude thermodynamique des phénomènes irréversibles, Dunod-Desoer, 1947.

[13] Stokes, G.G.: On the theories of internal friction of fluids in motion. Trans. Cambr. Phil. Soc. *8*, 287—305 (1845).

[14] de St. Venant, B.: Note à joindre un mémoire sur la dynamique des fluides. Comptes Rendus *17*, 1240—1244 (1843).

[15] Tollmien, W.: Grenzschichttheorie. Handbuch der Exper.-Physik, Vol. *IV*, Part. 1, 241—287 (1931).

## 第四章

[1] Ackeret, J.: Über exakte Lösungen der Stokes-Navier-Gleichungen inkompressibler Flüssigkeiten bei veränderten Grenzbedingungen. ZAMP *3*, 259—271 (1952).

[1a] Apelt, C.J.: The steady flow of a viscous fluid past a circular cylinder at Reynolds numbers 40 and 44. British ARC RM 3175 (1961).

[1b] Allen, D.N. De G., and Southwell, R.V.: Relaxation methods applied to determine the motion, in two dimensions, of a viscous fluid past a fixed cylinder. Quart. J. Mech. Appl. Math. *8*, 129—145 (1955).

[1c] Coutanceau, M., and Bouard, R.: Experimental determination of the main features of the viscous flow in the wake of a circular cylinder in uniform translation. Part 1. Steady flow. JFM *79*, 231—256 (1977).

[1d] Coutanceau, M., and Bouard, R.: Experimental determination of the main features of the viscous flow in the wake of a circular cylinder in uniform translation. Part 2. Unsteady flow. JFM *79*, 257—272 (1977).

[2] Dennis, S.C.R., and Gau-Zu Chang: Numerical solutions for steady flow past a circular cylinder at Reynolds numbers up to 100. JFM *42*, 471—489 (1970).

[3] Fromm, J.E., and Harlow, F.H.: Numerical solutions of the problem of vortex street development. Phys. of Fluids *6*, 975—982 (1963); see also: AIAA Selected Reprints, Computational Fluid Dynamics (C.K. Chu, ed.), 82—89 (1968) and AGARD Lecture Series *34* (1971).

[4] Hamel, G.: Über die Potentialströmung zäher Flüssigkeiten. ZAMM *21*, 129–139 (1941).
[5] Jenson, V.G.: Viscous flow round a sphere at low Reynolds numbers (< 40). Proc. Roy. Soc. London A *249*, 346–366 (1959).
[5a] Keller, H.B., and Takami, H.: Numerical studies of steady viscous flow about cylinders. Numerical solutions of non-linear differential equations. Proc. Adv. Symp. at Univ. of Wisconsin, Madison, 1966 (D. Greenspan, ed.), J. Wiley & Sons, New York, 1966, pp. 115–140.
[6] Thom, A.: Flow past circular cylinders at low speeds. Proc. Roy. Soc. London A *141*, 651–669 (1933).
[7] Thom, A., and Apelt, C. J.: Field computations in engineering and physics. Van Nostrand, London, 1961.

第五章

[1] Abramowitz, M.: On backflow of a viscous fluid in a diverging channel. J. Math. Phys. *28*, 1–21 (1949).
[2] Batchelor, G.K.: Note on a class of solutions of the Navier-Stokes equations representing steady non-rotationally symmetric flow. Quart. J. Mech. Appl. Math. *4*, 29–41 (1951).
[3] Becker, E.: Eine einfache Verallgemeinerung der Rayleigh-Grenzschicht. ZAMP *11*, 146–152 (1960).
[4] Berker, R.: Intégration des équations du mouvement d'un fluide visqueux incompressible. Contribution to: Handbuch der Physik (S. Flügge, ed.) *VIII/2*, 1–384, Berlin, 1963.
[5] Blasius, H.: Laminare Strömung in Kanälen wechselnder Breite. Z. Math. u. Physik *58*, 225 (1910).
[6] Catherall, D., and Mangler, K. W.: The integration of the two-dimensional laminar boundary-layer equations past the point of vanishing skin friction. JFM *26*, 163–182 (1966).
[7] Cochran, W. G.: The flow due to a rotating disk. Proc. Cambr. Phil. Soc. *30*, 365–375 (1934).
[7a] Florent, P. and Peube, J.L.: Écoulement laminaire d'un fluide visqueux incompressible entre deux disques poreux. J. Mécanique *14*, 435–459 (1975).
[8] Frössling, N.: Verdunstung, Wärmeübertragung und Geschwindigkeitsverteilung bei zweidimensionaler und rotationssymmetrischer laminarer Grenzschichtströmung. Lunds. Univ. Arsskr. N. F. Afd. 2, *35*, No. 4 (1940).
[9] Gerbers, W.: Zur instationären, laminaren Strömung einer inkompressiblen zähen Flüssigkeit in kreiszylindrischen Rohren. Z. angew. Physik *3*, 267–271 (1951).
[10] Hagen, G.: Über die Bewegung des Wassers in engen zylindrischen Rohren. Pogg. Ann. *46*, 423–442 (1839).
[11] Hamel, G.: Spiralförmige Bewegung zäher Flüssigkeiten. Jahresber. Dt. Mathematiker-Vereinigung *25*, 34–60 (1916).
[12] Hiemenz, K.: Die Grenzschicht an einem in den gleichförmigen Flüssigkeitsstrom eingetauchten geraden Kreiszylinder. Thesis Göttingen 1911. Dingl. Polytech. J. *326*, 321 (1911).
[13] Homann, F.: Der Einfluss grosser Zähigkeit bei der Strömung um den Zylinder und um die Kugel. ZAMM *16*, 153–164 (1936); Forschg. Ing.-Wes. *7*, 1–10 (1936).
[14] Howarth, L.: On the calculation of the steady flow in the boundary layer near the surface of a cylinder in a stream. ARC RM 1632 (1935).
[15] von Kármán, Th.: Über laminare und turbulente Reibung. ZAMM *1*, 233–252 (1921); NACA TM 1092 (1946); see also: Coll. Works *II*, 70–97.
[16] Kempf, G.: Über Reibungswiderstand rotierender Scheiben. Vorträge auf dem Gebiet der Hydro- und Aerodynamik, Innsbruck Congr. 1922; Berlin, 1924, 168.
[17] Kirde, K.: Untersuchungen über die zeitliche Weiterentwicklung eines Wirbels mit vorgegebener Anfangsverteilung. Ing.-Arch. *31*, 385–404 (1962).
[18a] Mellor, G. L., Chapple, P. J. and Stokes, V. K.: On the flow between a rotating and a stationary disk. JFM *31*, 95–112 (1968).
[18] Kuiken, H.K.: The effect of normal blowing on the flow near a rotating disk of infinite extent. JFM *47*, 789–798 (1971).
[19] Millsaps, K., and Pohlhausen, K.: Thermal distribution in Jeffrey-Hamel flows between nonparallel plane walls. JAS *20*, 187–196 (1953).
[20] Müller, W.: Zum Problem der Anlaufströmung einer Flüssigkeit im geraden Rohr mit Kreisring- und Kreisquerschnitt. ZAMM *16*, 227–238 (1936).
[21] Oseen, C.W.: Ark. f. Math. Astron. och. Fys. *7* (1911); Hydromechanik, Leipzig, 1927, p. 82.
[22] Poiseuille, J.: Recherches expérimentelles sur le mouvement des liquides dans les tubes de très petits diamètres. Comptes Rendus *11*, 961–967 and 1041–1048 (1840); *12*, 112 (1841); in more detail: Memoires des Savants Etrangers *9* (1846).

[23] Prandtl, L.: Führer durch die Strömungslehre. 6th ed., 500, 1965; Engl. transl. Blackie and Son, London, 1952.
[24] Punnis, B.: Zur Berechnung der laminaren Einlaufströmung im Rohr. Diss. Göttingen 1947.
[25] Rayleigh, Lord: On the motion of solid bodies through viscous liquid. Phil. Mag. *21*, 697–711 (1911); also Sci. Papers *VI*, 29.
[26] Riabouchinsky, D.: Bull. de l'Institut Aerodyn. de Koutchino, *5*, 5–34 Moscow (1914); see also J. Roy. Aero. Soc. *39*, 340–348 and 377–379 (1935).
[27] Riabouchinsky, D.: Sur la résistance de frottement des disques tournant dans un fluide et les équations integrales appliquées à ce problème. Comptes Rendus *233*, 899–901 (1951).
[27a] Roberts, S. M. and Shipman, J. S.: Computing of the flow between a rotating and a stationary disk. JFM *73*, 53–63 (1976).
[28] Rogers, M.G., and Lance, G.N.: The rotationally symmetric flow of a viscous fluid in the presence of an infinite rotating disk. JFM *7*, 617–631 (1960).
[28a] Rott, N.: Unsteady viscous flow in the vicinity of a stagnation point. Quart. Appl. Math. *13*, 444–451 (1955/56).
[29] Schiller, L.: Untersuchungen über laminare und turbulente Strömung. VDI-Forschungsheft 248 (1922).
[29a] Schobeiri, M.T.: Näherungslösungen der Navier-Stokes'schen Differentialgleichung für eine zweidimensionale stationäre Laminarströmung konstanter Viskosität in konvexen und konkaven Diffusoren und Düsen. ZAMP *27*, 9–21 (1976).
[30] Schlichting, H.: Laminare Kanaleinlaufströmung. ZAMM *14*, 368–373 (1934).
[31] Schmidt, W.: Ein einfaches Messverfahren für Drehmomente. Z. VDI *65*, 441–444 (1921).
[32] Sparrow, E.M., and Gregg, J.L.: Mass transfer, flow and heat transfer about a rotating disk. Transactions ASME, J. Heat Transfer *82*, 294–302 (1960).
[33] Steinheuer, J.: Eine exakte Lösung der instationären Couette-Strömung. Proc. Scientific Soc. of Braunschweig *XVII*, 154–164 (1965).
[34] Stewartson, K.: On the flow between two rotating coaxial disks. Proc. Cambr. Phil. Soc. *49*, 333–341 (1953).
[35] Stokes, G.G.: On the effect of the internal friction of fluids on the motion of pendulums. Cambr. Phil. Trans. *IX*, 8 (1851); Math. and Phys. Papers, Cambridge, *III*, 1–141 (1901).
[36] Stuart, J.T.: A solution of the Navier-Stokes and energy equations illustrating the response of skin friction and temperature of an infinite plate thermometer to fluctuations in the stream velocity. Proc. Roy. Soc. London A *231*, 116–130 (1955).
[37] Szymanski, F.: Quelques solutions exactes des équations de l'hydrodynamique de fluide visqueux dans le cas d'un tube cylindrique. J. de math. pures et appliquées, Series 9, *11*, 67 (1932); see also Proc. Intern. Congr. Appl. Mech. Stockholm *I*, 249 (1930).
[38] Tao, L.N., and Donovan, W.F.: Through-flow in concentric and excentric annuli of fine clearance with and without relative motion of the boundaries. Trans. ASME *77*, 1291–1301 (1955).
[39] Theodorsen, Th., and Regier, A.: Experiments on drag of revolving discs, cylinders, and streamline rods at high speeds. NACA Rep. 793 (1944).
[40] Timme, A.: Über die Geschwindigkeitsverteilung in Wirbeln. Ing.-Arch. *25*, 205–225 (1957).
[41] Watson, J.: A solution of the Navier-Stokes equations illustrating the response of a laminar boundary layer to a given change in the external stream velocity. Quart. J. Mech. Appl. Math. *11*, 302–325 (1958).
[42] Watson, J.: The two-dimensional laminar flow near the stagnation point of a cylinder which has an arbitrary transverse motion. Quart. J. Mech. Appl. Math. *12*, 175–190 (1959).

## 第六章

[1] Bauer, K.: Einfluss der endlichen Breite des Gleitlagers auf Tragfähigkeit und Reibung. Forschg. Ing.-Wes. *14*, 48–62 (1943).
[2] Constantinescu, V.N.: Analysis of bearings operating in turbulent regime. Trans. ASME, Series D, J. Basic Eng. *84*, 139–151 (1962).
[3] Constantinescu, V.N.: On the influence of inertia forces in turbulent and laminar self-acting films. Trans. ASME, Series F, J. Lubrication Technology *92*, 473–481 (1970).
[4] Constantinescu, V.N.: On gas lubrication in turbulent regime. Trans. ASME, Series D, J. Basic Eng. *86*, 475–482 (1964).
[5] Frössel, W.: Reibungswiderstand und Tragkraft eines Gleitschuhes endlicher Breite. Forschg. Ing.-Wes. *13*, 65–75 (1942).
[6] Gümbel, L., and Everling, E.: Reibung und Schmierung im Maschinenbau, Berlin, 1925.
[7] Hele-Shaw, H.S.: Investigation of the nature of surface resistance of water and of stream motion under certain experimental conditions. Trans. Inst. Nav. Arch. *XI*, 25 (1898); see also Nature *58*, 34 (1898) and Proc. Roy. Inst. *16*, 49 (1899).

[8] Kahlert, W.: Der Einfluss der Trägheitskräfte bei der hydrodynamischen Schmiermitteltheorie. Diss. Braunschweig 1947; Ing.-Arch. *16*, 321—342 (1948).
[9] Michell, A. G. M.: Z. Math. u. Phys. *52*, S. 123 (1905); see also Ostwald's Klassiker No. 218.
[10] Nahme, F.: Beiträge zur hydrodynamischen Theorie der Lagerreibung. Ing.-Arch. *11*, 191—209 (1940).
[11] Oseen, C. W.: Über die Stokes'sche Formel und über eine verwandte Aufgabe in der Hydrodynamik. Ark. f. Math. Astron. och Fys. *6*, No. 29 (1910).
[12] Prandtl, L.: The mechanics of viscous fluids. In W. F. Durand: Aerodynamic Theory *III*, 34—208 (1935).
[13] Riegels, F.: Zur Kritik des Hele-Shaw-Versuches. Diss. Göttingen 1938; ZAMM *18*, 95—106 (1938).
[14] Saibel, E.A., and Macken, N.A.: The fluid mechanics of lubrication. Annual Review of Fluid Mech. (M. Van Dyke, ed.) *5*, 185—212 (1973).
[15] Saibel, E.A., and Macken, N.A.: Non-laminar behavior in bearings. Critical review of the literature. Trans. ASME, Series F, J. Lubrication Technology *96*, 174—181 (1974).
[16] Sommerfeld, A.: Zur hydrodynamischen Theorie der Schmiermittelreibung. Z. Math. u. Physik *50*, 97 (1904); also Ostwald's Klassiker No. 218, p. 108, and: Zur Theorie der Schmiermittelreibung. Z. Techn. Phys. *2*; 58 (1921); also Ostwald's Klassiker No. 218, p. 181.
[17] Stokes, G. G.: On the effect of internal friction of fluids on the motion of pendulums. Trans. Cambr. Phil. Soc. *9*, Part II, 8—106 (1851) or Coll. Papers *III*, 55.
[18] Taylor, G.I.: Stability of a viscous liquid contained between two rotating cylinders. Phil. Trans. A *223*, 289—293 (1923).
[19] Wilcock, D. F.: Turbulence in high-speed journal bearings. Trans. ASME *72*, 825 (1950).
[20] Vogelpohl, G.: Beiträge zur Kenntnis der Gleitlagerreibung. VDI-Forschungsheft 386 (1937).
[21] Vogelpohl, G.: Ähnlichkeitsbeziehungen der Gleitlagerreibung und untere Reibungsgrenze. Z. VDI *91*, 379 (1949).
[22] Vogelpohl, G.: Betriebssichere Gleitlager. Berechnungsverfahren für Konstruktion und Betrieb. Vol. *1*, Springer-Verlag, 2nd. ed., Berlin, 1967.

第七章

[1] Bairstow, L.: Skin friction. J. Roy. Aero. Soc. *19*, 3 (1925).
[2] Blasius, H.: Grenzschichten in Flüssigkeiten mit kleiner Reibung. Z. Math. Phys. *56*, 1—37 (1908). Engl. transl. in NACA TM 1256.
[3] Boley, B. A., and Friedman, M. B.: On the viscous flow around the leading edge of a flat plate. JASS *26*, 453—454 (1959).
[4] Burgers, J. M.: The motion of a fluid in the boundary layer along a plane smooth surface. Proc. First Intern. Congr. of Appl. Mech., Delft 1924 (C. B. Biezeno and J. M. Burgers, ed.) Delft, 1925, pp. 113—128.
[5] Carrier, G.F., and Lin, C.C.: On the nature of the boundary layer near the leading edge of a flat plate. Quart. Appl. Math. *VI*, 63—68 (1948).
[6] Dhawan, S.: Direct measurements of skin friction. NACA Rep. 1121 (1953).
[7] Van Dyke, M.: Higher approximations in boundary layer theory. Part 1: General analysis. JFM *14*, 161—177 (1962). Part 2: Application to leading edges. JFM *14*, 481—495 (1962). Part 3: Parabola in uniform stream. JFM *19*, 145—159 (1964).
[8] Van Dyke, M.: Perturbation methods in fluid mechanics. Academic Press, New York, 1964.
[9] Van Dyke, M.: Higher-order boundary layer theory. Annual Review of Fluid Mech. *1*, 265—292 (1969).
[10] Gersten, K.: Grenzschichteffekte höherer Ordnung. Anniversary volume commemorating Professor H. Schlichting's 65th anniversary (Sept. 30, 1972). Rep. 72/5 Inst. f. Strömungsmech. Techn. Univ. at Braunschweig, 29—53 (1972).
[11] Gersten, K.: Die Verdrängungsdicke bei Grenzschichten höherer Ordnung. ZAMM *54*, 165—171 (1974).
[12] Gersten, K., and Gross, J. F.: Higher-order boundary layer theory. Fluid Dynamics Transactions (1975).
[13] Goldstein, S.: Concerning some solutions of the boundary layer equations in hydrodynamics. Proc. Cambr. Phil. Soc. *26*, 1—30 (1930); see also: Modern developments in fluid dynamics, Vol. *1*, 135, Oxford, 1938.
[14] Hansen, M.: Die Geschwindigkeitsverteilung in der Grenzschicht an einer eingetauchten Platte. ZAMM *8*, 185—199 (1928); NACA TM 585 (1930).
[15] Van der Hegge-Zijnen, B. G.: Measurements of the velocity distribution in the boundary layer along a plane surface. Thesis, Delft 1924.
[16] Howarth, L.: On the solution of the laminar boundary layer equations. Proc. Roy. Soc. London A *164*, 547—579 (1938).
[17] Imai, I.: Second approximation to the laminar boundary layer flow over a flat plate. JAS *24*, 155—156 (1957).

[18] Liepman, H.W., and Dhawan, S.: Direct measurements of local skin friction in low-speed and high-speed flow. Proc. First US Nat. Congr. Appl. Mech. 869 (1951).
[18a] Melnik, R.E., and Chow, R.: Asymptotic theory of two-dimensional trailing edge flows. Grumman Research Department Rep. RE-510 (1975).
[18b] Messiter, A.F.: Boundary layer flow near the trailing edge of a flat plate. SIAM J. Appl. Math. *18*, 241−257 (1970).
[19] Meksyn, D.: New methods in laminar boundary layer theory. London, 1961.
[20] Nikuradse, J.: Laminare Reibungsschichten an der längsangeströmten Platte. Monograph. Zentrale f. wiss. Berichtswesen, Berlin, 1942.
[21] Prandtl, L.: Über Flüssigkeitsbewegung bei sehr kleiner Reibung. Proc. Third Intern. Math. Congr. Heidelberg 1904. Reprinted in: Vier Abhandlungen zur Hydro- und Aerodynamik. Göttingen, 1927; NACA TM 452 (1928); see also: Coll. Works *II*, 575−584 (1961).
[22] Prandtl, L: The mechanics of viscous fluids. In W.F. Durand: Aerodynamic Theory *III*, 34−208 (1935).
[23] Rotta, J.C.: Grenzschichttheorie zweiter Ordnung für ebene und achsensymmetrische Hyperschallströmung. ZFW *15*, 329−334 (1967).
[24] Schmidt, H., and Schröder, K.: Laminare Grenzschichten. Ein kritischer Literaturbericht. Part I: Grundlagen der Grenzschichttheorie. Luftfahrtforschung *19*, 65−97 (1942).
[25] Steinheuer, J.: Die Lösungen der Blasiusschen Grenzschichtdifferentialgleichung. Proc. Wiss. Ges. Braunschweig *XX*, 96−125 (1968).
[25a] Stewartson, K.: Multistructured boundary layers on flat plates and related bodies. Adv. Appl. Mech. *14*, 146−239, Academic Press, New York, 1974.
[26] Tollmien, W.: Grenzschichttheorie. Handbuch der Exper.-Physik *IV*, Part I, 241−287 (1931).
[27] Töpfer, C.: Bemerkungen zu dem Aufsatz von H. Blasius: Grenzschichten in Flüssigkeiten mit kleiner Reibung. Z. Math. Phys. *60*, 397−398 (1912).
[28] Weyl, H.: Concerning the differential equations of some boundary layer problems. Proc. Nat. Acad. Sci. Washington *27*, 578−583 (1941).
[29] Weyl, H.: On the differential equations of the simplest boundary layer problems. Ann. Math. *43*, 381−407 (1942).
[30] Janour, Z.: Resistance of a flat plate at low Reynolds numbers. NACA TM 1316 (1951).

## 第八章

[1] Betz, A.: Zur Berechnung des Überganges laminarer Grenzschichten in die Aussenströmung. Fifty years of boundary-layer research (W. Tollmien and H. Görtler, ed.), Braunschweig, 1955, 63−70.
[2] Falkner, V.M., and Skan, S.W.: Some approximate solutions of the boundary layer equations. Phil. Mag. *12*, 865−896 (1931); ARC RM. 1314 (1930).
[3] Geis, Th.: Ähnliche Grenzschichten an Rotationskörpern. Fifty years of boundary layer research (W. Tollmien and H. Görtler, ed.), Braunschweig, 1955, 294−303.
[4] Goldstein, S.: A note on the boundary layer equations. Proc. Cambr. Phil. Soc. *35*, 338−340 (1939).
[5] Gruschwitz, E.: Die turbulente Reibungsschicht in ebener Strömung bei Druckabfall und Druckanstieg. Ing.-Arch. *2*, 321−346 (1931).
[6] Hartree, D.R.: On an equation occurring in Falkner and Skan's approximate treatment of the equations of the boundary layer. Proc. Cambr. Phil. Soc. *33*, Part II, 223−239 (1937).
[6a] Holt, M.: Basic developments in fluid dynamics. Contribution of F. Schultz-Grunow and W. Breuer, 377−436, New York, 1965.
[7] von Kármán, Th.: Über laminare und turbulente Reibung. ZAMM *1*, 233−253 (1921). Engl. transl. in NACA TM 1092; see also Coll. Works *II*, 70−97, London 1956.
[8] Luckert, H.J.: Über die Integration der Differentialgleichung einer Gleitschicht in zäher Flüssigkeit. Diss. Berlin 1933, reprinted in: Schriften des Math. Seminars, Inst. f. angew. Math. der Univ. Berlin *1*, 245 (1933).
[9] Mangler, W.: Die "ähnlichen" Lösungen der Prandtlschen Grenzschichtgleichungen. ZAMM *23*, 241−251 (1943).
[10] von Mises, R.: Bemerkungen zur Hydrodynamik. ZAMM *7*, 425−431 (1927).
[11] Prandtl, L.: Zur Berechnung der Grenzschichten. ZAMM *18*, 77−82 (1938); see also Coll. Works *II*, 663−672, J. Roy. Aero. Soc. *45*, 35−40 (1941), and NACA TM 959 (1940).
[12] Riegels, F., and Zaat, J.: Zum Übergang von Grenzschichten in die ungestörte Strömung. Nachr. Akad. Wiss. Göttingen, Math. Phys. Klasse, 42−45 (1947).
[13] Rosenhead, L., and Simpson, J.H.: Note on the velocity distribution in the wake behind a flat plate placed along the stream. Proc. Cambr. Phil. Soc. *32*, 285−291 (1936).
[14] Schröder, K.: Verwendung der Differenzenrechnung zur Berechnung der laminaren Grenzschicht. Math. Nachr. *4*, 439−467 (1951).

[15] Schuh, H.: Über die "ähnlichen" Lösungen der instationären laminaren Grenzschichtgleichung in inkompressibler Strömung. Fifty years of boundary-layer research (W. Tollmien and H. Görtler, ed.), Braunschweig, 1955, 147–152.
[15a] Schultz-Grunow, F., and Henseler, H.: Ähnliche Grenzschichtlösungen zweiter Ordnung für Strömungs- und Temperaturgrenzschichten an longitudinal gekrümmten Wänden mit Grenzschichtbeeinflussung. Wärme- und Stoffübertragung *1*, 214–219 (1968).
[16] Tollmien, W.: Über das Verhalten einer Strömung längs einer Wand am äusseren Rand ihrer Reibungsschicht. Betz Anniversary Volume, 218–224 (1945).
[17] Wieghardt, K.: Über einen Energiesatz zur Berechnung laminarer Grenzschichten. Ing.-Arch. *16*, 231–242 (1948).

## 第九章

[1] Andrade, E.N.: The velocity distribution in a liquid-into-liquid jet. The plane jet. Proc. Phys. Soc. London *51*, 784–793 (1939).
[2] Baxter, D.C., and Flügge-Lotz, I.: The solution of compressible laminar boundary layer problems by a finite difference method. Part II: Further discussion of the method and computation of examples. Techn. Rep. 110, Div. Eng. Mech. Stanford Univ. (1957); short version: ZAMP *9b*, 81–96 (1958).
[3] Bickley, W.: The plane jet. Phil. Mag. Ser. 7, *23*, 727–731 (1939).
[4] Blasius, H.: Grenzschichten in Flüssigkeiten mit kleiner Reibung. Z. Math. u. Phys. *56*, 1–37 (1908); Engl. transl. in NACA TM 1256.
[5] Blottner, F.G.: Finite difference methods of solution of the boundary-layer equations. AIAA J. *8*, 193–205 (1970).
[5a] Blottner, F. G.: Investigation of some finite difference techniques for solving the boundary layer equations. Comp. Math. Appl. Mech. Eng. *6*, 1–30 (1975).
[6] Cebeci, T., and Smith, A.M.O.: A finite difference method for calculating compressible laminar and turbulent boundary layers. Trans. ASME, J. Basic Eng. *92*, 523–535 (1970).
[7] Chapman, D.R.: Laminar mixing of a compressible fluid. NACA TN 1800 (1949).
[8] Chapman, D.R.: Theoretical analysis of heat transfer in regions of separated flow. NACA TN 3792 (1956).
[9] Chen, K.K., and Libby, P.A.: Boundary layers with small departures from the Falkner-Skan profile. JFM *33*, 243–282 (1968).
[10] Christian, W.J.: Improved numerical solution of the Blasius problem with three point boundary condition. JASS *28*, 911–912 (1961).
[11] Davis, R.T.: Numerical solution of the Navier-Stokes equations for symmetric laminar incompressible flow past a parabola. JFM *51*, 417–433 (1972).
[12] Devan, L.: Second order incompressible laminar boundary layer development on a two-dimensional semi-infinite body. Ph. D. Thesis, Univ. of California at Los Angeles, 1964.
[13] Denison, M.R., and Baum, E.: Compressible free shear layer with finite initial thickness. AIAA J. *1*, 342–349 (1963).
[14] Dewey, C.F., and Gross, F.: Exact similar solutions of the laminar boundary layer equations. Advances in Heat Transfer Vol. *4*, Academic Press, New York, 1967, 317–446.
[15] Evans, H.L.: Laminar boundary layer theory. Addison-Wesley Publishing Company, London, 1968.
[16] Fage, A.: The airflow around a circular cylinder in the region where the boundary separates from the surface. Phil. Mag. 7, 253 (1929).
[17] Fage, A., and Falkner, V.M.: Further experiments on the flow around a circular cylinder. ARC RM 1369 (1931).
[18] Falkner, V.M.: A further investigation of solution of boundary layer. ARC RM 1884 (1939).
[19] Falkner, V.M.: Simplified calculation of the laminar boundary layer. ARC RM 1895 (1941).
[20] Fanneloep, T., and Flügge-Lotz, I.: The compressible boundary layer along a wave-shaped wall. Ing.-Arch. *33*, 24–35 (1963).
[21] Flügge-Lotz, I., and Blottner, F.G.: Computation of the compressible laminar boundary layer flow including displacement thickness interaction using finite difference methods. Stanford Univ. Div. Eng. Mech. Tech. Rep. 131 (1962). Shortened version in Journal de Mécanique *2*, 397–423 (1963).
[22] Flügge-Lotz, I.: The computation of the laminar compressible boundary layer. Dep. Mech. Eng. Stanford Univ., Rep. R. 352–30–7 (1954).
[23] Frössling, N.: Verdunstung, Wärmeübergang und Geschwindigkeitsverteilung bei zweidimensionaler und rotationssymmetrischer laminarer Grenzschichtströmung. Lunds. Univ. Arsskr. N. F. Avd. 2, *36*, No. 4 (1940); see also NACA TM 1432.
[24] Gersten, K., and Gross, J.F.: The second-order boundary-layer along a circular cylinder in supersonic flows. Int. J. Heat Mass Transfer *16*, 2241–2260 (1973).
The leading edge of a swept cylinder. Int. J. Heat Mass Transfer *16* (1972).

[25] Gersten, K., Gross, J.F., and Börger, G.: Die Grenzschicht höherer Ordnung an der Staulinie eines schiebenden Zylinders mit starkem Ausblasen. Z. Flugwiss. *20*, 330—341 (1972).
[26] Goldstein, S.: On the two-dimensional steady flow of a viscous fluid behind a solid body. Proc. Roy. Soc. London A *142*, 545—562 (1933).
[27] Goldstein, S. (ed.): Modern developments in fluid dynamics, Vol. *1*, 105. Clarendon Press, Oxford, 1938.
[28] Goldstein, S.: On laminar boundary layer flow near a position of separation. Quart. J. Mech. Appl. Math. *1*, 43—69 (1948).
[29] Görtler, H.: Ein Differenzenverfahren zur Berechnung laminarer Grenzschichten. Ing.-Arch. *16*, 173—187 (1948).
[30] Görtler, H.: Einfluss einer schwachen Wandwelligkeit auf den Verlauf der laminaren Grenzschichten. Parts I and II. ZAMM *25/27*, 233—244 (1947) and *28*, 13—22 (1948).
[31] Görtler, H.: Zur Approximation stationärer laminarer Grenzschichtströmungen mit Hilfe der abgebrochenen Blasiusschen Reihe. Arch. Math. *1*, No. 3, 235—240 (1949).
[32] Görtler, H.: Reibungswiderstand einer schwach gewellten längsangeströmten Platte. Arch. Math. *1*, 450—453 (1949).
[33] Görtler, H.: Eine neue Reihenentwicklung für laminare Grenzschichten. ZAMM *32*, 270—271 (1952).
[34] Görtler, H.: A new series for the calculation of steady laminar boundary layer flows. J. Math. Mech. *6*, 1—66 (1957).
[35] Görtler, H., and Witting, H.: Zu den Tanischen Grenzschichten. Österr. Ing.-Archiv *11*, 111—122 (1957).
[36] Hahnemann, H., and Ehret, L.: Der Druckverlust der laminaren Strömung in der Anlaufstrecke von geraden, ebenen Spalten. Jb. dt. Luftfahrtforschung *I*, 21—36 (1941).
[37] Hahnemann, H., and Ehret, L.: Der Strömungswiderstand in geraden, ebenen Spalten unter Berücksichtigung der Einlaufverluste. Jb. dt. Luftfahrtforschung *I*, 186—207 (1942).
[38] Hartree, D.R.: A solution of the laminar boundary layer equation for retarded flow. ARC RM 2426 (1949).
[39] Hiemenz, K.: Die Grenzschicht an einem in den gleichförmigen Flüssigkeitsstrom eingetauchten geraden Kreiszylinder. Thesis Göttingen 1911; Dingl. Polytechn. J. *326*, 321 (1911).
[40] Howarth, L.: On the calculation of steady flow in the boundary layer near the surface of a cylinder in a stream. ARC RM 1632 (1935).
[41] Howarth, L.: On the solution of the laminar boundary layer equations. Proc. Roy. Soc. London A *164*, 547—579 (1938).
[42] Jaffe, N.A., and Smith, A.M.O.: Calculation of laminar boundary layers by means of a differential-difference method. Progress in Aerospace Sciences, Vol. *12* (D. Küchemann, ed.), Pergamon Press, 1972.
[42a] Keller, H. B.: Numerical methods in boundary layer theory. Ann. Rev. Fluid Mech. (M. van Dyke, ed.) *10*, 417—433 (1978).
[43] Krzywoblocki, M.Z.: On steady, laminar two-dimensional jets in compressible viscous gases far behind the slit. Quart. Appl. Math. *7*, 313 (1949).
[44] Leigh, D.C.F.: The laminar boundary layer equation: A method of solution by means of an automatic computer. Proc. Cambr. Phil. Soc. *51*, 320—332 (1955).
[44a] Lessen, M.: On the stability of the laminar free boundary layer between parallel streams. NACA Rep. 979 (1950); see also Sc. D. Thesis, MIT (1948).
[45] Lock, R.C.: The velocity distribution in the laminar boundary layer between parallel streams. Quart. J. Mech. Appl. Math. *4*, 42—63 (1951).
[46] Mills, R.H.: A note on some accelerated boundary layer velocity profiles. JAS *5*, 325 (1938).
[47] Papenfuss, H.D.: Higher-order solutions for the incompressible, three-dimensional boundary-layer flow at the stagnation point of a general body. Archives of Mechanics (Warsaw) *26*, 459—478 (1974).
[48] Papenfuss, H.D.: Mass-transfer effects on the three-dimensional second order boundary-layer flow at the stagnation point of blunt bodies. Mech. Res. Comm. *1*, 285—290 (1974).
[49] Pai, S.I.: Fluid dynamics of jets. D. Van Nostrand Company, New York, 1954.
[50] Pohlhausen, K.: Zur näherungsweisen Integration der Differentialgleichung der Grenzschicht. ZAMM *1*, 252—268 (1921).
[51] Potter, O.E.: Laminar boundary layers at the interface of co-current parallel streams. Quart. J. Mech. Appl. Math. *10*, 302 (1957).
[52] Reeves, B.L., and Kippenhan, C.J.: A particular class of similar solutions of the equations of motion and energy of a viscous fluid. JASS *29*, 38—47 (1962).
[53] Richtmeyer, R.D.: Difference methods for initial value problems. Interscience, New York, 1957.
[54] Schiller, L., and Linke, W.: Druck- und Reibungswiderstand des Zylinders bei Reynoldsschen Zahlen 500 bis 40000. ZFM *24*, 193—198 (1933).
[55] Schiller, L.: Die Entwicklung der laminaren Geschwindigkeitsverteilung (im Kreisrohr) und ihre Bedeutung für die Zähigkeitsmessungen. ZAMM *2*, 96—106 (1922).

[56] Schlichting, H.: Laminare Strahlenausbreitung. ZAMM *13*, 260–263 (1933).
[57] Schlichting, H.: Laminare Kanaleinlaufströmung. ZAMM *14*, 368–373 (1934).
[57a] Schlichting, H.: Grenzschichttheorie. Engl. transl. by Kestin, J.: Boundary-layer theory. 6th ed., McGraw-Hill, New York, 1968.
[58] Schroeder, K.: Ein einfaches numerisches Verfahren zur Berechnung der laminaren Grenzschicht. FB 1741 (1943); later expanded and reprinted in Math. Nachr. *4*, 439–467 (1951).
[59] Schultz-Grunow, F., and Henseler, H.: Ähnliche Grenzschichtlösungen zweiter Ordnung für Strömungs- und Temperaturgrenzschichten an longitudinal gekrümmten Wänden mit Grenzschichtbeeinflussung. Wärme- und Stoffübertragung *1*, 214–219 (1968).
[60] Smith, A.M.O., and Clutter, D.W.: Solution of the incompressible boundary layer equations. AIAA J. *1*, 2062–2071 (1963).
[61] Smith, A.M.O., and Cebeci, T.: Numerical solution of the turbulent boundary-layer equations. McDonnell-Douglas Rep. No. DAC 33735 (1967).
[63] Steinheuer, J.: Similar solutions for the laminar wall jet in a decelerating outer flow. AIAA J. *6*, 2198–2200 (1968).
[64] Stewartson, K.: Further solutions of the Falkner-Skan equation. Proc. Cambr. Phil. Soc. *50*, 454–465 (1954).
[65] Smolderen, E.: Numerical methods in fluid dynamics. AGARD Lecture Ser. No. 48 (1972).
[66] Tani, I.: On the solution of the laminar boundary layer equations. J. Phys. Soc. Japan *4*, 149–154 (1949). See also: Fifty years of boundary-layer research (W. Tollmien and H. Görtler, ed.), Braunschweig, 193–200 (1955).
[67] Thom, A.: The laminar boundary layer of the front part of a cylinder. ARC RM 1176 (1928); see also ARC RM 1194 (1929).
[68] Tifford, A.N.: Heat transfer and frictional effects in laminar boundary layers. Part 4: Universal series solutions. WADC Techn. Rep. 53–288 (1954).
[69] Tollmien, W.: Grenzschichten. Handbuch der Exper. Physik *IV*, Part 1, 241–287 (1931).
[70] Ulrich, A.: Die ebene laminare Reibungsschicht an einem Zylinder. Arch. Math. *2*, 33–41 (1949).
[71] Van Dyke, M.: Entry flow in a channel. JFM *44*, 813–823 (1970).
[72] Witting, H.: Über zwei Differenzenverfahren der Grenzschichttheorie. Arch. Math. *4*, 247–256 (1953).
[73] Anonymous: Interpolation and allied tables. Prepared by H.M. Nautical Almanac Office. H.M. Stationary Office (1956).

## 第十章

[1] Brown, S.N., and Stewartson, K.: Laminar separation. Annual Review of Fluid Mech. *1*, 45–72 (1969).
[2] Bussmann, K., and Ulrich, A.: Systematische Untersuchungen über den Einfluss der Profilform auf die Lage des Umschlagpunktes. Preprint Jb. dt. Luftfahrtforschung 1943 in: Techn. Berichte *10*, No. 9 (1943); NACA TM 1185 (1947).
[2a] Chan, Y.Y.: Loitsianskii's method for boundary layers with suction and injection. AIAA J. *7*, 562–563 (1969).
[2b] Briley, W.R. and McDonald, D.H.: Numerical prediction of incompressible separation bubbles. JFM *69*, 631–656 (1975).
[2c] Chang, P.K.: Separation of flow. Pergamon Press, New York, 1970.
[3] Glauert, M.B., and Lighthill, M.J.: The axisymmetric boundary layer on a long thin cylinder. Proc. Roy. Soc. A *230*, 188–203 (1955).
[3a] Crimi, P., and Reeves, B.L.: Analysis of leading edge separation bubbles on airfoils. AIAA J. *14*, 1548–1555 (1976).
[4] Goldstein, S.: On laminar boundary layer flow near a point of separation. Quart. J. Mech. Appl. Math. *1*, 43–69 (1948).
[4a] Gaster, M.: The structure and behaviour of laminar separation bubbles. AGARD Conf. Proc. *4*, 819–854 (1966).
[5] Holstein, H., and Bohlen, T.: Ein einfaches Verfahren zur Berechnung laminarer Reibungsschichten, die dem Näherungsverfahren von K. Pohlhausen genügen. Lilienthal-Bericht S. 10, 5–16 (1940).
[5a] Horton, H.P.: A semi-empirical theory for the growth and bursting of laminar separation bubbles. Aero. Res. Council, Current Paper No. 107 (1967).
[6] Van Ingen, J.L.: On the calculation of laminar separation bubbles in two-dimensional incompressible flow. AGARD Conf. Proc. Flow Separation, No. 168, 11–1 to 11–16 (1975).
[7] von Kármán, Th.: Über laminare und turbulente Reibung. ZAMM *1*, 233–252 (1921); NACA 1092 (1946); see also Coll. Works *II*, 70–97 (1956).

[8] Kotschin, N. J., and Loitsianskii, L. G.: Über eine angenäherte Methode der Berechnung der Laminargrenzschicht. Dokl. Akad. Nauk, SSSR *36*, No. 9 (1942); see also: An approximate method of calculating the laminar boundary layer. Comptes Rendus (Doklady) de l'Académie des Sciences de l'URSS *46*, 262–266 (1942).
[9] Loitsianskii, L. G.: Laminarnyi pogranichnyi sloi. Fizmatgiz Moscow. Germ. transl. by H. Limberg: Laminare Grenzschichten. Akademie-Verlag, Berlin. 1967.
[10] Loitsianskii, L. G.: Mekhanika zhidkostei i gazov. Nauka, Moscow, 1973.
[11] Loitsianskii, L. G.: Universal'nye uravnenia i parametricheskie priblizhenia v teorii laminarnykh pogranichnykh sloev. Prikl. Mat. i Mekh. *XXIX*, No. 1 (1965). See also: The universal equations and parametric approximations in the theory of laminar boundary layers. J. Appl. Math. Mech. (PMM) *29*, 70–87 (1965).
[12] Loitsianskii, L. G.: Sur la méthode paramétrique de la théorie de la couche limite laminaire. Proc. 11th Intern. Congress Appl. Mech., Munich 1966 (H. Görtler, ed.). Springer Verlag, Berlin, 1966, 722–728.
[13] Meksyn, D.: Integration of the boundary layer equations. Proc. Roy. Soc. A *237*, 543–559 (1956).
[14] Ozerova, E.F., and Simuni, L.M.: Approximate two-parameter solution of the equation for steady-state laminar boundary layers (in Russian). Trudy Leningr. Polyt. Inst. No. 313 (1970).
[15] Pohlhausen, K.: Zur näherungsweisen Integration der Differentialgleichung der laminaren Reibungsschicht. ZAMM *1*, 252–268 (1921).
[16] Prandtl, L.: The mechanics of viscous fluids. In W.F. Durand (ed.): Aerodynamic Theory *III*, 34–208 (1935).
[17] Pretsch, J.: Die laminare Reibungsschicht an elliptischen Zylindern und Rotationsellipsoiden bei symmetrischer Anströmung. Luftfahrtforschung *18*, 397–402 (1941).
[18] Rosenhead, L. (ed.): Laminar boundary layers. Clarendon Press, Oxford, 1963.
[19] Schlichting, H., and Ulrich, A.: Zur Berechnung des Umschlages laminar-turbulent. Jb. dt. Luftfahrtforschung *I*, 8–35 (1942); see also: Lilienthal-Bericht S 10, 75–135 (1940).
[20] Schönauer, W.: Ein Differenzenverfahren zur Lösung der Grenzschichtgleichung für stationäre, laminare, inkompressible Strömung. Ing.-Arch. *33*, 173–189 (1964).
[21] Schubauer, G.B.: Airflow in a separating laminar boundary layer. NACA Rep. 527 (1935).
[21a] Stratford, B. S.: Flow in the laminar boundary layer near separation. ARC, RM 3002, 1–27 (1957).
[22] Tani, I.: On the solution of the laminar boundary layer equations. Fifty years of boundary layer research (H. Görtler, ed.), Braunschweig, 1955, 193–200.
[23] Tani, I.: Low speed flows involving bubble separation. Progress in Aeronautical Sciences *5*, 70–103 (1964).
[24] Truckenbrodt, E.: Näherungslösungen der Strömungsmechanik und ihre physikalische Deutung. Nineteenth Prandtl Memorial Lecture. ZFW *24*, 177–188 (1976).
[25] Walz, A.: Ein neuer Ansatz für das Geschwindigkeitsprofil der laminaren Reibungsschicht. Lilienthal-Bericht 141, 8–12 (1941).
[26] Watson, E.J., and Preston, J.H.: An approximate solution of two flat plate boundary layer problems. ARC RM 2537 (1951).
[27] Wieghardt, K.: Über einen Energiesatz zur Berechnung laminarer Grenzschichten. Ing.-Arch. *16*, 231–242 (1948).
[28] Young, A.D., and Horton, H.P.: Some results of investigations of separation bubbles. AGARD Conf. Proc. Flow Separation *4*, Part II, 779–818 (1966).
[29] Williams, J.C. III: Incompressible boundary layer separation. Annual Review of Fluid Mech. *9*, 113–144 (1977).

## 第十一章

[1] AGARD Conference Proceedings No. 168 on "Flow Separation" (1975) containing 42 contributions.
[2] Andrade, E.N., and Tsien, H.S.: The velocity distribution in a liquid-into-liquid jet. Proc. Phys. Soc. London *49*, 381–391 (1937).
[3] Ashkenas, H., and Riddell, F. R.: Investigation of the turbulent boundary layer on a yawed flat plate. NACA TN 3383 (1955).
[4] Bammert, K., and Schoen, J.: Die Strömung von Flüssigkeiten in rotierenden Hohlwellen. Z. VDI *90*, 81–87 (1948).
[5] Bammert, K., and Kläukens, H.: Nabentotwasser hinter Leiträdern von axialen Strömungsmaschinen. Ing.-Arch. *17*, 367–380 (1949).
[5a] Banks, W. H. H.: The boundary layer on a rotating sphere. Quart. J. Mech. Appl. Math. *18*, 443–454 (1965).

[6] Becker, E.: Berechnung der Reibungsschichten mit schwacher Sekundärströmung nach dem Impulsverfahren. ZFW 7, 163—175 (1959); see also: Mitt. Max-Planck-Institut für Strömungsforschung No. 13 (1956) and ZAMM-Sonderheft 3—8 (1956); Diss. Göttingen 1954.
[7] Binnie, A.M., and Harris, D.P.: The application of boundary layer theory to swirling liquid flow through a nozzle. Quart. J. Mech. Appl. Math. 3, 89—106 (1950).
[8] Black, J.: A note on the vortex patterns in the boundary layer flow of a swept-back wing. J. Roy. Aero. Soc. 56, 279—285 (1952).
[9] Bödewadt, U.T.: Die Drehströmung über festem Grund. ZAMM 20, 241—253 (1940).
[10] Boltze, E.: Grenzschichten an Rotationskörpern. Diss. Göttingen 1908.
[11] Burgers, J.M.: Some considerations on the development of boundary layer in the case of flows having a rotational component. Kon. Akad. van Wetenschappen, Amsterdam 45, No. 1—5, 13—25 (1941).
[12] Carrier, G.F.: The boundary layer in a corner. Quart. Appl. Math. 4, 367—370 (1946).
[13] Chu, S.T., and Tifford, A.N.: The compressible laminar boundary layer on a rotating body of revolution. JAS 21, 345—346 (1954).
[14] Collatz, L., and Görtler, H.: Rohrströmung mit schwachem Drall. ZAMP 5, 95—110 (1954).
[15] Cooke, J.C.: The boundary layer of a class of infinite yawed cylinders. Proc. Cambr. Phil. Soc. 46, 645—648 (1950).
[16] Cooke, J.C.: Pohlhausen's method for three-dimensional laminar boundary layers. Aero. Quart. 3, Part I, 51—60 (1951).
[17] Cooke, J.C.: On Pohlhausen's method with application to a swirl problem of Taylor. JAS 19, 486—490 (1952).
[18] Cooke, J.C.: The flow of fluids along cylinders. Quart. J. Mech. Appl. Math. 10, 312—321 (1957).
[19] Cooke, J.C., and Hall, M.G.: Boundary layers in three dimensions. Progress in Aeronautical Sciences 2, 221—282, Pergamon Press, London, 1962.
[19a] Crabtree, L. F., Küchemann, D., and Sowerby, L.: Three-dimensional boundary layers. Chapter in: L. Rosenhead (ed.): Laminar boundary layers. Clarendon Press, Oxford, 1963, p. 409—491.
[20] Das, A.: Untersuchungen über den Einfluss von Grenzschichtzäunen auf die aerodynamischen Eigenschaften von Pfeil- und Deltaflügeln. Diss. Braunschweig 1959; ZFW 7, 227—242 (1959).
[21] Dienemann, W.: Berechnung des Wärmeüberganges an laminar umströmten Körpern mit konstanter und ortsveränderlicher Wandtemperatur. Diss. Braunschweig 1951; ZAMM 33, 89—109 (1953); see also JAS 18, 64—65 (1951).
[21a] Dumarque, P., Laghoviter, G., and Daguenet, M.: Détermination des lignes de courant pariétales sur un corps de révolution tournant autour de son axe dans un fluide au repos. ZAMP 26, 325—336 (1975).
[21b] Dwyer, H. A.: Solution of a three-dimensional boundary-layer flow with separation. AIAA J., 6, 1336—1342 (1968).
[22] Eichelbrenner, E.A., and Oudart, A.: Méthode de calcul de la couche limite tridimensionelle. Application à un corps fuselé incliné sur le vent. ONERA-Publication No. 76, Chatillon, 1955.
[23] Eichelbrenner, E.A.: Décollement laminaire en trois dimensions sur un obstacle fini. ONERA-Publication No. 89, Chatillon, 1957.
[24] Eichelbrenner, E.A.: Three-dimensional boundary layers. Annual Review of Fluid Mech. 5, 339—360 (1973).
[25] Elder, J.W.: The flow past a flat plate of finite width. JFM 9, 133—153 (1960).
[26] Fadnis, B.S.: Boundary layer on rotating spheroids. ZAMP V, 156—163 (1954).
[27] Fage, A.: Experiments on a sphere at critical Reynolds-numbers. ARC RM 1766 (1936).
[28] Fogarty, L.E.: The laminar boundary layer on a rotating blade. JAS 18, 247—252 (1951).
[29] Frössling, N.: Verdunstung, Wärmeübergang und Geschwindigkeitsverteilung bei zweidimensionaler und rotationssymmetrischer laminarer Grenzschichtströmung. Lunds. Univ. Arsskr. N. F. Avd. 2, 35, No. 4 (1940).
[29a] Furuya, Y., and Nakamura, I.: Velocity profiles in the skewed boundary layers on some rotating bodies in axial flow. J. Appl. Mech. 37, 17—24 (1970).
[30] Furuya, Y., Nakamura, K., and Kawachi, H.: The experiment on the skewed boundary layer on a rotating body. Bulletin of JSME 9, 702—710 (1966).
[31] Furuya, Y., and Nakamura, I.: An experimental investigation of the skewed boundary layer on a rotating body (2nd Report). Bulletin of JSME 11, 107—246 (1968).
[32] Garbsch, K.: Über die Grenzschicht an der Wand eines Trichters mit innerer Wirbel- und Radialströmung. Fifty years of boundary-layer research (W. Tollmien and H. Görtler, ed.), Braunschweig, 1955, 471—486; see also: ZAMM-Sonderheft 11—17 (1956).
[33] Geis, Th.: Ähnliche Grenzschichten an Rotationskörpern. Fifty years of boundary-layer research. (W. Tollmien, and H. Görtler, ed.), Braunschweig, 1955, 294—303.

[34] Geis, Th.: „Ähnliche" dreidimensionale Grenzschichten. J. Rat. Mech. Analysis *5*, 643—686 (1956).
[35] Geissler, W.: Berechnung der Potentialströmung um rotationssymmetrische Rümpfe, Ringprofile und Triebwerkseinläufe. ZFW *20*, 457—462 (1972).
[36] Geissler, W.: Berechnung der dreidimensionalen laminaren Grenzschicht an angestellten Rotationskörpern mit Ablösung. AVA-Bericht 74 A 19 (1974); Ing.-Arch. *43*, 413—425 (1974).
[37] Geissler, W.: The three-dimensional laminar boundary layer over a body of revolution at incidence and with separation. AVA-Bericht 74 A 08 (1974); AIAA J. *12*, 1743—1745 (1974).
[38] Gersten, K.: Corner interference effects. AGARD Rep. 299 (1959).
[39] Gersten, K.: Die Grenzschichtströmung in einer rechtwinkligen Ecke. ZAMM *39*, 428—429 (1959).
[40] Glauert, M.B.: The wall jet. JFM *1*, 625—643 (1956).
[41] Glauert, M.B., and Lighthill, M.J.: The axisymmetric boundary layer on a long thin cylinder. Proc. Roy. Soc. London A *230*, 188—203 (1955).
[42] Görtler, H.: Die laminare Grenzschicht am schiebenden Zylinder. Arch. Math. *3*, Fasc. 3, 216—231 (1952).
[43] Görtler, H.: Decay of swirl in an axially symmetrical jet far from the orifice. Revista Math. Hisp.-Amer. *IV*, Ser. 14, 143—178 (1954).
[44] Grohne, D.: Zur laminaren Strömung in einer kreiszylindrischen Dose mit rotierendem Deckel. ZAMM-Sonderheft 17—20 (1956).
[45] Gruschwitz, E.: Turbulente Reibungsschichten mit Sekundärströmung. Ing.-Arch. *6*, 355—365 (1935).
[45a] Hama, F. R., and Peterson, L. F.: Axisymmetric laminar wake behind a slender body of revolution. JFM *76*, 1—15 (1976).
[46] Hannah, D.M.: Forced flow against a rotating disc. ARC RM 2772 (1952).
[47] Hansen, A.G., Herzig, H.Z., and Costello, G.R.: A visualization study of secondary flows in cascades. NACA TN 2947 (1953).
[48] Hansen, A.G., and Herzig, H.Z.: Cross flows in laminar incompressible boundary layers. NACA TN 3651 (1956).
[49] Hayes, W.D.: The three-dimensional boundary layer. NAVORD Rep. 1313 (1951).
[50] Hoskin, N.E.: The laminar boundary layer on a rotating sphere. Fifty years of boundary layer research (W. Tollmien and H. Görtler, ed.), Braunschweig, 1955, 127—131.
[51] Howarth, L.: Note on the boundary layer on a rotating sphere. Phil. Mag. VII, *42*, 1308—1315 (1951).
[52] Howarth, L.: The boundary layer in three-dimensional flow. Part I. Phil. Mag. VII, *42*, 239—243 (1951).
[53] Howarth, L.: The boundary layer in three-dimensional flow. Part II: The flow near a stagnation point. Phil. Mag. VII, *42*, 1433—1440 (1951).
[54] Illingworth, C.R.: The laminar boundary layer of a rotating body of revolution. Phil. Mag. *44*, 351—389 (1953).
[55] Jacobs, W.: Systematische Sechskomponentenmessungen an Pfeilflügeln. Ing.-Arch. *18*, 344—362 (1950).
[56] Johnston, J.P.: On the three-dimensional turbulent boundary layer generated by secondary flow. Trans. ASME, Series D, J. Basic Eng. *82*, 233—248 (1960).
[57] Johnston, J.P.: The turbulent boundary layer at a plane of symmetry in a three-dimensional flow. Trans. ASME, Series D, J. Basic Eng. *82*, 622—628 (1960).
[58] Jones, R.T.: Effects of sweep-back on boundary layer and separation. NACA Rep. 884 (1947).
[59] Jungclaus, G.: Grenzschichtuntersuchungen in rotierenden Kanälen und bei scherenden Strömungen. Mitt. Max-Planck-Institut für Strömungsforschung No. 11, Göttingen (1955).
[60] Kelly, H.R.: A note on the laminar boundary layer on a circular cylinder in axial incompressible flow. JAS *21*, 634 (1954).
[61] Krzywoblocki, M.Z.: On steady, laminar round jets in compressible viscous gases far behind the mouth. Österr. Ing.-Arch. *3*, 373—383 (1949).
[62] Krzywoblocki, M.Z.: On the boundary layer in a corner by use of the relaxation method. GANITA *VII*, No. 2, 77—112 (1956).
[63] Küchemann, D.: Aircraft shapes and their aerodynamics for flight at supersonic speeds. Advances in Aeronautical Sciences *3*, 221—252 (1962).
[64] Küchemann, D.: The effect of viscosity on the type of flow on swept wings. Proc. Symposium Nat'l. Phys. Lab. (NPL) 1955.
[65] Langhaar, H.: Steady flow in the transition length of a straight tube. J. Appl. Mech. *9*, A 55—A 58 (1942).
[66] Liebe, W.: Der Grenzschichtzaun. Interavia *7*, 215—217 (1952).
[67] Loos, H.G.: A simple laminar boundary layer with secondary flow. JAS *22*, 35—40 (1955).

[68] Ludwieg, H.: Die ausgebildete Kanalströmung in einem rotierenden System. Ing.-Arch. *19*, 296—308 (1951).

[69] Luthander, S., and Rydberg, A.: Experimentelle Untersuchungen über den Luftwiderstand bei einer um eine mit der Windrichtung parallele Achse rotierenden Kugel. Phys. Z. *36*, 552—558 (1935).

[70] Mager, A.: Three-dimensional laminar boundary layer with small cross-flow. JAS *21*, 835—845 (1954).

[71] Mager, A.: Thick laminar boundary layer under sudden perturbation. Fifty years of boundary layer research (W. Tollmien and H. Görtler, ed.), Braunschweig, 1955, 21—33.

[71a] Mager, A.: Three-dimensional boundary layers. Princeton University Series. High Speed Aerodynamics and Jet Propulsion. Princeton University Press. Vol. IV, 286—394 (1964).

[72] Mangler, W.: Zusammenhang zwischen ebenen und rotationssymmetrischen Grenzschichten in kompressiblen Flüssigkeiten. ZAMM *28*, 97—103 (1948).

[73] Martin, J.C.: On the Magnus effects caused by the boundary-layer displacement thickness on the bodies of revolution at small angles of attack. JAS *24*, 421—429 (1957).

[74] Michalke, A.: Theoretische und experimentelle Untersuchung einer rotationssymmetrischen laminaren Düsengrenzschicht. Ing.-Arch. *31*, 268—279 (1962).

[75] Millikan, C.B.: The boundary layer and skin friction for a figure of revolution. Trans. ASME *54*, 29—43 (1932).

[76] Möller, W.: Experimentelle Untersuchungen zur Hydrodynamik der Kugel. Phys. Z. *39*, 57—80 (1938).

[77] Moore, F.K.: Three-dimensional laminar boundary layer flow. JAS *20*, 525—534 (1953).

[78] Moore, F.K.: Three-dimensional boundary layer theory. Advances in Appl. Mech. *IV*, 159—228 (1956).

[79] Nakamura, I.: The laminar boundary layer on a spinning body of arbitrary shape in axial flow. Research Bulletin No. XVI, *16*, 31—45 (1972).

[80] Nakamura, I., Yamashita, S., and Furuya, Y.: The thick turbulent boundary layers on rotating cylinders in axial flow. Second Intern. Symposium Fluid Machinery and Fluidics, Tokyo, Sept. 1972.

[81] Nigam, S.D.: Note on the boundary layer on a rotating sphere. ZAMP *5*, 151—155 (1954).

[81a] Nydahl, J.E.: Heat transfer for the Bödewadt problem. Dissertation, Colorado State University, Fort Collins, Colorado 1971.

[82] Oman, R.: The three-dimensional laminar boundary layer along a corner. Sc. D. Thesis, MIT, Cambridge, Mass., 1959.

[83] Pack, D.C.: Laminar flow in an axially symmetrical jet of compressible fluid, far from the orifice. Proc. Cambr. Phil. Soc. *50*, 98—104 (1954).

[84] Parr, O.: Untersuchungen der dreidimensionalen Grenzschicht an rotierenden Drehkörpern bei axialer Anströmung. Diss. Braunschweig 1962; Ing.-Arch. *32*, 393—413 (1963); see also: Die Strömung um einen axial angeströmten rotierenden Drehkörper. Jb. Schiffbautechn. Ges. *53*, 260—271 (1959), and: Flow in the three-dimensional boundary layer on a spinning body of revolution. AIAA J. *2*, 362—363 (1964).

[85] Pfleiderer, C.: Untersuchungen auf dem Gebiet der Kreiselradmaschinen. VDI-Forschungsheft No. 295 (1927).

[86] Prandtl, L.: Über Reibungsschichten bei dreidimensionalen Strömungen. Betz-Festschrift 1945, 134—141, or Coll. Works *2*, 679—686 (1961).

[87] Pretsch, J.: Die laminare Reibungsschicht an elliptischen Zylindern und Rotationsellipsoiden bei symmetrischer Anströmung. Luftfahrtforschung *18*, 397—402 (1941).

[88] Probstein, R.F., and Elliot, D.: The transverse curvature effect in compressible axially symmetric laminar boundary-layer flow. JAS *23*, 208—224 (1956).

[89] Punnis, B.: Zur Berechnung der laminaren Einlaufströmung im Rohr. Diss. Göttingen 1947.

[90] Queijo, M.J., Jaquet, B.M., and Wolhart, W.D.: Wind-tunnel investigation at low speed of the effects of chordwise wing fences and horizontal-tail position on the static longitudinal stability characteristics of an airplane model with a 35° swept-back wing. NACA Rep. 1203 (1954).

[91] Rainbird, W.J., Crabbe, R.S., and Jurewicz, L.S.: The flow separation about cones at incidence. Nat. Res. Council Canada, DMENAE Quart. Bull. 1963 (2).

[91a] Raju, K. G. R., Loeser, J., and Plate, E. J.: Velocity profiles and fence for a turbulent boundary layer along smooth and rough plates. JFM *76*, 383—399 (1976).

[92] Ram, Vasanta: Ähnliche Lösungen für die Geschwindigkeits- und Temperaturverteilung in der inkompressiblen laminaren Grenzschicht entlang einer rechtwinkligen Ecke. Ein theoretischer Beitrag zum Problem der Interferenz von Grenzschichten. Diss. Braunschweig 1966; Jb. WGL 156—178 (1966).

[93] Rott, N., and Crabtree, L.F.: Simplified laminar boundary layer calculation for bodies of revolution and for yawed wings. JAS *19*, 553—565 (1952).

[93a] Rubin, S. G.: Incompressible flow along a corner. JFM *26*, 97—110 (1966).

[94] Sawatzki, O.: Strömungsfeld um eine rotierende Kugel. Acta Mech. 9, 159—214 (1970).
[95] Seban, R.A., and Bond, R.: Skin friction and heat-transfer characteristics of a laminar boundary layer on a cylinder in axial incompressible flow. JAS 18, 671—675 (1951).
[96] Schiller, L.: Untersuchungen über laminare und turbulente Strömung. Forschg. Ing.-Wes. Heft 428, (1922); ZAMM 2, 96—106 (1922); Phys. Z. 23, 14 (1922).
[97] Schlichting, H.: Laminare Strahlausbreitung. ZAMM 13, 260—263 (1933).
[98] Schlichting, H., and Truckenbrodt, E.: Die Strömung an einer angeblasenen rotierenden Scheibe. ZAMM 32, 97—111 (1952).
[99] Schlichting, H.: Die laminare Strömung um einen axial angeströmten rotierenden Drehkörper. Ing.-Arch. 21, 227—244 (1953).
[100] Schlichting, H.: Three-dimensional boundary layer flow. Lecture at the IXth Convention of the International Association for Hydraulic Research at Dubrovnik/Jugoslavia, Sept. 1961. Proc. Neuvième Assemblée Générale de l'Association Internationale de Recherches Hydrauliques, Dubrovnik, 1262—1290; see also DFL-Rep. 195 (1961).
[101] Schlichting, H.: Grenzschichttheorie. 5th ed., G. Braun Verlag, Karlsruhe, 1965.
[102] Scholkemeier, F.W.: Die laminare Reibungsschicht an rotationssymmetrischen Körpern. Diss. Braunschweig 1943. Shortened version in Arch. Math. 1, 270—277 (1949).
[103] Sears, W.R.: Boundary layer of yawed cylinders. JAS 15, 49—52 (1948).
[103a] Sears, W.R.: Boundary layers in three-dimensional flow. Appl. Mech. Rev. 7, 281—285 (1954).
[104] Sedney, R.: Laminar boundary layer on a spinning cone at small angles of attack in a supersonic flow. JAS 24, 430—436 (1957).
[105] Squire, H.B.: The round laminar jet. Quart. J. Mech. Appl. Math. 4, 321—329 (1951).
[106] Squire, H.B.: Radial jets. Fifty years of boundary-layer research (W. Tollmien and H. Görtler, ed.), Braunschweig, 1955, 47—54.
[106a] Sparrow, E.M., Lin, S., and Lundgren, T.S.: Flow development in the hydrodynamic entrance region of tubes and ducts. Phys. Fluids 7, 338—347 (1964).
[107] Steinheuer, T.: Three-dimensional boundary layers on rotating bodies and in corners. AGARDograph No. 97, Part 2, 567—611 (1965).
[108] Stewartson, K., and Howarth, L.: On the flow past a quarter infinite plate using Oseen's equations. JFM 7, 1—21 (1960).
[109] Stewartson, K.: Viscous flow past a quarter infinite plate. JAS 28, 1—10 (1961).
[110] Talbot, L.: Laminar swirling pipe flow. J. Appl. Mech. 21, 1—7 (1954).
[110a] Tan, S.: On laminar boundary layer over a rotating blade. JAS 20, 780—781 (1953).
[111] Taylor, G.I.: The boundary layer in the converging nozzle of a swirl atomizer. Quart. J. Mech. Appl. Math. 3, 129—139 (1950).
[112] Tetervin, N.: Boundary-layer momentum equations for three-dimensional flow. NACA TN 1479 (1947).
[113] Tifford, A.N., and Chu, S.T.: On the flow around a rotating disc in a uniform stream. JAS 19, 284—285 (1952).
[114] Timman, R.: The theory of three-dimensional boundary layers. Boundary layer effects in aerodynamics. Proc. of a Symposium held at NPL, London, 1955.
[115] Timman, R., and Zaat, J.A.: Eine Rechenmethode für dreidimensionale laminare Grenzschichten. Fifty years of boundary-layer research (W. Tollmien and H. Görtler, ed.), Braunschweig, 1955, 432—445.
[116] Tomotika, S.: Laminar boundary layer on the surface of a sphere in a uniform stream. ARC RM. 1678 (1935).
[117] Tomotika, S., and Imai, I.: On the transition from laminar to turbulent flow in the boundary layer of a sphere. Rep. Aero. Res. Inst. Tokyo 13, 389—423 (1938); and Tomotika, S.: Proc. Phys. Math. Soc. Japan 20 (1938).
[118] Truckenbrodt, E.: Ein Quadraturverfahren zur Berechnung der Reibungsschicht an axial angeströmten rotierenden Drehkörpern. Ing.-Arch. 22, 21—35 (1954).
[119] Truckenbrodt, E.: Die turbulente Strömung an einer angeblasenen rotierenden Scheibe. ZAMM 34, 150—162 (1954).
[120] Vogelpohl, G.: Die Strömung der Wirbelquelle zwischen ebenen Wänden mit Berücksichtigung der Wandreibung. ZAMM 24, 289—294 (1944).
[121] Weber, H.E.: The boundary layer inside a conical surface due to swirl. J. Appl. Mech. 23, 587—592 (1956).
[122] Wieghardt, K.: Einige Grenzschichtmessungen an Rotationskörpern. Schiffstechnik 3, 102—103 (1955/56).
[123] Wieselsberger, C.: Über den Luftwiderstand bei gleichzeitiger Rotation des Versuchskörpers. Phys. Z. 28, 84—88 (1927).
[124] Wild, J.M.: The boundary layer of yawed infinite wings. JAS 16, 41—45 (1949).
[125] Yamaga, J.: An approximate solution of the laminar boundary layer on a rotating body of revolution in uniform compressible flow. Proc. 6th Japan. Nat. Congr. Appl. Mech., 295—298 (1956).

[126] Young, A. D.: Some special boundary-layer problems (20th Prandtl Memorial Lecture). ZFW *1*, 401—414 (1977).
[127] Zamir, M., and Young, A.D.: Experimental investigation of the boundary layer in a streamwise corner. Aero. Quart. *21*, 313—339 (1970).

第十二章

[1] Allen, H.J., and Look, B.C.: A method for calculating heat transfer in the laminar flow regions of bodies. NACA Rep. 764 (1943).
[2] Ambrok, G.S.: The effect of surface temperature variability on heat exchange in laminar flow in a boundary layer. Soviet Phys. Techn. Phys. *2*, 738—748 (1957). Translation of Zh. Tekh. Fiz. *27*, 812—821 (1957).
[3] Bjorklund, G.S., and Kays, W.M.: Heat transfer between concentric rotating cylinders. J. Heat Transfer *81*, 175—186 (1959).
[4] Brun, E. A., Diep, A., and Kestin, J.: Sur un nouveau type des tourbillons longitudinaux dans l'écoulement autour d'un cylindre. C. R. Acad. Sci. *263*, 742 (1966).
[5] Büyüktür, A.R., Kestin, J., and Maeder, P.F.: Influence of combined pressure gradient and turbulence on the transfer of heat from a plate. Int. J. Heat Mass Transfer *7*, 1175—1186 (1964).
[6] Ten Bosch, M.: Die Wärmeübertragung. Berlin, 1936.
[7] Brun, E.A.: Selected combustion problems. Vol. *II*, 185—198, AGARD, Pergamon Press, London, 1956.
[8] Chapman, D.R., and Rubesin, M.W.: Temperature and velocity profiles in the compressible, laminar boundary layer with arbitrary distribution of surface temperature. JAS *16*, 547—565 (1949).
[9] Davies, D.R., and Bourne, D.E.: On the calculation of heat and mass transfer in laminar and turbulent boundary layers. I. The laminar case. Quart. J. Mech. Appl. Math. *9*, 457—467 (1956); see also Quart. J. Mech. Appl. Math. *12*, 337—339 (1959).
[10] Dewey, C.F., and Gross, J.F.: Exact similar solution of the laminar boundary-layer equations. Advances in Heat Transfer *4*, 317—446 (1967).
[11] Dienemann, W.: Berechnung des Wärmeüberganges an laminar umströmten Körpern mit konstanter und ortsveränderlicher Wandtemperatur. Diss. Braunschweig 1951; ZAMM *33*, 89—109 (1953); see also JAS *18*, 64—65 (1951).
[12] Donoughe, P.L., and Livingood, J.N.B.: Exact solutions of laminar boundary layer equations with constant property values for porous wall with variable temperature. NACA Rep. 1229 (1955).
[12a] Driest, E. R. van: Convective heat transfer in gases. Princeton University Series, High Speed Aerodynamics and Jet Propulsion, Vol. *V*, 339—427 (1959).
[13] Eckert, E.R.G., and Drake, R.M.: Heat and mass transfer. McGraw-Hill, New York, 1959.
[14] Eckert, E.: Einführung in den Wärme- und Stoffaustausch. 3rd ed., Berlin, 1966.
[15] Eckert, E., and Drewitz, O.: Der Wärmeübergang an eine mit großer Geschwindigkeit längsangeströmte Platte. Forschg. Ing.-Wes. *11*, 116—124 (1940).
[16] Eckert, E.: Temperaturmessungen in schnell strömenden Gasen. Z. VDI *84*, 813—817 (1940).
[17] Eckert, E., and Weise, W.: Die Temperatur unbeheizter Körper in einem Gasstrom hoher Geschwindigkeit. Forschg. Ing.-Wes. *12*, 40—50 (1941).
[18] Eckert, E., and Drewitz, O.: Die Berechnung des Temperaturfeldes in der laminaren Grenzschicht schnell angeströmter unbeheizter Körper. Luftfahrtforschung *19*, 189—196 (1942).
[19] Eckert, E.: Die Berechnung des Wärmeüberganges in der laminaren Grenzschicht umströmter Körper. VDI-Forschungsheft *416* (1942).
[20] Eckert, E., and Weise, W.: Messung der Temperaturverteilung auf der Oberfläche schnell angeströmter unbeheizter Körper. Forschg. Ing.-Wes. *13*, 246—254 (1942).
[21] Eckert, E.R.G., and Soehngen, E.: Distribution of heat transfer coefficients around circular cylinders in cross-flow at Reynolds numbers from 20 to 500. Trans. ASME *74*, 343—347 (1952).
[22] Eckert, E.R.G., and Jackson, T.W.: Analysis of turbulent free convection boundary layer on a flat plate. NACA Rep. 1015 (1951).
[23] Eckert, E.R.G., and Livingood, J.N.B.: Method for calculation of laminar heat transfer in air flow around cylinders of arbitrary cross-section (including large temperature differences and transpiration cooling). NACA Rep. 1118 (1953).
[24] Eckert, E.R.G., and Diaguila, A.J.: Experimental investigation of free-convection heat transfer in vertical tube at large Grashof numbers. NACA Rep. 1211 (1955).
[25] Eckert, E.R.G., and Livingood, J.N.B.: Calculations of laminar heat transfer around cylinders of arbitrary cross-section and transpiration cooled walls with application to turbine blade cooling. NACA Rep. 1220 (1955).

[26] Eckert, E. R. G., Hartnett, J. P., and Birkeback, R.: Simplified equations for calculating local and total heat flux to non-isothermal surface. JAS *24*, 549—551 (1957).
[27] Edwards, A., and Furber, B.N.: The influence of free stream turbulence on heat transfer by convection from an isolated region of a plane surface in parallel air flow. Proc. Inst. Mech. Eng. *170*, 941 (1956).
[28] Ede, A.J.: Advances in free convection. Advances in Heat Transfer, Acad. Press, *4*, 1—64 (1967).
[29] Eichhorn, R.: The effect of mass transfer on free convection. J. Heat Transfer *32*, 260—263, (1960).
[30] Eichhorn, R., Eckert, E.R.G., and Anderson, A.D.: An experimental study of the effects of nonuniform wall temperature on heat transfer in laminar and turbulent axisymmetric flow along a cylinder. J. Heat Transfer *82*, 349—359 (1960).
[31] Elias, F.: Der Wärmeübergang einer geheizten Platte an strömende Luft. Abhandl. Aerodyn. Inst. TH Aachen, Heft 9 (1930); ZAMM *9*, 434—453 (1929) and *10*, 1—14 (1930).
[32] Evans, H.L.: Mass transfer through laminar boundary layers. 3a. Similar solution to the b-equation when B = 0 and $\sigma \geqslant 0{\cdot}5$. Int. J. Heat Mass Transfer *8*, 26—41 (1961).
[33] Evans, H.L.: Mass transfer through laminar boundary layers. 7. Further similar solutions to the b-equation for the case B = 0. Int. J. Heat Mass Transfer *5*, 35—37 (1962).
[34] Evans, H.L.: Laminar boundary layer theory. Addison-Wesley Publishing Company, Reading, Mass., 1968.
[35] Fage, A., and Falkner, V.M.: Relation between heat transfer and surface friction for laminar flow. ARC RM 1408 (1931).
[36] Fischer, P.: Ähnlichkeitsbedingungen für Strömungsvorgänge mit gleichzeitigem Wärmeübergang. ZAMM *48*, T 122—T 125 (1963).
[37] Frick, C.W., and McCullough, G.B.: A method for determining the rate of heat transfer from a wing or streamlined body. NACA Rep. 830 (1945).
[38] Fritzsche, A.F., Bodnarescu, M., Kirscher, O., and Esdorn, H.: Probleme der Wärmeübertragung. VDI-Forschungsheft 450 (1955).
[39] Frössling, N.: Verdunstung, Wärmeübergang und Geschwindigkeitsverteilung bei zweidimensionaler und rotationssymmetrischer Grenzschichtströmung. Lunds Univ. Arssk., N. F. Avd. 2, *36*, No. 4 (1940); see also NACA TM 1432; see also Lunds Univ. Arssk., N. F. Avd. 2, *154*, No. 3 (1958).
[40] Frössling, N.: Calculating by series expansion of the heat transfer in laminar, constant-property boundary layers at non-isothermal surfaces. Archiv för Fysik *14*, 143—151 (1958).
[41] Frössling, N.: Problems of heat transfer across laminar boundary layers. Theory and fundamental research in heat transfer. Proc. Ann. Meeting of the American Soc. of Mech. Engrs. (J.A. Clark, ed.), Pergamon Press, 181—202, 1963.
[42] Giedt, W.H.: Investigation of variation of point unit heat transfer coefficient around a cylinder normal to an airstream. Trans. ASME *71*, 375—381 (1949).
[43] Giedt, W.H.: Effect of turbulence level of incident air stream on local heat transfer and skin friction on a cylinder. JAS *18*, 725—730, 766 (1951).
[44] Gersten, K., and Körner, H.: Wärmeübergang unter Berücksichtigung der Reibungswärme bei laminaren Keilströmungen mit veränderlicher Temperatur und Normalgeschwindigkeit entlang der Wand. Intern. J. Heat Mass Transfer *11*, 655—673 (1968).
[45] Görtler, H.: Über eine Analogie zwischen Instabilitäten laminarer Grenzschichtströmungen an konkaven Wänden und an erwärmten Wänden. Ing.-Arch. *28*, 71—78 (1959).
[46] Goland, L.: A theoretical investigation of heat transfer in the laminar flow regions of airfoils. JAS *17*, 436—440 (1950).
[47] Grigull, U.: Wärmeübertragung in laminarer Strömung mit Reibungswärme. Chemie-Ingenieur-Technik 480—483 (1955).
[47a] Grigull, U.: Technische Thermodynamik. 3rd ed., 194 p., Berlin, 1977.
[48] De Groff, H.M.: On-viscous heating. JAS *23*, 395—396 (1956).
[49] Guha, C.R., and Yih, C.S.: Laminar convection of heat from two-dimensional bodies with variable wall temperatures. Proc. 5th Midw. Conf. Fluid Mech. 29—40 (1957).
[50] Hara, T.: Heat transfer by laminar free convection about a vertical flat plate with large temperature difference. Bull. JSME *1*, 251—254 (1958).
[51] Hartnett, J.P.: Heat transfer from a non-isothermal disk rotating in still air. J. Appl. Mech. *26*, 672—673 (1959).
[52] Hassan, H.A.: On heat transfer to laminar boundary layers. JASS *26*, 464 (1959).
[53] Hausenblas, H.: Die nicht isotherme Strömung einer zähen Flüssigkeit durch enge Spalten und Kapillarröhren. Ing.-Arch. *18*, 151—166 (1950).
[54] Van Der Hegge-Zijnen, B.G.: Heat transfer from horizontal cylinders to a turbulent air flow. Appl. Sci. Res. A *7*, 205—223 (1957).
[55] Hermann, R.: Wärmeübertragung bei freier Strömung am waagerechten Zylinder in zweiatomigen Gasen. VDI-Forschungsheft 379 (1936).

[56] Hilpert, R.: Wärmeabgabe von geheizten Drähten und Rohren im Luftstrom. Forschg. Ing.-Wes. *4*, 215–224 (1933).
[57] Howarth, L.: Velocity and temperature distribution for a flow along a flat plate. Proc. Roy. Soc. London A *154*, 364–377 (1936).
[58] Illingworth, C.R.: Some solutions of the equations of flow of a viscous compressible fluid. Proc. Cambr. Phil. Soc. *46*, 469–478 (1950).
[59] Imai, I.: On the heat transfer to constant property laminar boundary layer with power function free stream velocity and wall temperature distributions. Quart. Appl. Math. *16*, 33–45 (1958).
[60] Jakob, M.: Heat transfer, *I* and *II*. McGraw-Hill, New York, 1949 and 1957.
[61] Jodlbauer, K.: Das Temperatur- und Geschwindigkeitsfeld um ein geheiztes Rohr bei freier Konvektion. Forschg. Ing.-Wes. *4*, 157–172 (1933).
[62] Johnson, D.V., and Hartnett, J.P.: Heat transfer from a cylinder in crossflow with transpiration cooling. J. Heat Transfer *85*, 173–179 (1963).
[63] Kayalar, L.: Experimentelle und theoretische Untersuchungen über den Einfluß des Turbulenzgrades auf den Wärmeübergang in der Umgebung des Staupunktes eines Kreiszylinders. Diss. Braunschweig 1968; Forschg. Ing.-Wes. *35*, 157–167 (1969).
[64] Kestin, J., Maeder, P.F., and Sogin, H.H.: The influence of turbulence on the transfer of heat to cylinders near the stagnation point. ZAMP *12*, 115–132 (1961).
[65] Kestin, J.: The effect of free-stream turbulence on heat transfer rates. Advances in Heat Transfer (Th. Irvine and J.P. Harnett, ed.) Acad. Press, Vol. *3*, 1–32 (1966).
[66] Kestin, J., Maeder, P.F., and Wang, H.E.: On boundary layers associated with oscillating streams. Appl. Sci. Res. A *10*, 1 (1961).
[67] Kestin, J., and Maeder, P.F.: Influence of turbulence on transfer of heat from cylinders. NACA TN 4018 (1954).
[68] Kestin, J., Maeder, P.F., and Wang, H.E.: Influence of turbulence on the transfer of heat from plates with and without a pressure gradient. Int. J. Heat Mass Transfer *3*, 133–154 (1961).
[68a] Kestin, J., and Persen, L.N.: The transfer of heat across a turbulent boundary layer at very high Prandtl numbers. Int. J. Heat Mass Transfer *5*, 355–371 (1962).
[69] Klein, J., and Tribus, M.: Forced convection from non-isothermal surfaces. Heat Transfer Symposium, Engineering Research Institute, Univ. of Michigan, Aug. 1952.
[70] Knudsen, J.G., and Katz, D.L.: Fluid dynamics and heat transfer. McGraw-Hill, New York, 1958.
[71] Ko, S.Y.: Calculation of local heat transfer coefficients on slender surfaces of revolution by the Mangler transformation. JAS *25*, 62–63 (1958).
[72] Kroujilin, G.: The heat transfer of a circular cylinder in a transverse airflow in the range of Re = 6000 – 425000. Techn. Physics USSR *5*, 289–297 (1938).
[73] Le Fevre, E.J.: Laminar free convection from a vertical plane surface. Mech. Eng. Res. Lab., Heat 113, Gt. Britain, 1956.
[74] Le Fur, B.: Nouvelle méthode de résolution par itération des équations dynamiques et thermiques de la couche limite laminaire. Publ. Sci. et Techn. du Ministère de l'Air, No. 383 (1962).
[75] Le Fur, B.: Convection de la chaleur en régime laminaire dans le cas d'un gradient de pression et d'une température de paroi quelquonques, le fluide étant à propriétés physiques constantes. Int. J. Heat Mass Transfer *1*, 68–80 (1960).
[76] Levèque, M.A.: Les lois de la transmission de chaleur par convection. Ann. Mines *13*, 201–239 (1928).
[77] Levy, S.: Heat transfer to constant property laminar boundary layer flows with power-function free-stream velocity and wall temperature variation. JAS *19*, 341–348 (1952).
[78] Liepmann, H.W.: A simple derivation of Lighthill's heat transfer formula. JFM *3*, 357–360 (1958).
[79] Lietzke, A.F.: Theoretical and experimental investigation of heat transfer by laminar natural convection between parallel plates. NACA Rep. 1223 (1955).
[80] Lighthill, M.J.: Contributions to the theory of heat transfer through a laminar boundary layer. Proc. Roy. Soc. London A *202*, 359–377 (1950).
[81] Lorenz, H.H.: Die Wärmeübertragung an einer ebenen senkrechten Platte an Öl bei natürlicher Konvektion. Z. Techn. Physik *362* (1934).
[82] Lowery, G.W., and Vachon, R.J.: The effect of turbulence on heat transfer from heated cylinders. Int. J. Heat Mass Transfer *18*, 1229–1242 (1975).
[83] Maisel, D.S., and Sherwood, T.K.: Evaporation of liquids into turbulent gas streams. Chem. Eng. Progr. *46*, 131–138 (1950).
[84] Meksyn, D.: Plate thermometer. ZAMP *11*, 63–68 (1960).
[85] Merk, H.J.: Rapid calculations for boundary layer heat transfer using wedge solutions and asymptotic expansions. JFM *5*, 460–480 (1959).

[86] Millsaps, K., and Pohlhausen, K.: Thermal distribution in Jeffery-Hamel flows between non-parallel plane walls. JAS *20*, 187—196 (1953).
[86a] Millsaps, K., and Pohlhausen, K.: Heat transfer by laminar flow from a rotating plate.
[87] Morgan, A.J.A.: On the Couette flow of a compressible viscous, heat conducting, perfect gas. JAS *24*, 315—316 (1957).
[88] Morgan, V.T.: The overall convection heat transfer from smooth circular cylinders. Advances in Heat Transfer *11*, 199—265 (1975).
[89] Morgan, G.W., Pipkin, A.C., and Warner, W.H.: On heat transfer in laminar boundary layer flows of liquids having a very small Prandtl number. JAS *25*, 173—180 (1958).
[90] Nahme, R.: Beiträge zur hydrodynamischen Theorie der Lagerreibung. Ing.-Arch. *11*, 191—209 (1940).
[91] Nusselt, W.: Das Grundgesetz des Wärmeüberganges. Ges. Ing. *38*, 477 (1915).
[92] Oldroyd, J.G.: Calculations concerning theoretical values of boundary layer thickness and coefficients of friction and heat transfer for steady two-dimensional flow in an incompressible boundary layer with main stream velocity $U \sim x^m$ or $U \sim e^x$. Phil. Mag. *36*, 587—600 (1945).
[93] Ostrach, S.: An analysis of laminar free-convection flow and heat transfer about a flat plate parallel to the direction of the generating body force. NACA Rep. 1111 (1953).
[94] Pohlhausen, E.: Der Wärmeaustausch zwischen festen Körpern und Flüssigkeiten mit kleiner Reibung und kleiner Wärmeleitung. ZAMM *1*, 115—121 (1921).
[95] Prandtl, L.: Eine Beziehung zwischen Wärmeaustausch und Strömungswiderstand in Flüssigkeiten. Phys. Z. *11*, 1072—1078 (1910); see also Coll. Works *II*, 585—596 (1961).
[96] Raithby, G.D., and Hollands, K.G.T.: A general method of obtaining approximate solutions to laminar and turbulent free convection problems. Advances in Heat Transfer *11*, 265—315 (1975).
[97] Reeves, B.L., and Kippenhan, Ch.J.: On a particular class of similar solutions of the equations of motion and energy of a viscous fluid. JASS *29*, 38—47 (1962).
[98] Reynolds, O.: On the extent and action of the heating surface for steam boilers. Proc. Manchester Lit. Phil. Soc. *14*, 7—12 (1874).
[99] Richardson, E.G.: The aerodynamic characteristics of a cylinder having a heated boundary layer. Phil. Mag. *23*, 681—692 (1937).
[100] Sato, K., and Sage, B.H.: Thermal transfer in turbulent gas streams; Effect of turbulence on macroscopic transport from spheres. Trans. ASME *80*, 1380—1388 (1958).
[101] Schlichting, H.: Einige exakte Lösungen für die Temperaturverteilung in einer laminaren Strömung. ZAMM *31*, 78—83 (1951).
[102] Schlichting, H.: Der Wärmeübergang an einer längsangeströmten Platte mit veränderlicher Wandtemperatur. Forschg. Ing.-Wes. *17*, 1—8 (1951).
[103] Schlichting, H.: A survey on some recent research investigations on boundary layers and heat transfer. J. Appl. Mech. *38*, 289—300 (1971).
[104] Schmidt, E., and Beckmann, W.: Das Temperatur- und Geschwindigkeitsfeld von einer Wärme abgebenden, senkrechten Platte bei natürlicher Konvektion. Forschg. Ing.-Wes. *1*, 391—404 (1930).
[105] Schmidt, E.: Schlierenaufnahmen der Temperaturfelder in der Nähe wärmeabgebender Körper. Forschg. Ing.-Wes. *3*, 181—189 (1932).
[106] Schmidt, E.: Einführung in die technische Thermodynamik und in die Grundlagen der chemischen Thermodynamik, 10th ed. Berlin, 1963.
[107] Schmidt, E., and Wenner, K.: Wärmeabgabe über den Umfang eines angeblasenen geheizten Zylinders. Forschg. Ing.-Wes. *12*, 65—73 (1941).
[108] Schmidt, E.: Thermische Auftriebsströmungen und Wärmeübergang. Vierte Ludwig-Prandtl-Gedächtnisvorlesung, ZFW *8*, 273—284 (1960).
[109] Schuh, H.: Einige Probleme bei freier Strömung zäher Flüssigkeiten. Göttinger Monographien Bd. B, Grenzschichten, 1946.
[110] Schuh, H.: Über die Lösung der laminaren Grenzschichtgleichung an einer ebenen Platte für Geschwindigkeits- und Temperaturfeld bei veränderlichen Stoffwerten und für das Diffusionsfeld bei höheren Konzentrationen. ZAMM *25/27*, 54—60 (1947).
[111] Schuh, H.: Ein neues Verfahren zur Berechnung des Wärmeüberganges in ebenen und rotationssymmetrischen laminaren Grenzschichten bei konstanter und veränderlicher Wandtemperatur. Forschg. Ing.-Wes. *20*, 37—47(1954); see also: Schuh, H.: A new method for calculating laminar heat transfer on cylinders of arbitrary cross-section and on bodies of revolution at constant and variable wall temperature. KTH Aero. TN 33 (1953).
[112] Schuh, H.: On asymptotic solutions for the heat transfer at varying wall temperatures in a laminar boundary layer with Hartree's velocity profiles. JAS *20*, 146—147 (1953).
[113] Seban, R.A.: The influence of free-stream turbulence on the local transfer from cylinders. Trans. ASME Ser. C. J. Heat Transfer *82*, 101—107 (1960).

[114] Shao Wen Yean: Heat transfer in laminar compressible boundary layer on a porous flat plate with fluid injection. JAS *16*, 741–748 (1949).
[115] Shell, J.I.: Die Wärmeübergangszahl von Kugelflächen. Bull. Acad. Sci. Nat. Belgrade *4*, 189 (1938).
[116] Siekmann, J.: The calculation of the thermal laminar boundary layer on a rotating sphere. ZAMP *13*, 468–482 (1962); see also AGARD Rep. 283 (1960).
[117] Singh, S.N.: Heat transfer by laminar flow from a rotating sphere. Appl. Sci. Res. A *9*, 197–205 (1960).
[118] Skopets, M.B.: Approximate method for integrating the equations of a laminar boundary layer in an incompressible gas in the presence of heat transfer. Soviet Phys. Techn. Phys. *4*, 411–419 (1959). Translation of Zh. Tekh. Fiz *29*, 461–471 (1959).
[119] Smith, A.G., and Spalding, D.B.: Heat transfer in a laminar boundary layer with constant fluid properties and constant wall temperature. J. Roy. Aero. Soc. *62*, 60–64 (1958).
[120] Spalding, D.B.: Heat transfer from surfaces of non-uniform temperature. JFM *4*, 22–32 (1958).
[121] Spalding, D.B., and Evans, H.L.: Mass transfer through laminar boundary layers. 3. Similar solutions to the b-equation. Int. J. Heat Mass Transfer *2*, 314–341 (1961).
[122] Spalding, D.B., and Pun, W.M.: A review of methods for predicting heat transfer coefficients for laminar uniform-property boundary layer flows. Int. J. Heat Mass Transfer *5*, 239–250 (1962).
[123] Sparrow, E.M.: The thermal boundary layer on a non-isothermal surface with non-uniform free stream velocity. JFM *4*, 321–329 (1958).
[124] Sparrow, E.M., and Cess, R.D.: Free convection with blowing or suction. J. Heat Transfer *83*, 387–389 (1961).
[125] Sparrow, E.M., Eichhorn, R., and Gregg, J.L.: Combined forced and free convection in a boundary layer flow. Physics of Fluids *2*, 319–328 (1959).
[126] Sparrow, E.M., and Gregg, J.L.: Details of exact low Prandtl number boundary layer solutions for forced and for free convection. NASA Memo. 2-27-59 E (1959).
[127] Sparrow, E.M., and Gregg, J.L.: Similar solutions for free convection from a non isothermal vertical plate. Trans. ASME *80*, 379–386 (1958).
[128] Sparrow, E.M., and Gregg, J.L.: The effect of a non isothermal free stream on boundary layer heat transfer. J. Appl. Mech. *26*, 161–165 (1959).
[129] Sparrow, E.M., and Gregg, J.L.: Heat transfer from a rotating disk to fluids of any Prandtl number. J. Heat Transfer *81*, 249–251 (1959).
[130] Sparrow, E.M., and Gregg, J.L.: Mass transfer, flow, and heat transfer about a rotating disk: J. Heat Transfer *82*, 294–302 (1960).
[131] Squire, H.B.: Section of: Modern Developments in Fluids Dynamics (S. Goldstein, ed.), Oxford, *II*, 623–627 (1938).
[132] Squire, H.B.: Heat transfer calculation for aerofoils. ARC RM 1986 (1942).
[133] Squire, H.B.: Note on the effect of variable wall temperature on heat transfer. ARC RM 2753 (1953).
[134] Stewart, W.E., and Prober, R.: Heat transfer and diffusion in wedge flows with rapid mass transfer. Int. J. Heat Transfer *5*, 1149–1163 (1962).
[135] Stojanovic, D.: Similar temperature boundary layers. JASS *26*, 571–574 (1959).
[136] Sugawara, S., Sato, T., Komatsu, H., and Osaka, H.: The effect of free stream turbulence on heat transfer from a flat plate. NACA TM 1441 (1958).
[137] Sutera, S.P.: Vorticity amplification in stagnation point flow and its effect on heat transfer. JFM *21*, 513–534 (1965).
[138] Tien, C.L.: Heat transfer by laminar flow from a rotating cone. J. Heat Transfer *82*, 252–253 (1960).
[139] Tifford, A.N.: The thermodynamics of the laminar boundary layer of a heated body in a high speed gas flow field. JAS *12*, 241–251 (1945).
[140] Tifford, A.N., and Chu, S.T.: Heat transfer in laminar boundary layers subject to surface pressure and temperature distributions. Proc. Second Midwestern Conf. Fluid Mech. 1949, 363–377 (1949).
[141] Tifford, A.N., and Chu, S.T.: On the flow and temperature field in forced flow against a rotating disc. Proc. Second U. S. Nat. Congr. Appl. Mech. 1955, 793–800 (1955).
[142] Touloukian, Y.S., Hawkins, G.A., and Jakob, M.: Heat transfer by free convection from heated vertical surfaces to liquids. Trans. ASME *70*, 13–23 (1948).
[143] Vogelpohl, G.: Der Übergang der Reibungswärme von Lagern aus der Schmierschicht in die Gleitflächen. — Temperaturverteilung und thermische Anlaufstrecke in parallelen Schmierschichten bei Erwärmung durch innere Reibung. VDI-Forschungsheft 425 (1949).
[144] Vasanta Ram: Ähnliche Lösungen für die Geschwindigkeits- und Temperaturverteilung in der inkompressiblen laminaren Grenzschicht entlang einer rechtwinkligen Ecke. Ein theoretischer Beitrag zum Problem der Interferenz von Grenzschichten. Diss. Braunschweig 1966; Jb. WGL 1966, 156–178 (1967).

[145] Yamaga, J.: An approximate solution of the laminar flow heat-transfer in a rotating axially symmetrical body surface in a uniform incompressible flow. J. Mech. Lab. Japan *2*, No. 1, 1—14 (1956).
[146] Yang, K.T.: Possible similarity solutions for laminar free convection on vertical plates and cylinders. J. Appl. Mech. *27*, 230—236 (1960).

## 第十三章

[1] Ackeret, J., Feldmann, F., and Rott, N.: Untersuchungen an Verdichtungsstössen und Grenzschichten in schnell bewegten Gasen. Report No. 10 of the Inst. of Aerodynamics ETH Zürich 1946; see also NACA TM 1113 (1947).
[2] Appleton, J.P., and Davies, H.J.: A note on the interaction of a normal shock wave with a thermal boundary layer. JAS *25*, 722—723 (1958).
[3] Bardsley, O., and Mair, W.A.: Separation of the boundary layer at a slightly blunt leading edge in supersonic flow. Phil. Mag. *43*, 338, 344—352 (1952).
[4] Barry, F.W., Shapiro, H.A., and Neumann, E.P.: Some experiments on the interaction of shock waves with boundary layers on a flat plate. J. Appl. Mech. *17*, 126—131 (1950).
[5] Beckwith, I.E.: Similarity solutions for small cross flows in laminar compressible boundary layers. NASA TR R 107, 1—67 (1961).
[6] Bogdonoff, S.M., and Kepler, C.E.: Separation of a supersonic turbulent boundary layer. JAS *22*, 414—424 (1955).
[7] Bouniol, F., and Eichelbrenner, E.A.: Calcul de la couche limite laminaire compressible. Méthode rapide applicable au cas de la plaque plane. La Récherche Aéron. 28 (1952).
[8] Bradfield, W.S., Decoursin, D.G., and Blumer, C.B.: The effect of leading-edge bluntness on a laminar supersonic boundary layer. JAS *21*, 373—382 and 398 (1954).
[9] Burggraf, O.R.: Asymptotic theory of separation and reattachment of a laminar boundary layer on a compression ramp. AGARD Conf. Proc. Flow Separation, No. 168, 10/1—10/9 (1975).
[10] Busemann, A.: Gasströmung mit laminarer Grenzschicht entlang einer Platte. ZAMM *15*, 23—25 (1935).
[10a] Busemann, A.: Die achsensymmetrische kegelige Überschallströmung. Luftfahrtforschung *19*, 137—144 (1942).
[11] Busemann, A.: Das Abreissen der Grenzschicht bei Annäherung an die Schallgeschwindigkeit. Jb. Luftfahrtforschung *I*, 539—541 (1940).
[12] Byran, L.F.: Experiments on aerodynamic cooling. Report of the Inst. of Aerodynamics ETH Zürich, No. 18, 1951.
[13] Chapman, D.R., and Rubesin, M.W.: Temperature and velocity profiles in the compressible laminar boundary layer with arbitrary distribution of surface temperature. JAS *16*, 547—565 (1949).
[14] Charwat, A.F., and Redekopp, L.G.: Supersonic interference flow along the corner of intersecting wedges. AIAA J. *5*, 480—488 (1967).
[14a] MacCormack, R.W.: Numerical solution of the interaction of shock wave with a laminar boundary layer. Proceedings 2nd Intern. Conf. on Numerial Methods in Fluid Dynamics. Lecture Notes in Physics *8*, Springer Verlag, 1971.
[14b] Carter, J.E.: Solutions for laminar boundary layers with separation and reattachment. AIAA Paper 74—583 (1974).
[15] Chu, S.T., and Tifford, A.N.: The compressible laminar boundary layer on a rotating body of revolution. JAS *21*, 345—346 (1954).
[16] Cohen, C.B.: Similar solutions of compressible laminar boundary layer equations. JAS *21*, 281—282 (1954).
[16a] Cohen, C.B., and Reshotko, E.: The compressible laminar boundary layer with heat transfer and arbitrary pressure gradient. NACA Rep. 1294 (1956).
[17] Coles, D.: Measurements of turbulent friction on a smooth flat plate in supersonic flow. JAS *21*, 433—448 (1954).
[18] Cope, W.F., and Hartree, D.R.: The laminar boundary layer in a compressible flow. Phil. Trans. Roy. Soc. A *241*, 1—69 (1948).
[19] Crabtree, L.F.: The compressible laminar boundary layer on a yawed infinite wing. Aero. Quart. *5*, 85—100 (1954).
[20] Crocco, L.: Sulla trasmissione del calore da una lamina piana a un fluido scorrente ad alta velocità. L'Aerotecnica *12*, 181—197 (1932).
[21] Crocco, L.: Sullo strato limite laminare nei gas lungo una lamina piana. Rend. Mat. Univ. Roma V 2, 138—152 (1941).
[22] Crocco, L.: Lo strato laminare nei gas. Mon. Sci. Aer. Roma (1946).
[23] Crocco, L., and Cohen, C.B.: Compressible laminar boundary layer with heat transfer and pressure gradient. Fifty years of boundary layer research (W. Tollmien and H. Görtler, ed.), Braunschweig, 1955, 280—293; see also NACA Rep. 1294 (1956).

[24] Curle, N.: The effects of heat transfer on laminar boundary layer separation in supersonic flow. Aero. Quart. *12*, 309—336 (1961).
[25] Curle, N.: Heat transfer through a compressible laminar boundary layer. Aero. Quart. *13*, 255—270 (1962).
[26] Curle, N.: The laminar boundary layer equations. Clarendon Press, Oxford, 1962.
[27] Des Clers, B., and Sternberg, J.: On boundary layer temperature recovery factors. JAS *19*, 645—646 (1952).
[27a] Delery, J., Chattot, J.J., and Le Balleur, J.C.: Interaction visqueuse avec décollement en écoulement transsonique. AGARD Conf. Proc. Flow Separation, No. 168, 27—1 to 27—13 (1975).
[28] O'Donnell, R.M.: Experimental investigation at Mach number of 2·41 of average skin friction coefficients and velocity profiles for laminar and turbulent boundary layers assessment of probe effects. NACA TN 3122 (1954).
[29] Dorrance, W.H.: Viscous hypersonic flow. Theory of reacting hypersonic boundary layers. McGraw-Hill, New York, 1962.
[30] Van Driest, E.R.: Investigation of laminar boundary layer in compressible fluids using the Crocco-Method. NACA TN 2597 (1952).
[31] Van Driest, E.R.: The problem of aerodynamic heating. Aero. Eng. Review *15*, 26—41 (1956).
[32] Eber, G.R.: Recent investigations of temperature recovery and heat transmission on cones and cylinders in axial flow in the NOL Aeroballistics Wind Tunnel. JAS *19*, 1—6 (1952).
[33] Eichelbrenner, E.A.: Méthodes de calcul de la couche limite laminaire bidimensionelle en régime compressible. Office National d'Etudes et de Récherche Aéronautiques (ONERA), Paris, Publication No. *83* (1956).
[34] Emmons, H.W., and Brainerd, J.G.: Temperature effects in a laminar compressible fluid boundary layer along a flat plate. J. Appl. Mech. *8*, A 105 (1941) and J. Appl. Mech. *9*, I (1942).
[35] Fage, A., and Sargent, R.: Shock wave and boundary layer phenomena near a flat plate surface. Proc. Roy. Soc. A *190*, 1—20 (1947).
[36] Flügge-Lotz, I., and Johnson, A.F.: Laminar compressible boundary layer along a curved insulated surface. JAS *22*, 445—454 (1955).
[37] Gadd, G.E.: Some aspects of laminar boundary layer separation in compressible flow with no heat transfer to the wall. Aero. Quart. *4*, 123—150 (1953).
[38] Gadd, G.E., Holder, D.W., and Regan, J.D.: An experimental investigation of the interaction between shock waves and boundary layers. Proc. Roy. Soc. A *226*, 227—253 (1954).
[39] Gadd, G.E.: An experimental investigation of heat transfer effects on boundary layer separation in supersonic flow. JFM *2*, 105—122 (1957).
[40] Gadd, G.E., and Attridge, J.L.: A note on the effects of heat transfer on the separation of laminar boundary layer. ARC CP 569 (1961).
[41] Ginzel, I.: Ein Pohlhausen-Verfahren zur Berechnung laminarer kompressibler Grenzschichten. ZAMM *29*, 6—8 (1949); Ginzel, I.: Ein Pohlhausen-Verfahren zur Berechnung laminarer kompressibler Grenzschichten an einer geheizten Wand. ZAMM *29*, 321—337 (1949).
[42] Green, J.E.: Interactions between shock waves and turbulent boundary layers. Progress in Aerospace Sciences (D. Küchemann, ed.), *11*, 235—340 (1970).
[43] Gruschwitz, E.: Calcul approché de la couche limite laminaire en écoulement compressible sur une paroi non-conductrice de la chaleur. Office National d'Etudes et de Récherche Aéronautiques (ONERA), Paris, Publication No. *47* (1950).
[44] Hantzsche, W., and Wendt, H.: Zum Kompressibilitätseinfluss bei der laminaren Grenzschicht der ebenen Platte. Jb. dt. Luftfahrtforschung *I*, 517—521 (1940).
[45] Hantzsche, W., and Wendt, H.: Die laminare Grenzschicht an einem mit Überschallgeschwindigkeit angeströmten nicht angestellten Kreiskegel. Jb. dt. Luftfahrtforschung *I*, 76—77 (1941).
[46] Hantzsche, W., and Wendt, H.: Die laminare Grenzschicht an der ebenen Platte mit und ohne Wärmeübergang unter Berücksichtigung der Kompressibilität. Jb. dt. Luftfahrtforschung *I*, 40—50 (1942).
[47] Honda, M.: A theoretical investigation of the interaction between shock waves and boundary layers. JAS *25*, 667—678 (1958).
[48] Howarth, L.: Concerning the effect of compressibility on laminar boundary layers and their separation. Proc. Roy. Soc. London A *194*, 16—42 (1948).
[49] Illingworth, C.R.: The laminar boundary layer associated with retarded flow of a compressible fluid. ARC RM 2590 (1946).
[50] Illingworth, C.R.: Steady flow in the laminar boundary layer of a gas. Proc. Roy. Soc. A *199*, 533—558 (1949).
[51] Inman, R.M.: A note on the skin-friction coefficient of a compressible Couette flow. JASS *26*, 182 (1959).

[52] Johannesen, N.H.: Experiments on two-dimensional supersonic flow in corners and over concave surfaces. Phil. Mag. *43*, 340, 568–580 (1952).
[53] Kacprzynski, J.J.: Viscous effects in transonic flow past airfoils. ICAS Paper No. 74–19, Ninth Congress of the International Council of the Aeronautical Sciences Haifa, Israel, August 1974.
[54] von Kármán, Th., and Tsien, H.S.: Boundary layer in compressible fluids. JAS *5*, 227–232 (1938); see also: von Kármán, Th.: Report on Volta Congress, Rome 1935; see also Coll. Works *III*, 313–325.
[55] Kaye, J.: Survey of friction coefficients, recovery factors and heat transfer coefficients for supersonic flow. JAS *21*, 117–129 (1954).
[56] Kipke, K., and Hummel, D.: Untersuchungen an längsangeströmten Eckenkonfigurationen im Hyperschallbereich. ZFW *23*, 417–429 (1975).
[56a] Klineber, J.M., and Steger, J.L.: Numerical calculation of laminar boundary-layer separation. NASA TN 7732 (1974).
[57] Kuerti, G.: The laminar boundary layer in compressible flow. Advances in Appl. Mech. *II*, 21–92 (1951).
[58] Lees, L.: On the boundary layer equations in hypersonic flow and their approximate solution. JAS *20*, 143–145 (1953).
[59] Lees, L.: Influence of the leading-edge shock wave on the laminar boundary layer at hypersonic speeds. JAS *23*, 594–600 and 612 (1956).
[60] Li, T.Y., and Nagamatsu, H.T.: Similar solutions of compressible boundary layer equations. JAS *20*, 653–655 (1953).
[61] Li, T.Y., and Nagamatsu, H.T.: Similar solutions of compressible boundary-layer equations. JAS *22*, 607–616 (1955).
[62] Libby, P.A., and Morduchow, M.: Method for calculation of compressible boundary layer with axial pressure gradient and heat transfer. NACA TN 3157 (1964).
[63] Liepmann, H.W.: The interaction between boundary layer and shock waves in transonic flow. JAS *13*, 623–637 (1946).
[64] Liepmann, H.W., Roshko, A., and Dhawan, S.: On reflection of shock waves from boundary layers. NACA Rep. 1100 (1952).
[65] Lilley, G.M.: A simplified theory of skin friction and heat transfer for a compressible laminar boundary layer. Coll. Aero. Cranfield, Note No. 93 (1959).
[66] Loving, G.L.: Wind-tunnel-flight correlation of shock induced separated flow. NASA TND 3580 (1966).
[67] Lukasiewicz, J., and Royle, J.K.: Boundary layer and wake investigation in supersonic flow. ARC RM 2613 (1952).
[68] Luxton, R.E., and Young, A.D.: Generalised methods for the calculation of the laminar compressible boundary layer characteristics with heat transfer and non-uniform pressure distribution. ARC RM 3233 (1962).
[69] Mair, W.A.: Experiments on separation of boundary layers on probes in a supersonic airstream. Phil. Mag. *43*, 342, 695–716 (1952).
[70] Mangler, W.: Zusammenhang zwischen ebenen und rotationssymmetrischen Grenzschichten in kompressiblen Flüssigkeiten. ZAMM *28*, 97–103 (1948).
[71] Mangler, W.: Ein Verfahren zur Berechnung der laminaren Grenzschicht mit beliebiger Druckverteilung und Wärmeübergang für alle Mach-Zahlen. ZFW *4*, 63–66 (1956).
[72] Maydew, R.C., and Pappas, C.C.: Experimental investigation of the local and average skin friction in the laminar boundary layer on a flat plate at a Mach-number of 2·4. NACA TN 2740 (1952).
[73] Meksyn, D.: Integration of the boundary layer equations for a plane in a compressible fluid. Proc. Roy. Soc. London A *195*, 180–188 (1948).
[74] Meksyn, D.: The boundary layer equations of compressible flow separation. ZAMM *38*, 372–379 (1958).
[75] Monaghan, R.J.: An approximate solution of the compressible laminar boundary layer on a flat plate. ARC RM 2760 (1949).
[76] Monaghan, R.J.: Effects of heat transfer on laminar boundary layer development under pressure gradients in compressible flow. ARC RM 3218 (1961).
[77] Moore, L.L.: A solution of the laminar boundary layer equations for a compressible fluid with variable properties, including dissociation. JAS *19*, 505–518 (1952).
[78] Moore, F.K.: Three-dimensional laminar boundary layer flow. JAS *20*, 525–534 (1953).
[79] Morduchow, M.: Analysis and calculation by integral methods of laminar compressible boundary layer with heat transfer and with and without pressure gradient. NACA Rep. 1245 (1955).
[80] Morris, D.N., and Smith, J.W.: The compressible laminar boundary layer with arbitrary pressure and surface temperature gradients. JAS *20*, 805–818 (1953). See also: Morris, D.N., and Smith, J.W.: Ein Näherungsverfahren für die Integration der laminaren kompressiblen Grenzschichtgleichungen. ZAMM *34*, 193–194 (1954).

[81] Müller, E.A.: Theoretische Untersuchungen über die Wechselwirkung zwischen einem einfallenden schwachen Verdichtungsstoß und der laminaren Grenzschicht in einer Überschallströmung. Fifty years of boundary-layer research (W. Tollmien and H. Görtler, ed.), Braunschweig, 1955, 343—363.

[81a] Murphy, J.D.: A critical evaluation of analytical methods for predicting laminar boundary layer, shock-wave interaction. NASA TN D-7044 (1971).

[81b] Murphy, J.D., Presley, L.L., and Rose, W.C.: On the calculation of supersonic separating and reattaching flows. AGARD Conf. Proc. Flow Separation, No. 168, 22—1 to 22—12 (1975).

[82] Neumann, R.D.: Special topics in hypersonic flow. AGARD Lecture Series No. 42, *1*, 7—1 to 7—64 (1972).

[83] Pai, S.I., and Shen, S.F.: Hypersonic viscous flow over an inclined wedge with heat transfer. Fifty years of boundary-layer research (W. Tollmien and H. Görtler, ed.), Braunschweig, 1955, 112—121.

[84] Pearcey, H.H., Osborne, J., and Haines, A.B.: The interaction between local effects at the shock and rear separation — a source of significant scale effects in windtunnel tests on airfoils and wings. AGARD Conf. Proc. No. 35, 11—1 to 11—23 (1968).

[85] Poots, G.: A solution of the compressible laminar boundary layer equations with heat transfer and adverse pressure gradient. Quart. J. Mech. Appl. Math. *13*, 57—84 (1960).

[86] Reshotko, E., and Beckwith, I.E.: Compressible laminar boundary layer over a yawed infinite cylinder with heat transfer and arbitrary Prandtl number. NACA Rep. 1379, 1—49 (1958).

[87] Rott, N., and Crabtree, L.F.: Simplified laminar boundary layer calculations for bodies of revolution and for yawed wings. JAS *19*, 553—565 (1952).

[87a] Rotta, J.C.: Wärmeübergangsprobleme bei hypersonischen Grenzschichten. Jb. WGLR 1962, 190—196 (1963).

[88] Rubesin, M.W., and Johnson, H.A.: A critical review of skin friction and heat transfer solutions of the laminar boundary layer of a flat plate. Trans. ASME *71*, 383—388 (1949).

[88a] Ryzhov, O. S.: Viscous transonic flows. Ann. Rev. Fluid Mech. (M. van Dyke, ed.) *10*, 65—92 (1978).

[89] Scherrer, R.: Comparison of theoretical and experimental heat transfer characteristics of bodies of revolution of supersonic speeds. NACA Rep. 1055 (1951).

[90] Schlichting, H.: Zur Berechnung der laminaren Reibungsschicht bei Überschallgeschwindigkeit. Abh. der Braunschweigischen Wiss. Gesellschaft *3*, 239—264 (1951).

[91] Stanewsky, E., and Little, B.H.: Separation and reattachment in transonic airfoil flow. J. Aircraft *8*, 952—958 (1971).

[92] Stainback, P.C.: An experimental investigation at a Mach number 4·95 of flow in the vicinity of a 90° interior corner aligned with the free stream velocity. NASA TN 184 (1960).

[93] Sedney, R.: Laminar boundary layer on a spinning cone at small angles of attack in a supersonic flow. JAS *24*, 430—436, 455 (1957).

[93a] Settles, G. S., Bogdonoff, S. M., and Vas, I. E.: Incipient separation of a supersonic boundary layer at high Reynolds numbers. AIAA J. *14*, 50—56 (1976).

[94] Stewartson, K.: Correlated compressible and incompressible boundary layers. Proc. Roy. Soc. A *200*, 84—100 (1949).

[95] Stewartson, K.: On the interaction between shock waves and boundary layers. Proc. Cambr. Phil. Soc. *47*, 545—553 (1951).

[96] Stewartson, K.: The theory of laminar boundary layers in compressible fluids. Oxford, 1964.

[97] Tani, I.: On the approximate solution of the laminar boundary layer equations. JAS *21*, 487—495 (1954).

[98] Tifford, A.N.: Simplified compressible laminar boundary layer theory. JAS *18*, 358—359 (1951).

[99] Toll, T.A., and Fischel, G.: The X-15 project-results and new research. Astronautics and Aeronautics, *2*, 25—32 (1964).

[100] Watson, R.D., and Weinstein, L.M.: A study of hypersonic corner flow interactions. AIAA J. *9*, 1280—1286 (1971).

[101] Werle, M.J., Polak, A., Vatsa, V.N., and Bertke, S.D.: Finite difference solutions for supersonic separated flows. AGARD Conf. Proc. Flow Separation, No. 168, 8—1 to 8—12 (1975).

[102] West, J.E., and Korgegi, R.H.: Supersonic interaction in the corner of intersecting wedges at high Reynolds numbers. AIAA J. *10*, 652—656 (1972).

[103] Yamaga, J.: An approximate solution of the laminar boundary layer on a rotating body of revolution in uniform compressible flow. Proc. 6th Japan Nat. Congr. Appl. Mech. Univ. Kyoto, Japan, 295—298 (1956).

[104] Yang, K.T.: An improved integral procedure for compressible laminar boundary layer analysis. J. Appl. Mech. *28*, 9–20 (1961).

[105] Young, A.D.: Section on "Boundary Layers" in: Modern developments in fluid mechanics. High speed flow (L. Howarth, ed.), *I*, 375–475, Clarendon Press, Oxford, 1953.

[106] Young, A.D.: Skin friction in the laminar boundary layer of a compressible flow. Aero. Quart. *I*, 137–164 (1949).

[107] Young, A.D.: Boundary layers and skin friction in high speed flow. J. Roy. Aero. Soc. *55*, 285–302 (1951).

[108] Young, G.B.W., and Janssen, E.: The compressible boundary layer. JAS *19*, 229–236, 288 (1952).

[109] Young, A.D., and Harris, H.D.: A set of similar solutions of the compressible laminar boundary layer equations for the flow over a flat plate with unsteady wall temperature. ZFW *15*, 295–301 (1967).

[110] Zaat, J.A.: A one-parameter method for the calculation of laminar compressible boundary layer flow with a pressure gradient. Nat. Luchtv. Lab. Amsterdam, Rep. F *141* (1953).

## 第十四章

[1] Ackeret, J.: Das Rotorschiff und seine physikalischen Grundlagen. Vandenhoeck und Ruprecht, Göttingen, 1925.

[2] Ackeret, J.: Grenzschichtabsaugung. Z. VDI *70*, 1153–1158 (1926).

[3] Ackeret, J., Ras, M., and Pfenninger, W.: Verhinderung des Turbulentwerdens einer Reibungsschicht durch Absaugung. Naturwissenschaften, 622 (1941); see also Helv. phys. Acta *14*, 323 (1941).

[4] MacAdams, C.: Recent advances in ablation. ARS J. *29*, 625–632 (1959).

[5] Attinello, S.: Auftriebserhöhung durch Grenzschichtsteuerung. Interavia *10*, 925–927 (1955).

[6] Baron, J.R., and Scott, P.E.: Some mass transfer results with external flow pressure gradients. JASS *27*, 625–626 (1960).

[7] Betz, A.: Die Wirkungsweise von unterteilten Flügelprofilen. Berichte und Abh. Wiss. Gesellschaft f. Luftfahrt, No. 6 (1922); NACA TM 100 (1922).

[8] Betz, A.: Beeinflussung der Reibungsschicht und ihre praktische Verwertung. Schriften dt. Akad. f. Luftfahrtforschung No. 49 (1939).

[9] Betz, A.: History of boundary layer control research in Germany. In: Boundary layer and flow control (G.V. Lachmann, ed), *I*, 1–20, London 1961.

[10] Braslow, A.L., Burrows, D.L., Tetervin, N., and Visconti, F.: Experimental and theoretical studies of area suction for the control of the laminar boundary layer. NACA Rep. 1025 (1951).

[11] Brown, B.: Exact solutions of the laminar boundary layer equations for a porous plate with variable fluid properties and a pressure gradient in the main stream. Proc. First US Nat. Congr. Appl. Mech., 843–852 (1951).

[12] Brown, W.B., and Donoughe, P.L.: Table of exact laminar boundary layer solutions when the wall is porous and fluid properties are variable. NACA TN 2479 (1951).

[12a] Chang, P.K.: Control of flow separation. Hemisphere Publishing Corporation, Washington DC (1976).

[13] Carrière, P., and Eichelbrenner, E.A.: Theory of flow reattachment by a tangential jet discharging against a strong adverse pressure gradient. In: Boundary layer and flow control (G.V. Lachmann, ed.), *I*, 209–231, London, 1961.

[14] Clarke, J.H., Menkes, H.R., and Libby, P.A.: A provisional analysis of turbulent boundary layers with injection. JAS *22*, 255–260 (1955).

[15] Curle, N.: The estimation of laminar skin friction including effects of distributed suction. Aero. Quart. *11*, 1–21 (1960).

[16] Culick, F.E.C.: Integral method for calculating heat and mass transfer in laminar boundary layers. AIAA J. *1*, 783–793 (1963).

[17] Dannenberg, R.E., and Weiberg, J.A.: Effect of type of porous surface and suction velocity distribution on the characteristics of a 10·5 per cent thick airfoil with area suction. NACA TN 3093 (1953).

[18] von Doenhoff, A.E., and Loftin, L.K.: Present status of research on boundary layer control. JAS *16*, 729–740 (1949).

[19] Donoughe, P.L., and Livingood, J.N.B.: Exact solutions of laminar boundary layer equations with constant property values for porous wall with variable temperature. NACA Rep. 1229 (1955).

[20] Dorrance, W.H., and Dore, F.J.: The effect of mass transfer on the compressible turbulent boundary layer skin friction and heat transfer. JAS *21*, 404–410 (1954).

[20a] Eckert, E.R.G.: Thermodynamische Kopplung von Stoff und Wärmeübergang. Forschg. Ing.-Wes. *29*, 147–151 (1963).

[21] Eisfeld, F.: Die Berechnung der Grenzschichten für gekoppelten Wärmeübergang und Stoffaustausch bei Verdunstung eines Flüssigkeitsfilms über einer parallel angeströmten Platte unter Berücksichtigung veränderlicher Stoffbeiwerte. Int. J. Heat Mass Transfer *14*, 1537–1550 (1971).

[22] Emmons, H.W., and Leigh, D.C.: Tabulation of Blasius function with blowing and suction. ARC CP 157 (1954).
[23] Eppler, R.: Praktische Berechnung laminarer und turbulenter Absauge-Grenzschichten. Ing.-Arch. *32*, 221–245 (1963).
[24] Eppler, R.: Gemeinsame Grenzschichtabsaugung für Hochauftrieb und Schnellflug. Jb. WGL 140–149 (1962).
[25] Faulders, C.R.: A note on laminar layer skin friction under the influence of foreign gas injection. JASS *28*, 166–167 (1961).
[26] Favre, A.: Contribution à l'étude expérimentale des mouvements hydrodynamiques à deux dimensions. Thesis University of Paris 1938, 1–192.
[27] Flatt, J.: The history of boundary layer control research in the United States of America. In: Boundary layer and flow control (G.V. Lachmann, ed.), *I*, 122–143, London, 1961.
[28] Flügel, G.: Ergebnisse aus dem Strömungsinstitut der Technischen Hochschule Danzig. Jb. Schiffbautechn. Gesellschaft *31*, 87–113 (1930).
[29] Fox, H., and Libby, P.A.: Helium injection into the boundary layer at an axisymmetric stagnation point. JASS *29*, 921 (1962).
[29a] Gersten, K., and Gross, J.F.: Flow and heat transfer along a plane wall with periodic suction. ZAMP *25*, 399–408 (1974).
[30] Gerber, A.: Untersuchungen über Grenzschichtabsaugung. Rep. Inst. of Aerodynamics,
[31] Goldstein, S.: Low-drag and suction airfoils. JAS *15*, 189–220 (1948).
[32] Gregory, N., and Walker, W.S.: Wind-tunnel tests on the NACA 63 A 009 aerofoil with distributed suction over the nose. ARC RM 2900 (1955).
[33] Gregory, N.: Research on suction surface for laminar flow. In: Boundary layer and flow control (G.V. Lachmann, ed.), *II*, 924–960, London, 1961.
[34] Gross, J.F., Hartnett, J.P., Masson, D.J., and Gazley, C., Jr.: A review of binary boundary layer characteristics. J. Heat Mass Transfer *3*, 198–221 (1961).
[35] Head, M.R.: The boundary layer with distributed suction. ARC RM 2783 (1955).
[36] Head, M.R.: History of research on boundary layer control for low drag in the U. K. In: Boundary layer and flow control (G.V. Lachmann, ed.), *I*, 104–121, 1961.
[37] Holstein, H.: Messungen zur Laminarhaltung der Grenzschicht an einem Flügel. Lilienthal-Bericht S 10, 17–27 (1940).
[38] Holzhauser, C.A., and Bray, R.S.: Wind-tunnel and flight investigations of the use of leading edge area suction for the purpose of increasing the maximum lift coefficient of a 35° swept-wing airplane. NACA Rep. 1276 (1956).
[39] Hurley, D.G., and Thwaites, B.: An experimental investigation of the boundary layer on a porous circular cylinder. ARC RM 2829 (1955).
[40] Iglisch, R.: Exakte Berechnung der laminaren Reibungsschicht an der längsangeströmten ebenen Platte mit homogener Absaugung. Schriften dt. Akad. d. Luftfahrtforschung, 8 B, No. 1 (1944); NACA RM 1205 (1949).
[41] Jones, M., and Head, M.R.: The reduction of drag by distributed suction. Proc. Third Anglo-American Aeronautical Conference, Brighton, 199–230 (1951).
[41a] Kay, J.M.: Boundary layer along a flat plate with uniform suction. ARC RM 2628 (1948).
[42] Kordulla, W., and Will, E.: Tangentiales Ausblasen von Helium in laminaren Hyperschallgrenzschichten. ZFW *22*, 295–307 (1974).
[43] Lachmann, G.V.: Boundary layer control. J. Roy. Aero. Soc. *59*, 163–198 (1955); see also Aero. Eng. Rev. *13*, 37–51 (1954) and Jb. WGL 132–144 (1954).
[44] Lachmann, G.V. (ed.): Boundary layer and flow control, *I* and *II*. Pergamon Press, London, 1961.
[45] Lew, H.G.: On the compressible boundary layer over a flat plate with uniform suction. Reissner Annivers. Vol. Contr. Appl. Mech. Ann Arbor/Mich. 43–60 (1949).
[46] Lew, H.G., and Mathieu, R.D.: Boundary layer control by porous suction. Dep. Aero. Eng. Pennsylvania State Univ. Rep. No. 3 (1954).
[47] Lew, H.G., and Vanucci, J.B.: On the laminar compressible boundary layer over a flat plate with suction or injection. JAS *22*, 589–597 (1955).
[48] Libby, P.A., Kaufmann, L., and Harrington, R.P.: An experimental investigation of the isothermal laminar boundary layer on a porous flat plate. JAS *19*, 127 (1952).
[49] Libby, P.A., and Pallone, A.: A method for analyzing the heat insulating properties of the laminar compressible boundary layer. JAS *21*, 825–834 (1954).
[50] Libby, P.A., and Cresci, R.J.: Experimental investigation of the down-stream influence of stagnation point mass transfer. JASS *28*, 51 (1961).
[50a] Libby, P.A.: Heat and mass transfer at a general three-dimensional stagnation point. AIAA. J. *5*, 507–517 (1967).
[50b] Libby, P.A.: Laminar flow at a three-dimensional stagnation point with large rates of injection. AIAA J. *14*, 1273–1279 (1976).
[51] Low, G.M.: The compressible laminar boundary layer with fluid injection. NACA TN 3404 (1955).

[52] Meredith, F.W., and Griffith, A.A.: in: Modern developments in fluid dynamics. Oxford University Press, *2*, 534, Oxford, 1938.
[53] Mickley, H.S., Rose, R.C., Squires, A.L., and Stewart, W.E.: Heat mass, and momentum transfer for flow over a flat plate with blowing or suction. NACA TN 3208 (1954).
[54] Miles, E.G.: Sucking away boundary layers. Flight *35*, 180 (1939).
[55] Morduchow, M.: On heat transfer over a sweat-cooled surface in laminar compressible flow with pressure gradient. JAS *19*, 705–712 (1952).
[56] Ness, N.: Foreign gas injection into a compressible turbulent boundary layer on a flat plate. JASS *28*, 645–654 (1961).
[57] Nickel, K.: Eine einfache Abschätzung für Grenzschichten. Ing.-Arch. *31*, 85–100 (1962).
[58] Pankhurst, R.C., Raymer, W.G., and Devereux, A.N.: Wind-tunnel tests of the stalling properties of an 8 per cent thick symmetrical section with nose suction through a porous surface. ARC RM 2666 (1953).
[59] Pankhurst, R.C.: Recent British work on methods of boundary layer control. Proc. Symp. at Nat. Phys. Lab. (1955).
[60] Pappas, C.C.: Effect of injection of foreign gases in the skin friction and heat transfer on the turbulent boundary layer. JAS Paper, 59–78 (Jan. 1959).
[60a] Pechau, W.: Ein Näherungsverfahren zur Berechnung der kompressiblen laminaren Grenzschicht mit kontinuierlich verteilter Absaugung. Ing.-Arch. *32*, 157–186 (1963).
[61] Pfenninger, W.: Untersuchung über Reibungsverminderung an Tragflügeln, insbesondere mit Hilfe von Grenzschichtabsaugung. Rep. Inst. Aerodynamics, ETH Zürich, No. 13, (1946); see also JAS *16*, 227–236 (1949); NACA TM 1181 (1947).
[62] Pfenninger, W., and Bacon, J.W.: About the development of swept laminar suction. In: Boundary layer and flow control (G.V. Lachmann, ed.) *II*, 1007–1032, London, 1961.
[63] Pfenninger, W., and Groth, E.: Low drag boundary layer suction experiments in flight on a wing glove of an F-94 A airplane with suction through a large number of fine slots. In: Boundary layer and flow control (G.V. Lachmann, ed.) *II*, 987–999, London, 1961.
[63a] Pientka, K.: Theoretische Untersuchung der laminaren Zweistoffgrenzschichtströmung längs einer benetzten Platte bei nicht-adiabater Verdunstung. Diss. Braunschweig 1977.
[64] Poisson-Quinton, Ph.: Récherches théoriques et expérimentales sur le contrôle de circulation par soufflage appliqué aux ailes d'avions. ONERA Publication, Note Technique No. 37 (1956); see also Jb. WGL 1956, 29–51 (1957).
[65] Poisson-Quinton, Ph., and Lepage, L.: Survey of French research on the control of boundary layer and circulation. In: Boundary layer and flow control (G.V. Lachmann, ed.) *I*, 21–73, London, 1961.
[66] Poppleton, E.D.: Boundary layer control for high lift by suction of the leading-edge of a 40 degree swept-back wing. ARC RM 2897 (1955).
[67] Prandtl, L.: The mechanics of viscous fluids. In: Aerodynamic theory (W. F. Durand, ed.) *III*, 34–208 (1935).
[68] Preston, J.H.: The boundary layer flow over a permeable surface through which suction is applied. ARC RM 2244 (1946).
[69] Pretsch, J.: Grenzen der Grenzschichtbeeinflussung. ZAMM *24*, 264–267 (1944).
[70] Raspet, A.: Boundary layer studies on a sailplane. Aero. Eng. Rev. *11*, 6, 52 (1952).
[71] Regenscheit, B.: Eine neue Anwendung der Absaugung zur Steigerung des Auftriebes eines Tragflügels. F. B. 1474 (1941).
[72] Regenscheit, B.: Absaugung in der Flugtechnik. Jb. WGL 1952, 55–63 (1953).
[73] Richards, E.J., Walker, W., and Greeming, J.: Tests of a Griffith aerofoil in the 13 · 9 ft tunnel. ARC RM 2148 (1954).
[74] Ringleb, F.: Computation of the laminar boundary layer with suction. JAS *19*, 48–54 (1952).
[75] Rheinboldt, W.: Zur Berechnung stationärer Grenzschichten bei kontinuierlicher Absaugung mit unstetig veränderlicher Absaugegeschwindigkeit. J. Rat. Mech. Analysis *5*, 539–596 (1956).
[76] Rubesin, M.W.: An analytical estimation of the effect of transpiration cooling on the heat-transfer and skin-friction characteristics of a compressible, turbulent boundary layer. NACA TN 3341 (1954).
[77] Schlichting, H.: Die Grenzschicht an der ebenen Platte mit Absaugung und Ausblasen. Luftfahrtforschung *19*, 293–301 (1943).
[78] Schlichting, H.: Die Grenzschicht mit Absaugung und Ausblasen. Luftfahrtforschung *19*, 179–181 (1942).
[79] Schlichting, H., and Bussmann, K.: Exakte Lösungen für die laminare Reibungsschicht mit Absaugung und Ausblasen. Schriften dt. Akad. d. Luftfahrtforschung *7 B*, No. 2 (1943).
[80] Schlichting, H.: Die Beeinflussung der Grenzschicht durch Absaugung und Ausblasen. Jb. dt. Akad. d. Luftfahrtforschung 90–108 (1943/44).
[81] Schlichting, H.: Ein Näherungsverfahren zur Berechnung der laminaren Reibungsschicht mit Absaugung. Ing.-Arch. *16*, 201–220 (1948); NACA TM 1216 (1949).

[82] Schlichting, H.: Absaugung in der Aerodynamik. Jb. WGL 1956, 19—29 (1957); see also: L'aspiration de la couche limite en technique aéronautique. Technique et Science Aéronautique Part *4*, 149—161 (1956).
[83] Schlichting, H.: Einige neuere Ergebnisse über Grenzschichtbeeinflussung. Advances in Aeronautical Sciences. *II*, Proc. First Internat. Congr. in the Aeronautical Sciences in Madrid 1958, London, 563—586 (1959).
[84] Schrenk, O.: Versuche mit Absaugflügeln. Luftfahrtforschung *12*, 10—27 (1935).
[85] Schrenk, O.: Tragflügel mit Grenzschichtabsaugung. Luftfahrtforschung *2*, 49 (1928); see also ZFM *22*, 259 (1931); Luftfahrtforschung *12*, 10 (1935); Luftwissen *7*, 409 (1940); also NACA TM 974 (1941).
[86] Sinhar, K.D.P.: The laminar boundary layer with distributed suction on an infinite yawed cylinder. ARC CP 214 (1956).
[87] Smith, A.M., and Roberts, H.E.: The jet airplane utilizing boundary layer air for propulsion. JAS *14*, 97—109 (1947).
[88] Smith, M.H.: Bibliography on boundary layer control. Literature Search No. 6, Library Bulletin. The James Forrestal Research Center, Princeton Univ. (1955).
[88a] Stuart, J.T.: On the effect of uniform suction on the steady flow due to a rotating disk. Quart. J. Mech. Appl. Math. *7*, 446—457 (1954).
[89] Smith, A.M.O., and Jaffe, N.A.: General method for solving the laminar nonequilibrium boundary layer equations of a dissociating gas. AIAA J. *4*, 611—620 (1966).
[90] Splettstösser, W.: Untersuchung der laminaren Zweistoffgrenzschichtströmung längs eines verdunstenden Flüssigkeitsfilms. Diss. Braunschweig 1974. Wärme- und Stoffübertragung *8*, 71—86 (1975).
[91] Steinheuer, J.: Berechnung der laminaren Zweistoff-Grenzschicht in der hypersonischen Staupunktströmung mit temperaturabhängigen Stoffbeiwerten. Diss. Braunschweig 1970; ZAMM *51*, 209—223 (1971).
[92] Stuart, J.T.: On the effects of uniform suction on the steady flow due to a rotating disk. Quart. J. Mech. Appl. Math. *7*, 446—457 (1954).
[93] Stüper, J.: Flight experiments and tests on two airplanes with suction slots. NACA TM 1232 (1950). Engl. transl. of ZWB Forschungsbericht No. 1821 (1943).
[94] Thwaites, B.: The production of lift independently of incidence. J. Roy. Aero. Soc. *52*, 117—124 (1948).
[95] Thwaites, B.: Investigations into the effects of continuous suction on laminar boundary layer flow under adverse pressure gradients. ARC RM 2514 (1952).
[96] Thwaites, B.: On the momentum equation in laminar boundary layer flow. A new method of uniparametric calculation. ARC RM 2587 (1952).
[97] Taitel, Y., and Tamir, A.: Multicomponent boundary layer characteristics. Use of the reference state. Int. J. Heat Mass Transfer *18*, 123—129 (1975).
[98] Torda, T.P.: Boundary layer control by distributed surface suction or injection. Biparametric general solution. J. Math. Phys. *32*, 312—314 (1954).
[99] Trilling, L.: The incompressible boundary layer with pressure gradient and suction. JAS *17*, 335—341 (1950).
[100] Truckenbrodt, E.: Die laminare Reibungsschicht an einer teilweise mitbewegten längsangeströmten ebenen Platte. Abh. Braunschweig. Wiss. Ges. *4*, 181—195 (1952).
[101] Truckenbrodt, E.: Ein einfaches Näherungsverfahren zum Berechnen der laminaren Reibungsschicht mit Absaugung. Forschg. Ing.-Wes. *22*, 147—157 (1956).
[102] Watson, E.J.: The asymptotic theory of boundary layer flow with suction. ARC RM 2619 (1952).
[103] Wieghardt, K.: Zur Berechnung ebener und drehsymmetrischer Grenzschichten mit kontinuierlicher Absaugung. Ing.-Arch. *22*, 368—377 (1954).
[104] Williams, J.: A brief review of British research on boundary layer control for high lift. In: Boundary layer and flow control (G.V. Lachmann, ed.), *I*, 74—103, London, 1961.
[105] Wortmann, F.X.: Progress in the design of low drag aerofoils. In: Boundary layer and flow control (G.V. Lachmann, ed.), *II*, 748—770, London, 1961.
[106] Wuest, W.: Entwicklung einer laminaren Grenzschicht hinter einer Absaugestelle. Ing.-Arch. *17*, 199—206 (1949).
[107] Wuest, W.: Asymptotische Absaugegrenzschichten an längsangeströmten zylindrischen Körpern. Ing.-Arch. *23*, 198—208 (1955).
[108] Wuest, W.: Survey of calculation methods of laminar boundary layers with suction in incompressible flow. In: Boundary layer and flow control (G.V. Lachmann, ed.), *II*, 771—800, London, Pergamon Press, 1961.
[109] Wuest, W.: Laminare Grenzschichten bei Ausblasen eines anderen Mediums (Zweistoffgrenzschichten). Ing.-Arch. *31*, 125—143 (1962).
[110] Wuest, W.: Kompressible laminare Grenzschichten bei Ausblasen eines anderen Mediums. ZFW *11*, 398—409 (1963).

[111] Yuan, S.W.: Heat transfer in laminar compressible boundary layer on a porous flat plate with fluid injection. JAS *16*, 741—748 (1949).
[112] Young, A.D.: Note on the velocity and temperature distributions attained with suction on a flat plate of infinite extent in compressible flow. Quart. J. Mech. Appl. Math. *1*, 70—75 (1948).
[113] Young, A.D., and Zamir, M.: Similar and asymptotic solutions of the incompressible boundary layer equations with suction. Aero. Quart. *18*, 103—120 (1967).

## 第十五章

[1] Andrade, E.N.: On the circulation caused by the vibration of air in a tube. Proc. Roy. Soc. A *134*, 447—470 (1931).
[2] Arduini, C.: Strato limite incompressibile laminare nell'intorno del punto di ristagno di un cilindro indefinito oscillante. L'Aerotecnica *41*, 341—346 (1961).
[3] Becker, E.: Das Anwachsen der Grenzschicht in und hinter einer Expansionswelle. Ing.-Arch. *25*, 155—163 (1957).
[4] Becker, E.: Instationäre Grenzschichten hinter Verdichtungsstössen und Expansionswellen. ZFW *7*, 61—73 (1959).
[5] Becker, E.: Die laminare inkompressible Grenzschicht an einer durch laufende Wellen deformierten ebenen Wand. ZFW *8*, 308—316 (1960).
[6] Becker, E.: Instationäre Grenzschichten hinter Verdichtungsstössen und Expansionswellen. Progress in Aero. Sci. *1* (A. Ferry, D. Küchemann, and L. H. Sterne, ed.), 104—173, London, 1961.
[7] Becker, E.: Anwendung des numerischen Fortsetzungsverfahrens auf die pseudostationäre, kompressible laminare Grenzschicht in einem Stosswellenrohr. ZFW *10*, 138—147 (1962).
[7a] Berger, E., and Wille, R.: Periodic flow phenomena. Annual Review of Fluid Mech. *4*, 313—340 (1972).
[8] Blasius, H.: Grenzschichten in Flüssigkeiten mit kleiner Reibung. Z. Math. Phys. *56*, 1—37 (1908).
[9] Boltze, E.: Grenzschichten an Rotationskörpern in Flüssigkeiten mit kleiner Reibung. Diss. Göttingen 1908.
[9a] Dumitrescu, D., and Cazacu, M.D.: Theoretische und experimentelle Betrachtungen über die Strömung zäher Flüssigkeiten um eine Platte bei kleinen und mittleren Reynoldszahlen. ZAMM *50*, 257—280 (1970).
[9b] Coutanceau, M., and Bouard, R.: Experimental determination of the main features of the viscous flow in the wake of a circular cylinder in uniform translation. Part 1: Steady flow. JFM *79*, 231—256 (1977).
[9c] Coutanceau, M., and Bouard, R.: Experimental determination of the main features of the viscous flow in the wake of a circular cylinder in uniform translation. Part 2: Unsteady flow. JFM *79*, 257—272 (1977).
[10] Geis, Th.: Bemerkung zu den "ähnlichen" instationären laminaren Grenzschichtströmungen. ZAMM *36*, 396—398 (1956).
[11] Gibellato, S.: Strato limite attorno ad una lastra piana investita da un fluido incompressibile clotato di una velocità che e somma di una parte constante e di una parte alternata. Atti della Accademia delle Scienze di Torino *89*, 180—192 (1954—1955) and *90*, 13—24 (1955—1956).
[12] Gibellato, S.: Strato limite termico attorno a una lastra piana investita da una corrente lievemente pulsante di fluido incompressibile. Atti della Accademia delle Scienze di Torino *91*, 152—170 (1956—1957).
[13] Glauert, M.B.: The laminar boundary layer on oscillating plates and cylinders. JFM *1*, 97—110 (1956).
[14] Goldstein, S., and Rosenhead, L.: Boundary layer growth. Proc. Cambr. Phil. Soc. *32* 392—401 (1936).
[15] Görtler, H.: Verdrängungswirkung der laminaren Grenzschicht und Druckwiderstand. Ing.-Arch. *14*, 286—305 (1944).
[16] Görtler, H.: Grenzschichtentstehung an Zylindern bei Anfahrt aus der Ruhe. Arch. d. Math. *1*, 138—147 (1948).
[17] Gosh, A.: Contribution à l'étude de la couche limite laminaire instationnaire. Publications Scientifiques et Techniques du Ministère de l'Air No. 381 (1961).
[18] Gribben, R.J.: The laminar boundary layer on a hot cylinder fixed in a fluctuating stream. J. Appl. Mech. *28*, 339—346 (1961).
[19] Hassan, H.A.: On unsteady laminar boundary layers. JFM *9*, 300—304 (1960); see also JASS *27*, 474—476 (1960).
[20] Hayasi, N.: On similar solutions of the unsteady quasi-two-dimensional incompressible laminar boundary-layer equations. J. Phys. Soc. Japan *16*, 2316—2329 (1961).
[21] Hayasi, N.: On semi-similar solutions of the unsteady quasi-two-dimensional incompressible laminar boundary-layer equations. J. Phys. Soc. Japan *17*, 194—203 (1962).

[22] Hayasi, N.: On the approximate solution of the unsteady quasi-two-dimensional incompressible laminar boundary-layer equations. J. Phys. Soc. Japan *17*, 203—212 (1962).

[23] Hill, P.G., and Stenning, A.H.: Laminar boundary layers in oscillatory flow. J. Basic Engg. *82*, 593—608 (1960).

[24] Hori, E.: Unsteady boundary layers (4 reports). Bulletin of JSME *4*, 664—671 (1961); *5*, 57—64 (1962); *5*, 64—72 (1962); *5*, 461—470 (1962).

[25] Illingworth, C.R.: Boundary layer growth on a spinning body. Phil. Mag. *45* (7), 1—8 (1954).

[25a] Katagiri, M.: Unsteady boundary-layer flows past an impulsively started circular cylinder. J. Phys. Soc. Japan *40*, 1171—1177 (1976).

[26] Kestin, J., Maeder, P.F., and Wang, W.E.: On boundary layers associated with oscillating streams. Appl. Sci. Res. A *10*, 1—22 (1961).

[26a] Kinney, R.B., and Cielak, Z.M.: Analysis of unsteady viscous flow past an airfoil. Part I: Theoretical developments. AIAA J. *15*, 1712—1717 (1977); Part II: Numerical formulation and results. AIAA J. *16*, 105—110 (1978); see also: AGARD C. P. 227, 26/1 to 26/14 (1978).

[27] Lighthill, M.J.: The response of laminar skin friction and heat transfer to fluctuations in the stream velocity. Proc. Roy. Soc. A *224*, 1—23 (1954).

[28] Lin, C.C.: Motion in the boundary layer with a rapidly oscillating external flow. Proc. 9th Intern. Congress Appl. Mech. Brussels 1957, *4*, 155—167.

[28a] Lugt, H.J., and Haussling, H.J.: Laminar flow past an abruptly accelerated cylinder at 45° incidence. JFM *65*, 711—734 (1974).

[28b] Mehta, V.B., and Lavan, Z.: Starting vortex, separation bubbles and stall: A numerical study of laminar unsteady flow around an airfoil. JFM *67*, 227—256 (1975).

[29] Mirels, H.: Boundary layer behind shock or thin expansion wave moving into stationary fluid. NACA TN 37 12 (1956).

[30] Mirels, H., and Hamman, J.: Laminar boundary layer behind strong shock moving with non-uniform velocity. Physics of Fluids *5*, 91—95 (1962).

[31] Moore, F.K.: Unsteady, laminar boundary layer flow. NACA TN 2471 (1951).

[32] Moore, F.K., and Ostrach, S.: Average properties of compressible laminar boundary layer on a flat plate with unsteady flight velocity. NACA TN 3886 (1956).

[33] Moore, F.K.: On the separation of the unsteady laminar boundary layer. IUTAM-Symposium, Boundary layers, Freiburg 1957 (H. Görtler, ed.), 296—311, Berlin, 1958.
posium. Boundary-layers research, Freiburg 1957 (H. Görtler, ed.), 296—311, Berlin, 1958.

[34] Nigam, S.D.: Zeitliches Anwachsen der Grenzschicht an einer rotierenden Scheibe bei plötzlichem Beginn der Rotation. Quart. Amer. Math. *9*, 89—91 (1951).

[35] Ostrach, S.: Compressible laminar boundary layer and heat transfer for unsteady motions of a flat plate. NACA TN 3569 (1955).

[35a] Proudman, I., and Johnson, K.: Boundary layer growth near a rear stagnation point. JFM *12*, 161—168 (1962).

[36] Lord Rayleigh: On the circulation of air observed in Kundt's tubes and on some allied acoustical problems. Phil. Trans. Roy. Soc. London *175*, 1—21 (1884).

[37] Richardson, E.G., and Tyler, E.: The transverse velocity gradient near the mouths of pipes in which an alternating or continuous flow of air is established. Proc. Phys. Soc. London *42*, 1—15 (1929).

[37a] Riley, N.: Unsteady laminar boundary layers. SIAM Review *17*, 274—297 (1975).

[38] Rott, N.: Unsteady viscous flow in the vicinity of a stagnation point. Quart. Appl. Math. *13*, 444—451 (1956).

[39] Rott, N., and Rosenzweig, M.L.: On the response of the laminar boundary layer to small fluctuations of the free-stream velocity. JASS *27*, 741—747, 787 (1960).

[39a] Rott, N.: Theory of time-dependent laminar flows. Princeton University Series, High Speed Aerodynamics and Jet Propulsion. Princeton University Press, Vol. *IV*, 395—438 (1964).

[40] Roy, D.: Non-steady periodic boundary layer. J. Appl. Math. Phys. *12*, 363—366 (1961).

[41] Roy, D.: On the non-steady boundary layer. ZAMM *42*, 252—256 (1962).

[42] Rozin, L.A.: An approximation method for the integration of the equations of a non-stationary laminar boundary layer in an incompressible fluid. NASA Techn. Transl. *22* (1960).

[43] Rubach, H.: Über die Entstehung und Fortbewegung des Wirbelpaares bei zylindrischen Körpern. Diss. Göttingen 1914; VDI-Forschungsheft *185* (1916).

[44] Schlichting, H.: Berechnung ebener periodischer Grenzschichtströmungen. Phys. Z. *33*, 327—335 (1932).

[44a] Schmall, R.A., and Kinney, R.B.: Numerical study of unsteady viscous flow past a lifting plate. AIAA J. *12*, 1566—1573 (1974).

[45] Schuh, H.: Calculation of unsteady boundary layers in two-dimensional laminar flow. ZFW *1*, 122—131 (1953).

[46] Schuh, H.: Über die "ähnlichen" Lösungen der instationären laminaren Grenzschichtgleichungen in inkompressibler Strömung. Fifty years of boundary-layer research (H. Görtler and W. Tollmien, ed.), Braunschweig, 147—152.

[47] Schwabe, M.: Über Druckermittlung in der nichtstationären ebenen Strömung. Diss. Göttingen, 1935; Ing.-Arch. *6*, 34—50 (1935); NACA TM 1039 (1943).
[47a] Sears, W.R., and Telionis, D.P.: Boundary layer separation in unsteady flow. SIAM J. Appl. Math. *28*, 215—235 (1975).
[47b] Telionis, D.P., and Tsahalis, D.Th.: Unsteady turbulent boundary layers and separation. AIAA J. *14*, 468—474 (1976).
[47c] Tsahalis, D.Th.: Laminar boundary-layer separation from an upstream moving wall. AIAA J. *15*, 561—566 (1975).
[48] Sexl, Th.: Über den von E.G. Richardson entdeckten "Annulareffekt". Z. Phys. *61*, 349 (1930); see also: Tollmien, W.: Handbuch der Exper. Physik *IV*, Part I, 281—282 (1931):
[49] Sparrow, E.M., and Gregg, J.L.: Nonsteady surface temperature effects on forced convection heat transfer. JAS *24*, 776—777 (1957).
[50] Sparrow, E.M.: Combined effects of unsteady flight velocity and surface temperature on heat transfer. Jet Propulsion *28*, 403—405 (1958).
[51] Sparrow, E.M., and Gregg, J.L.: Flow about an unsteady rotating disc. JASS *27*, 252—257 (1960).
[52] Squire, L.C.: Boundary layer growth in three dimensions. Phil. Mag. *45* (7), 1272—1283 (1954).
[53] Squire, L.C.: The three-dimensional boundary layer equations and some power series solutions. ARC RM 3006 (1955).
[54] Stewartson, K.: The theory of unsteady laminar boundary layers. Adv. Appl. Mech. *6*, 1—37 (1960).
[55] Stuart, J.T.: A solution of the Navier-Stokes and energy equations illustrating the response of skin friction and temperature of an infinite plate thermometer to fluctuations in the stream velocity. Proc. Roy. Soc. A *231*, 116—130 (1955).
[55a] Stuart, J.T.: Unsteady boundary layers. L. Rosenhead (ed.): Laminar boundary layers. Clarendon Press, Oxford 1963, pp. 349—408.
[56] Tani, I.: An example of unsteady laminar boundary layer flow. Inst. Univ. of Tokyo, Rep. No. 331 (1958); see also: IUTAM-Symposium, Boundary-layer research, Freiburg 1957 (H. Görtler, ed.), 347, Berlin, 1958.
[56a] Taneda, S.: Visual study of unsteady separated flows around bodies. Progress in Aerospace Sciences (D. Küchemann, ed.), Pergamon Press, London, Vol. *XVII*, 287—348 (1977).
[57] Thiriot, K.H.: Untersuchungen über die Grenzschicht einer Flüssigkeit über einer rotierenden Scheibe bei kleiner Winkelgeschwindigkeitsänderung. ZAMM *22*, 23—28 (1942).
[58] Thiriot, K.H.: Grenzschichtströmung kurz nach dem plötzlichen Anlauf bzw. Abstoppen eines rotierenden Bodens. ZAMM *30*, 390—393 (1950); see also Diss. Göttingen, 1940; ZAMM *20*, 1—13 (1940).
[59] Tollmien, W.: Grenzschichten. Handbuch der Exper.-Physik *IV*, Part I, 274 (1931).
[60] Tollmien, W.: Die zeitliche Entwicklung der laminaren Grenzschicht am rotierenden Zylinder. Diss. Göttingen 1924; see also: Handbuch der Exper.-Physik *IV*, Part I, 277 (1931).
[61] Trimpi, R.L., and Cohen, N.B.: An integral solution to the flat plate laminar boundary layer flow existing inside and after expansion waves moving into quiescent fluid with particular application to the complete shock tube flow. NACA TN 3944 (1957).
[62] Tsuji, H.: Note on the solution of the unsteady laminar boundary layer equations. JAS *20*, 295—296 (1953).
[63] Uchida, S.: The pulsating viscous flow superposed on the steady laminar motion of incompressible fluid in a circular pipe. ZAMP *7*, 403—422 (1950).
[64] Wadhwa, Y.D.: Boundary layer growth on a spinning body; accelerated motion. Phil. Mag. *3* (8), 152—158 (1958).
[65] Watson, E.J.: Boundary layer growth. Proc. Roy. Soc. A *231*, 104—116 (1955).
[66] Watson, J.: A solution of the Navier-Stokes-equations, illustrating the response of a laminar boundary layer to a given change in the external stream velocity. Quart. J. Mech. Appl. Math. *11*, 302—325 (1958).
[67] Watson, J.: The two-dimensional laminar flow near the stagnation point of a cylinder which has an arbitrary transverse motion. Quart. J. Mech. Appl. Math. *12*, 175—190 (1959).
[68] Westervelt, P.J.: The theory of steady rotational flow generated by a sound field. J. Acoust. Soc. Amer. *25*, 60—67 (1953).
[69] Wuest, W.: Grenzschichten an zylindrischen Körpern mit nichtstationärer Querbewegung. ZAMM *32*, 172—178 (1952).
[70] Wundt, H.: Wachstum der laminaren Grenzschicht an schräg angeströmten Zylindern bei Anfahrt aus der Ruhe. Ing.-Arch. *23*, 212—230 (1955).
[71] Yang, K.T.: Unsteady laminar boundary layers in an incompressible stagnation flow. J. Appl. Mech. *25*, 421—427 (1958).
[72] Yang, K.T.: Unsteady laminar boundary layers over an arbitrary cylinder with heat transfer in an incompressible flow. J. Appl. Mech. *26*, 171—178 (1959).

[73] Young, A.D., and Harris, H.D.: A set of similar solutions of the compressible laminar boundary layer equations for the flow over flat plate with unsteady wall temperature. ZFW *15*, 295–301 (1967).
[74] Eichelbrenner, E.A. (ed.): Recent research on unsteady boundary layers. IUTAM Symposium 1971, *I* and *II*, Presse de l'Université Laval, Quebec, 1972.
[75] Kinney, R.B. (ed.): Unsteady aerodynamics. Proc. Symp. Univ. of Arizona, March 18–20, 1975, *I* and *II* (1975).
[76] AGARD-CP-227: Unsteady Aerodynamics. Papers presented at the Fluid Dynamics Panel Symposium, at Ottawa, Canada, September 1977 (1978).